세계 현대 주택의 디테일

Detail in Contemporary Residential Architecture

Virginia McLeod

DETAIL IN CONTEMPORARY RESIDENTIAL ARCHITECTURE

This book was designed, produced and published in 2007 by
Laurence King Publishing Ltd., London.

세계 현대 주택의 디테일

1판 발행일 2009년 2월 5일 발행

발행인 김기현
발행처 시공문화사 Spacetime
등 록 1993년 3월 12일
주 소 서울시 서대문구 현저동 200 극동 5층
전 화 02) 3147-1212, 2323
전 송 02) 3147-2626
ISBN 978-89-5592-115-1

http://www.spacetime.co.kr
spacetime@korea.com

정가는 표지 뒷면에 표기, 파본은 교환해 드립니다.

세계 현대 주택의 디테일

Detail in Contemporary Residential Architecture

Virginia McLeod

Spacetime

Contents

서론

주택 건축은 건축에 있어, 그리고 인간 문화사에 있어 독특한 위치를 점유하고 있다. 주택은 가족과 각종 가사활동을 위한 영역으로 주거, 노동, 식사, 취침의 장소로 사용된다. 또한 개인 또는 가족이 자신들만의 삶을 영유하는 사적인 공간이기도 하다. 그러나, 일련의 공용공간과 이와 분리되어 있는 취침 영역으로 구성되었던 전통적인 주택의 형태는 가사 환경의 자기 표현이라는 가능성이 새로운 건축적 실험의 장으로 대두됨에 따라 지난 세기 급격한 변화를 수 차례 경험하게 되었다. 사회적인 변화 또한 이러한 실험을 가속화시켰다. 오늘날 건축가들은 편부모 가족, 무자녀 가족, 다세대 가족 등의 다양한 가구 형태를 위한 주택을 설계하고 있다. 사회적인 변화와 더불어 지난 50년간, 특히 컴퓨터 기술과 시공 기술의 분야에서 거듭된 기술 혁신은 주택에 담길 프로그램, 주택의 외관, 그리고 주택이 서비스할 대상에 있어 점차 더 많은 가능성을 부여했다.

시공 상세는 건축물의 외형, 내부 레이아웃 만큼이나 건축에 있어 중요한 부분이다. 눈에 보이지 않을 만큼 교묘하게 가려져 있건, 매우 복잡한 모습으로 드러나 있건 간에 상세는 건물의 특질과 성격을 규정한다. 특히 서로 다른 재료가 만나는 부분, 서로 다른 부재가 만나는 부분, 재료의 향이 변화하는 부분에 대한 상세는 큰 주의를 필요로 한다. 상세를 통해서만이, 무수한 조각들은 한데 모여 하나의 건축물을 이루게 된다. 접합부, 연결부, 이음매, 개구부, 재료의 표면 등의 상세는 기술과 창의력에 의해 건물로 변화하게 된다.

오늘날 우리는 건축 관련 서적, 잡지, 인터넷상의 자료 등을 통해 건축에 관한 다양한 사진 자료를 접할 수 있는데, 이러한 사진들은 건물을 2차원적인 하나의 이미지로써 표현해 내는데 그 초점을 맞추고 있다. 또한 최근 들어서는 건물의 구성을 더욱 잘 이해시키고자 이러한 사진 자료에 평면도가 함께 첨부되는 경우도 쉽게 찾아볼 수 있다. 물론 이렇게 첨부된 평면도가 공간의 연속적인 흐름이나 건물의 크기 등을 이해하는데 지대한 도움을 주는 것은 분명한 사실이다. 그러나 근본적으로 평면도 또는 사진 자료는, 심지어는 단면도가 추가로 첨부된다고 하더라도 벽을 만들고, 바닥판과 지붕을 구성하며, 창, 계단, 주방 등을 이루는 세세한 요소들을 다루지는 못한다. 이러한 내용을 다루는 것이 바로 건축 상세도로, 이 책은 사진 자료, 평면도, 단면도와 상세도를 함께 다룸으로써 독자로 하여금 건물의 진정한 형성 원리를 깊이 이해할 수 있도록 하고자 한다.

건축가는 건물 내부를 구성하는 특수한 방식을 보여주기 위해 상세도를 그리게 되며, 이렇게 만들어진 상세도를 통해 시공자는 건물을 만든다. 그러나 건축 관련 출판물만을 접할 수 있는 일반 독자들의 경우에는 이렇듯 건물이 만들어지는 방식을 '직접' 보여주는 상세 도면을 접할 수 있는 기회를 얻기 힘들다. 이 책은 이러한 상황을 개선하는데에 그 목표를 두고 있으며, 현대 주택 건축물 중 인상적인 50여개의 건물을 선정하여 각각의 건물 속에 감춰진 형성 원리를 살펴볼 수 있도록 한다. 또한 이 책은 그동안 파사드 뒤에 감춰져 보이지 않았던 상세를 전면으로 끌어올리고 있다. 상세는 단순히 건물의 구조를 보여주는 'X레이'의 역할을 넘어, 건축가가 최초의 컨셉을 실제 건물로 실현화시키는 사유의 과정을 들여다 볼 수 있도록 한다.

건물의 형성 원리를 보여주기 위해 만들어지는 도면은 경우에 따라 수백장에 이르기도 하는데, 이 중 95%는 상세 도면이 차지하고 있다. 상세도는 시공 과정 전반에 걸쳐 건축가가 시공자, 기술자 등의 공사 관계자와 자신의 설계 의도에 관해 의견을 교류할 수 있는 수단이 된다. 또한 건물의 모든 접합부와 연결부에 관해 시각적으로 표현해내야 한다는 점에서, 건축가에게 있어 지적이면서도, 기술적인 하나의 큰 도전이라고 할 수 있다. 건축가는 실제로 현장에서 만들어질 매우 복잡한 접합부, 조립 방식 등의 3차원적 요소를 2차원적인 방식 (평면도, 단면도) 으로 전환하여, 오랜 세월 동안 건축 산업에 사용된 일반적인 표현 방법인 도면이나 프레젠테이션으로 표현해 내야만 한다.

이 책에 담긴 상세도들은 지면의 한계에 의해 건물 전체의 상세도 중 일부만을 발췌한 것이지만, 그럼에도 불구하고 완공된 건물의 이미지를 복잡하게 해체하고 있다. 상세도는 건축적인 영감을 제공할 뿐 아니라, 건물이 만들어지고, 기술적인 문제를 해결해 나가는 동안 건축가가 거쳐갔던 사유의 흐름을 보여주기도 한다.

상세도는 또한 건축가 특유의 관심사나 장기를 보여주기도 한다. 책에 실린 건축가들은 자신의 건물을 설계함에 있어 가장 주목할만한 부분에 대한 상세도를 직접 선택했다. 이에 따라 몇몇 건물들의 상세도에서는 다른 재료와 함께 유리를 사용한 방식이나, 유리를 설치한 방식을 중점적으로 찾아볼 수 있으며, 또 다른 건물들의 상세도를 통해서는 조각적인 느낌의 난간의 형성 원리 또는 매립식 조명 장치를 설치한 방식 등을 확인할 수 있다.

많은 사례에서 볼 수 있듯이, 상세도는 문화권에 따른 차이와 문화권과 무관한 공통성을 보여주기도 한다. 이 책에서 다루고 있는 건물들은 유럽, 북아메리카, 남아메리카, 아시아, 오스트레일리아 등 총 5개 대륙에 고르게 분포되어 있다. 많은 건물들의 사례에서 전세계의 건축 대학에서 공통적으로 가르치는 일반적인 건축 원리에 따라 지역과 무관하게 공통적으로 나타나는 미학적인 기법들과, 지리적인 경계를 넘어 동시대의 문화적인 영향이 건축에 반영된 모습을 찾아볼 수 있다. 반면 문화적, 지리적 차이에 따른 차이점 또한 상세도에서 발견할 수 있다. 어떠한 국가 또는 지역에서는 기후적 환경에 따라 콘크리트를 건물에 사용하는 것이 부적합할 수도 있으며, 경제적 환경에 따라 콘크리트가 주택 건물에 사용하기에는 지나치게 고가의 재료일 수도 있다. 오히려 목재 또는 석재가 가장 사용이 용이하고, 저렴한 재료일 수도 있는 것이다.

이와 유사하게 지역 특유의 건축 문화에 따른 차이점 또한 상세도에 잘 나타난다. 일례로 대나무는 중국의 건축 산업에 있어서는 비계 등의 용도에 매우 흔하게 사용되는 재료이다. 가격이 저렴하고, 쉽게 구할 수 있는 이 재료를 건축 재료로 다루는 중국 건축가들의 정교한 기술은 사실 서구 세계에서 찾아볼 수 없는 것이다. 이에 따라 중국에서 프로젝트를 진행했던 동시대의 건축가들은 중국 건축가들이 대나무를 다루는 원숙한 솜씨를 받아들여 새로운 방식으로 재창조함으로써 흥미로운 건물을 만들고 있다. 중국에서 진행된 프로젝트인 Kenko Kuma의 Bamboo Wall House와 MADA s.p.a.m.의 Father's House는 이러한 모습을 잘 보여주는 사례이다. 전자의 건물에서는 내부 공간과 외부 공간, 수평면과 수직면 등 건물의 거의 전 부분에 걸쳐 대나무가 사용되고 있으며, 후자의 건물에서는 내벽과 바닥판의 마감재로 광택 처리한 대나무판을 사용함으로써 재료의 아름다움과 광범위한 응용성을 표현하고 있다.

200여년의 역사를 갖는 오스트레일리아의 전통 목조 건축방식은 Peter Stutchbury (Verandah House), Drew Heath (Zig Zag Cabin), Sean Godsell (Peninsula House) 등의 작품에서 재해석되고 있다. 주변에서 쉽게 구할 수 있는 이 건축 재료를 다루는 기술은 오랜 세월에 걸쳐 발전을 거듭하여 위의 주택들에서는 일반적인 목조 건물을 넘어 정교한 예술성을 나타내고 있다. 중국 건축에서 널리 사용되는 대나무, 일본 건축에서 널리 사용되는 콘크리트와 마찬가지로, 이들 건축가들에게 있어 목재는 자신의 건축적인 의도를 표현해 내는 중요한 매개체의 역할을 하며, 이러한 건축적 어휘는 또 다시 정교한 상세를 통해 실현되고 있다.

일본 도쿄에 위치하고 있는 Masaki Endoh + Masahiro Ikeda의 작품으로 섬유 보강 플라스틱으로 만든 Natural Ellipse, 일본에 위치하고 있는 Kenko Kuma의 작품으로 건물의 거의 전 부분을 백색 플라스틱으로 만든 Plastic House, 에틸렌 프로필렌 이중 합성 고무 (EPDM)을 외장재로 사용하고 있는 Simon Conder의 Black Rubber Beach House 등 몇몇 사례에서는 당황스러울 만큼 놀라운 최근의 주택을 볼 수 있다. 이러한 건물들은 주택 건축에 거의 사용되지 않던 재료들로 이루어졌다는 점에서 상징성을 지닌다. 그러나 건축 상세는 이러한 상징성 뒤에 감춰진 건축가의 창조적인 생각들은 물론, 생소한 재료를 이용하여 기후의 영향으로부터 보호 받는 주거 공간을 만들기 위해 각종 건축 요소와 접합부를 설계하고 실현해 낸 과정을 보여준다.

현대 주거 건축에 있어 또 다른 중요한 측면으로는 환경 친화적인 건축 방식의 차용을 들 수 있다. 건물의 시공과 사용에 있어 기후 조건에 적합하면서도, 에너지의 소요를 줄일 수 있도록 고안된 여러가지 혁신적인 방식들은 주택에 사용되어 또 다른 표현성을 나타내고 있다. 이 책은 건물에 사용된 주요 건축 재료에 따라 각 장이 구성되어 있지만, 환경 친화적인 요소를 받아들인 주택의 사례 또한 함께 담고 있다. 영국 런던에 위치하고 있는 Sarah Wigglesworth의 Stock Orchard Street House에 사용된 스트로베일, 미국 캘리포니아주에 위치하고 있는 Pugh +Scarpa의 Solar Umbrella에 사용된 태양 전지판 등 특수한 재료들의 설치 상세는 물론, 오스트리아에 위치하고 있는 Georg Driendl의 Solar Tube에서 중앙의 아트리움을 겨울철에는 방열공간으로, 여름철에는 환기구로 사용하고 있는 방식 등을 찾아볼 수 있다. 여기에서도 기계 설비, 접합부, 재료들이 각자의 역할에 따라 한데 모여 하나의 건물을 이루고 있는 방식은 다시 한 번 상세도에 나타나 있다.

사회적, 문화적, 기술적 변화에 따른 영향에도 불구하고, 이 책에 담긴 건물들은 상대적으로 변하지 않는, 크고 작은 일반 원리를 보여준다. 그러나 주택 건축은 건물을 의뢰하는 건축주와 건물을 설계하는 건축가, 그리고 건물을 시공하는 시공자 모두에게 있어 주택은 다양한 실험을 시도하고, 완벽함을 추구할 수 있는 비옥한 토양이 되고 있다. 토지 개발업자들의 통제로부터 벗어나, 때로는 새로운 것에 대한 도전을 선호하고, 열린 사고를 가진 건축주에 의해 힘을 받으며, 건축가는 주택 건축을 통해 자유로운 표현의 기회를 얻게 된다. 여기에서 건축가의 창의적인 생각과 통찰력은 상세를 통해 드러나며, 이는 현대 건축에 있어 대지의 향이나 파사드의 구성, 내부 공간의 배치 만큼이나 중요한 요소로 자리매김하고 있다. 마치 회화 또는 조각 작품을 만들어내듯이, 건축가는 상세를 통해 자유롭게 문 하나하나, 창 하나하나, 계단 하나하나, 심지어는 나사못, 볼트, 접합부와 조립부까지도 하나하나 자유롭게 설계해 나간다. 이러한 점에서 이 책은 2차원과 3차원, 이미지와 현실 사이의 간격을 이어주는 다리의 역할을 함으로써 건축 상세의 정수를 드러내고자 한다.

Virginia McLead

일러두기

영국식 도량형법 및 미터법
건물의 상세도에 사용된 단위는 최초 미터법에 따라 표현되어 이 후 영국식 도량형법에 따라 환산되었으며, 미국의 프로젝트에서는 영국식 도량형법으로 표현된 단위가 미터법으로 환산되었다.

용어
다양한 문화권에 속한 독자들의 이해를 돕기 위해 용어를 표준화하고자 하였으며, 이에 따라 '목재 (wood)' 는 일반적으로 사용되는 용어인 'timber' 로, '알루미늄 (aluminium)' 은 'aluminium' 으로 표기되었다. 그러나 대응할만한 용어가 없는 국가, 지역 특유의 재료나 공정의 경우는 원어 그대로 표기하였다.

평면도
책 전체에 걸쳐 1층, 2층, 3층 등의 일반적인 용어를 사용하여 각 층의 위계를 표현하였다. 몇몇 건물의 경우, 건물을 보다 분명하게 표현하기 위해 지하층 또는 상부층 등의 용어를 사용하기도 했다.

축척
모든 평면도, 단면도, 입면도는 일반적으로 사용되는 미터법 축척인 1:50, 1:100, 1:200으로 표현되었다. 건물의 크기에 대해 보다 잘 이해할 수 있도록 각 프로젝트의 평면도 부근에는 정확한 축척 바가 표시되어 있다. 상세도 역시 1:1, 1:5, 1:10 등의 일반적인 축척으로 표현되었다.

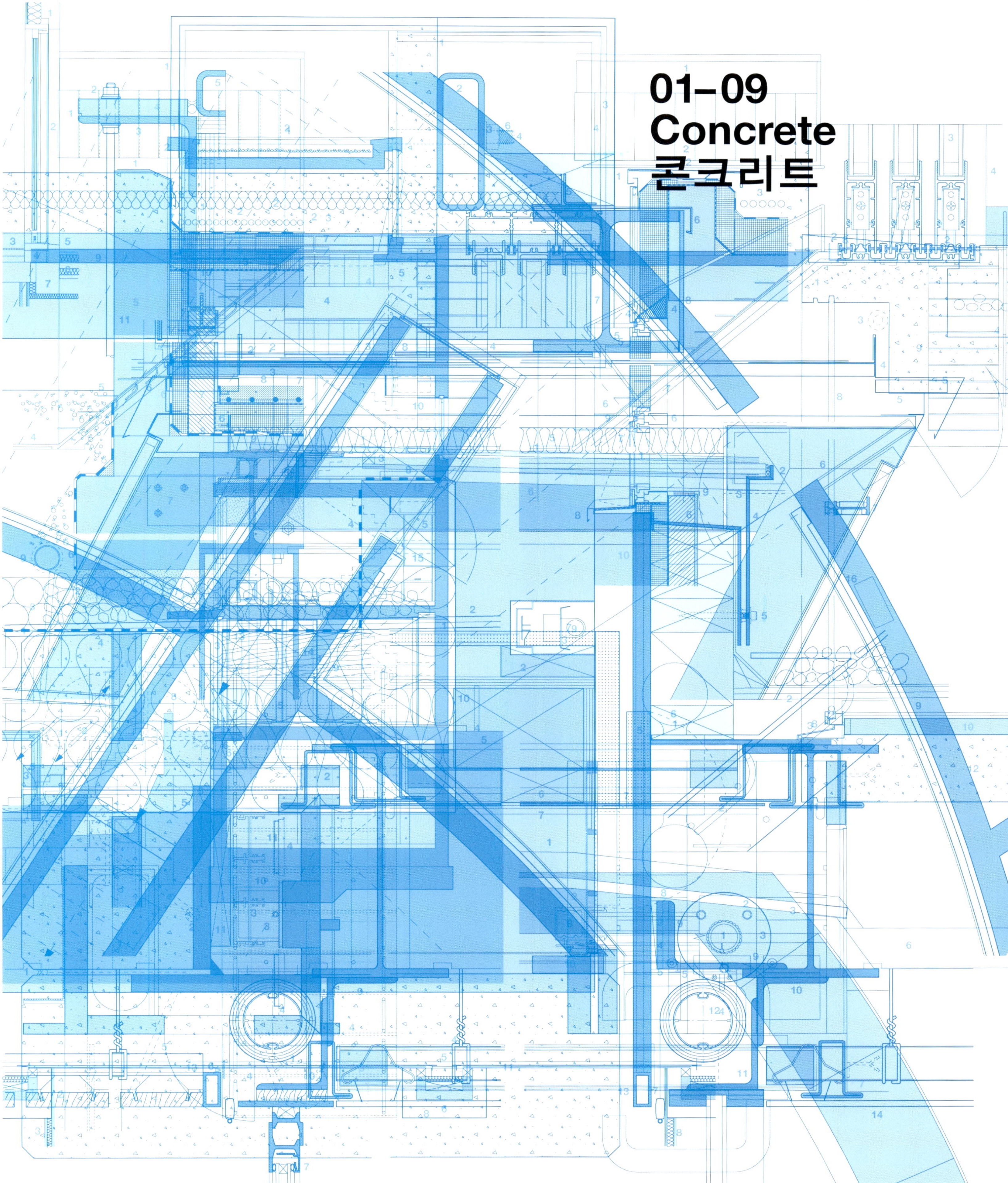

01–09 Concrete 콘크리트

01
Alberto Campo Baeza

De Blas House
Madrid, Spain

Client
Francisco de Blas

Area
200 square metres (2,150 square feet)

Project Team
Alberto Campo Baeza, Raúl del Valle González

Structural Engineer
Mª Concepción Pérez Gutiérrez

Clerk of Works
Francisco Melchor

Builder
Juan Sáinz, Siete Encinas

De Blas House는 마드리드 외곽에 위치하는 북쪽을 바라보는 언덕의 정상에 위치하고 있으며, 계곡 사이에 위치하는 평화로운 마을의 전경과 지평선 위로 보이는 산맥의 경관을 마주하고 있다. 설계의 기본 컨셉은 거추장스러운 각종 요소를 제거함으로써 건축의 본질로 회귀하는 것으로, 이를 통해 견고한 콘크리트 박스와 투명한 구조물이라는 단 두 가지의 요소로 이루어진 건물이 탄생하게 되었다. 여기에서 전자의 요소는 후자의 구조물이 자리잡게 될 기단의 역할을 한다. 불가사의한 느낌으로 지면 위에 솟아 오른 콘크리트 박스에는 몇 개의 개구부가 뚫려 있어 이 구조물이 주거를 위해 사용되는 것임을 짐작케 한다. 박스의 윗면은 주택의 주요 공간으로 향하는 계단실과 수영장으로 천공되어 있다.

콘크리트 박스 위에 가볍게 놓여 있는 얇은 철제 구조물은 유리벽을 감싸고 있다. 이렇듯 자유로운 건물의 구성은 극명하게 대조되는 공간들의 조합을 가능케 한다. 유리 구조물은 자연 경관과 계절의 변화, 종일 시시각각 변화하는 자연광을 관조할 수 있는 공간으로 설계되었다. 반면 콘크리트 박스 내부의 공간들은 좀 더 개인적이고, 구획된 공간으로 박스 표면에 뚫린 개구부를 통해 채광과 환기가 이루어진다. 주택의 평면은 엄격하게 직각으로 이루어져 있으며, 내부 공간들은 하층부의 거실과 식당, 상층부의 명상실 등 건물의 중앙부에 위치하는 공간들 주변에 배치되어 있다. 건물의 양단부에는 침실, 욕실, 서재, 수영장, 발전실이 위치하고 있다. 차 있음과 비어 있음, 투명과 불투명을 능숙하게 다룸으로써 건물은 자연 환경 속에 조화롭게 놓여 있다. 건물은 자연 속에 숨겨져 있으면서 동시에 표면에 가볍게 얹혀져 있다.

1

2

1 자연 속에 불가사의한 느낌으로 놓여 있는 콘크리트 기단과 투명한 매스의 2중 구조.
2 주택은 스페인 내륙의 내한성 수목들로 둘러싸여 있으며, 상부의 투명한 공간에서 이를 바라보게 된다.
3 유리 구조물이 올려져 있는 콘크리트 기단은 하부 공간으로 이어지는 계단실과 서쪽의 수영장을 제외하곤 모두 막혀 있다.
4 현장타설 콘크리트 벽과 동일한 느낌으로 마감된 단순한 형태의 문을 통해 하부층에서 직접 외부 공간으로 나갈 수 있다.
5 빛으로 가득차 있는 상부 유리 구조물과 대조적으로 하부 공간은 개인적이고, 구획이 명확한 특징을 갖는다.

3

4

5

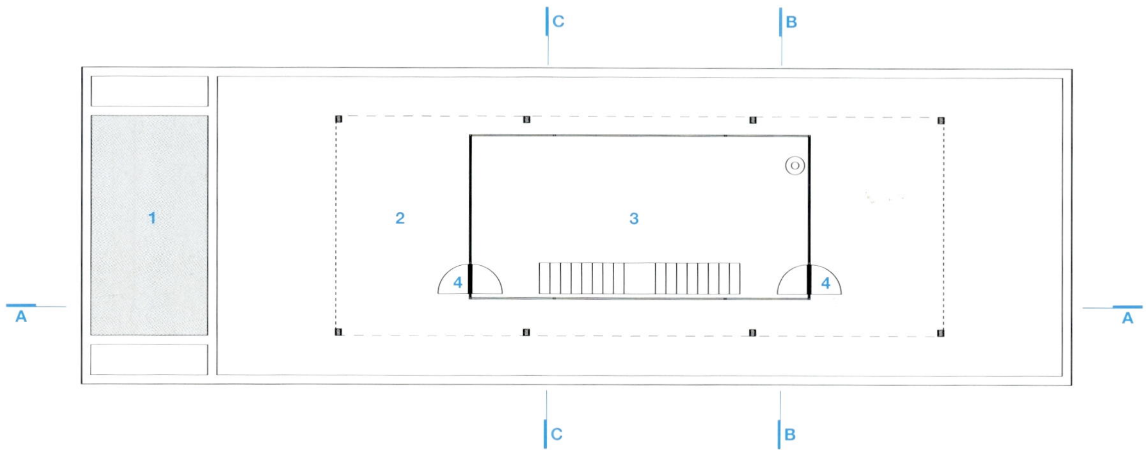

01.01
상층부
평면
1:200

1 수영장
2 상부 지붕선
3 명상실
4 입구

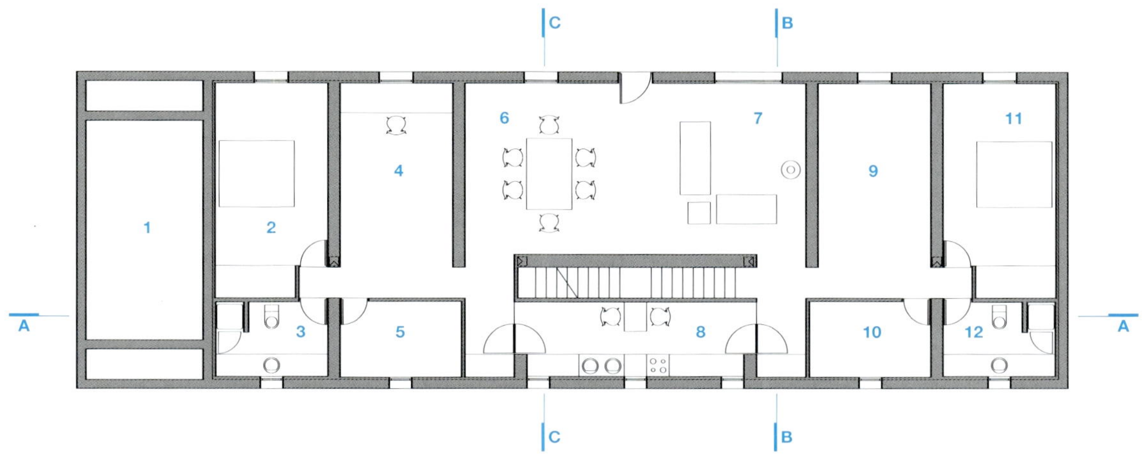

01.02
하층부
평면
1:200

1 수영장 발전실
2 침실1
3 욕실1
4 서재
5 다용도실
6 식당
7 거실
8 주방
9 드레스룸
10 창고
11 침실2
12 욕실2

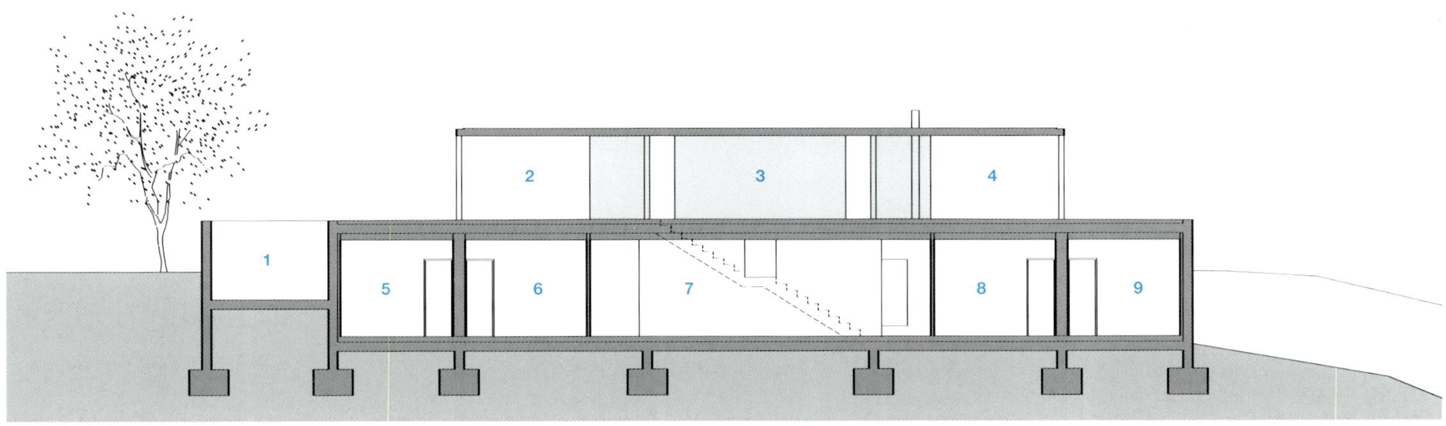

01.03
단면도 A-A
1:200

1 수영장
2 테라스
3 명상실
4 테라스
5 침실 1
6 다용도실
7 주방
8 드레스룸
9 침실2

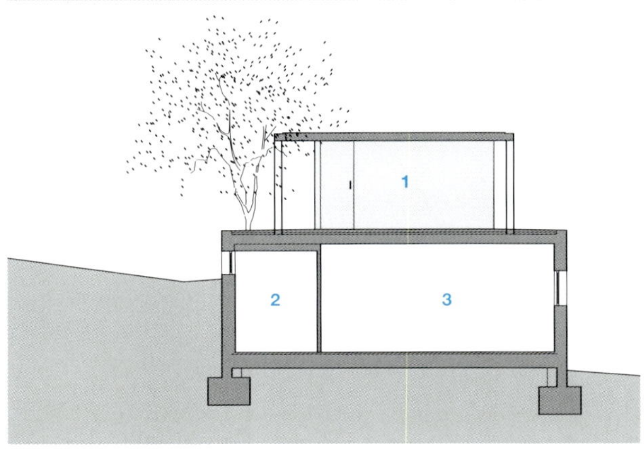

01.04
단면도 B-B
1:200

1 명상실
2 주방 전실
3 거실

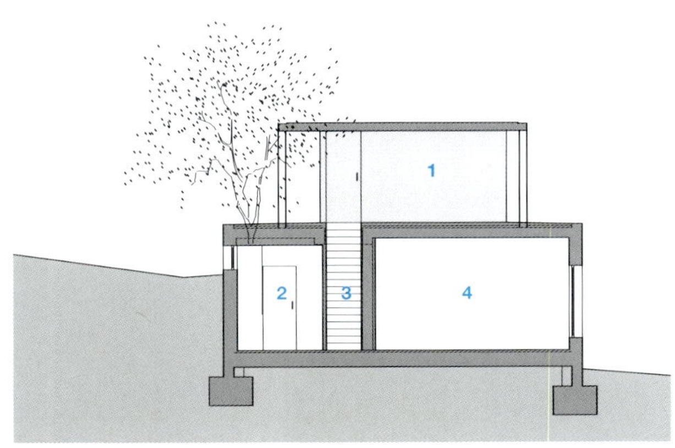

01.05
단면도 C-C
1:200

1 명상실
2 주방
3 계단실
4 식당

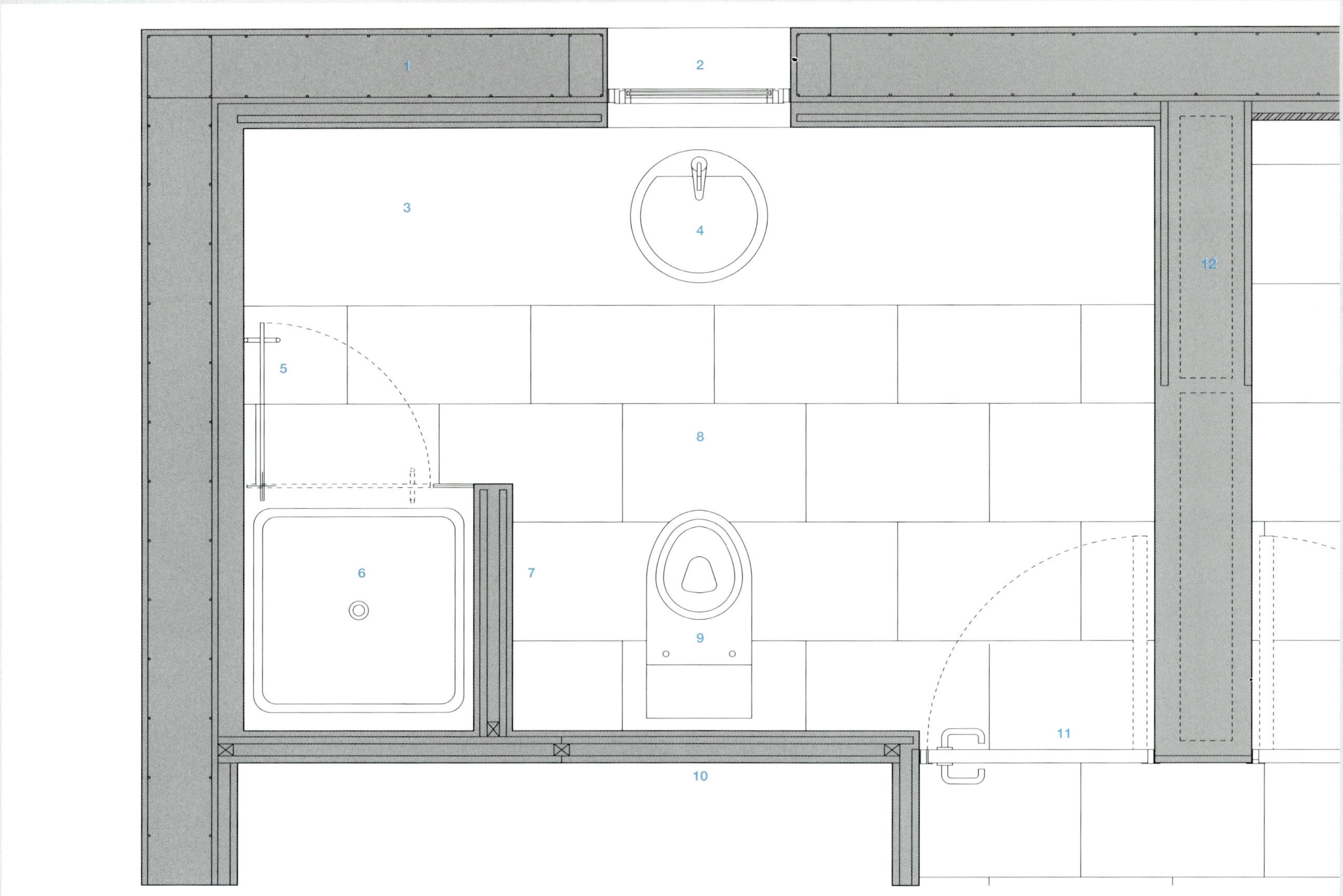

01.06
욕실 평면 상세도
1:20
1 현장타설 콘크리트 벽
2 단열 유리 피벗 창
3 석회석 세면대
4 세면기
5 반투명 유리문
6 석회석 샤워부스
7 석회석 벽
8 석회석 바닥 마감
9 변기
10 석고보드 벽
11 철제 프레임 및 백색 도색 목제 문
12 석고보드 벽

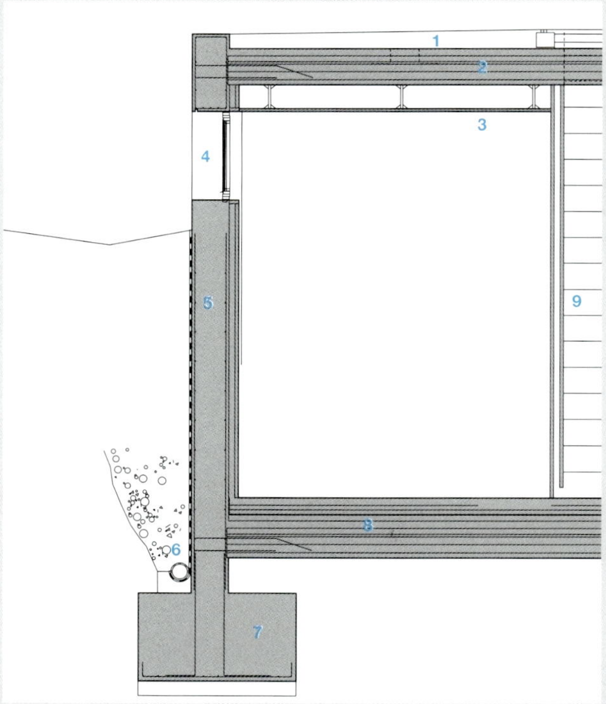

01.07
벽 단면 상세도
1:50
1 콘크리트 마감
2 철근콘크리트 슬라브
3 도색 석고보드 천장
4 단열 유리 피벗 창
5 현장타설 콘크리트 벽
6 지하 배수구
7 철근콘크리트 기초
8 철근콘크리트 슬라브
9 석고보드 벽

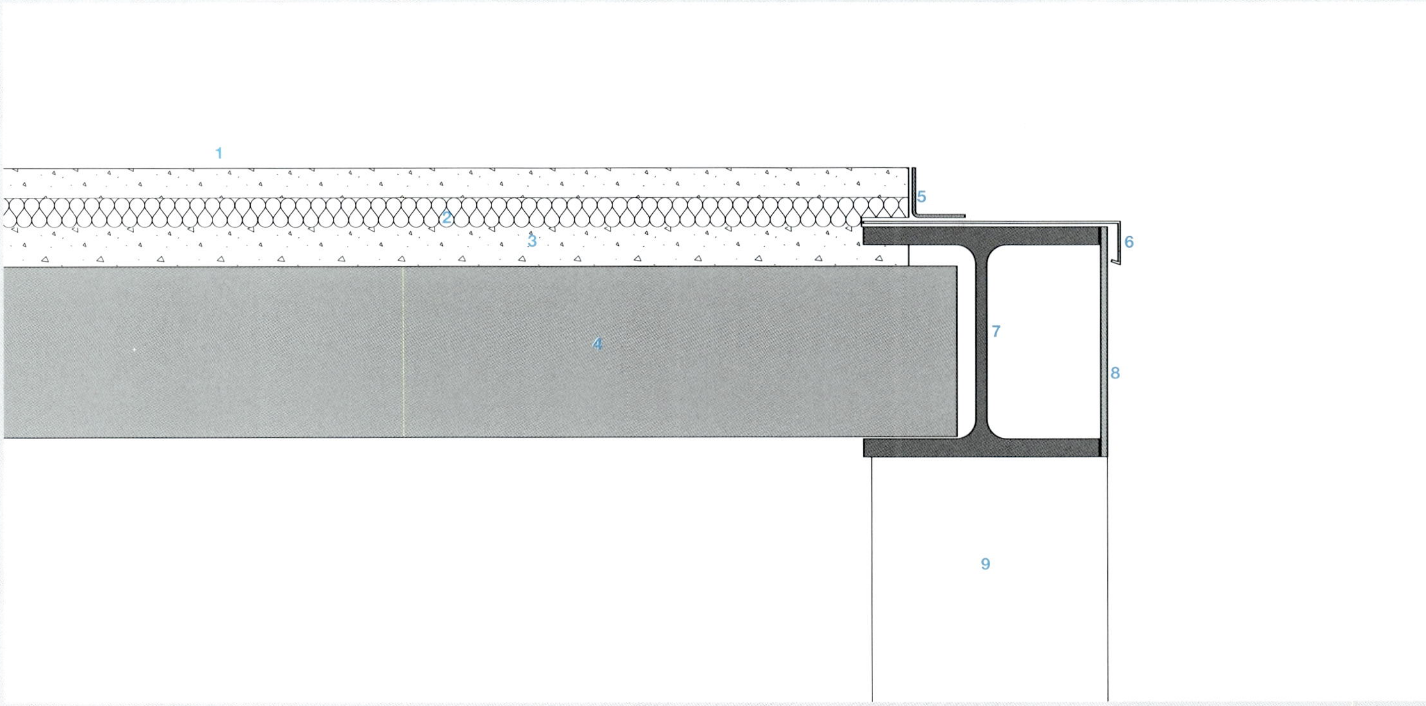

01.08
지붕 상세도
1:5
1 콘크리트 스크리드
2 단열재 및 방수재
3 철근콘크리트 슬라브
4 프리캐스트 콘크리트 슬라브
5 백색 도색 아연 도금 철제 앵글
6 플래싱에 홈을 낸 빗물 받이돌
7 철제 보
8 철제 플레이트
9 용접 기둥

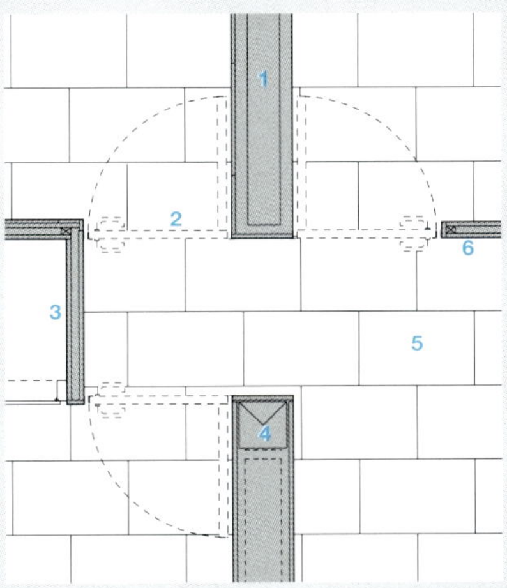

01.09
문 상세도
1:50
1 석고보드 벽
2 목제 문
3 벽장
4 철제 기둥
5 석회석 바닥 마감
6 석고보드 벽

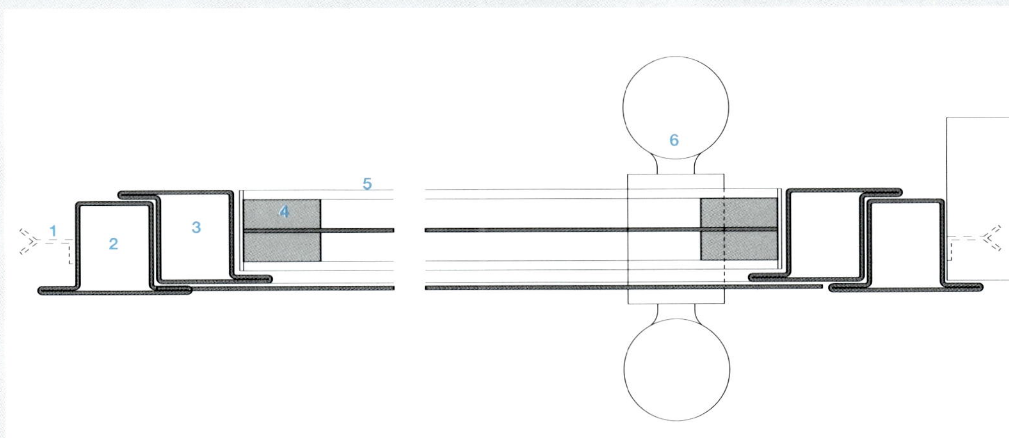

01.10
문 상세도
1:5
1 철제 고정 철물
2 백색 도색 철제 문 프레임
3 백색 도색 철제 문 프레임
4 목제 문 프레임
5 백색 도색 방습판
6 스테인리스 스틸제 문 손잡이

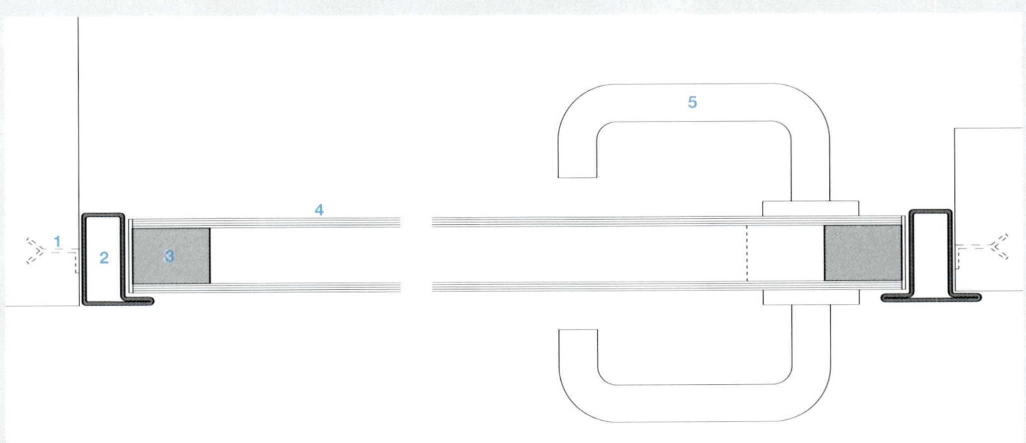

01.11
문 상세도
1:5
1 철제 고정 철물
2 백색 도색 철제 문 프레임
3 목제 문틀
4 백색 도색 방습판
5 스테인리스 스틸 제 문 손잡이

02
Baumschlager & Eberle

Flatz House
Schaan, Liechtenstein

Client
Dr. Dietmar Flatz

Area
277 square metres (2,980 square feet)

Project Team
Marlies Sofia, Paul Martin, Eckehard Loidolt, Christian Tabernigg

Structural Engineer
Ferdy Kaiser

Landscape Architect
Vogt Landschaftsarchitekten

Mechanical Engineer
GMI Gasser & Messner Ingenieure

의사인 건축주와 다섯 명의 가족을 위한 이 주택은 Schaan 지방의 작은 마을이 내려다 보이며, 뒤로는 험준한 산세가 펼쳐져 있는 서향의 언덕에 위치하고 있다. 건물의 주변에 위치하고 있는 전원풍의 주택들과 대조적으로 Flatz house는 매우 현대적인 느낌으로 다가오는데, 층층이 쌓여 있는 입방체 형의 매스들은 마치 도시 근교의 녹지 속에 세워진 미니멀 아트 조각 작품처럼 나타나고 있다. 일반적인 가정 주택보다 큰 크기에도 불구하고, 경사지에 놓여 있는 건물의 배치와 네 개의 매스가 서로 쌓이고, 돌출되고, 맞물리며 사적 공간과 반사적 공간, 개방적인 공간과 폐쇄적인 공간을 만들어 내는 독특한 구성 때문에 건물의 크기는 실제보다 작게 느껴진다.

여분의 침실과 저장실, 차고를 담고 있는 큰 장방형의 지하실은 주방과 거실을 담고 있는 L자형의 1층 매스가 놓여질 단이기도 하다. 부모를 위한 공간으로 큰 테라스가 놓인 2층은 자녀들의 공간인 3층의 돌출 매스를 지지하는 힌지의 기능을 한다. 거실에서는 바로 앞의 경관만이 보이는 반면, 상부층은 라인강변의 계곡에서부터 스위스 산맥에 이르는 넓은 경관을 향해 개방되어 있다. 건물에 사용된 재료들 또한 건물의 단순한 형태를 부각시키고 있다. 외벽에 사용된 황색으로 착색된 콘크리트, 내부 공간에 사용된 백색 플라스터, 평탄한 목재와 녹암은 모두 두드러지지 않도록 극히 제한된 느낌으로 마감되었다.

1

1 북쪽면에서 볼 때 이 4층짜리 주택은 일련의 입방체들이 서로 적층되고 돌출된 모습으로 나타난다.
2 최상층의 자녀용 침실은 부모를 위한 침실에서 바로 이어지는 넓은 테라스 위로 돌출되어 있다.
3 1층에서 주방, 거실, 식당의 L자형 배치 사이의 공간에는 작은 수영장이 위치하고 있다.
4 정원을 바라볼 수 있는 주방과 식당의 모습.
5 상부층은 백색 플라스터로 마감된 벽과 이 속에 숨겨진 조명 장치로 특징지어 지는데, 이를 통해 천정의 평탄한 면이 떠 있는 듯한 느낌을 연출한다.

2

3

4

5

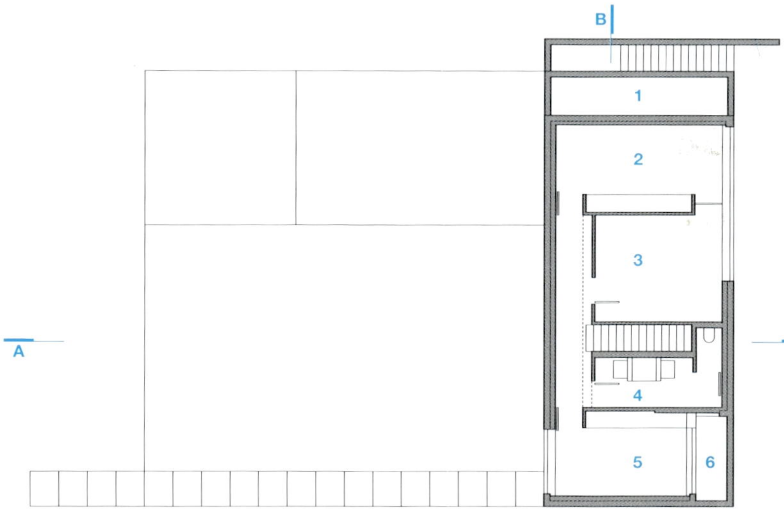

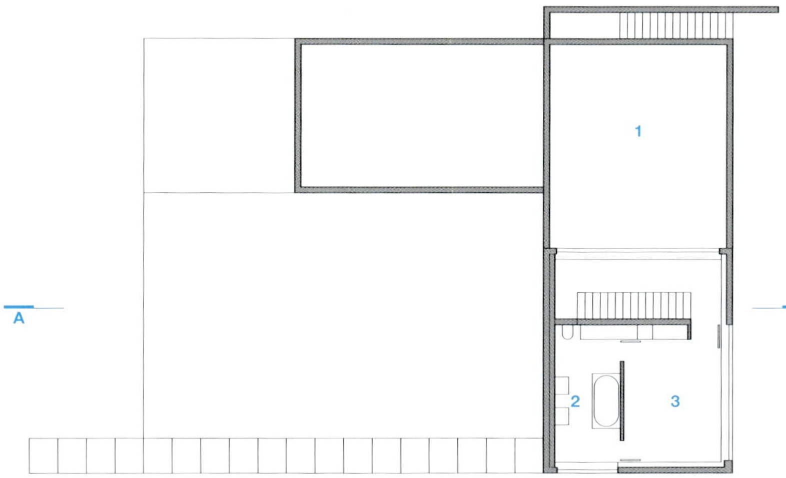

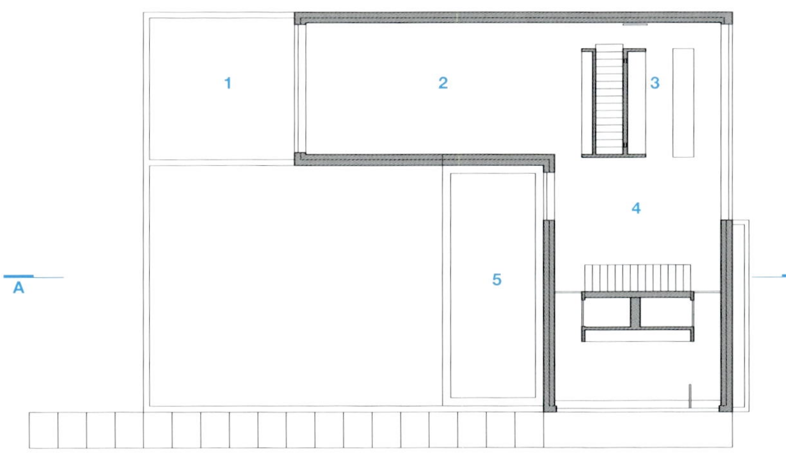

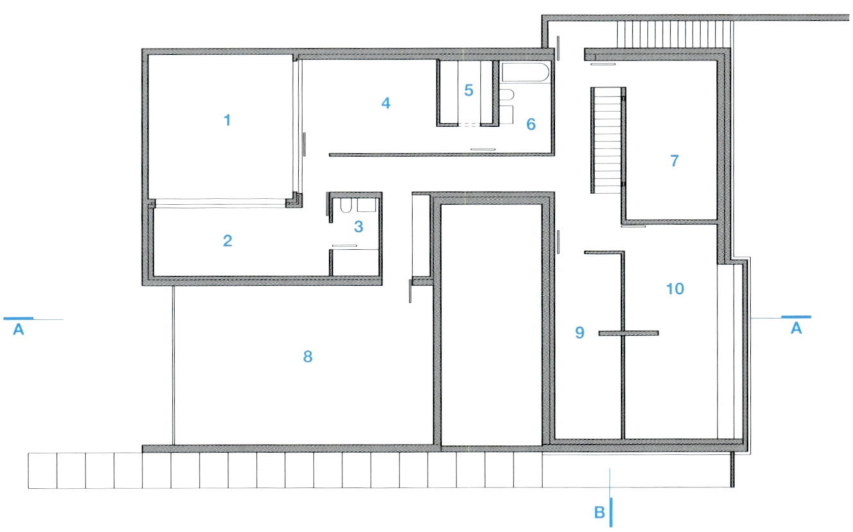

02.01
3층 평면도
1:250

1 테라스 하부
2 침실1
3 침실2
4 욕실
5 침실3
6 테라스

02.02
2층 평면도
1:250

1 테라스
2 욕실
3 주침실

02.03
1층 평면도
1:250

1 테라스
2 거실
3 주방
4 식당
5 수영장

02.04
지하층 평면도
1:250

1 테라스
2 저장실
3 욕실
4 침실
5 간이 주방
6 욕실
7 창고
8 차고
9 창고
10 창고

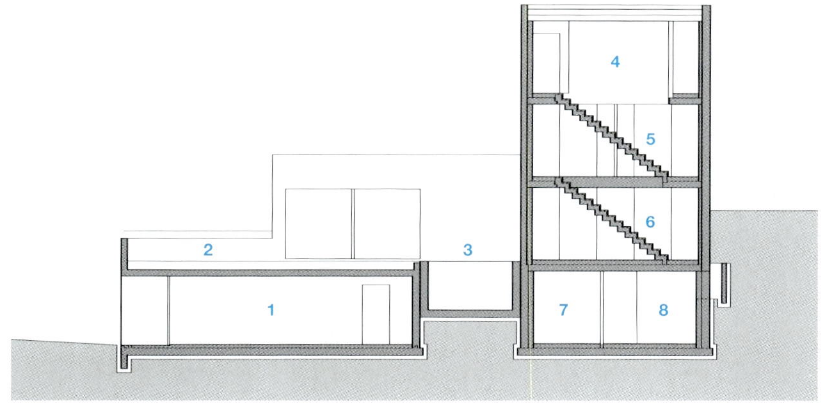

02.05
단면도 A-A
1:250

1 차고
2 테라스
3 수영장
4 자녀용 침실
5 부모용 침실
6 식당
7 창고
8 창고

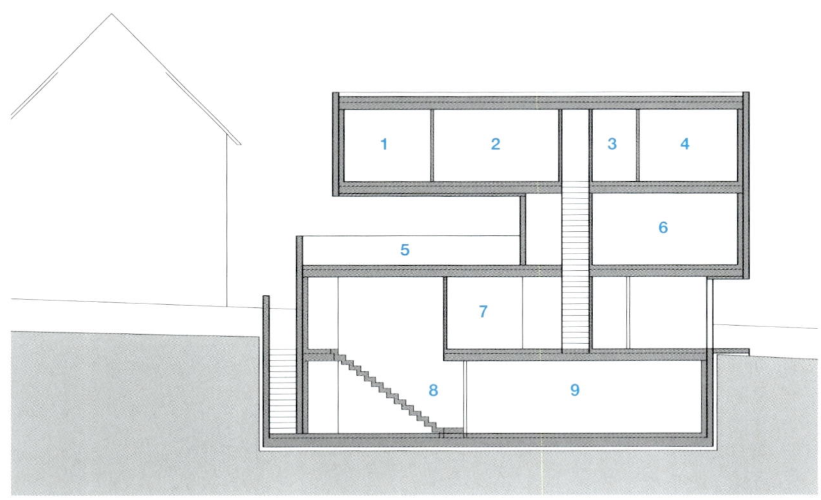

02.06
단면도 B-B
1:250

1 침실1
2 침실2
3 욕실
4 침실3
5 테라스
6 욕실
7 식당
8 창고
9 창고

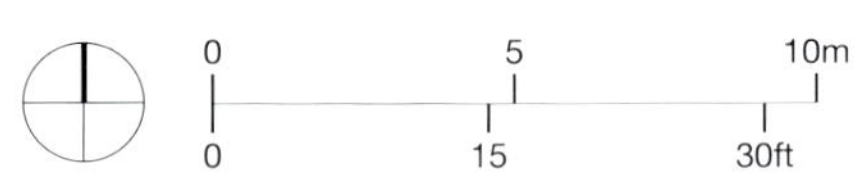

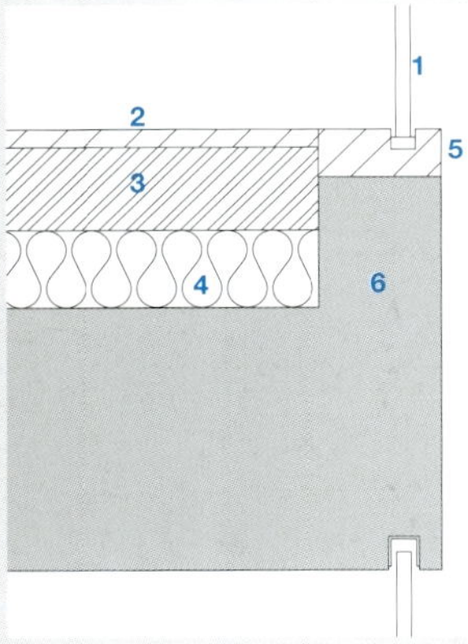

02.07
바닥 상세도
1:10
1 12mm 강화안전유리
2 낙엽송 원목 바닥재
3 부상 바닥
4 단열재
5 40mm 낙엽송 하인방
6 철근콘크리트

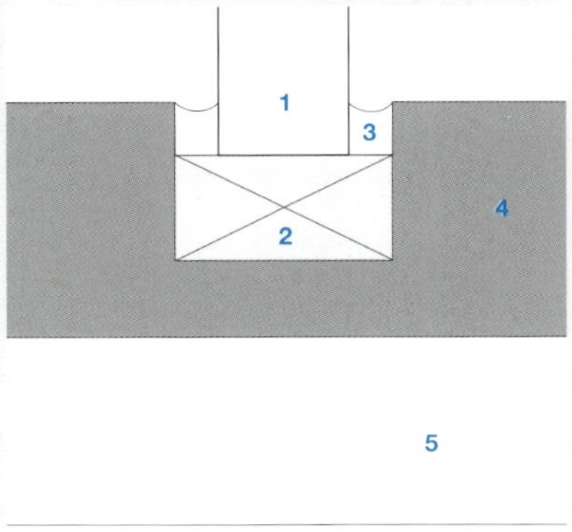

02.08
창 상세도 1
1:1
1 12mm 강화안전유리
2 목조 프레임 **3** 흑색
네오프렌
4 낙엽송 하인방
5 철근콘크리트 역보

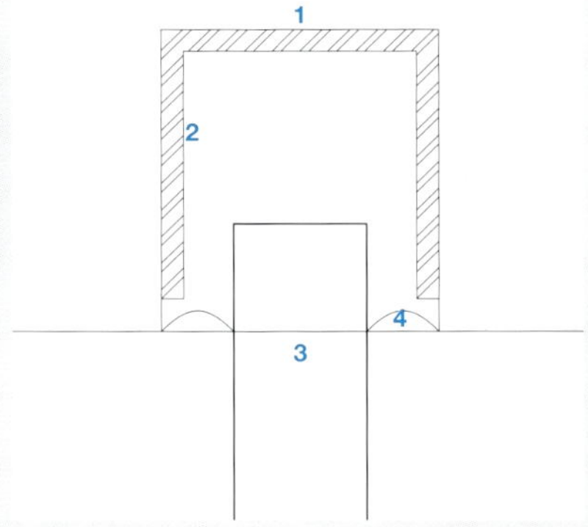

02.09
창 상세도 2
1:1
1 콘크리트
2 25 X 25mm U형철재
3 12mm 강화안전유리
4 실리콘 홈

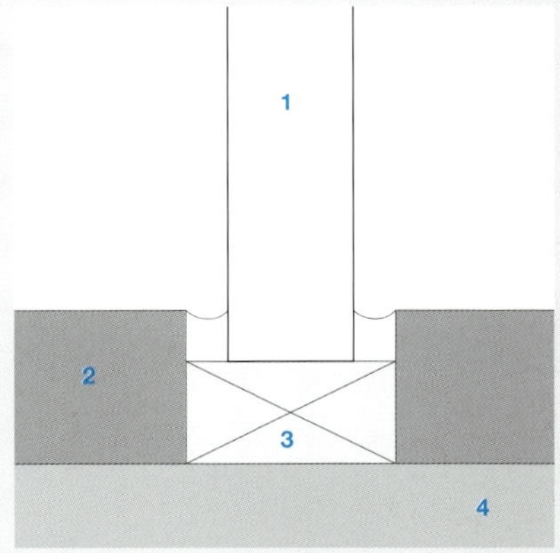

02.10
창 상세도
3 1:1
1 12mm 강화 안전
유리
2 낙엽송 원목 바닥재
3 목조 프레임
4 부상 바닥

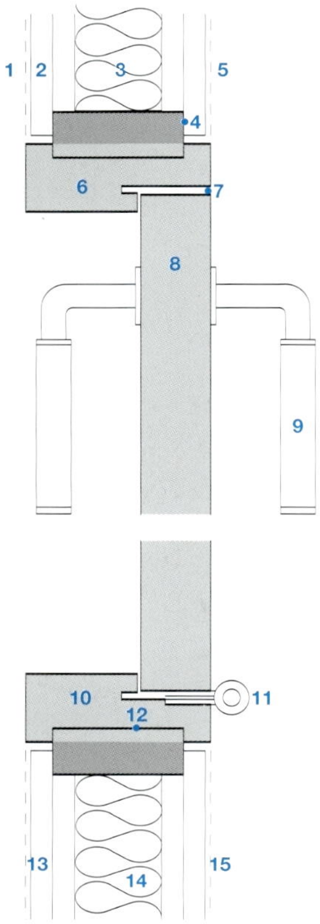

02.11
문 상세도
1 1:5
1 석고보드 벽재, 초벌
2 석고보드 벽재
3 상부 단열재
4 75 X 27mm 오리대
5 석고보드 벽재, 초벌
6 목제 문 프레임
7 5mm 사춤재
8 문짝
9 문 손잡이
10 목조 문 프레임
11 도어 힌지
12 75 X 27mm 오리대
13 석고보드 벽재, 초벌
14 단열재
15 석고보드 벽재, 초벌

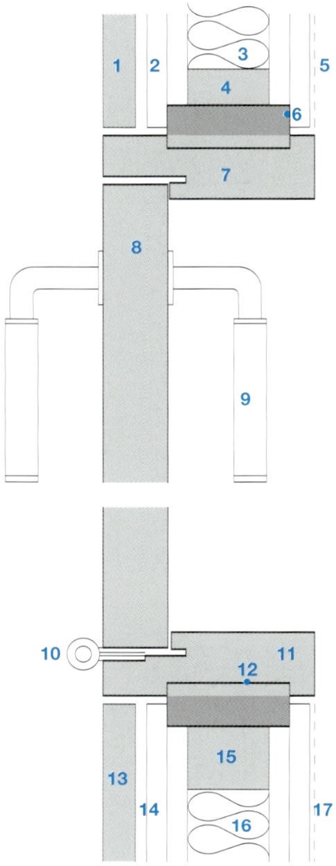

02.12
문 상세도
2 1:5
1 화강석 외장재
2 석고보드 벽재
3 단열재
4 50 X 20mm 각목
5 석고보드 벽재, 초벌
6 75 X 27mm 오리대
7 목제 문 프레임
8 문짝
9 문 손잡이
10 도어 힌지
11 목제 문 프레임
12 75 X 27mm 오리대
13 화강석 외장재
14 석고보드 벽재
15 50 X 50mm 각목
16 단열재
17 석고보드 벽재, 초벌

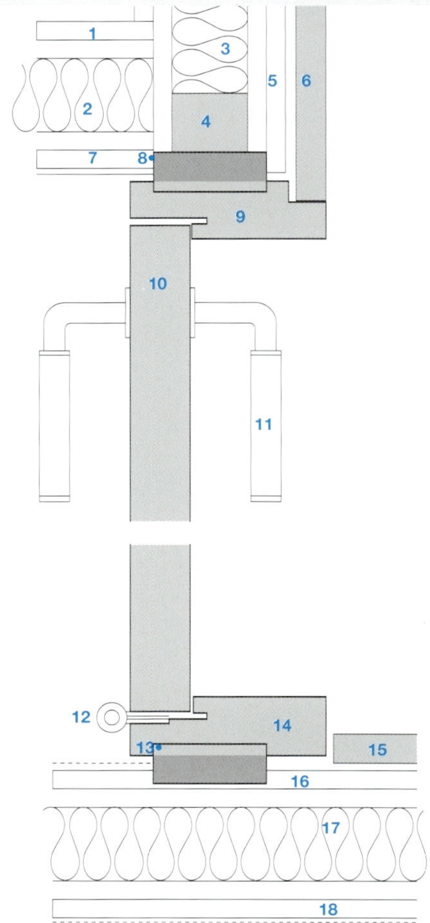

02.13
문 상세도
3 1:5
1 석고보드 벽재
2 단열재
3 단열재
4 각목
5 석고보드 벽재
6 화강석 외장재
7 석고보드 벽재, 초벌
8 75 X 27mm 오리대
9 목제 문 프레임
10 문짝
11 문 손잡이
12 도어 힌지
13 75 X 27mm 오리대
14 목제 문 프레임
15 화강석 외장재
16 석고보드 백업재,
초벌
17 단열재
18 석고보드 백업재,
초벌

02.14 창 단면 상세도
1:50
1 철근콘크리트
2 가이드 바
3 발코니
4 프레임 연장부
5 목제 바닥재
6 단열재
7 철근콘크리트

02.15 창 입면 상세도
1:50
1 천연 오크 마감 창 프레임
2 고정창
3 이동창
4 천연 오크 마감 창 프레임

02.16 창 평면 상세도
1:50
1 창유리
2 가이드 레일
3 고정창
4 이동창
5 석고보드 벽재, 초벌

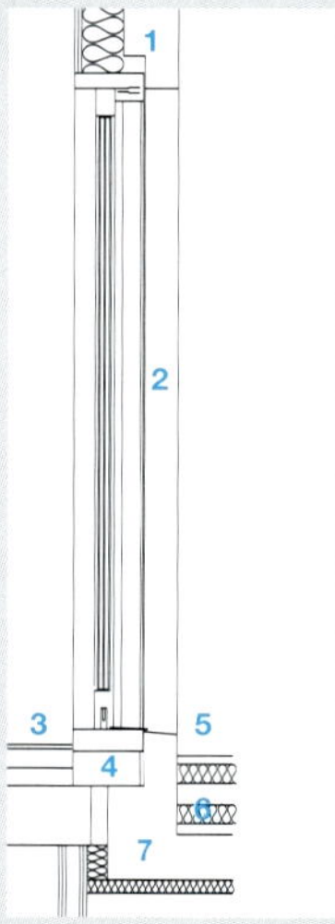

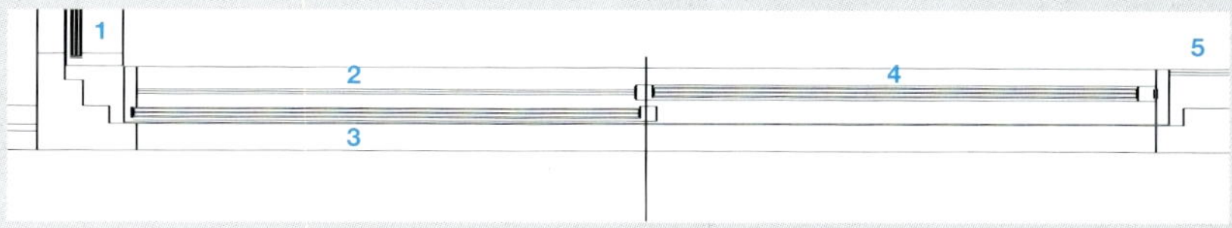

02.17 지붕 상세도 1
1:2
1 이중 합판 유리
2 철제 앵글
3 충전재
4 네오프렌 베어링
5 각목
6 철근콘크리트
7 잡석 다짐
8 단열재
9 매립식 조명 장치

02.18 지붕 상세도 2
1:50
1 단열재
2 석고보드
3 석고보드 벽재
4 상부 조명 장치
5 상부 조명 장치 및 시스템 지붕
6 철근콘크리트
7 석고보드
8 석고보드 벽

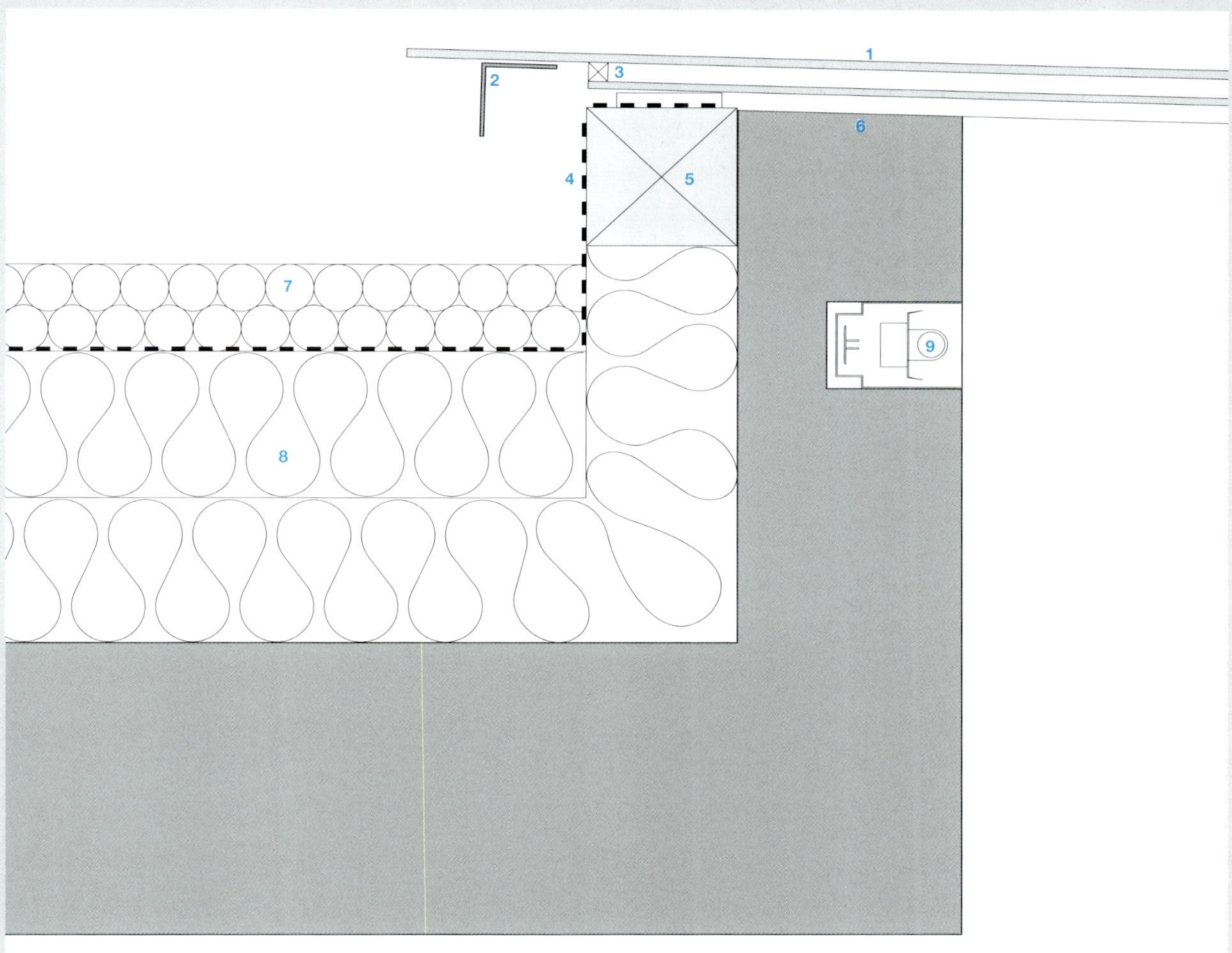

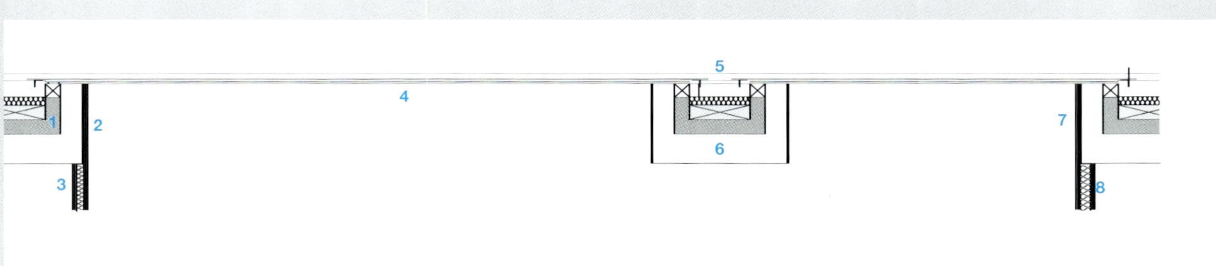

03
Studio Daniel Libeskind

Studio Weil
Port d Andratx, Mallorca, Spain

Client
Barbara Weil

Area
430 square metres (4,630 square feet)

Project Team
Daniel Libeskind, Johannes Hucke, Wendy James

Structural Engineer
Gracia Lopez Pationo

Local Architect
Jaime Vidal Contesi

Studio Weil은 미국 출신의 화가이자 조각가인 Barbara Weil을 위한 전시공간 겸 작업실이다. Daniel Libeskind는 주변의 자연 환경과 조화를 이룸은 물론, 예술가의 작품을 더욱 돋보이게 할 수 있는 공간을 만들겠다는 계획을 세우고 여러 예술가와 긴밀하게 작업을 진행해 왔다. Mallorca의 Port d' Andratx에 위치하고 있는 Studio Weil은 Libeskind의 첫번째 소규모프로젝트로 친근함과 웅장함, 주거 공간과 문화 공간의 연결에 관해 탐구하고, 이를 통해 사유의 공간이면서 주거 행위가 이루어지고, 예술 작품을 선보일 수도 있는 공간을 만들고자 한 작품이다. 지중해의 자연 환경 속에 건물을 세움으로써 건물이 전시될 예술 작품을 위한 배경으로써 기능할 수 있도록 하는 대신에, 이 건물은 넓은 테라스와 발코니, 지중해의 경관을 바라볼 수 있는 전망창 등 Mallorca 지방 특유의 건축 양식을 지양하며 내향적인 모습을 보인다.

건물은 한 쌍의 계단에 의해 가운데가 절단된 원호 형태의 콘크리트 매스로, 이 중 하나의 계단은 건물 상부의 전망대로 이어지며, 나머지 하나의 계단은 정원으로부터 1층 갤러리로 이어진다. 두 계단에서는 불규칙한 각도에서 건물의 외피를 파고드는 창을 통해 건물 내부의 모습을 살짝 들여다 볼 수 있다. 이 창들은 벽 표면과 평평하게 설치되어 있다. 내부 공간은 매우 은밀한 느낌으로 외부에서 내부 공간을 들여다 보거나, 내부 공간에서 건물의 외부를 바라볼 수 있는 개구부가 극히 제한되어 있다. 그러나 이를 통해 작가와 방문자들은 하얀색으로 가득찬 내부 공간에서 너무나도 밝고, 생동감 넘치는 작품들에만 집중할 수 있는 경험을 하게 된다.

1

1 백색의 콘크리트 벽이 갤러리를 감싸고 있으며, 내부 공간을 들여다 볼 수 있는 개구부는 극히 제한적이다. 상부 공간을 감싸고 있는 부드러운 느낌의 외벽은 슬릿 모양의 개구부로 절개되어 갤러리에 자연광을 받아들인다.
2 거리에서 바라볼 때 건물은 백색 자갈을 사용한 지중해 특유의 조경 속에 자리잡고 있다. 철망으로 만든 난간이 달린 계단은 정원으로부터 지붕의 테라스로 이어진다.
3 갤러리 공간은 조명장치와 작품을 제외하곤 완전한 백색의 공간이다.
4 내부 벽면과 평평하게 설치된 창은 내부 공간에 드라마틱한 빛줄기를 드리운다.

2

3

4

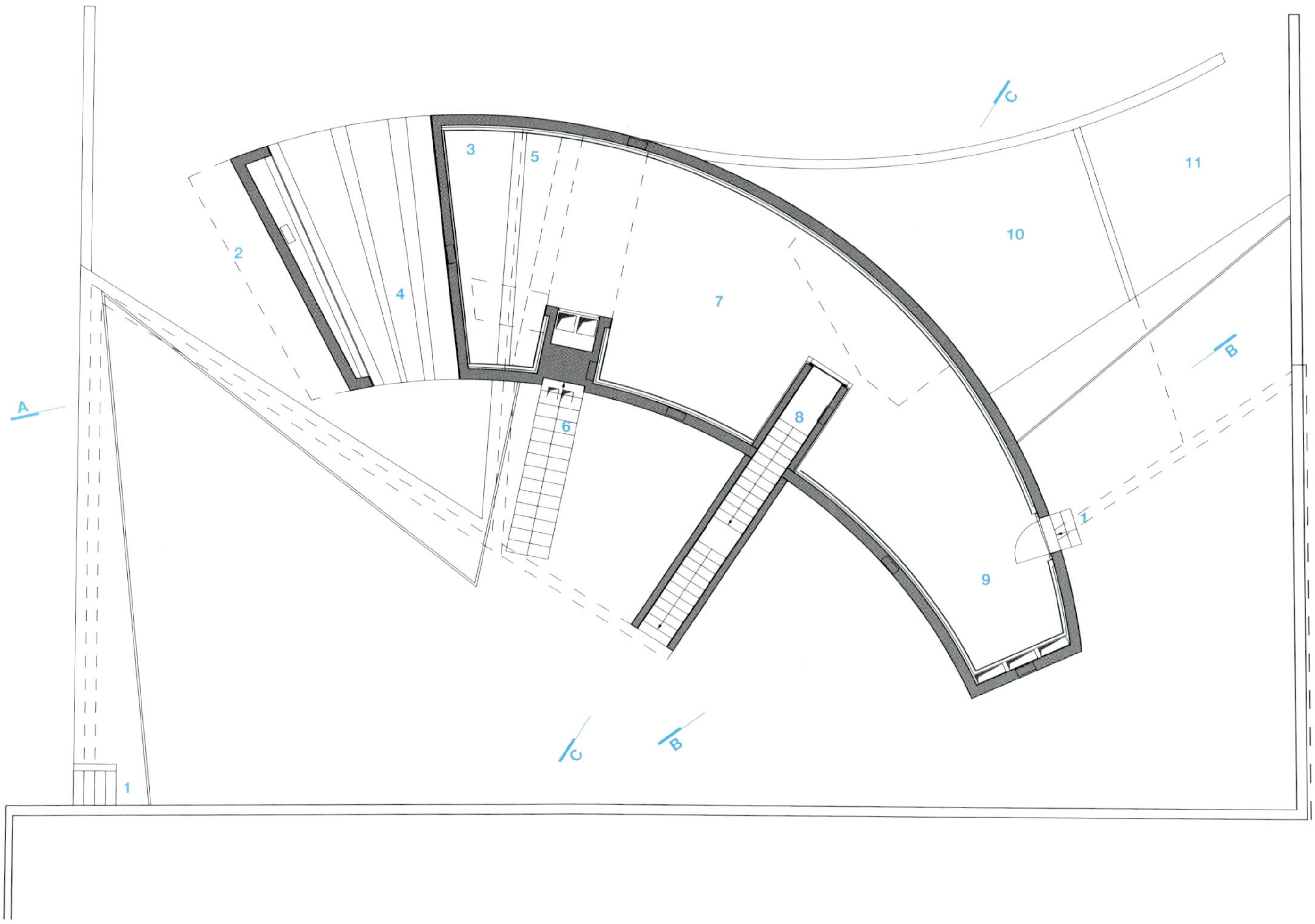

03.01
2층 평면도
1:200

1 정원 입구
2 지붕 경계선
3 1층으로 개방된 개구부
4 외부 갤러리
5 지붕 테라스로 이어지는 난간
6 지붕으로 이어지는 계단 (서쪽 계단)
7 상부층 갤러리
8 정원으로 이어지는 계단 (동쪽 계단)
9 갤러리
10 작업실 지붕
11 하역장으로 개방된 개구부

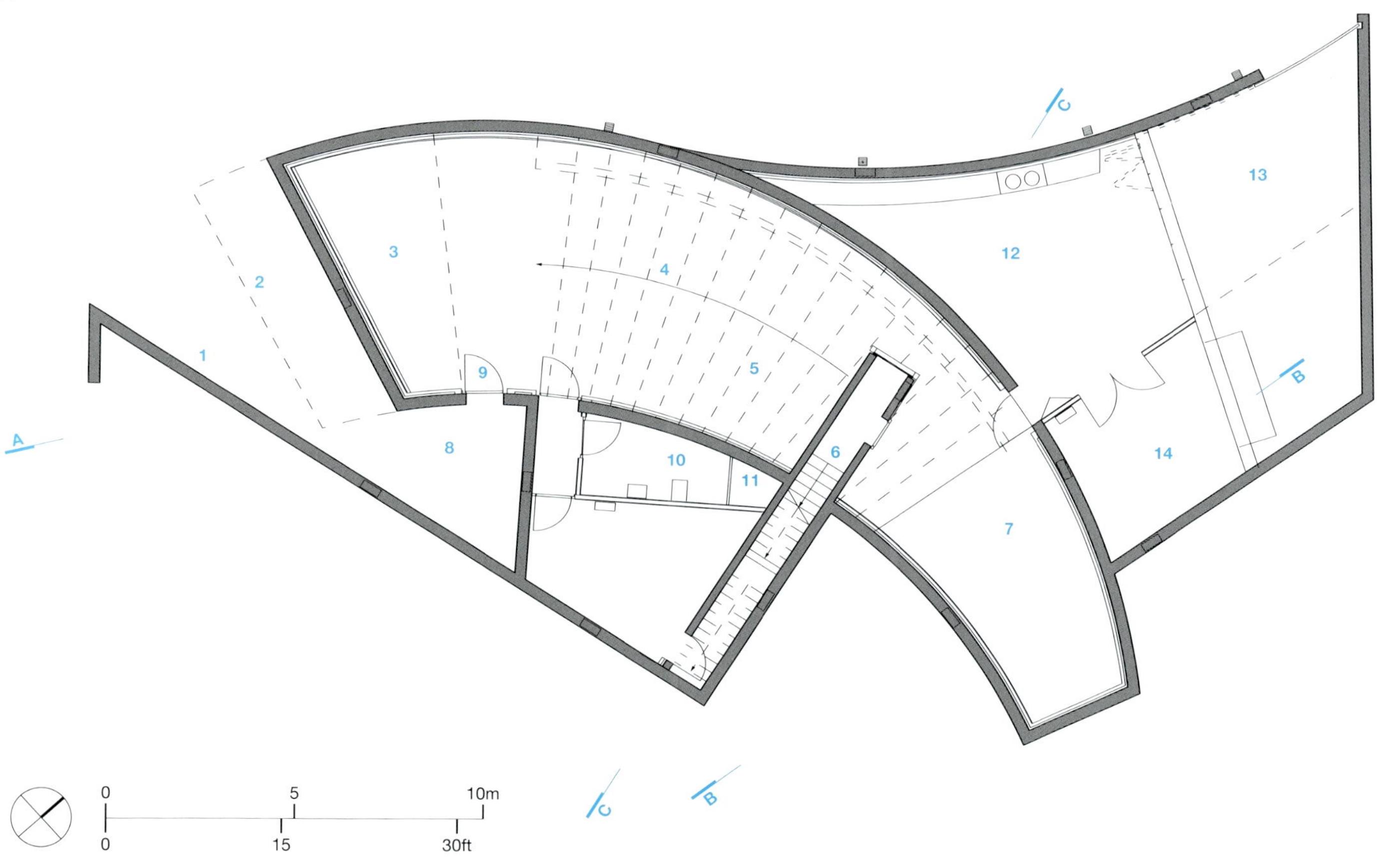

03.02
1층 평면도
1:200

1 재생 석재로 만든 건식벽
2 지붕 경계선
3 외부 갤러리로 개방된 개구부
4 램프
5 하부층 갤러리
6 정원으로 이어지는 계단 (동쪽 계단)
7 갤러리
8 진입부 기단
9 진입구
10 화장실
11 샤워실
12 작업실
13 하역장
14 스프레이실

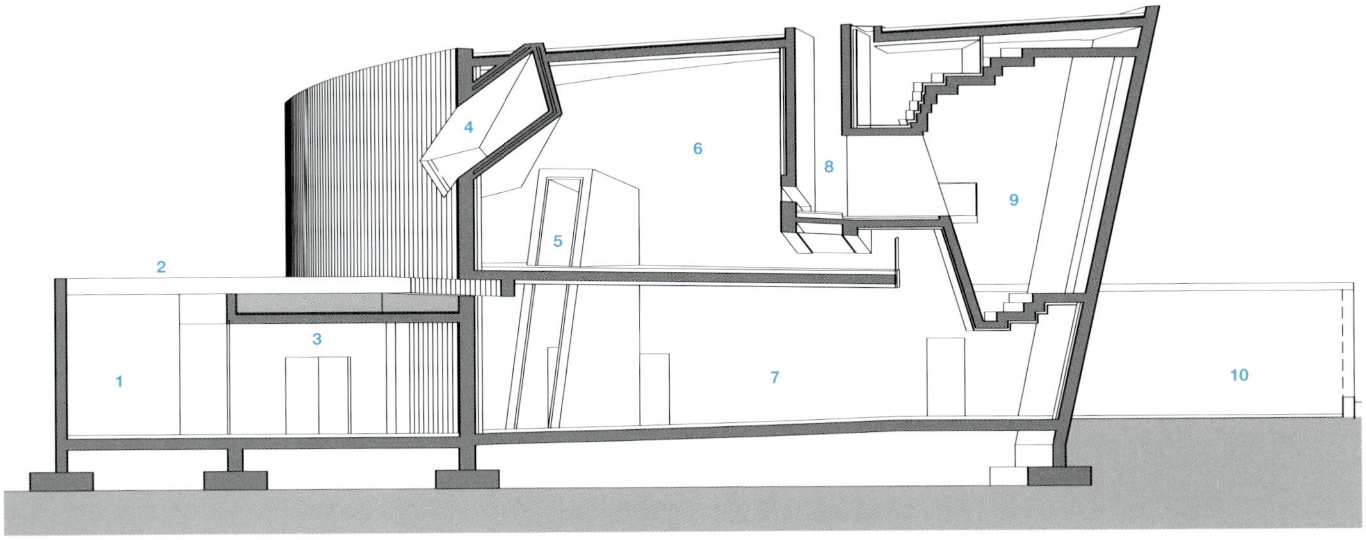

03.03
갤러리 단면도
A-A
1:200
1 하역장
2 상부 테라스
3 작업실
4 지붕 절개형 창
5 동쪽 계단
6 상부층 갤러리
7 하부층 갤러리
8 서쪽 계단
9 외부 갤러리
10 진입 정원

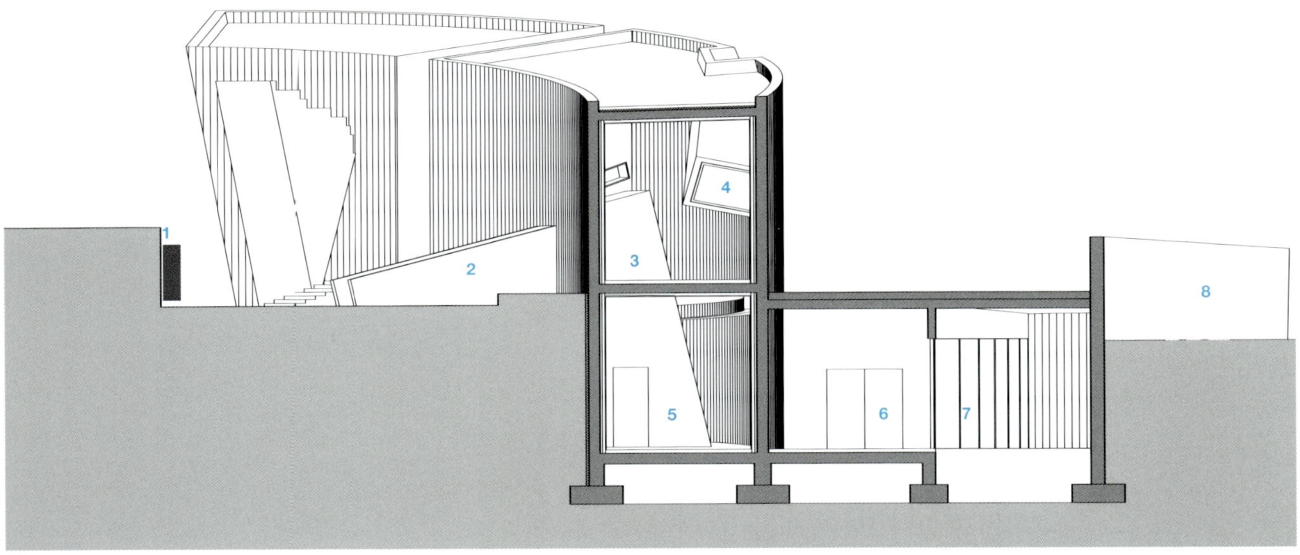

03.04
작업실 단면도
B-B
1:200
1 기존 옹벽
2 동쪽 계단
3 상부층 갤러리
4 지붕 절개형 창
5 하부층 갤러리
6 스프레이실
7 하역장
8 옹벽

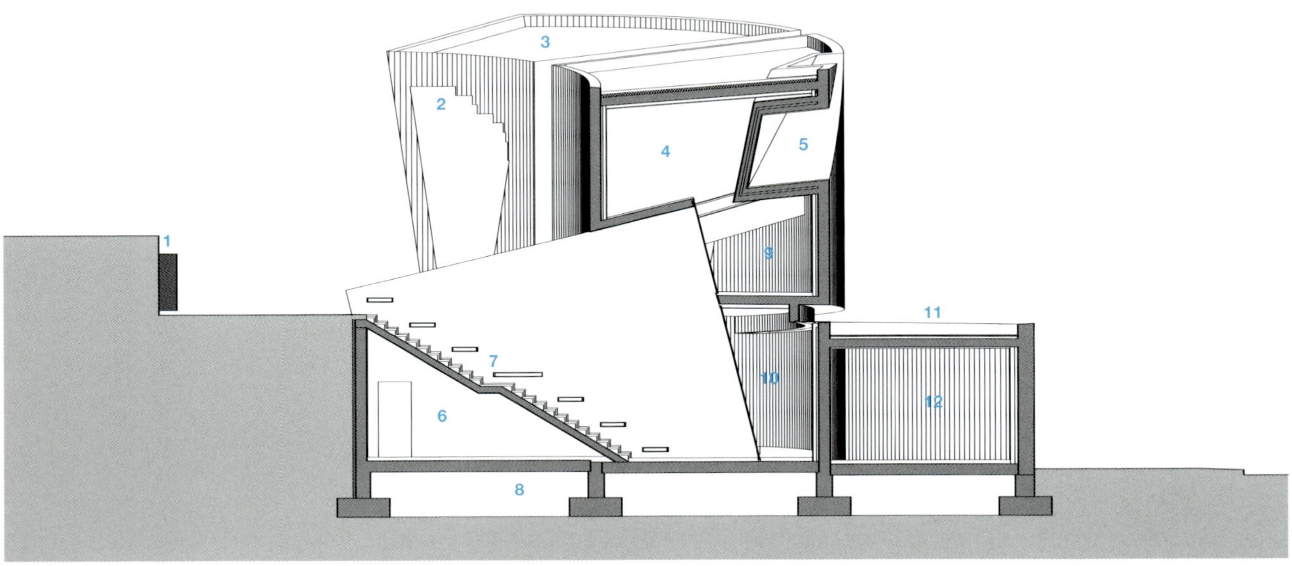

03.05
동쪽 계단 단면도
C-C 1:200
1 기존 옹벽
2 외부 갤러리
3 지붕
4 상부층 갤러리
5 지붕 절개형 창
6 창고
7 동쪽 계단
8 환기가 이루어 지는 지하 공간
9 2층 갤러리
10 1층 갤러리
11 작업실 상부 자갈 마감 지붕
12 작업실

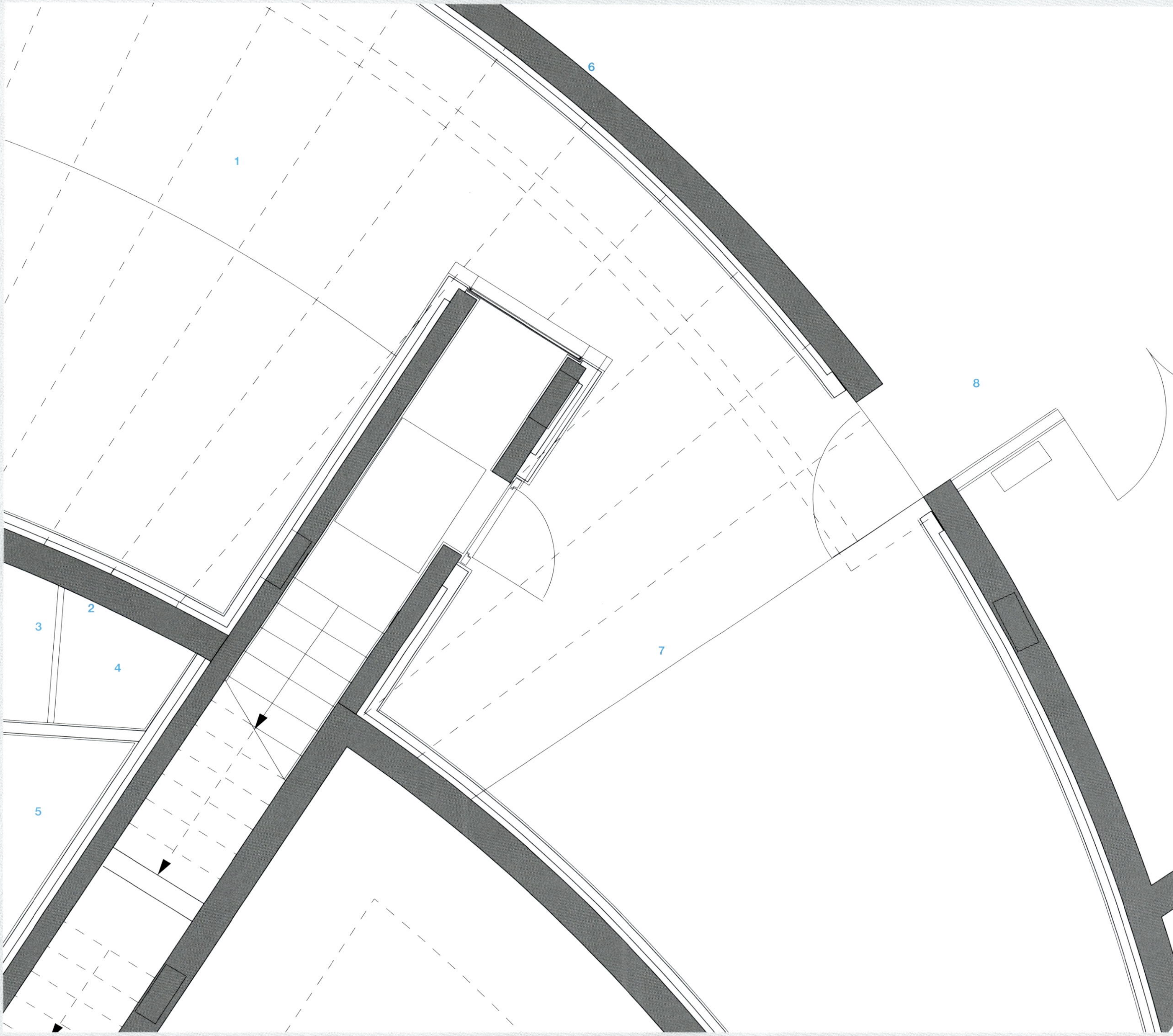

03.06
1층 평면 상세도
1:50

1 스크리드가 사용된 바닥 및 초벌 후 도색 마감 천정으로 이루어진 하부층 갤러리
2 초벌 후 도색 마감 외벽
3 타일 마감 바닥 및 초벌 후 도색 마감 천정으로 이루어진 화장실
4 타일 마감 벽 및 바닥으로 이루어진 샤워실
5 스크리드가 사용된 바닥 및 초벌 후 도색 마감 천정으로 이루어진 다용도실 및 창고
6 초벌 후 도색 마감 외벽
7 경사도 3%의 램프
8 작업실

04
Georg Driendl

Solar Tube
Vienna, Austria

Area
308 square metres (3,315 square feet)

Project Team
Reinhard Weber, Martina Ziesel, Franz Driendl

Structural Engineer
Ernst Illetschko

Mechanical Engineer
Ing. Franz Bergles

Solar tube는 대부분 단일 가족을 위한 주택들이 모여 있는 비엔나 북서쪽 외곽의 한적한 주택 지구에 위치하고 있다. 경사가 급한 대지에 위치하고 있는 이 건물은 서로 다른 높이의 5개 레벨을 연결하며, 수직 동선을 담고 있는 유리 아트리움을 중심으로 공간이 구성되어 있다. 테라스와 동일한 높이에 위치하는 거리로부터의 진입은 거실로 직접 이어지는 경사로를 통해 이루어진다. 또한 건물 반대편에 위치하는 거리로부터 10m 아래 높이의 진입부에서 계단을 따라 건물에 진입할 수도 있다. 건물의 전면에 걸쳐 설치된 유리벽을 통해 또렷하게 보이는 투명성이라는 설계상의 컨셉은 건물을 수직적으로 가로지르며 이어진다.

여러 개의 레벨과 이를 이어주는 복도들은 주택 내부는 물론 외부의 자연 경관에 대한 조망을 제공한다. 건물을 이루는 구조는 그 자체로 조명 장치이자 집열 장치로써 기능할 수 있도록 설계되었다. 대지 주변의 많은 수목은 건물에 무수한 그림자를 드리우며 넓은 면적의 유리 파사드를 가능케 한다. 지붕과 각 층의 슬라브 또한 부분적으로 투명하게 만들어져 아트리움이 건물 전체에 걸쳐 조명과 환기의 역할을 담당할 수 있도록 하고 있다. 하절기 동안 실내의 높은 열은 마치 굴뚝처럼 아트리움을 통해 위로 올라가 개방이 가능한 환기 판넬에서 외부로 배출된다. 동절기에는 넓은 유리 파사드를 통해 태양 에너지를 받아들임으로써 난방 비용을 절약하는 효과를 거두기도 한다. Solar tube는 단 5개월 만에 완공되었는데, 이는 주로 사전 제작된 자재 또는 기성 재료들을 사용함으로써 가능했다. 흑색으로 도색된 철 구조체는 내부 공간과 목제 판넬, 창, 유리 등의 프레임 등에서 겉으로 드러나 건물에 입체적인 아름다움을 부여하고 있다.

1

1 대지에 서 있는 수목들이 드리우는 그림자는 바닥에서 천정까지 전면에 유리를 사용하면서도 내부 공간이 과열되지 않을 수 있도록 하고 있다. 유리 파사드는 또한 주택 내부를 관통하는 조망을 제공하기도 한다.
2 정원에서는 건물의 전체 모습을 또렷하게 볼 수 있다. 기울어지거나 휘어진 유리는 동절기에 내부 공간에 최대한의 열을 받아들일 수 있도록 설계된 것이다.
3 유리로 이루어진 디테일은 내부 공간으로도 이어진다. 화장실에는 반투명 유리로 이루어진 판넬이 추가되어 목제 캐노피를 통하는 화려한 경관을 제공한다.
4 건물의 주 동선을 담고 있는 중앙의 아트리움은 건물 전체에 걸쳐 빛을 제공하는 장치로 기능하기도 한다.

2

3

4

04.01
3층 평면도
1:200

1 침실1
2 침실2
3 욕실
4 욕실
5 계단실
6 개구부
7 갤러리
8 침실3
9 침실4

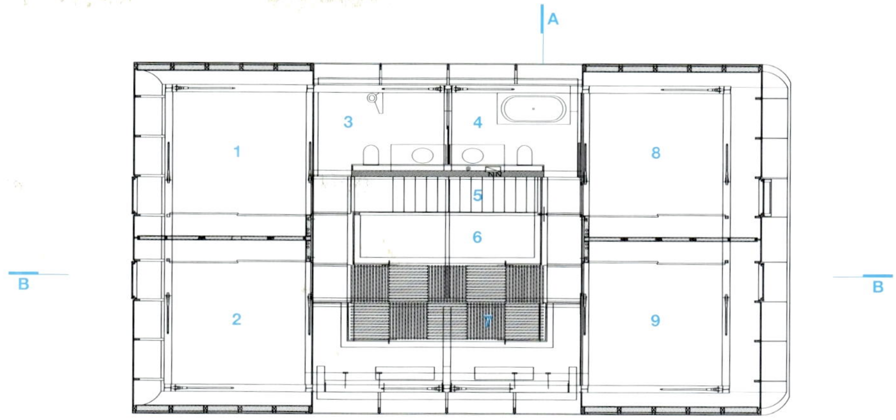

04.02
2층 평면도
1:200

1 욕실
2 주방
3 거실

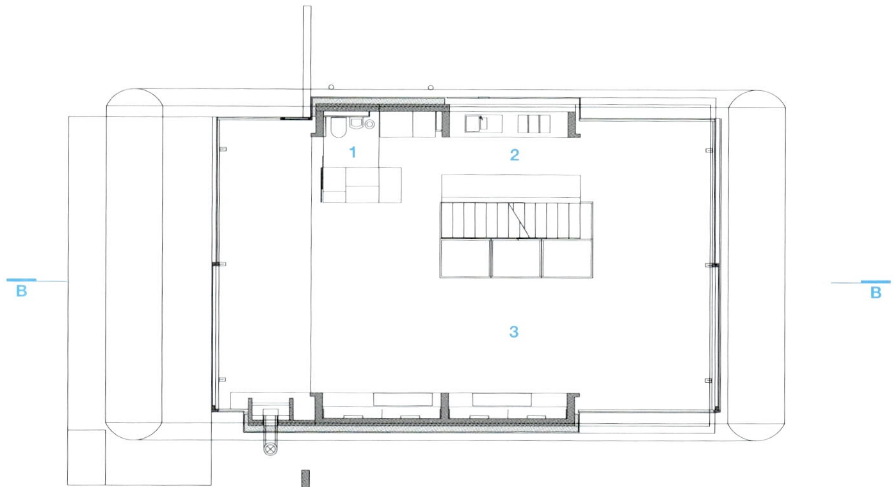

04.03
1층 평면도
1:200

1 테라스
2 공작실
3 욕실
4 창고
5 현관
6 사무실

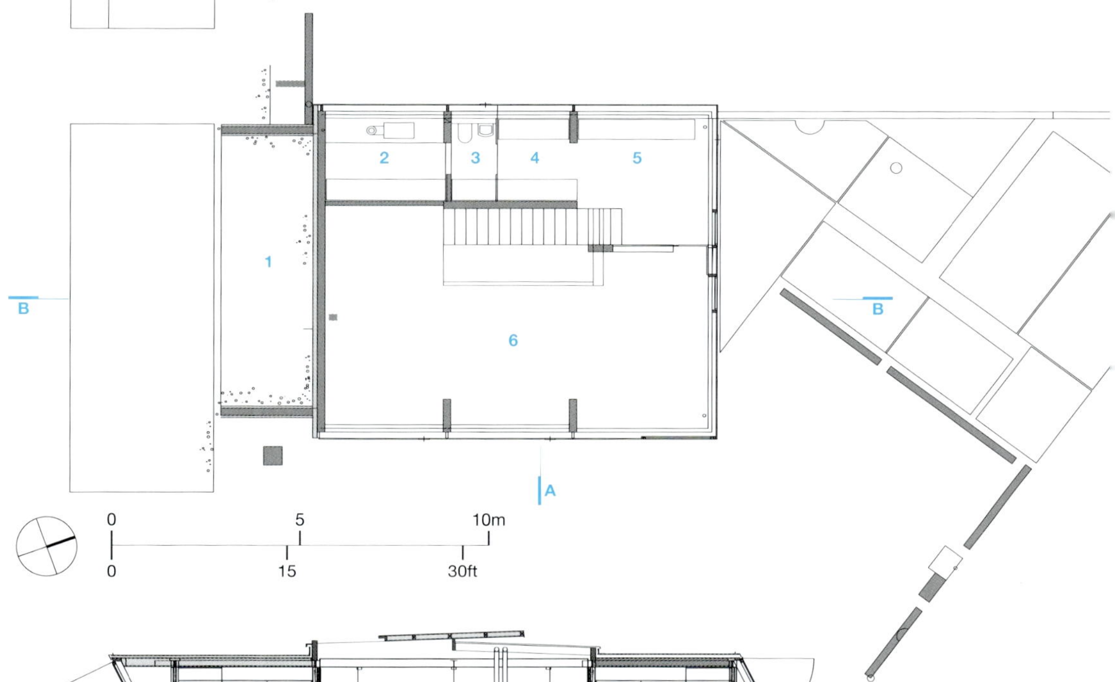

04.04
단면도 A-A
1:200

1 욕실
2 갤러리
3 침실
4 거실
5 주방
6 사무실
7 현관

04.05
단면도 B-B
1:200

1 침실2
2 갤러리
3 침실4
4 거실
5 거실
6 사무실

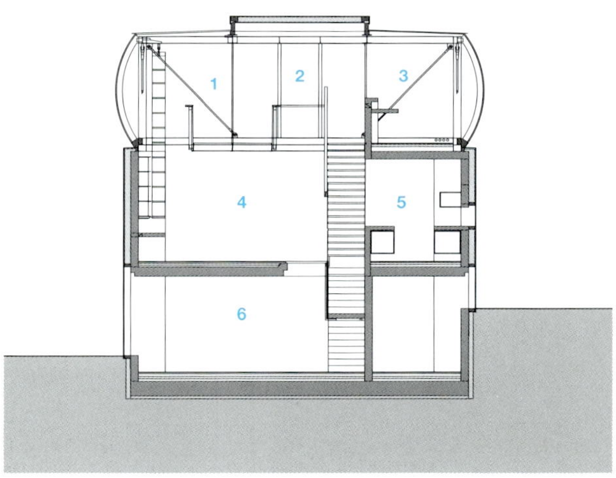

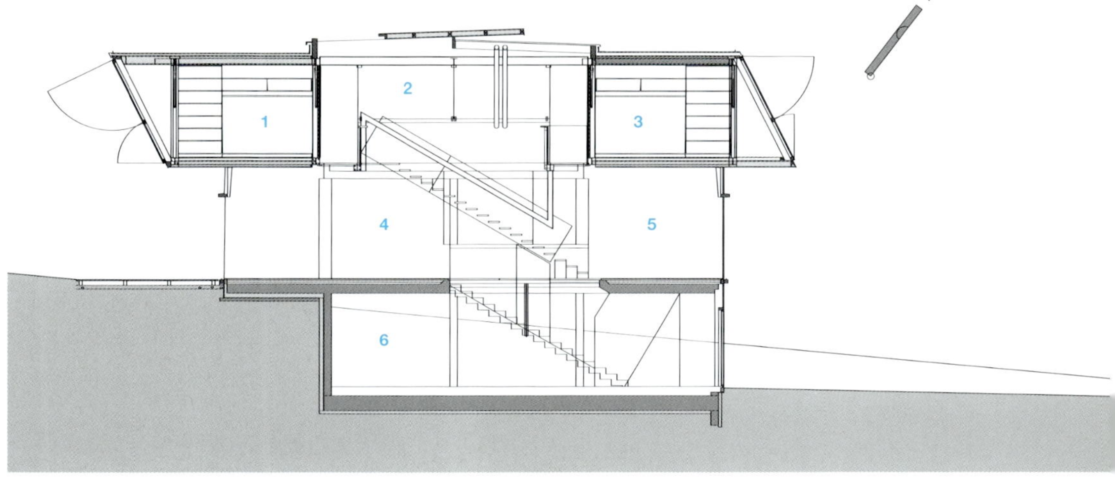

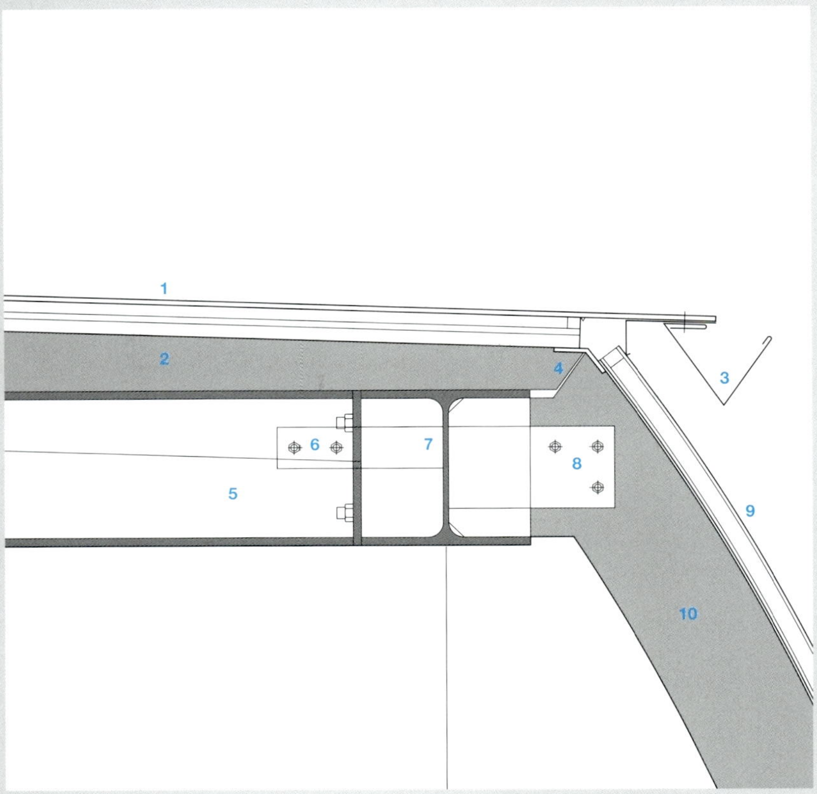

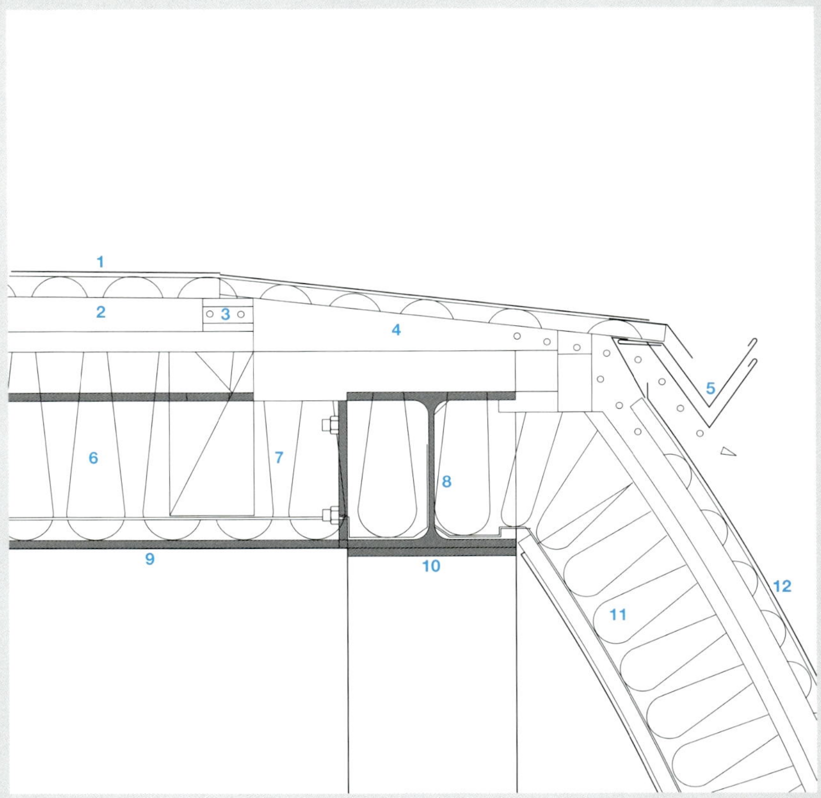

04.06
고정창 상세도 1
1:10

1 단열 유리
2 집성재 보
3 낙수홈통
4 철제 앵글
5 철제 보
6 철제 플랜지
7 철제 보
8 철제 플랜지
9 곡선형 단열 유리
10 곡선형 집성재 보

04.07
고정창 상세도 2
1:10

1 고무시트로 마감한 목조 지붕 구조체
2 환기구
3 철제 앵글
4 하부 구조체 및 환기구
5 낙수홈통
6 단열재
7 단열재
8 철제 구조체 상부 단열재
9 합판
10 철골 구조체
11 목제 보 및 단열재
12 Uginox 시트로 마감한 목재 외장재

04.08
고정창 상세도 3
1:10

1 철제 시트 상부 고무자재
2 철제 프레임을 사용한 지붕창
3 Uginox 시트 마감
4 목제 판넬
5 철골 구조체
6 낙수홈통
7 Uginox 시트 마감

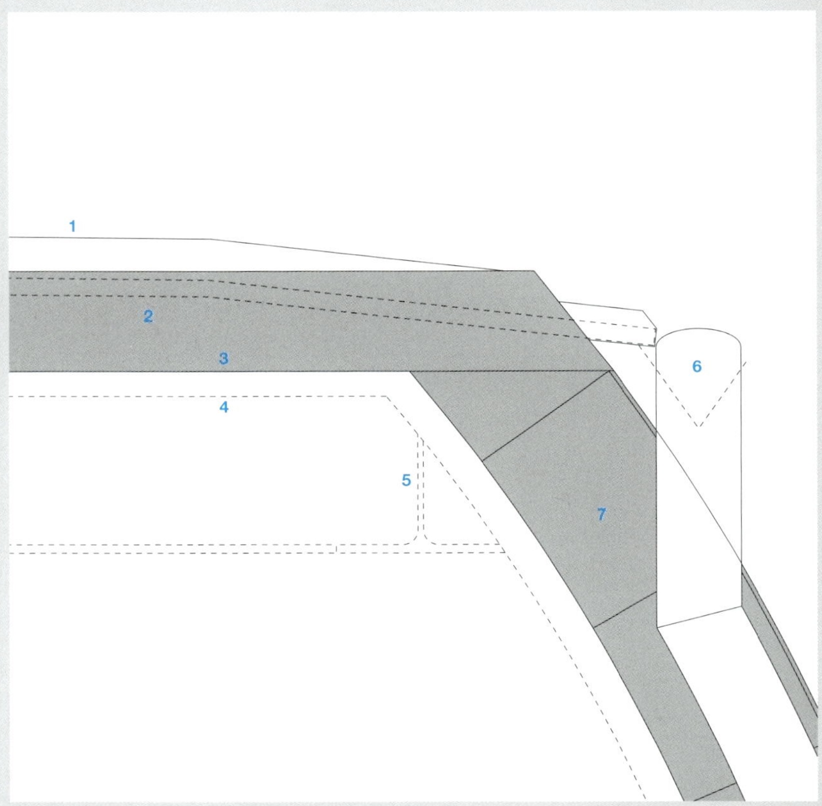

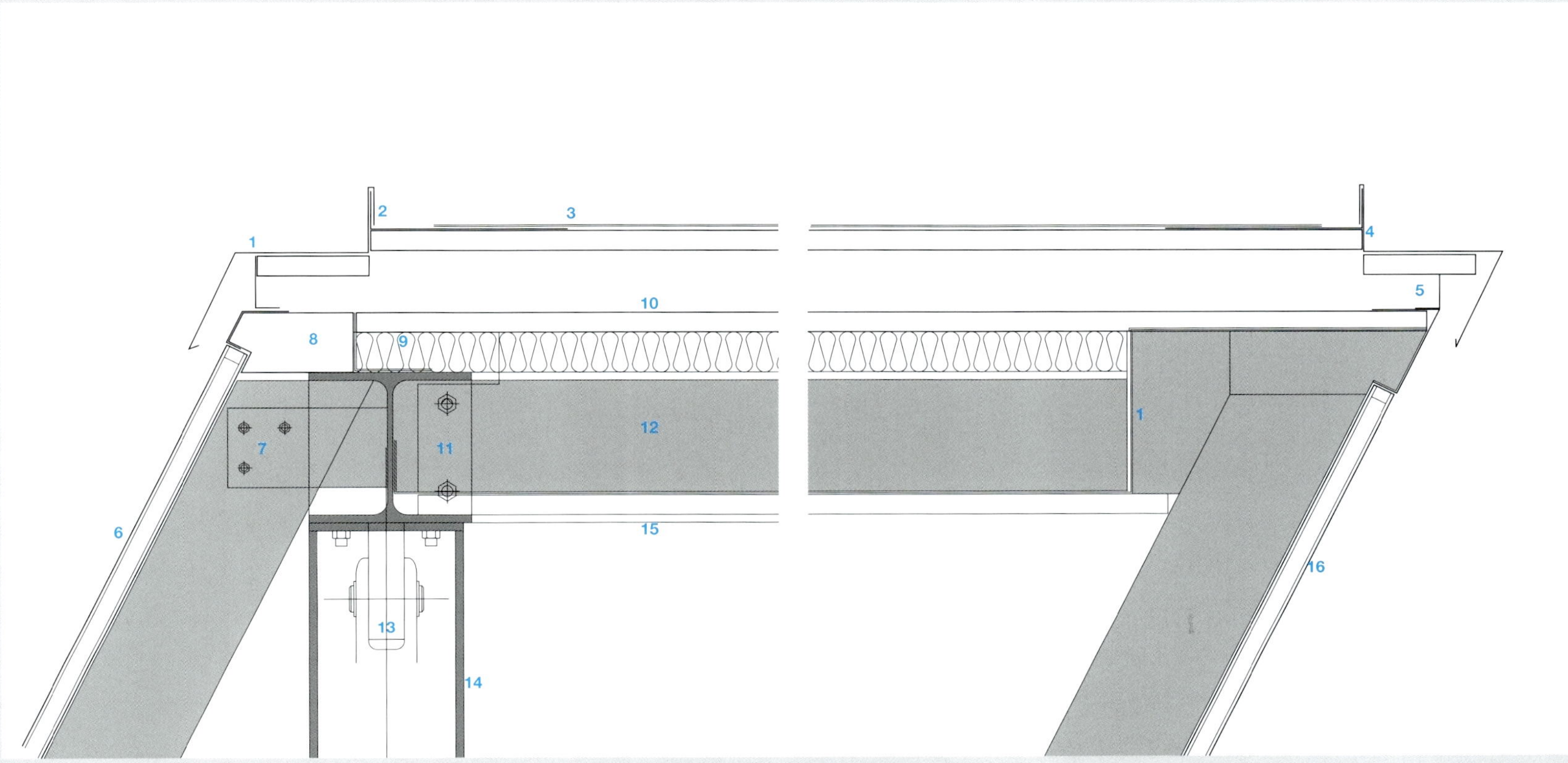

04.09
고정창 상세도 4
1:10

1 금속 플래싱
2 용접 판금
3 고무 지붕 외장재
4 금속 플래싱
5 환기구
6 단열 유리
7 철제 플랜지
8 단열재
9 단열재
10 합판 구조체
11 철제 플랜지
12 철골 구조체
13 텐션 로드
14 철골 구조체
15 합판
16 단열 유리

04.10
고정창 상세도 5
1:10

1 철제 시트 상부 고무 자재
2 철제 프레임을 사용한 지붕창
3 Uginox 시트
4 목제 판넬
5 철골 구조체
6 낙수홈통
7 Uginox 시트

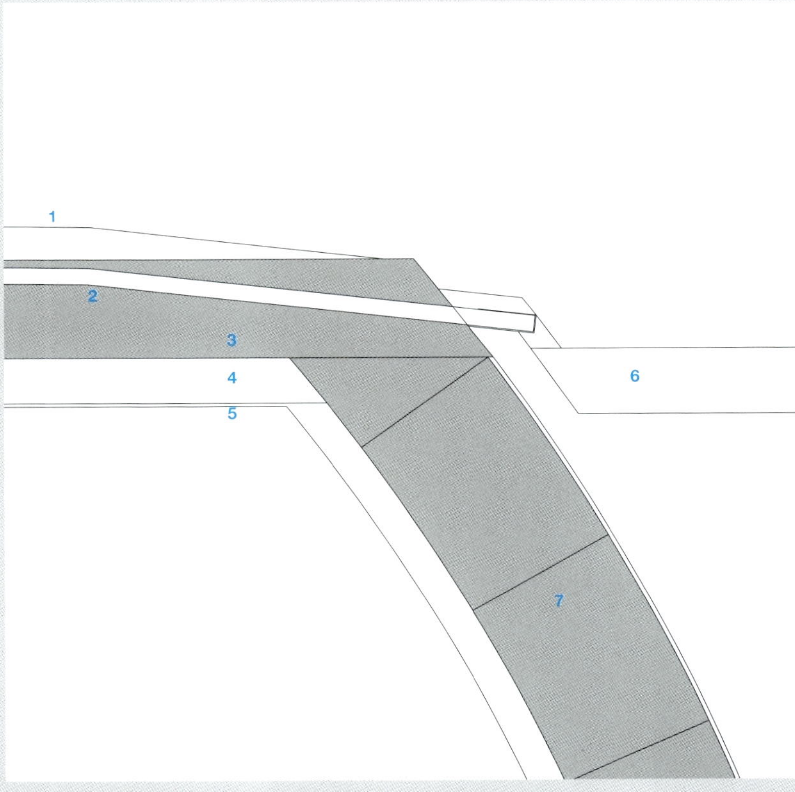

05
Jim Jennings Architecture

Visiting Artists' House
Geyserville, California, USA

Client
Oliver Ranch – Steven and Nancy Oliver

Area
348 square metres (3,745 square feet)

Project Team
Jim Jennings, Cheri Fraser, Troy Schaum, Paul Burgin, Les Taylor, May Fung, Michael Lin

Consulting Architect
Tim Perks

Structural Engineer
Kevin Clinch

Electrical and Lighting Consultant
Dan Dodt

Landscape Architect
Andrea Cochran

과거 소노마 주의 양떼 목장이었던 언덕 정상부의 대지는 이제 Richard Serra, Bruce Nauman, Martin Puryear 등의 조각 작품을 담는 공간으로 사용되고 있다. 건물 자체가 대지의 특성에 기반을 둔 하나의 조각 작품처럼 설계된 이 건물은 언덕면을 절개하고 있는 2개의 육중한 현장 타설 콘크리트 벽으로 규정지어진다. 2개의 벽은 평행을 이루고 있는 듯이 보이지만, 실제로는 건물 내부의 공간들에 의해 분리되기도 하고, 통합되기도 하는 구성을 통해 공간의 확장과 공간들이 형성하는 원근감을 더욱 부각시키고 있다. 두 벽이 통합되는 지점에서 밖을 바라보면, 눈에 보이는 사물들은 실제보다 더 크고 가깝게 느껴진다. 두 벽이 분리되는 지점에서는 이와 반대의 작용을 경험할 수 있다.

건물의 길이에 걸쳐 계속적으로 변화하는 바닥의 레벨은 변화무쌍한 단면을 만들어 낸다. 이러한 내부적인 변화를 통해 콘크리트 벽 내측의 공간과 표면들은 대지의 특성을 그대로 간직한채 조각적인 느낌을 얻게 된다. 2개의 콘크리트 벽 사이에 떠 있는 단풍나무 천장은 벽을 따라 내부 공간에 빛을 받아들이며 내측 벽면의 조각적인 느낌을 강조한다. 천장과 벽 사이에 설치된 유리창은 벽 속으로 파고 드는 창의 위치에 의해 벽의 외부 경계가 끊어지지 않도록 세밀하게 설계되었다. 건물에 사용된 모든 상세는 설계 개념을 가장 순수한 형태로 표현해 낸다는 의도에 따라 신중하게 다뤄졌다.

1

2

1 건물의 양쪽 끝에 위치하는 테라스는 자연 경관을 바라볼 수 있는 소박한 사색의 공간을 은물론, 마치 파수꾼처럼 나무들 사이로 조각 작품들이 서 있는 목장의 풍경을 향해 넓은 조망을 제공한다.
2 2개의 거주 영역은 현장 타설 콘크리트 벽 사이에 유리 커튼월, 철제보, 금속 지붕 데크를 단순하게 배치한 형태로 이루어져 있다. 2개의 콘크리트 벽 사이에 좁은 틈을 만들고 있는 계단은 (좌) 2개의 거주 영역을 서로 분리시킴과 동시에 연결하기도 하는 중앙의 중정을 향해 열려 있다. 콘크리트로 둘러 싸인 이 공간 안에는 Donald Judd의 작품인 한 쌍의 의자만이 놓여져 있다.

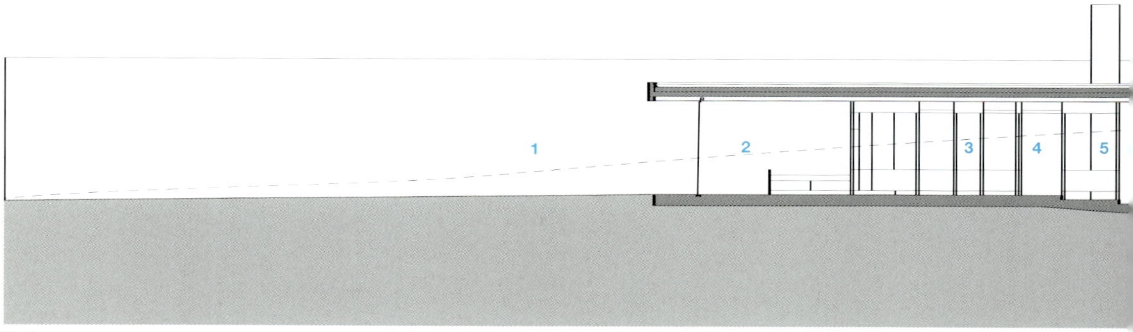

C–C

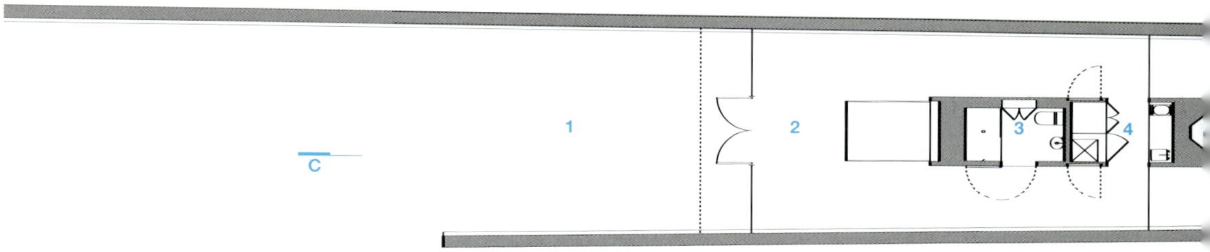

3 **3** David Rabinowitch의 예술 작품을 담기 위해, 철근콘크리트 벽에는 잔골재가 사용되었으며 10cm (4인치) 두께의 스크리드가 설치되었다. 이에 따라 작가는 구조체에 영향을 미치지 않으면서도 자유롭게 벽면을 파낼 수 있었다. 천장 양단에 위치하고 있는 유리 창은 콘크리트 벽면에 자연광을 드리운다.

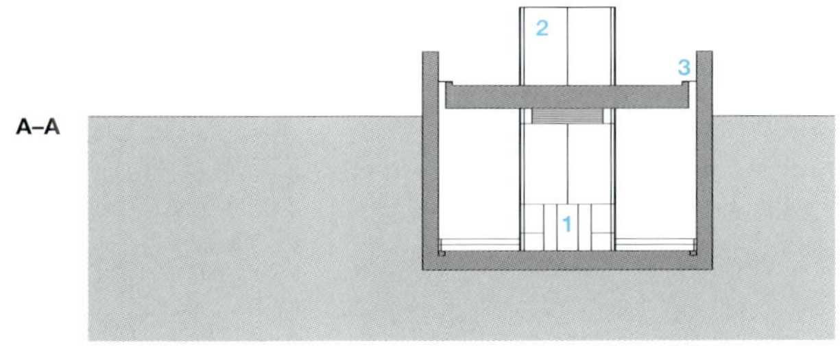

05.01
단면도 A-A
1:200

1 벽난로
2 굴뚝
3 창

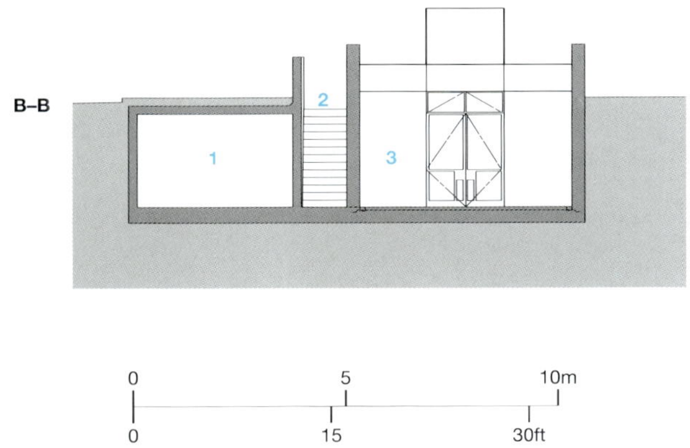

05.02
단면도 B-B
1:200

1 다용도실
2 외부 계단
3 중정측 유리 파사드

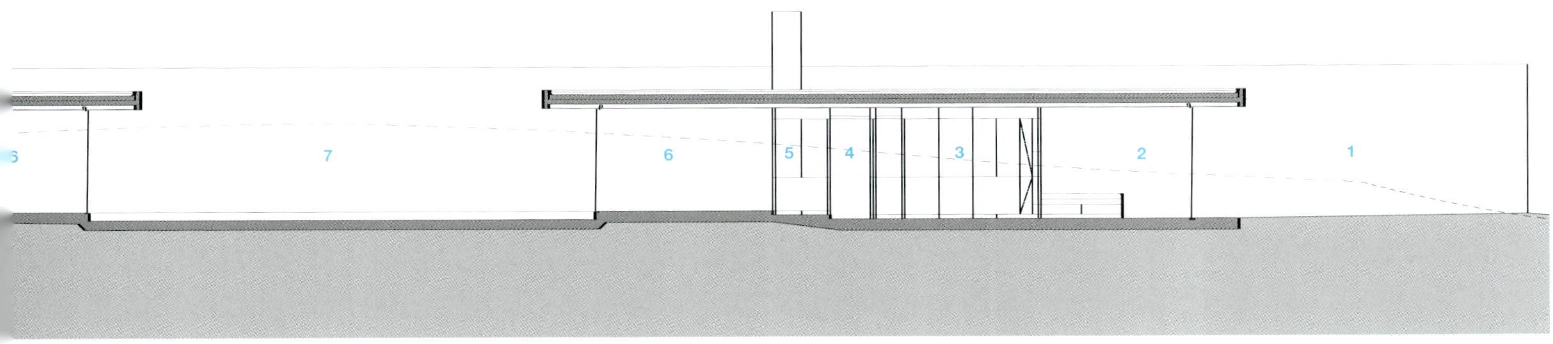

05.03
단면도 C-C
1:200

1 테라스
2 침실
3 욕실
4 주방
5 벽난로
6 거실
7 중정

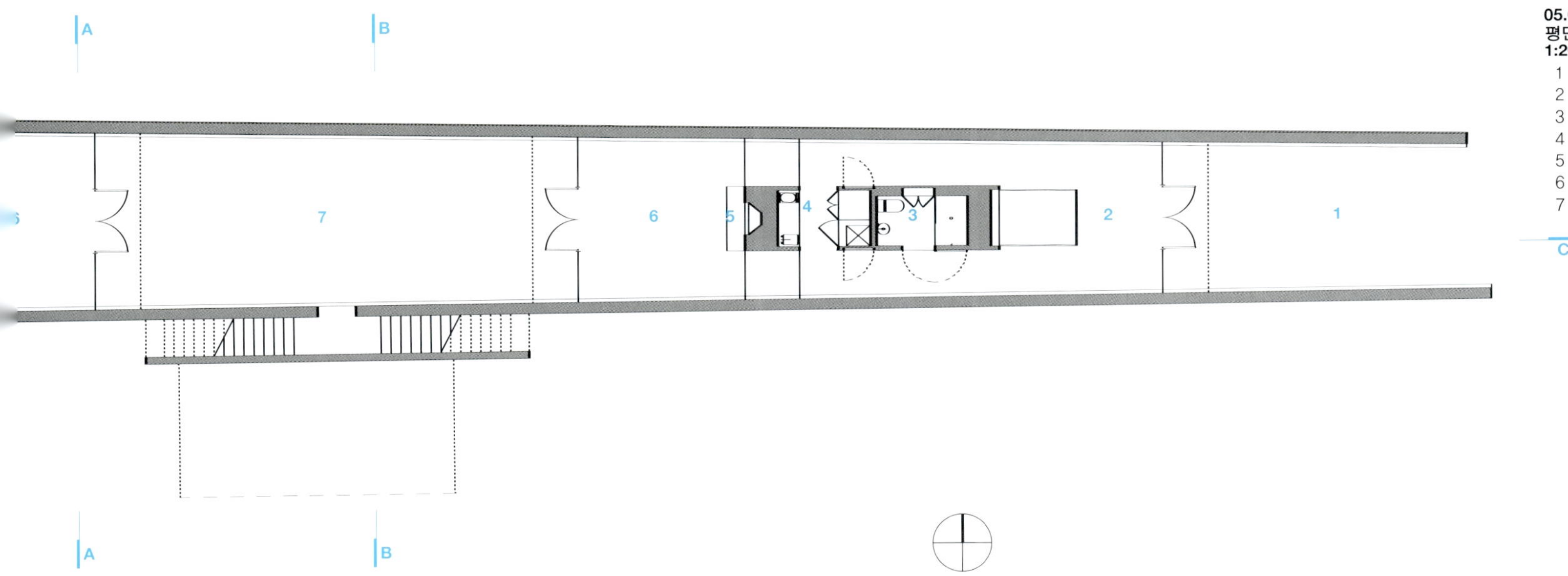

05.04
평면도
1:200

1 테라스
2 침실
3 욕실
4 주방
5 벽난로
6 거실
7 중정

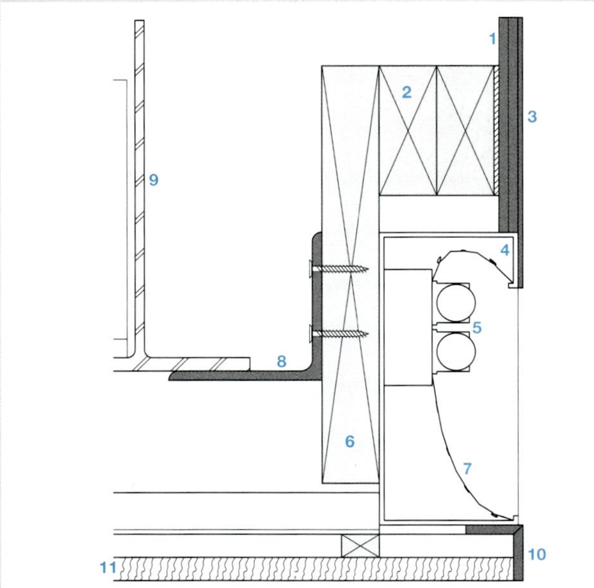

05.05
매립식 조명 상세도
1:5

1 12.5mm (1/2인치) 합판
2 목재 조각 2개
3 알루미늄 판넬
4 기성 판금 자재
5 선형 조명 장치
6 오리대
7 기성 조명 반사판
8 100 X 100mm (4 X 4인치) 철제 앵글
9 현수식 I형강 보
10 37 X 37 X 6mm (1 1/2 X 1 1/2 X 1/4인치) 양극산화처리 알루미늄 앵글
11 목제 선형 천장재

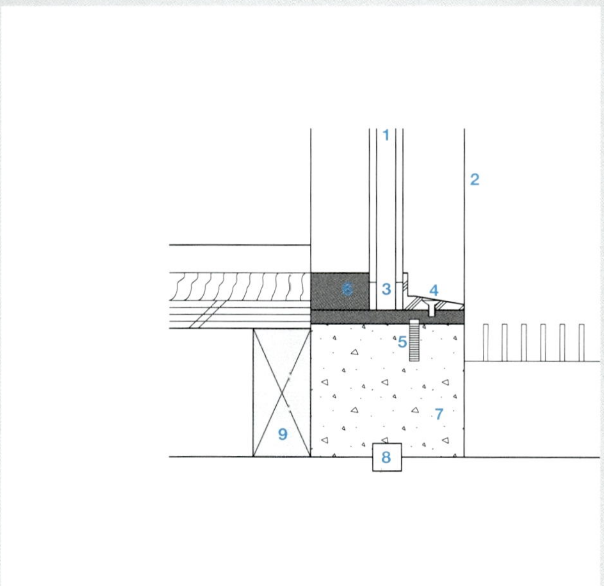

05.06
창 하인방 상세도
1:5

1 5mm (1/4인치) 강화 유리
2 스테인레스 스틸 문설주
3 2 X 5mm (1/8 X 3/8인치) 글레이징 테이프
4 압연 알루미늄제 도어 스탑
5 연석으로부터 305mm 중심에 천공 후 접착제로 고정된 샛기둥
6 5mm (1/4인치) 스테인레스 스틸 문지방
7 콘크리트 연석
8 지수재
9 압착 고정된 오리대

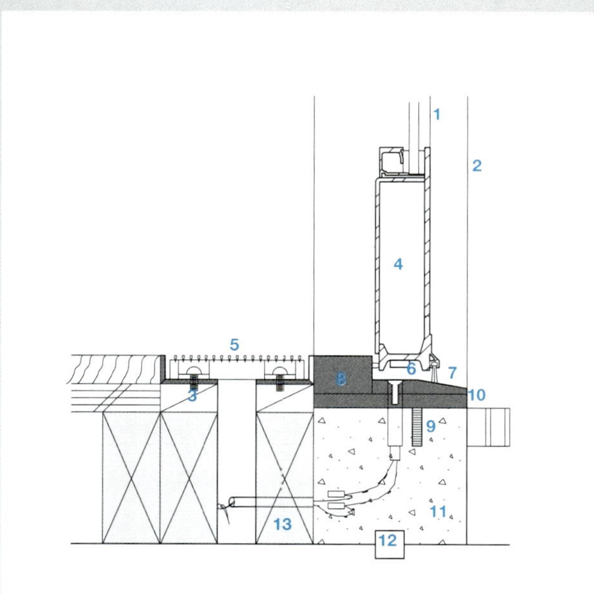

05.07
문 하인방 상세도
1:5

1 창
2 스테인레스 스틸 문설주
3 창살을 지지하는 자재에 용접된 스테인레스 스틸 앵글
4 기성 창 및 프레임
5 8mm (3/8인치) 스테인레스 스틸 창살
6 고무 하인방에 설치된 자석
7 5mm (1/4인치) 압연 알루미늄제 하인방 플레이트
8 문 하인방에 설치된 턱
9 연석으로부터 305mm (12인치) 중심에 천공 후 접착제로 고정된 샛기둥
10 5mm (1/4인치) 스테인레스 스틸 문지방
11 콘크리트 연석
12 지수재
13 압착 고정된 오리대

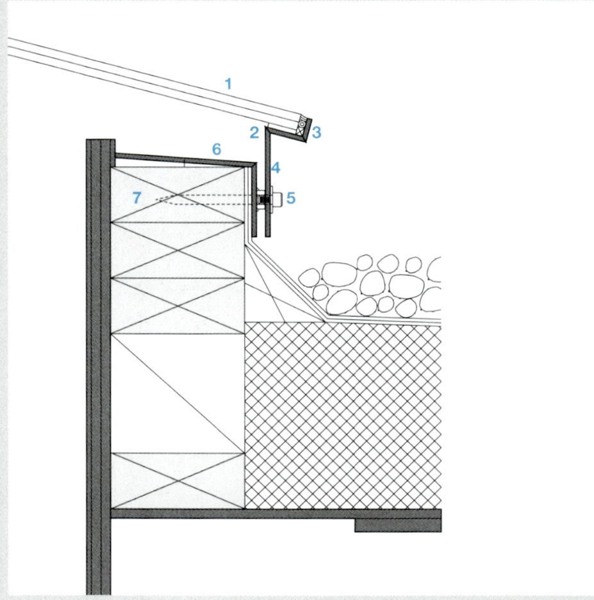

05.08
천창 프레임 상세도
1:5

1 7mm (3/8인치) 강화 합판 유리
2 글레이징 테이프
3 백업재 및 실런트
4 2mm (1/8인치) 스테인레스 스틸 플레이트로 만든 창틀
5 6mm (1/4인치) 스테인레스 스틸 육각형 소켓, 305mm (12인치) 중앙에 덮개 및 씰링 와셔를 나사로 고정
6 기성 제품인 2mm (1/8인치) 스테인레스 스틸 플레이트 연석 프레임
7 연석 프레임에 사용된 래그 볼트

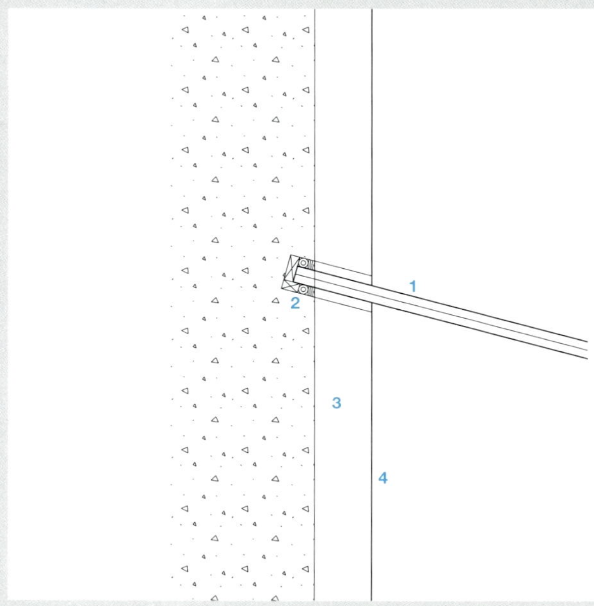

05.09
천창의 설치를 위한 콘크리트 벽 절단부 상세도
1:5

1 강화 합판 유리
2 백업재 및 실런트
3 콘크리트의 절단을 위해 보강 철근이 설치되지 않은 부분
4 콘크리트 내측 경계선

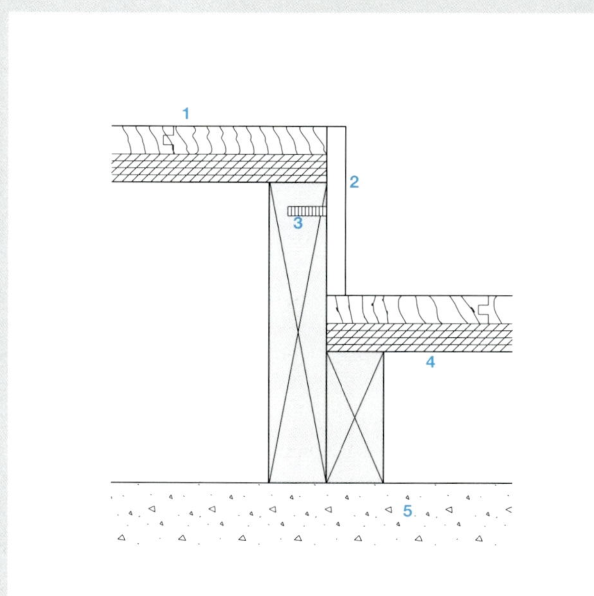

05.10
벽난로 단 상세도
1:5

1 장부이음식 목조 바닥판
2 12.5mm (1/2인치) 스테인레스 스틸 플레이트
3 에폭시 수지로 고정시킨 스터드
4 18mm (3/4인치) 합판 바탕 마루
5 철근콘크리트 바닥 슬라브

05.11
창문 및 문 상부 상세도
1:5

1 자갈 지붕 외장재
2 지붕
3 철제 보
4 롤러로 작동되는 창문 블라인드
5 현수식 목제 선형 천장재
6 37 X 18mm (1 1/2 X 2/3인치) 양극산화처리 알루미늄 부재
7 유리문 및 창
8 현수식 알루미늄 천장재
9 100 X 75 X 6mm (4 X 3 X 1/4인치) 스테인레스 스틸 앵글
10 100 X 75 X 6mm (4 X 3 X 1/4인치) 스테인레스 스틸 앵글

05.12
천창 상세도
1:5

1 7mm (3/8인치) 강화 합판유리
2 백업재 및 실런트
3 글레이징 테이프
4 2mm (1/8인치) 스테인레스 스틸 플레이트로 만든 창틀
5 6mm (1/4인치) 스테인레스 스틸 육각형 소켓, 305mm (12인치) 중앙에 덮개 및 씰링 와셔를 나사로 고정
6 기성 제작된 2mm (1/8인치) 스테인레스 스틸 플레이트 연석 프레임
7 12mm 합판 상부 알루미늄 판넬
8 목제 쐐기
9 125 X 75 X 6mm (5 X 3 X 1/4인치) 스테인레스 스틸 앵글
10 75 X 75 X 6mm (3 X 3 X 1/4인치) 스테인레스 스틸 앵글
11 100 X 75 X 6mm (4 X 3 X 1/4인치) 스테인레스 스틸 앵글
12 롤러로 작동되는 차양
13 37 X 18mm (1 1/2 X 2/3인치) 양극산화처리 알루미늄 부재
14 스테인레스 스틸 천장재

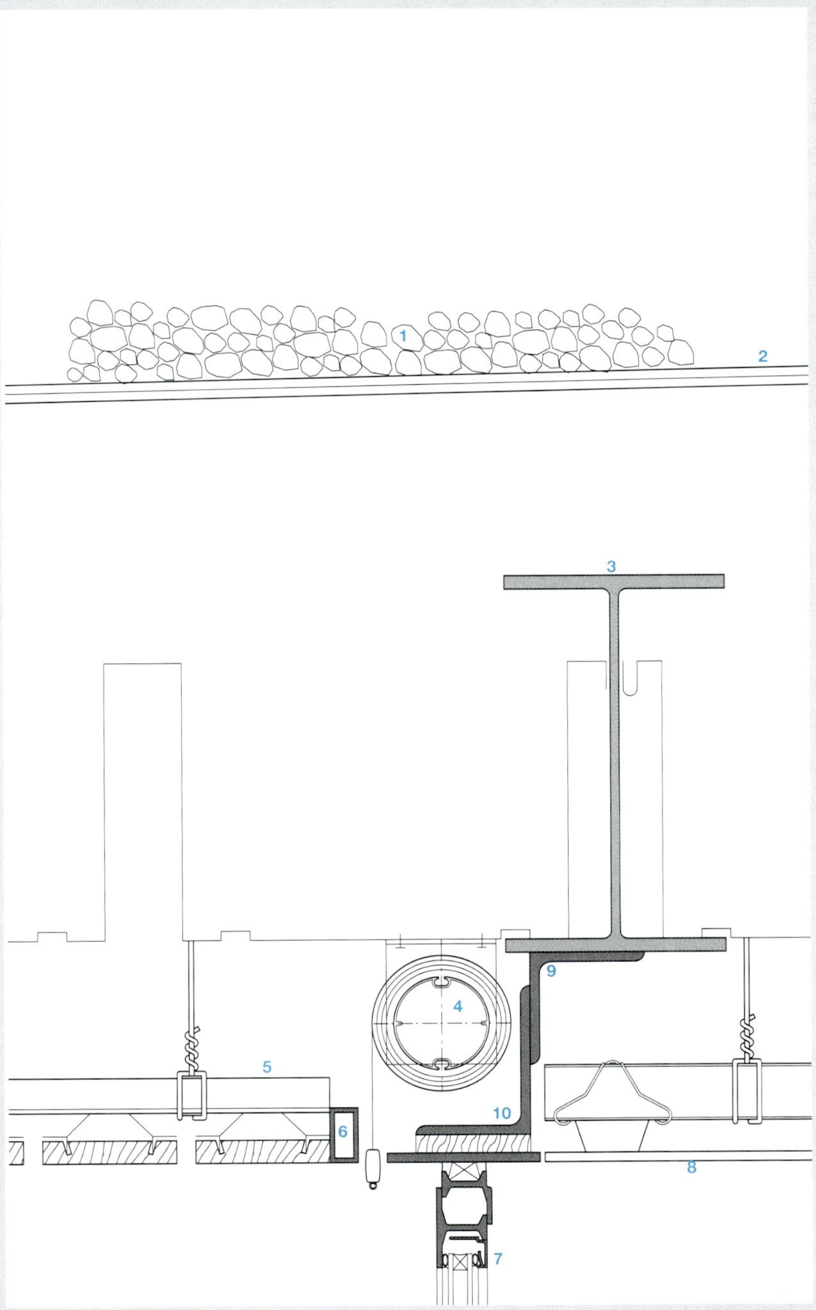

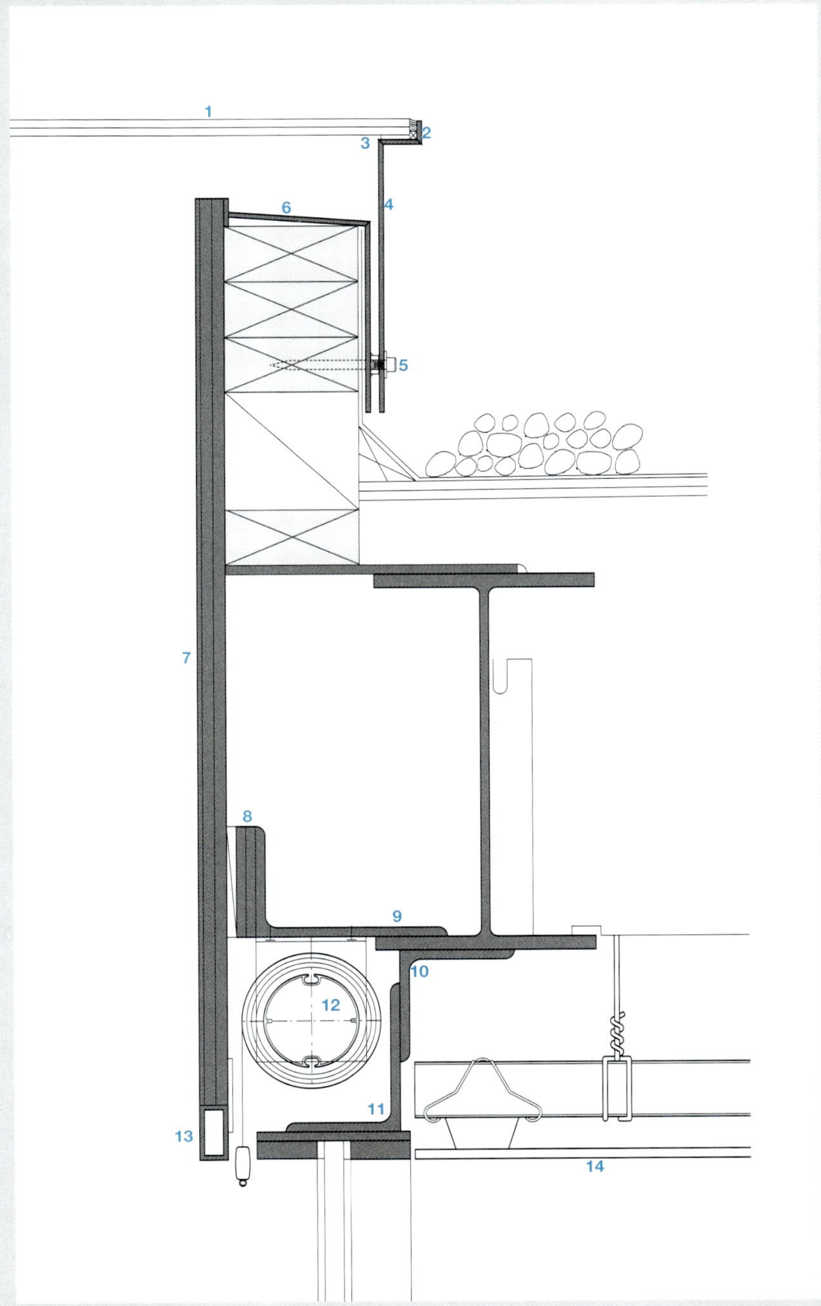

06
Kei ichi Irie + Power Unit Studio

Y House
Chita, Aichi, Japan

Area
136 square metres (1,400 square feet)

Project Team
Kei'ichi Irie, Keiko Yoshida

Structural Engineer
MIAS/Masahiro Ikeda, Akira Suzuki, Shin Yokoo

General Contractor
Maeda Construction Company

Y house는 건축가가 '섬뜩한 폭력'이라고 표현하기도 했던 일본 도시 풍경의 붕괴에 대한 건축적 항변이다. 근대 일본의 마을과 도시들은 자연과 공존했으며, 근대 도시에서 현대 도시로 이어지는 흐름의 상당 부분이 급격한 개발의 과정 속에서 끊어지게 됨에 따라 이러한 모습들이 많이 사라지게 되었다고 건축가는 설명한다. 이 인상적인 건물은 오늘날의 도시 풍경을 그대로 보여주고 있는 일련의 현대적 주택 사이에 자리잡고 있다. 건축가는 일반적인 도시적 컨텍스트를 통해서는 의미심장한 변화를 보여주는 것이 불가능하다고 생각했으며, 그럼에도 불구하고 건물이 기존의 컨텍스트에 대해 파괴적이거나 '폭력적인' 하나의 건축적 간섭이 되어서도 안된다고 생각했다.

건물의 외피는 건물의 내부 공간을 외부 환경으로부터 고립시킨다. 건물 내부로 들어서면 바닥판이 대지의 지형에 따라 경사를 이루고 있으며, 이러한 경사는 건물 후면의 성목을 향해 열려 있는 돌출된 바닥판에서 끝난다. 돌출된 테라스에 위치한 문은 건물의 외피 전체에 걸쳐 유일한 개구부로, 큰 슬라이딩 문은 수목을 들여다볼 수 있는 액자로써 기능한다. 반면 거리를 향해 열려 있는 개구부는 단지 반투명 유리를 통해 빛을 받아들이는 기능만을 수행하며, 흑색 테두리의 창을 통해 마을의 전경을 제한적으로 보여줄 뿐이다. 인근 대지에 새로운 주택이 지어질 수 있도록 설치된 옹벽과 건물을 의도적으로 분리시키기 위해 돌출된 공간을 향하고 있는 벽은 약간 절개되어 있다. 이렇게 경사지게 만들어진 콘크리트 벽면은 소음으로부터 내부 공간을 분리시킴은 물론, 대지의 컨텍스트로부터 건물 자체를 분리시키고 있기도 하다.

1

1 지면 위에 떠 있는 듯한 느낌으로 보이는 건물의 '외피'는 사적인 공간들이 위치하는 대지의 뒤쪽에 박혀 있다.
2 측면의 두터운 벽들은 인근 주택으로부터 건물을 분리시키며 고립이라는 컨셉을 극명하게 표현하고 있다.
3 눈으로 다가오는 건물의 느낌은 대부분 현장 타설 콘크리트에 의한 것이다. 매우 세장한 검은색 철재만이 공간 내부에 살짝 얹혀져 있다.
4 절개된 콘크리트 벽은 서로 교차하여 대지의 기존 지형에 따라 다양한 레벨에 내부 공간을 형성하고 있다.
5 테라스 유리벽의 흑색 철제 프레임이 사용된 문은 외부 경관을 담는 액자로써 기능한다.

2

3

4

5

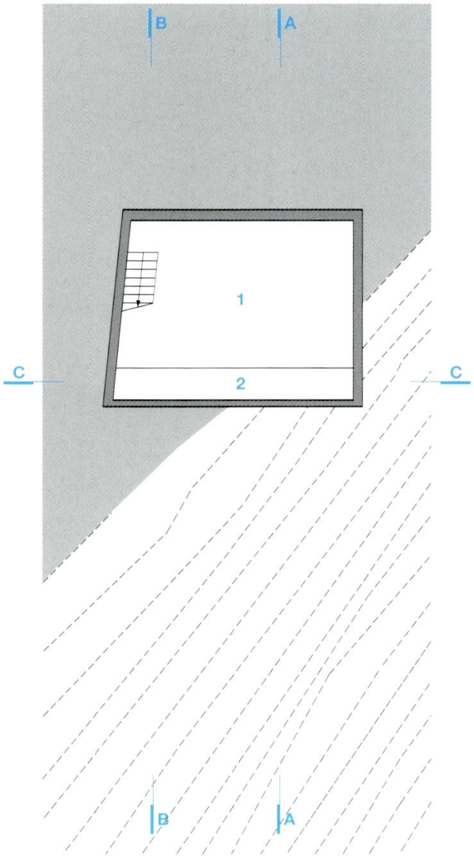

06.01
지하층 평면도
1:200
1 겨울용 침실
2 창고

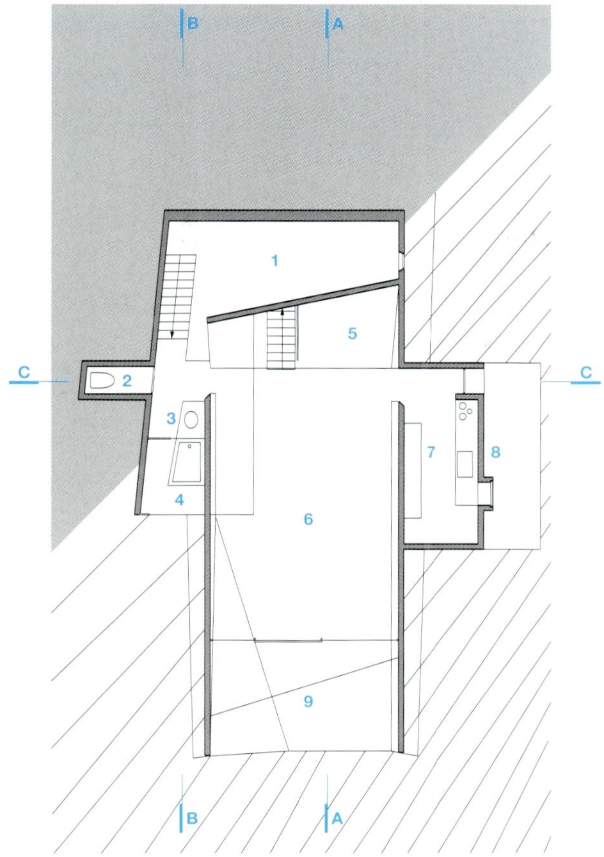

06.02
1층 평면도
1:200
1 겨울용 침실 상부 개구부
2 화장실
3 세면대
4 침실
5 경사진 바닥판
6 거실
7 주방
8 다용도 발코니
9 발코니

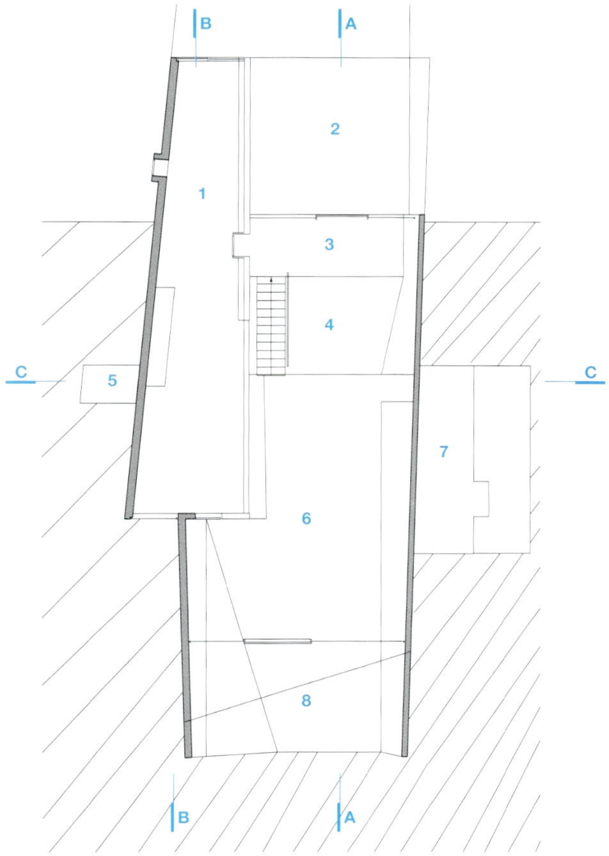

06.03
2층 평면도
1:200
1 서재 및 여름용 침실
2 차고
3 입구
4 경사진 바닥판
5 화장실로 이어지는 지붕 정원
6 거실 상부 개구부
7 주방으로 이어지는 지붕
8 발코니 하부

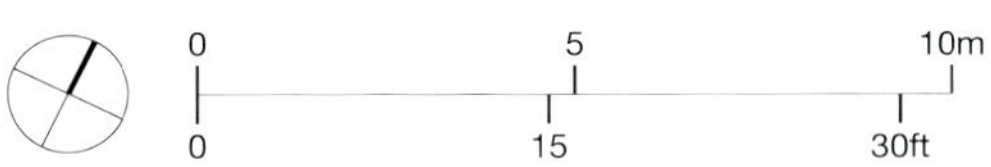

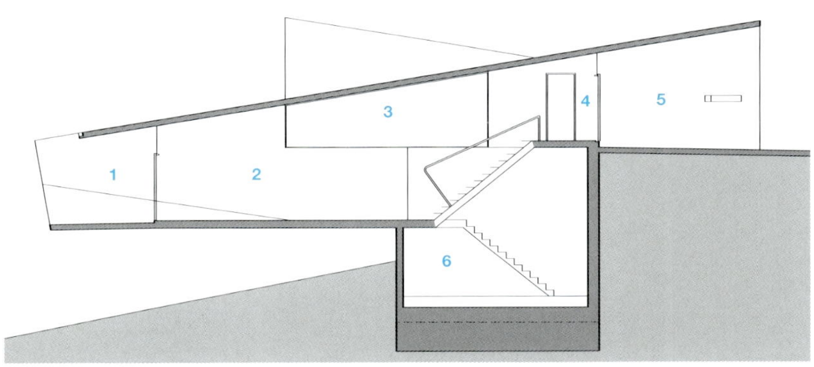

06.04
단면도 A-A
1:200
1 발코니
2 거실
3 거실 상부 메자닌층
4 입구
5 차고
6 겨울용 침실

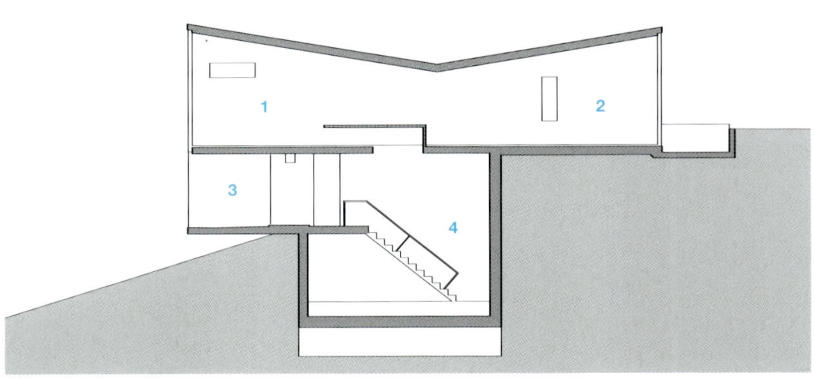

06.05
단면도 B-B
1:200
1 서재
2 여름용 침실
3 침실
4 겨울용 침실

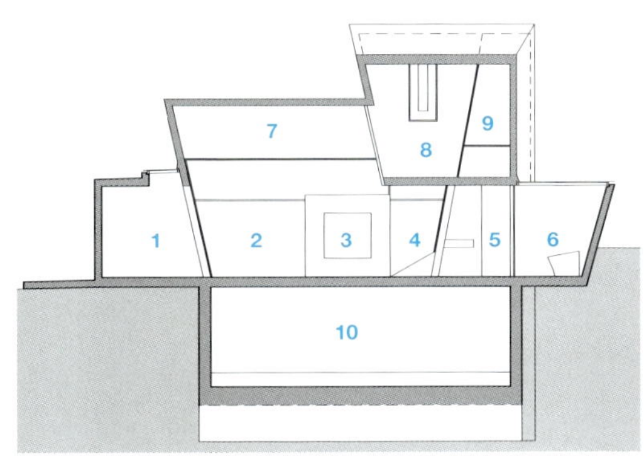

06.06
단면도 C-C
1:200
1 주방
2 거실을 향하는 창
3 거실로 통하는 문
4 거실을 향하는 창
5 침실
6 화장실
7 거실로 이어지는 이층 높이의 공간
8 서재
9 서재를 향하는 창
10 겨울용 침실

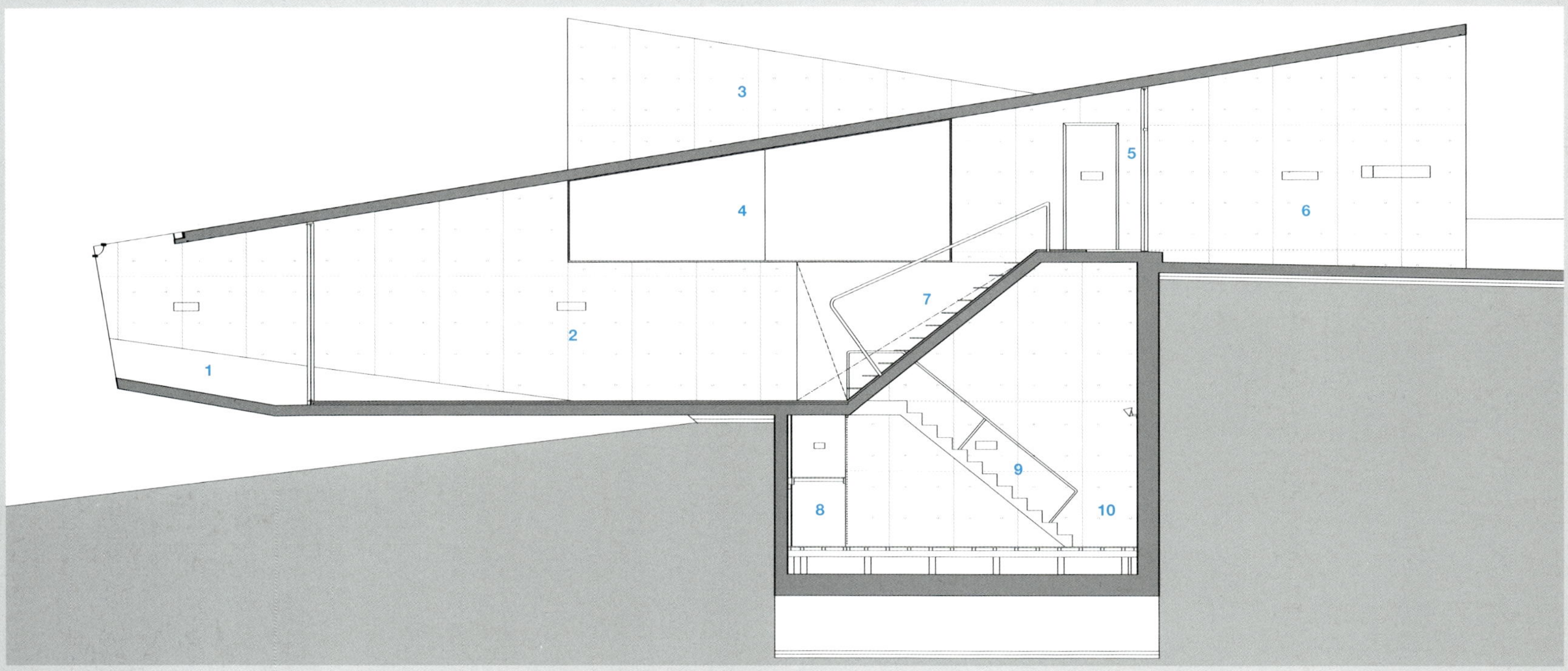

06.07
단면 상세도
1:100
1 발코니
2 거실
3 주방으로 이어지는 지붕
4 거실 상부 메자닌층
5 입구
6 차고
7 계단실
8 창고
9 계단실
10 겨울용 침실

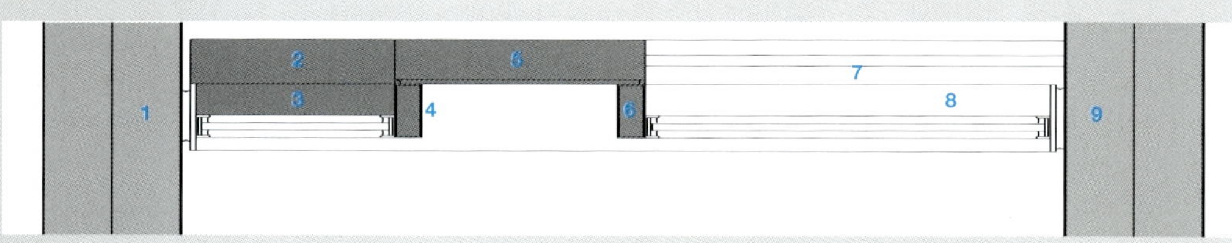

06.08
창틀 상세도
1 1:10
1 150mm (6인치) 콘크리트 벽
2 고정창
3 30 X 60mm (1 1/5 X 2 1/3인치) 각형 강관
4 고정창
5 150mm (6인치) 콘크리트 벽

06.09
창틀 상세도
2 1:10
1 150mm (6인치) 콘크리트 벽
2 철제 베이스 플레이트
3 고정창
4 30 X 60mm (1 1/5 X 2 1/3인치) 각형 강관
5 철제 프레임을 사용한 슬라이딩 문
6 30 X 60mm (1 1/5 X 2 1/3인치) 각형 강관
7 슬라이드 레일
8 고정창
9 150mm (6인치) 콘크리트 벽

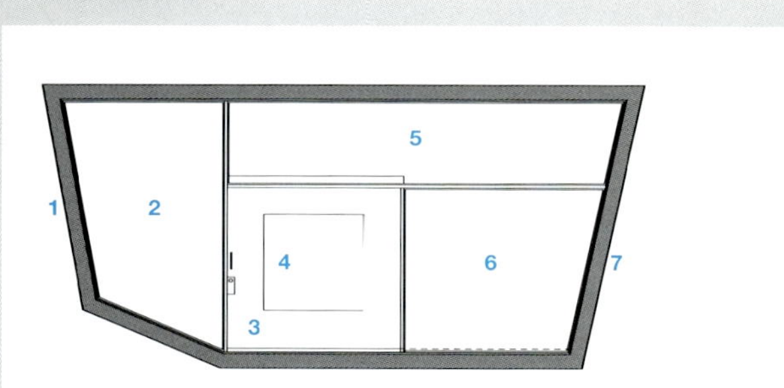

06.10
발코니 상세도
1:100
1 150mm (6인치) 콘크리트 벽
2 고정창
3 철제 프레임을 사용한 슬라이딩 문
4 슬라이딩 유리문
5 고정창
6 고정창
7 150mm (6인치) 콘크리트 벽

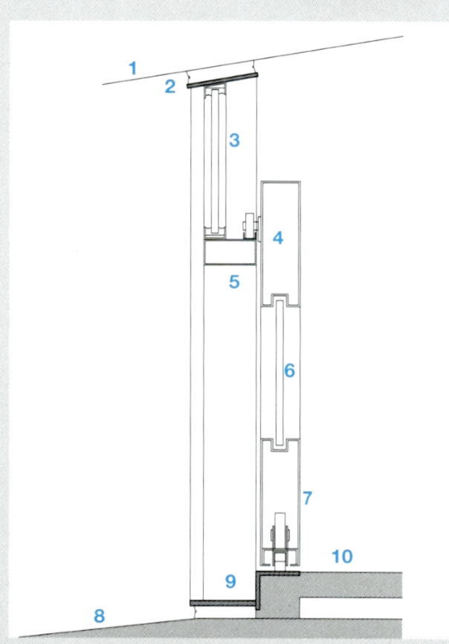

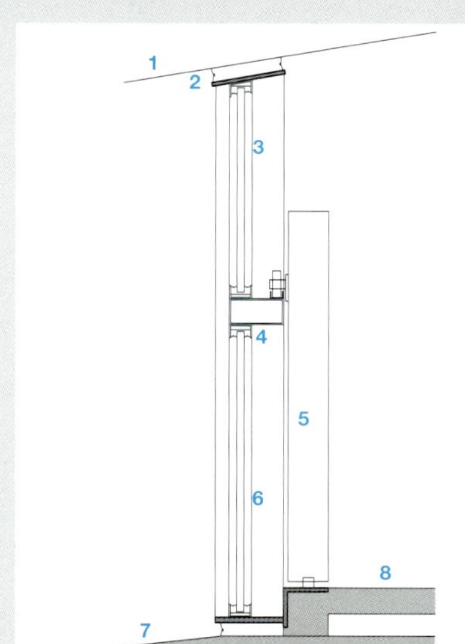

06.11
창 상세도
1 1:10
1 콘크리트 천장
2 철제 플랫 바
3 고정창
4 철제 프레임을 사용한 문
5 행거 레일
6 슬라이딩 유리문
7 철제 프레임을 사용한 문
8 발코니로 이어지는 콘크리트 슬라브
9 철제 플랫 바
10 콘크리트 슬라브

06.12
창 상세도
2 1:10
1 콘크리트 천장
2 철제 플랫 바
3 고정창
4 행거 레일
5 슬라이딩 문
6 고정창
7 발코니로 이어지는 콘크리트 슬라브
8 콘크리트 슬라브

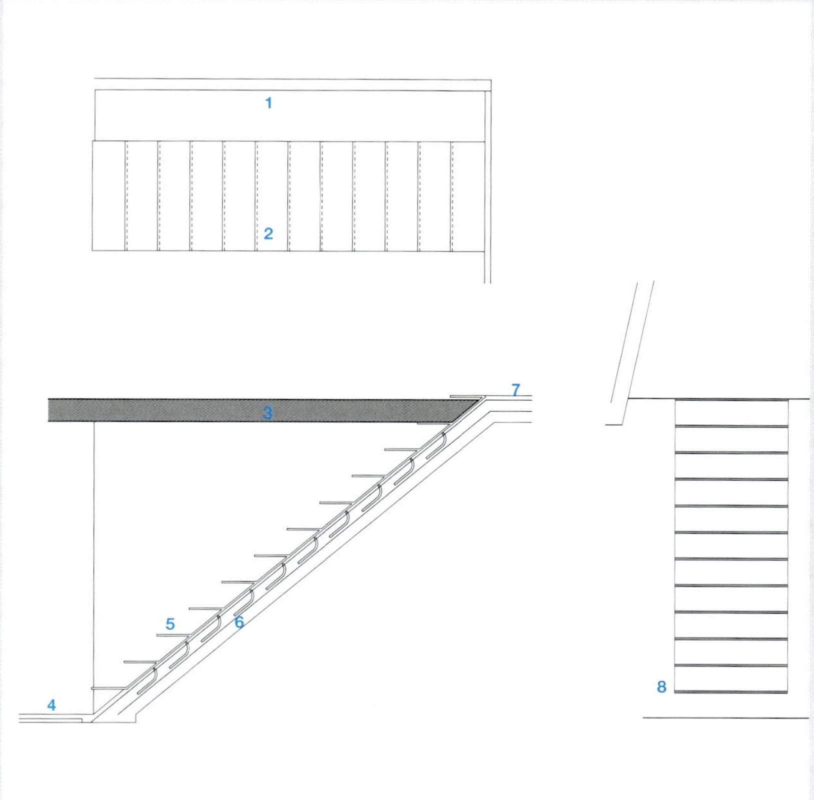

06.13
계단 평면, 단면, 입면도 1
1:50
1 콘크리트 경사면
2 철제 계단 평면도
3 150mm (6인치) 콘크리트 슬라브
4 콘크리트 바닥판
5 스트링거에 철제 앵커 로드로 고정된 철제 디딤판
6 철제 스트링거
7 150mm (6인치) 콘크리트 슬라브
8 계단 입면도

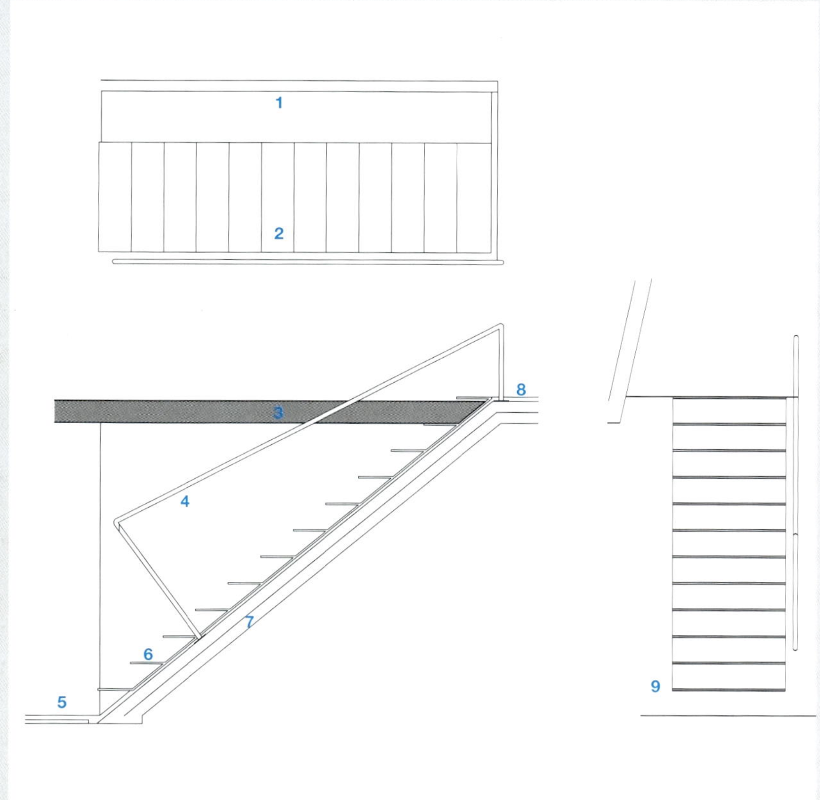

06.14
계단 평면, 단면, 입면도 2 1:50
1 콘크리트 경사면
2 철제 계단 평면도
3 상부 콘크리트 바닥 슬라브
4 강관 핸드레일
5 콘크리트 바닥판
6 스트링거에 철제 앵커 로드로 고정된 철제 디딤판
7 철제 스트링거
8 콘크리트 슬라브
9 계단 입면도

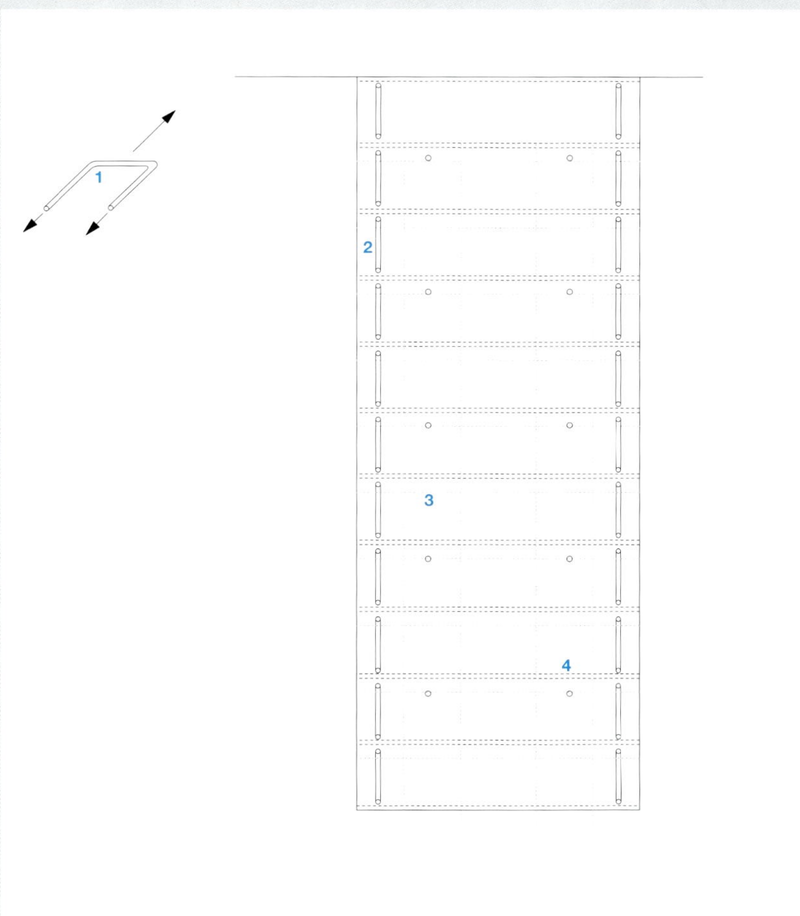

06.15
계단 입면 상세도
1:20
1 철제 앵커 로드
2 철제 앵커 로드
3 철제 구조 격자판
4 철제 플레이트 디딤판

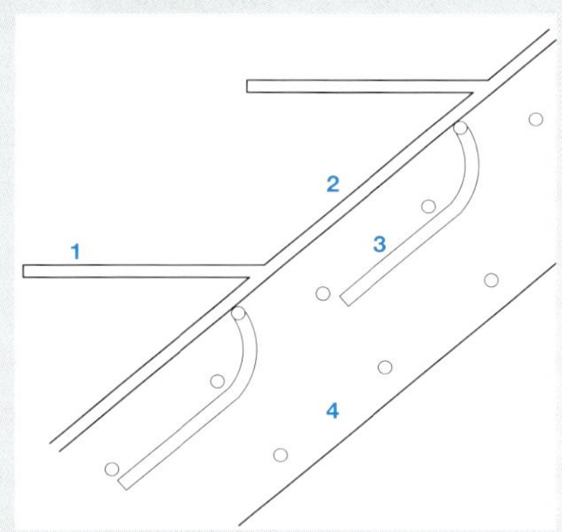

06.16
계단 단면 상세도
1:10
1 철제 플레이트 디딤판
2 철제 베이스 플레이트
3 철제 앵커 로드
4 철제 스트링거 및 구조 격자판

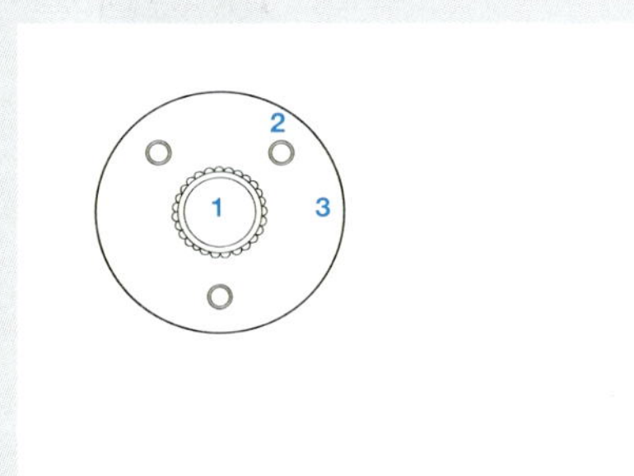

06.17
계단 핸드레일 상세도
1:5
1 강관 핸드레일
2 앵커 볼트
3 철제 플레이트

07
Léon Wohlhage Wernik Architekten

House Voss
Münsterland, Germany

Client
Karin and Reinhold Voss

Area
300 square metres (3,230 square feet)

Project Team
Professor Hilde Léon, Konrad Wohlhage, Siegfried Wernik, Peter Deluse, Ulrich Vetter, Peter Czekay, Werner Mayer-Biela, Bettina Zalenga

Structural Engineer
Pichler Ingenieure

Landscape Design
S.A.L. Planungsgruppe/Heinz Günther Schulten

Builder
Manfred Bukowski

작은 개울과 대지에 자리잡은 수목들에 의해 남쪽과 서쪽이 경계지어지고, 인근에 새로 지어진 주택에 의해 북쪽이 경계지어짐에 따라, 이 건물은 극명하게 다른 2개의 얼굴을 통해 대지의 컨텍스트에 대응하고 있다. 북측 파사드는 불가침한 느낌을 나타내는 반면, 남측 파사드는 외부 경관을 향해 열려 있다. 단순한 형태의 2층 매스로 이루어진 이 건물은 높게 벽이 드리워진 2개의 중정을 통해 내부 공간과 외부 공간 사이에 시각적인 통로를 형성하는 방법을 통해 자연 환경과 교류하고 있다. 처음 방문자가 건물에 들어왔을 때 감춰진 듯한 느낌의 건물 내부 중정을 먼저 발견하고, 그 다음에야 중정을 둘러싼 벽 너머의 자연 경관으로 눈을 돌릴 수 있도록 외벽에는 개구부가 영리하게 설치되어 있다.

개방과 내성, 폐쇄와 침투라는 서로 반대되는 특성들은 이 건물을 특징짓는다. 정교한 재료의 사용과 마감 처리는 이러한 특징을 더욱 돋보이게 한다. 특히 외피를 이루고 있는 콘크리트는 타설 과정에서 생긴 흔적을 제외하곤 어떠한 장식 없이도, 주변 수목이 끊임 없이 변화하는 패턴을 이루며 그림자를 드리우는 캔버스로써 기능하고 있다. 프리캐스트 콘크리트로 만든 포장용 판석과 짙은 회색의 알루미늄으로 만든 창 프레임 또한 건물에서 나타나는 재료적인 일관성을 강조한다. 내부 공간에 사용된 석재는 모르타르 마감으로 단순하게 처리되었고, 천장은 백색으로 도색되었으며, 바닥은 흑색 조각나무 바닥재로 마감되었다. 두 층을 연결하는 직선계단은 철판을 접어 만들었다.

1

2

3

1 남측 파사드는 외부 경관을 향해 열려 있다. 남측 파사드에서 보이는 입구는 내부 공간의 프라이버시를 유지하면서도 외부 공간을 향해 완전히 개방된 중정의 모습을 드러낸다.
2 북측 파사드는 외부 환경에 대해 닫혀져 있다. 북측 입구는 파사드 좌측의 움푹 들어간 부분에 위치하여 부분적으로 감춰져 있다.
3 양극 산화 처리 알루미늄 프레임을 사용한 슬라이딩 유리문은 한 층 높이 전체에 걸쳐 설치되어 거실이 중정을 향해 열려 있도록 한다.
4 백색의 벽과 흑색의 목조 바닥판으로 대표되는 내부 공간의 색과 마감은 최소한으로 제한됨으로써 건물 외벽의 노출 콘크리트의 느낌을 더욱 강조한다.
5 건물 북측 상부에 설치된 띠창은 1층으로 이어지는 계단실에 자연광을 받아들인다.

4

5

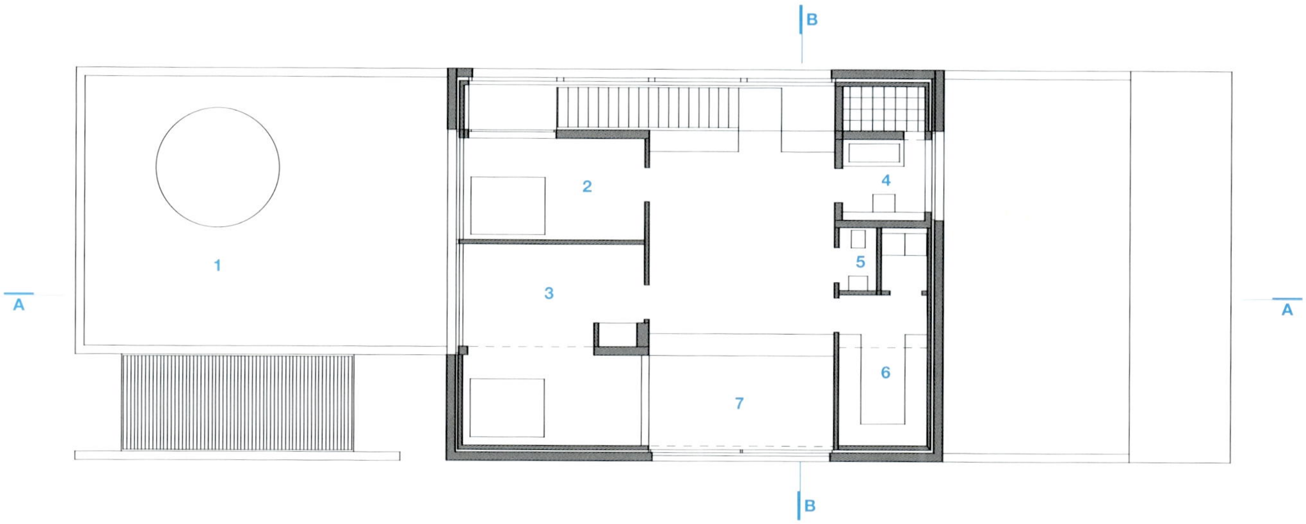

07.01
2층 평면도
1:200
1 중정
2 침실
3 침실
4 욕실
5 화장실
6 드레스룸
7 개구부

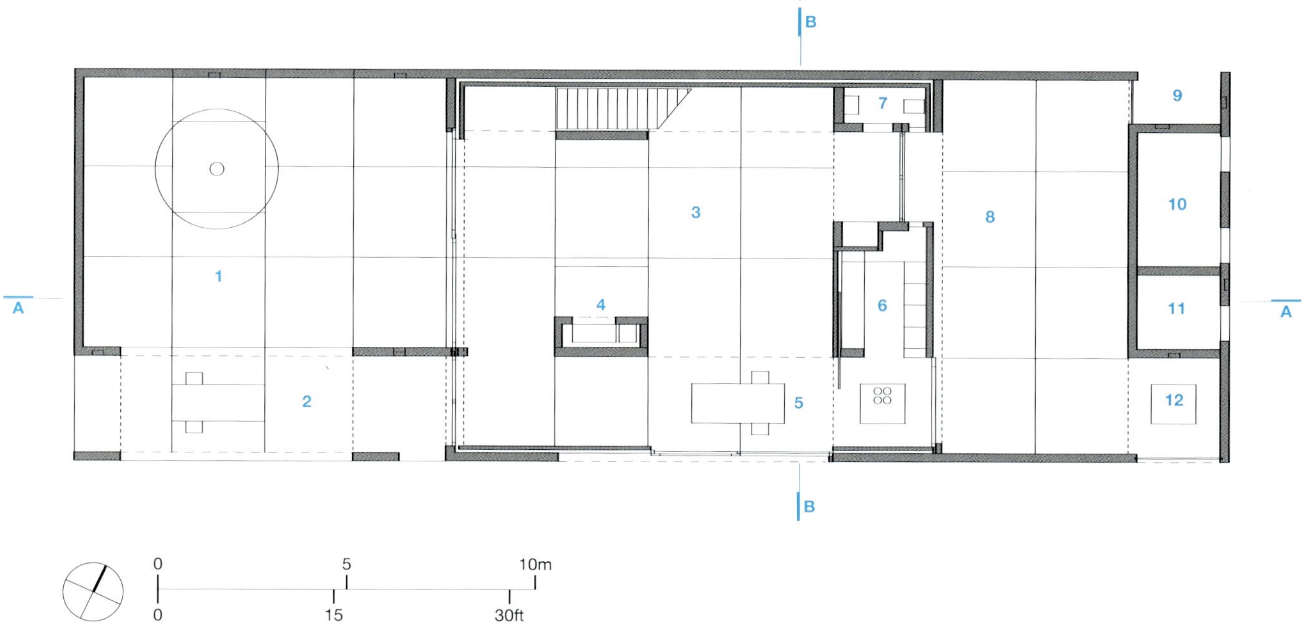

07.02
1층 평면도
1:200
1 중정
2 실외 식당
3 거실
4 벽난로
5 식당
6 주방
7 화장실
8 진입 정원
9 입구
10 다용도실1
11 다용도실2
12 다용도실3

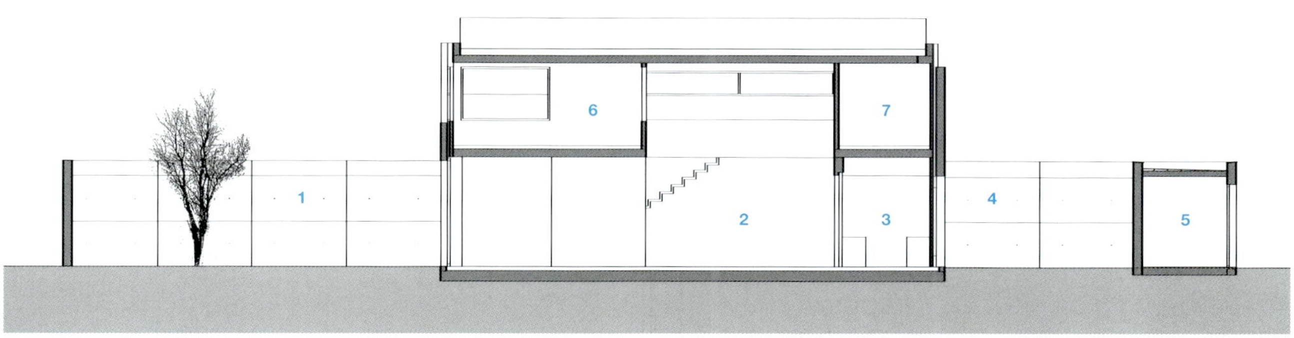

07.03
단면도 A-A
1:200
1 중정
2 거실
3 주방
4 진입 정원
5 다용도실
6 침실
7 화장실

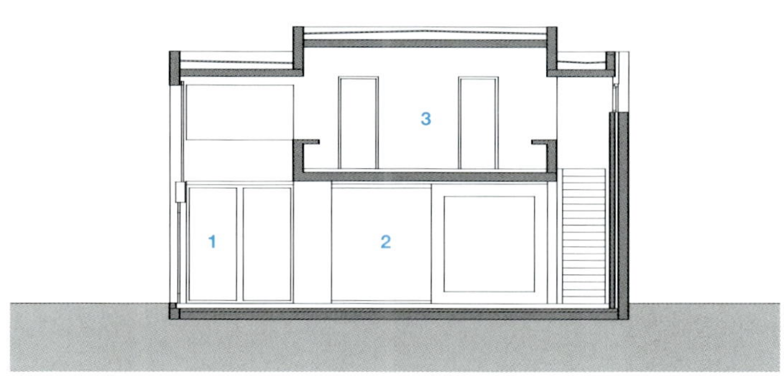

07.04
단면도 B-B
1:200
1 식당
2 거실
3 침실 로비

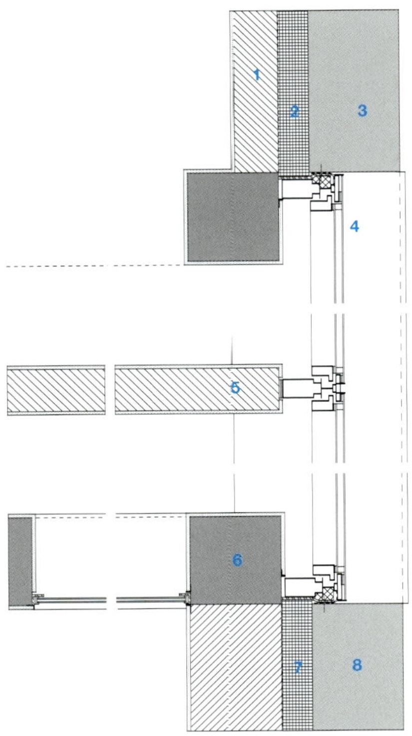

07.05
고정창 상세도
1:20

1 15mm (3/5인치) 두께의 모르타르로 마감한 115mm (4 1/2인치) 중공 벽돌 벽
2 80mm (3인치) 단열재 및 방습막
3 240mm (9 1/2인치) 노출 철근콘크리트 벽
4 단열 처리된 파우더 코팅 알루미늄 프레임에 설치된 이중 유리
5 경량벽 공법으로 설치된 벽
6 240mm (9 1/2인치) 노출 철근콘크리트 벽
7 80mm (3인치) 단열재 및 방습막
8 240mm (9 1/2인치) 노출 철근콘크리트 벽

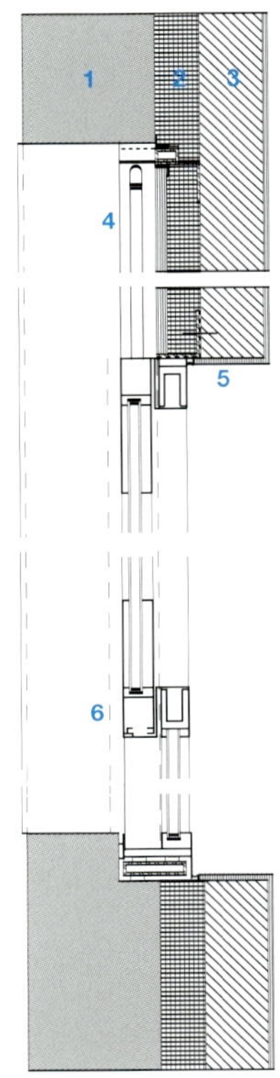

07.06
슬라이딩 유리문 상세도 1
1:20

1 240mm (9 1/2인치) 노출 철근콘크리트 벽
2 80mm (3인치) 단열재 및 방습막
3 15mm (3/5인치) 두께의 모르타르로 마감한 115mm (4 1/2인치) 중공 벽돌 벽
4 슬라이드 레일
5 U형 알루미늄 부재
6 슬라이딩 창

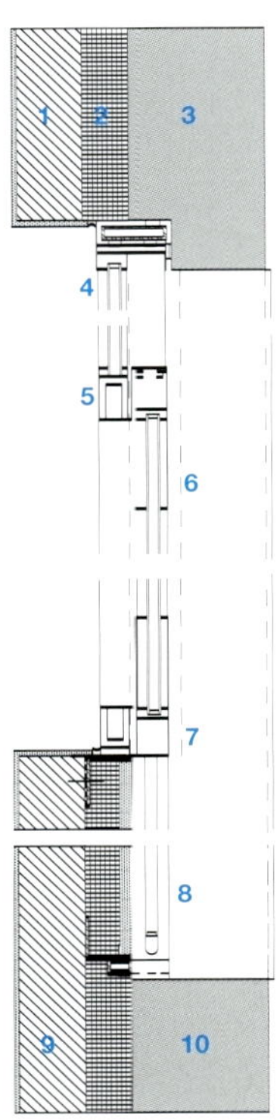

07.07
슬라이딩 유리문 상세도 2 1:20

1 15mm (3/5인치) 두께의 모르타르로 마감한 115mm (4 1/2인치) 중공 벽돌 벽
2 80mm (3인치) 단열재 및 방습막
3 240mm (9 1/2인치) 노출 철근콘크리트 벽
4 고정창
5 U형강
6 슬라이딩 창
7 알루미늄 부재
8 슬라이드 레일
9 15mm (3/5인치) 두께의 모르타르로 마감한 115mm (4 1/2인치) 중공 벽돌 벽
10 240mm (9 1/2인치) 노출 철근콘크리트 벽

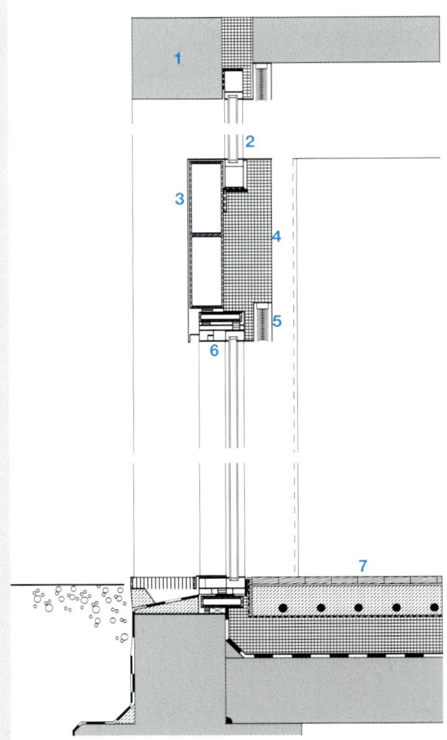

07.08
슬라이딩 유리문 상세도 3
1:20

1 콘크리트 벽
2 고정창
3 철제 형강
4 단열 알루미늄 판넬
5 통합 설치된 시스템 차양
6 파우더 코팅 알루미늄 프레임에 설치된 이중 유리
7 20mm (3/4인치) 조각나무 바닥재, 바닥 하부 난방 설비 주변에 설치한 90mm (3 1/2인치) 두께의 스크리드, 폴리에틸렌 불리층, 180mm (7인치) 철근콘크리트 바닥 슬라브로 이루어진 1층 바닥판

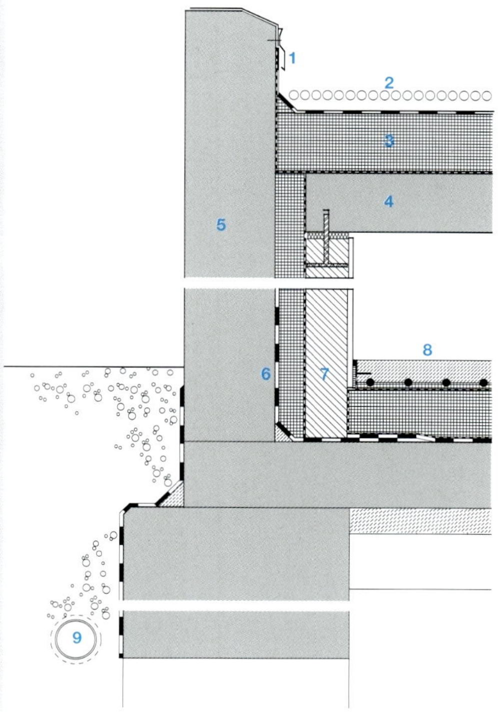

07.09
콘크리트 외벽 상세도
1:20

1 알루미늄 판
2 플라스틱 방수막 상부에 50mm (2인치) 두께로 자갈을 덮어 만든 지붕
3 경사에 따라 120~220mm (4 3/4~ 8 1/2인치) 두께로 설치된 스티로폼 단열재, 180mm (7인치) 철근콘크리트 바닥 슬라브 상부에 설치된 백업재 및 실런트
4 노출 콘크리트 바닥 슬라브
5 240mm (9 1/2인치) 노출 콘크리트 벽
6 80mm (3인치) 중공 단열재 및 수분 차단막
7 115mm (4 1/2인치) 중공 벽돌벽 및 15mm (3/5인치) 플라스터 마감
8 20mm (3/4인치) 조각나무 바닥재, 바닥 하부 난방 설비 주변에 설치한 90mm (3 1/2인치) 두께의 스크리드, 폴리에틸렌 불리층, 180mm (7인치) 철근콘크리트 바닥 슬라브로 이루어진 1층 바닥판
9 자갈로 주변을 채운 배수구

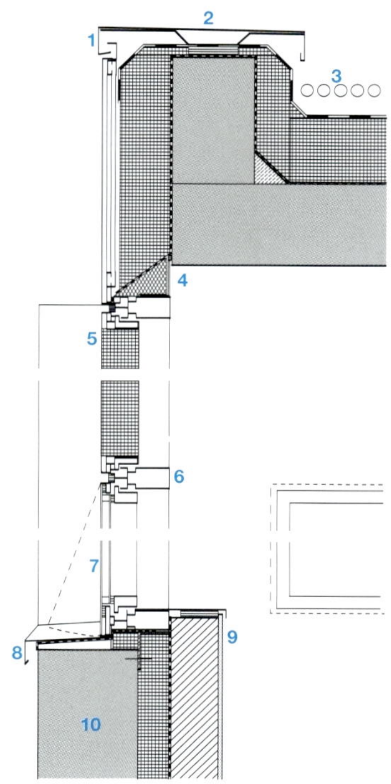

07.10
상부층 유리창 상세도
1:20

1 알루미늄 덮개
2 파라펫을 덮는 알루미늄 판
3 플라스틱 방수막 상부에 설치된 50mm (2인치) 두께로 자갈층, 경사에 따라 120~220mm (4 3/4~ 8 1/2인치) 두께로 설치된 스티로폼 단열재, 180mm (7인치) 철근콘크리트 바닥 슬라브 상부에 설치된 백업재 및 실런트으로 이루어진 지붕
4 알루미늄 단열 샌드위치 판넬 **5** 알루미늄 단열 샌드위치 판넬 **6** 알루미늄 부재 **7** 파우더 코팅 알루미늄 프레임에 설치된 이중 유리 **8** 알루미늄 판
9 알루미늄 판
10 240mm (9 1/2인치) 노출 콘크리트 벽, 80mm (3인치) 중공 단열재 및 수분 차단막, 115mm (4 1/2인치) 중공 벽돌벽 및 15mm (3/5인치) 플라스터 마감

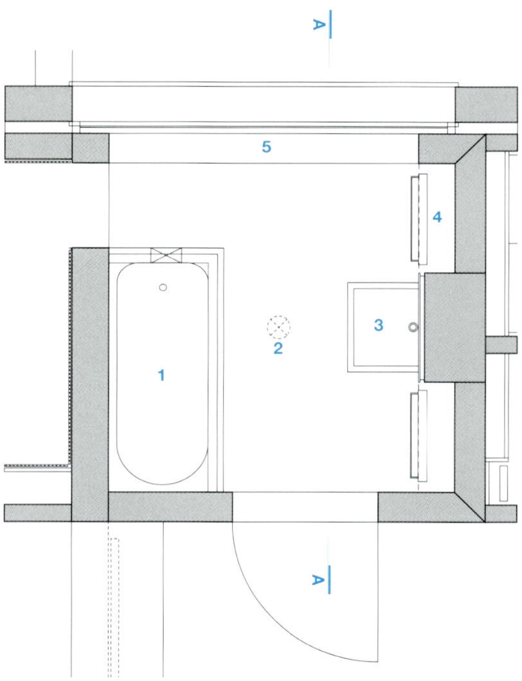

07.11
욕실 상세도
1:50

1 삼나무 원목 욕조
2 천장 조명장치
3 세면대
4 붙박이장
5 클립보드 벽

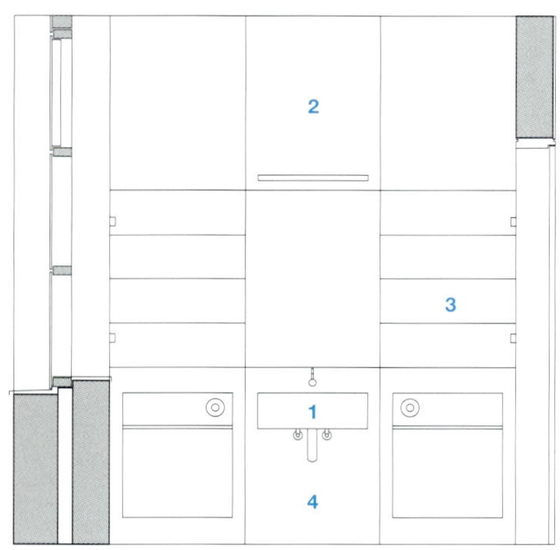

07.12
욕실 입면도 A-A
1:50

1 세면대
2 벽에 통합 설치된 조명 장치
3 벽에 통합 설치된 수납장
4 제물치장 콘크리트 벽

08
Pugh + Scarpa

Solar Umbrella
Los Angeles, California, USA

Client
Angela Brooks and Lawrence Scarpa

Area
176 square metres (1,900 square feet)

Project Team
Lawrence Scarpa, Angela Brooks, Anne Burke, Vanessa Hardy, Ching Luk, Gwynne Pugh

Main Contractor
Above Board Construction

인근에 위치하는 단층 목조 주택들 사이에서 Solar umbrella는 캘리포니아주의 현대 건축에 대한 새로운 선례를 대담한 방식으로 보여주고 있다. 과감한 추가를 통해 이 건물은 기존의 단층 목조 주택을 변형시킨다. 자연광을 최적으로 받아들이기 위해 건물의 새로운 디자인이 남향으로 설계됨에 따라, 기존에 건물의 정면이었던 면은 건물의 후면으로 바뀌게 되었다. 남서측 파사드와 지붕을 덮고 있는 태양 전지판은 건물의 규칙적인 외관을 규정짓는다. 솔라캐노피로써 기능하는 이 태양 전지판들은 건물이 태양광에 직접 노출되지 않도록 함으로써 과도한 열 부하를 방지함은 물론, 태양광을 유용한 에너지로 전환하는 기능을 한다.

새로 추가된 부분은 입구, 거실, 주침실, 다용도실이다. 주방은 정원을 향하고 있는 거실을 향해 열려 있는데, 거실과 정원 사이에 설치된 유리벽은 내부 공간과 외부 공간을 경계짓는다. 새로 만들어진 입구에서 건물로 이어지는 부분에는 폭포처럼 물이 떨어지는 낮은 연못이 설치되었는데 물은 건물의 형태를 관통하기도 하고, 연결하기도 하며 흐른다. 거실의 바로 위에 위치하고 있는 침실은 정원이 내다보이는 중정을 향해 열려 있다. 단이 있는 지붕과 유리벽, 고측창은 다양한 방향으로부터 자연광을 받아들인다. 빛과 그림자는 선명한 대조를 이루며 건물에 생기를 불어넣는 요소로 작용하고 있다. 건물의 프로그램에는 수동형 태양열 획득 시스템과 능동형 태양열 획득 시스템이 통합적으로 설치되어 건물을 100% 에너지 자립 공간으로 만들고 있다. 건물 전 부분에 걸쳐 재활용 재료, 재생이 가능한 재료, 고효율의 재료들이 사용되었다.

1

1 남동측 파사드에서는 지붕과 남서측 파사드를 감싸고 있으며, 100% 에너지 자립형 건물을 가능케 하고 있는 태양 전지 판넬인 'Solar umbrella'의 모습을 볼 수 있다. 거실과 주침실은 아름다운 정원을 향해 열려 있다.
2 2층에 자리잡은 테라스는 휴식을 위한 사적인 공간은 물론 주변 환경에 대한 조망을 제공한다. 이 외부 공간은 내부 공간들을 긴밀하게 연결함은 물론, 외부 공간과 내부 공간 사이에 강력한 물리적, 시각적 연결을 형성하고 있다.
3, 4 거실은 기성 제품인 커다란 붙박이식 소파와 벽난로에 의해 안정감을, 허공에 매달린 절판 계단에 의해 생동감을 얻고 있다.

2

3

4

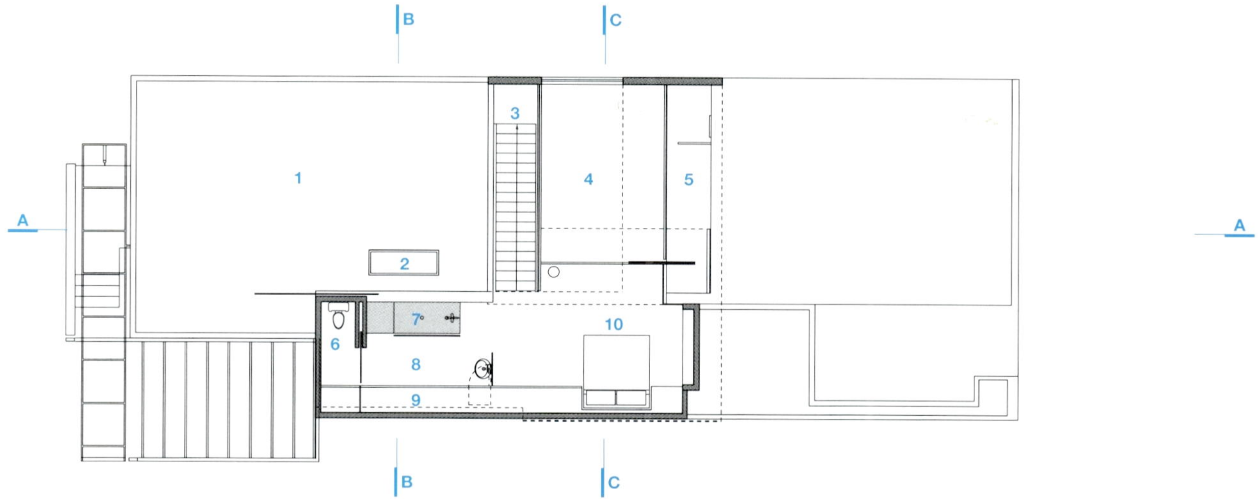

08.01
2층 평면도
1:200

1 지붕
2 천창
3 1층에서 이어지는 계단
4 테라스
5 거실과 정원을 향하는 유리벽
6 화장실
7 욕실
8 주침실
9 옷장
10 주침실

08.02
1층 평면도
1:200

1 서재
2 식당
3 드레스룸
4 욕실
5 침실
6 2층으로 이어지는 계단
7 주방
8 세탁실 및 창고
9 손님용 침실
10 거실
11 정원
12 수영장
13 대나무 화분
14 입구

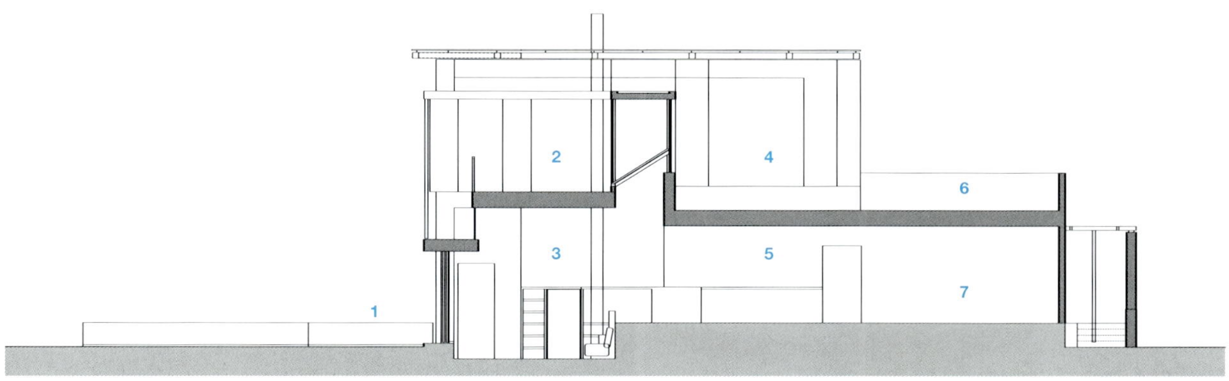

08.03
단면도 A-A
1:200

1 정원
2 테라스
3 거실
4 테라스
5 주방
6 지붕
7 식당

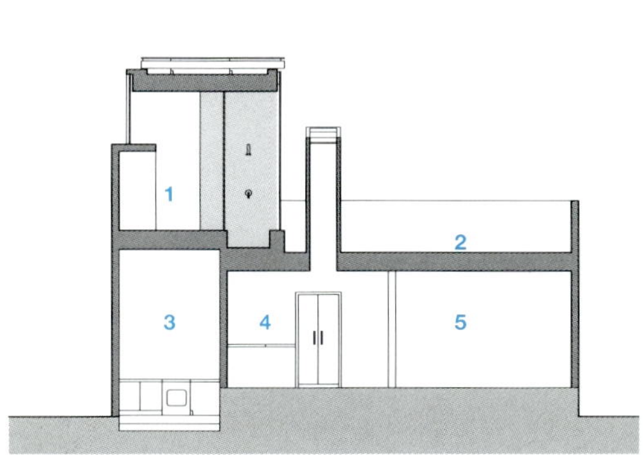

08.04
단면도 B-B
1:200

1 주침실
2 지붕
3 세탁실
4 주방
5 침실

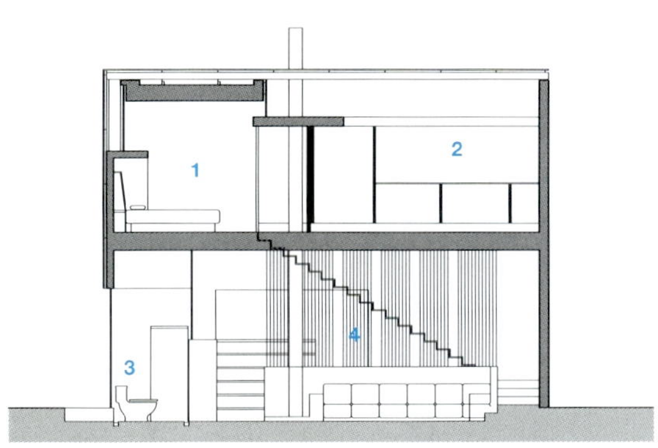

08.05
단면도 C-C
1:200

1 주침실
2 테라스
3 손님용 침실
4 거실

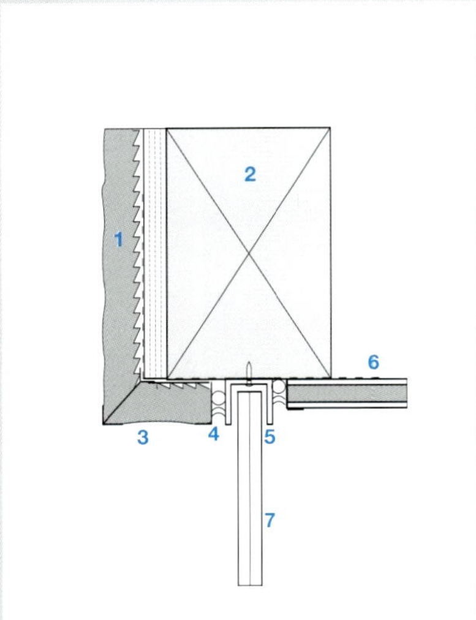

08.06
창 상부 상세도
1:5
1 외벽 모르타르 마감
2 목제 상인방
3 모서리부 모르타르 마감
4 양면에 지지대를 설치한 코킹
5 알루미늄 채널
6 플래싱하부 방수막 설치, 최소 100mm (4인치) 겹치도록 설치
7 12mm (1/2인치) 합판 유리

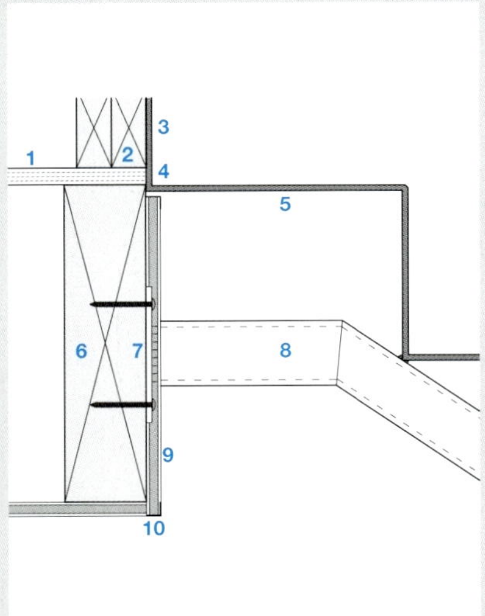

08.07
최상부 디딤판, 계단 스트링거 접합부 상세도
1:10
1 19mm (3/4인치) 합판 바닥재
2 목제 장선 2개
3 최상부 챌판에 6mm (1/4인치) 철제 플레이트 설치
4 J자형 코너 비드
5 철제 플레이트로 만든 디딤판과 챌판
6 목제 보
7 150 X 150 X 6mm (6 X 6 X 1/4인치) 철제 플레이트
8 강관 스트링거
9 석고보드
10 코너 비드

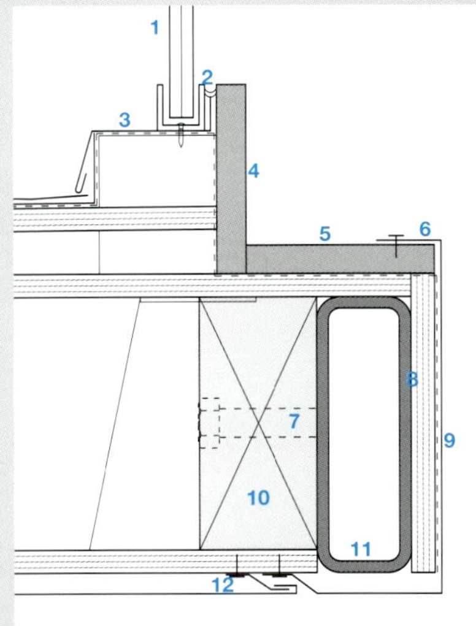

08.08
창 하인방 상세도
1:5
1 12mm (1/2인치) 합판 유리
2 코킹
3 창틀에 설치된 24게이지 플래싱
4 14mm (5/8인치) 중밀도 섬유판
5 14mm (5/8인치) 중밀도 섬유판
6 파티나 마감 처리 20게이지 금속 측판
7 610mm (24인치) 중앙에 설치된 직경 12mm (1/2인치)의 스터드 볼트
8 12mm (1/2인치) 합판
9 방수막
10 오리대
11 철제 단부 보
12 610mm (24인치) 중앙에 설치된 보강재

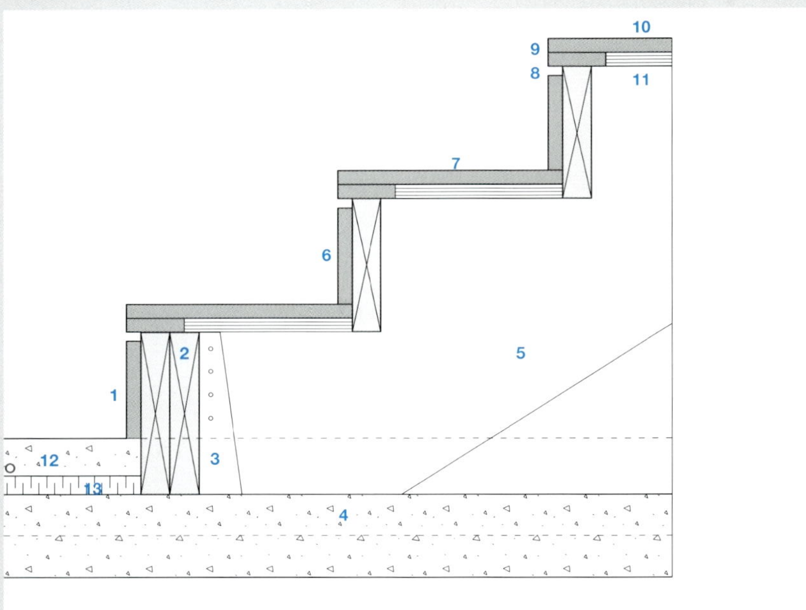

08.09
주방측 계단참 상세도
1:10
1 19mm (3/4인치) 합판으로 만든 챌판
2 오리대
3 표면에 설치된 철제 행거
4 철근콘크리트 바닥판
5 50 X 355mm (2 X 14인치) 철제 스트링거
6 19mm (3/4인치) 체리목 챌판
7 19mm (3/4인치) 체리목 디딤판
8 6mm(1/4인치) 섀도우 갭
9 38mm (1 1/2인치) 체리목 계단코
10 19mm (3/4인치) 체리목 바닥재
11 19mm (3/4인치) 체리목 바탕 다루
12 콘크리트 바닥판 및 복사 난방 설비
13 25mm (1인치) 섬유 단열재

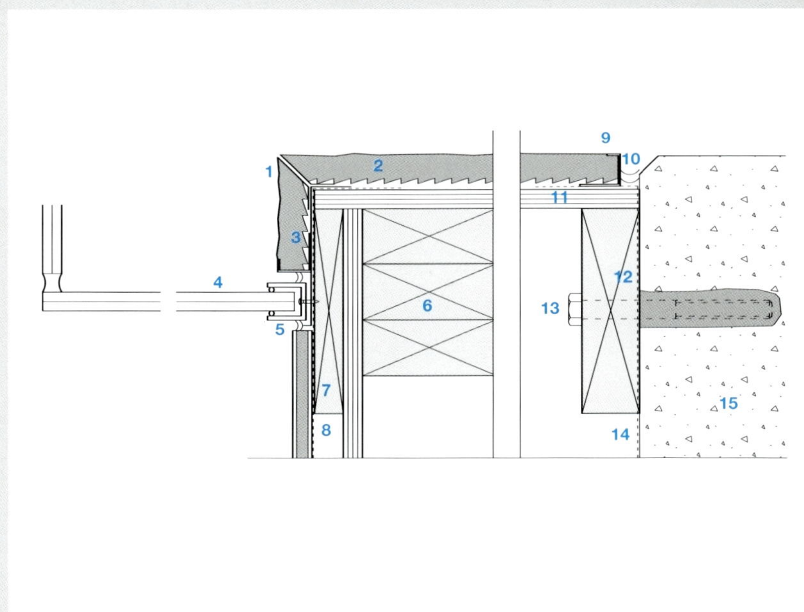

08.10
문설주 상세도
1 1:5
1 코너 스크리드
2 24mm (7/8인치) 외부 플라스터
3 24게이지 플래싱
4 12mm (1/2인치) 합판 유리
5 유리 양쪽에 설치된 10mm (3/8) 코킹
6 오리대
7 목제 형띠장
8 방수막
9 플라스터 스크리드
10 코킹
11 12mm (1/2인치) 합판
12 방수막
13 직경 12mm (1/2인치) 볼트 및 에폭시 그라우트
14 방수막
15 철근콘크리트 벽

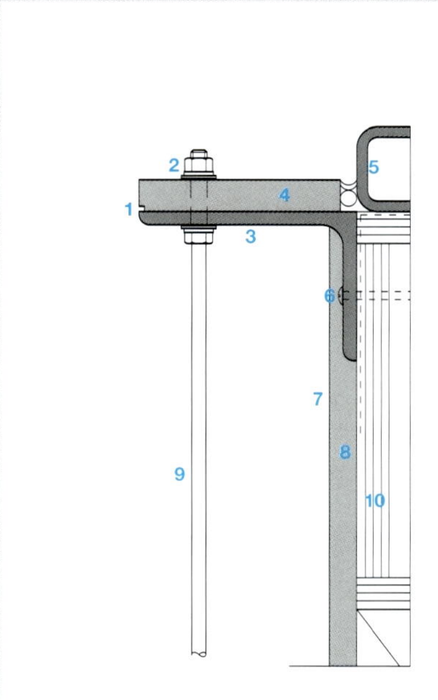

08.11
중정 모서리 상세도
1:5
1 5mm (1/4인치) 절개부
2 와셔를 상, 하부에 설치한 스테인레스 스틸 너트
3 127 X 76 X 10mm (5 X 3 X 3/8인치) 철제 앵글
4 19mm (3/4인치) MDP
5 철제 창틀
6 300mm (12인치) 중앙에 설치된 6mm (1/4인치) 나사못
7 석고보드
8 방수막
9 철제 봉
10 19mm (3/4인치) 합판

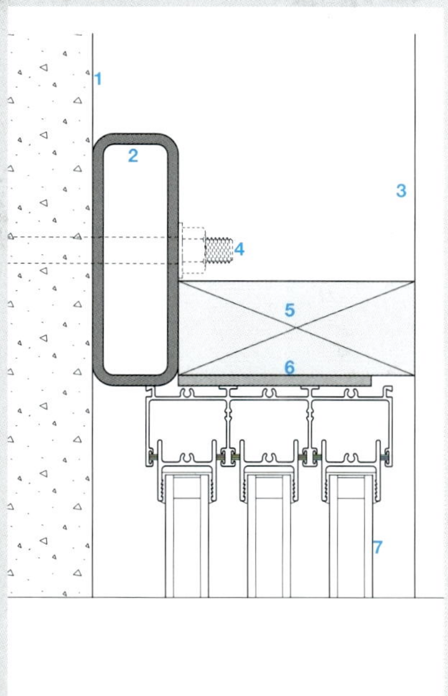

08.12
문 상인방 상세도
1:5
1 제물치장 콘크리트 벽
2 철제 각관
3 목제 스터드 표면
4 직경 15mm (5/8인치) 에폭시 수지 볼트
5 오리대
6 쐐기
7 다중 슬라이딩 문

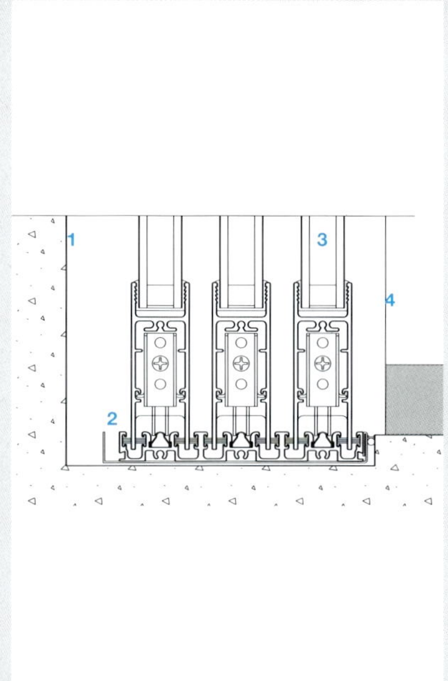

08.13
문 하인방 상세도
1:5
1 제물치장 콘크리트 벽
2 쐐기
3 다중 슬라이딩 문
4 스터드 표면

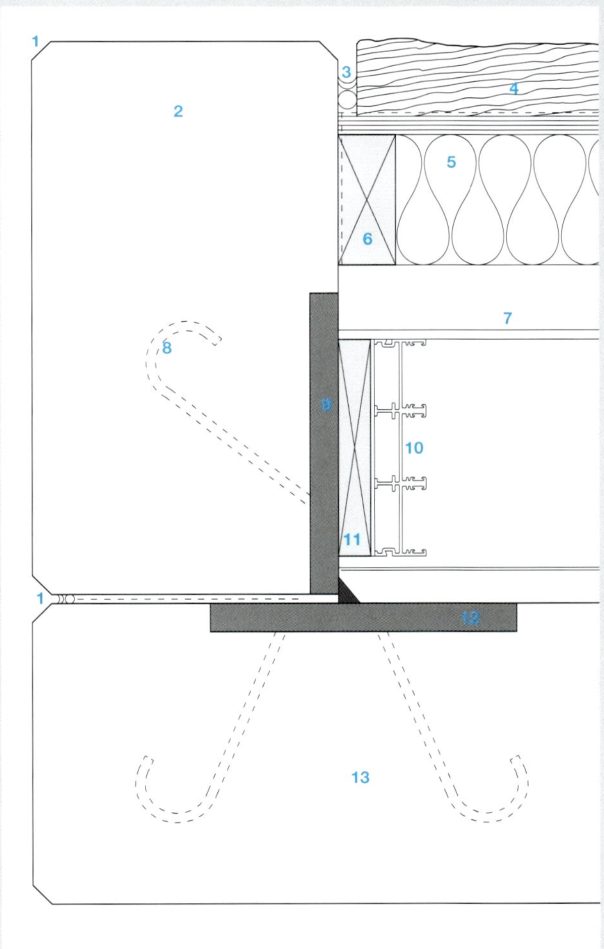

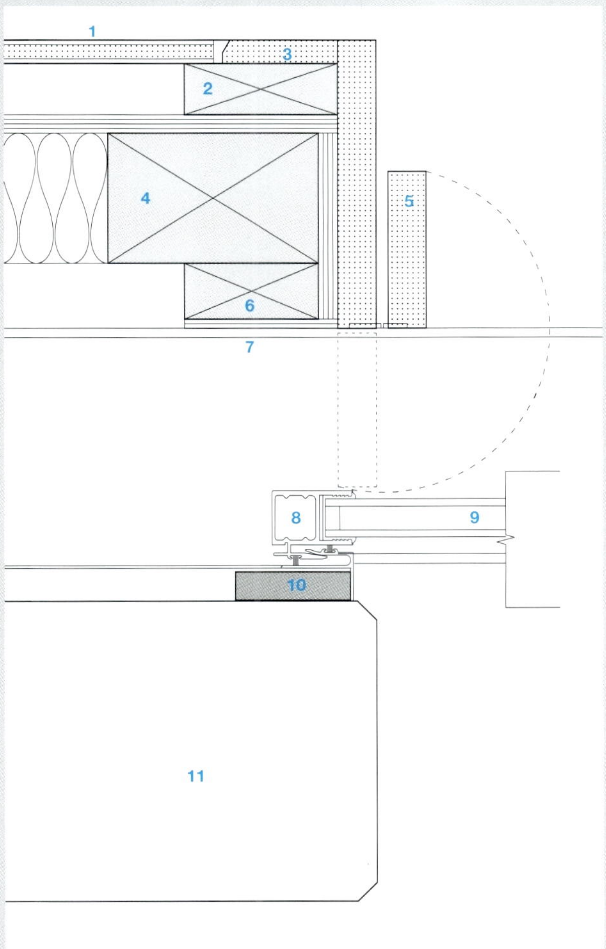

08.14
문설주 상세도
2 1:5
1 콘크리트 모서리의 목귀
2 철근콘크리트
3 코킹
4 50mm (2인치) 체리목 판넬
5 Ultra touch 단열재
6 50 X 100mm (2 X 4인치) 목제 프레임
7 6mm (1/4인치) 합판
8 틸트업 콘크리트 판넬 속에 매립한 직경 12mm(1/2인치)의 강봉
9 19 X 200mm (3/4 X 8인치) 철제 플레이트
10 다중 슬라이딩 문을 위한 문틀
11 오리대
12 19 X 200mm (3/4 X 8인치) 철제 플레이트
13 200mm (8인 치) 틸트업 콘크리트 벽 판넬

08.15
문설주 상세도
3 1:5
1 15mm (5/8인치) 석고보드
2 목제 형띠장
3 14 X 76mm (5/8 X 3인치) 중밀도 섬유판 및 평테이프, 석고보드
4 목제 지주
5 문틀을 감추는 판넬 – 석고보드 및 상, 하부에 설치된 자석과 동일한 색으로 도색한 25mm (1인치) 중밀도 섬유판
6 오리대
7 6mm (1/4인치) 합판
8 슬라이딩 유리문을 고정하는 문설주
9 아르곤 가스를 충전한 2중 유리문
10 19mm (3/4인치) 알루미늄 바
11 200mm (8인 치) 틸트업 콘크리트 벽 판넬

09
Tadao Ando

4 x 4 House
Kobe, Hyogo, Japan

Area
118 square metres (1,270 square feet)

Project Team
Tadao Ando, Masataka Yano,
Tatsuhito Ono

Structural Engineer
Ascoral Engineering Associates

Main Contractor
Nakata Construction Co. Ltd

이 건물은 세토 내해가 내다 보이는 해안에 위치하고 있다. 반대편 해안에는 참혹했던1995년 한신대지진의 진원지였던 아와지섬의 호쿠단이 자리잡고 있으며, 동쪽으로는 세계에서 가장 긴 현수교인 아카시 대교가 뻗어 있다. 건물이 위치하고 있는 대지는 오랜 세월 침식작용에 의해 많은 부분이 백사장으로 변한 지역으로 방파제 넘어로 일부분만이 육지로 남아 있다. 이에 따라 일본의 일반적인 도시 지역과 비교했을 때 상대적으로 광활한 지역적 특성과 지질학적인 제한 사항들이 건축적인 해법을 도출함에 있어 결정적인 요소로 작용하게 되었다.

주택은 4층의 타워형 건물로, 각 층의 평면은 4 X 4m의 정방형으로 이루어졌다. 최상층의 4m짜리 입방체 매스는 계단실을 위한 공간을 만들기 위해 건물의 수직축으로부터 1m 빗겨나 외벽에서 돌출되어 있다. 이 2층 높이의 공간에서 공간의 전면에 걸쳐 설치되어 있는 큰 창은 한때 건축주가 거주했던 지역으로 대지진의 기억이 담겨 있는 아와지섬과 아카시 대교의 전경을 보여준다. 대지의 제약 조건에 따라 4개의 각 층은 서로 다른 기능을 담고 있다. 1층은 입구와 욕실, 2층은 침실, 3층은 서재, 4층은 주방과 거실, 식당을 각각 담고 있다. 콘크리트로 이루어진 건물의 외관은 상층부에서 큰 창을 설치할 수 있는 프레임으로써 기능함과 동시에 해안에 위치한 건물이라는 독특한 특징을 부각시키고 있다.

1

1 건물은 세토 내해와 아와지섬을 바라보고 있다. 거실, 식당, 주방을 담고 있는 4m 폭의 2층 높이 입방체 매스는 해안의 전경을 거주자에게 그대로 전달한다.
2 최상층의 매스는 1m 옆으로 빗겨나 위치함으로써 거실 영역을 침범하지 않으면서도 건물의 전 층을 가로지르는 계단실이 위치할 수 있도록 하고 있다.
3 목재로 만들어진 주방 영역은 2층 높이의 거실 안에서 독립적인 구조로 서 있다. 현장 타설 콘크리트로 만들어진 외벽은 해안을 바라보는 큰 크기의 창과 극명한 대조를 이루고 있다.
4 멀리 세토 내해와 아와지섬의 모습이 내다 보이는 주방과 식당 공간의 전경.

2

3

4

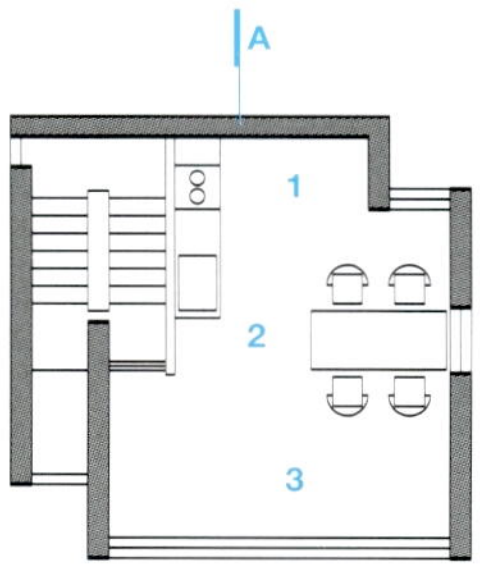

09.01
4층 평면도
1:200
1 주방
2 식당
3 거실

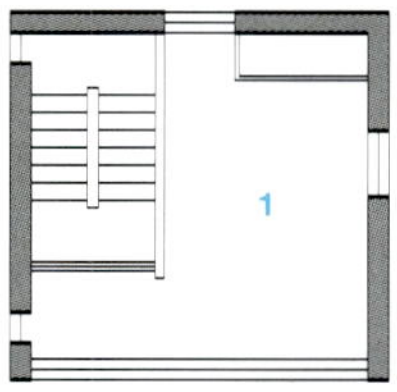

09.02
3층 평면도
1:200
1 서재

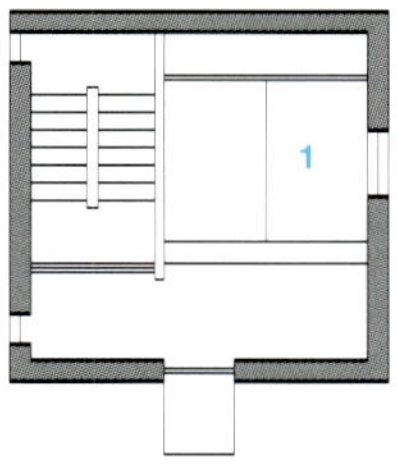

09.03
2층 평면도
1:200
1 침실

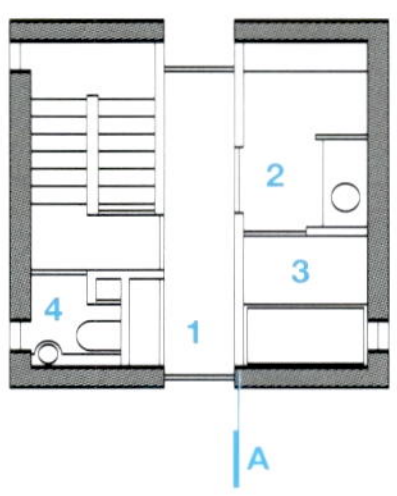

09.04
1층 평면도
1:200
1 입구
2 침실
3 욕실
4 화장실

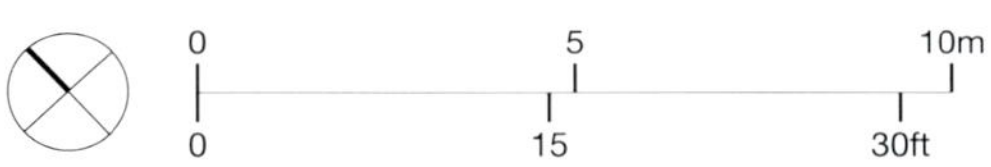

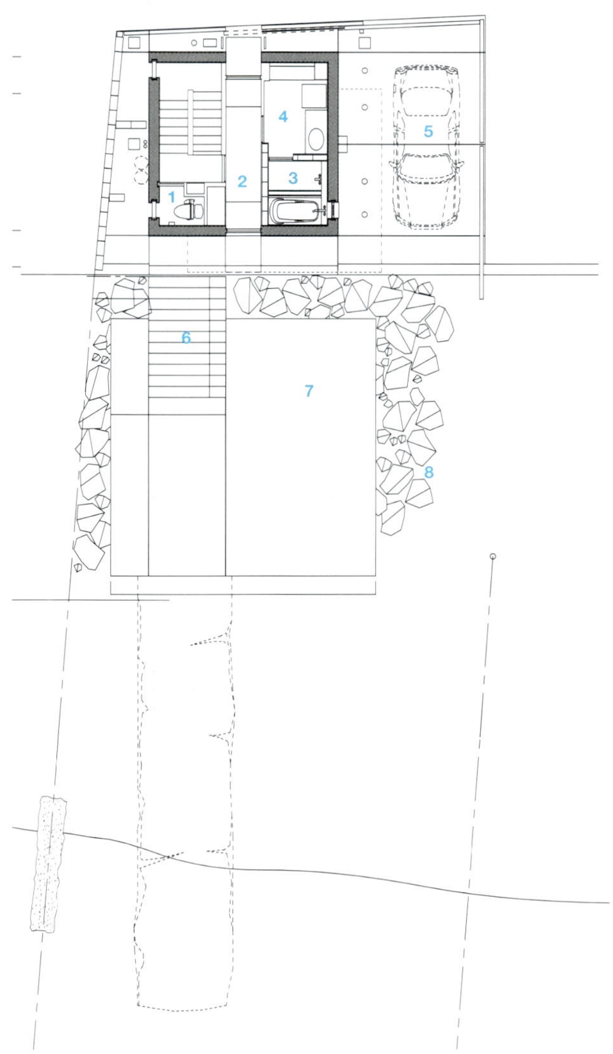

09.05
배치도
1:200
1 화장실
2 입구
3 욕실
4 욕실
5 차고
6 입구로 이어지는 콘크리트 계단
7 콘크리트 데크
8 쇄석 경계석

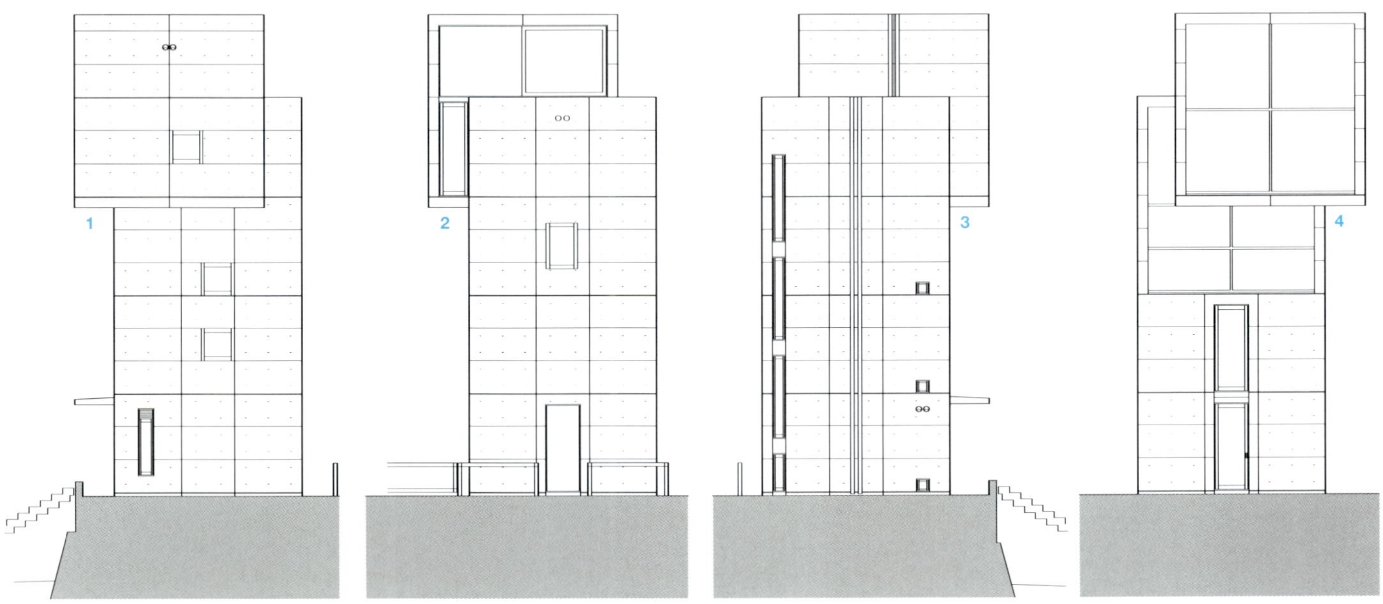

09.06
입면도
1:200
1 동측입면도
2 북측입면도
3 서측입면도
4 남측입면도

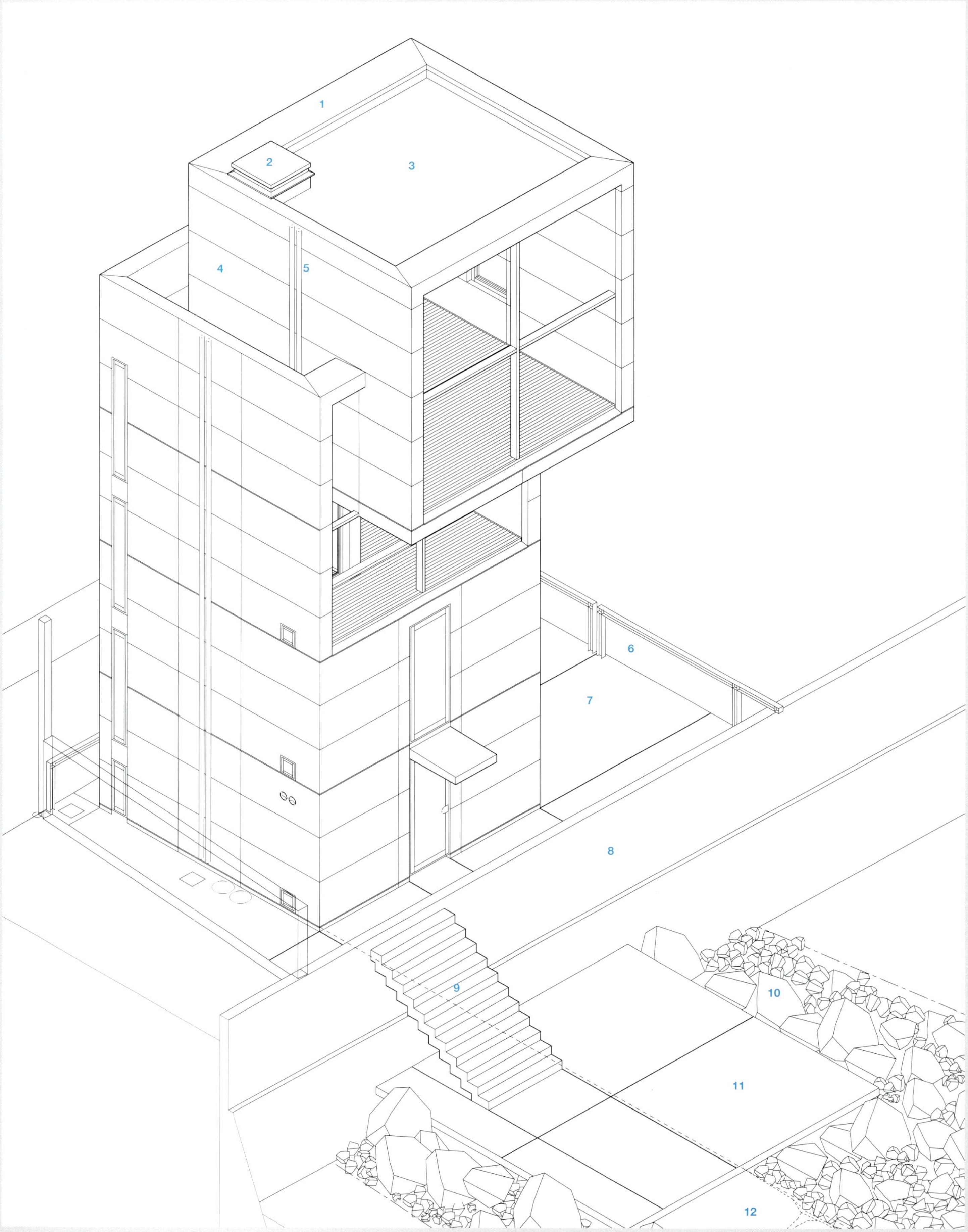

09.07
엑소노메트릭
1 파라펫 상부를 방수 처리한 흙손 마감 콘크리트
2 아크릴판 천창
3 아스팔트층, 방수층, 석탄재 콘크리트, 자갈 마감으로 이루어진 지붕
4 불소 중합체 페인트로 마감 처리된 노출 콘크리트 외벽
5 철제 배수 파이프
6 아연도금 처리된 100 X 100 X 6 X 8mm (4 X 4 X 1/5 X 1/3인치) H형강 철제 울타리
7 흙손 마감 콘크리트 주차장
8 기존 조수 방파제
9 흙손 마감 콘크리트 계단
10 화강석 쇄석 경계석
11 흙손 마감 콘크리트 데크
12 기존 콘크리트 구조물

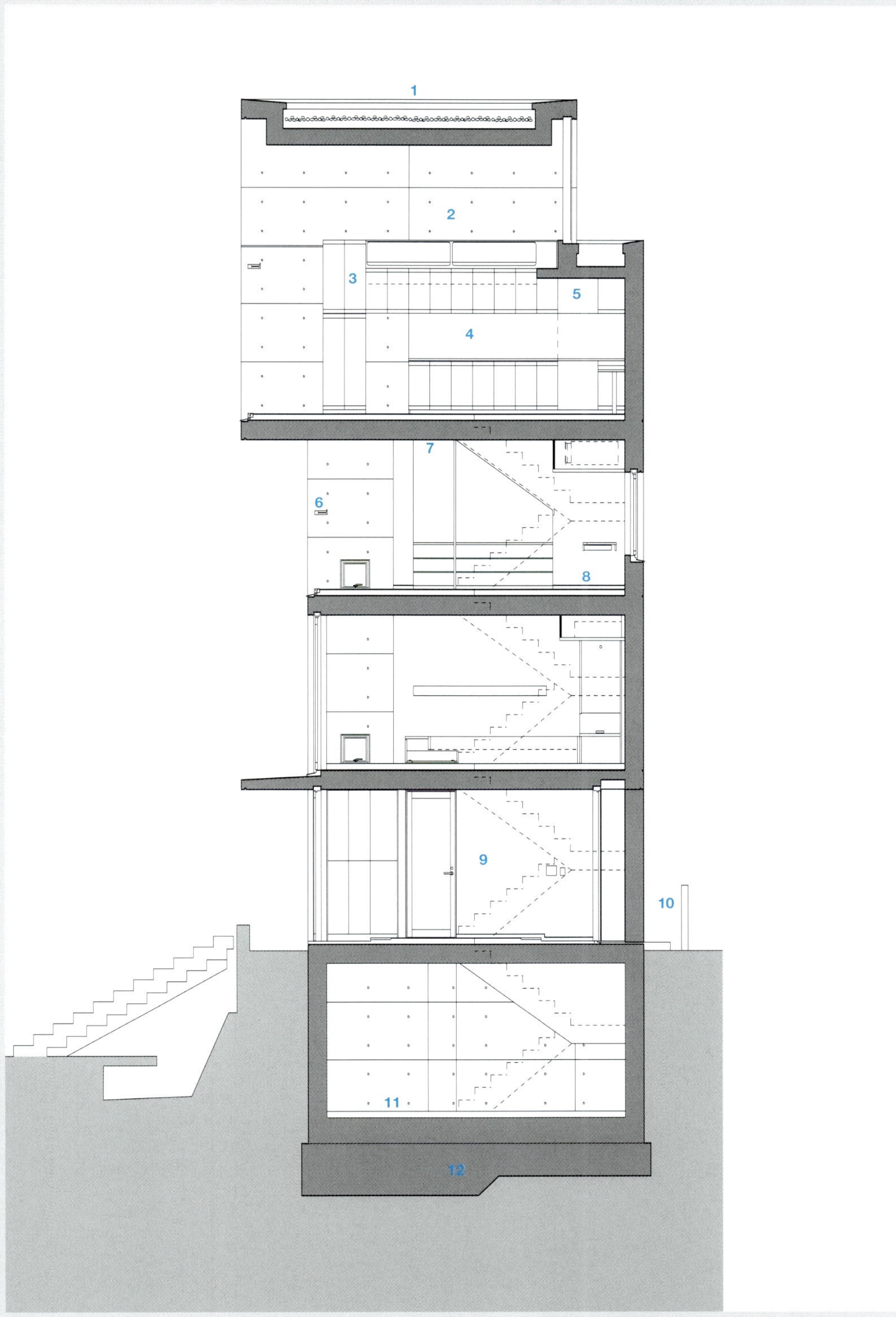

09.08
단면도 A-A
1:100
1 아스팔트층, 방수층, 석탄재 콘크리트, 자갈 마감으로 이루어진 지붕
2 노출 콘크리트 내벽
3 합판 위에 설치된 원목 주방 가구
4 스테인레스 스틸제 물막이판
5 스테인레스 스틸제 렌지 후드
6 목제 선반
7 노출 콘크리트 천장
8 원목 바닥재
9 도색 석고보드 내벽
10 아연도금 처리된 100 X 100 X 6 X 8mm (4 X 4 X 1/5 X 1/3인치) H형강 철제 울타리
11 타일 및 카펫 바닥 마감
12 철근콘크리트 기초

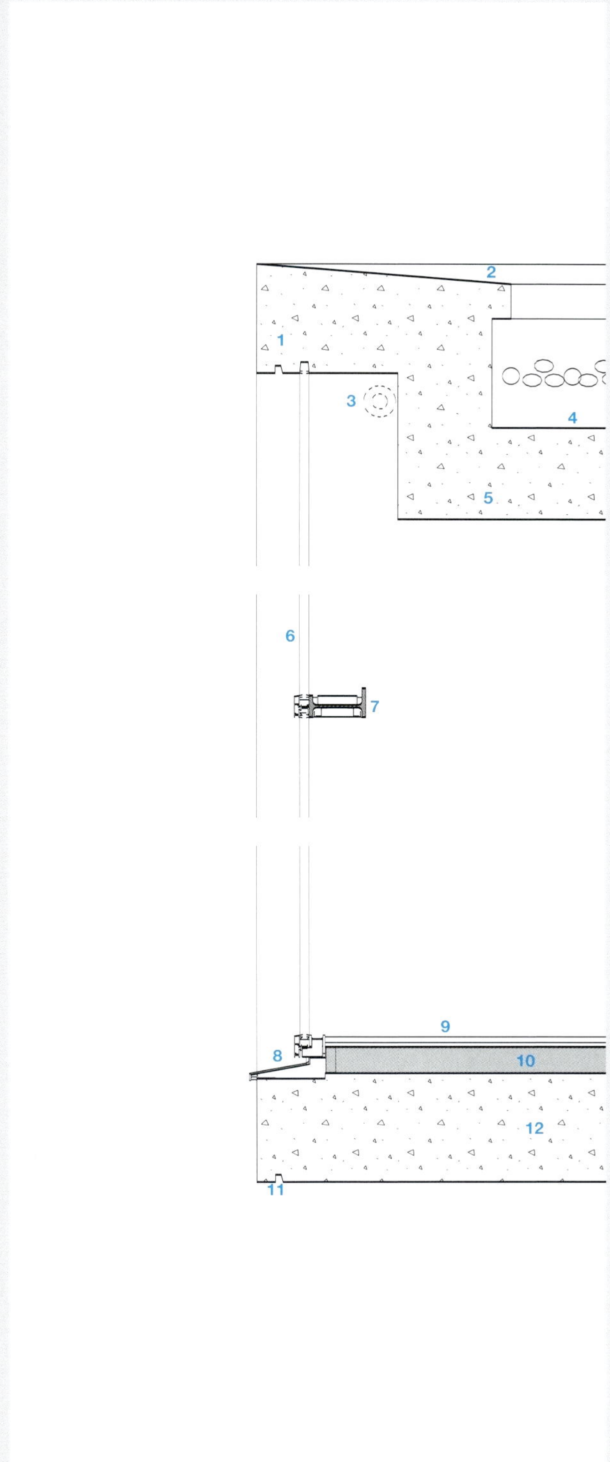

09.09
파라펫 상세도
1:20
1 노출 콘크리트 파라펫
2 흙손 마감 콘크리트, 방수층으로 이루어진 파라펫 상부
3 롤러 블라인드
4 아스팔트층, 석탄재 콘크리트 및 자갈로 이루어진 지붕
5 노출 콘크리트 천장
6 투명창
7 H형강 창틀
8 베이킹도료 마감 처리 철제 창문턱
9 합판 및 원목 바닥재
10 합판 및 장선에 설치된 단열재
11 콘크리트 표면 물끊기 홈
12 노출 콘크리트 처마 하부

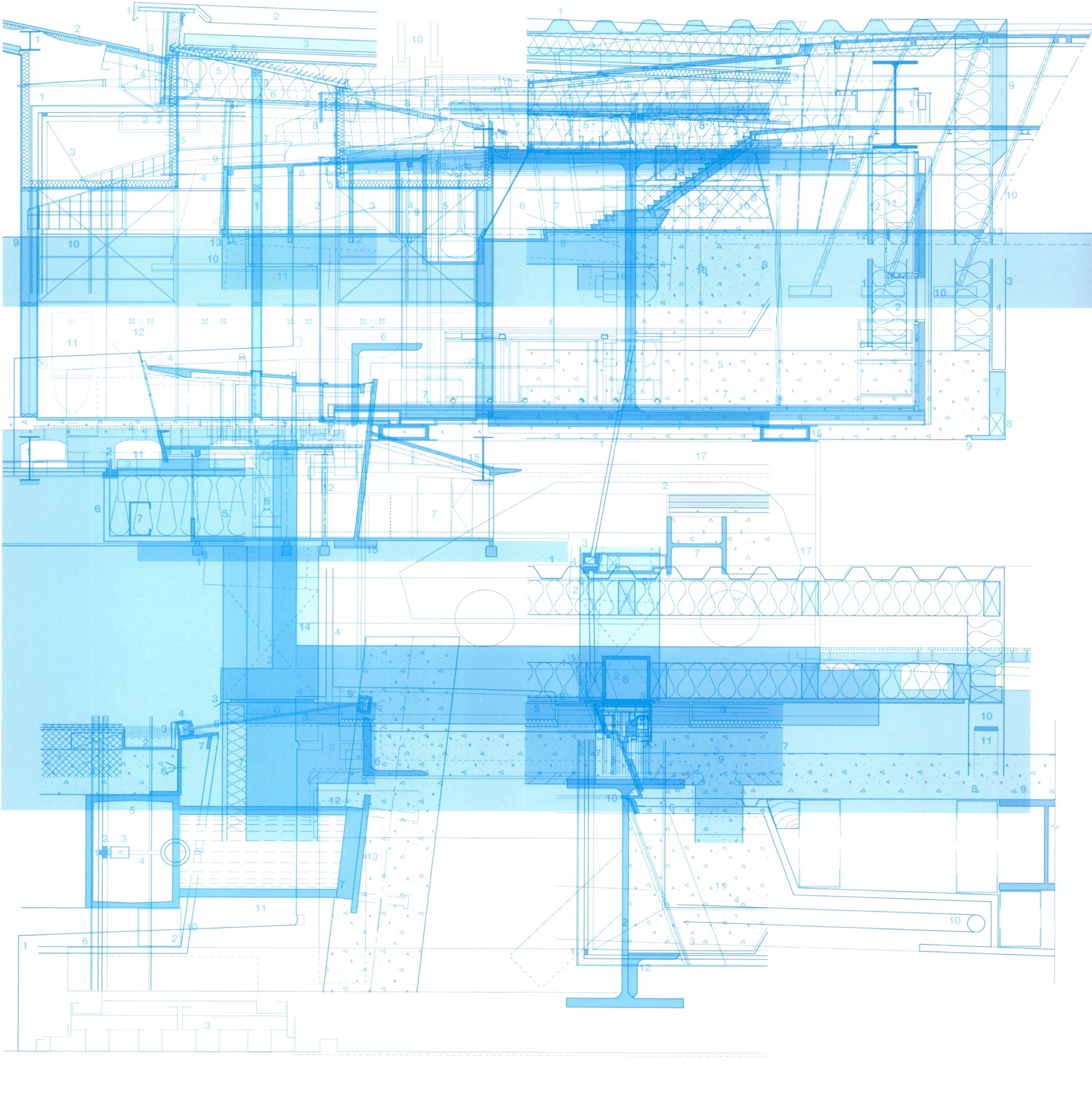

10–15 Glass 유리

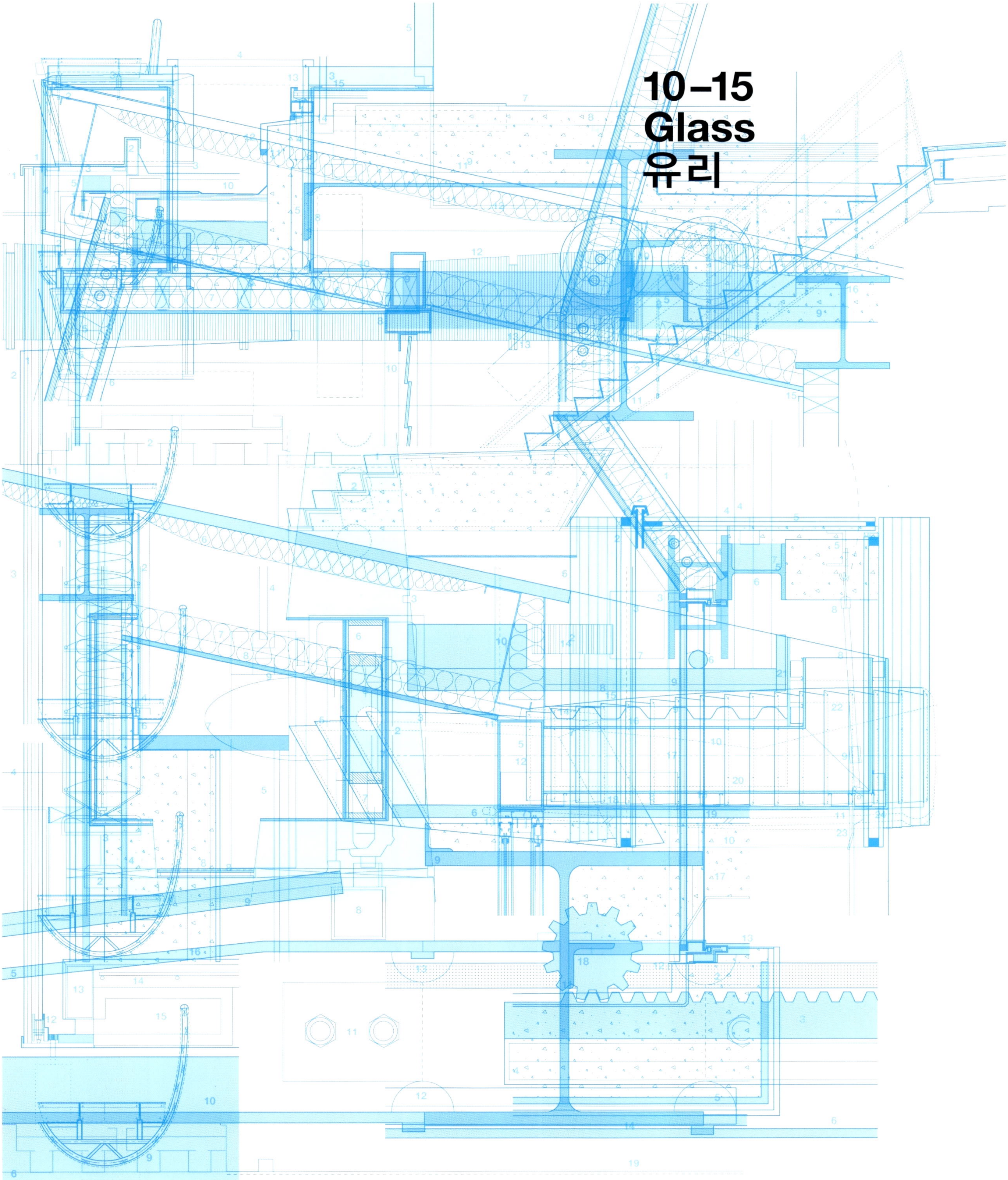

10
Aranda Pigem Vilalta

M-Lidia House
Girona, Spain

Client
Miquel Subiràs and Lídia Casado

Area
170 square metres (1,830 square feet)

Project Team
Miquel Subiràs, A. Sáez, A. Planagumà, M. Sánchez

Main Contractor
Metàl-liques Olot

스페인 지로나 Montagut 지방에 위치하고 있는 M-Lidia house는 스페인 동부 코스타브라바해안 내륙의 낮은 언덕에 놓여 있다. 건물 디자인의 컨셉은 전형적인 주택의 프로그램을 정화시키는 것으로 공간들을 담고 있는 세 개의 단순한 사각형 매스들은 대칭을 이루며 배치되어 있다. 벽 전체가 유리로 이루어진 중앙의 거실 및 식당 영역은 목제 데크를 향해 개열려 있다. 중앙 매스의 양쪽으로는 두 개의 침실 매스가 위치하고 있는데, 이 공간들은 북서측 파사드를 따라 놓인 긴 서비스 공간을 통해 접근할 수 있으며, 좁은 중정과 지하층 차고로부터 솟아난 계단에 의해 중앙 매스와 분리되고 있다.

두 개의 침실 매스에서 중정측 파사드는 전면이 유리로 이루어져 중앙 공용 공간으로 시선을 집중시키고 있다. 반면 중정 방향을 제외한 다른 면은 스테인레스 스틸 외장재로 덮혀 인근 주택의 시선으로부터 내부 공간을 보호하고 있다. 이러한 파사드의 느낌은 주방과 거실 사이에 설치된 선형 철재로 만든 조각적인 느낌의 미닫이식 칸막이벽에서 재현되고 있는데, 이는 외부 경관을 향하고 있는 반대편 벽 전체가 유리로 이루어진 것과 함께 매우 대조적인 질감을 보여주고 있다. 외부에서의 시선이 완전히 차단된 지하층에는 1층의 주거 공간으로 이어지는 계단은 물론, 차고와 창고가 담겨 있다. 지하층 위를 지나고 있는 1층의 유리 브릿지는 거실에서 자녀용 침실을 직접 연결한다. 형태의 단순함과 건물이 외부 경관을 대하고 있는 방식은 고전적인 주택의 그것과 흡사한 모습을 보여준다. 그러나 건물에 사용된 재료와 공간들의 연결 방식은 이 주택이 현대적인 주거 공간임을 분명하게 드러내고 있다.

1

2

1, 2 중앙의 거실과 거실 양쪽의 침실에 사용된 전면 유리는 특히 야간에 매우 투명한 느낌으로 다가오며, 거주자가 외부 환경과 소통하는 방법을 보여준다. 거실의 후면으로는 스테인레스 스틸제 미닫이식 칸막이벽이 주방을 시선으로부터 가리고 있다.
3 지하층의 차고로부터 지상으로 올라오는 계단의 위로는 거실과 침실을 연결하는 브릿지가 지나가고 있다.
4 스테인레스 스틸 칸막이벽을 열었을 때 북서측 벽을 따라 자리잡고 있는 선형의 주방이 거실에 드러난다. 상부의 고측창은 주방에 빛을 받아들이며, 조리대 전면의 수평 창은 정원으로의 조망을 제공한다.
5 칸막이벽을 닫았을 때의 거실 전경.

3

4

5

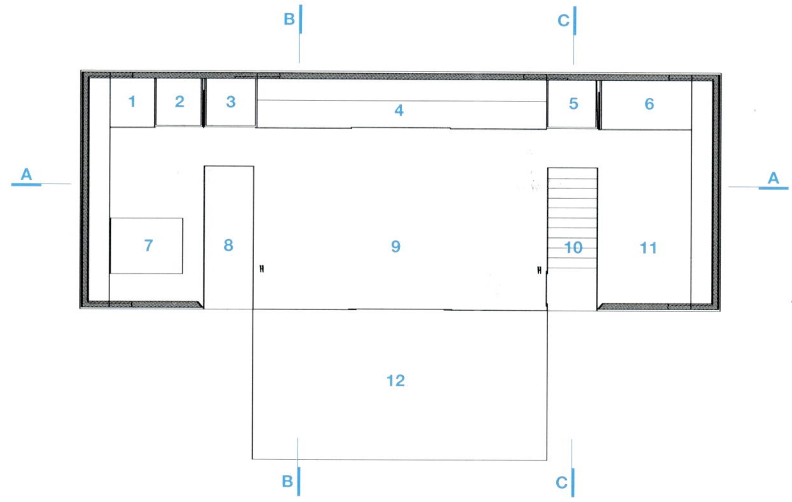

10.01
1층 평면도
1:200
1 욕실
2 샤워실
3 화장실
4 주방
5 세탁실
6 서재
7 침실
8 중정
9 거실 및 식당
10 입구
11 자녀용 침실
12 테라스

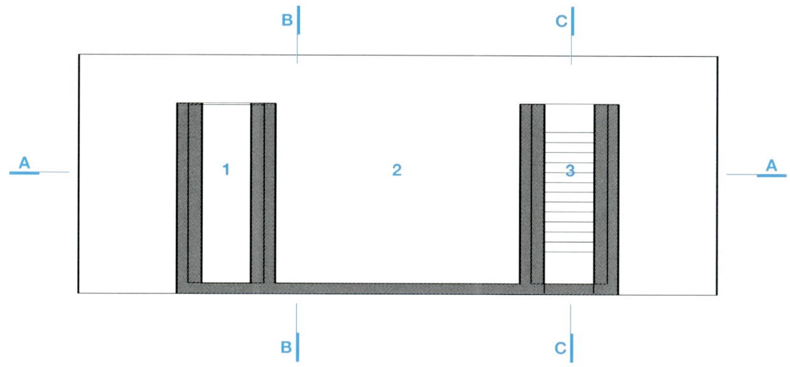

10.02
지하층 평면도
1:200
1 창고
2 차고
3 1층으로 이어지는 계단

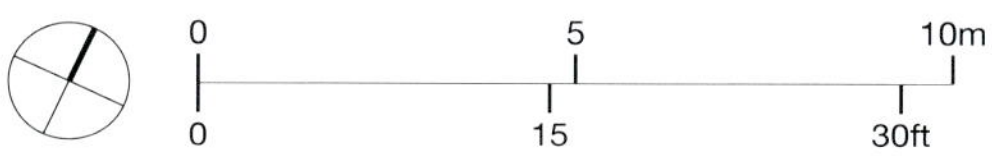

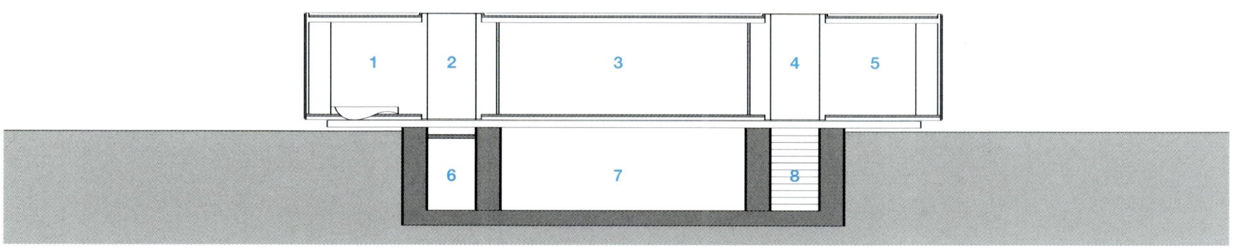

10.03
단면도 A-A
1:200
1 침실
2 중정
3 거실 및 식당
4 계단 상부
5 자녀용 침실
6 창고
7 차고
8 차고에서 주거 공간으로 이어지는 계단

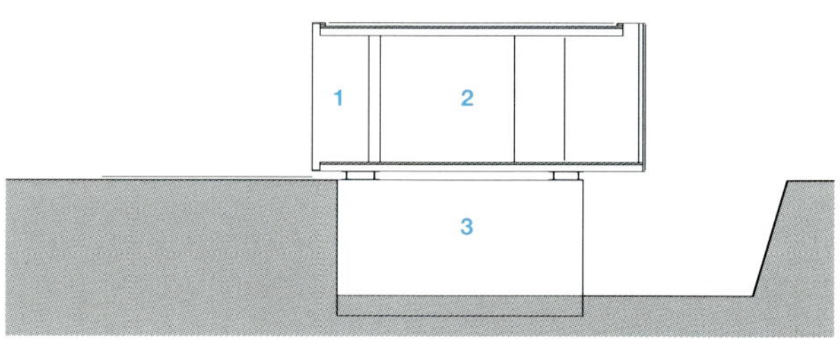

10.04
단면도 B-B
1:200
1 주방
2 거실 및 식당
3 차고

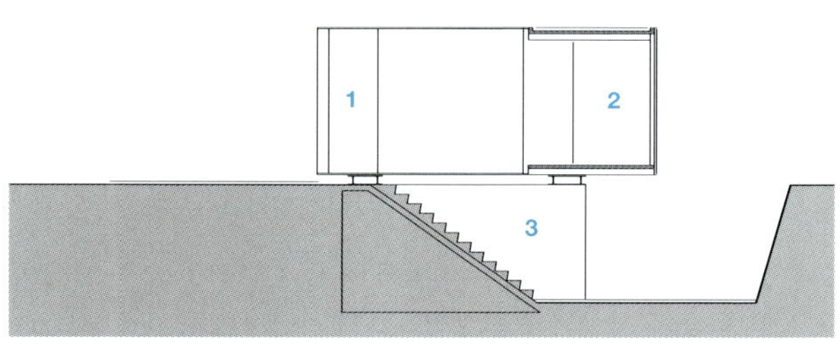

10.05
단면도 C-C
1:200
1 세탁실
2 자녀용 침실
3 차고

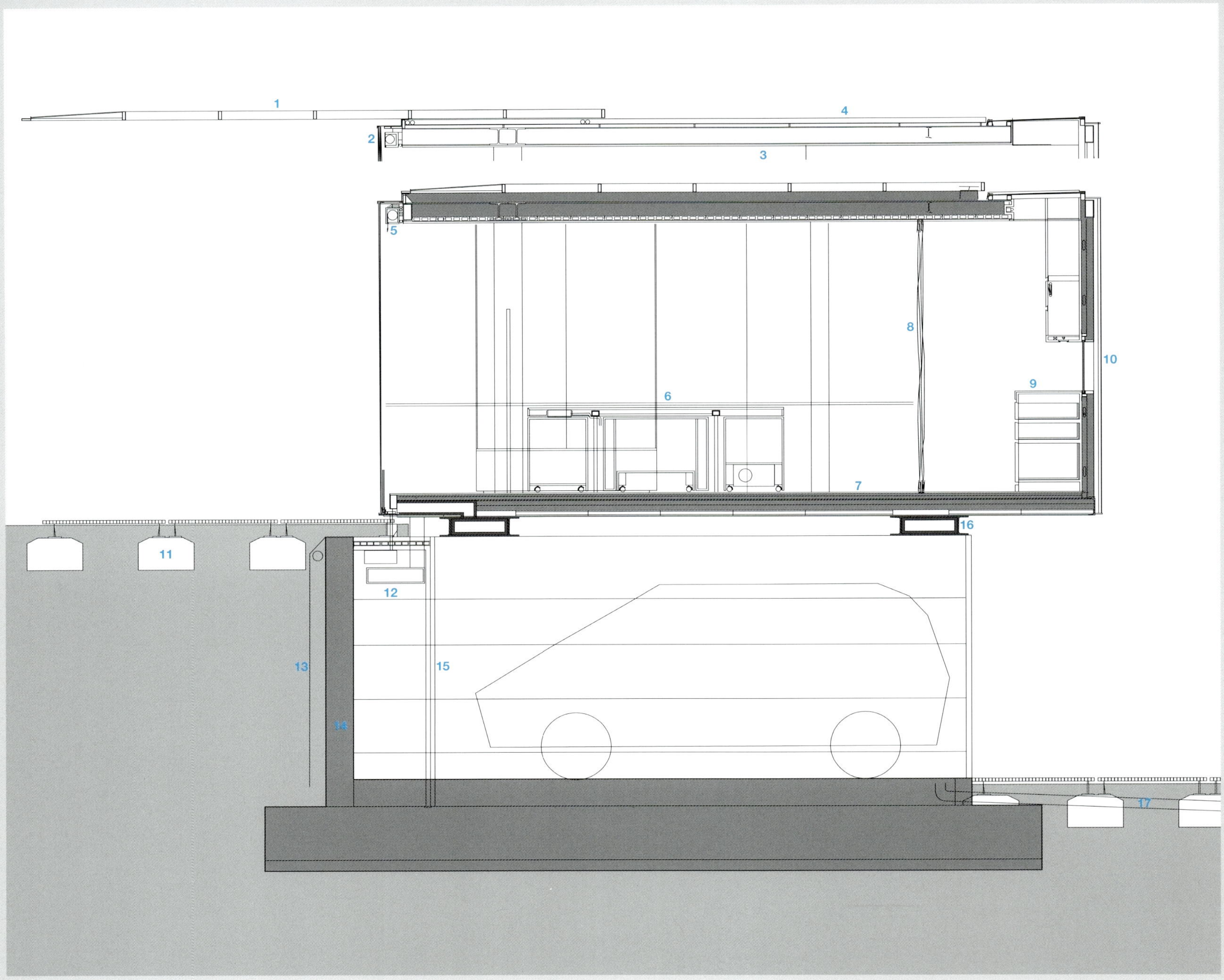

10.06
단면 상세도
1:50
1 길이 조절이 가능한 현관 지붕
2 합판 유리 슬라이딩 문
3 천장 모르타르 마감
4 고정식 현관 지붕
5 롤러 블라인드
6 길이 조절이 가능한 테이블
7 목제 데크
8 이동식 칸막이벽
9 주방 가구 락커 마감, Corian 제품 사용
10 아연 도금 철제 판넬 외벽
11 콘크리트 기초
12 차고에 사용된 자동문
13 배수막
14 철근콘크리트 벽
15 창고 문에 사용된 판금 마감재
16 공조 시스템이 설치된 철제 구조물
17 배수관

10.07
슬라이딩 유리문 상세도
1:10

1 5mm (1/5인치) 두께의 판금
2 80 X 25 X 2mm (3 X 1 X 1/10인치) 지붕 스탠드
3 불침투성 지붕재
4 롤러 블라인드를 덮고 있는 판금 부재
5 오리대
6 롤러 블라인드
7 블라인드를 가리면서도 유지보수를 가능케 하는 목제 판넬
8 형광등
9 모르타르 마감 앵글
10 천장 모르타르 마감
11 합판 유리 슬라이딩 문
12 유리 지지대 및 스테인레스 스틸제 창틀
13 바닥판 단부에 위치하는 각관 보
14 철근콘크리트 바닥판
15 공조 덕트
16 목제 데크

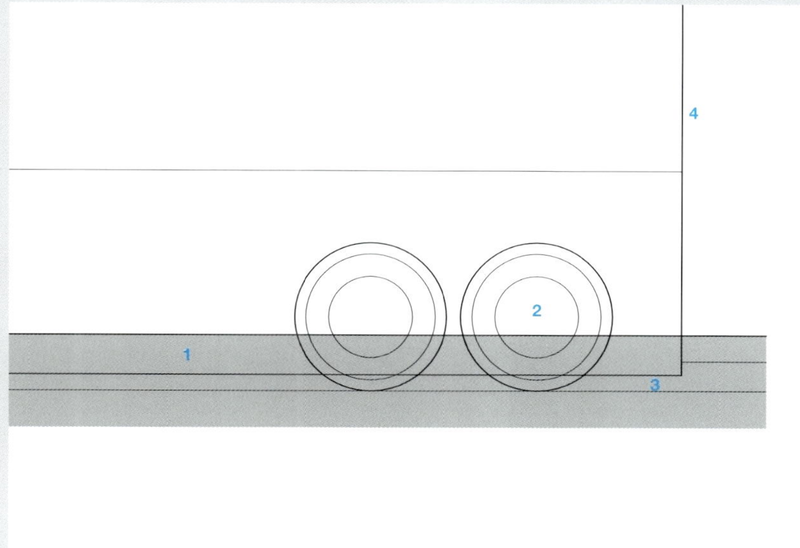

10.08
슬라이딩 문 상세도
1 1:2

1 25 X 4mm (1 X 1/5인치) 판금
2 철제 가이드 레일
3 직경 8mm (1/3인치) 스테인레스 스틸제 레일
4 15mm (3/5인치) 두께의 합판 유리

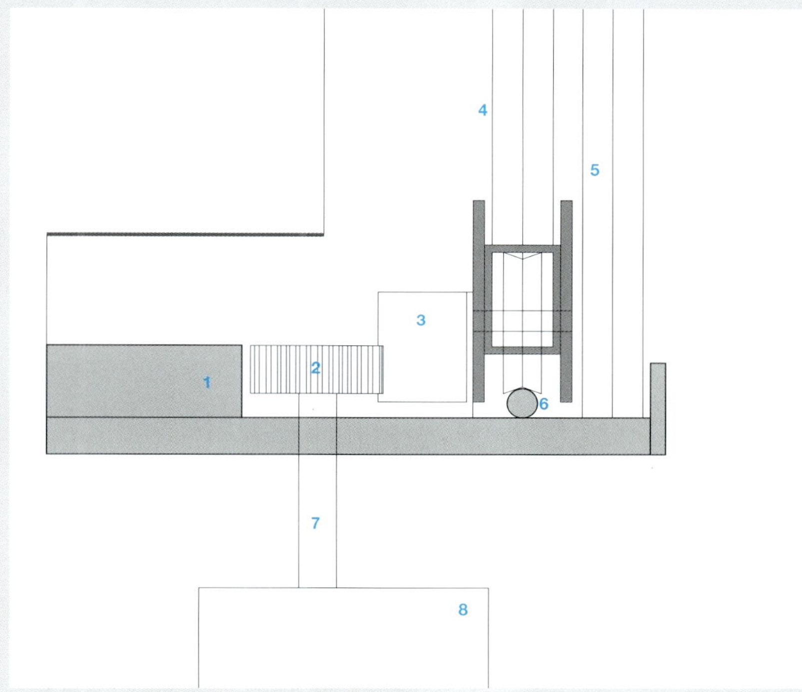

10.09
슬라이딩 문 상세도
2 1:2

1 오리대
2 톱니바퀴
3 기어레일
4 유리 지지대 및 스테인레스 스틸제 창틀
5 합판 유리 슬라이딩 문
6 직경 8mm (1/3인치) 스테인레스 스틸제 레일
7 차축
8 모터

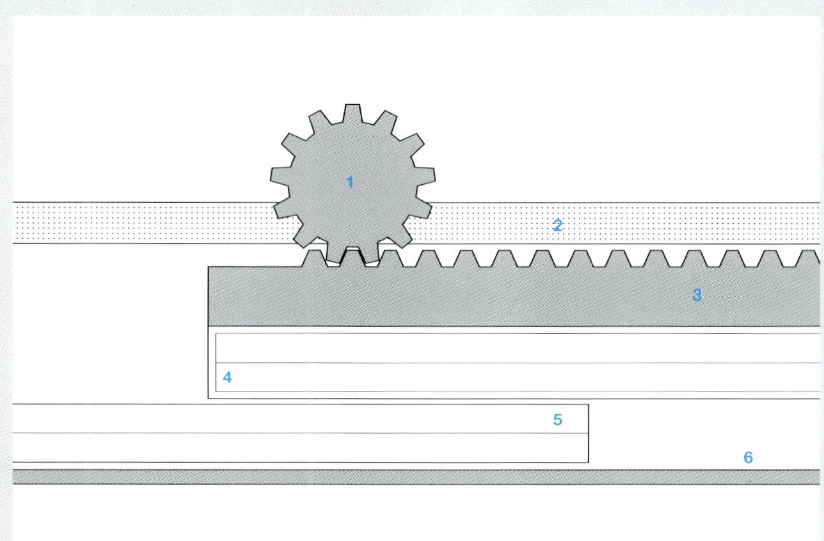

10.10
슬라이딩 문 상세도
3 1:2

1 톱니바퀴
2 상부 바닥판 경계선
3 기어레일
4 합판 유리 (이동부)
5 합판 유리 (고정부)
6 25 X 4mm (1 X 1/5인치) 판금 외벽

11
Ian Moore Architects

Rose House
Saddleback Mountain, Kiama, NSW, Australia

Client
Peter and Maria Rose

Area
218 square metres (2,350 square feet)

Project Team
Ian Moore, Dua Cox, Claire Meller, Sterrin O'Shea

Structural Engineer
Peter Chan and Partners

Geotechnical Engineer
Cottier + Associates

Builder
Phillip C. Young

시드니 남부 새들백산의 남측면에 자리잡고 있는 이 주택에서는 모든 방향에 걸쳐 드라마틱한 자연 경관을 즐길 수 있다. 자연을 향한 시야를 최대화하면서 가파른 경사라는 대지적 특성에 따른 영향을 최소화하기 위해 건물은 완만한 경사지 위에 자리잡고 있으며, 남과 북을 향하고 있는 언덕의 중앙에 위치함으로써 동서 방향으로 대칭적인 경사를 얻을 수 있었다. 단순한 장방형의 평면은 서비스 코어에 의해 3개의 영역으로 분할된다. 주방, 거실, 식당을 담고 있는 중앙 영역의 한 편으로는 부모를 위한 침실, 욕실, 드레스룸이, 다른 한 편으로는 두 자녀를 위한 침실과 욕실이 각각 위치하고 있다.

거실을 중앙에 배치하고, 서비스 코어를 외피로부터 안쪽으로 끌어 들임으로써, 이 주택은 전 방향에 걸쳐 넓은 시야를 확보하고 있다. 건물의 장변에 위치하는 두 파사드에는 전면에 걸쳐 베란다가 위치하여 전면이 유리로 된 파사드 벽면에 과도한 태양광이 유입되지 않도록 한다. 거실의 유리문은 완전히 밀어 젖혀 건물 전체를 개방할 수 있도록 만들어져 자연 환기를 가능케 한다. 산에 위치하는 건물의 대지적인 영향을 최소화하기 위해 건물의 장변을 따라 2개의 비렌딜 트러스가 설치하였으며, 철근콘크리트로 만든 2개의 창고를 올려 놓아 트러스 구조물에 대한 가새의 역할을 담당하도록 했다. 트러스 구조는 건물이 동서 방향으로 돌출될 수 있도록 함은 물론, 경량 구조물의 느낌을 드러내고 있다.

1

2

3

1 슬라이딩 유리문과 유리 루버 판넬이 내부 공간에 빛을 받아들이는 남측 파사드에는 캐노피가 설치되어 차고와 주택을 연결하고 있다.
2 남측 파사드는 내부 공간에 간접광을 받아들이고, 자연 환기가 이루어지도록 하는 전면 유리와 루버로 구성되어 있다.
3 주택의 중앙에 위치하는 식당과 거실의 야간 전경. 전기식으로 작동되는 블라인드가 프라이버시를 보장한다.
4 낮 동안에는 블라인드를 창 위에 좁은 띠처럼 접혀 올림으로써 남측 및 북측 파사드를 외부 경관을 향해 개방한다.

4

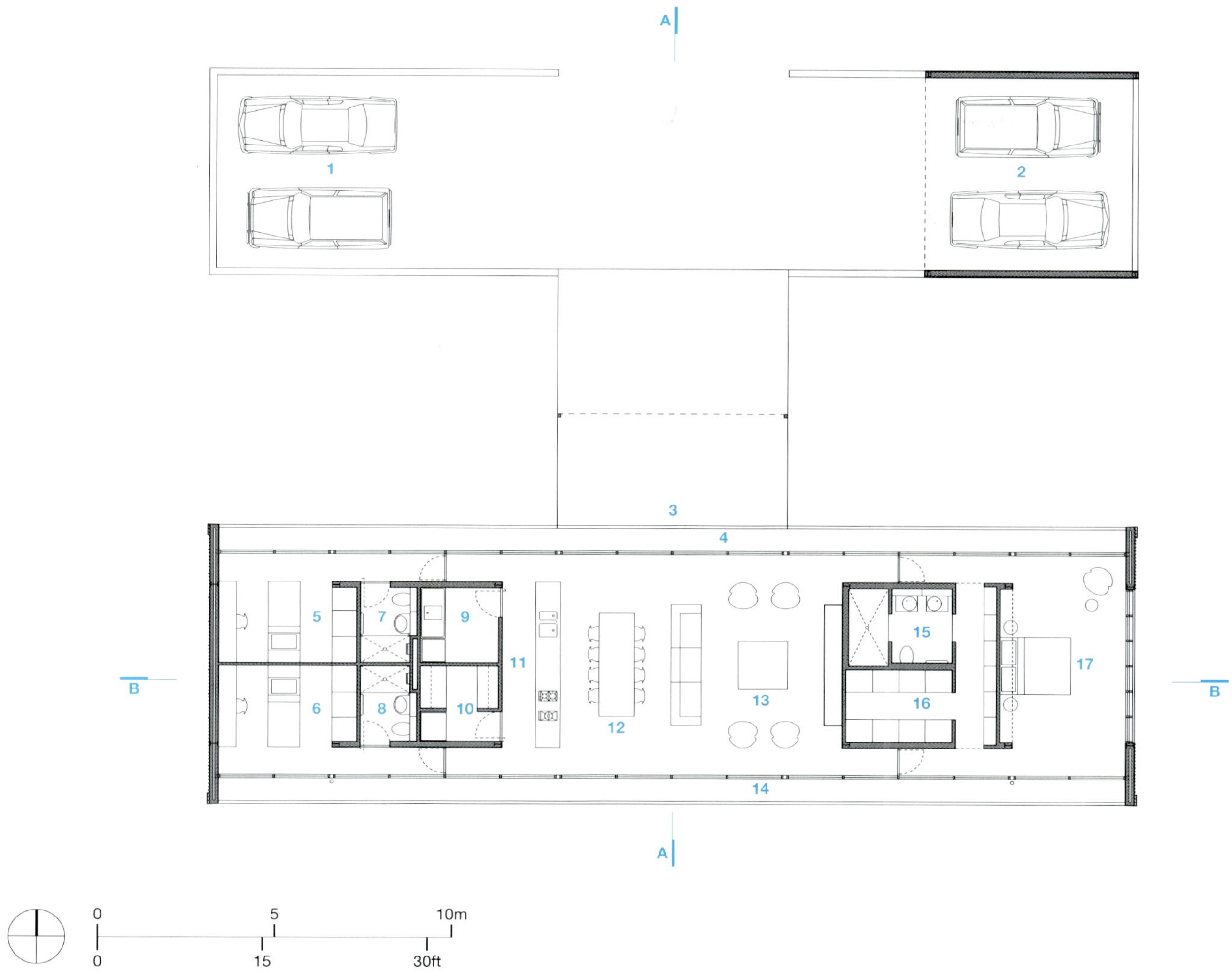

11.01
평면도
1:200
1 방문객용 주차장
2 차고
3 입구
4 테라스
5 침실1
6 침실2
7 욕실1
8 욕실2
9 세탁실
10 식료품실
11 주방
12 식당
13 거실
14 테라스
15 주침실
16 드레스룸
17 주침실

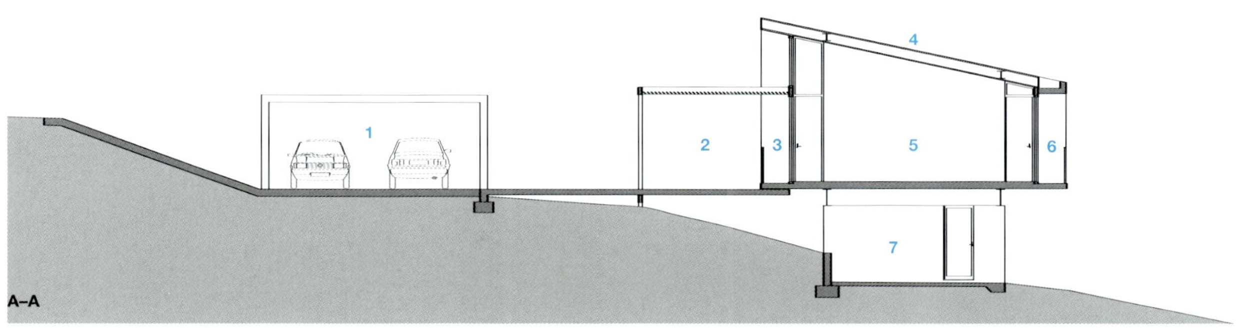

11.02
단면도 A-A
1:200
1 차고
2 입구
3 테라스
4 철제 프레임이 사용 된 판금 지붕
5 거실
6 테라스
7 지하창고

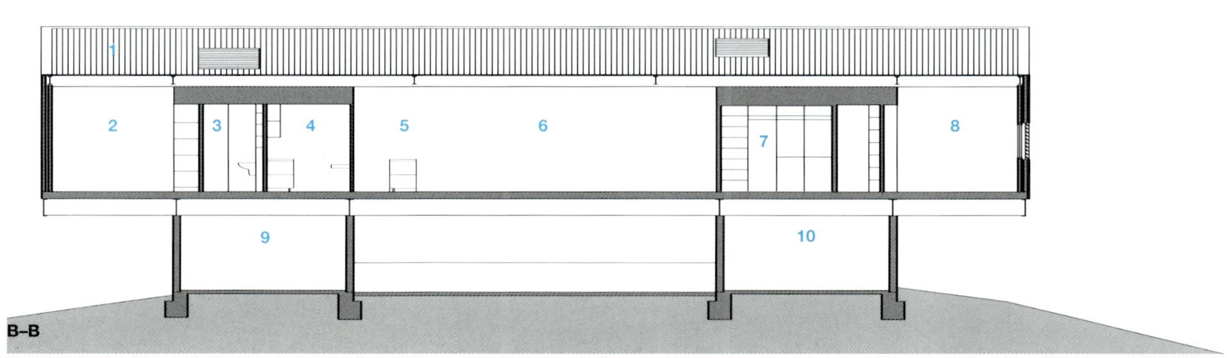

11.03
단면도 B-B
1:200
1 철제 프레임이 사용 된 판금 지붕
2 침실
3 욕실
4 식료품실
5 주방
6 거실
7 드레스룸
8 주침실
9 지하창고
10 지하창고

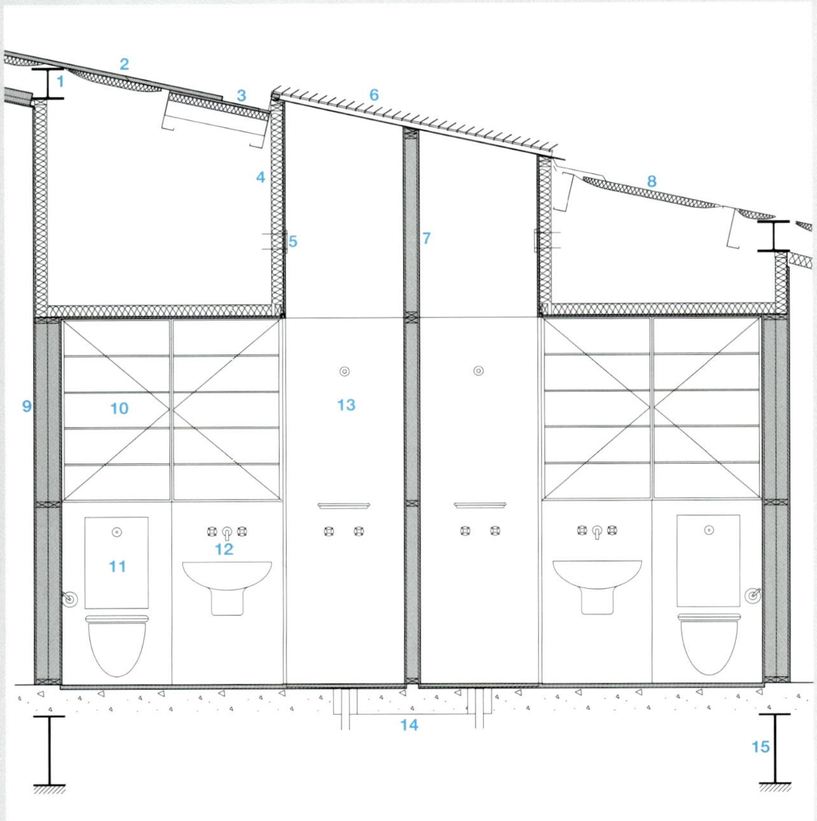

11.04
욕실 단면 상세도
1:50

1 철제 보
2 양면에 알루미늄 호일 사킹이 설치된 50mm (2인치) 두께의 단열재
3 낙수홈통
4 스터드와 천장 프레임에 사이에 설치된 75mm (3인치) 두께의 단열재
5 환풍기
6 천창 및 알루미늄 루버
7 석고보드 벽
8 금속 데크 지붕
9 석고보드 벽
10 거울장 및 유리 선반
11 수조가 벽 뒤에 감춰져 있는 벽걸이식 변기
12 벽걸이식 세면대
13 알루미늄 외장 판넬
14 콘크리트 바닥
15 철제 보

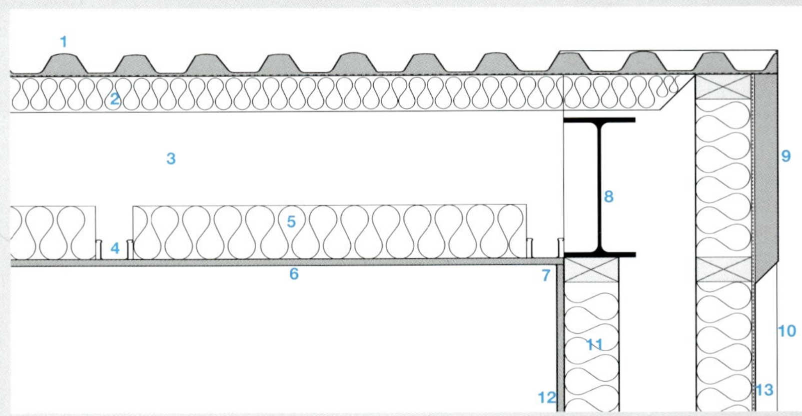

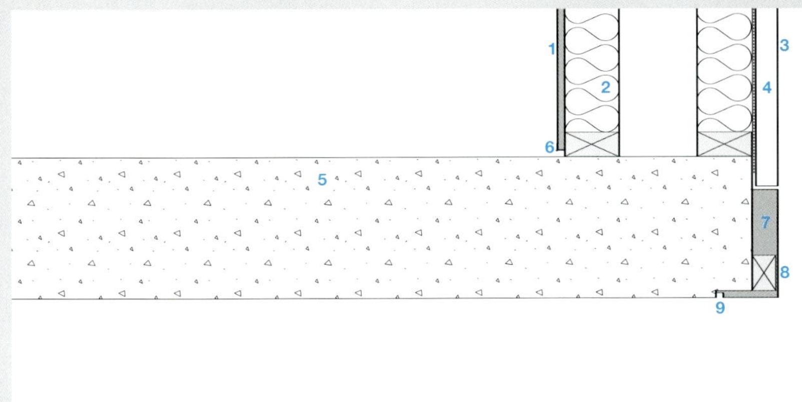

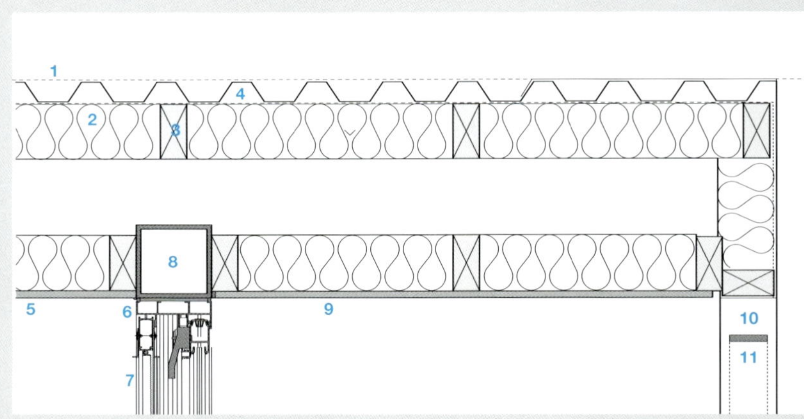

11.05
지붕 마감 상세도
1:10

1 대경간용 판금 지붕재
2 50mm (2인치) 두께의 단열재
3 250mm (10인치) Z형강 도리
4 450mm (18인치) 중앙에 설치된 Rondo 129 훠링 채널
5 75mm (3인치) 두께의 단열재
6 10mm (1/3인치) 석고보드
7 Rondo P157
8 200mm (8인치) H형강
9 은회색 판금 외장재
10 대경간용 외장재
11 75mm (3인치) 두께의 단열재
12 10mm (1/3인치) 석고보드
13 방수지

11.06
외벽 마감 상세도 1
1:10

1 10mm (1/3인치) 석고보드
2 75mm (3인치) 두께의 단열재
3 대경간용 외장재
4 방수지
5 콘크리트 스크리드
6 Rondo P50
7 은회색 판금 외장재
8 목제 프레임
9 10mm (1/3인치) 물끊기 홈

11.07
외벽 마감 상세도 2
1:10

1 Stramit 대경간용 외장재
2 75mm (3인치) 두께의 단열재
3 목제 스터드
4 방수지
5 10mm (1/3인치) 석고보드
6 알루미늄 창틀
7 방충망
8 100 X 100 X 6mm (4 X 4 X 1/4인치) 철제 각관
9 섬유시멘트 판
10 50 X 12mm (2 X 1/2인치) 철제 플랫 바
11 150 X 75mm (6 X 3 인치) 철제 채널

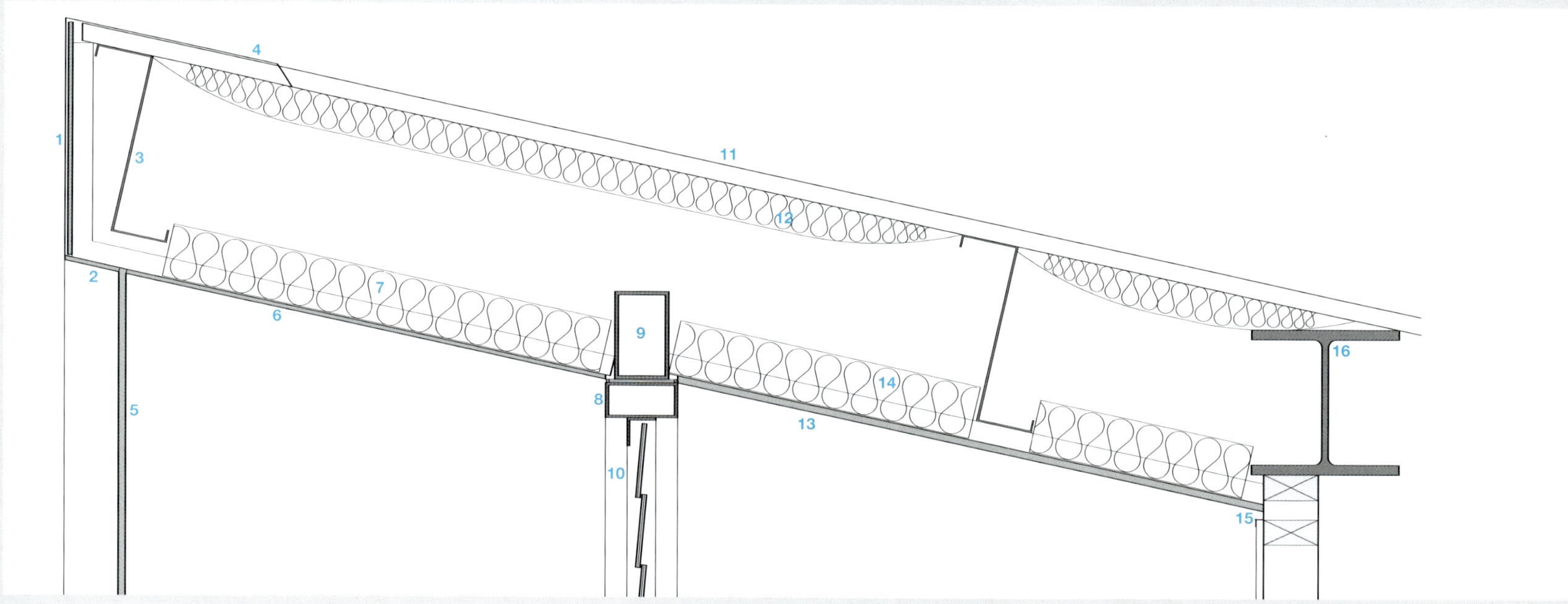

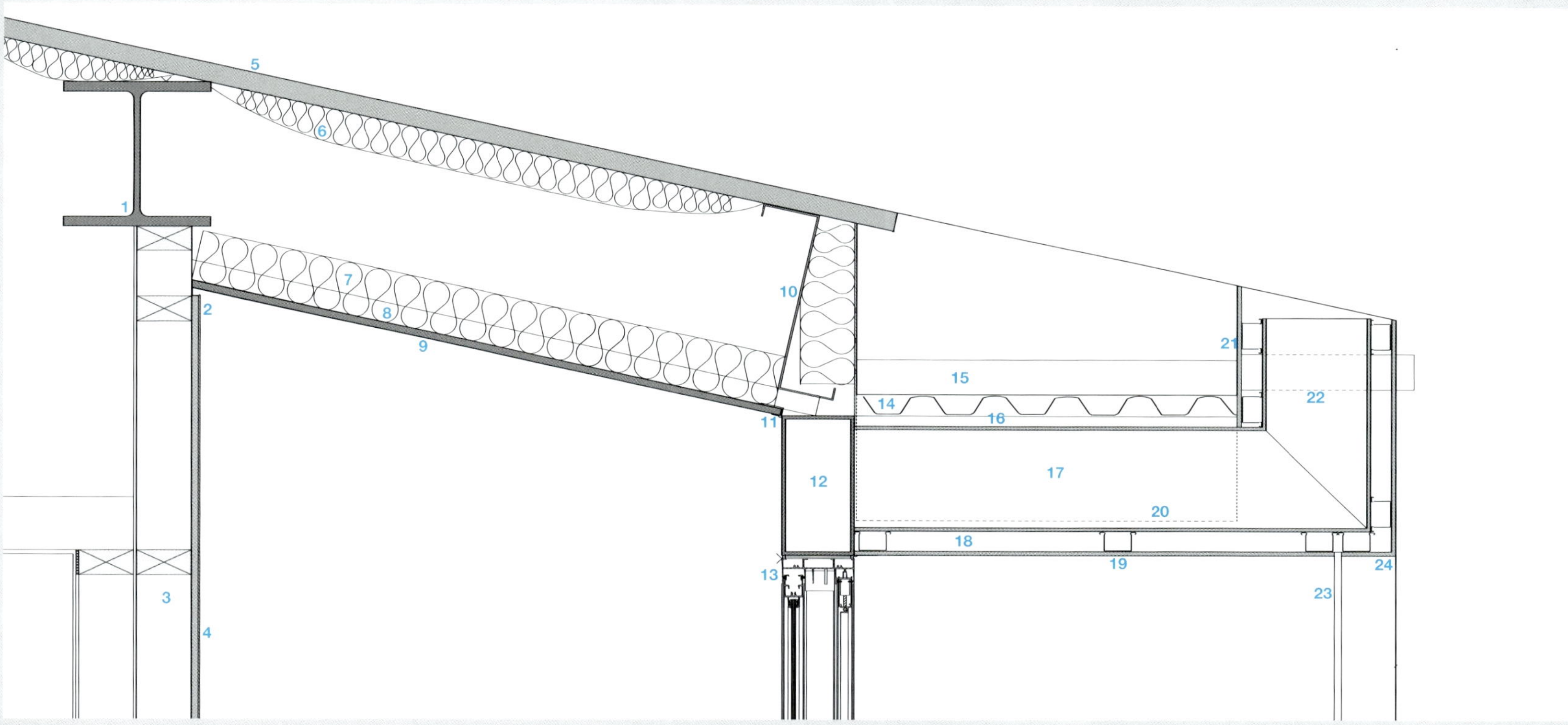

11.08
처마 상세도
1:10
1 유리섬유시멘트 띠벽
2 은회색 판금 띠벽 외장재
3 250mm (10인치) Z형강 도리
4 은회색 판금 띠벽 외장재
5 10mm (1/3인치) 일영도
6 유리섬유시멘트 하부 마감재
7 450mm (18인치) 중앙에 설치된 Rondo 129 훠링 채널
8 알루미늄 창틀
9 125 X 75 X 5mm (5 X 3 X 1/4인치) 철제 각관
10 유리 루버
11 Stramit 대경간용 지붕 외장재
12 50mm (2인치) 두께의 단열재
13 10mm (1/3인치) 석고보드
14 75mm (3인치) 두께의 단열재
15 Rondo P50 채널
16 200mm (8인치) 철제 보

11.09
낙수홈통 상세도
1:10
1 200mm (8인치) 철제 보
2 Rondo P50
3 철제 스터드
4 10mm (1/3인치) 석고보드
5 Stramit 대경간용 지붕 외장재
6 양면에 알루미늄 호일 사킹이 설치된 50mm (2인치) 두께의 단열재
7 75mm (3인치) 두께의 단열재
8 Rondo 129 훠링 채널
9 10mm (1/3인치) 석고보드
10 250mm (10인치) Z형강 도리
11 Rondo P12 스톱비드
12 200 X 100mm (8 X 4인치) 철제 각관
13 알루미늄제 슬라이딩 문
14 Stramit 대경간용 홈통 지지대
15 은회색 Colorbond 판금 홈통 마감재
16 구배용 패커
17 150mm (6인치) 철제 아웃리거
18 섬유시멘트 하부 마감재
19 Rondo 129 훠링 채널
20 집수공 경계선
21 은회색 Colorbond 판금 홈통 마감재
22 300 X 50mm (12 X 2인치) 배수로
23 10mm (1/3인치) 일영도
24 은회색 판금 외장재

12
Kazuyo Sejima & Associates

Small House
Tokyo, Japan

Area
77 square metres (830 square feet)

Structural Engineer
Sasaki Structural Consultants

이 작은 주택은 도쿄의 중심가에 위치하고 있으며, 편부와 세 자녀로 이루어진 가족을 위해 설계되었다. 건축주가 요구한 프로그램은 테라스, 욕실, 넓은 거실과 식당, 침실과 작은 거실이었으며, 건물을 통해 가족이 외부 환경과 소통할 수 있어야 한다는 점도 설계에 있어 중요한 사항이었다. 매우 제한적인 대지적 조건에 따라 건축가는 먼저 각각의 공간이 어느 정도의 크기를 필요로 하는지를 결정해야 했으며, 이를 통해 각각의 공간이 서로 다른 성격을 갖도록 했다. 이에 따른 공간적 대응책으로 하나의 균일한 건물을 만들기보다는 서로 다른 성격을 갖는 4개의 공간을 쌓아 올리는 방법을 채택하게 되었다. 공간을 적층하는 과정 다음으로는 외부 형태를 형성하기 위해 정렬되지 않고 서로 엇갈리게 배치된 각각의 층을 연결하는 과정이 이루어졌다. 그리고 나서 외부의 시선으로부터 내부 공간의 프라이버시를 유지할 수 있도록 전체적인 건물의 레벨을 적정하게 높이고 주차장을 설치하는 과정이 진행되었으며, 끝으로 각 층의 용도에 맞게 나선계단의 위치를 결정하는 과정을 거쳤다.

이 주택은 내부 공간과 외부 공간 간에 서로 다른 관계를 맺고 있기도 하다. 일례로 외벽은 바닥 평면과 천장고에 따라 하늘을 향해 열려 있기도 하거, 이웃 주택의 체리나무를 바라다 보는 전망대처럼 아래로 향해 있기도 하다. 각각의 공간의 크기가 작고 독립적이기 때문어 외부 공간과의 관계는 내부 공간에 큰 영향을 미치게 되었다. 각 공간의 무게 중심을 이동시킴으로써 각각의 층은 외부 환경과 나선계단으로부터 서로 다른 거리를 나타내게 되었으며, 이에 따라 오락을 위한 공간, 업무를 위한 공간, 일반적인 주거 생활을 위한 공간 모두를 주택 내부에 자연스럽게 담을 수 있었다. 결과적으로 이 주택은 그 협소함에도 불구하고 큰 안락감과 즐거움을 제공하고 있다.

1

2

3

1 새벽에 바라본 건물의 모습은 서로 다른 각층 바닥의 치수와 천장고를 잘 보여준다. 이러한 차이는 서로 다른 기능들과 가족 구성원들의 요구에 따른 다양한 공간을 담기 위해 만들어진 것이다.
2 거리쪽 파사드에는 알루미늄 판넬과 반투명 유리가 사용되어 내부 공간에 자연광을 받아들이면서도 가족의 프라이버시를 유지하고 있다.
3 철판을 접어 만든 계단은 주택의 무게중심을 잡아주면서 4개의 층을 서로 연결한다.

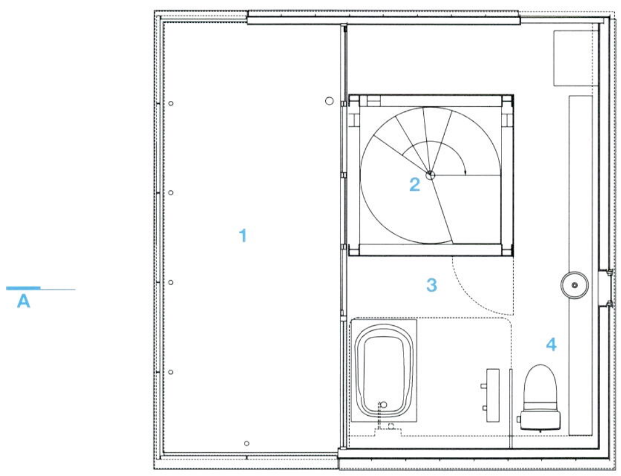

12.01
3층 평면도
1:100
1 주침실
2 나선계단
3 욕실 및 샤워실
4 화장실

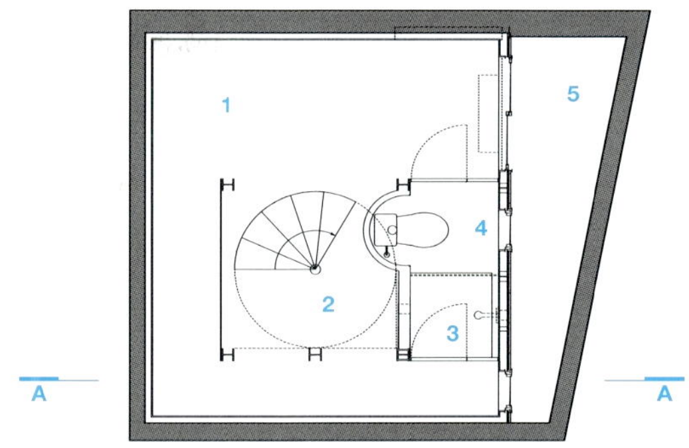

12.04
지하층 평면도
1:100
1 자녀용 침실
2 나선계단
3 샤워실
4 화장실
5 채광정

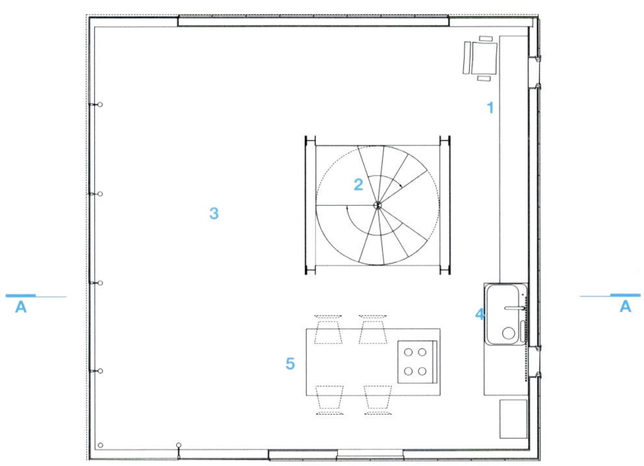

12.02
2층 평면도
1:100
1 서재
2 나선계단
3 거실
4 주방
5 식당

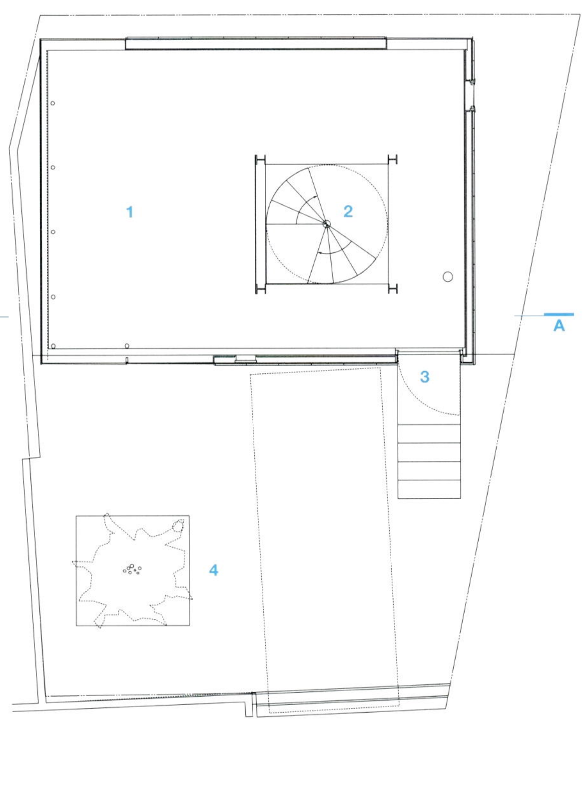

12.03
1층 평면도
1:100
1 객실
2 나선계단
3 입구
4 전정

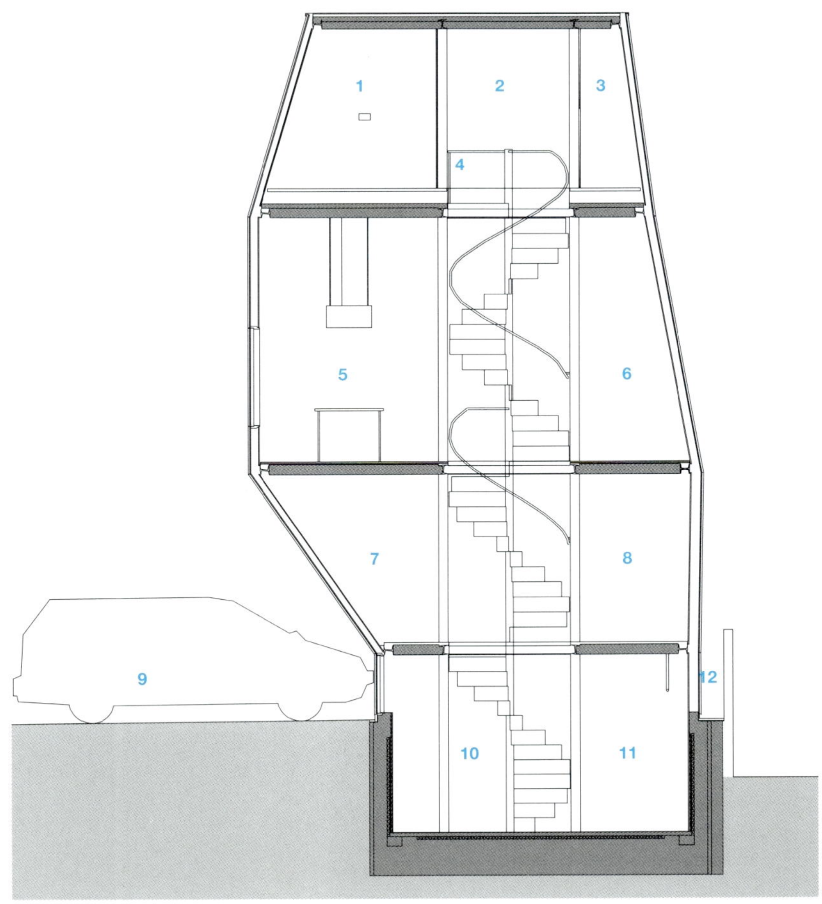

12.05
단면도 A-A
1:100
1 주침실
2 계단실
3 화장실
4 나선계단
5 거실
6 주방
7 객실
8 객실
9 주차장
10 자녀용 침실
11 샤워실
12 채광정

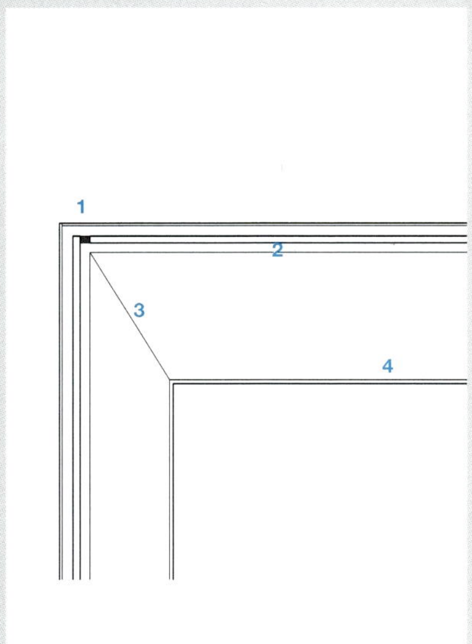

12.06
외벽 코너부
상세도
1:10

1 실리콘 씰
2 PVC 프레임에 설치된 8mm (1/3인치) 두께의 유리
3 철제 프레임
4 바닥판 단부에 설치된 철제 플레이트 씰

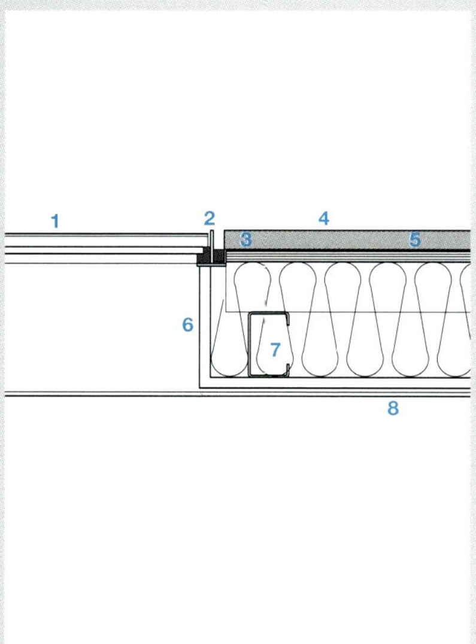

12.08
창유리 상세도 2
1:10

1 PVC 프레임에 설치된 8mm (1/3인치) 두께의 유리
2 38mm (1 1/2인치) 스테인레스 스틸 창틀
3 실리콘 씰
4 아연 및 알루미늄 도금 처리 판금 플래싱
5 아연 및 알루미늄 도금 처리 판금 지붕재, 아스팔트 지붕재, 12mm (1/2인치) 합판 구조재로 이루어진 외벽
6 목제 씰
7 철제 채널 벽 프레임
8 합성수지 페인트 마감 12.5mm (1 1/2인치) 석고보드, 130mm (5 1/10인치) 두께의 양모 단열재로 이루어진 내벽

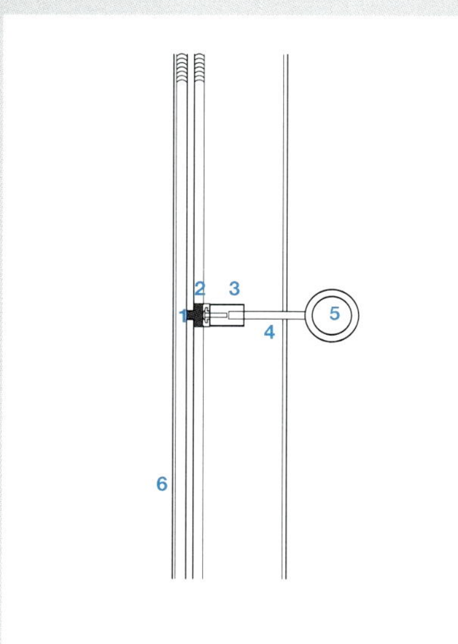

12.10
창유리 상세도 4
1:10

1 실리콘 씰
2 실리콘 개스킷
3 합성수지 페인트 마감 38mm (1 1/2인치) 평철 멀리온
4 500mm (19 2/3인치) 중앙에 합성수지 페인트로 마감처리된 38mm (1 1/2인치) 평철
5 직경 60.5mm (2 4/5인치) 강관, 합성수지 페인트 마감
6 PVC 프레임에 설치된 8mm (1/3인치) 두께의 유리

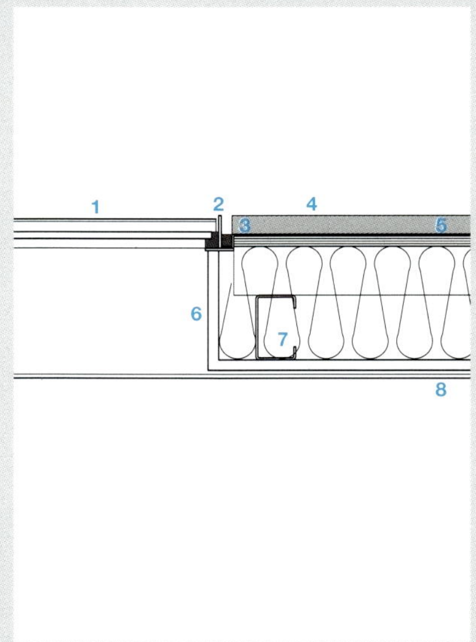

12.07
창유리 상세도 1
1:10

1 PVC 프레임에 설치된 8mm (1/3인치) 두께의 유리
2 38mm (1 1/2인치) 스테인레스 스틸 창틀
3 실리콘 씰
4 아연 및 알루미늄 도금 처리 판금 플래싱
5 아연 및 알루미늄 도금 처리 판금 지붕재, 아스팔트 지붕재, 12mm (1/2인치) 합판 구조재로 이루어진 외벽
6 목제 프레임
7 철제 채널 벽 프레임
8 12.5mm (1 1/2인치) 석고보드, 합성수지 페인트 마감, 130mm (5 1/10인치) 두께의 양모 단열재로 이루어진 내벽

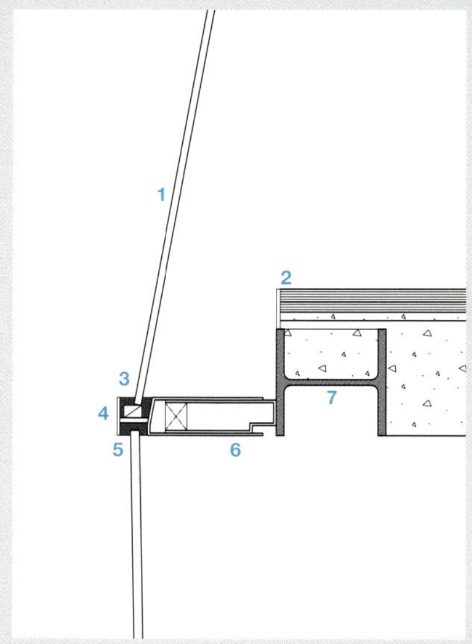

12.09
창유리 상세도 3
1:10

1 PVC 프레임에 설치된 8mm (1/3인치) 두께의 유리
2 합성수지 페인트 마감 47mm (1 3/4인치) 평철
3 실리콘 씰
4 45mm (1 3/4인치) 스테인레스 스틸 창틀
5 6mm (1/5인치) 스테인레스 스틸 고정하중 지지대
6 합성수지 페인트 마감 유리 프레임
7 합성수지 페인트 마감 H형강

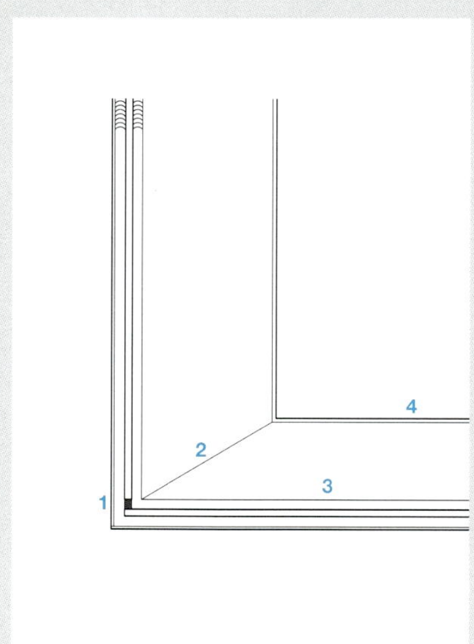

12.11
창유리 상세도 5
1:10

1 실리콘 씰
2 PVC 프레임에 설치된 8mm (1/3인치) 두께의 유리
3 철제 프레임
4 바닥판 단부에 설치된 철제 플레이트 씰

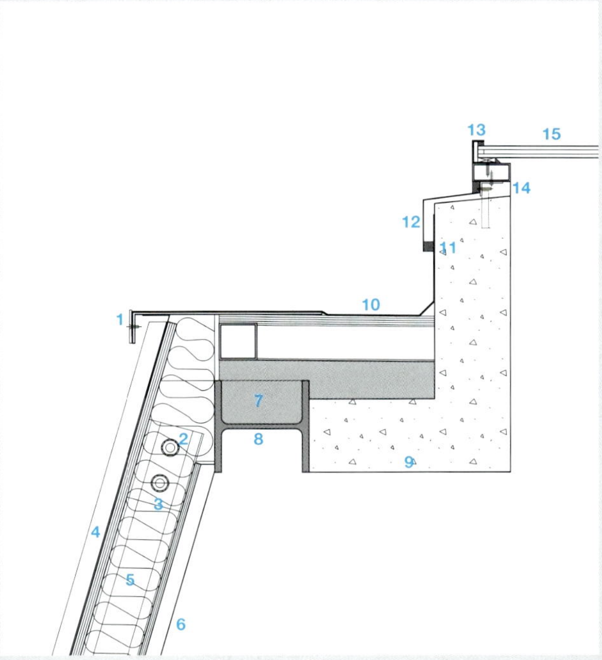

12.12
파라펫 상세도
1:10

1 45mm (1 3/4인치) 알루미늄 플랫 바
2 9mm (1/3인치) 철제 거셋 플레이트
3 직경 9mm (1/3인치) 고장력 볼트
4 아연 및 알루미늄 도금 처리 판금 지붕재, 아스팔트 지붕재, 12mm (1/2인치) 합판 구조재로 이루어진 외벽
5 단열재
6 합성수지 페인트 마감 20mm (3/4인치) 방수 모르타르, 목판, 75mm (3인치) 두께의 유리솜 단열재로 이루어진 내벽
7 9mm (1/3인치) 철제 스티프너
8 합성수지 페인트 마감 H형강
9 노출 콘크리트
10 경화고무 방수층, 12mm (1/2인치) 합판, 40mm (1 1/2인치) 단열재로 이루어진 지붕
11 실리콘 씰
12 아연 및 알루미늄 도금 처리 판금 플래싱
13 알루미늄 창틀
14 모르타르 줄눈
15 창유리

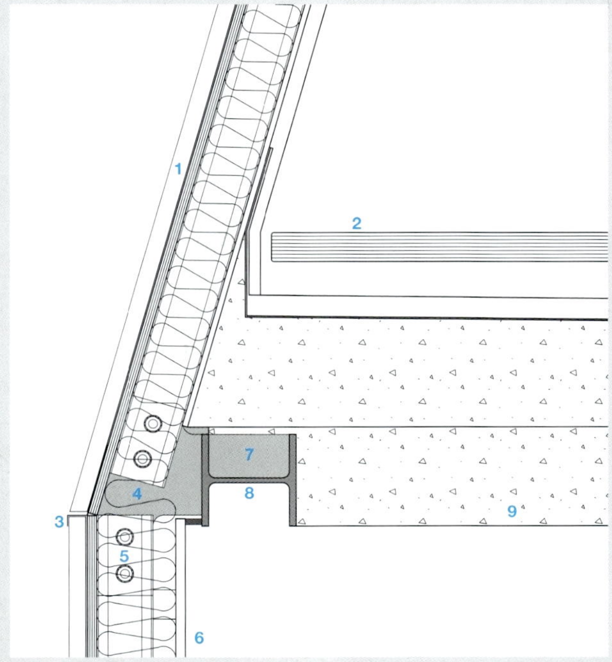

12.13
외벽 상세도
1:10

1 아연 및 알루미늄 도금 처리 판금 지붕재, 아스팔트 지붕재, 12mm (1/2인치) 합판 구조재로 이루어진 외벽
2 부식 방지 처리 목제 플로팅 바닥재, 방수막, 경량콘크리트, 12mm (1/2인치) 합판으로 이루어진 바닥판
3 아연 및 알루미늄 도금 처리 판금 플래싱
4 철제 거셋 플레이트
5 직경 9mm (1/3인치) 고장력 볼트
6 합성수지 페인트 마감 20mm (3/4인치) 방수 모르타르, 목판, 75mm (3인치) 두께의 유리솜 단열재로 이루어진 내벽
7 9mm (1/3인치) 철제 스티프너
8 합성수지 페인트 마감 H형강
9 노출 콘크리트

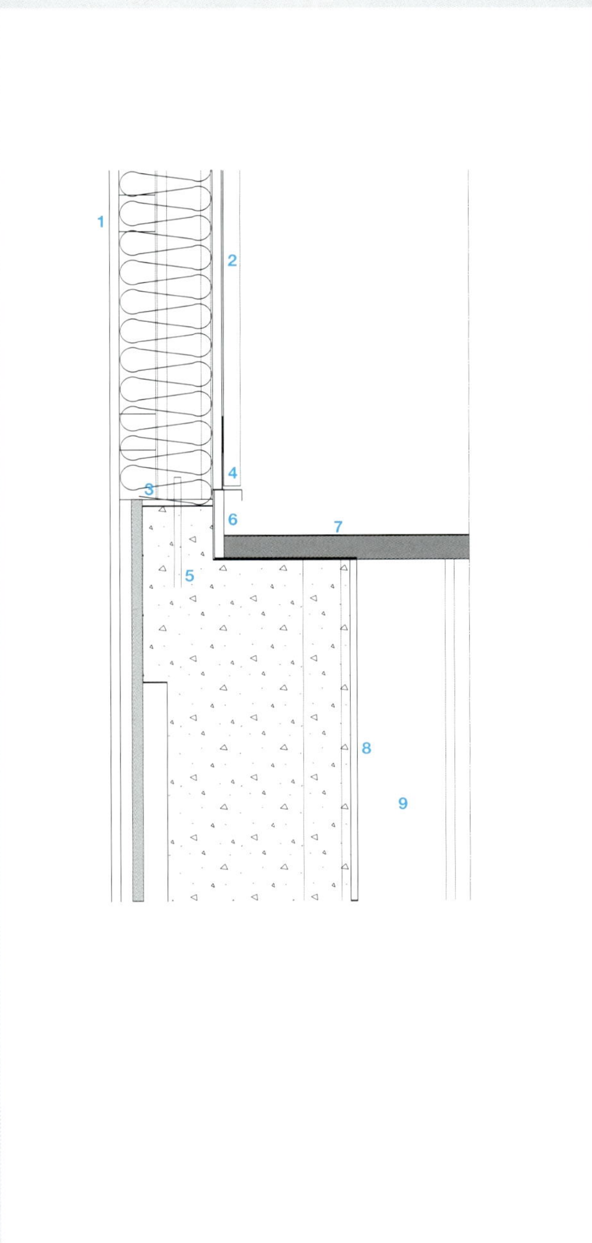

12.14
옹벽 상세도
1:10

1 합성수지 페인트 마감 20mm (3/4인치) 방수 모르타르, 목판, 75mm (3인치) 두께의 유리솜 단열재로 이루어진 내벽
2 아연 및 알루미늄 도금 처리 판금 지붕재, 아스팔트 지붕재, 12mm (1/2인치) 합판 구조재로 이루어진 외벽
3 9mm (1/3인치) 철제 앵커 플레이트
4 아연 및 알루미늄 도금 처리 판금 플래싱
5 9mm (1/3인치) 철제 앵커 볼트
6 방수 모르타르
7 방수 코팅 판석
8 널말뚝
9 H형강 옹벽

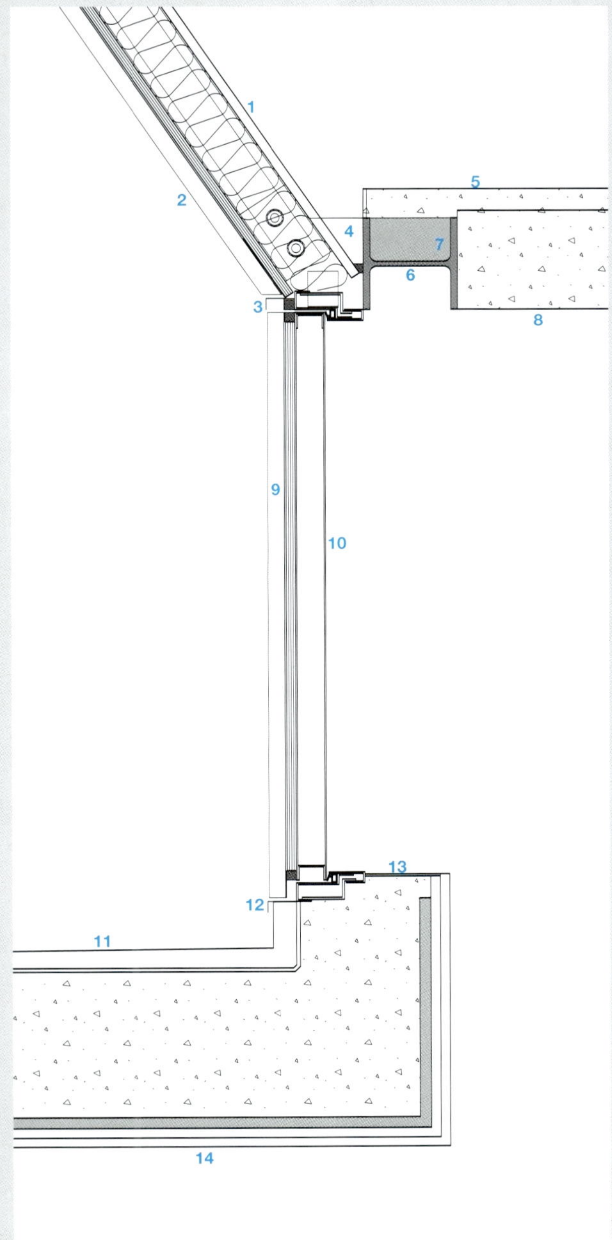

12.15
창문 상세도
1:10

1 합성수지 페인트 마감 20mm (3/4인치) 방수 모르타르, 목판, 75mm (3인치) 두께의 유리솜 단열재로 이루어진 내벽
2 아연 및 알루미늄 도금 처리 판금 지붕재, 아스팔트 지붕재, 12mm (1/2인치) 합판 구조재로 이루어진 외벽
3 아연 및 알루미늄 도금 처리 판금 플래싱
4 9mm (1/3인치) 철제 거셋 플레이트
5 30mm (1 1/5인치) 셀프레벨링 바닥 마감
6 합성수지 페인트 마감 H형강
7 9mm (1/3인치) 철제 스티프너
8 노출 콘크리트
9 아연 및 알루미늄 도금 처리 판금 지붕재, 아스팔트 지붕재, 12mm (1/2인치) 합판 구조재로 이루어진 외벽
10 40mm (1 1/2인치) 철제 플러쉬 윈도우, 합성수지 페인트 마감
11 방수 모르타르 및 방수 코팅 마감
12 아연 및 알루미늄 도금 처리 판금 플래싱
13 합성수지 페인트 마감 시멘트 플라스터
14 합성수지 페인트 마감 12.5mm (1/2인치) 석고보드

13
Kruunenberg Van der Erve

Laminata, House of Glass
Leerdam, The Netherlands

Client
CWL Koopwoningen

Area
400 square metres (4,305 square feet)

Glass Consultant
Saint-Gobain Glass Netherlands

Structural Consultant
Van Rijn Partners

Main Contractor
Radix + Veerman

이 주택은 건축에 유리를 사용하는 새로운 방법을 탐구한다는 주제 아래 레르담 주택 협회가 주관했던 현상 설계에서 출발했다. 이에 따라 이 건물은 건축 재료로써의 유리를 재정의하고 있는데, 2,000장의 판유리로 만들어진 거대한 장방형 블록이라는 컨셉을 통해 이를 형상화하고 있다. 컨셉을 실현하기 위해 13,000장의 유리가 사전에 절단 가공 되었으며, 현장에서 각각의 판유리를 정성스레 닦고, 서로 접착하는 작업이 진행되었다. 이렇게 만들어진 거대한 유리 적층벽은 콘크리트 구조물 위에 올려졌으며, 벽 위르는 합판 지붕을 올려 건물을 완성했다.

건축의 주재료로써 과연 유리가 적합한가를 알아보기 위해 광범위한 연구가 이루어졌다. 물론 유리 자체는 기본적으로 깨어지기 쉬운 재료이나, 이러한 완고한 성질을 자외선을 차단하고 영구적으로 유연한 성질을 갖는 재료인 2액형 실리콘 접착제를 통해 변화시킬 수 있었다. 매우 섬세하고 약해 보이는 모습과 달리 이렇게 만든 유리 적층벽은 콘크리트와 유사한 강도를 나타낸다. 주거 환경적인 측면에서 볼 때 이 유리벽은 중앙식 바닥 난방 설비와 함께 겨울철에 일정한 온도를 경제적으로 유지할 수 있으며, 여름에는 태양열이 내부 공간에 전달되기 전에 이를 흡수하고 방산시킬 수 있을 만큼 두껍다. 프로그램적인 측면에서 볼 때, 유리를 적층시켜 만든 거대한 블록 내부를 굽이치는 형태로 파냄으로써 중앙 복도와 거실을 형성하고 있으며, 중앙 복도의 양쪽 매스를 부분적으로 파내어 부수 공간을 형성하고 있다. 중정이 서로 다른 레벨에 걸쳐 있는 반면 기타 개인 공간들은 콘크리트 기단 위에 자리잡고 있으며, 이를 통해 자연광은 물론 신선한 외부 공기를 받아들이고 있다.

1

1 멀리서 바라볼 때 건물은 일반적인 주택처럼 보이지만, 가까이에서 바라보면 가냘프게 빛을 반사하는 외벽면이 판유리의 얇은 모서리를 서로 겹쳐 형성한 파사드임을 알 수 있다.
2 내부 벽을 가까이에서 바라본 모습 – 목제 문, 콘크리트 바닥, 투명 유리창, 그리고 이와 대조를 이루는 유리 적층벽의 모습.
3 유리 적층벽에 만들어진 투명 유리창은 외부 경관에 대한 시야를 제공한다.
4 중앙 복도는 거대한 유리 블록을 파내어 만들어진 것처럼 보인다. 유리 매스는 주택의 중앙까지 빛을 침투시킨다.

2

3

4

13.01
지하층 평면도
1:200
1 로비
2 회랑
3 중정
4 차고
5 식료품실
6 기계실
7 작업실
8 영화감상실
9 화장실

13.02
1층 평면도
1:200
1 입구
2 복도
3 중정
4 주방
5 거실
6 손님용 화장실
7 테라스
8 서재
9 침실
10 욕실
11 주침실용 욕실
12 드레스룸
13 주침실

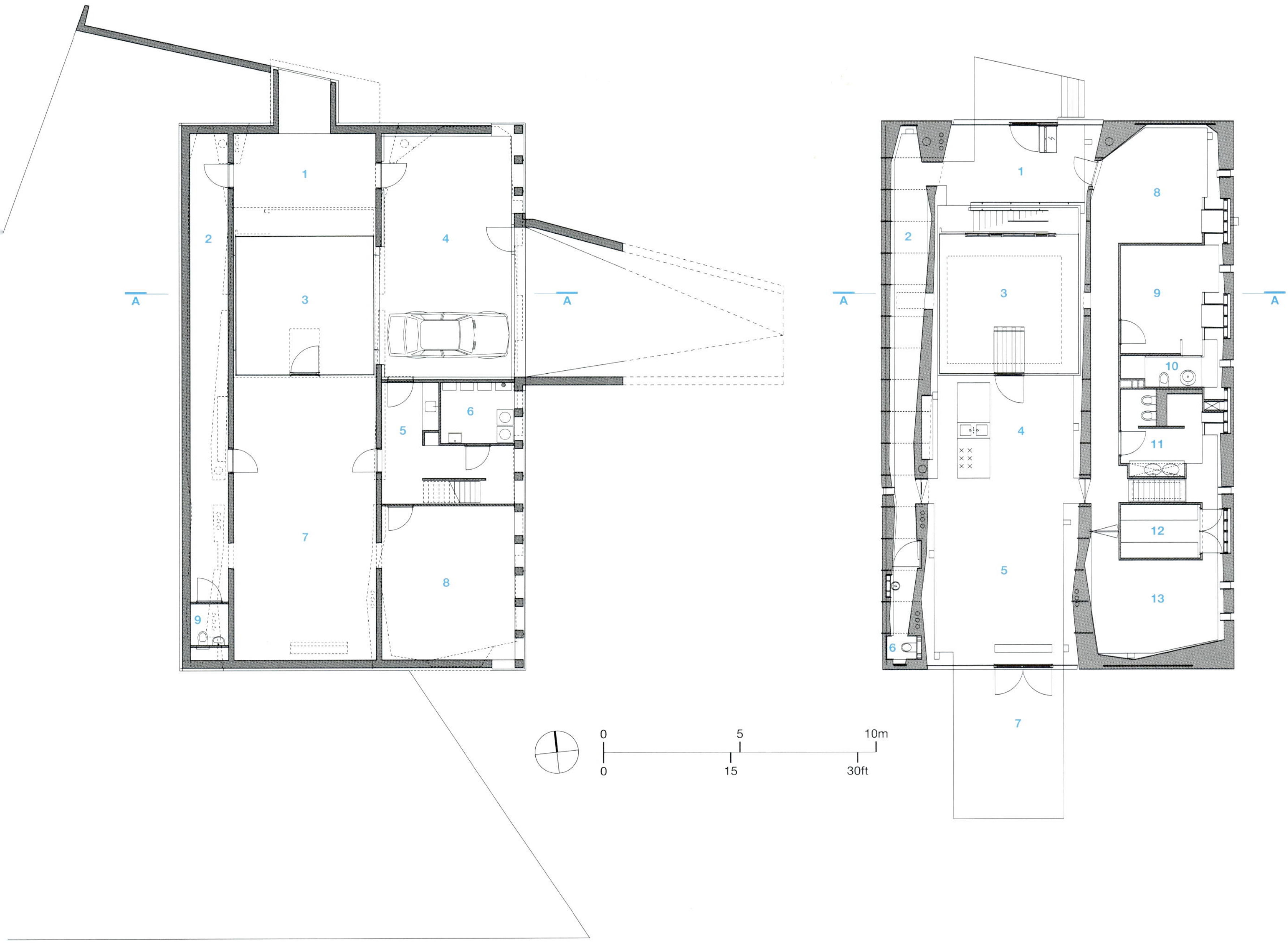

13.03
단면도 A-A
1:200
1 복도
2 회랑
3 중정
4 복도
5 침실
6 차고
7 차도

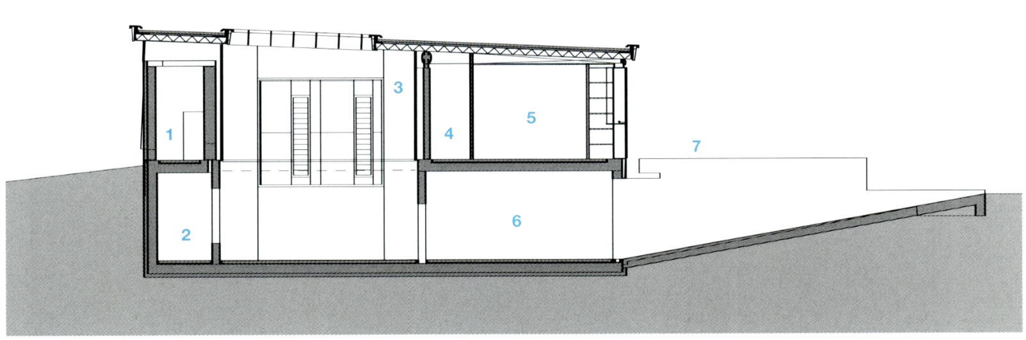

13.04
개념도
1 합판 유리 블록
2 '굽이치는 선' 의 형태로 파낸 유리 블록
3 유리의 부분 제거를 통한 내부 공간 형성

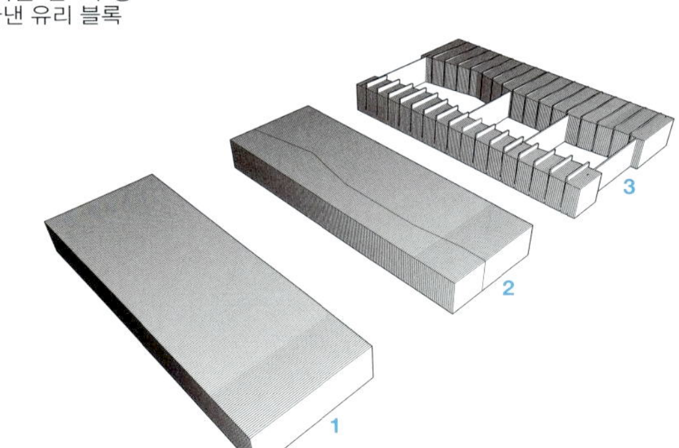

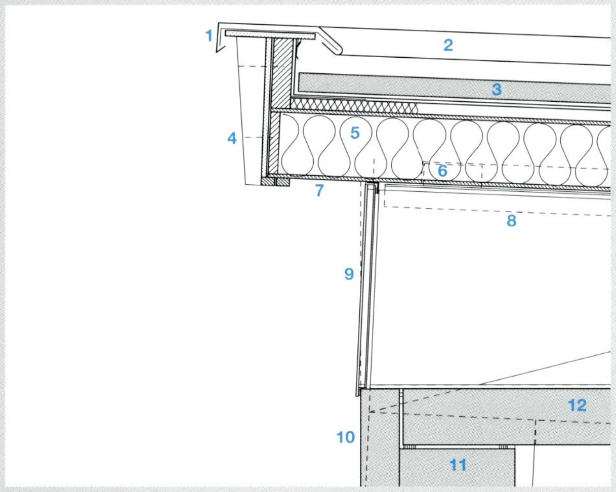

13.05
지붕 및 외벽 상세도 1
1:20
1 지붕 단부 아연 외장재
2 아연 외장재
3 자갈층
4 적삼목 지지대
5 단열재
6 양극 산화처리 알루미늄 지붕 앵커
7 목제 인장 판넬
8 사전 제작 구조용 판유리로 이루어진 지붕 지지체
9 구조용 유리창
10 10mm (2/5인치) 두께의 구조용 판유리
11 10mm (2/5인치) 두께의 구조용 판유리
12 10mm (2/5인치) 두께의 구조용 판유리

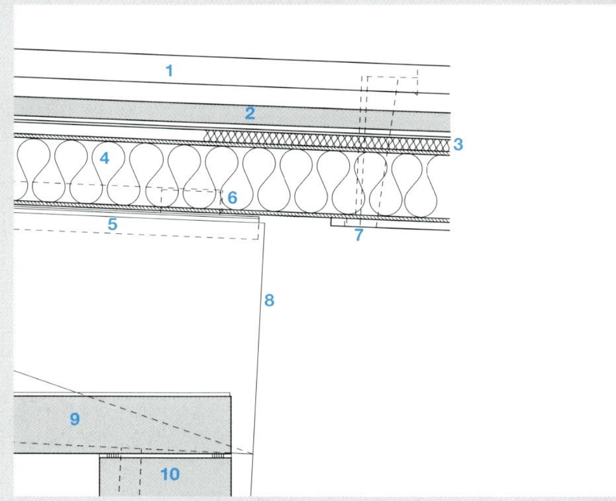

13.06
지붕 및 외벽 상세도 2
1:20
1 아연 외장재
2 자갈층
3 전기설비가 설치된 단열재
4 단열재
5 양극 산화처리 알루미늄 지붕 앵커
6 양극 산화처리 알루미늄 지붕 앵커
7 중정을 향하는 지붕 단부
8 사전 제작 구조용 판유리로 이루어진 지붕 지지체
9 10mm (2/5인치) 두께의 구조용 판유리
10 10mm (2/5인치) 두께의 구조용 판유리

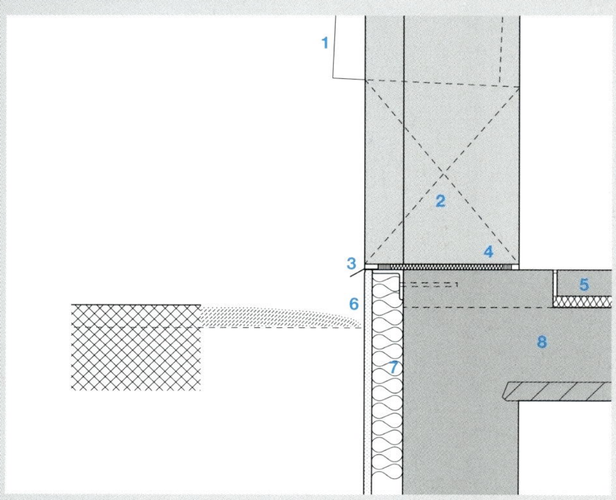

13.07
1층 창유리 및 콘크리트 상세도
1:20
1 사전 제작 구조용 판유리 및 지붕 지지체
2 유색 판유리
3 양극 산화처리 알루미늄 부재
4 80 X 80 X 10mm (3 1/10 X 3 1/10 X 2/5인치) 스테인레스 스틸 부재
5 바닥 하부 난방 설비
6 치장 벽토 마감 파사드
7 80mm (3인치) 두께의 단열재
8 250mm (9 4/5인치) 철근콘크리트 슬라브

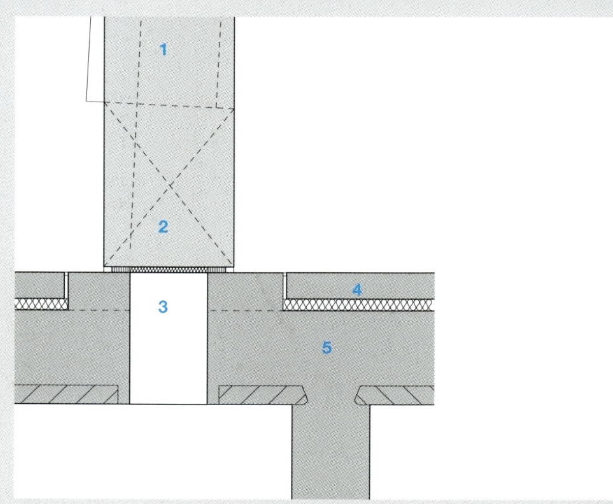

13.08
1층 창유리 상세도
1:20
1 10mm (2/5인치) 두께의 구조용 판유리
2 유색 판유리
3 지하층에 자연광을 받아들이기 위한 개구부
4 바닥 하부 난방 설비
5 250mm (9 4/5인치) 철근콘크리트 슬라브

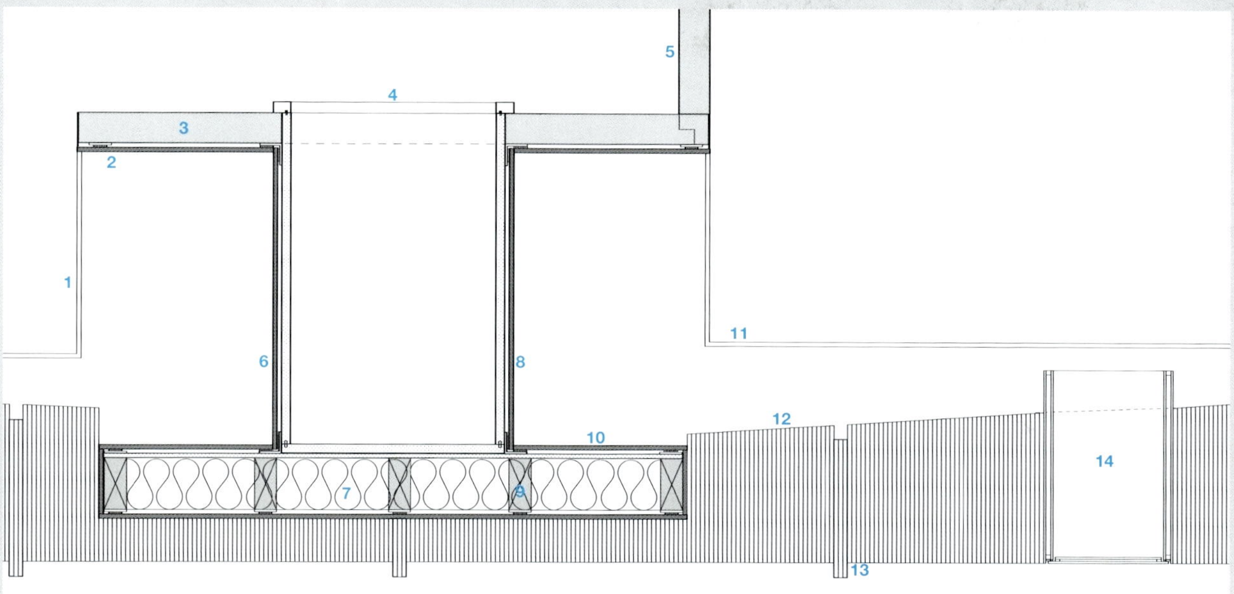

13.09
채광정 절개 상세도
1:20

1 철근콘크리트 바닥판과 바닥 하부 난방 설비 사이에 설치된 줄눈
2 에나멜 유리
3 내벽
4 목제 옷장
5 내벽
6 합판 위에 설치된 에나멜 유리
7 단열재
8 에나멜 유리
9 목제 골조
10 합판 위에 설치된 에나멜 유리
11 철근콘크리트 바닥판과 바닥 하부 난방 설비 사이에 설치된 줄눈
12 10mm (2/5인치) 두께의 구조용 판유리
13 3 X 10mm (1/8 X 2/5인치) 사전 제작 구조용 판유리 및 지붕 지지체
14 개폐식 창

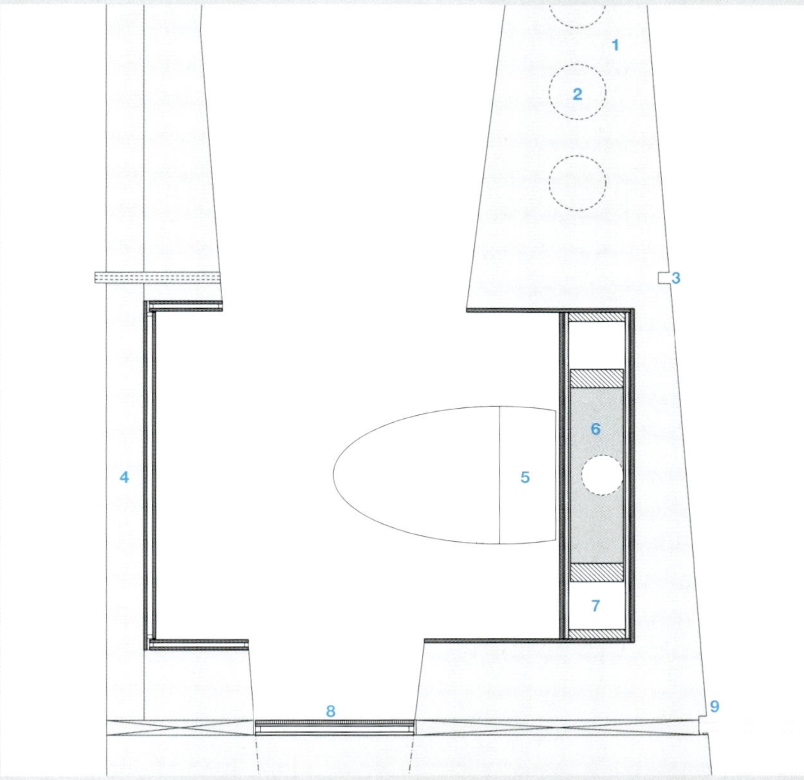

13.10
화장실 평면 상세도
1:20

1 합판 유리
2 지하층에 자연광을 받아들이기 위한 원형 개구부
3 양극 산화처리 알루미늄 부재
4 에나멜 유리
5 에나멜 유리에 고정된 변기
6 벽 뒤로 감춰진 수조
7 에나멜 유리로 덮힌 환기 샤프트
8 액정 유리 : 문이 닫히면 투명 유리문이 반투명하게 변화한다
9 합판 유리에 부착된 유리 부재

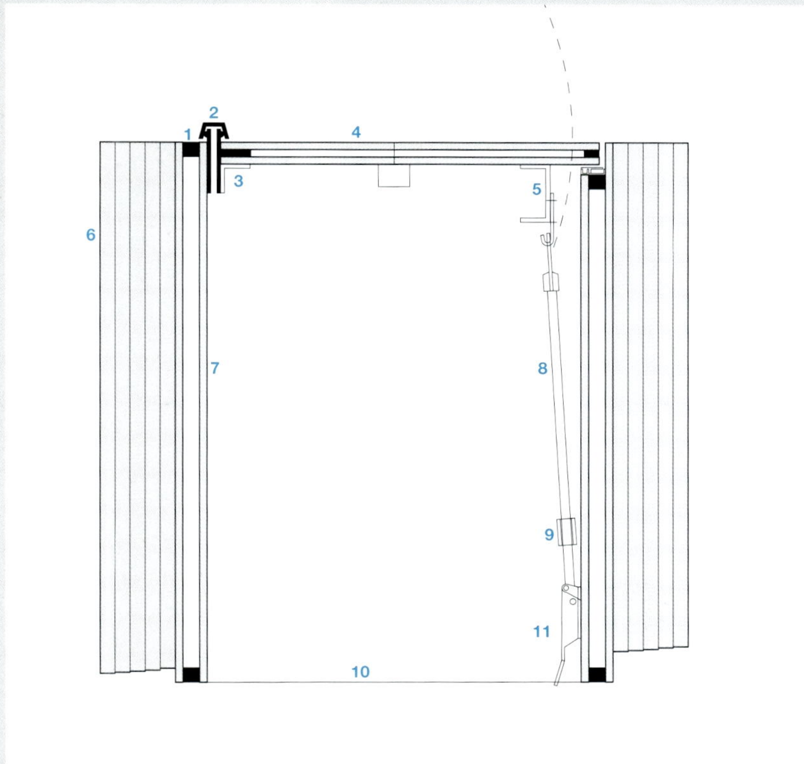

13.11
개폐식 창 상세도
1:5

1 유리 부재
2 알루미늄제 핀레스 힌지
3 양극 산화처리 알루미늄 부재
4 현장에서 부착된 유리 부재로 이루어진 창
5 40 X 20mm (1 1/2 X 3/4인치) 광택처리 U 형강
6 10mm (2/5인치) 두께의 구조용 판유리
7 유리 부재 프레임
8 실 모양으로 장식한 막대
9 육각형 연결 부재
10 유리 부재 프레임
11 토글 래치

14
Shigeru Ban Architects

Picture Window House
Shizuoka Prefecture, Japan

Area
274 square metres (2,950 square feet)

Project Team
Shigeru Ban, Nobutaka Hiraga, Jun Yashiki

Structural Engineer
Hoshino Architect and Engineer

Main Contractor
Daido Kogyo

도쿄로부터 남쪽으로 96km (60마일) 떨어져 있는 이즈반도에 자리잡은 이 주택은 건물 전방의 바다와 하늘을 향한 넓은 조망을 제공한다. 태평양을 향해 가능한 아무런 장애물 없이 건물을 개방하기 위해, 주택 전체가 하나의 거대한 창이 될 수 있도록 설계되었다. 1층은 거대한 크기의 거실과 식당, 주방으로 이루어졌다. 장변 파사드 양쪽에 설치된 큰 유리문을 바닥의 홈을 따라 끝부분까지 밀어 젖히면 1층은 내부 공간과 외부 공간이 통합된 새로운 공간으로 변화하게 된다.

2층의 한쪽 끝에는 2층 높이의 작업실이, 반대쪽 끝에는 창고가 각각 위치하고 있다. 이 두 공간의 사이에는 바다를 향하고 있는 전면 창이 설치된 4개의 침실이 놓여 있다. 침실의 뒷편으로는 북측 파사드를 따라 특이할 만큼 긴 욕실이 위치하고 있는데 이는 침실을 연결하는 동선으로써 기능하기도 한다. 욕실에는 욕조와 2개의 변기, 5개의 세면대가 설치되어 있으며, 유리문에 의해 세 개의 공간으로 분할된다. 이 중 첫번째 공간은 세면대와 욕조, 변기를 담고 있으며, 가운데의 큰 공간은 3개의 세면대를, 나머지 하나의 공간은 변기와 세면대를 각각 담고 있다. 건물에 사용된 주 재료는 백색으로 도색한 철과 유리이다. 철제 구조물은 건물 양쪽 끝에 위치하는 가새가 설치된 2층 높이의 공간을 연결하는 브릿지로써 기능하며, 침실과 거실을 담고 있는 중앙의 무지주 공간을 지지하는 역할을 한다. 대각선 철제 가새는 침실측 창의 전면에 설치되어 외부로 드러나 있다. 2층에 사용된 알루미늄 루버는 건물에 사용된 수평 방향의 선을 강조하고 있으나, 내부로 집어 넣어 완전히 투명한 파사드를 만들 수도 있다.

1

1 1층의 거실은 2층에서 돌출된 거대한 차일에 의해 태양광으로부터 보호받는다. 숲과 바다를 각각 향하는 거실의 두 장변은 완전히 개방시킬 수 있다. 바다를 향하고 있는 2층의 침실에서는 대각선 가새의 모습을 볼 수 있다.

2 목제 바닥재가 외부 데크로까지 이어져 있는 거실의 전경. 전면 유리창은 거실 양쪽 끝까지 완전히 밀어 젖힐 수 있다.

2

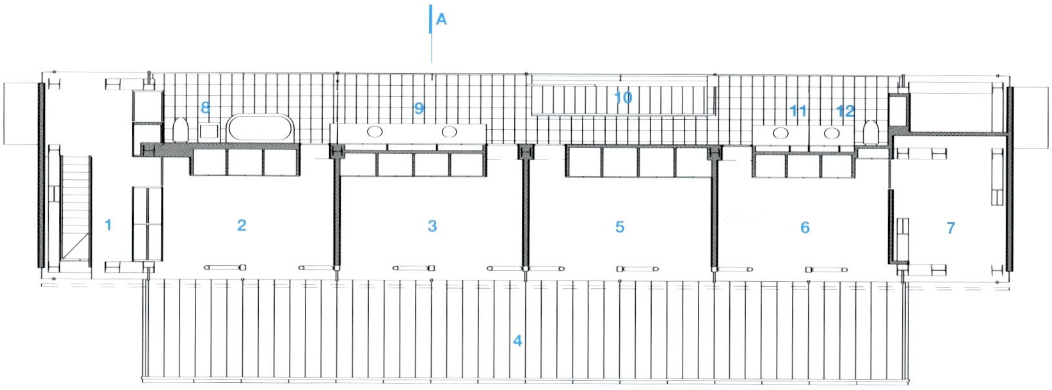

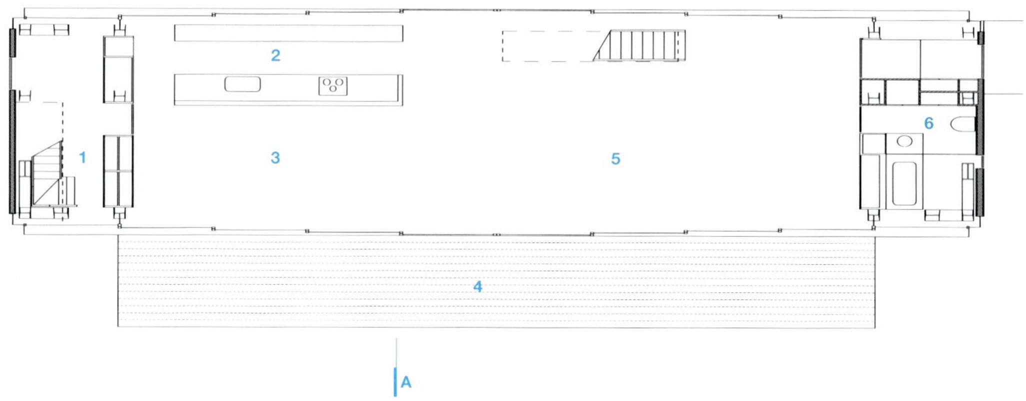

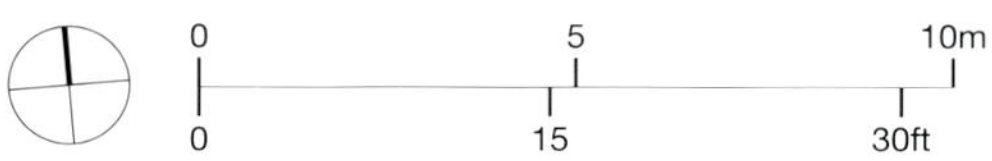

14.01
2층 평면도
1:200
1 작업실
2 침실
3 욕실
4 차일 상부
5 침실
6 침실
7 창고
8 욕실
9 욕실
10 하부 거실에서 이어지는 계단
11 욕실
12 욕실

14.02
1층 평면도
1:200
1 작업실
2 주방
3 식당
4 데크
5 거실
6 욕실

14.03
단면도 A-A
1:200
1 침실
2 욕실
3 데크
4 거실
5 주방

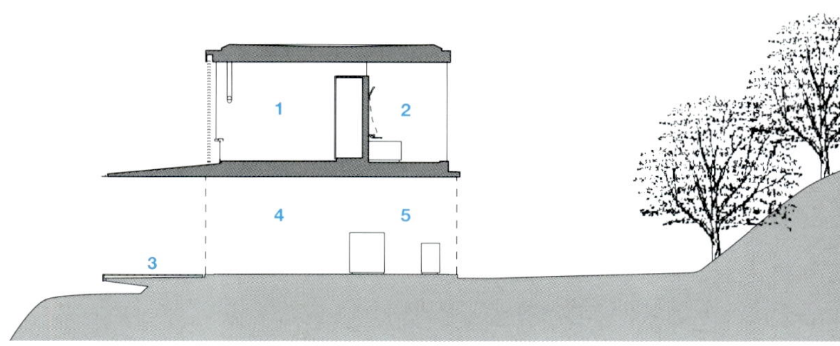

14.04
배치도
1:400
1 주택
2 차도
3 주차장
4 전면 해안으로 향하는 계단

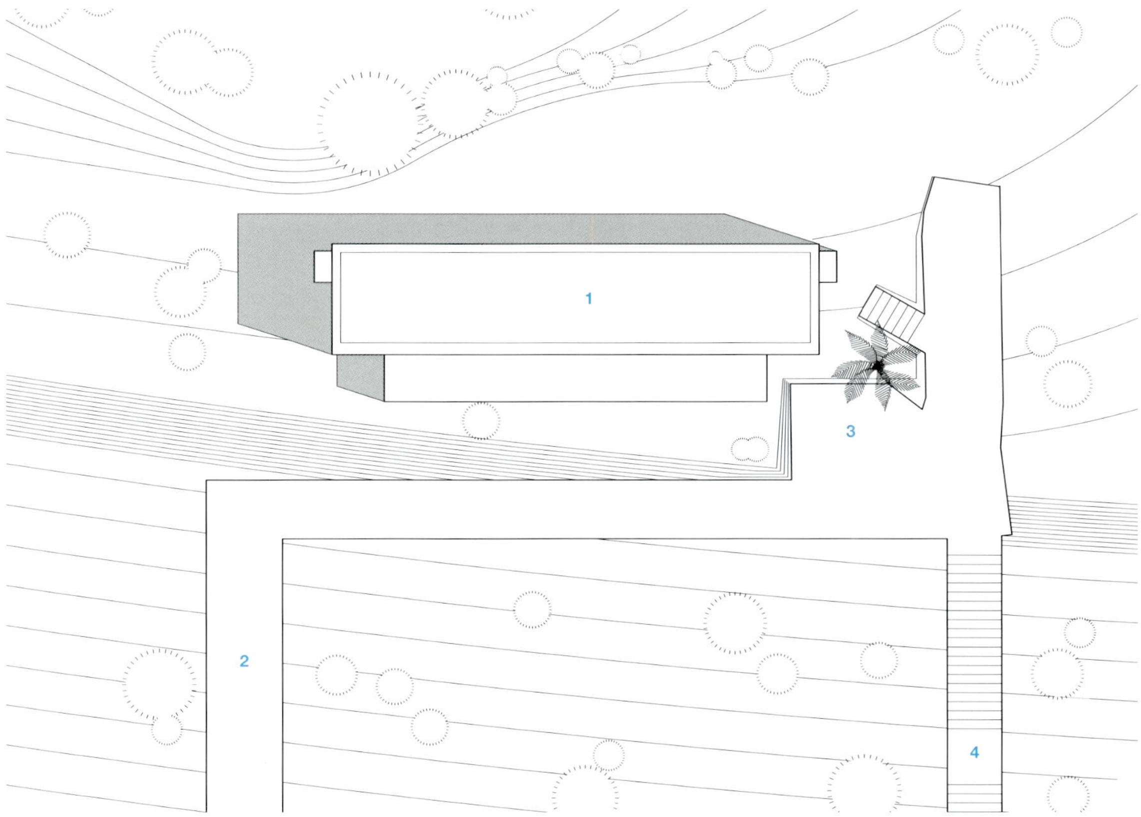

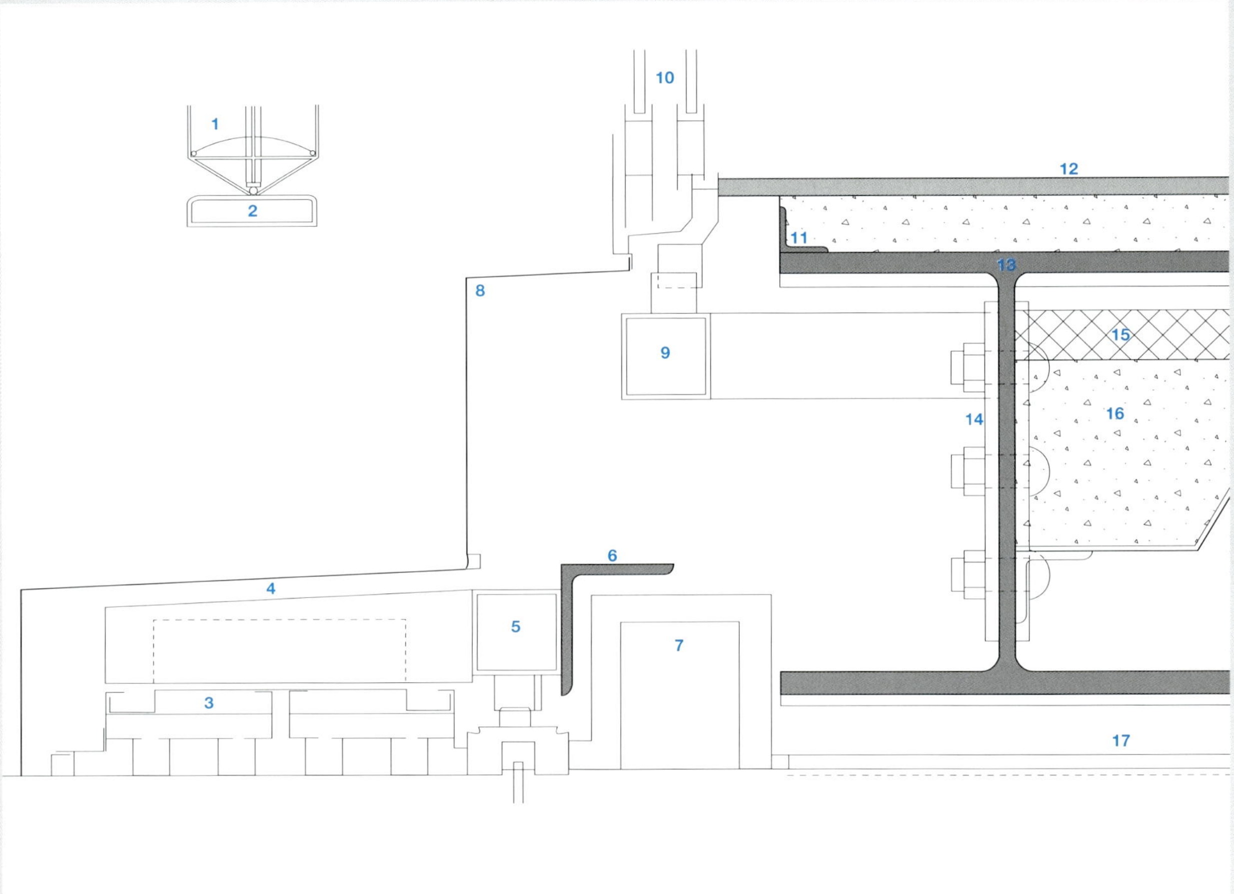

14.05
창유리 상세도
1 1:5

1 알루미늄제 외부 블라인드
2 블라인드를 고정하는 알루미늄 프레임
3 알루미늄제 2중 슬라이딩 문
4 문지방
5 60 X 60mm (2 1/3 X 2 1/3인치) 각관
6 철제 앵글
7 롤러 블라인드
8 Glabellum 판금 외장재
9 60 X 60mm (2 1/3 X 2 1/3인치) 각관
10 알루미늄제 2중 슬라이딩 문
11 철제 앵글
12 12mm (1/2인치) 체리목 바닥재
13 300 X 300mm (11 3/4 X 11 3/4인치) 철제 I형강
14 철제 연결 플레이트
15 단열재
16 130mm (5 1/4인치) 콘크리트 슬라브
17 8mm (1/3인치) 유동식 천장재

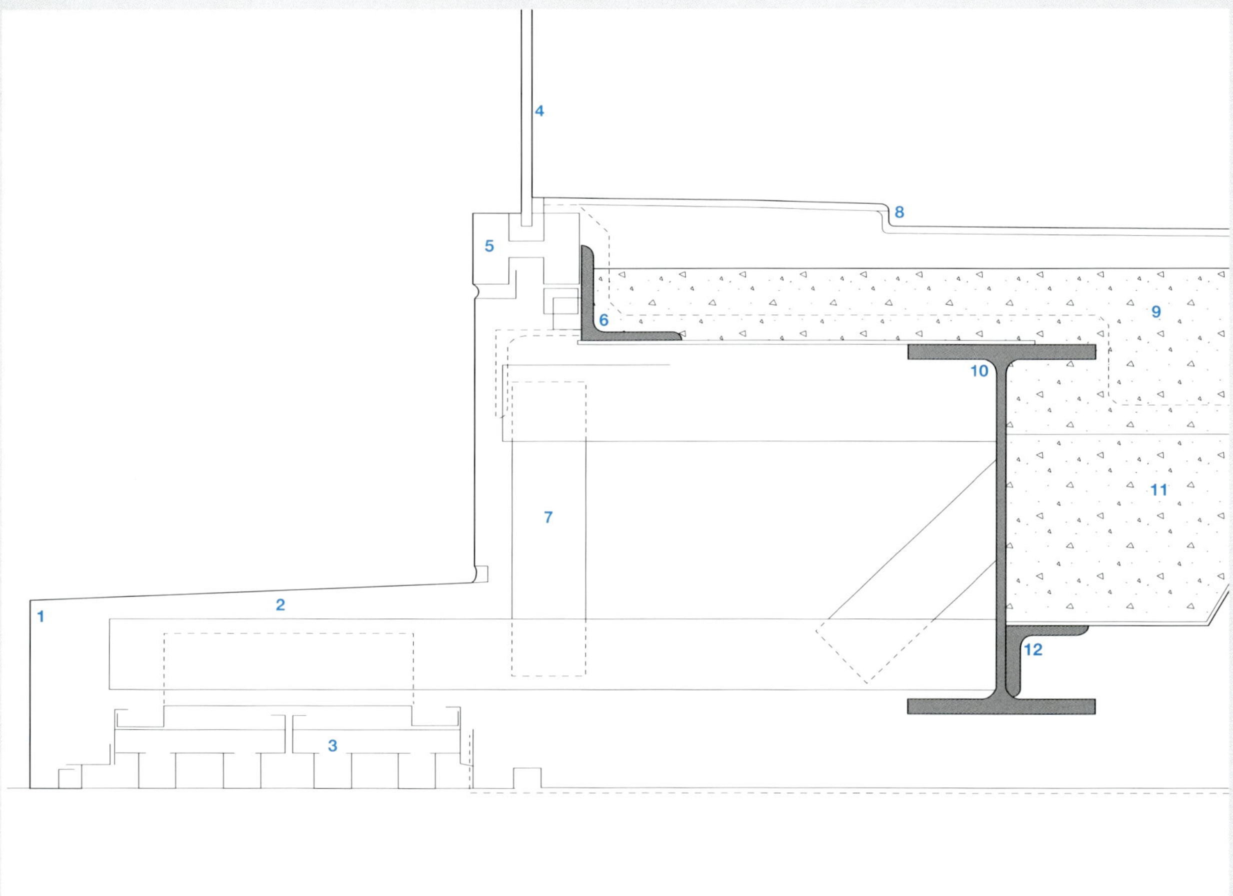

14.06
창유리 상세도
2 1:5

1 Glabellum 판금 외장재
2 문지방
3 알루미늄제 2중 슬라이딩 문
4 고정창
5 알루미늄 새시
6 철제 앵글
7 구조용 철재
8 150 X 150mm (6 X 6인치) 도자타일
9 130mm (5 1/4인치) 콘크리트 슬라브
10 250 X 120mm (9 4/5 X 4 3/4인치) 철제 보
11 130mm (5 1/4인치) 콘크리트 슬라브
12 철제 앵글

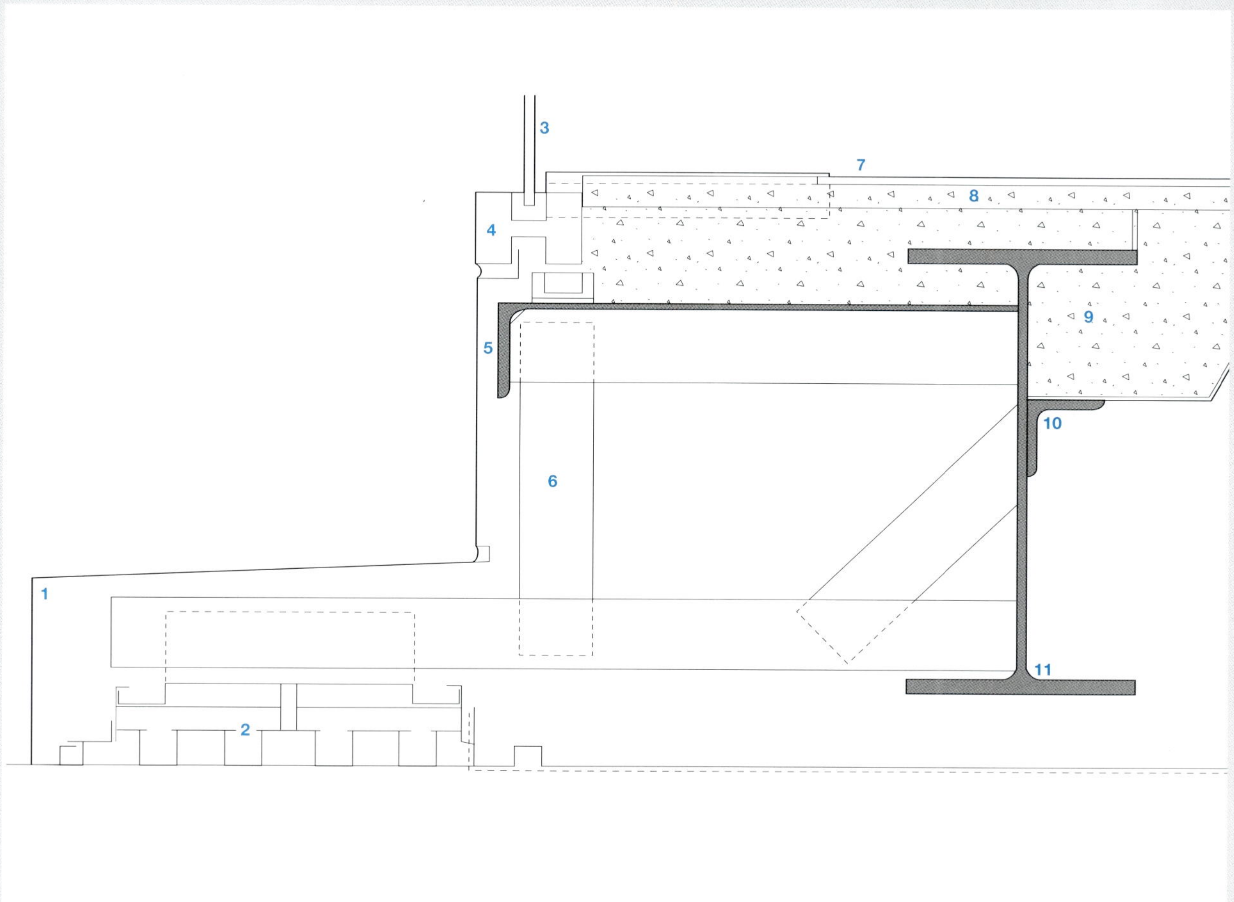

14.07
창유리 상세도
3 1:5

1 Glabellum 판금 외장재
2 알루미늄제 2중 슬라이딩 문
3 고정창
4 알루미늄 새시
5 철제 앵글
6 구조용 철재
7 150 X 150mm (6 X 6인치) 도자타일
8 셀프레벨링 모르타르층
9 콘크리트 슬라브
10 철제 앵글
11 300 X 150mm (12 X 6인치) 철제 보

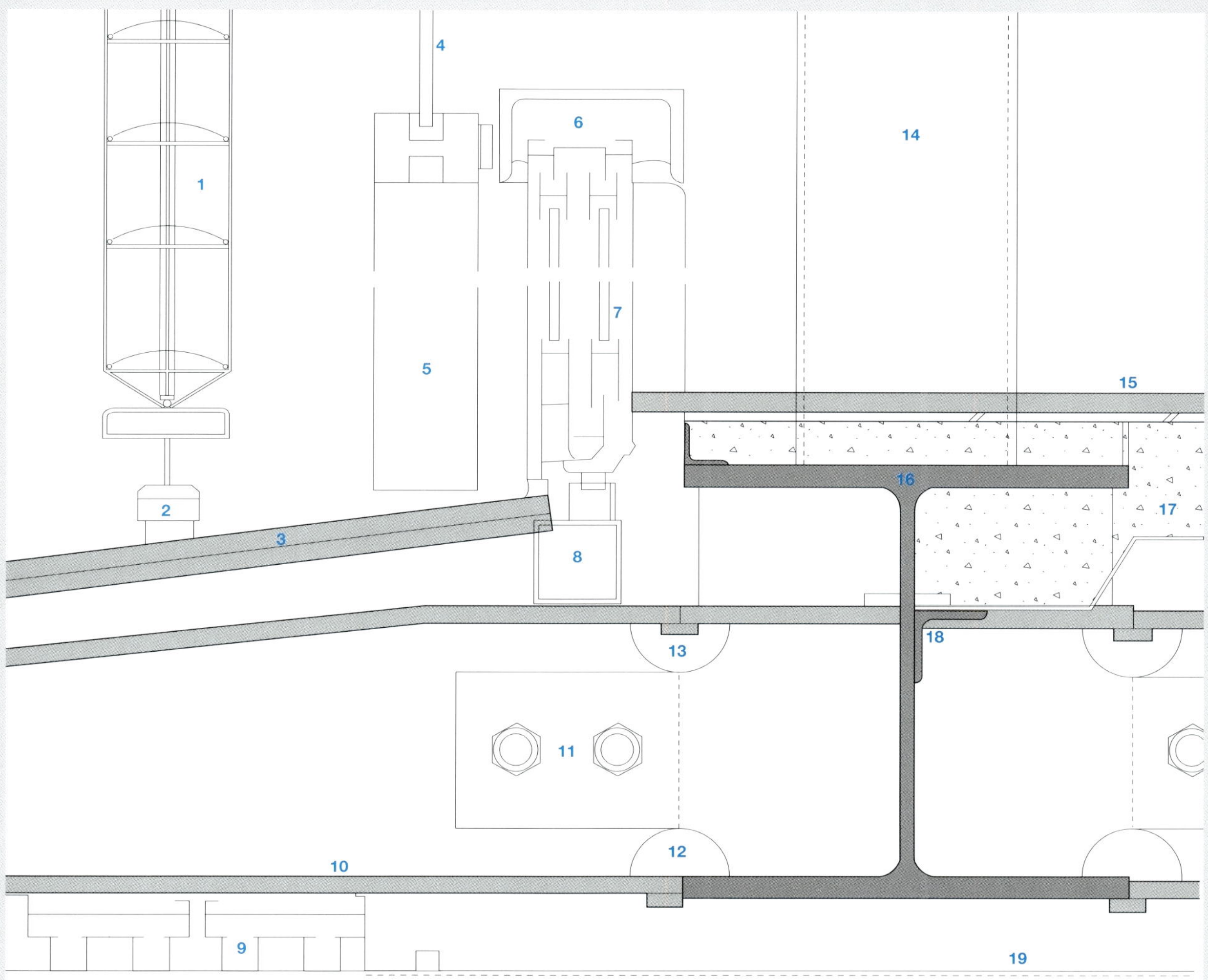

14.08
창유리 상세도
4 1:5

1 알루미늄제 외부 블라인드
2 알루미늄제 블라인드 앵커
3 Glabellum 판금 외장재
4 고정창
5 알루미늄 새시
6 알루미늄제 2중 슬라이딩 문
7 창유리
8 60 X 60mm (2 1/3 X 2 1/3인치) 각관
9 알루미늄제 2중 슬라이딩 문
10 철제 보
11 철제 연결 플레이트
12 보 사이에 용접된 연결재
13 보 사이에 용접된 연결재
14 150 X 150mm (6 X 6인치) 철제 기둥
15 12mm (1/2인치) 체리목 바닥재
16 300 X 300mm (11 3/4 X 11 3/4인치) 철제 I형강
17 130mm (5 1/4인치) 콘크리트 슬라브
18 철제 앵글
19 8mm (1/3인치) 유동식 천장재

15
Carlos Zapata Studio

Private House
Quito, Ecuador

Area
800 square metres (8,610 square feet)

Project Team
Carlos Zapata, Rolando Mendoza, Pamela Torres

Structural Engineer
Luis Roggiero Gil, Moncayo & Roggiero

Contractor
Luis Roggiero Gil, Moncayo & Roggiero

Landscape Architect
Stephen Christopher Haus, Suzana Perez

젊은 부부와 두 자녀를 위한 이 주택은 중앙 아메리카에서 제일 높은 활화산 중 하나인 코토팍시 화산이 내다 보이는 키토 외곽의 경사지에 위치하고 있다. 건물은 다양한 각도로 복잡하게 얽혀 있는 많은 조각들의 집합체처럼 보이며, 대지와 융화될 때 대지가 가지고 있는 본연의 지세를 더욱 강조한다. 주택에서 뻗어 나온 두 날개 부분에서 거리를 향하는 파사드가 거의 개구부가 없는 곡선형 콘크리트 벽으로 감싸져 밀폐된 보호막의 느낌을 주는데 반해, 다른 파사드는 2층 높이의 녹색빛 유리로 이루어져 계곡의 모습을 아무런 장애물 없이 받아들이고 있다.

건물의 내부에서는 인근에 위치한 주택들의 모습이 철저하게 가려져 있으며 멀리 내다 보이는 산의 전경만을 볼 수 있도록 설계되었다. 내부 공간은 수직, 수평면에 대해 90도를 이루지 않도록 신중하게 계획되었으며, 대신에 완만한 곡선과 직선의 병렬적인 배치, 예각의 사용 등을 통해 정적인 구조물과 대조적으로 역동적인 공간을 형성하고 있다. 내부 공간의 구성은 1층에 거실, 식당, 주방이, 2층에 침실과 욕실이 배치되어 있는 일반적인 주택의 구성을 따르고 있다. 그러나 이러한 일반적인 프로그램에 추가적으로 설치된 색다른 공간인 주택 내부의 랩풀은 외부까지 그대로 이어져 화려한 경관을 연출하고 있다.

1 주택의 두 날개는 멀리 내다 보이는 안데스 산맥의 풍경을 감싸 안고 있다. 반사풀이 설치되어 있는 데크는 경사 지형 위로 돌출되어 있다.
2 전면에 걸쳐 설치된 녹색빛 유리는 외부 경관을 반사함과 동시에, 아래에서 올려다 볼 때 건물의 매스에서 나오는 시각적인 부담감을 최소화시키고 있다.
3 곡선형 목조 벽은 내부 공간의 느낌을 특징짓는다. 광대한 곡선과 예각이 만들어 내는 틈새 공간은 역동적인 느낌을 연출한다.

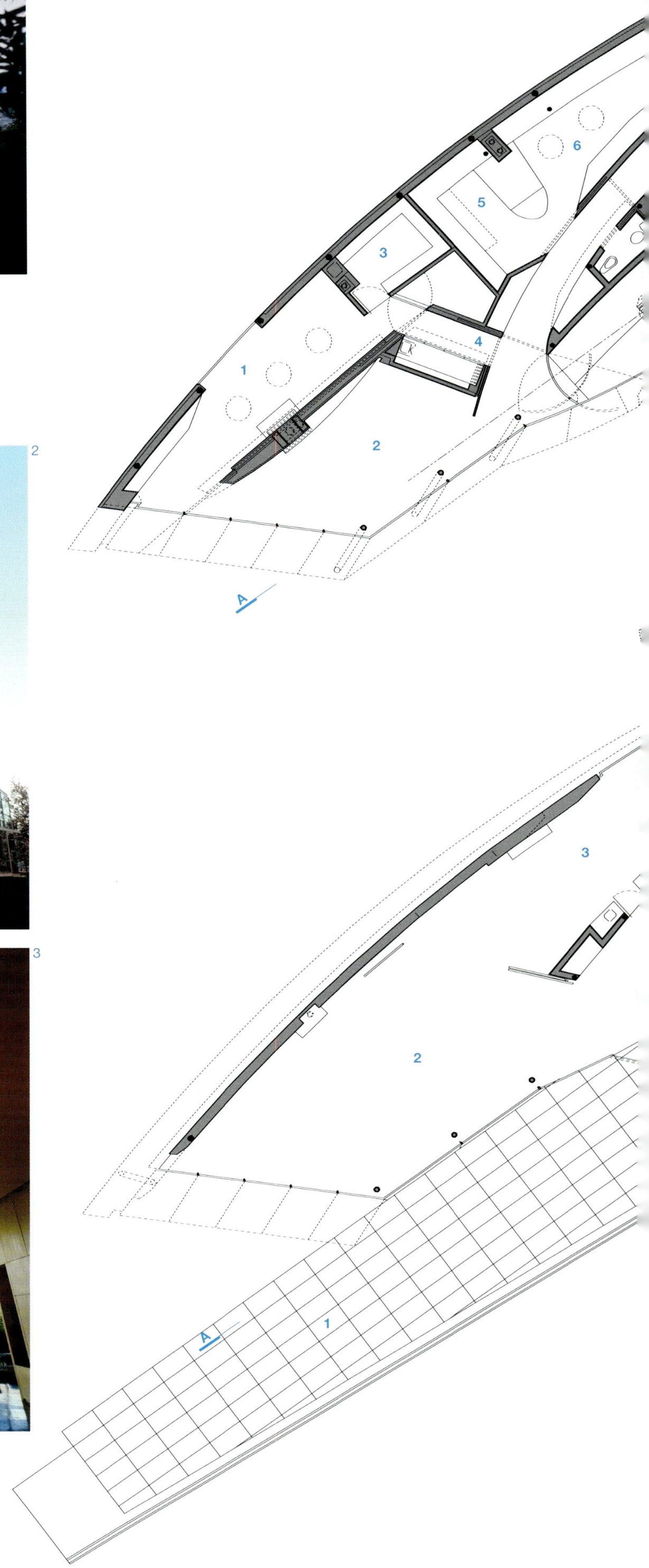

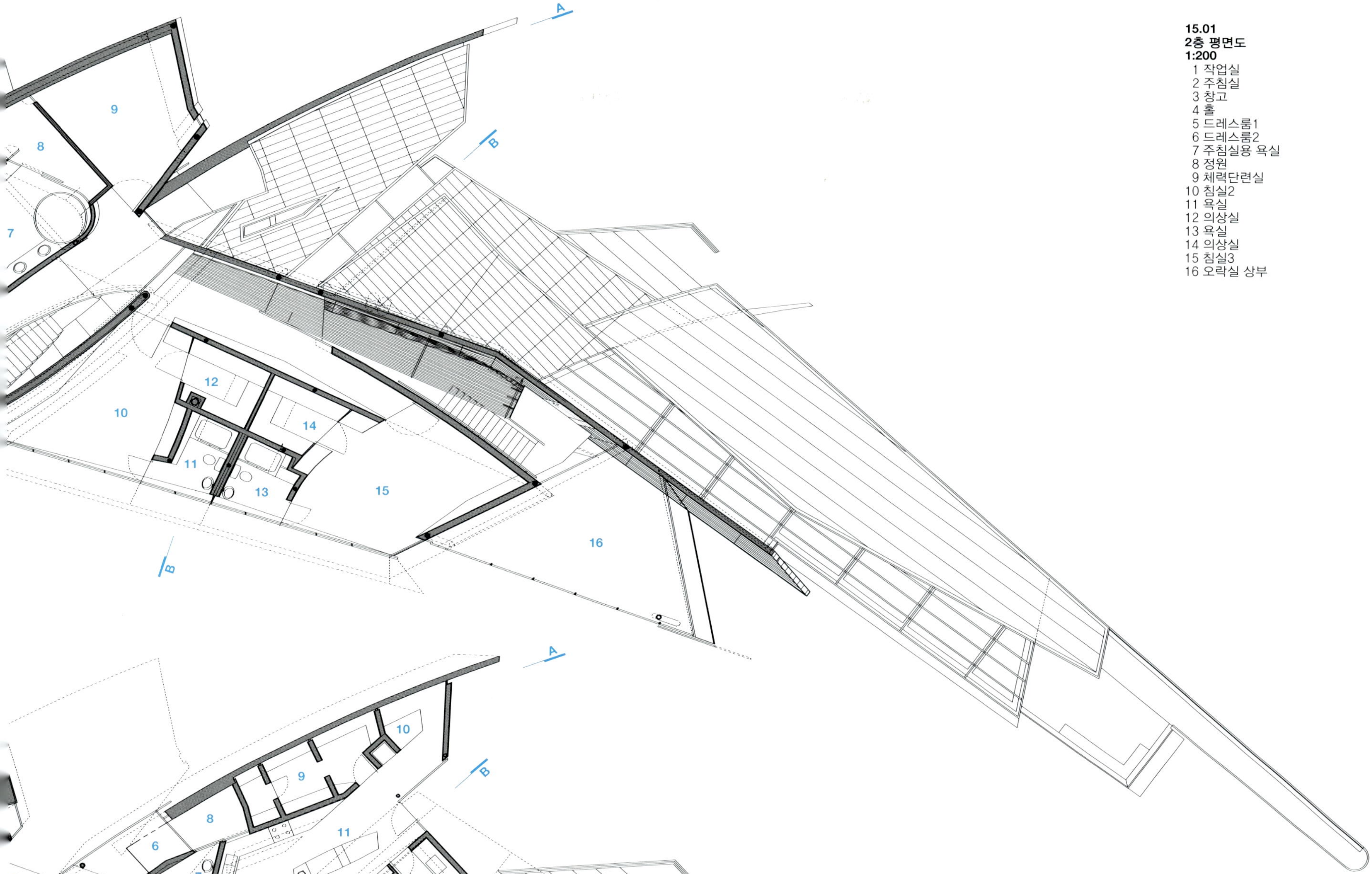

15.01
2층 평면도
1:200

1 작업실
2 주침실
3 창고
4 홀
5 드레스룸1
6 드레스룸2
7 주침실용 욕실
8 정원
9 체력단련실
10 침실2
11 욕실
12 의상실
13 욕실
14 의상실
15 침실3
16 오락실 상부

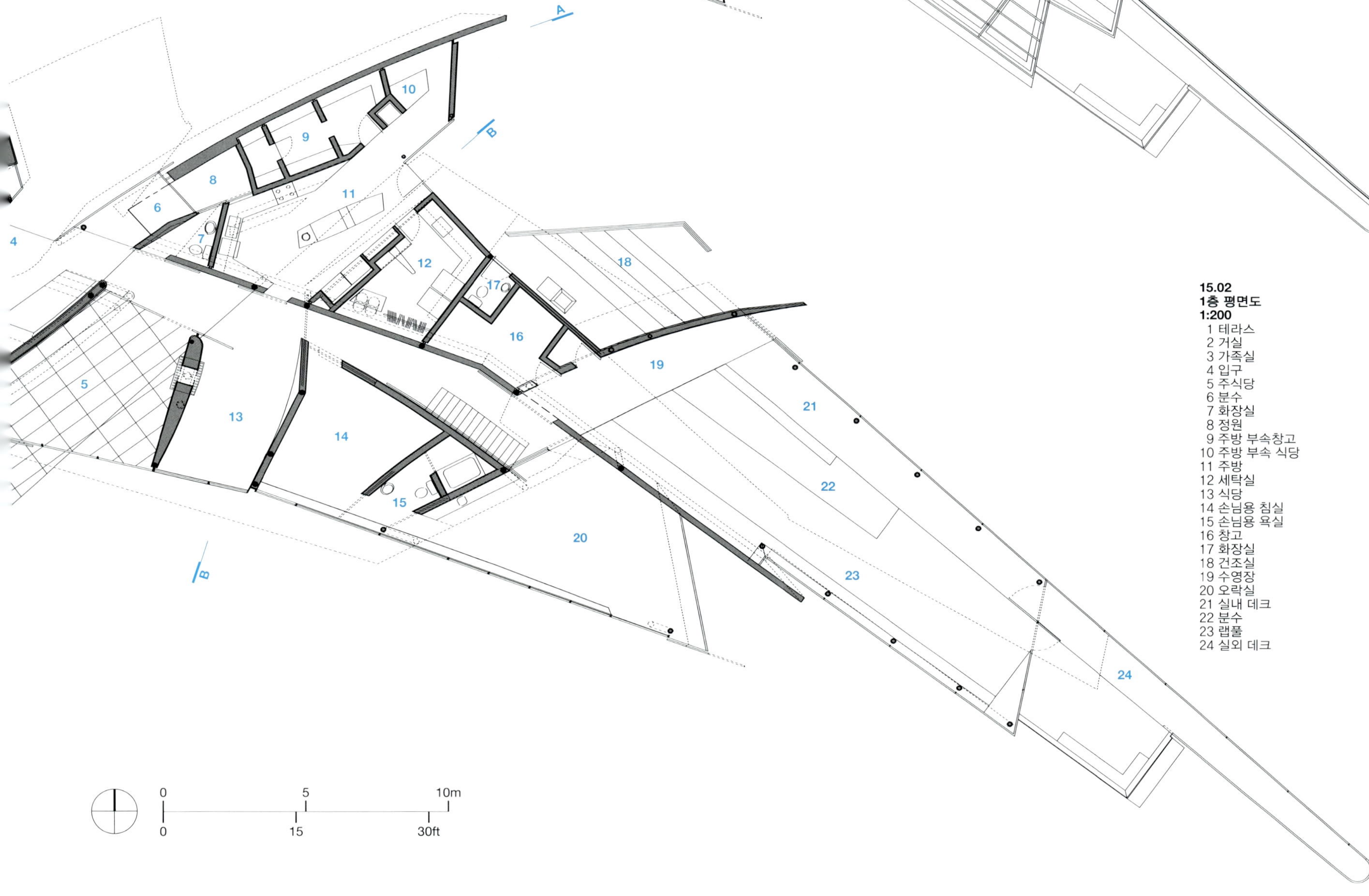

15.02
1층 평면도
1:200

1 테라스
2 거실
3 가족실
4 입구
5 주식당
6 분수
7 화장실
8 정원
9 주방 부속창고
10 주방 부속 식당
11 주방
12 세탁실
13 식당
14 손님용 침실
15 손님용 욕실
16 창고
17 화장실
18 건조실
19 수영장
20 오락실
21 실내 데크
22 분수
23 랩풀
24 실외 데크

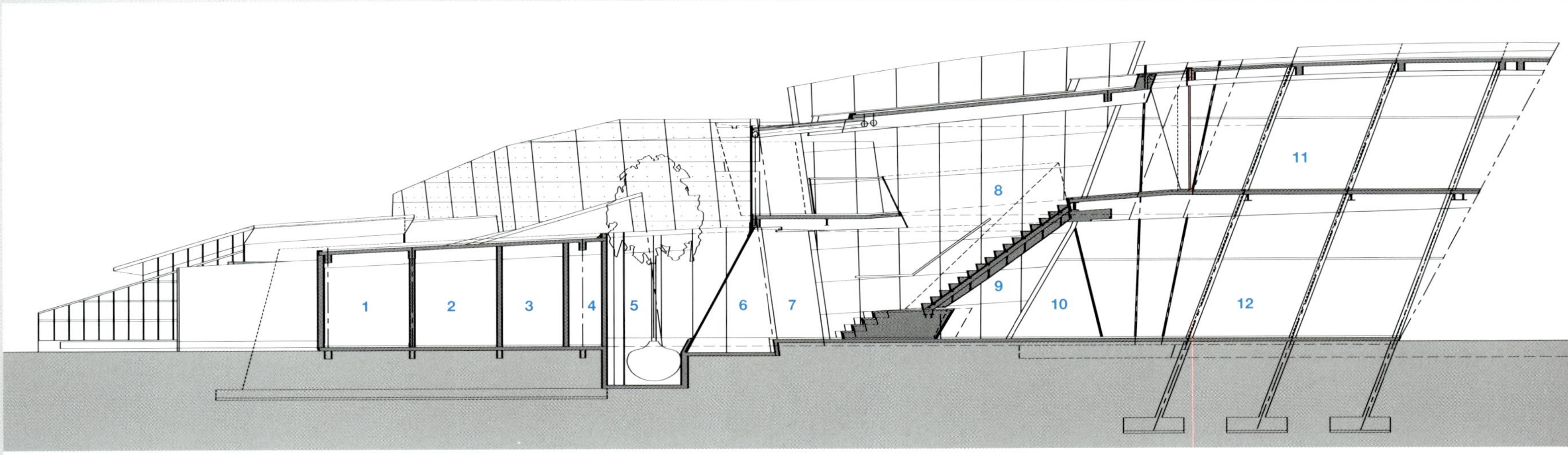

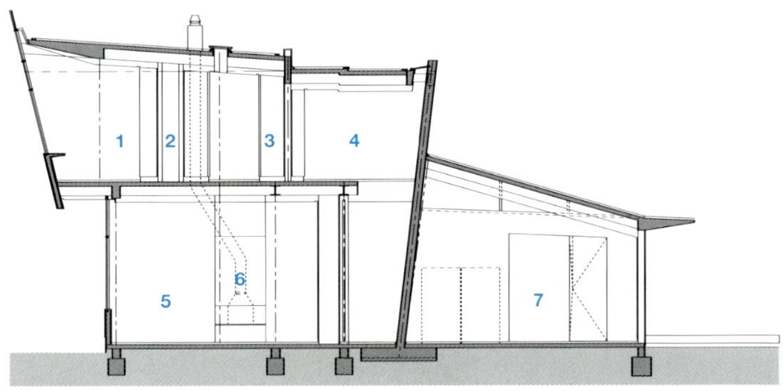

15.03
단면도 A-A
1:200
1 주방 부속 식당
2 창고
3 창고
4 잠금식 창고
5 정원
6 분수
7 후방 홀
8 중앙 홀
9 진입 홀
10 주식당 입구
11 주침실
12 거실

15.04
단면도 B-B
1:200
1 욕실
2 의상실
3 의상실
4 후방 계단 홀
5 식당
6 벽난로
7 주방

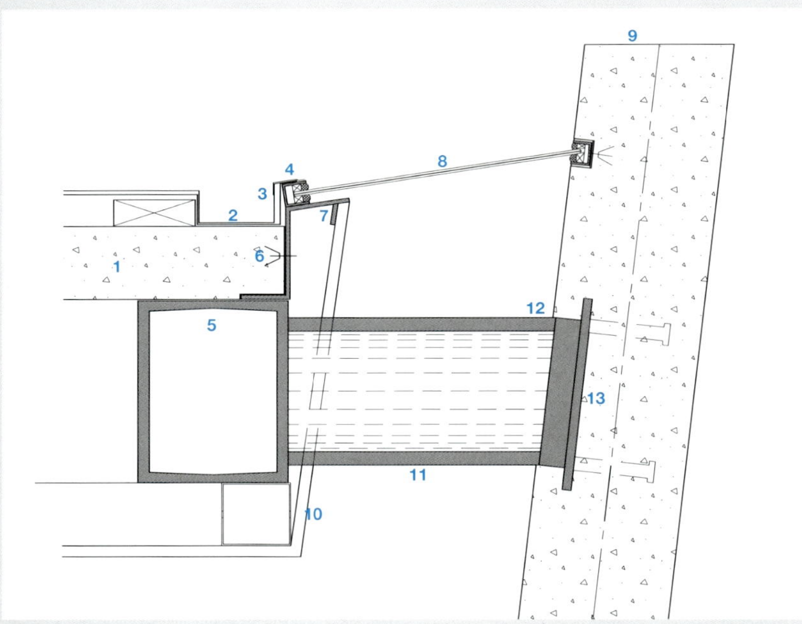

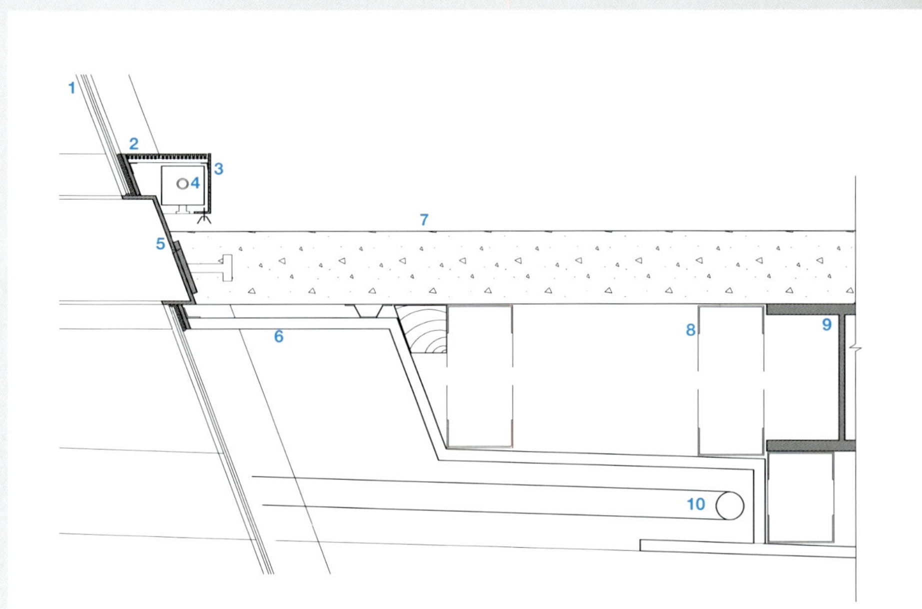

15.05
천창 상세도
1:10
1 100mm (4인치) 콘크리트 슬라브
2 리드선이 삽입된 낙수홈통 및 철제 채널 상부에 고정시킨 플래싱
3 Z자형 앵글에 용접된 채널
4 구조용 실리콘 및 네오프렌 세팅 블록
5 상자형 보
6 상자형 보에 용접하여 콘크리트 슬라브 단부에 고정시킨 65 X 125 X85mm (2 1/2 X 5 X 3 1/3인치) Z자형 앵글
7 Z자형 앵글에 용접시킨 평철
8 6mm (1/4인치) 강화 합판유리
9 콘크리트 벽 상부
10 화장판 붙임으로 마감한 15mm (2/3인치) 합판
11 상자형 보와 용접 플레이트에 용접된 직경 200mm (8인치) 강관
12 벽 내부로 3mm (1/8인치)삽입된 강관
13 벽 내부에 삽입된 용접 플레이트

15.06
벽 상세도
1:10
1 6mm (1/4인치) 강화유리
2 앵글에 나사로 고정시킨 철제 그레이팅
3 바탕바닥에 고정시킨 철제 앵글
4 멀리온 사이 중앙에 설치된 굽도리 난방 설비
5 벽 내부에 삽입된 용접 플레이트에 알렌 볼트로 고정시킨 철제 채널
6 골조에 알렌 볼트로 고정시킨 화장판 붙임 마감 합판 천장
7 바닥 마감선
8 금속제 채널로 이루어진 천장 골조
9 철제 보
10 코브라이트 및 형광등

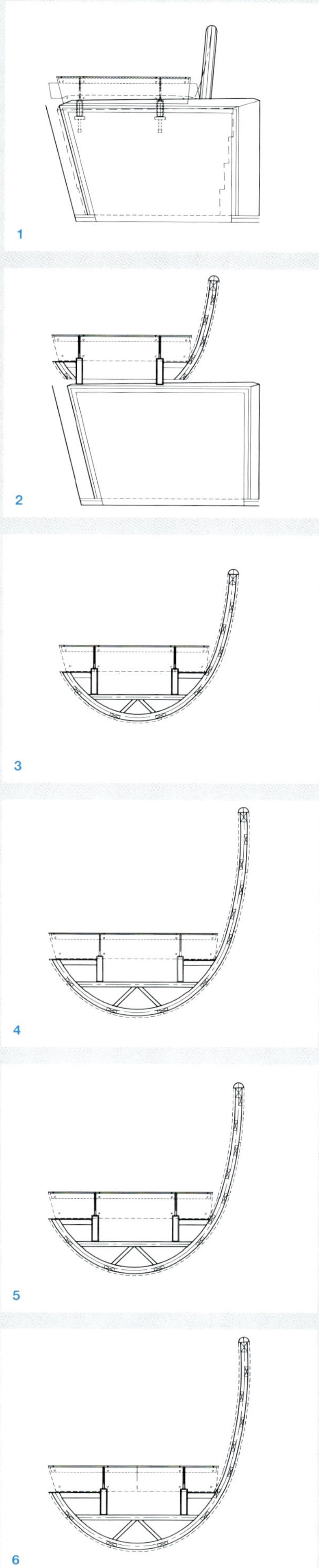

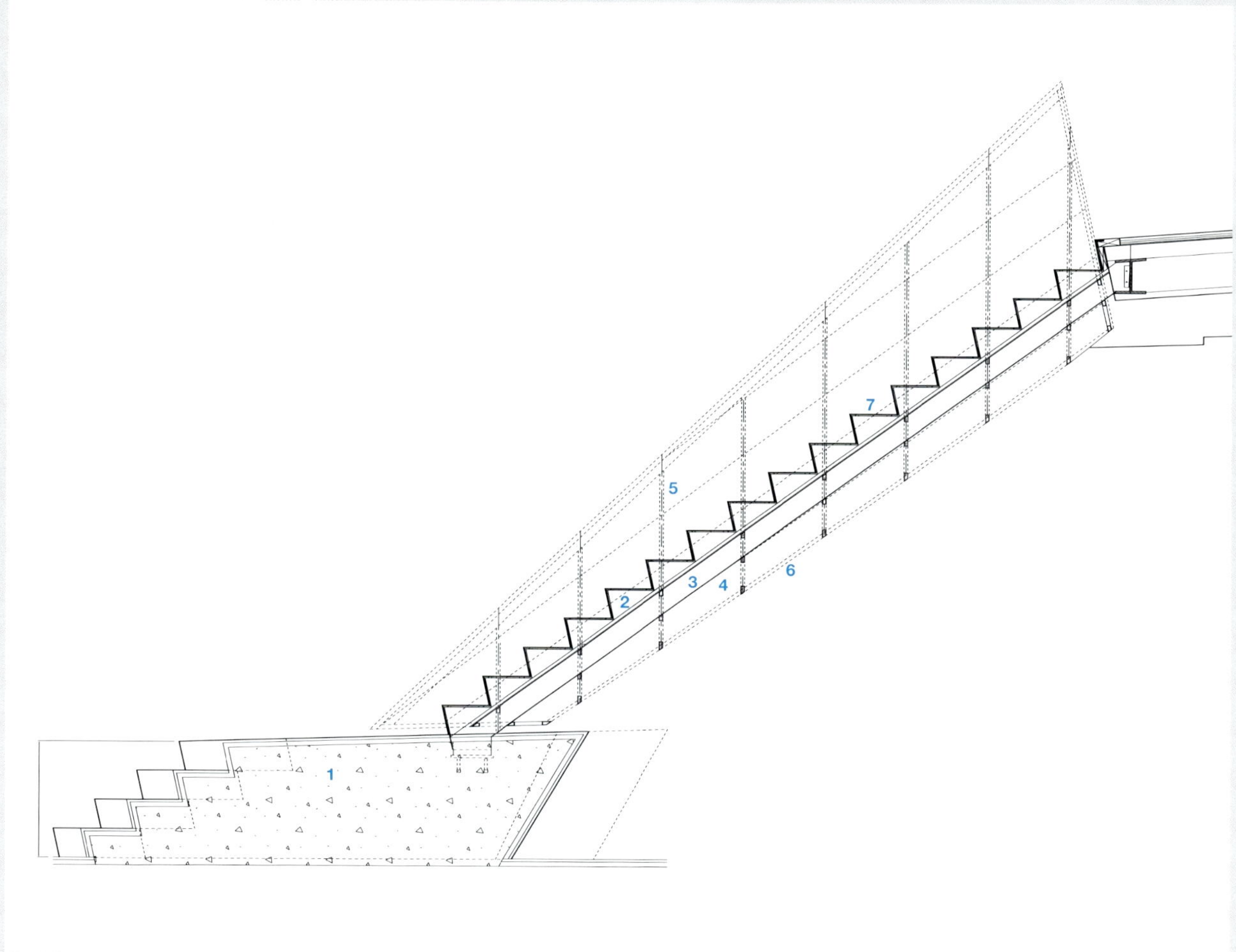

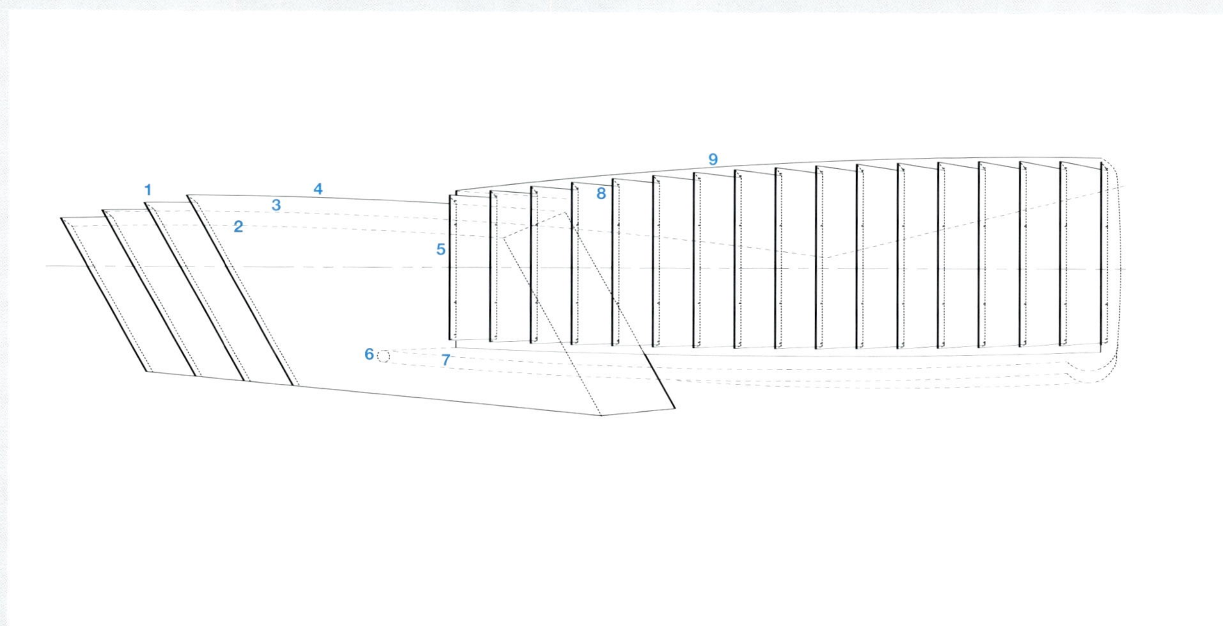

15.07
계단 디딤판 상세도
1:50
1 4번째 디딤판
2 6번째 디딤판
3 8번째 디딤판
4 12번째 디딤판
5 14번째 디딤판
6 20번째 디딤판

15.08
계단 입면도
1:50
1 콘크리트 기단 상부 석재 마감
2 상자형 보에 용접된 12.5mm (1/2인 치) 삼각형 금속 플레이트
3 12.5mm (1/2인치) 스테인레스 스틸 플레이트
4 200 X 50mm (8 X 2 인치) 철제 상자형 보
5 금속 장선
6 횡방향 스터드
7 6mm (1/4인치) 스테인레스 스틸로 마감한 금속제 디딤판 및 챌판

15.09
계단 평면도
1:50
1 디딤판 입면도에서 나타나는 벽 경계선
2 2층 레벨에서의 계단 경계선
3 2층 레벨에서의 바닥 경계선
4 2층 레벨에서의 바닥 경계선
5 6mm (1/4인치) 스테인레스 스틸로 마감한 금속제 디딤판 및 챌판
6 6mm (1/4인치) 스테인레스 스틸 플레이트
7 목제 판상재
8 6mm (1/4인치) 스테인레스 스틸 플레이트
9 디딤판 입면도에서 나타나는 벽 경계선

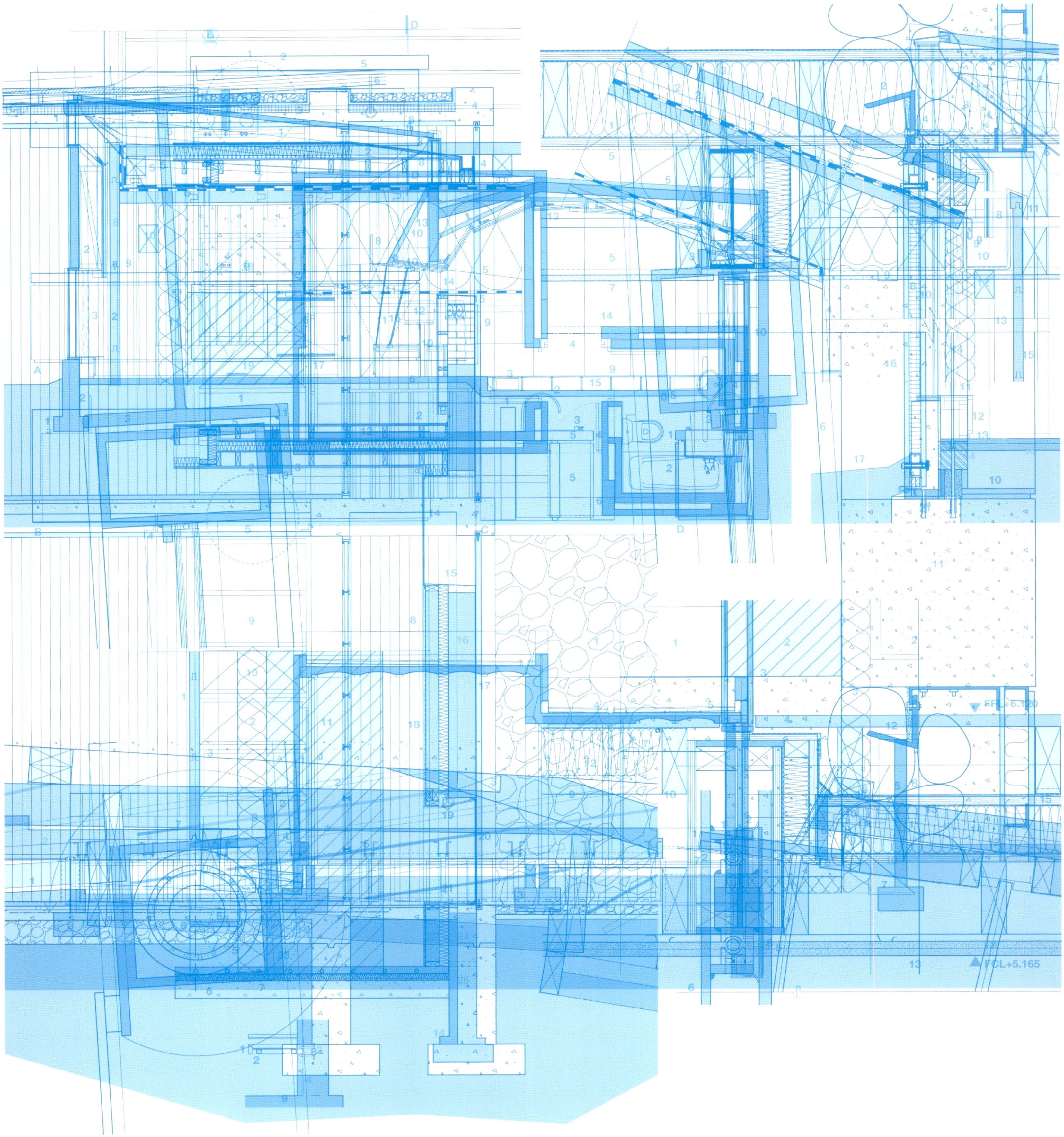
FCL+6.120
FCL+5.165

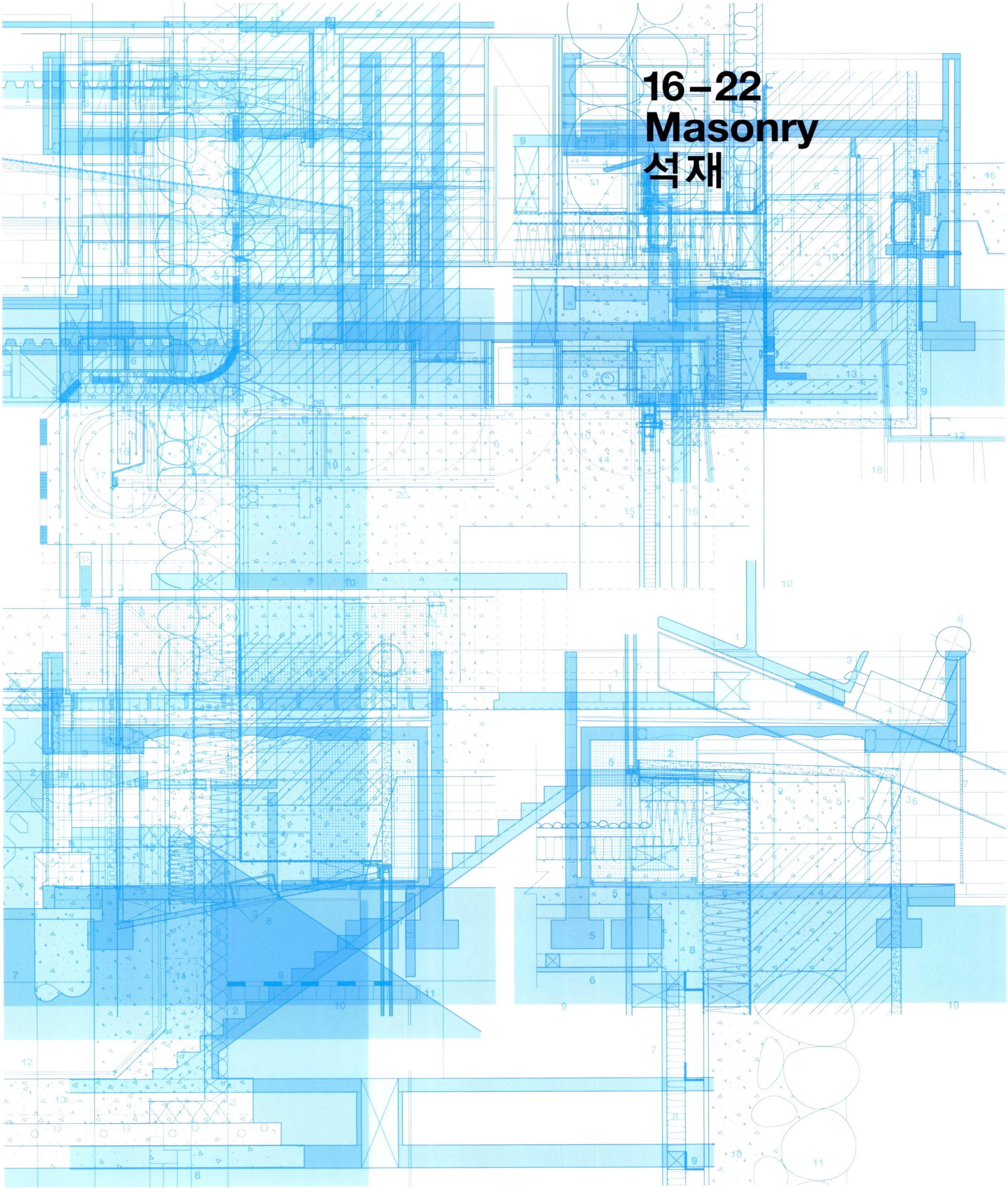

16–22 Masonry 석재

16
Brückner & Brückner Architekten

House in the Landscape
Bärnau, Germany

Client
Sabine and Andreas Rösch

Area
295 square metres (3,175 square feet)

Project Team
Christian Brückner, Peter Brückner, Robert Reith, Wolfgang Herrmann

Structural Engineer
Klaus-Peter Brückner

Brückner & Brückner가 설계한 이 주택은 체코 국경 인근 바바리아 지역의 작은 마을인 Brückner에 자리잡고 있다. 지난 수십년간 현대 건축이 전통적인 마을의 모습을 해체해온 것에 대해 반기를 들며, 건축가는 이제는 거의 대부분이 사라져 버린 지역 특유의 전통 건축 방식의 잔재를 끊임없이 탐구하고 있다. 지역성을 강조한 현대 건축물이 종종 판에 박힌 무언가로 전락하기 쉽다는 사실을 알고 있던 Brückner 형제는 건축의 진정성을 간직하면서도 현대적인 느낌을 잃지 않은 새로운 건축 어휘를 만들어 냈다. 박공지붕이 사용된 간소한 형태의 건물에는 처마가 없는데, 이는 오버팔츠 지방의 전통 건축 양식을 재현한 것이다. 북측의 삼림지대와 경계를 이루고 있는 초원 지대에 위치한 건물의 주변으로는 어떠한 관목이나 울타리도 존재하지 않는다.

중공이 있는 외벽을 감싸고 있는 2종류의 외장재는 모두 지역에서 구한 것으로 황회색 화강석은 인근 채석장에서, 낙엽송은 건축주 소유의 삼림지에서 들여온 것이다. 석조 기단과 상부의 목재를 수평적으로, 수직적으로 분리시키고 있는 유리창은 건물 내부의 모습을 보여준다. 벽에 사용된 목제 외장재는 파사드 상부에 설치된 금속제 낙수홈통을 제외하고는 균일하게 이어져 지붕까지 연결됨으로써 건물의 간결한 느낌을 더욱 강조한다. 내부 공간에도 동일한 재료를 사용하고 있는 이 주택의 서측 파사드는 아래로 펼쳐진 계곡과의 연결을 꾀하고 있다. 유리로 이루어진 띠는 서측 파사드에서 넓게 확장되어 계단실과 거실에 빛을 받아들이는 2층 높이의 창을 만들고 있으며, 마치 문 같은 모습의 이 창은 석조 외피를 파고들어 자리잡고 있다.

1

1 푸른 초원과 숲 사이에 위치하는 이 단순한 형태의 주택은 인근 채석장에서 채굴한 화강석과 건축주 소유의 삼림지에서 가져 온 낙엽송 등 주변에서 구할 수 있는 재료들만을 사용하여 만들어졌다.
2 거친 화강석으로 만든 외벽이 1층을 보호한다.
3 수직 방향과 수평 방향으로 이어지는 연속적인 유리창은 건물에 사용된 2가지 주재료인 화강석과 목재를 분리시킨다.
4 내부 공간에도 동일한 재료가 사용되었다. 거칠게 따낸 화강석과 벽면에 사용된 목제 널, 바닥에 사용된 광택 처리 화강석의 모습. 백색으로 도색한 석고보드 벽은 내부로 유입되는 빛을 반사시킨다.

2

3

4

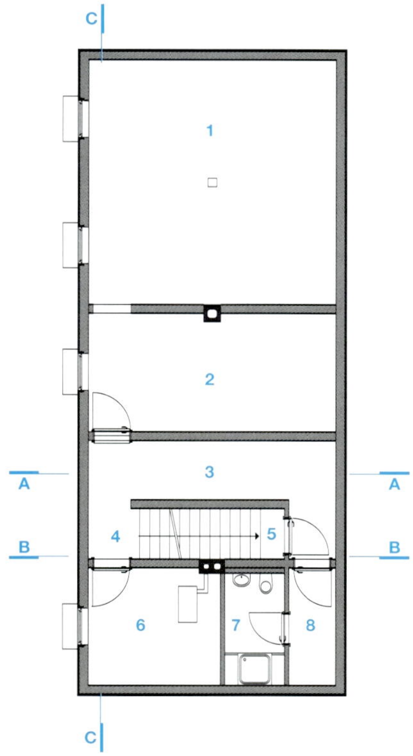

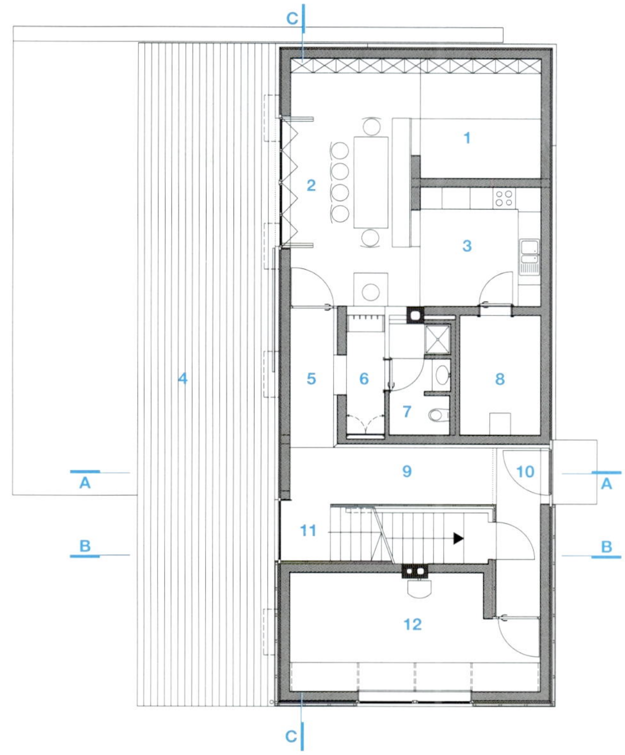

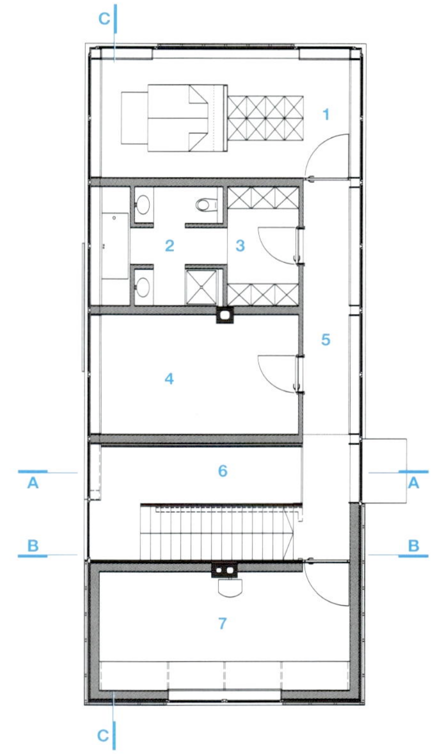

16.01
지하층 평면도
1:200
1 창고1
2 창고2
3 복도
4 상층으로 향하는 계단
5 창고
6 보일러실
7 화장실
8 드레스룸

16.02
1층 평면도
1:200
1 서재
2 거실 및 식당
3 주방
4 목제 데크
5 복도
6 드레스룸
7 손님용 욕실
8 식료품실
9 복도
10 입구
11 상층으로 향하는 계단
12 사무실1

16.03
2층 평면도
1:200
1 주침실
2 욕실
3 드레스룸
4 침실
5 복도
6 1층 상부 개구부
7 사무실2

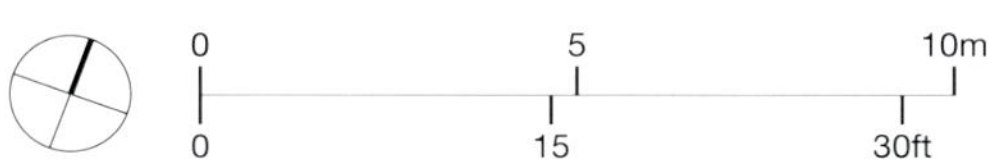

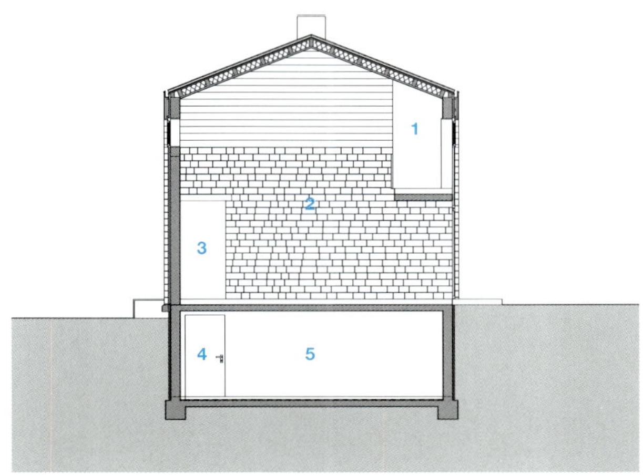

16.04
단면도 A-A
1:200
1 복도
2 입구 상부
3 거실 및 식당으로 향하는 복도
4 창고로 통하는 문
5 복도

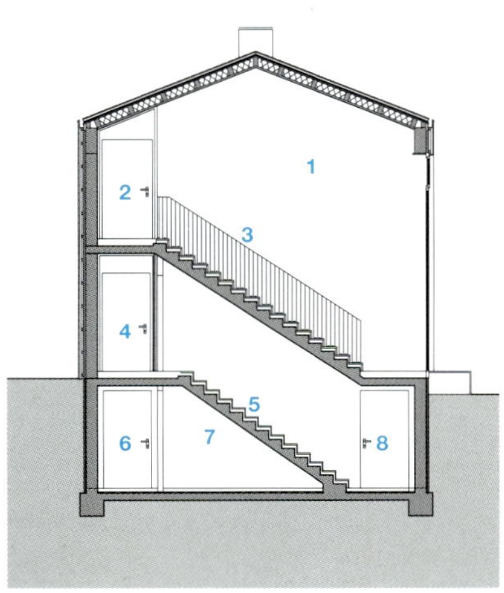

16.05
단면도 B-B
1:200
1 계단 상부
2 사무실2로 통하는 문
3 계단
4 사무실1로 향하는 문
5 계단
6 드레스룸으로 통하는 문
7 화장실
8 보일러실로 통하는 문

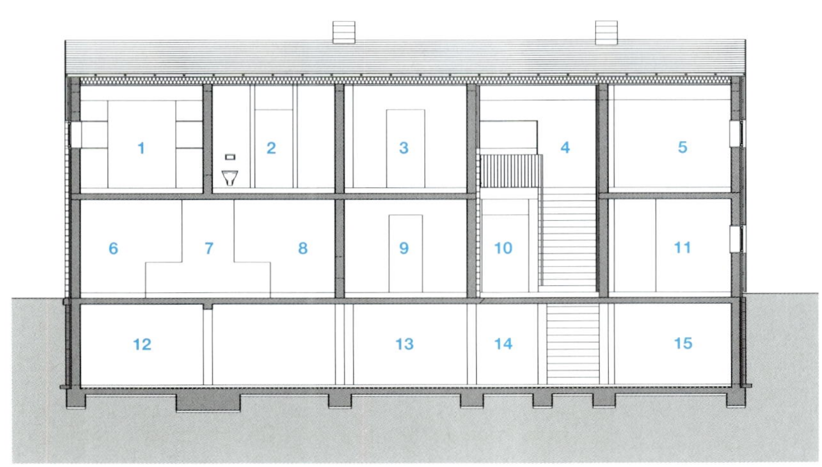

16.06
단면도 C-C
1:200
1 주침실
2 욕실
3 침실2
4 계단실
5 사무실2
6 서재
7 거실 및 식당
8 주방
9 드레스룸으로 통하는 문
10 입구
11 사무실1
12 창고1
13 창고2
14 복도
15 보일러실

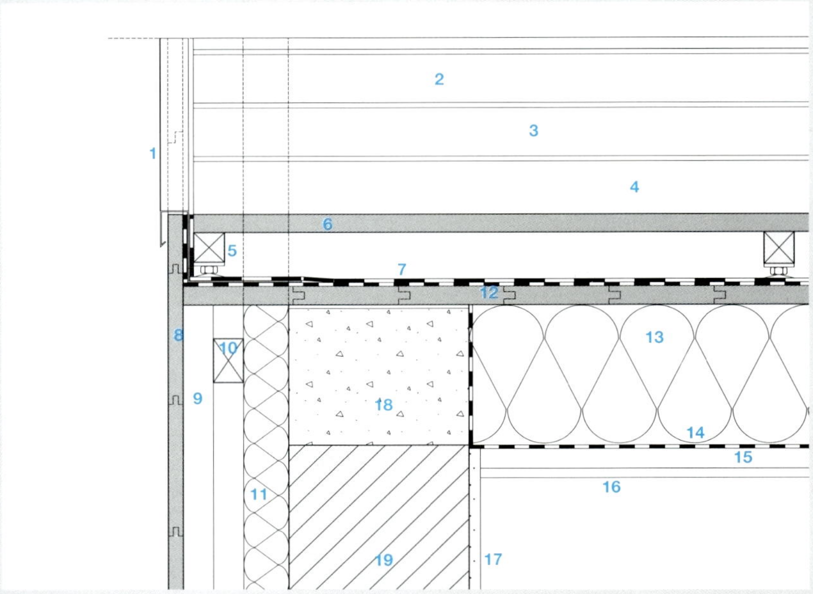

16.07
지붕 및 외벽 상세도
1:10
1 티타늄 아연제 외장재
2 낙엽송 널
3 낙엽송 널
4 낙엽송 널
5 40 X 40mm (1 1/2 X 1 1/2인치) 서까래
6 낙엽송 널
7 아스팔트 시트
8 낙엽송 외장재
9 40 X 60mm (1 1/2 X 2 1/3인치) 널
10 40 X 60mm (1 1/2 X 2 1/3인치) 널
11 60mm (2 1/3인 치) 두께의 단열재
12 장부이음식 폼보드
13 180mm (7인 치) 두께의 단열재
14 서까래 및 도리
15 아스팔트 시트 및 방습막
16 석고 플라스터 천장
17 도색 석고보드 벽
18 철근콘크리트
19 벽돌 벽

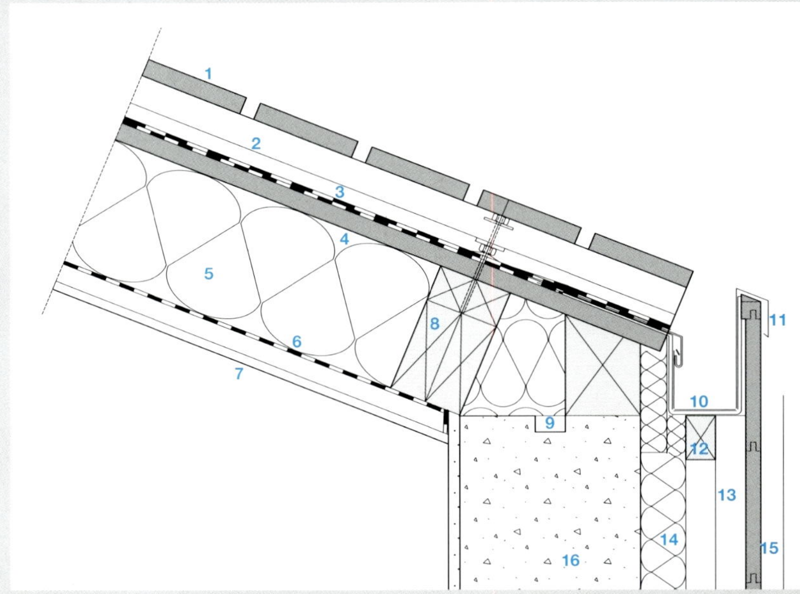

16.08
처마 상세도
1:10
1 낙엽송 널
2 공기 차단층
3 아스팔트 시트
4 장부이음식 폼보드
5 180mm (7인치) 두께의 단열재
6 목제 널
7 석고 플라스터 천장
8 서까래 및 도리
9 Halfen 채널
10 매립식 철제 낙수홈통
11 티타늄 아연제 플래싱
12 40 X 60mm (1 1/2 X 2 1/3인치) 널
13 40 X 60mm (1 1/2 X 2 1/3인치) 널
14 60mm (2 1/3인 치) 두께의 단열재
15 낙엽송 외장재
16 철근콘크리트

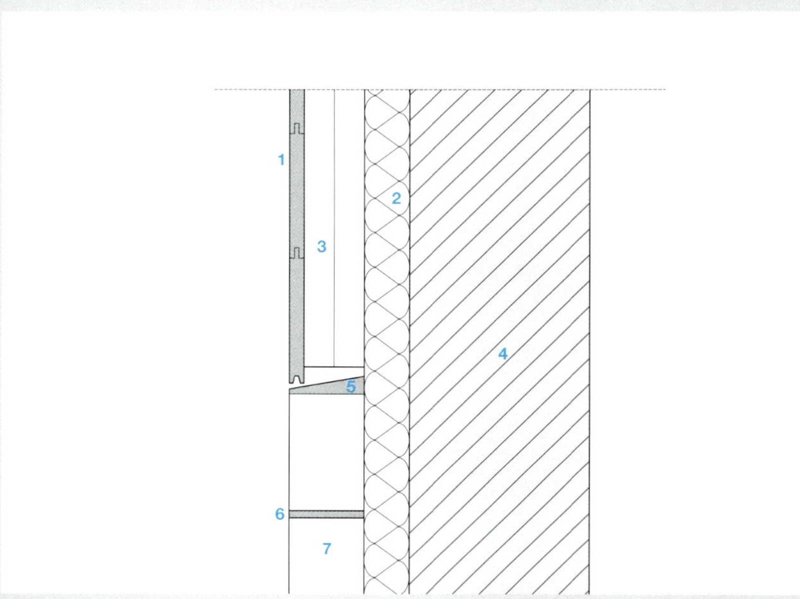

16.09
박공 상세도 - 목재 및 석재 접합부
1:10
1 낙엽송 외장재
2 60mm (2 1/3인치) 두께의 단열재
3 40 X 60mm (1 1/2 X 2 1/3인치) 널
4 벽돌 벽
5 모르타르 줄눈
6 모르타르 줄눈
7 화강석 외장재

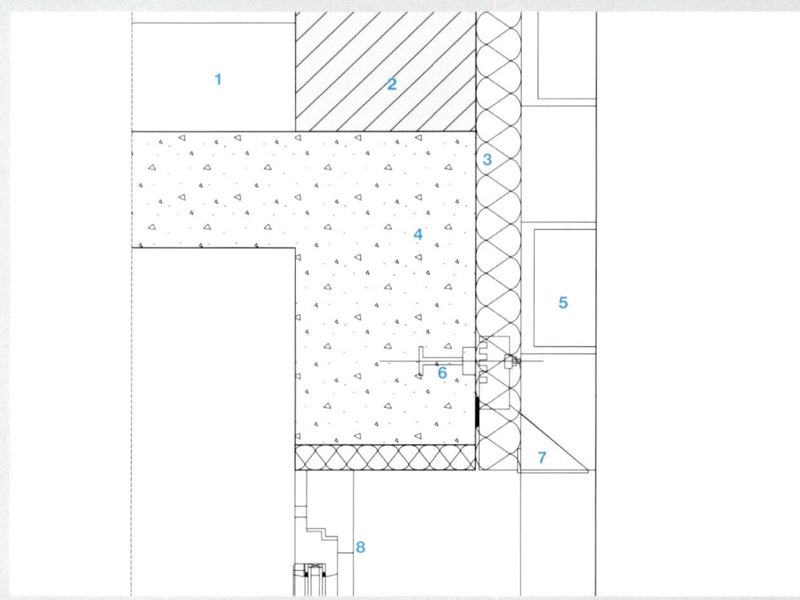

16.10
기초 상세도
1:10
1 바닥판
2 벽돌 벽
3 60mm (2 1/3인치) 두께의 단열재
4 철근콘크리트
5 화강석 외장재
6 외장재 고정 앵커
7 철제 앵글 인방
8 목제 창틀

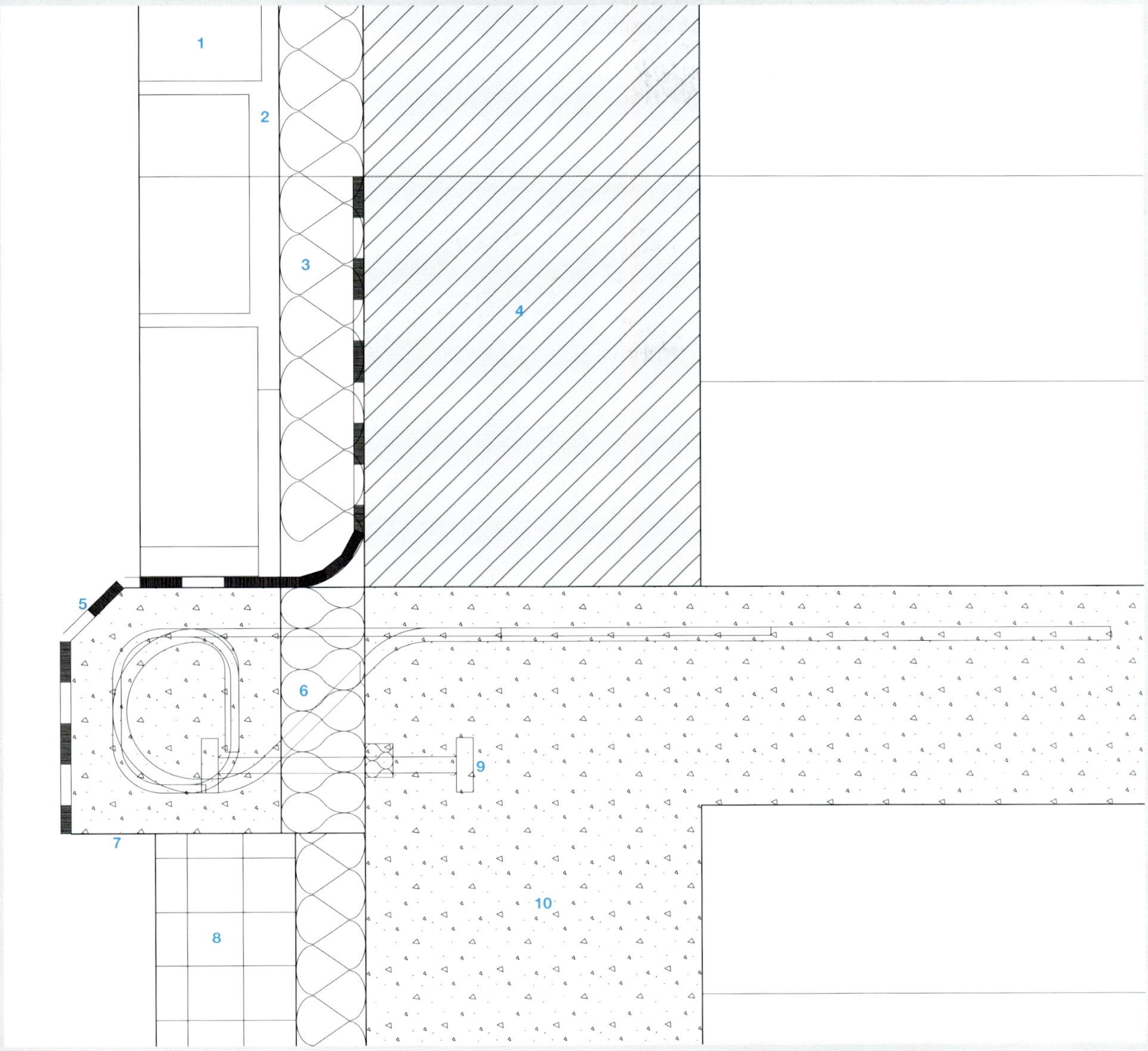

16.11
기초 및 석제 파사드 상세도
1:5
1 화강석 외장재
2 모르타르 줄눈
3 60mm (2 1/3인치) 두께의 단열재
4 벽돌 벽
5 아스팔트 시트
6 단열재
7 철근콘크리트 기초
8 콘크리트 필터층
9 열교 차단 부재
10 철근콘크리트

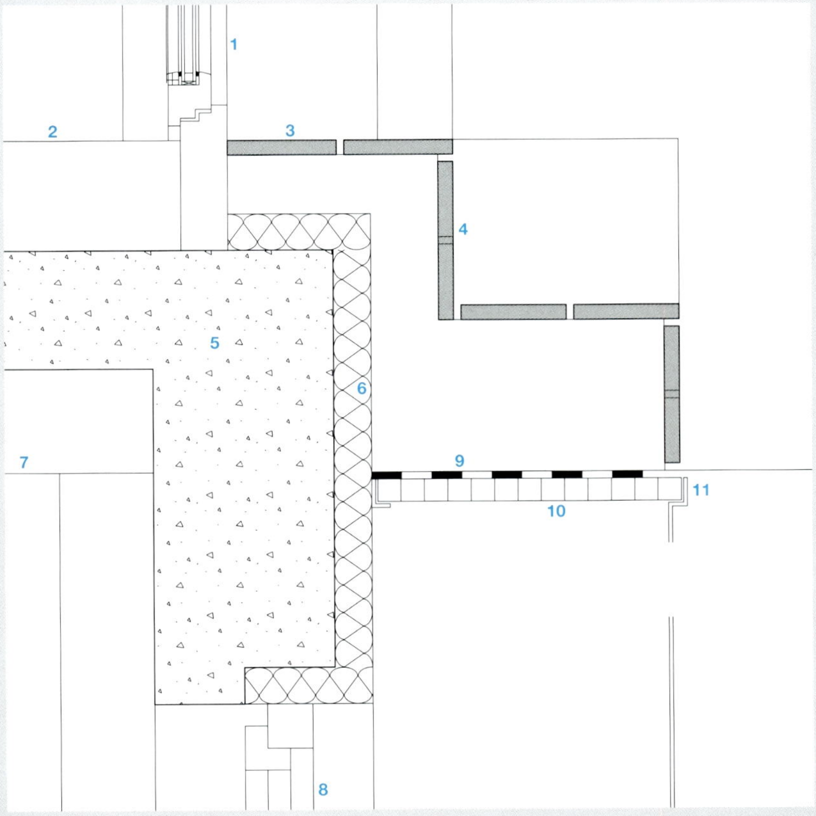

16.12
거실에서 테라스로 이어지는 계단 상세도
1:10
1 목제 창틀
2 목제 바닥판
3 낙엽송 계단 마감재
4 낙엽송 계단 마감재
5 철근콘크리트
6 단열재
7 철근콘크리트 고정단
8 지하실 창에 사용된 유리
9 아스팔트 시트
10 채광정 및 철제 그레이트
11 채광판

17
Adjaye Associates

Dirty House
London, England, UK

Client
Tim Noble and Sue Webster

Area
465 square metres (5,000 square feet)

Project Team
David Adjaye, Josh Carver, Aimee Lau

Structural Engineer
Techniker

Main Contractor
R. J. Parry

Dirty house는 런던 이스트엔드에 위치하는 목재 가공 공장을 2명의 현대 미술가가 함께 사용할 수 있는 작업실, 사무실, 주택으로 전환시키는 프로젝트였다. 설계의 주안점은 공장을 도시적인 주택으로 변환시킴과 동시에, 가로의 모퉁이에 위치하는 대지적 특성을 활용하는 것이었다. 이러한 설계상의 컨셉은 하부에 작업 공간, 상부에 주거 공간을 각각 위치시키는 방법을 통해 공간적으로 실현되었다. 5.5m (18피트) 높이의 현관에는 3개의 통로가 연결되어 있는데 이들은 각각 최상층 주거 영역으로 이어지는 계단, 로비를 통해 사무실로 들어갈 수 있는 복도, 그리고 2층 높이의 큰 2개의 작업 공간으로 이어지는 복도 끝부분의 좁은 통로이다. 북측의 작업실은 남쪽에서 들어오는 직사일광을 피해야만 하는 섬세한 작업을 위해 사용되며, 좀 더 큰 규모의 작업은 남측의 작업실에서 이루어진다.

최상층은 유리 파빌리온으로 만들어져 이스트엔드의 전경과 높은 타워들이 즐비한 도시의 스카이라인을 볼 수 있다. 창에는 어두운 빛의 거울 유리가 사용되었고, 건물은 수지 안료로 도색되었다. 최상층의 파빌리온 위로는 기존 건물의 평면과 동일한 크기로 지붕이 덮혀 외부 공간으로 통하는 테라스를 만들고 있다. 백색의 지붕은 하부로부터 조명되어 저녁시간에는 마치 지붕이 떠 있는 듯한 느낌을 연출한다. 주거 공간과 작업 공간을 공존시킴으로써 이 프로젝트는 많은 인구로 이루어진 현대 사회에 적합한 새로운 주택의 모습을 탐구하고 있으며, 24시간 내내 거주자를 보호하고 고무시킬 수 있는 공간을 만들고 있다.

1

1 건물은 흑색 박스 위로 백색의 지붕이 떠 있는 듯한 모습으로 나타난다. 거리 레벨에 사용된 유리는 지나가는 사람들이 자신을 비춰볼 수 있는 거울의 역할을 하기도 한다.

2 2층 주거 영역에 위치하고 있는 주방은 평지붕을 절개해 만든 천창에 의해 조명된다.

3 순백의 공간을 파내어 만든 일련의 천창들이 침실과 욕실을 조명한다.

2

3
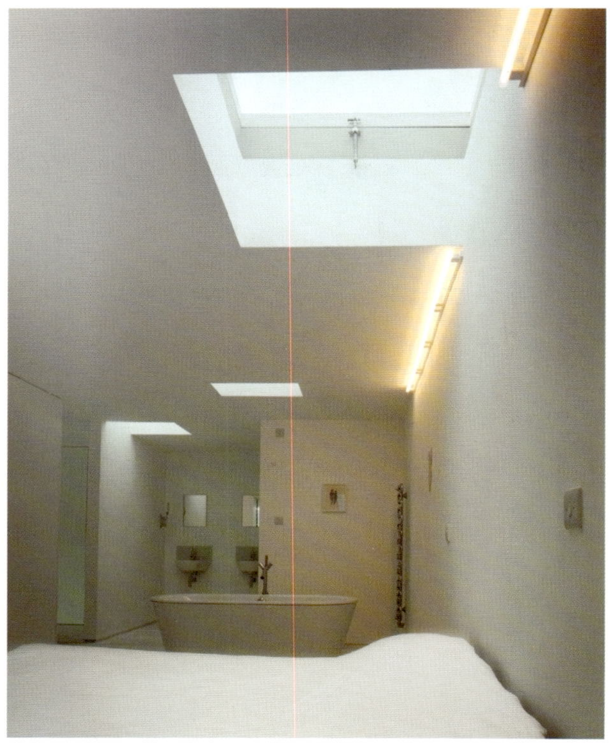

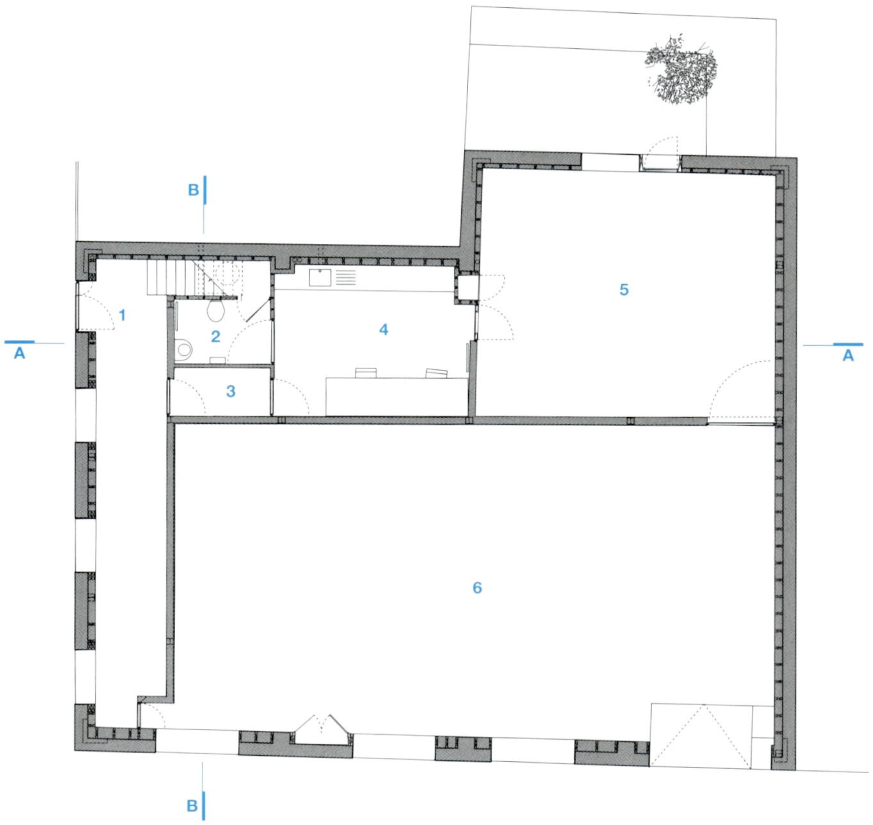

Ground Floor Plan

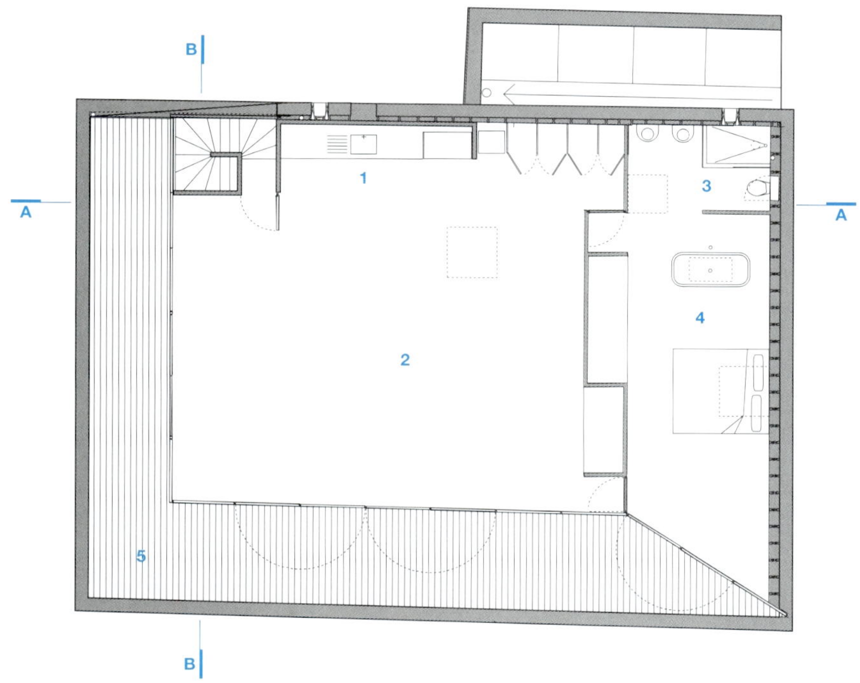

First Floor Plan

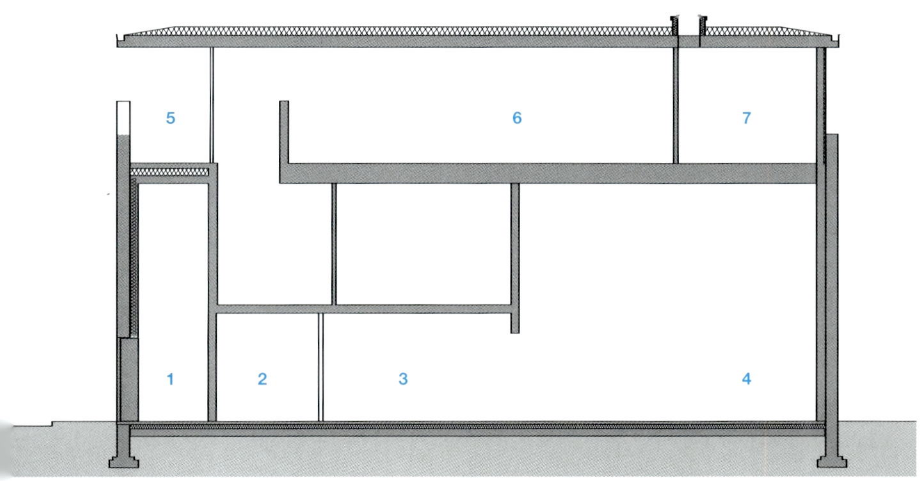

A–A

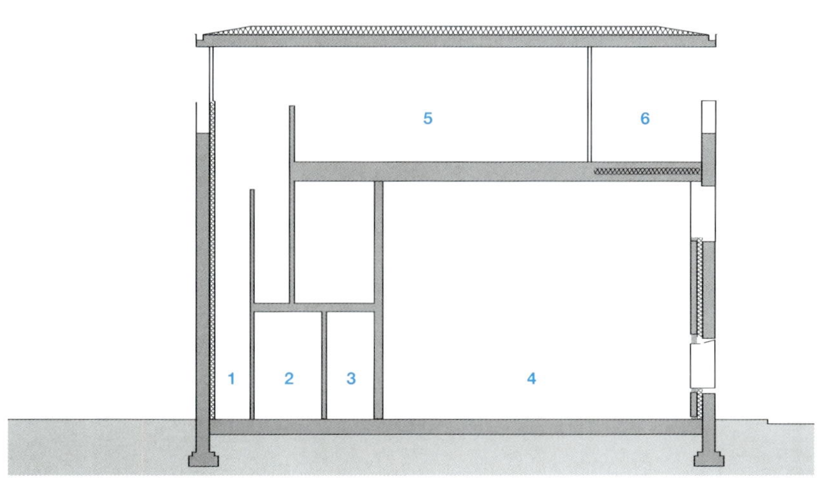

B–B

17.01
1층 평면도
1:200
1 입구
2 화장실
3 사무실 로비
4 사무실
5 작업실1
6 작업실2

17.02
2층 평면도
1:200
1 주방
2 거실 및 식당
3 욕실
4 침실
5 테라스

17.03
단면도 A-A
1:200
1 입구
2 화장실
3 사무실
4 작업실1
5 테라스
6 주방
7 욕실

17.04
단면도 B-B
1:200
1 계단
2 화장실
3 사무실 로비
4 작업실2
5 거실 및 식당
6 테라스

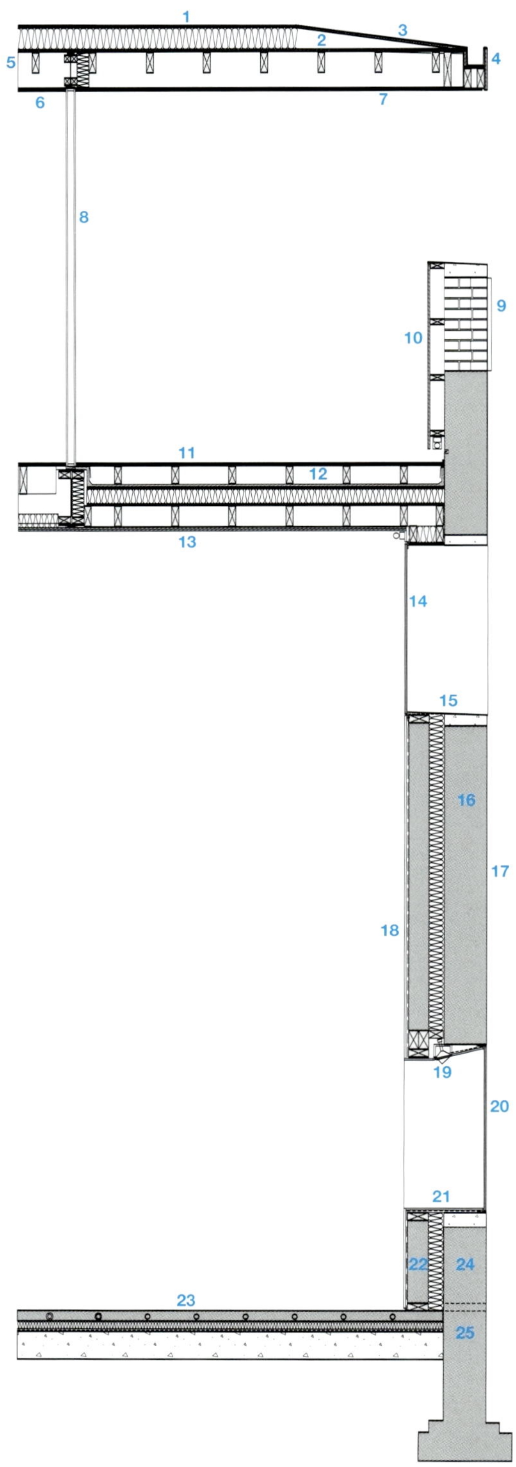

17.05
단면 상세도
1:50
1 경사를 따라 절단된 175mm (7인치) 두께의 단열재
2 합판 데크
3 경사를 따라 놓인 18겹 합판에 접착된 단겹 EPDM막
4 합판 내부 고무 막에 접합된 고리형 낙수홈통
5 투습방수지
6 수분 차단막
7 테라스 하부에 설치된 도색 광물섬유판
8 바닥에서 천장에 걸쳐 설치된 2중창 및 아연도금 멀리온
9 테라스 난간을 바닥 마감선으로부터 1,400mm (4 1/2피트) 위로 올리기 위해 만들어진 석조 벽
10 도색처리 침엽수를 외장재로 사용한 테라스 벽
11 도색처리 침엽수 외장재
12 고무막으로 방수처리한 테라스
13 Gyprock Plank 천장재 및 100mm (4인치) Isowool 1,000의 중앙 450mm (17 1/2인치)에 설치된 Gyprock Resilient Bar와 12.5mm (1/2인치) Gyproc Sound Bloc. 1시간의 내화 성능 및 작업실과 주거 영역 간에 53데시벨의 차음성능을 나타낸다
14 내벽 마감과 평평하게 설치된 창유리
15 내구성 페인트를 도포한 외벽
16 보수 / 보전한 기존의 벽돌 벽
17 내구성 페인트를 도포한 외벽
18 12.5mm (1/2인치) Gyproc wall board
19 1층의 모든 창에 설치된 딤머블 다운라이트
20 외벽 마감과 평평하게 설치된 창유리. 내측 유리는 샌드블래스팅 처리, 외측 유리는 경면 처리
21 12.5mm (1/2인치) Gyprock wall board로 만든 내측창 문설주
22 수분 차단막
23 단열재와 방습막 상부에 설치된 바닥 하부 난방 설비 위로 평탄한 면을 만들기 위해 설치된 콘크리트 스크리드
24 투습방수지
25 기존 외벽에 주입된 화학물질 방습층

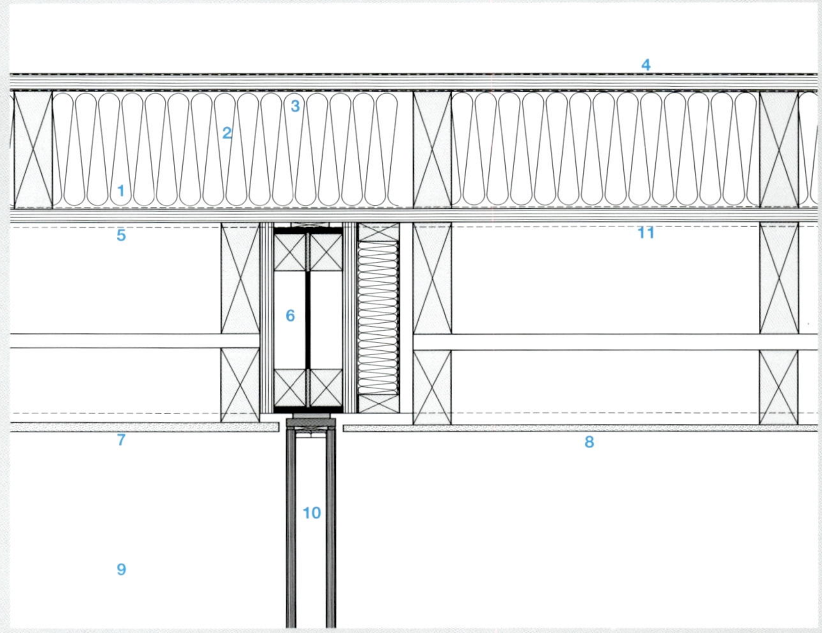

17.06
테라스 창유리 상부 상세도
1:10
1 수분 차단막
2 단열재
3 투습방수지
4 최소 1:80의 경사를 갖는 장선 위에 놓인 18겹 합판에 접착된 단겹 EPDM막
5 철제 보 경계선
6 창유리 멀리온에 의해 지지되는 철제 지붕재
7 12.5mm (1/2인치) 도색 석고보드 천장
8 도색 섬유시멘트 시트
9 거실
10 아연도금 철제 멀리온에 설치된 강화 2중유리
11 18mm (3/4인치) 합판

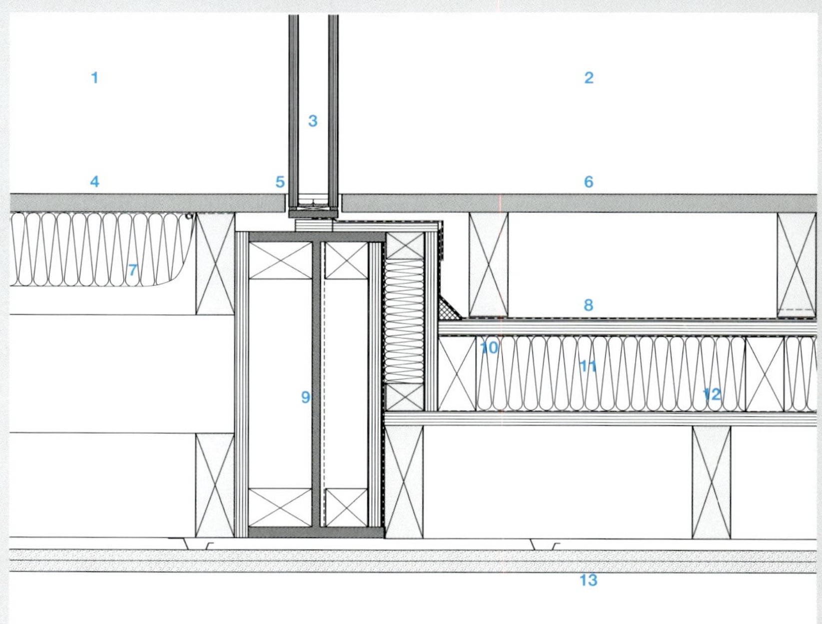

17.07
테라스 창유리 상세도
1:10
1 거실
2 테라스
3 아연도금 철제 멀리온에 설치된 강화 2중유리
4 내측 도색 목제 데크
5 아연도금 멀리온을 설치할 바탕이 되는 T형바
6 외측 도색 목제 데크
7 바닥 장선 상부에 고정된 바닥 하부 난방 설비
8 바닥 구배에 따라 18겹 합판 위에 놓인 단겹 EPDM막
9 철제 주보
10 투습방수지
11 단열재
12 수분 차단막
13 음향반사판 위에 설치된 2겹의 내화 석고보드

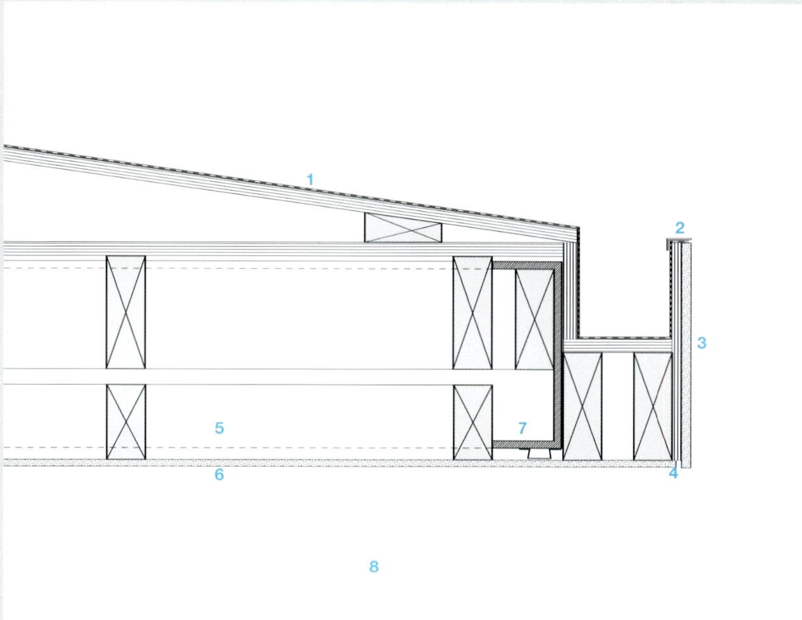

17.08
띠벽 상세도
1:10
1 경사에 따라 놓인 18겹 합판에 접착된 단겹 EPDM막
2 띠벽 판넬에 설치된 알루미늄 덮개
3 12mm (1/2인치) 도색 섬유시멘트 띠벽 판넬
4 5mm (1/5인치) 섀도우 갭
5 철제 보 경계선
6 9mm (1/3인치) 도색 섬유시멘트 시트 내장재
7 철제 테두리 보
8 테라스

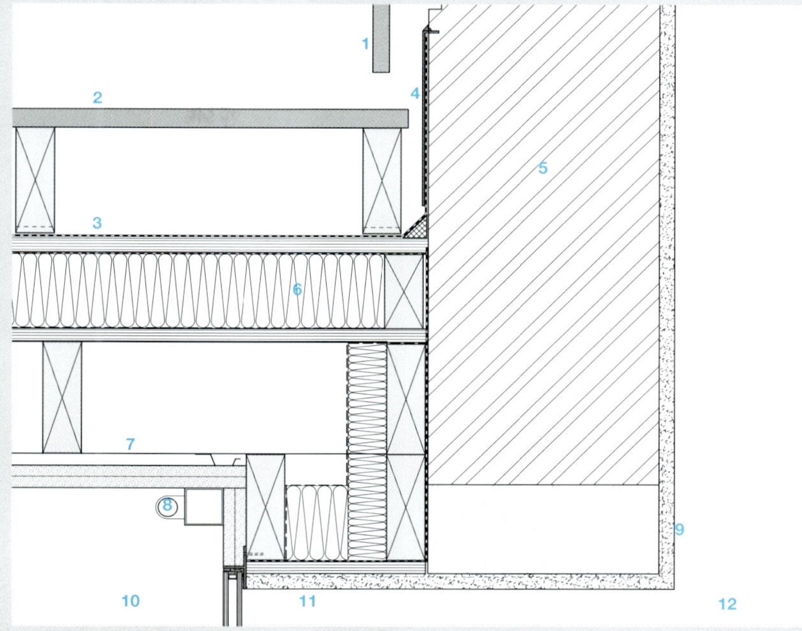

17.09
창 상부 상세도
1:10
1 테라스 바닥재와 동일한 도색 외장재
2 장선 위에 설치된 도색 목제 외장재
3 18겹 합판 위에 놓인 단겹 EPDM막
4 기존 벽돌 벽 위로 단겹 EPDM막과 겹치게 설치된 도색 플래싱
5 기존 벽돌 벽
6 단열재 및 투습방수지, 수분 차단막
7 음향반사판 위에 설치된 2겹의 15mm (1/2인치) 내화 석고보드
8 형광등
9 벽돌벽 위로 20mm (3/4인치) 접착방지 페인트 도포 마감 처리 및 문설주 단부를 와이어 매쉬로 보강한 문설주
10 작업실
11 철제 프레임에 구조용 실리콘으로 고정된 반투명 2중 유리
12 외부

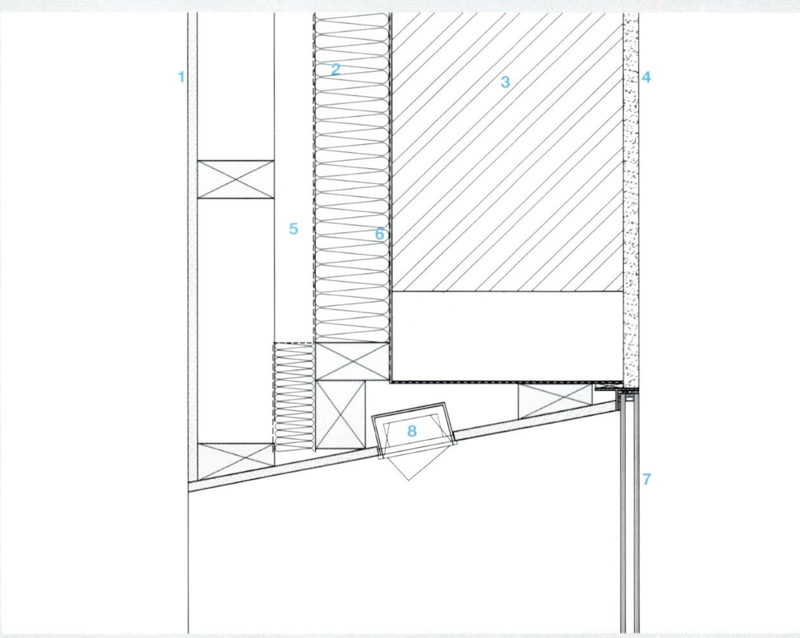

17.10
플러쉬 윈도우
상부 상세도
1:10
1 12.5mm (1/2인치) 도색 석고보드
2 단열재
3 기존 벽돌 벽
4 벽돌벽 위로 20mm (3/4인치) 접착방지 페인트 도포 마감 처리
5 수분 차단막
6 투습방수지
7 내벽 마감과 평평하게 철제 프레임에 구조용 실리콘으로 고정된 창유리. 내측 유리는 샌드블래스팅 처리, 외측 유리는 경면 처리
8 조절형 다운라이트

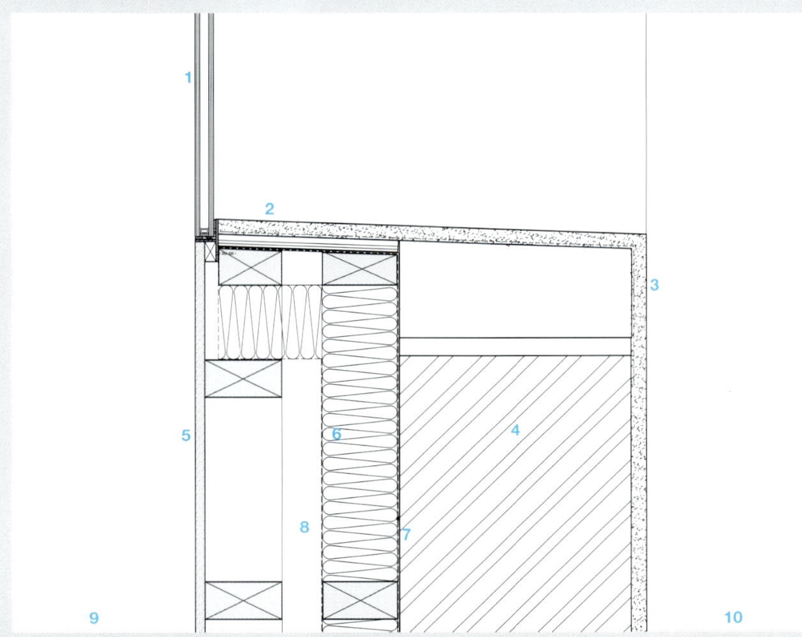

17.11
창턱 상세도
1:10
1 철제 프레임에 구조용 실리콘으로 고정된 반투명 2중 유리
2 경사에 놓인 18겹 합판
3 벽돌벽 위로 20mm (3/4인치) 접착방지 페인트 도포 마감 처리 및 문설주 단부를 와이어 매쉬로 보강한 문설주
4 기존 벽돌 벽
5 12.5mm (1/2인치) 도색 석고보드
6 단열재
7 투습방수지
8 수분 차단막
9 작업실
10 외부

18
Carlos Ferrater

Tagomago House
San Carlos, Ibiza, Spain

Client
Enrique Vives

Area
483 square metres (5,200 square feet)

Project Team
Carlos Ferrater

Structural Engineer
Jordi Bernuz

Quantity Surveyor
Construcciones Collado

이 주택은 소나무와 노간주나무로 이루어진 지중해 특유의 자연 경관이 펼쳐져 있는 이비자섬의 북동부에 위치하고 있으며, 지중해와 타고마고섬의 경관을 향하고 있다. 별장으로 계획된 이 건물은 주동을 중심으로 여러 동의 작은 건물이 이를 둘러싸고 있는 형태로 이루어져 있다. 각각의 동은 대지의 장변을 따라 길게 연결되어 있어 모든 동이 최적의 향을 향하도록 하고, 프라이버시를 유지함은 물론 다양한 수의 손님을 받아들일 수 있는 융통성을 얻고 있다. 자연광과 지중해의 경관을 최대한 받아들일 수 있는 공간적, 환경적 해법을 찾는 것이 설계의 가장 큰 주안점이었다.

지중해 남부 건축의 양식을 받아 들인 이 주택은 마치 수도원과도 같은 차분한 환경을 연출하고 있다. 석회암, 백색 콘크리트, 목재 등 건물에 사용된 주 재료들은 순수하고 자연스런 느낌을 연출하기 위해 사용되었으며, 건물의 여러 부분에서 이비자섬의 전통 건축의 흔적을 찾아볼 수 있다. 이외 사용된 기타 재료로는 석조 파사드와 석조 벽, 전통적인 방식의 데크, 콘크리트 보, 도자 타일 바닥재, 목제 문과 문 프레임, 그리고 석재, 콘크리트, 목재로 만든 포장재를 들 수 있다. 건물의 프로그램은 일련의 공지와 중정, 현관, 테라스 등을 형성하도록 배치되어 내부 공간과 외부 공간의 경계를 불명확하게 하고 있다. 거실은 외부 환경과의 연결을 도모하면서, 거주자가 경관을 즐길 수 있도록 하는 외부 목제 테라스를 향해 열려 있다. 주동의 주변으로는 4개의 작은 별관이 연결되어 차후 가족 구성원이 늘어났을 경우에 사용할 수 있도록 하고 있다.

1

2

1 별관의 모습 – 각 동마다 테라스와 중정이 딸려 있다.
2 주동에는 거대한 목제 슬라이딩 문을 통해 직접 접근할 수 있는 넓은 면적의 목제 데크가 설치되어 있다. 데크를 파내어 만든 수영장에서는 이비자섬의 아름다운 경관을 즐길 수 있다.
3 욕실이 위치하고 있는 별관 후면의 모습.
4 별관 북측 파사드의 모습 – 각 동에는 흑색 프레임의 유리문이 반복적으로 사용되어 한쪽 끝에서 반대편 끝까지 바라볼 수 있다.
5 눈부시도록 하얀색의 석회암은 지중해의 선명한 파란색 하늘과 강한 대비를 이룬다.
6 주동의 거실에서 데크와 데크 너머의 지중해를 바라본 모습.

3

4

5

6

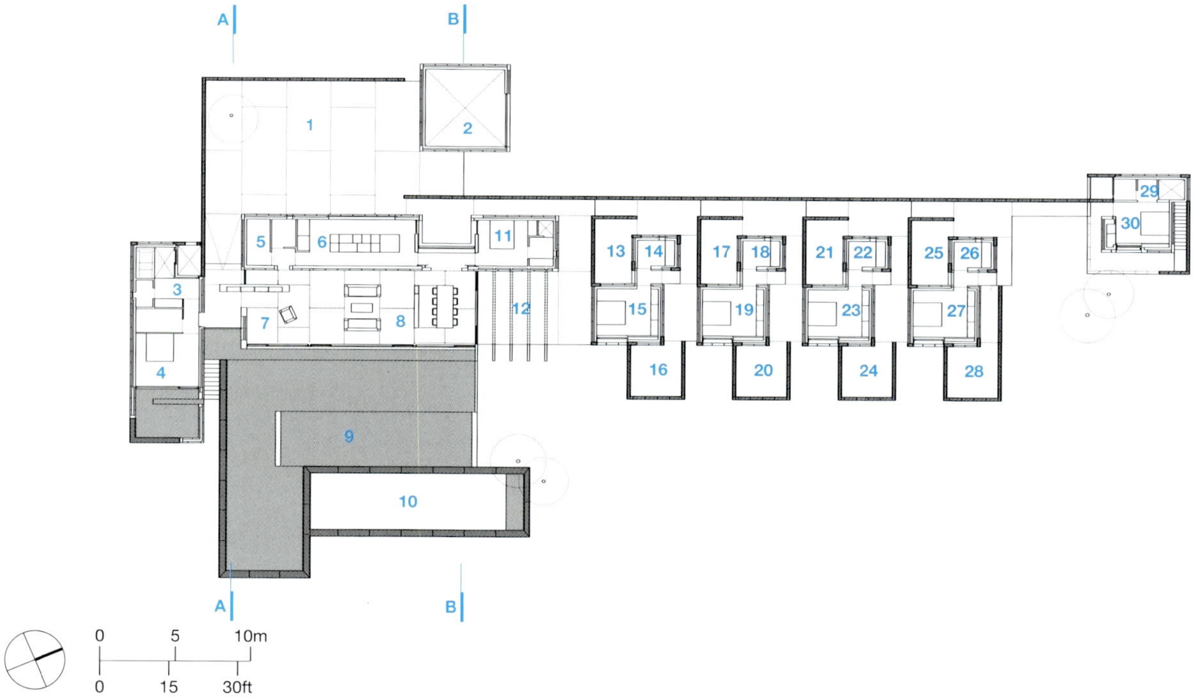

18.01
평면도
1:500

1 입구 정원
2 장비고
3 주침실용 욕실
4 주침실
5 식료품실
6 주방
7 식당
8 거실
9 목제 데크
10 수영장
11 객실
12 지붕이 덮힌 데크
13 데크
14 별관 욕실
15 별관 침실
16 테라스
17 데크
18 별관 욕실
19 별관 침실
20 테라스
21 데크
22 별관 욕실
23 별관 침실
24 테라스
25 데크
26 별관 욕실
27 별관 침실
28 테라스
29 객실용 욕실
30 객실

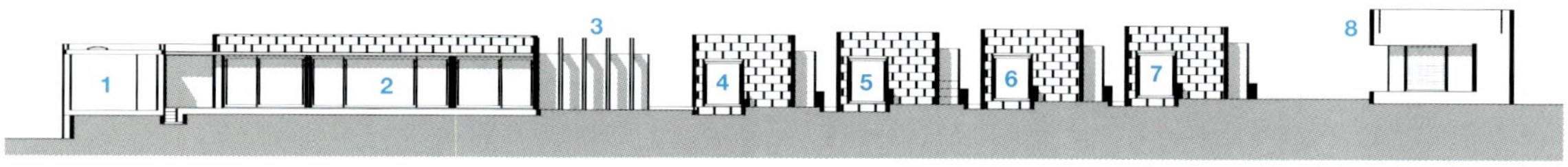

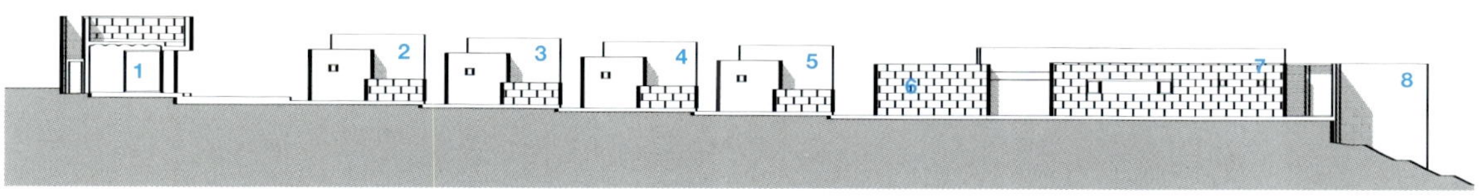

18.02
동측 입면도
1:500

1 주침실
2 거실
3 지붕이 덮힌 데크
4 별관1
5 별관2
6 별관3
7 별관4
8 객실동

18.03
서측 입면도
1:500

1 객실동
2 별관4
3 별관3
4 별관2
5 별관1
6 객실 및 욕실
7 주방
8 주침실

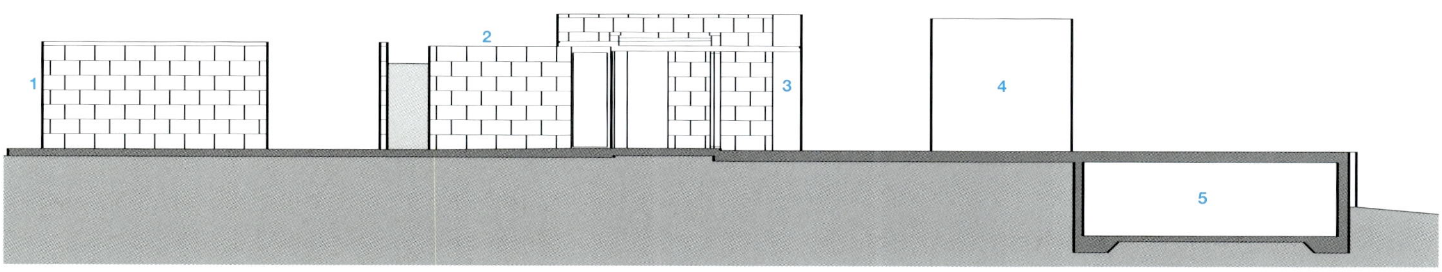

18.04
단면도 A-A
1:200

1 장비고
2 주방
3 식당
4 목제 데크를 덮는 지붕
5 수영장

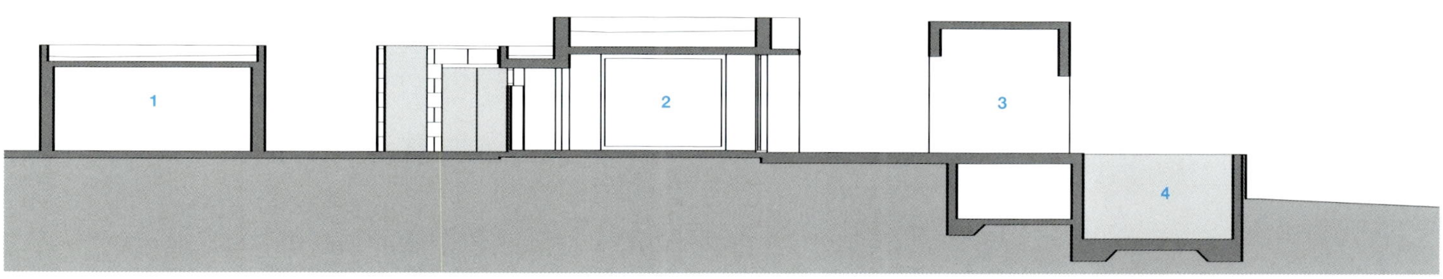

18.05
단면도 B-B
1:200

1 장비고
2 거실
3 목제 데크로 덮는 지붕
4 수영장

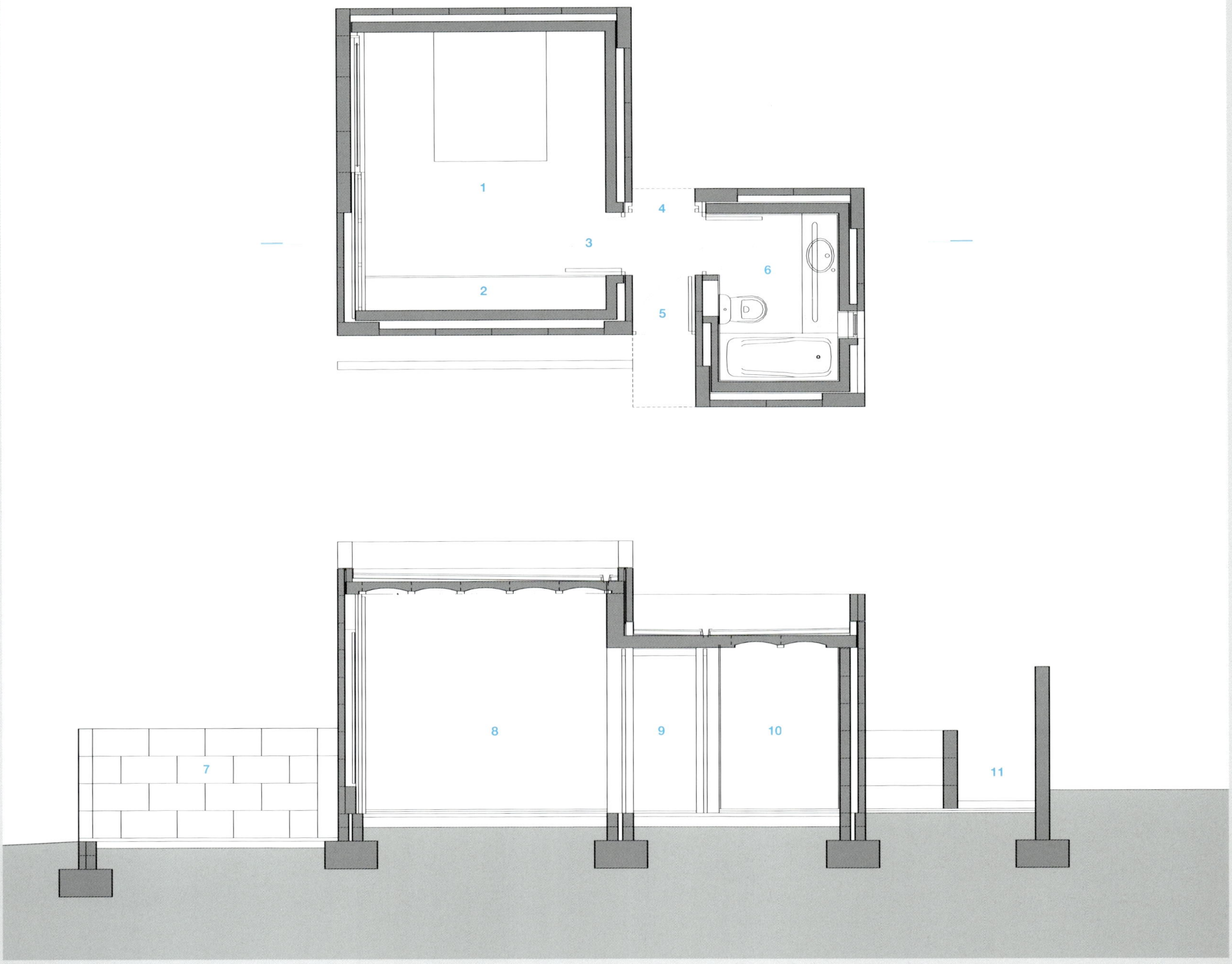

18.06
객실동 평면 및 단면 상세도
1:75
1 침실
2 창고
3 침실 입구
4 침실과 욕실 사이에 설치된 유리벽
5 객실동 입구
6 욕실
7 석제 테라스 벽
8 침실
9 유리벽
10 욕실
11 테라스

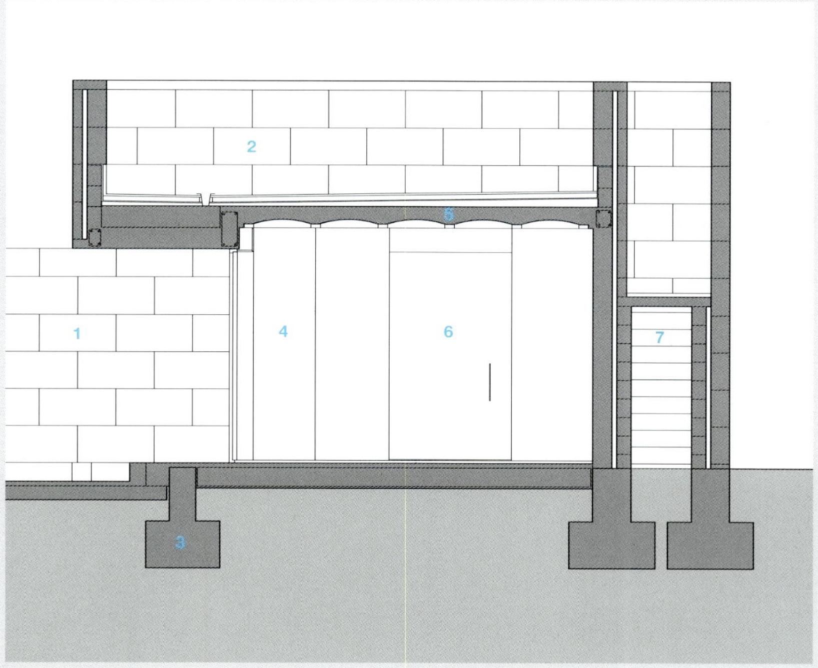

18.07
객실동 단면 상세도 1
1:75
1 Mares stone 벽
2 Mares stone 벽
3 콘크리트 기초
4 Iroco 목제 판넬
5 도자타일로 마감한 볼트 지붕
6 목제 문
7 공기실

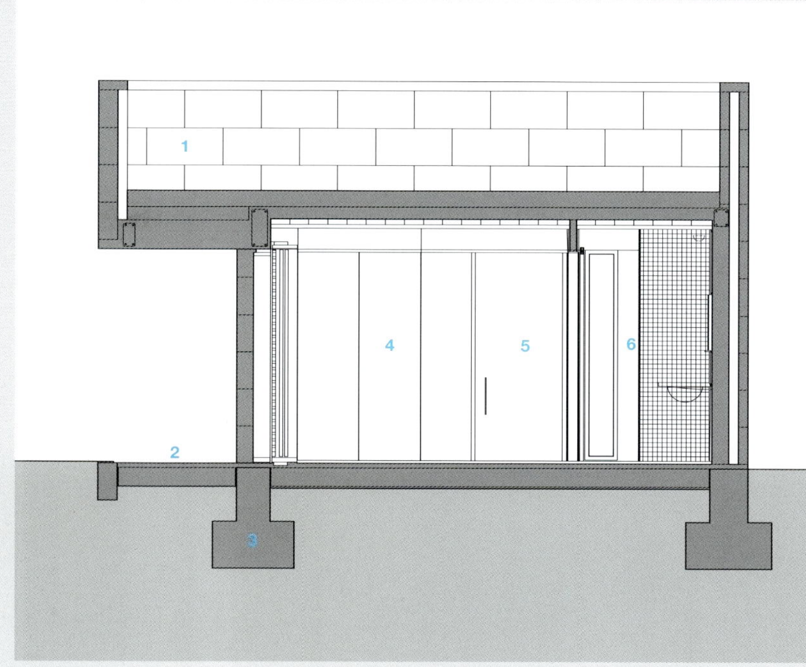

18.08
객실동 단면 상세도 2
1:75
1 Mares stone 벽
2 철근콘크리트 슬라브
3 콘크리트 기초
4 Iroco 목제 판넬
5 목제 문
6 도자타일로 마감한 욕실

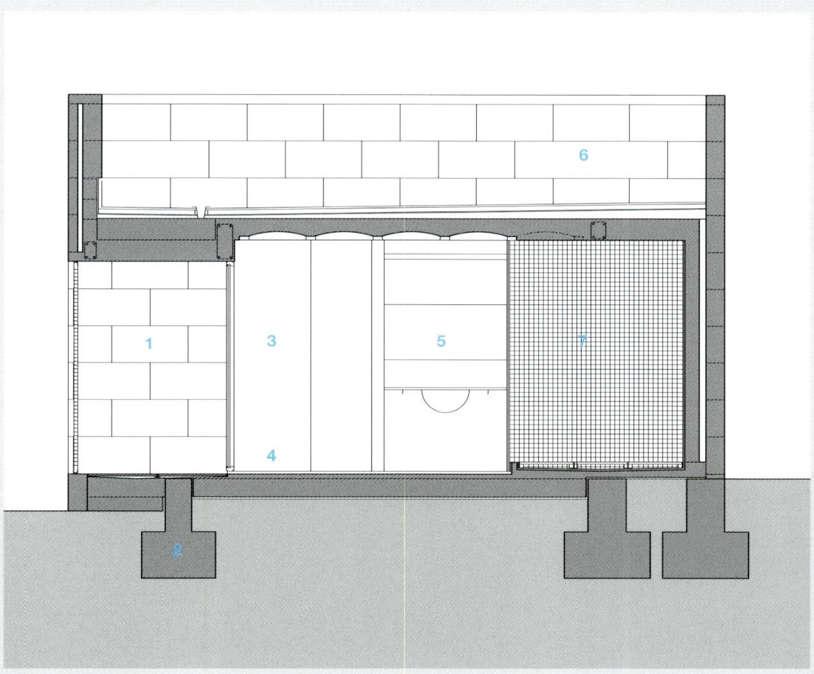

18.09
객실동 단면 상세도 3
1:75
1 Mares stone 벽
2 콘크리트 기초
3 Iroco 목제 판넬
4 콘크리트 슬라브 및 테라초 마감 포장 도로
5 욕실 의자 상부에 설치된 거울
6 Mares stone 벽
7 모자이크식 타일 부착으로 마감한 샤워실

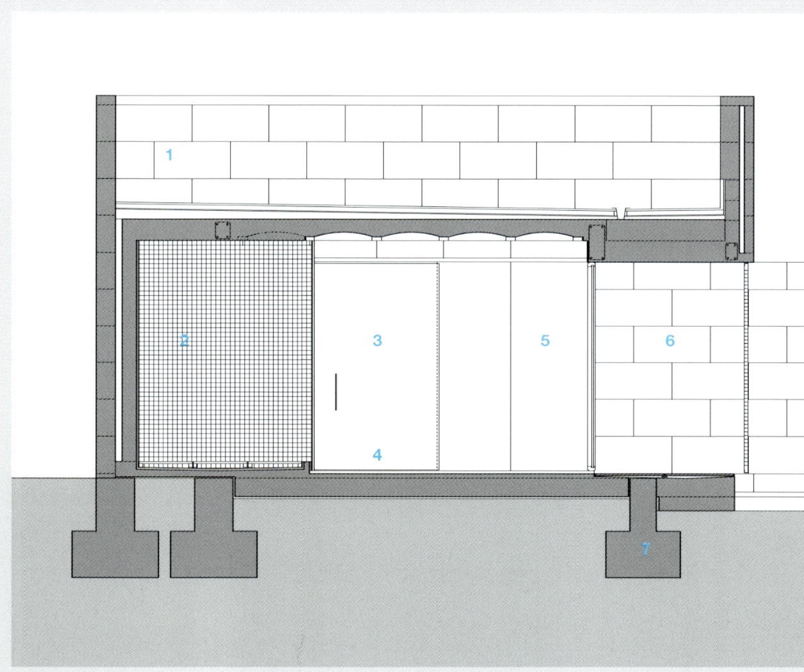

18.10
객실동 단면 상세도
4 1:75
1 Mares stone 벽
2 모자이크식 타일 부착으로 마감한 샤워실
3 목제 문
4 콘크리트 슬라브 및 테라초 마감 포장 도로
5 Iroco 목제 판넬
6 Mares stone 벽
7 콘크리트 기초

19
John Pawson

Tetsuka House
Tokyo, Japan

Client
Katsuhiko and Yumiko Tetsuka

Area
181 square metres (1,950 square feet)

Project Team
John Pawson, Vishwa Kaushal, Shingo Ozawa

General Contractor
Nakajima Corporation

매우 단순한 형태의 이 주택은 도쿄 남서부 근교의 좁은 대지 위에 서 있다. 매우 높은 지가와 지진으로부터의 위험을 막기 위한 각종 건축 법규에 의해 제약을 받았지만 건물의 디자인은 일본 주택의 전통적인 모습과 현대적인 모습 모두를 훌륭하게 담아내고 있다. 우아한 모습의 2층 건물은 주변 환경에 등을 돌린채 고요한 내부 공간을 만들어 내고 있다. 모르타르 마감 및 도색 처리한 콘크리트로 만들어진 건물의 매스에는 외부 세계의 모습을 내다볼 수 있는 단지 몇 개의 창만이 열려 있다. 거실, 식당, 주방은 1층에, 침실, 욕실, 드레스룸은 직선계단을 통해 올라갈 수 있는 2층에 각각 위치하고 있다.

일본 단풍난풍 나무가 놓여 있는 벽으로 밀폐된 중정은 전체 주택의 중심을 잡아준다. 거실은 전통 다다미 바닥이 깔려 있는 다실과 함께 직접 중정을 향해 열려 있다. 내부 공간과 중정 사이의 경계 부분에는 전면에 걸쳐 유리벽이 설치되어 그 경계를 흐리게 하고 있으며, 석제 벤치는 끊김 없이 주택 내부를 가로지른다. 중정은 도시 근교의 불분명한 컨텍스트를 걸러내는 단조로운 기능을 수행하기도 하지만, 더욱 중요한 역할은 태양의 움직임에 따라 변화하는 그림자의 모습, 나뭇가지의 모습 등의 조경 요소를 담아내는 액자로써의 역할이다. 유사한 방식으로 건물에 사용된 반투명 유리창은 내부 공간의 고요함과 프라이버시를 유지하며, 인근 건물을 향하는 방향이 아닌 제3의 방향을 향하고 있다. 석회암, 모르타르, 콘크리트, 목재, 유리라는 제한된 재료의 사용을 통해 건물의 형태적인 엄격함을 더욱 강조하고 있다.

1

1 길게 뻗어나온 벽은 남서측 모서리의 입구로 방문자를 인도한다. 빛으로 가득 찬 건물 내부 중정의 느낌을 더욱 강조하기 위해 외벽에는 개구부를 거의 만들지 않았다.

2 전면에 걸쳐 설치된 유리벽을 통해 거실은 끊김 없이 중정과 연결된다. 이러한 느낌은 건물 길이를 따라 길게 설치된 석제 벤치에 의해 더욱 증폭된다.

3 주방 역시도 건물 전체의 고요하고 금욕적인 느낌을 그대로 유지하고 있다. 석제 조리대 위로 스테인레스 스틸 급수대가 튀어나와 있다.

4 콘크리트 계단은 1층의 거실과 2층의 침실, 욕실, 드레스룸을 연결한다.

2

3

4

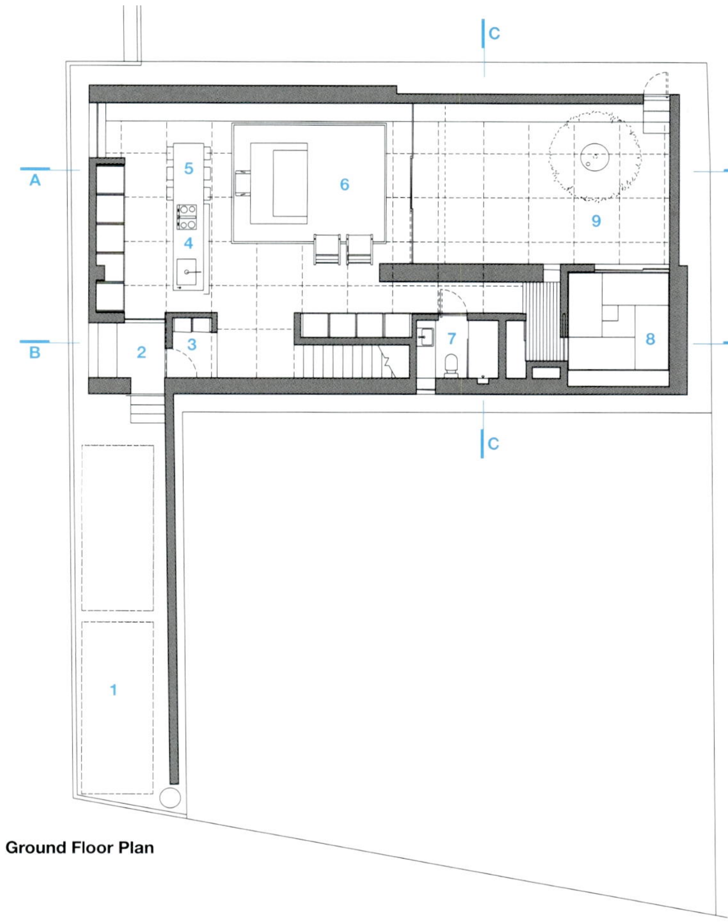

Ground Floor Plan

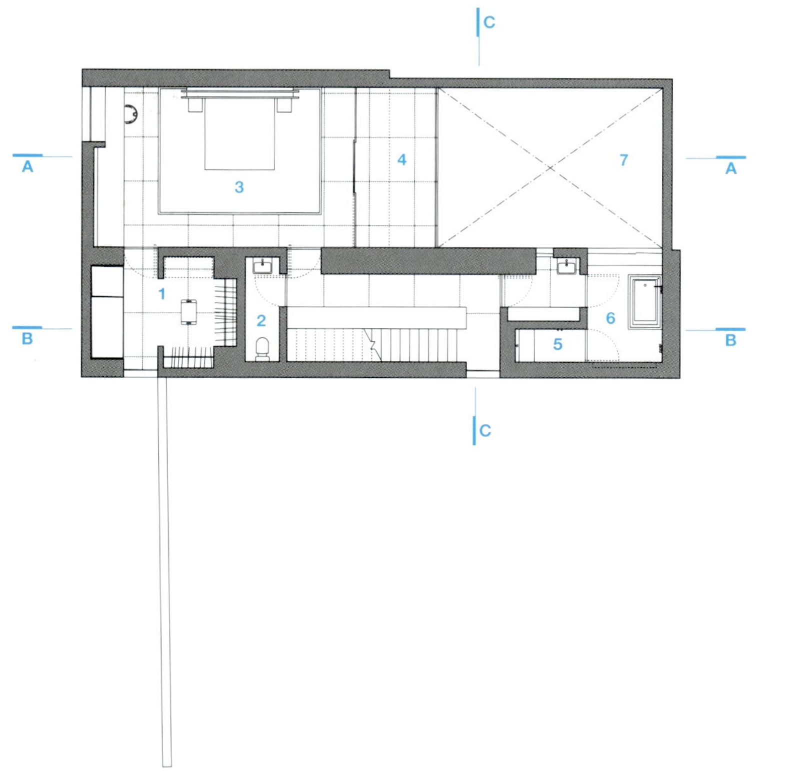

First Floor Plan

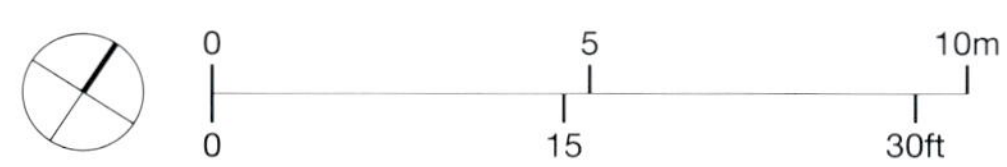

19.01
1층 평면도
1:200

1 주차장
2 입구
3 입구 로비
4 주방
5 식당
6 거실
7 화장실
8 다실
9 중정

19.02
2층 평면도
1:200

1 드레스룸
2 화장실
3 침실
4 테라스
5 샤워실
6 욕실
7 중정 상부

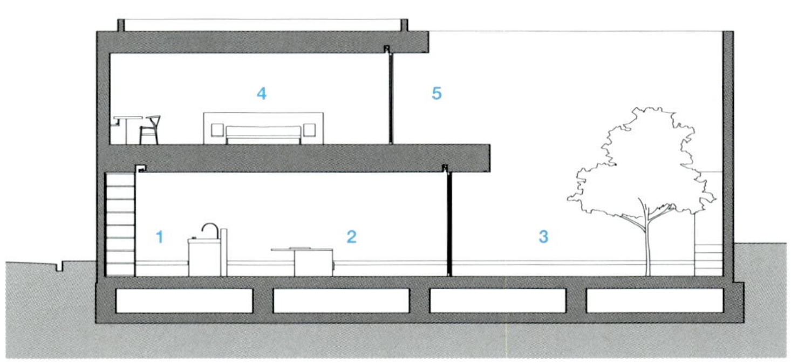

Section A–A

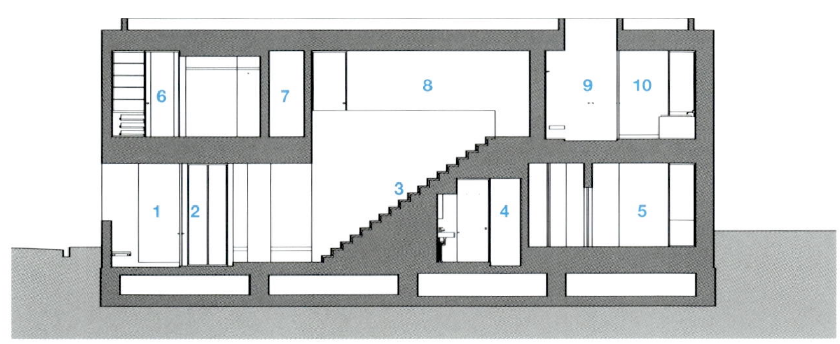

Section B–B

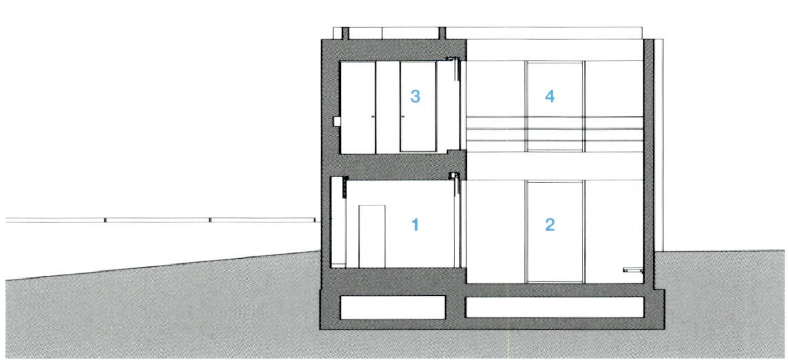

Section C–C

19.03
단면도 A-A
1:200

1 주방
2 거실
3 중정
4 침실
5 테라스

19.04
단면도 B-B
1:200

1 입구
2 입구 로비
3 계단실
4 화장실
5 다실
6 드레스룸
7 화장실
8 홀
9 샤워실
10 욕실

19.05
단면도 C-C
1:200

1 다실
2 중정
3 욕실
4 테라스

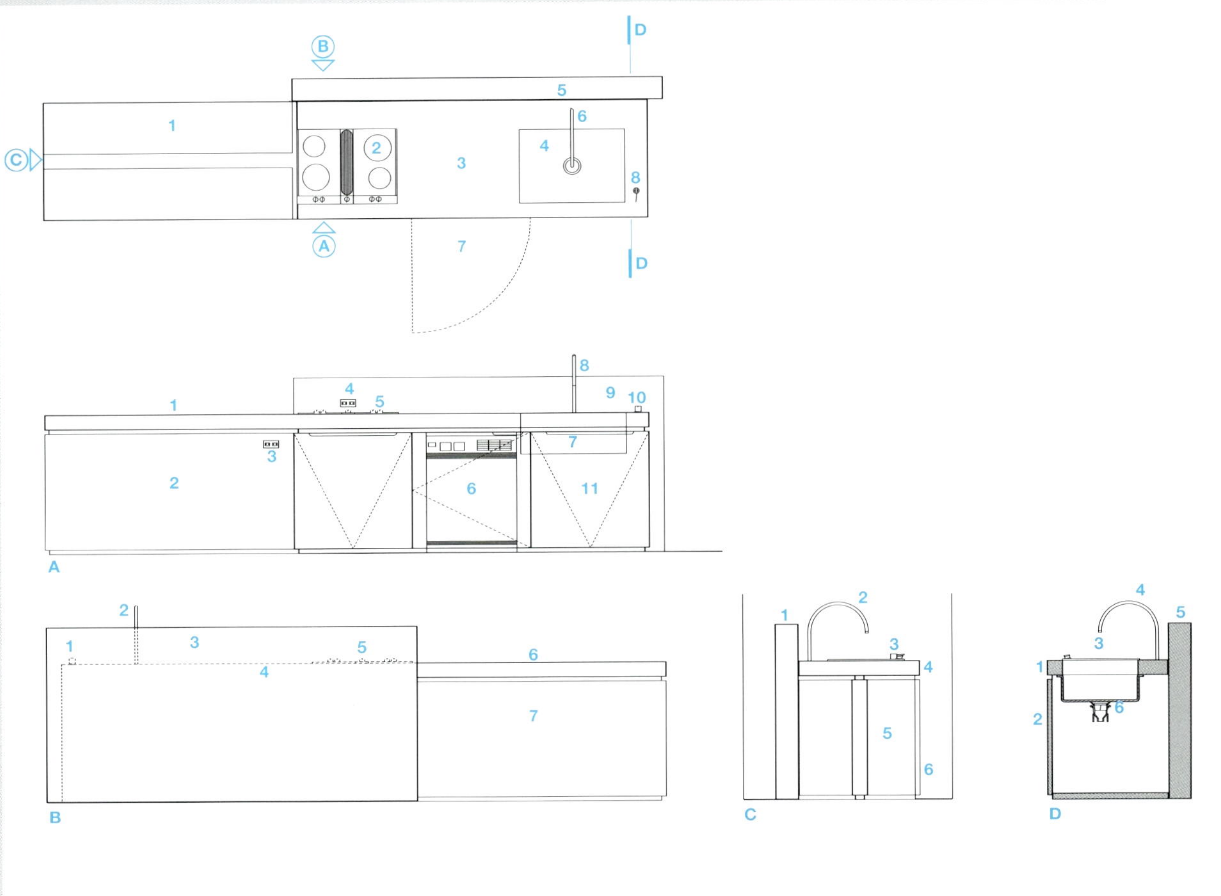

19.06
주방 상세도
1:50

평면도
1 석회암 조리대
2 핫플레이트
3 석회암 조리대
4 스테인레스 스틸 싱크대
5 주방과 거실 사이에 설치된 낮은 벽
6 스테인레스 스틸 급수대
7 가구에 통합 설치된 식기세척기
8 스테인레스 스틸 수도꼭지

입면도 A
1 석회암 조리대
2 백색으로 도색한 MDF 판넬
3 콘센트
4 콘센트
5 핫플레이트
6 식기세척기
7 스테인레스 스틸 싱크대
8 스테인레스 스틸 급수대
9 석제 물 튀김막이판
10 스테인레스 스틸 수도꼭지
11 백색으로 도색한 MDF 판넬

입면도 B
1 스테인레스 스틸 수도꼭지
2 스테인레스 스틸 급수대
3 낮은 벽
4 조리대 경계선
5 핫플레이트
6 석회암 조리대
7 조리대 하부 설비 경계선

입면도 C
1 주방과 거실 사이에 설치된 낮은 벽
2 스테인레스 스틸 급수대
3 스테인레스 스틸 수도꼭지
4 석회암 조리대
5 마감 판넬
6 백색으로 도색한 MDF 판넬

단면도 D-D
1 석회암 조리대
2 백색으로 도색한 MDF 판넬
3 스테인레스 스틸 싱크대
4 스테인레스 스틸 급수대
5 주방과 거실 사이에 설치된 낮은 벽
6 배수 설비

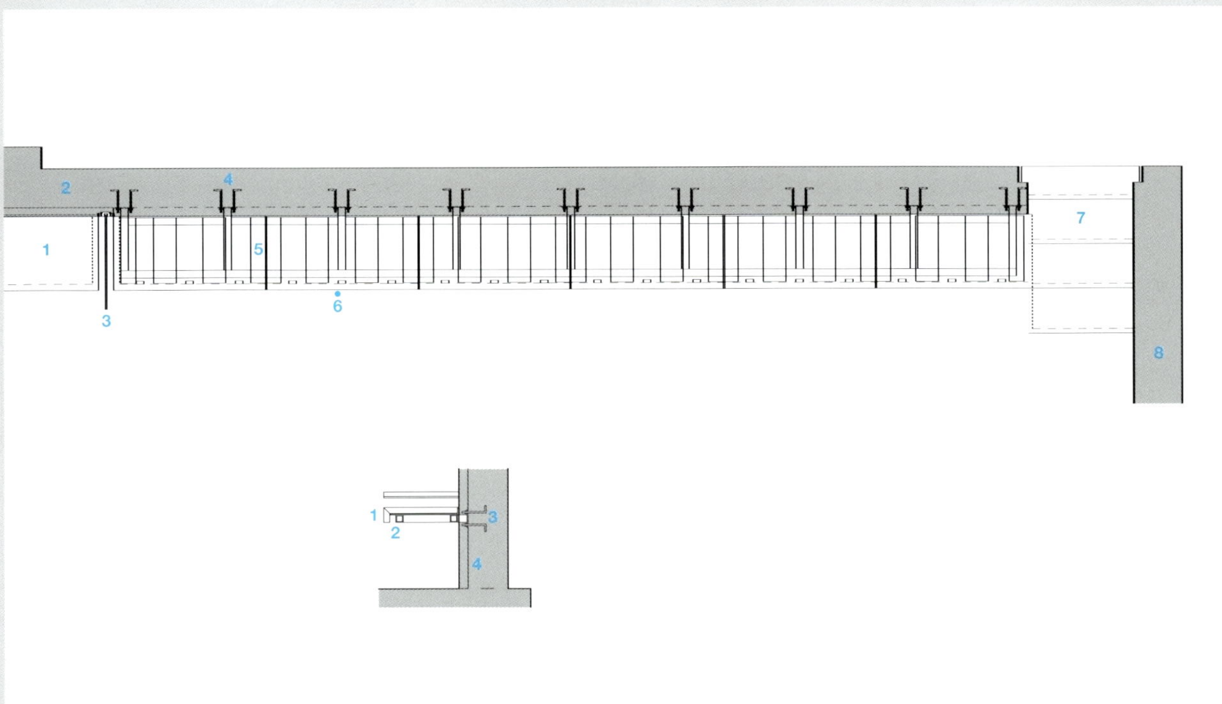

19.07
석제 벤치 상세도
1:50

평면도
1 석회암 벤치
2 콘크리트 벽
3 유리벽
4 앵커
5 철제 플레이트
6 50 X 50mm (2 X 2 인치) 철골조
7 석회암 계단
8 콘크리트 벽

단면도
1 석회암 벤치
2 50 X 50mm (2 X 2 인치) 철골조
3 앵커
4 콘크리트 벽

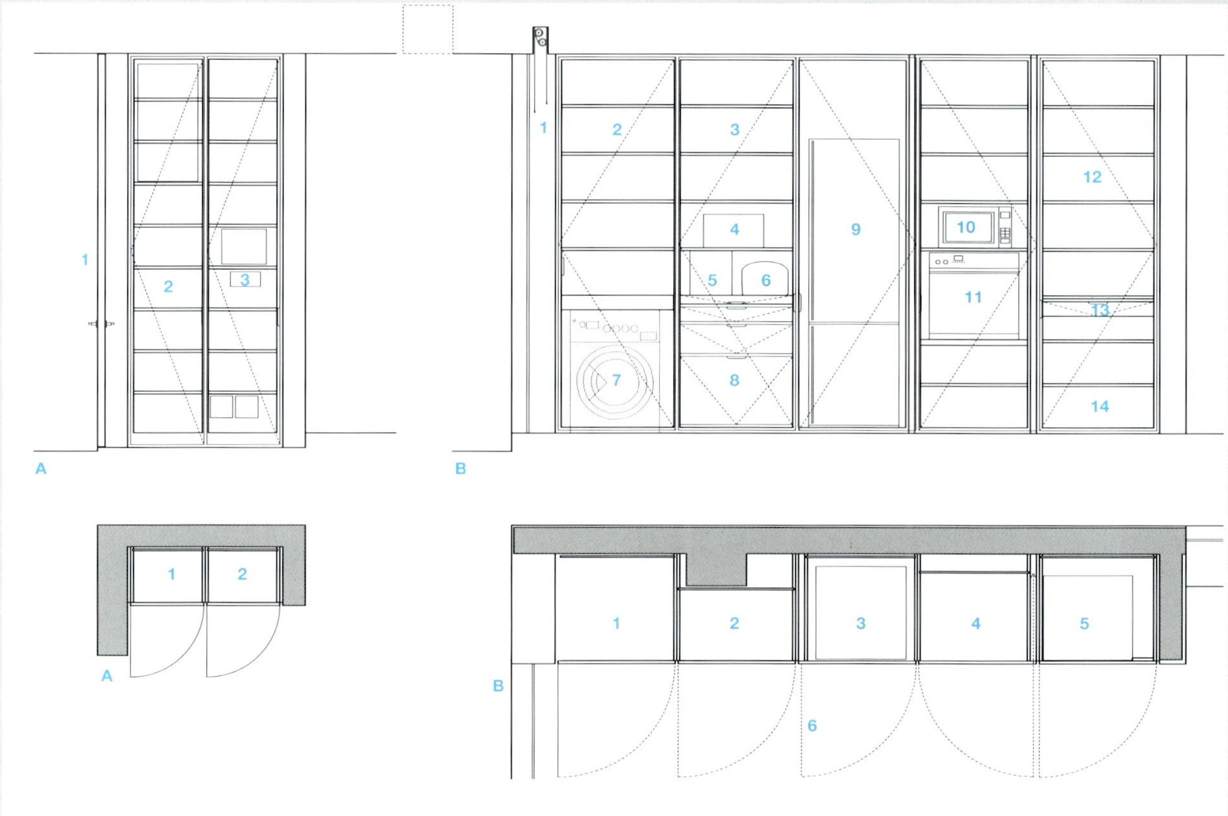

19.08
주방 찬장 상세도
1:50

입면도 A
1 입구
2 조절형 선반
3 바닥 난방 조절 판넬

입면도 B
1 매립식 롤러 블라인드
2 조절형 선반
3 조절형 선반
4 토스터
5 커피메이커
6 전기밥솥
7 세탁건조기
8 서랍
9 냉장고
10 전자레인지
11 오븐
12 조절형 선반
13 서랍
14 조절형 선반

평면도 A
1 조절형 선반
2 조절형 선반

평면도 B
1 세탁건조기
2 전기 설비 및 서랍
3 냉장고
4 전자레인지 및 오븐
5 조절형 선반 및 서랍
6 접이식 슬라이딩 문

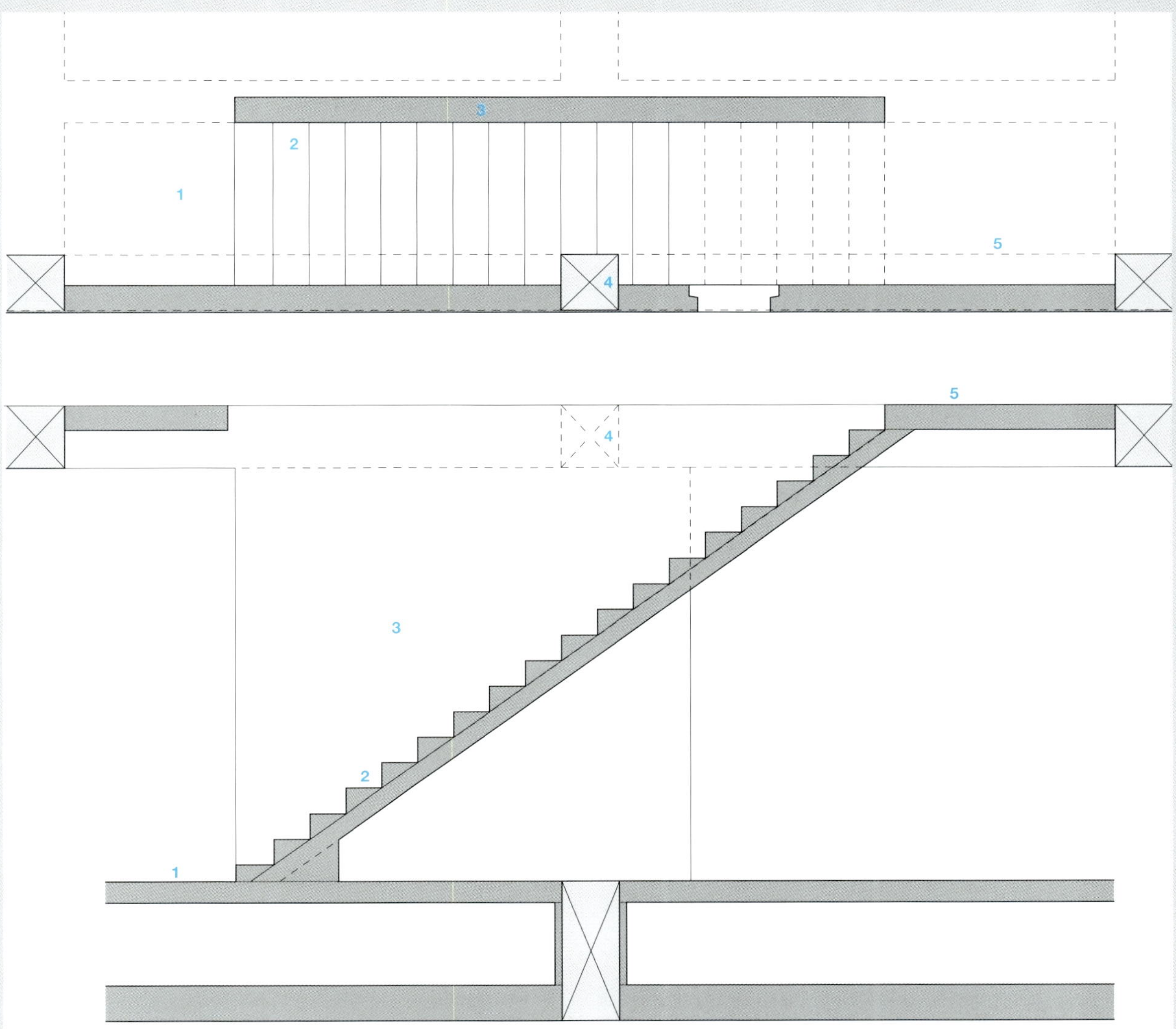

19.09
콘크리트 계단 상세도
1:50

평면도
1 1층 바닥
2 디딤판
3 내력벽
4 기둥
5 2층 바닥

단면도
1 1층 바닥
2 디딤판 및 챌판
3 후면 벽
4 보
5 2층 바닥

20
MADA s.p.a.m.

Father's House
Lantian, China

Area
385 square metres (4,144 square feet)

Project Team
Qingyun Ma, Weihang Chen, Peter Knutson, Yinghui Wang, Satoko Saeki, James Macgill

Landscape Architect
MADA s.p.a.m.

Structural Engineer
MADA s.p.a.m.

Main Contractor (Exterior)
Zongqi Fan

Main Contractor (Interior)
Shanghai Dumiao Interior Decoration Co. Ltd.

이 주택은 중국 북서부 Quinlin산 기슭의 골짜기에 위치하고 있다. 이 골짜기는 수천년의 세월 동안 산에서 흘러 내린 물이 산시성 고원을 깎아내려 만들어진 것이다. 1층에 주방, 식당, 거실이, 2층에 침실과 욕실이 각각 위치하는 2층 높이의 이 건물의 정문을 들어서면 벽으로 둘러 싸인 L자형의 정원과 반사풀을 지나 건물 입구로 향하게 된다. 건물은 3가지 주재료로 만들어졌다. 골조는 철근콘크리트, 벽 내장재는 강자갈, 그리고 내벽, 천장, 셔터는 대나무판으로 각각 만들었다.

골조를 이루고 있는 기둥과 보는 모두 동일한 크기로 만들어졌다. 건물에 사용된 강자갈은 지역 주민들이 2년 동안 채취한 것으로, 색조에 따라 분류하여 사용함으로써 위치에 따라 벽의 색이 다르게 나타나도록 했다. 건물을 이루는 벽은 4가지의 부류로 나뉜다. 대지를 둘러싸고 있는 옹벽은 지역 특유의 방식으로 만들어졌다. 석재가 양쪽면에 그대로 노출되도록 만들어진 건물 주변의 벽은 시멘트와 타이 바로 만들어진 프레임에 의해 고정된다. 내벽에 사용된 대나무 판은 일반적으로 콘크리트 타설시 거푸집으로 사용되는 부재로 광택 처리 및 유약칠을 거쳐 내장재로써 사용되었다. 건물의 모든 개구부는 금속 프레임을 사용한 창으로 만들어졌으며, 바닥에서부터 천장까지 한 층 높이 전체에 걸쳐 설치되었다. 중정을 향하고 있는 벽은 완전히 열어 젖힐 수 있도록 설계되었으며, 이동식 대나무 셔터로 이루어졌다.

1

1 건물 주변의 벽은 콘크리트 프레임에 강자갈을 채워 만들었으며, 중정측 파사드는 한 층 높이 전체를 차지하는 유리창과 대나무 셔터로 만들어졌다.
2 건물 외관의 미적인 느낌을 특징짓는 강자갈은 지역 주민들이 채취한 것으로, 색조에 따라 분류, 배치하여 각각의 벽 판넬이 특정한 색을 나타내도록 만들었다.
3 반사풀은 건물 주변의 벽과 주택 사이에 위치하고 있다. 이 공간에서는 강자갈로 만든 벽의 질감을 가장 잘 느낄 수 있다.
4 대나무판은 내부 공간에 따뜻한 느낌과 질감을 부여함은 물론, 일반적인 현대 주택과는 사뭇 다른 재료의 사용 방식을 선보이고 있다.

2

3

4

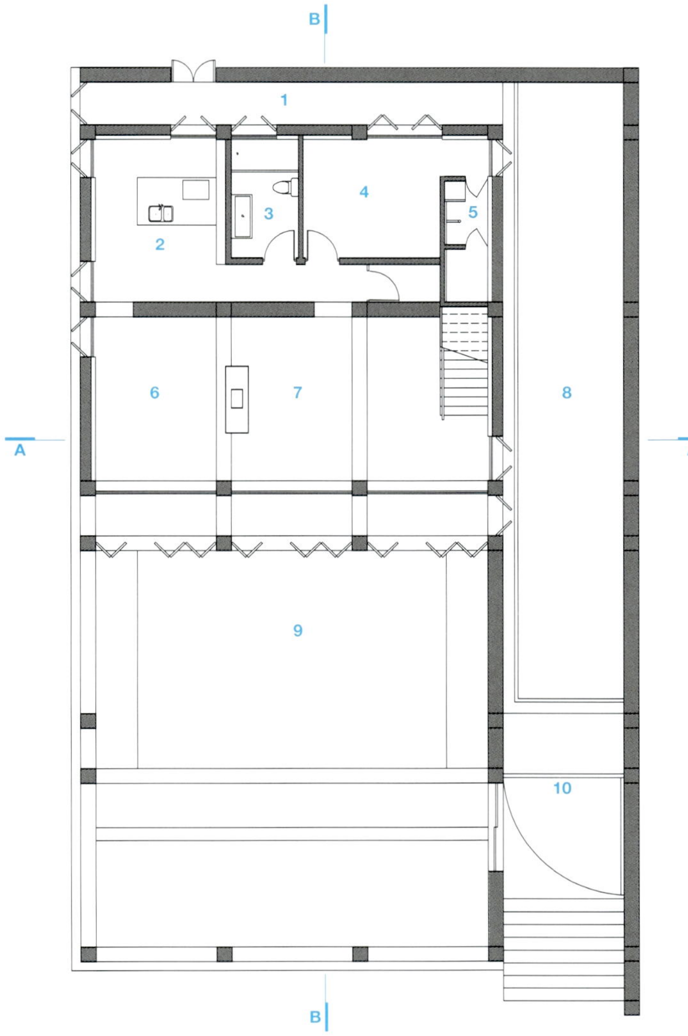

20.01
1층 평면도
1:200
1 외부 다용도실
2 주방
3 욕실
4 침실
5 벽장
6 식당
7 거실
8 반사풀
9 중정
10 입구

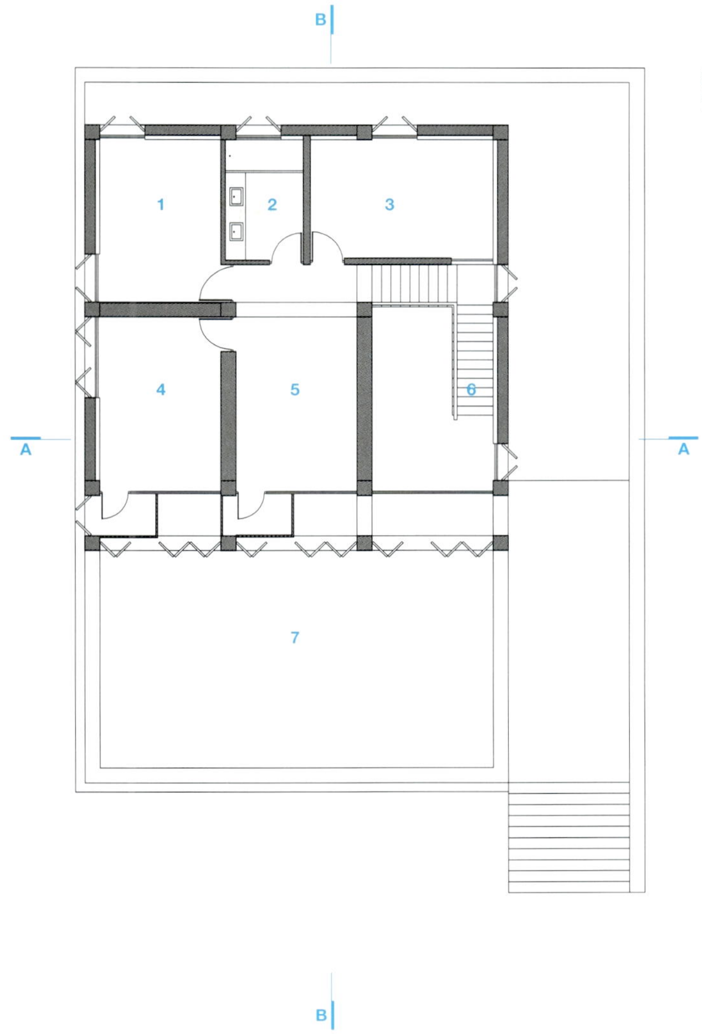

20.02
2층 평면도
1:200
1 침실
2 욕실
3 침실
4 주침실
5 서재
6 거실로 이어지는 계단
7 중정 상부

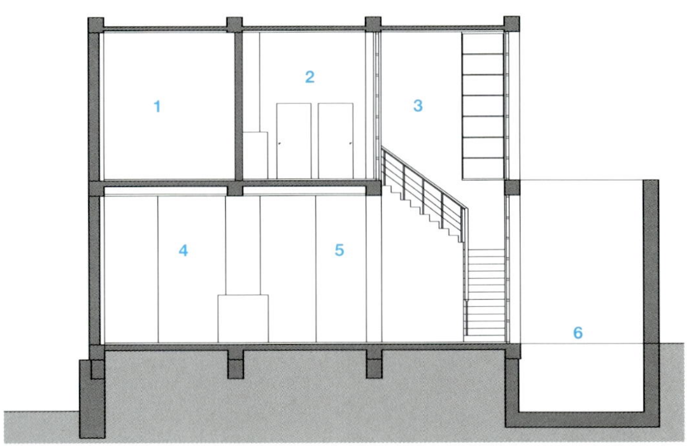

20.03
단면도 A-A
1:200
1 주침실
2 서재
3 계단실
4 식당
5 거실
6 반사풀

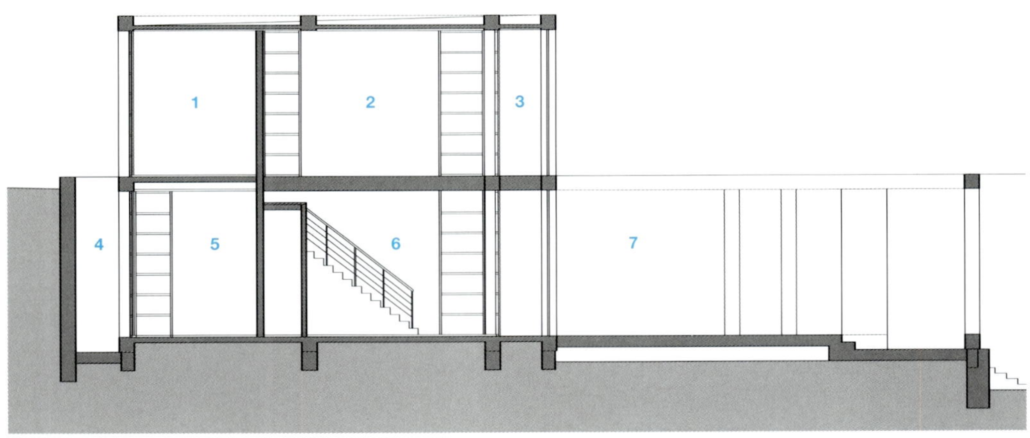

20.04
단면도 B-B
1:200
1 침실
2 서재
3 발코니
4 다용도실
5 침실
6 거실
7 중정

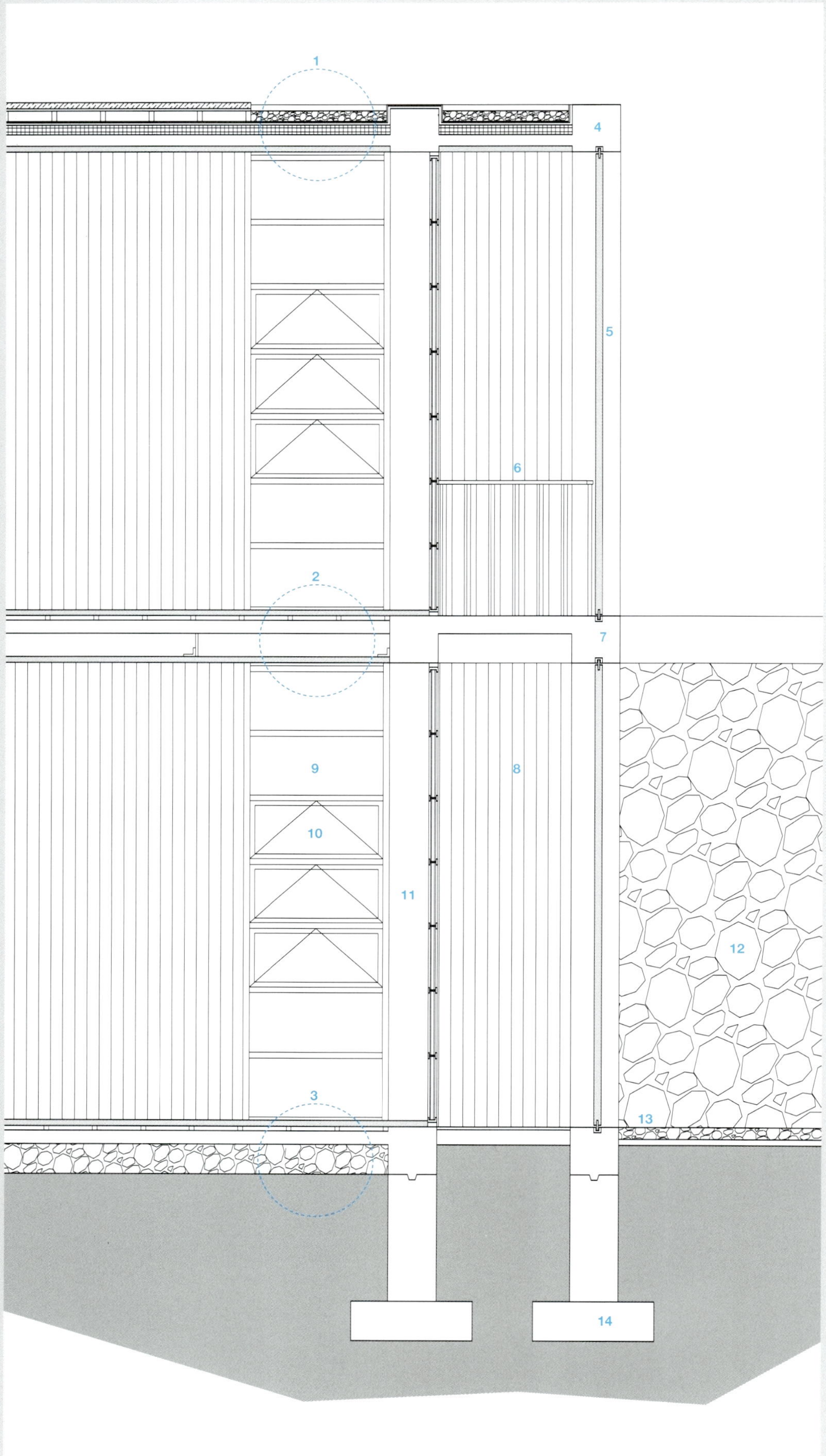

20.05
벽 단면 상세도
1 1:50

1 경질 단열재, PVC 막, 자갈로 마감하고 대나무 판넬로 구획한 철근콘크리트 지붕 슬라브
2 철근 콘크리트 슬라브 상부 광택 처리 대나무 바닥재, 현수 구조 천장 골조 및 광택 처리 대나무 천장 판넬로 구획
3 철근 콘크리트 슬라브, 방수막, 수분 차단막, 자갈층, 다진 흙 위에 설치된 광택 처리 대나무 바닥재
4 철근 콘크리트 골조
5 광택 처리 대나무 판으로 만든 접이식 문
6 무광 흑색으로 도색한 알루미늄 난간
7 광택 처리 철근콘크리트 바닥 슬라브
8 광택 처리 대나무 판으로 만든 문
9 고정창
10 개폐식 창
11 알루미늄 전면 창 시스템
12 강자갈 외벽
13 광택 처리 강자갈 포장
14 철근콘크리트 기초

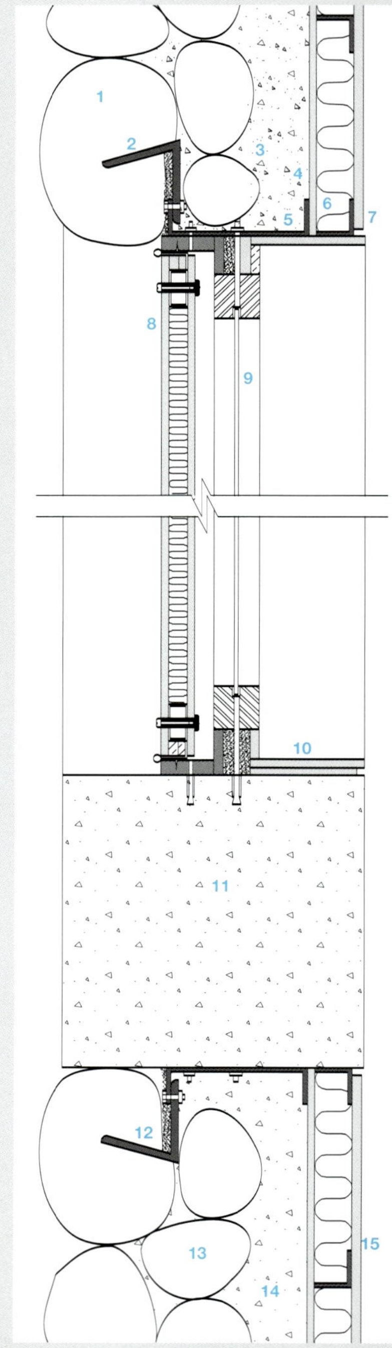

20.06
벽 평면 상세도
1:10

1 강자갈 외벽
2 철제 앵글 타이
3 시멘트 모르타르층
4 대나무 거푸집 상부 수분 차단막
5 벽에 볼트로 고정한 철제 앵글
6 솜 단열재
7 내벽에 부착한 광택 처리 대나무 판
8 광택 처리 대나무 판으로 만든 접이식 문
9 고정창
10 광택 처리 대나무 바닥재
11 철근콘크리트 기둥
12 철제 앵글 타이
13 강자갈 외벽
14 시멘트 모르타르층
15 광택 처리 대나무 벽 판넬

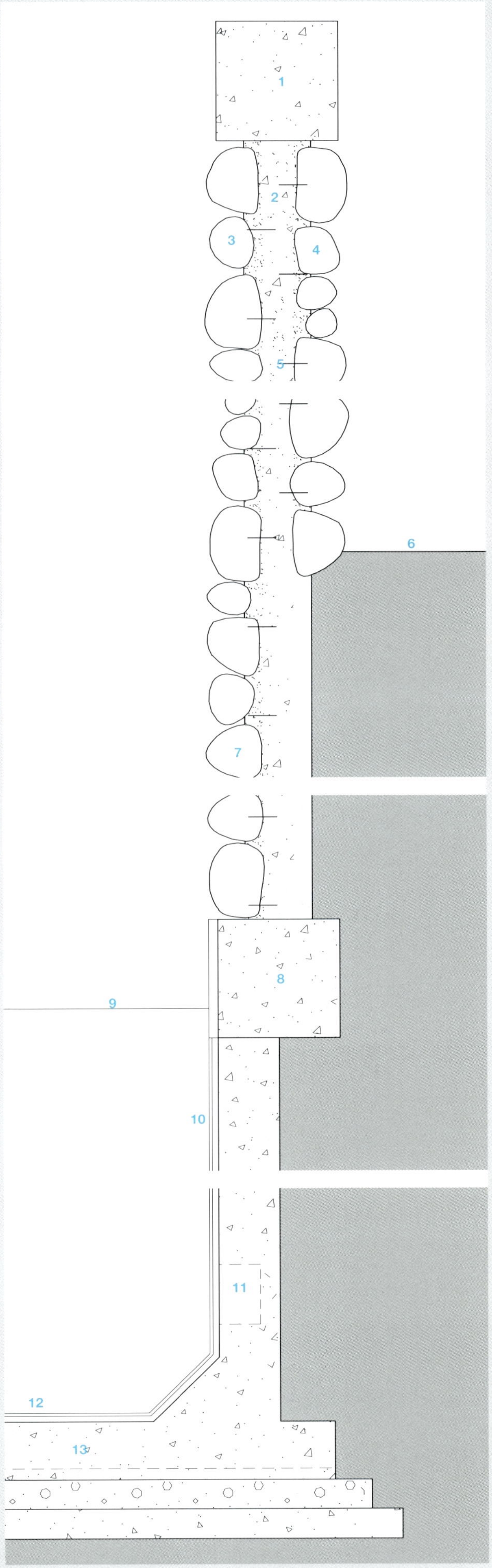

20.07
벽 단면 상세도 2
1:20

1 현장 타설 철근콘크리트 벽
2 석재를 고정시키기 위한 시멘트 모르타르층
3 중정 내측벽에 사용된 강자갈
4 외측벽에 사용된 강자갈
5 방청 처리 철제 앵글 타이
6 표토 마감선
7 중정 내측벽에 사용된 강자갈
8 철근콘크리트로 만든 수영장 벽
9 수면선
10 수영장 벽에 부착된 도자타일
11 매립식 수중 조명 설비
12 탄성 방수막 위 10mm (1/3인치) 모르타르층 상부 도자타일 마감
13 자갈층 상부 철근콘크리트 슬라브

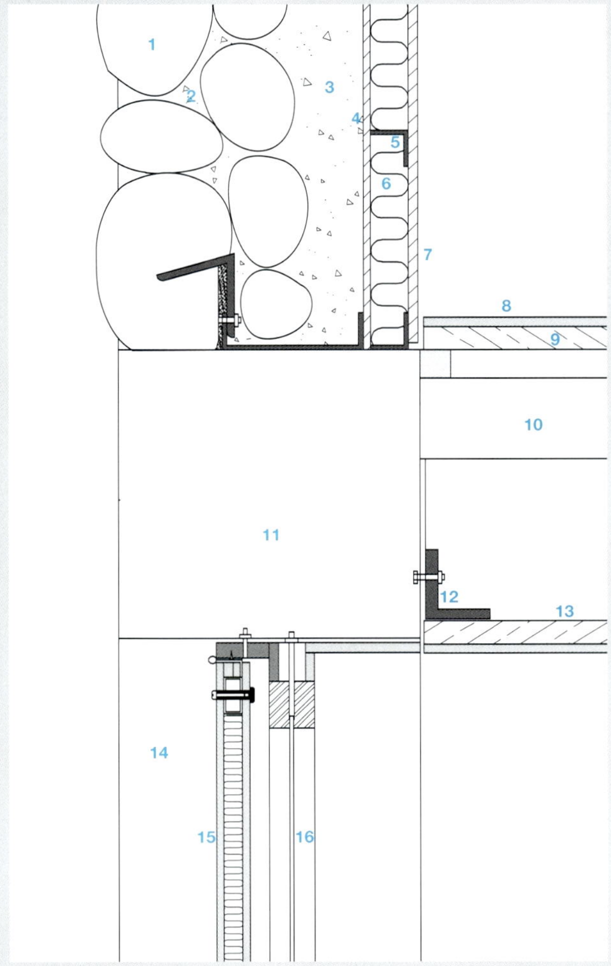

20.08
벽 단면 상세도 3
1:10

1 강자갈
2 시멘트 모르타르
3 현장 타설 철근콘크리트 벽
4 수분 차단막
5 대나무 거푸집
6 솜 단열재
7 광택 처리 대나무 벽 판넬
8 광택 처리 대나무 바닥재
9 합판 바탕마루
10 철근콘크리트 바닥 슬라브
11 철근콘크리트 보 및 인방
12 콘크리트 구조체에 볼트로 고정한 철제 앵글
13 천장 내부 덕트
14 철근콘크리트 기둥
15 대나무 창문
16 유리문

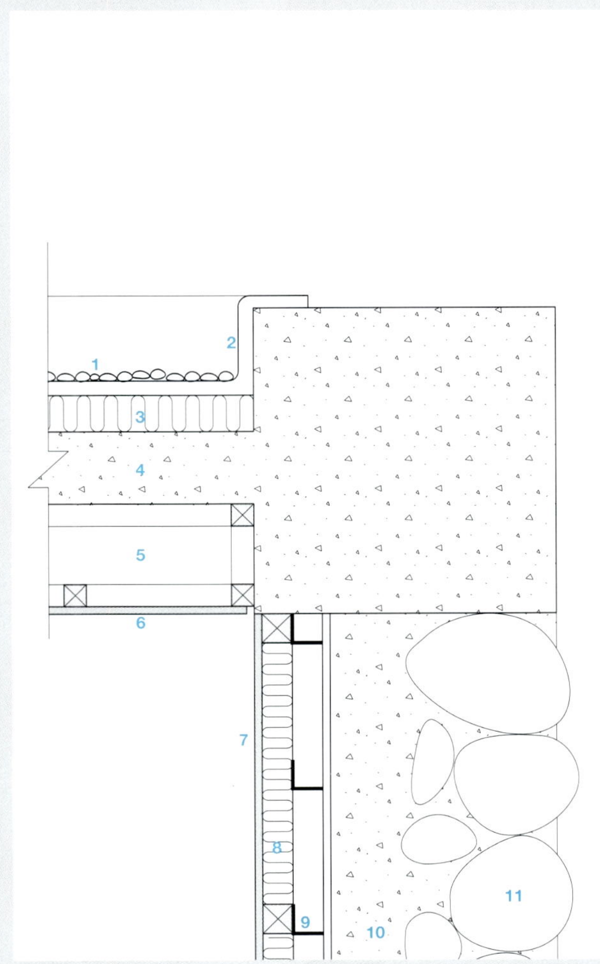

20.09
지붕 상세도
1:10

1 지붕면 상부 자갈 마감
2 PVC막
3 경질 단열재
4 철근콘크리트 지붕 및 단부 보
5 천장 내부 공간
6 대나무 판넬 천장
7 대나무 판넬 벽
8 솜 단열재
9 알루미늄 앵글
10 시멘트 모르타르
11 외벽에 사용된 강자갈

21
Olson Sundberg Kundig Allen Architects

Chicken Point Cabin
Chicken Point, Idaho, USA

Area
292 square metres (3,145 square feet)

Project Team
Tom Kundig, Steven Rainville, Debbie Kennedy

Structural Engineer
Monte Clark Engineering

Main Contractor
MC Construction

Mechanical Fabrication
Turner Exhibits

단순하면서도, 정교한 이 주택의 출발점은 작은 매스와 주변의 자연 환경을 향하는 거대한 크기의 창을 통해 숲 속에 위치하는 호반 별장을 만든다는 컨셉이었다. 주택에 사용된 '창-벽'은 전방의 숲과 호수를 향해 거실 전체를 완전히 개방시킨다. 건물은 사람이 거주하는데 필요한 일반적인 프로그램을 수용함은 물론, 10명의 인원이 숙식할 수 있는 공간을 제공할 수 있을 만큼 크면서도, 주변 환경과 단절되지 않은 개방적인 느낌으로 만들어졌다. 이러한 디자인은 본질적으로 합판 내장재, 직경 1.2m (4피트)의 철제 난로, 콘크리트 블록으로 만든 매스라는 총 3부분으로 이루어진 것이다.

콘크리트 블록, 철재, 콘크리트 바닥판, 합판 등 건물에 사용된 각 재료들은 사람이 상시 이용하지 않는 공간이란 별장의 특성에 따라 지속적인 관리를 크게 필요로 하지 않는 재료들로 신중하게 선택된 것으로, 마감 처리를 완전하게 하지 않음으로써 시간이 흐름에 따라 재료들이 점차 낡아져 오래된 전원 주택의 느낌을 나타낼 수 있도록 만들어졌다. 외부를 향해 개방된 내부 공간은 아무런 경계 없이 외부 공간을 향해 확장될 수 있도록 계획되었다. 콘크리트 바닥판은 건물의 외부까지 이어져 조립식 온수 욕조가 설치된 테라스로 전환된다. 건물의 내부에서 콘크리트 블록으로 만들어진 매스의 균일한 느낌은 거의 아무런 장애물 없이 유지되고 있는데, 내부 공간에 설치된 기타 설치물은 철제 난로와 주방 위로 거실로부터 주침실의 알코브까지 연결되어 있는 브릿지가 전부이다. 인상적인 '창-벽'은 정중앙에서 벗어난 축을 따라 회전하며, 건축주와 건축가가 'Gizmo'라고 부르는 플라이볼 조속기에 의해 그 회전 속도가 조절된다.

1

1 큰 크기의 '창-벽'이 기계식 플라이 휠에 의해 회전하여 거실 공간을 자연 환경으로 개방시킬 때, 거대한 지붕 구조물이 내부 공간을 보호한다.
2 건물을 이루는 3가지의 구성물인 콘크리트 블록 매스와 합판 내장재, 2층 높이의 문과 난로의 모습.
3 '창-벽'은 헤이든 호수와 호수를 둘러싸고 있는 산의 경관을 향해 주택을 개방시킨다.
4 서측 파사드에 설치된 2층 높이의 입구의 모습.
5 '창-벽'을 조정하는 'gizmo'의 모습.
6 식당에는 거대한 목제 식탁이 놓여 있다.

2

3

4

5

6

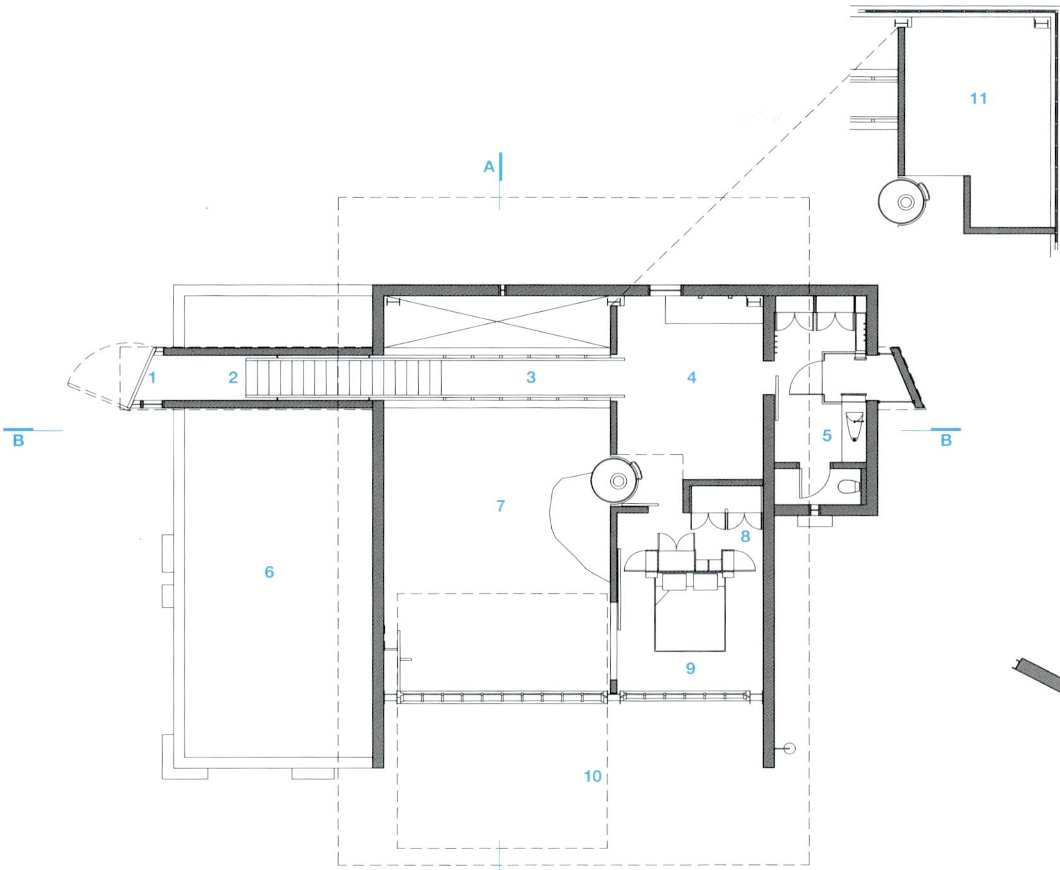

21.01
2층 및 다락방 평면도
1:200

1 입구 상부
2 1층에서 이어지는 계단
3 브릿지
4 서재 및 거실
5 주침실용 욕실
6 1층 침실 지붕
7 1층 거실 상부
8 드레스룸
9 주침실
10 개방시 '창-벽' 의 경계선
11 다락방

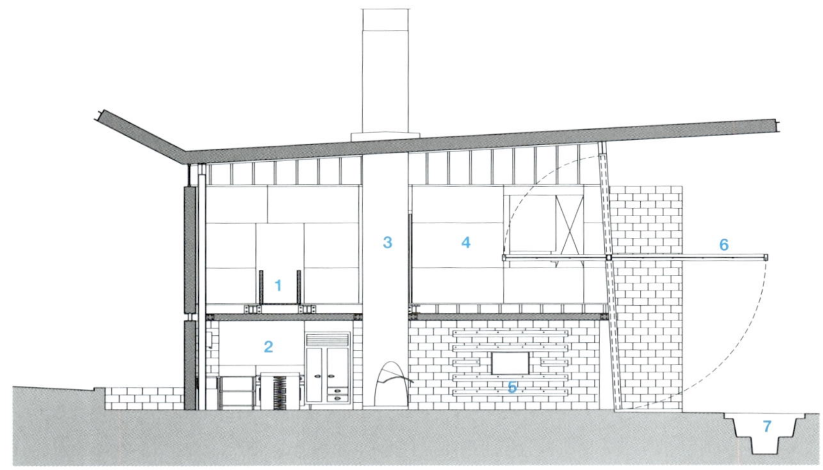

21.02
단면도 A-A
1:200

1 브릿지
2 주방
3 굴뚝
4 2층 높이의 거실 공간
5 서재
6 '창-벽'
7 온천

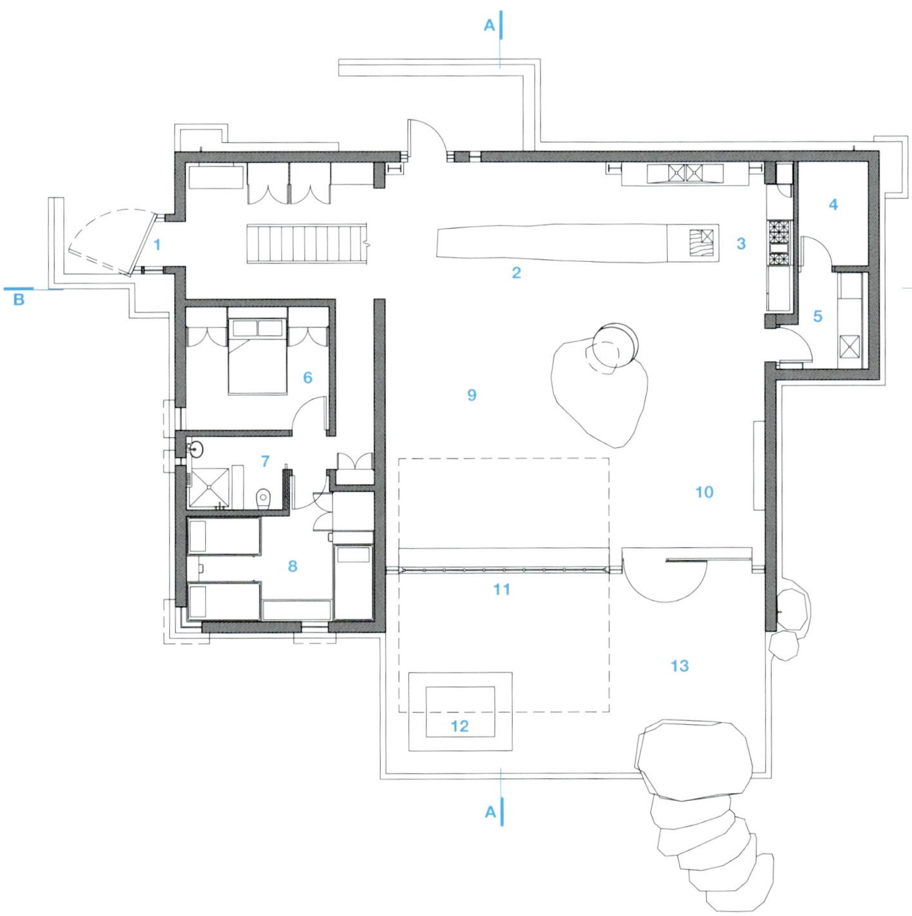

21.03
1층 평면도
1:200

1 입구
2 식당
3 주방
4 기계실
5 식료품실
6 객실
7 욕실
8 2인용 침실
9 거실
10 서재 및 TV 시청 영역
11 '창-벽'
12 온천
13 테라스

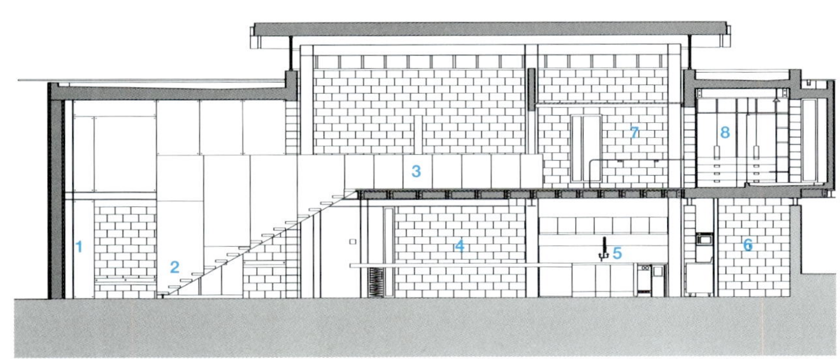

21.04
단면도 B-B
1:200

1 입구
2 2층으로 이어지는 계단
3 브릿지
4 식당
5 주방
6 식료품실
7 서재
8 욕실

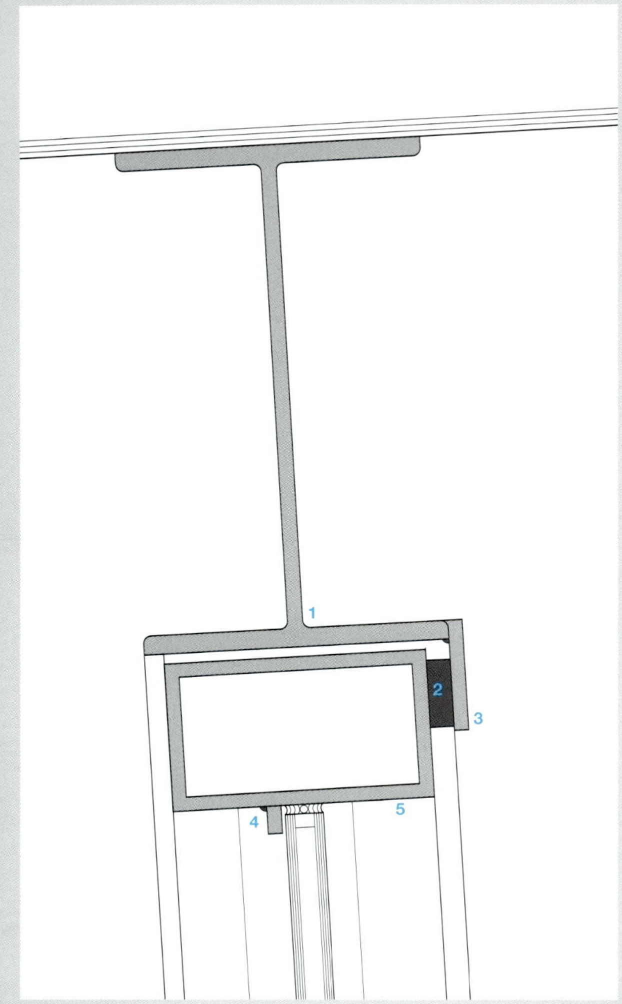

21.05
창틀 상부 단면 상세도
1:5
1 고정 철제 보
2 스트라이크 판을 보호하는 틈마개
3 필렛 용접으로 상부에 연속적으로용접된 철제 스트라이크 판
4 연속적으로 용접된 철제 유리 멈춤 장치
5 철제 창틀

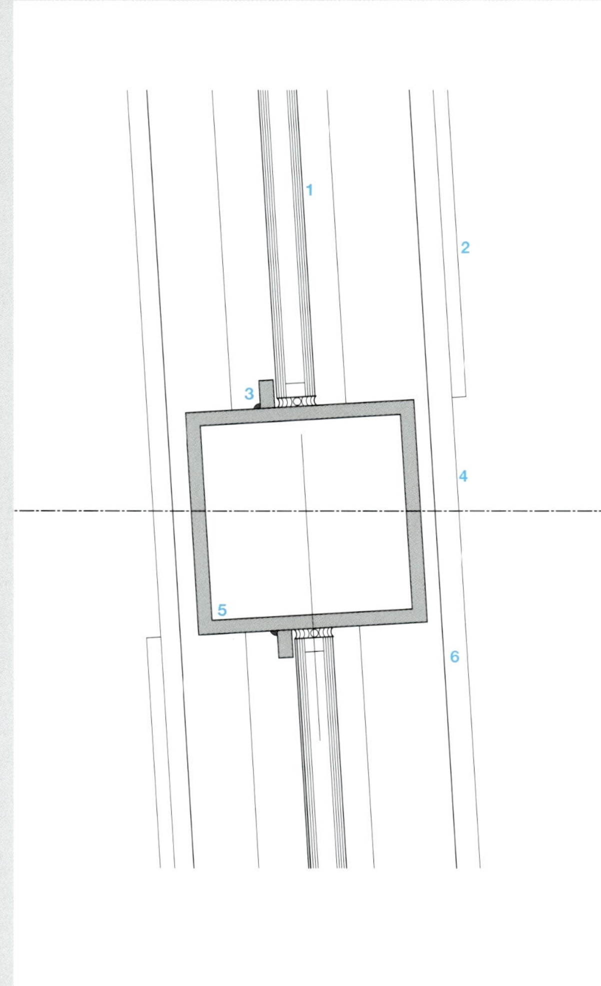

21.06
창 회전축 단면 상세도
1:5
1 창유리
2 상부 스트라이크 판 경계선
3 연속적으로 용접된 철제 유리 멈춤 장치
4 상부 창틀 경계선
5 창틀의 수평 중앙에 설치된 철제 각관
6 상부 문틀 경계선

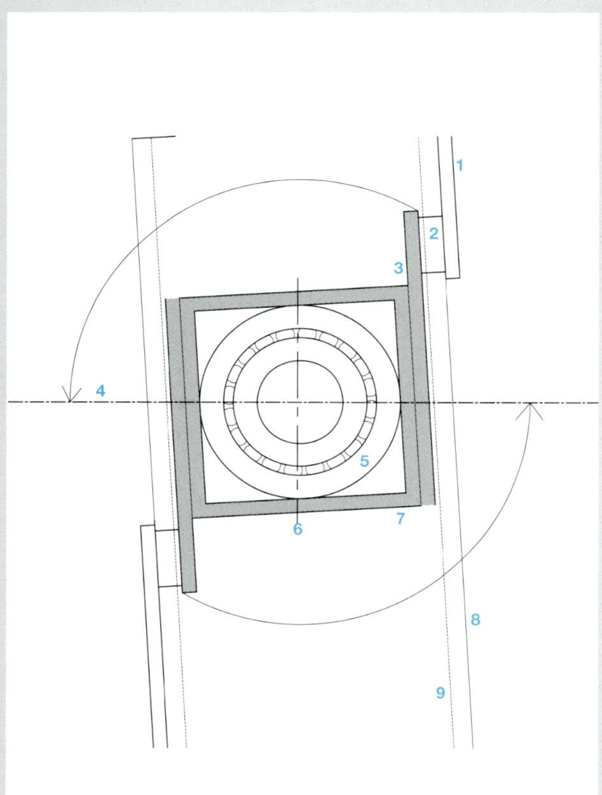

21.07
베어링 장치 단면 상세도
1:5
1 상부 스트라이크 판
2 스트라이크 판을 보호하는 틈마개
3 철재를 보호하기 위해 필렛용접된 철제 플레이트
4 회전축 중심선
5 베어링 장치
6 연속 개스킷 경계선
7 베어링을 감싸는 철제 각관
8 상부 창틀 경계선
9 철제 프레임 경계선

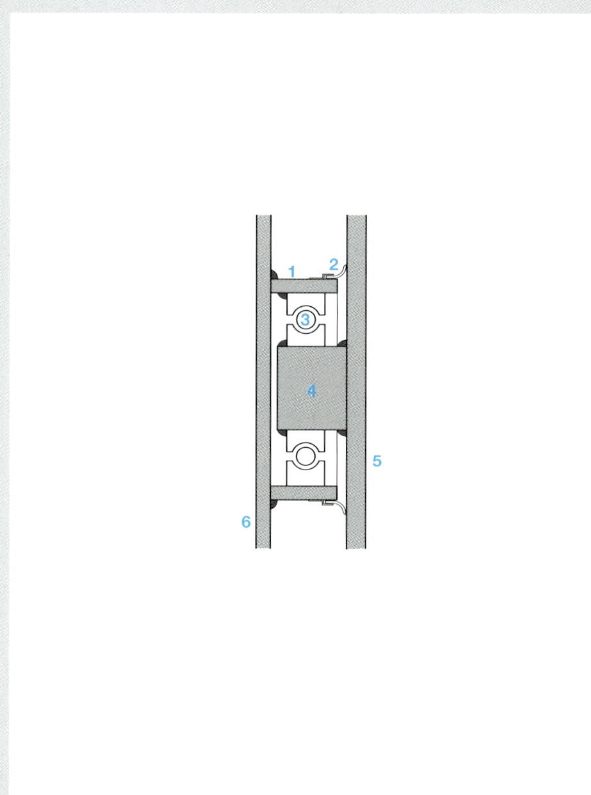

21.08
베어링 장치 상세도
1:5
1 철제 플레이트
2 연속 개스킷
3 베어링 장치
4 베어링 장치
5 H형강
6 철제 창틀

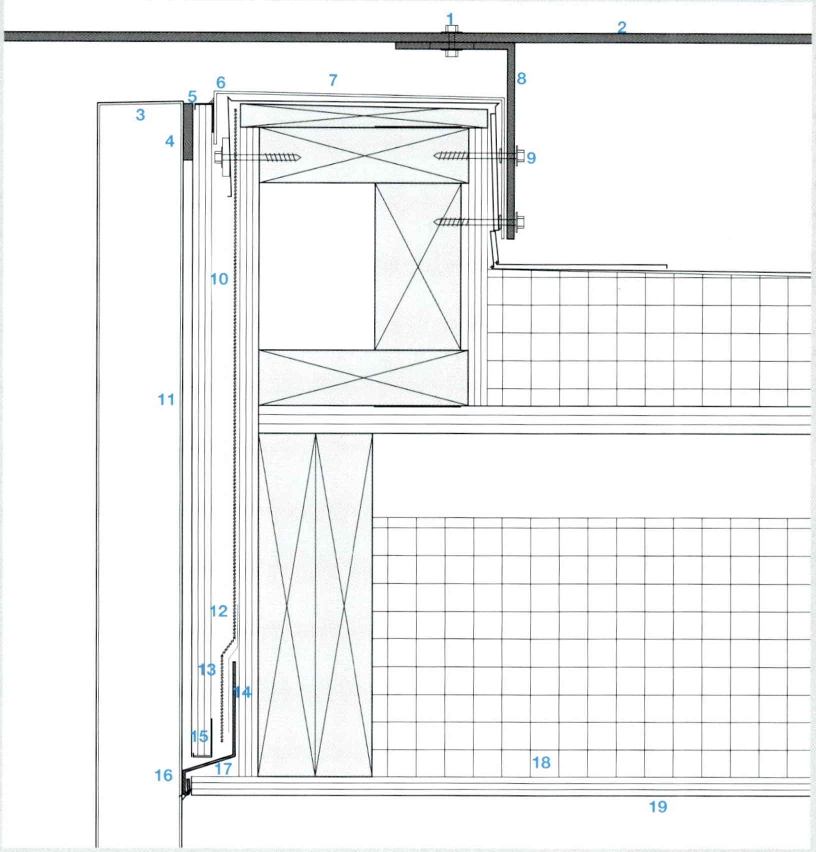

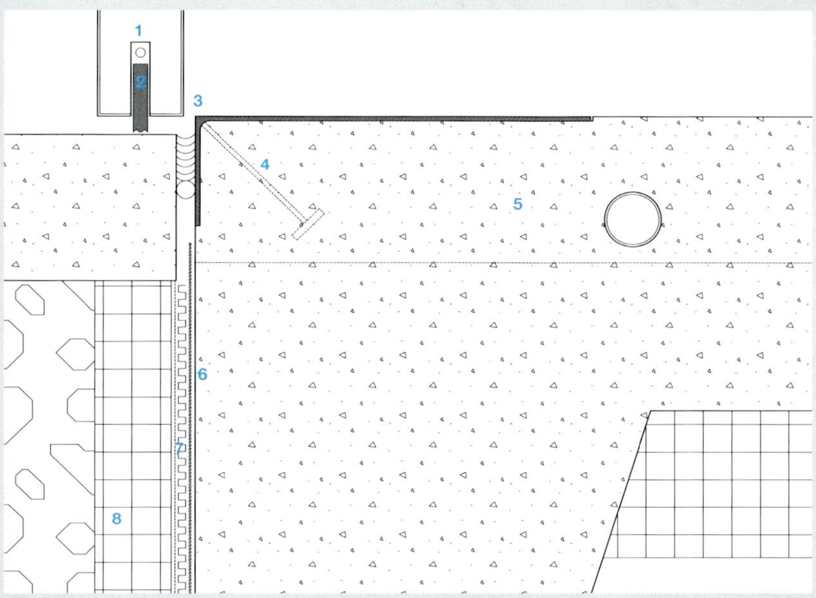

21.10
입구 문 상부 상세도
1:5
1 슬롯 양단에 설치된 볼트 및 와셔
2 6mm (1/4인치) 철제 플레이트
3 금속제 문 상부에 설치된 경사
4 자력식 틈마개
5 합판 단부에 설치된 J자형 금속
6 실런트
7 문 상부에만 설치된 스테인레스 스틸 플래싱
8 6mm (1/4인치) 성형 스테인레스 스틸 앵글
9 실런트와 호환되는 스테인레스 스틸 태핑 스크류
10 가압처리 졸대
11 합판 상부 16게이지 철제 외장재
12 합성수지 환기 스트립
13 금속제 플래싱상부 AIB 싱글 층
14 금속제 플래싱및 자가접착 플래싱의 겹침이음부
15 합판 단부에 설치된 J자형 금속
16 합판 단부를 덮는 철제 외장재
17 금속제 플래싱
18 수분 차단막
19 11 합판 상부 16게이지 철제 외장재

21.11
입구 문지방 상세도
1:5
1 속이 빈 금속 문
2 자동문 버튼
3 문 내측에 설치된 배수용 줄눈
4 457mm (18인치) 중앙에 설치된 Nelson 스터드
5 철근콘크리트 바닥 슬라브 및 기초
6 방습층
7 배수 매트 및 여과재
8 50mm (2인치) 두께의 경질 단열재

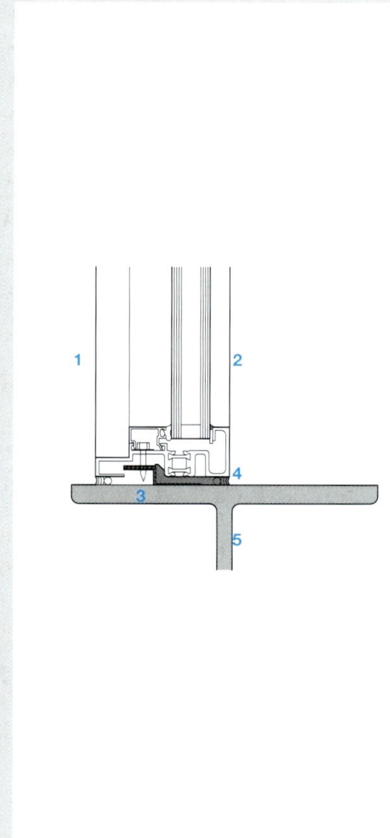

21.09
기둥에 사용된 문설주 상세도
1:5
1 내부
2 외부
3 보의 플랜지 부분에 용접된 앵커 클립
4 실런트 및 백업재
5 철제 기둥

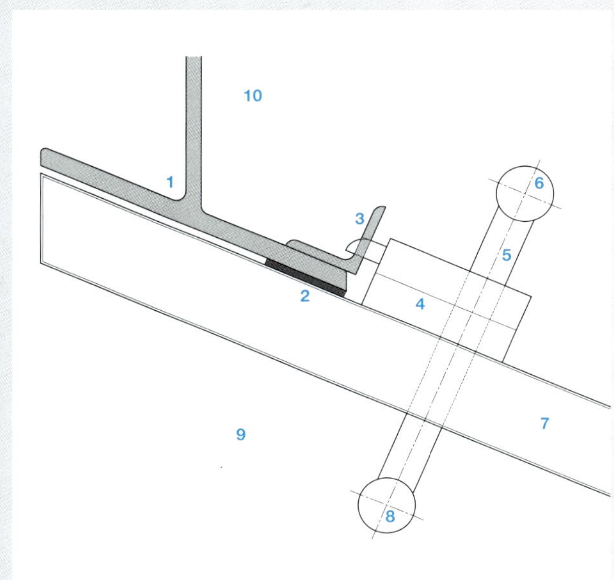

21.12
문설주 상세도
1:5
1 철제 기둥
2 틈마개
3 래치 볼트의 사용을 위해 금을 표시한 철제 앵글
4 래치 볼트 상부에 섬턴 데드 볼트로 문 내측면에 고정된 모티스형 도어락
5 직경 25mm (1인치) 압연 철재
6 문 개폐 손잡이
7 속이 빈 철제 문
8 문 개폐 손잡이
9 외부
10 내부

22
Will Bruder Architects

Sky Arc House
Marin County, California, USA

Area
595 square metres (6,400 square feet)

Project Team
Will Bruder, Ben Nesbeitt, Eric Weber, Dominique Price, John Puhr, Jeff Densic, Rob Gaspard, Michael Crooks, Tom Cheney, Joe Herzog, Richard Jensen, Katie Jones, Dwayne Smyth, Troy Strange, Greg Packham

Structural Engineer
Rudow + Berry, Inc

Main Contractor
Van Acker Construction Associates

이 주택은 테말 파이어스산과 만의 정경이 내다 보이는 숲이 우거진 언덕의 중턱에 자리잡고 있다. 경사가 심한 대지의 동쪽 부분에는 가족이 거주할 공간이, 서쪽 부분에는 놀이터와 정원, 녹음실이 계획되었다. 차도 아래 터널에 설치된 외부 계단은 두 부분을 서로 연결한다. 산화처리한 회색 아연판으로 만들어진 단순한 형태의 건물과 스탠딩심의 모습은 자연 환경 속으로 자연스레 융화된다. 자연과의 조화를 위해 건물에 사용된 유리는 모두 'Solex green'으로 선택되었으며, 마호가니 프레임을 사용하여 개폐식 창으로 만들어졌다. 전면 창 위로는 별도의 캐노피 없이 반투명 섬유 유리로 만든 차일을 설치하여 내부 공간에 그늘을 드리우고 있다.

건물의 진입부에서는 차로의 폭이 넓어져 물결 무늬의 콘크리트로 만든 전정까지 그대로 이어짐으로써 진입을 유도하고 있다. 반투명 유리창이 만들어 내는 리듬은 방문자를 진입로로 인도하며, 합성 수지로 만든 반투명 벽을 통해 새어 나오는 따뜻한 느낌의 빛은 입구의 목제 문까지 방문자를 이끈다. 자녀용 침실과 만의 정경이 내다 보이는 정돈된 느낌의 객실은 진입 레벨에 위치하고 있다. 돌음계단을 따라 아래로 내려가게 되면 건물을 감싸고 있는 만과 산의 모습이 광대하게 펼쳐져 있는 주 생활 공간으로 들어가게 된다. 이 공간에는 유리벽과 이동식 칸막이벽이 사용되어 목조 데크와 잔디가 깔린 테라스가 펼쳐진 외부 공간과의 경계를 흐리게 하고 있다. 거실에서 회랑을 따라가면 정원 계단을 통해 녹음실에 접근할 수 있다. 녹음실과 조정실은 음향적인 측면을 고려하여 그 형태가 만들어졌으며, 공간의 크기 역시도 최상의 음향 환경을 형성할 수 있도록 조정되었다. 이 두 공간은 현장 타설 콘크리트로 만들어 음이 외부로 새어나가지 않도록 만들어졌다.

1

2

22.01
작업실층 평면도
1:200

1 녹음실
2 조정실
3 다용도실 및 창고
4 화장실
5 기계실
6 입구
7 정원

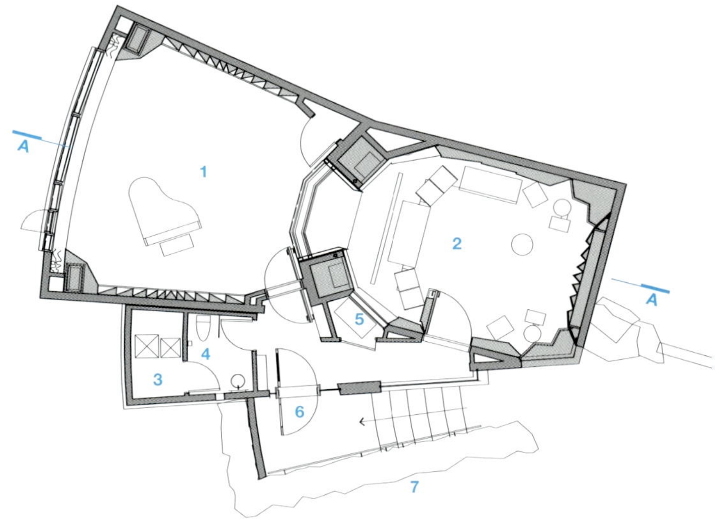

1 경사가 급한 언덕의 중턱을 등지고 있는 이 주택은 지형을 따라 휘어진 형태로 만들어져 숲의 아름다운 경관을 그대로 받아들이고 있다.
2 언덕을 따라 올라가면서 보이는 파사드의 수직적인 느낌은 아연 외장재로 이루어진 스탠딩심에 의해 더욱 두드러지게 표현되는데, 파사드에 설치된 좁은 유리창은 외부의 경관을 내부 공간으로 받아들인다.
3 남동측 파사드에 사용된 반투명 섬유유리 차양은 내부 공간에 그늘을 드리운다.
4 주택의 서측에 떨어져 있는 녹음실은 주택의 형태를 따른다. 두 동은 갤러리로 이용되기도 하는 터널을 통해 서로 연결된다.
5 합성 수지로 만든 벽이 밝게 빛나며 방문자를 맞아 들이는 입구의 모습.
6 녹음실의 내부 공간은 음향적인 성능을 극대화시킬 수 있도록 설계되었으며, 투명 유리를 사용함으로써 외부의 자연과 소통하고 있다.

3

4

5

6

22.02
하층 평면도
1:200

1 미술실
2 화장실
3 창고
4 갤러리
5 테라스
6 정원 계단
7 갤러리
8 놀이터
9 주방
10 거실
11 식당
12 데크
13 세탁실
14 화장실
15 승강기
16 숲으로 향하는 산책로
17 드레스룸
18 주침실
19 체력단련실
20 주침실용 욕실
21 드레스룸

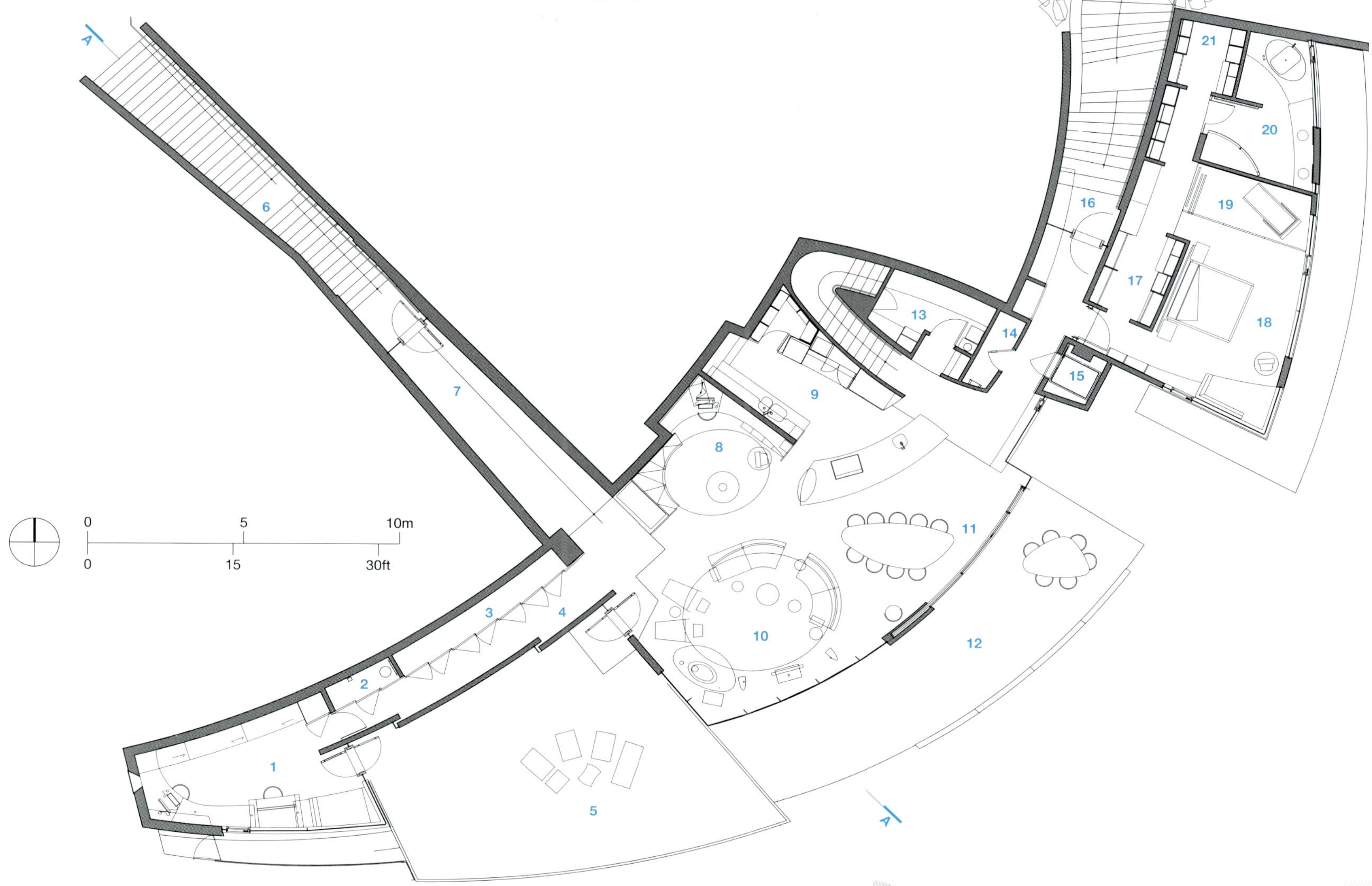

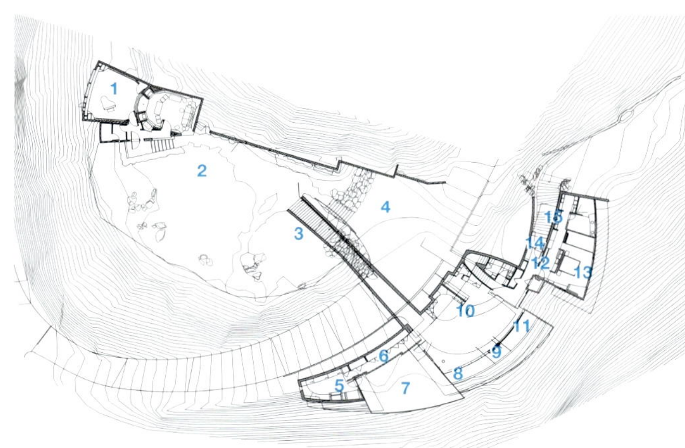

22.04
배치도 및 상층 평면도
1:1000

1 녹음실
2 정원
3 정원 계단
4 손님용 주차장
5 미술실 상부
6 갤러리 상부
7 테라스 상부
8 자녀용 침실
9 욕실
10 주차장
11 자녀용 침실
12 객실
13 주침실 상부
14 객실용 욕실
15 객실

22.03
단면도 A-A
1:500

1 녹음실
2 조정실
3 정원
4 정원 계단
5 갤러리
6 차고
7 거실
8 자녀용 침실

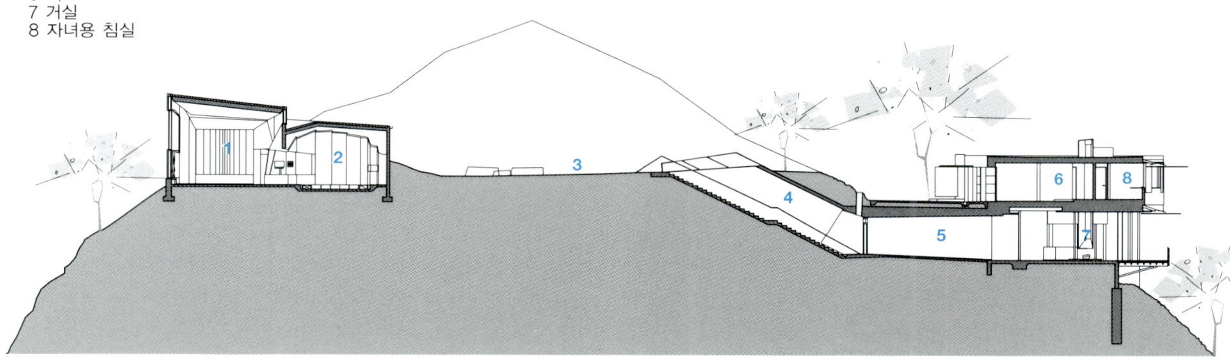

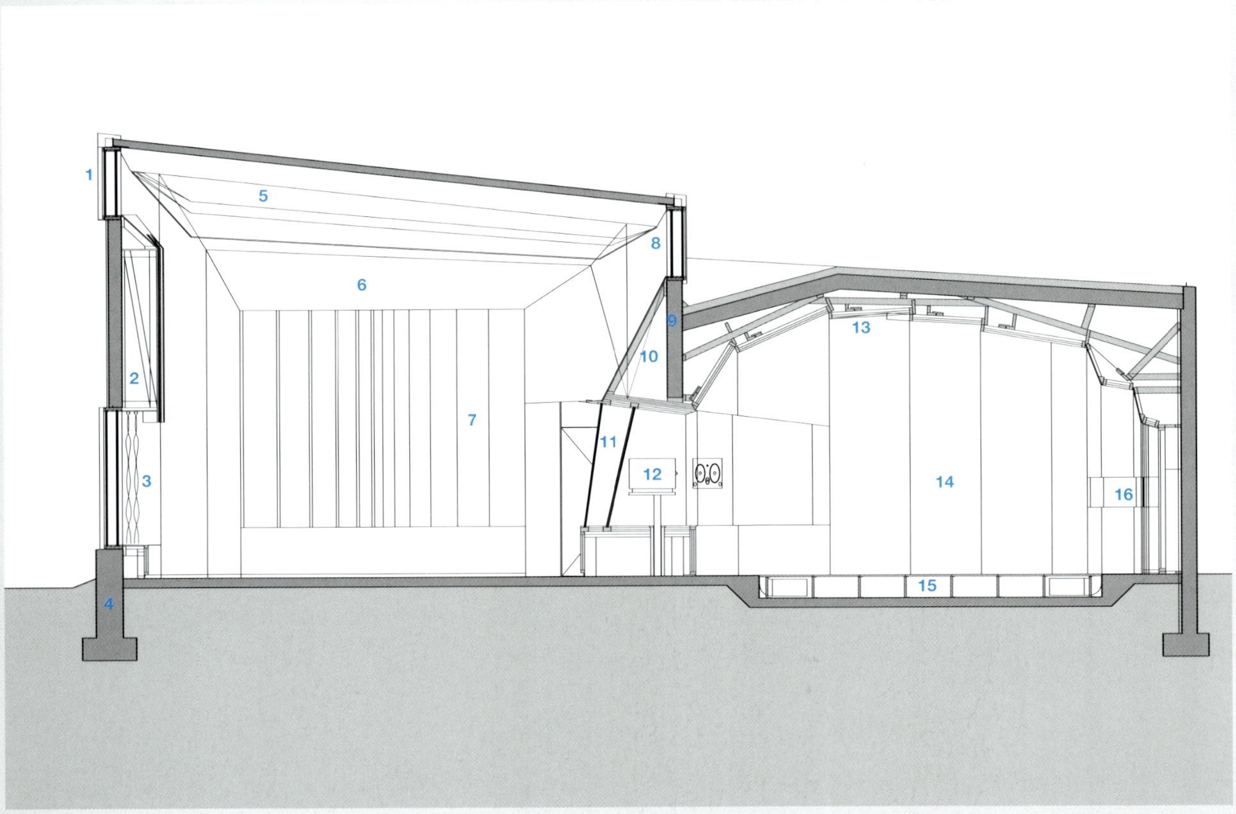

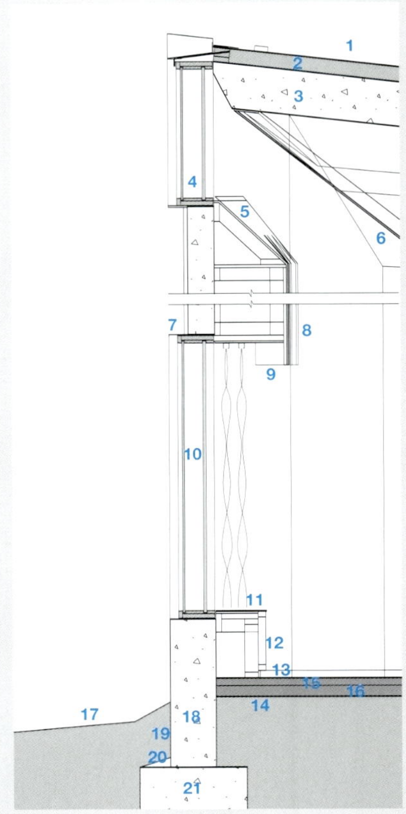

22.05
작업실 단면도
1:100

1 목제 창 및 아연 플래싱
2 50 X 100mm (2 X 4인치) 목제 음향반사판 상부 석고보드
3 단열 처리 목제 창틀 및 Solex 합판 유리
4 철근콘크리트 벽
5 50 X 100mm (2 X 4인치) 목제 음향반사판 상부 석고보드
6 50 X 100mm (2 X 4인치) 목제 음향반사판 상부 석고보드
7 목제 프레임에 설치된 50mm (2인치) 경질 단열 흡음판
8 목제 창 및 아연 플래싱
9 철근콘크리트 벽
10 50 X 100mm (2 X 4인치) 목제 음향반사판 상부 석고보드
11 차음용 합판 유리
12 착탈식 알루미늄 중앙 스피커
13 목제 프레임에 설치된 50mm (2인치) 경질 단열 흡음판
14 목제 프레임에 설치된 50mm (2인치) 경질 단열 흡음판
15 음향적으로 고립된 공간을 만들기 위해 사용된 억세스 플로어
16 내부 조명 장치 상부 반투명 합판 유리 (반대편에는 투명 합판 유리 사용)

22.06
작업실 벽 단면도
1:50

1 완전 접착된 A등급 지붕막
2 100mm (4인치) 경질 단열판
3 콘크리트 지붕 데크
4 목제 창 및 아연 플래싱
5 유리의 교체를 용이하게 하기 위해 착탈식 고정 장치와 평평하게 설치된 석고 보드
6 목제 음향반사판에 설치된 석고보드
7 평이음 아연 플래싱
8 목제 음향반사판에 설치된 석고보드
9 단부에 꺽음 처리
10 단열 처리 목제 창틀 및 Solex 합판 유리
11 무지향성 합판 바탕 바닥 위에 설치된 스테인레스 스틸 플레이트 및 지지 프레임
12 목제 프레임에 접착된 경질 유리섬유 흡음 판넬
13 안으로 오목하게 파인 알루미늄 기단
14 골재 기단층
15 100mm (4인치) 콘크리트 슬라브
16 50mm (2인치) 경질 단열재 및 수분 차단막
17 최종 경사
18 철근콘크리트 벽
19 합성 배수구
20 모르타르층
21 철근콘크리트 기초

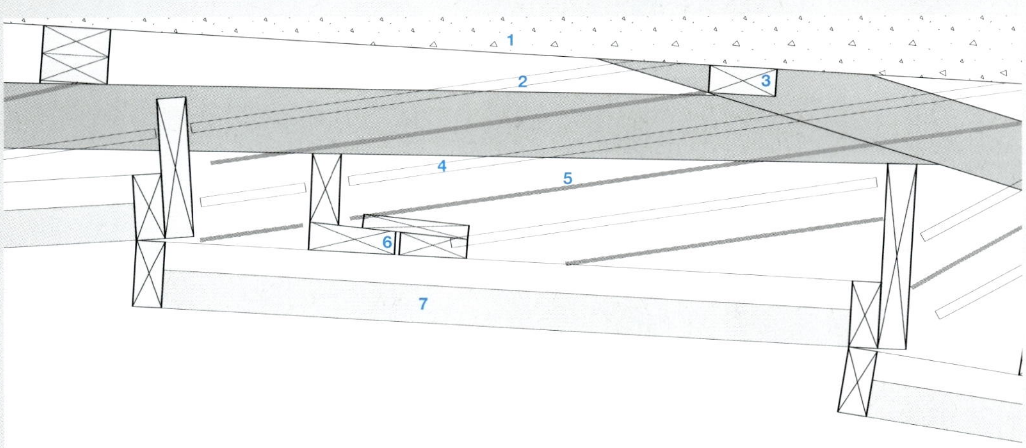

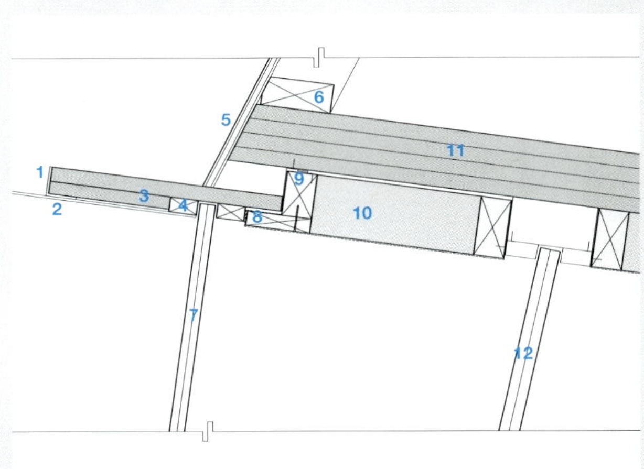

22.07
조정실 천장 상세도
1:10

1 철근콘크리트 지붕
2 50 X 100mm (2 X 4인치) 목제 흡음판 프레임
3 405mm (16인치) 중앙에 'Tapcon' 앵커 및 네일러로 고정된 50 X 100mm (2 X 4인치) 목재
4 12mm (1/2인치) 흡음판 및 공극을 완전히 채우기 위해 사용된 솜 단열재
5 12mm (1/2인치) 흡음판 및 공극을 완전히 채우기 위해 사용된 솜 단열재
6 테이퍼 컷팅된 목제 판넬 지지용 클립
7 목제 프레임에 설치된 50mm (2인치) 경질 단열 흡음판

22.08 조정실 전면 유리 상부 상세도
1:10

1 광택 마감 스테인레스 스틸 앵글
2 양면을 서로 다르게 마감하고 단부를 광택 처리한 스테인레스 스틸 상부 플레이트
3 38mm (1 1/2인치) 합판 상부 플레이트 지지대
4 흡음 코르크 밀폐 실런트로 완전히 채운 공극
5 석고 보드 상부 베니어 플라스터 마감
6 50 X 100mm (2 X 4인치) 목제 흡향반사판 프레임
7 19mm (3/4인치) 합판 유리
8 천을 입힌 흡음판 단부 자재
9 흡음판 지지용 아연 도금 Z자형 클립
10 목제 프레임에 설치한 76mm (3인치) 경질 단열재 흡음판
11 총 76mm (3인치)의 두께로 조립된 여러 개의 19mm (3/4인치) 합판
12 25mm (1인치) 합판 유리

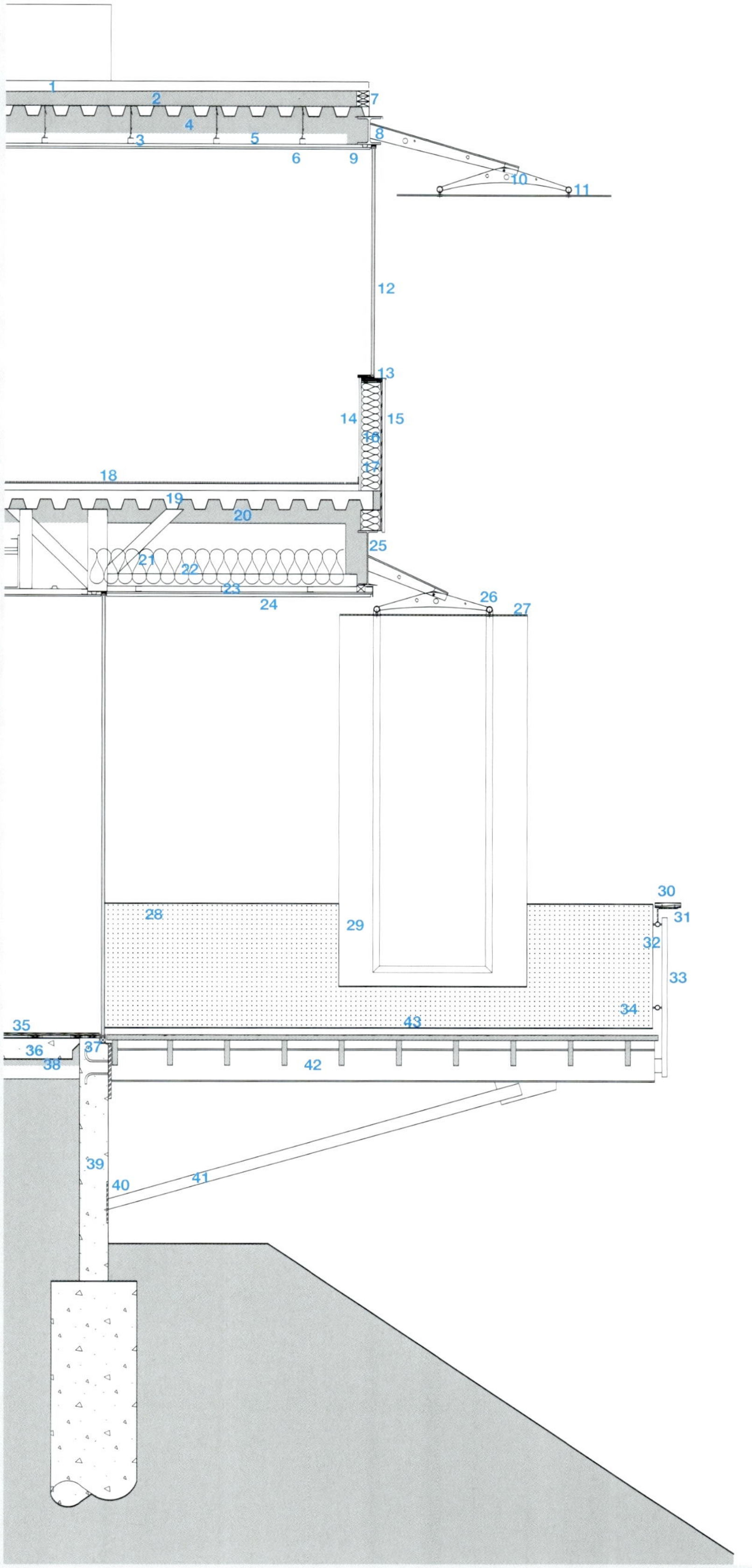

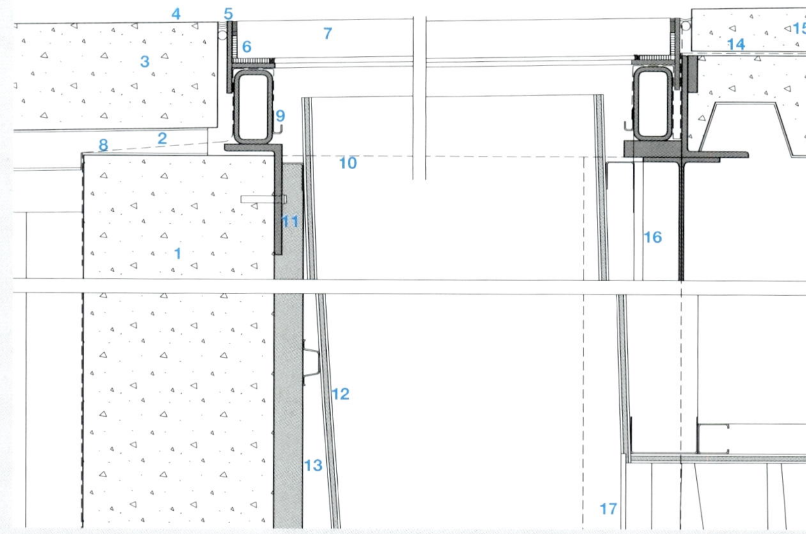

22.09
벽 단면도
1:50

1 A등급 단겹 지붕막
2 테이퍼 처리 지붕 단열재
3 610mm (24인치) 중앙에 설치된 메인 러너
4 스프레이식 발포 단열재
5 610mm (24인치) 중앙에 설치된 햇채널
6 12mm (1/2인치) 석고보드 천장
7 평이음 아연 띠벽
8 압연 표시가 보 내측에 감춰져 있는 보
9 보의 하부 플랜지에 용접된 22mm (7/8인치) 햇채널
10 철제 브래킷 및 강관 프레임
11 9mm (3/8인치) 반투명 유리섬유 차일
12 단열 유리
13 씰플래싱
14 석고보드 벽 내장재
15 합판 상부 공기 유입 차단막 위에 설치된 스탠딩심 아연 외장재
16 금속 프레임
17 솜 단열재에 면하고 있는 호일, 방수 테이프 처리
18 카펫
19 복사 난방 시스템이 설치된 토핑 콘크리트 슬라브
20 스프레이식 발포 단열재
21 솜 단열재
22 금속 프레임
23 610mm (24인치) 중앙에 설치된 금속제 퍼링 채널
24 시멘트 플라스터 천장
25 압연 표시가 보 내측에 감춰져 있는 보
26 철제 브래킷 및 강관 프레임
27 10mm (3/8인치) 반투명 유리섬유 차일
28 천공된 스테인레스 스틸 가이드 레일
29 유리섬유 수직 판넬
30 스테인레스 스틸 목재용 나사못으로 철제 앵글에 고정된 삼나무 난간
31 강관 레일에 용접된 철제 앵글
32 강관 레일 및 철제 스페이서
33 강관 지주
34 샌드블라스팅 처리된 스테인레스 스틸 타공판
35 아스팔트 프라이머 상부 활엽수 바닥재
36 복사 난방 시스템이 설치된 콘크리트 슬라브
37 유향 수지 속에 설치된 압력 처리 침목
38 경질 단열판 및 수분 차단막
39 콘크리트 옹벽
40 콘크리트 내부에 매립된 철제 플레이트
41 철제 스트럿
42 철제 보
43 목제 장선 위에 설치된 목제 데크

22.10
천창 상세도
1:10

1 250mm (9 3/4인치) 철근콘크리트 보강벽
2 강관에 용접된 철제 베어링판
3 트렌치로 이어지는 철제 배수 파이프
4 콘크리트 차도
5 줄눈을 완전히 메우는 실리콘 실런트
6 연속적으로 설치된 네오프렌 틈마개
7 유리섬유 판넬
8 방수막
9 강관 프레임에 용접된 J자형 비드
10 상부 콘크리트 경계선
11 페인트 도색 철제 앵커
12 석고보드
13 Z자형 퍼링 채널 및 경질 단열재
14 방수막
15 콘크리트 토핑
16 철제 스티프너 플레이트
17 주방에 설치된 유리 및 찬장 경계선

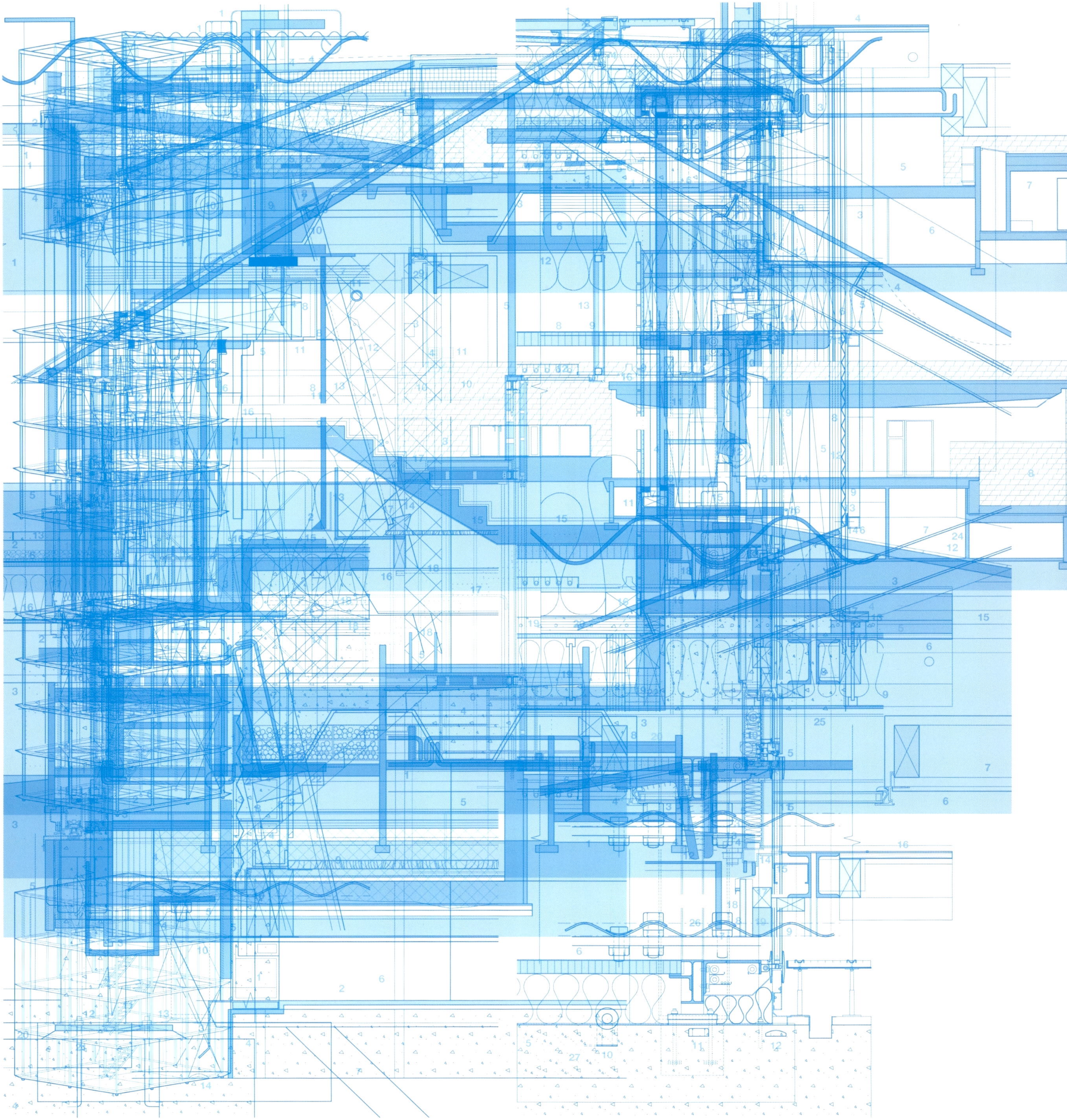

23–33
Steel
철재

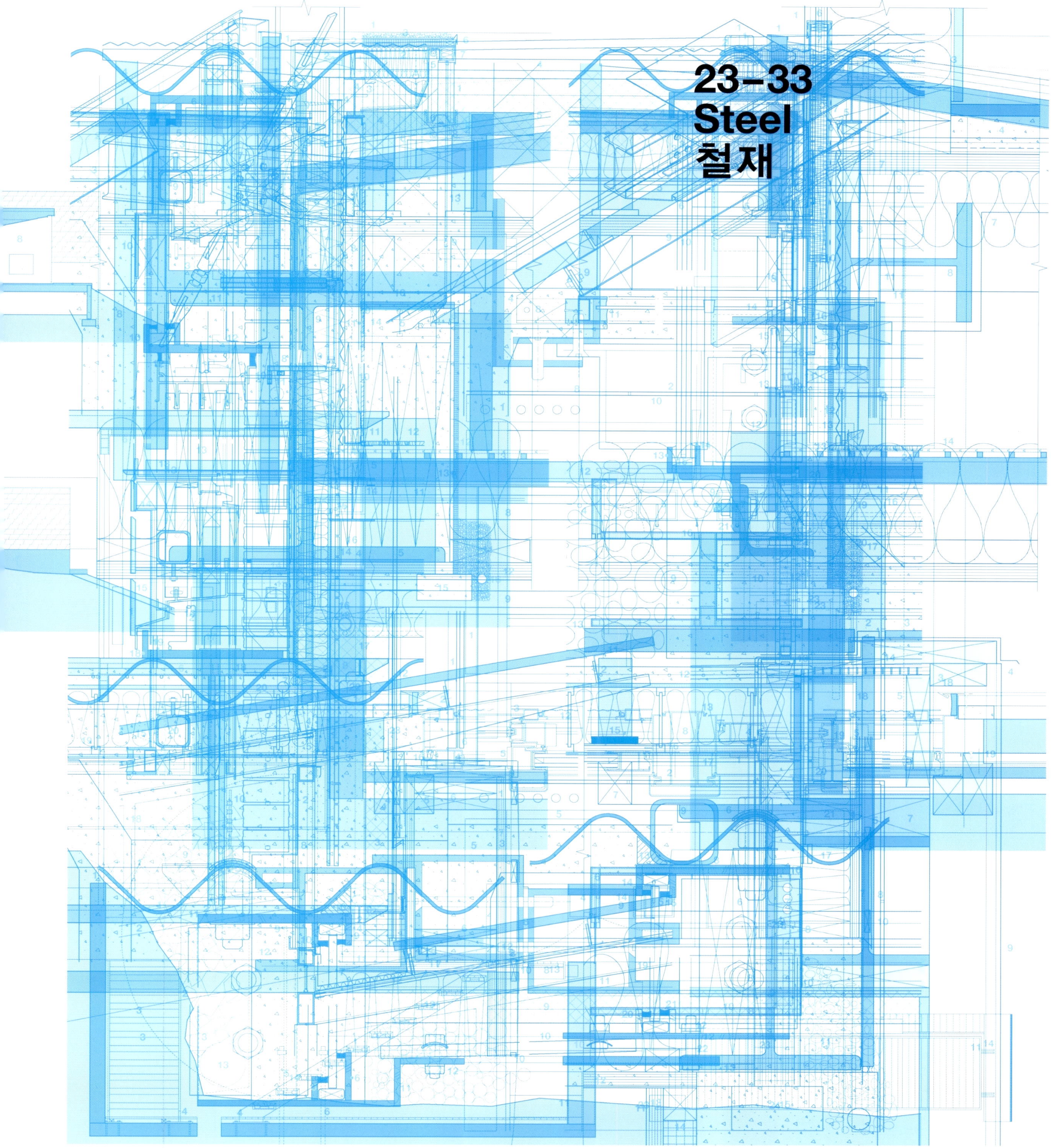

23
Aranda Pigem Vilalta

Bellows House
Girona, Spain

Client
Ramon Danés and Lídia Coma

Area
260 square metres (2,798 square feet)

Main Contractor
Josep Massegur

우아하면서도 불가사의한 느낌을 자아내는 이 건물은 Bosc de Tosca 근교의 고속도로에서 멀리 떨어지지 않은 대지에 자리잡고 있다. 주택의 형태와 위치는 350m² (3,767ft²) 크기의 작은 대지의 향에 직접적으로 대응하고 있다. 파사드의 아름다운 곡선은 대지와 평행하게 놓여 있는 고속도로의 곡선을 따라 만들어진 것으로, 4개의 부분으로 나뉜다. 도로에 면한 북동측 파사드는 개구부가 없이 만들어져 도로의 소음으로부터 내부 공간을 보호하고, 프라이버시를 유지하며, 파사드를 분절하는 4개의 좁은 유리창은 외부 경관을 받아들인다. 반면 남서측 파사드는 전면이 동일한 크기의 4개의 유리창으로 이루어져 산의 경관을 향해 내부 공간을 개방하고 있다. 또한 채광층에 사용된 좁은 띠창은 남측으로부터 자연광을 받아들인다.

건물의 내부 공간은 연속적으로 이어지도록 설계되었다. 1층의 3/4를 차지하는 거실은 테라스와 테라스 너머로 펼쳐진 자연을 향해 개방되어 있다. 거실의 한 편으로는 입구를 지나 식당과 주방이 위치하고 있으며, 거실의 반대편에는 주침실과 욕실이 위치하고 있다. 지하층에는 차고와 거실에서 계단을 통해 직접 접근할 수 있는 작업실이 위치하고 있다. 완고하다 싶을 정도로 순수한 느낌을 주는 건물의 형태는 백색 석회암 외장재와 정원의 녹색 조경이 이루는 대비적인 효과에 의해 더욱 두드러지게 표현된다. 자연 채광과 인공 조명의 사용 방식은 건물의 가장 중요한 부분을 이룬다. 석회암으로 감싼 매스를 대지로부터 들어올리고, 그 아래의 홈에는 띠처럼 길게 이어지는 조명을 설치함으로써 야간에 건물은 마치 대지로부터 떠 있는 듯한 느낌으로 나타난다.

1

1 야간에 1층 아래로 숨겨져 있는 조명이 밝혀지면, 북동측 파사드는 마치 지면으로부터 떠 있는 듯하게 보인다. 4개의 좁은 수직 유리창은 (좌에서 우로) 각각 입구, 욕실, 침실의 위치를 인지시킨다.
2 건물의 북동측 파사드에는 개구부를 제한적으로 사용하여 인근 고속도로로부터 유입되는 소음을 차단하고 있다. 석회암 외장재는 건물의 견고한 느낌을 더욱 강화시킨다.
3 남서측 파사드에 설치된 넓은 투명 유리는 자연을 향해 주택을 개방한다. 더 높은 위치에 설치된 띠 모양의 수평 창은 아래에 위치하는 큰 창을 블라인드로 폐쇄했을 때에도 내부 공간에 자연광이 유입되도록 한다.

2

3

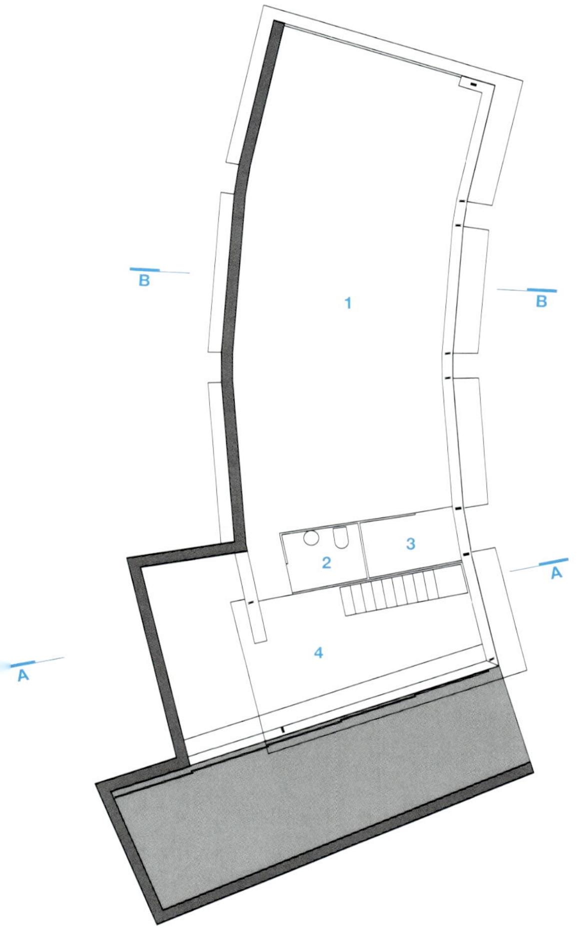

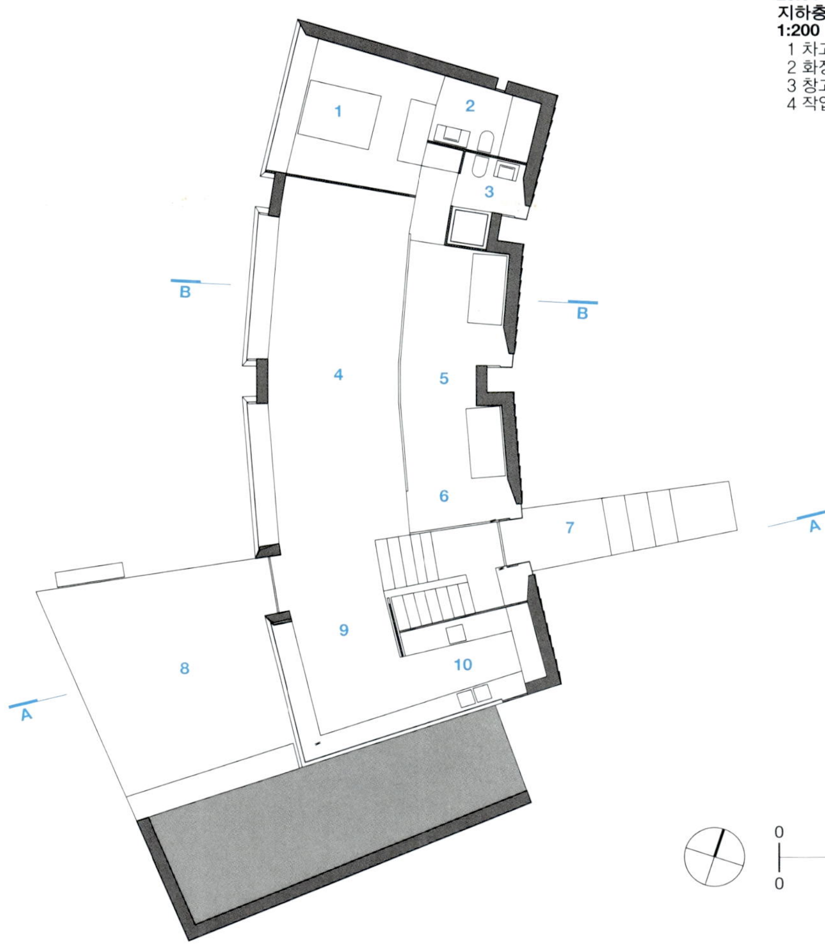

23.01
지하층 평면도
1:200
1 차고
2 화장실
3 창고
4 작업실

23.02
1층 평면도
1:200
1 침실
2 욕실
3 욕실
4 거실
5 침실
6 침실 입구
7 보행자 입구
8 테라스
9 식당
10 주방

23.03
북동측 입면도
1:200
1 주방측 창
2 진입 램프
3 보행자 입구
4 침실측 창
5 욕실측 창

23.04
남서측 입면도
1:200
1 침실측 창
2 거실 창
3 테라스로 향하는 문
4 식당측 창
5 테라스
6 정원

23.05
단면도 A-A
1:200
1 식당
2 입구
3 작업실
4 외부 파사드
5 진입 램프

23.06
단면도 B-B
1:200
1 거실
2 침실
3 차고

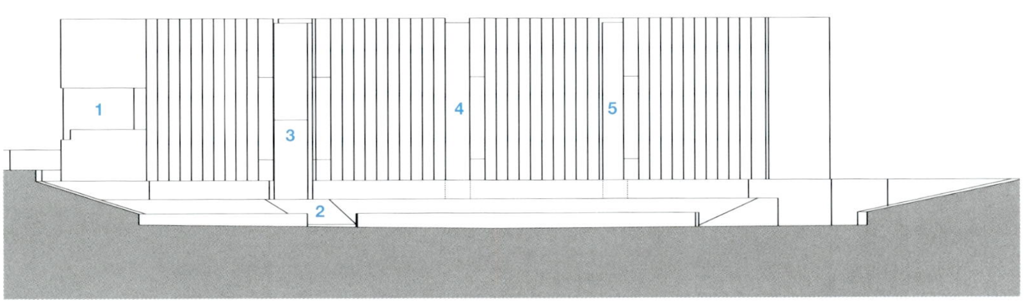

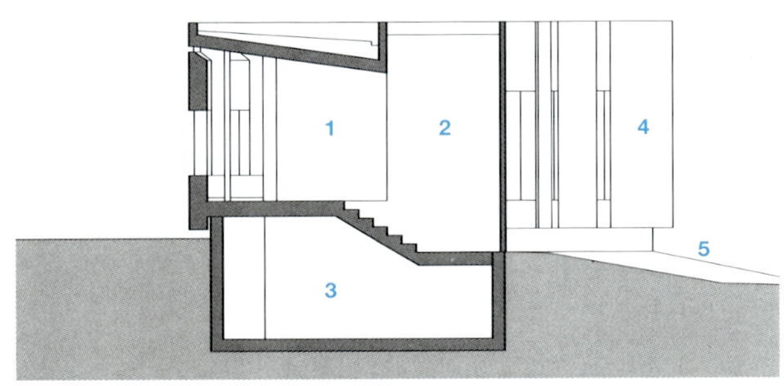

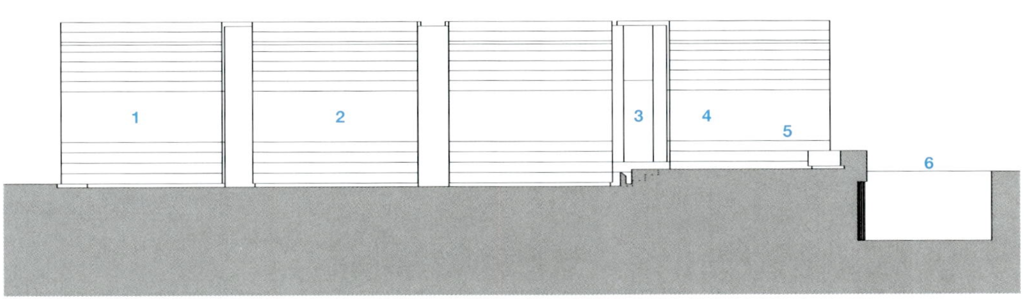

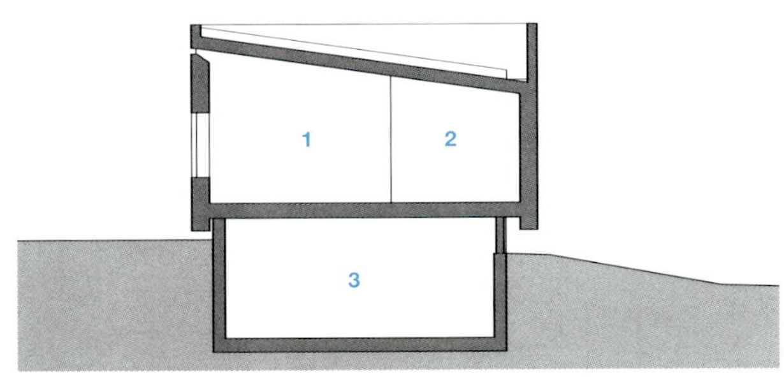

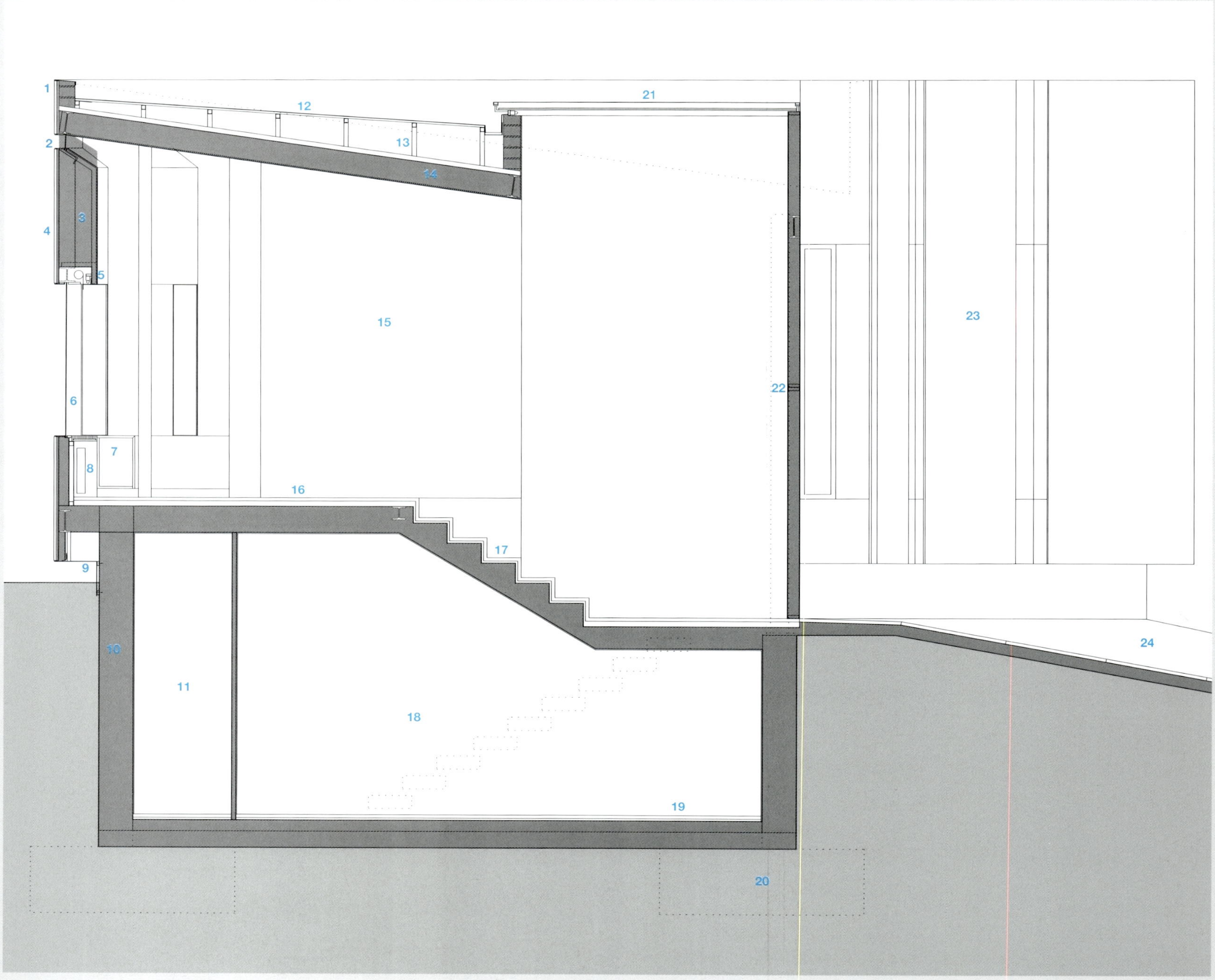

23.07
단면 상세도
1:50

1 20mm (2/4인치) 석회암 외장재
2 투명 합판 유리
3 석조 벽
4 20mm (2/4인치) 석회암 외장재
5 형광등
6 투명 합판 유리
7 붙박이식 목골조 창고 상부 창턱
8 매립식 라디에이터
9 락커 마감 철제 덮개
10 300mm (11 3/4인치) 철근콘크리트 슬라브
11 차고 입구
12 샌드위치 판넬 띠벽
13 철제 지붕 하부구조
14 천장 슬라브 및 프리캐스트 보
15 거실
16 30mm (1 1/5인치) 조각나무마루
17 조각나무세공 마감 계단
18 창고
19 400 X 400 X 30mm (11 3/4 X 11 3/4 X 1 1/5인치) 테라조 타일
20 철근콘크리트 기초
21 천창에 사용된 투명 합판 유리
22 입구 문에 사용된 샌드위치 판넬 외장재
23 동쪽 파사드에 사용된 샌드위치 판넬 외장재
24 진입 램프

23.10
계단 상세도
1:50

1 도자 타일 벽
2 15mm (3/5인치) 판금 측판
3 22mm (9/10인치) 목제 디딤판
4 15mm (3/5인치) 판금 층계참
5 15mm (3/5인치) 판금 측판
6 22mm (9/10인치) 목제 데크
7 22mm (9/10인치) 목제 디딤판
8 22mm (9/10인치) 목제 데크
9 3mm (1/10인치) 락커 마감 판넬
10 300mm (11 3/4인치) 철근콘크리트 슬라브
11 15mm (3/5인치) 판금 측판
12 도자 타일 벽
13 22mm (9/10인치) 목제 디딤판
14 15mm (3/5인치) 판금

23.08
파사드 상세도
1:50

1 3mm (1/10인치) 아연 도금 파라펫 덮개
2 20mm (3/4인치) 석회암 외장재
3 벽돌 벽
4 비상용 지붕 배수구
5 3mm (1/10인치) 아연 도금 판넬
6 샌드위치 판넬 지붕재
7 써모세라믹 코팅 벽
8 PVC 홈통
9 30mm (1 1/5인치) 조각나무마루
10 락커 마감 철제 덮개
11 천장 플라스터 마감
12 프리캐스트 콘크리트 보 및 바닥 슬라브
13 자갈 충전재
14 무광 합판 유리
15 400mm (15 3/4인치) 철근콘크리트 벽
16 400 X 400 X 30mm (11 3/4 X 11 3/4 X 1 1/5인치) 테라조 타일

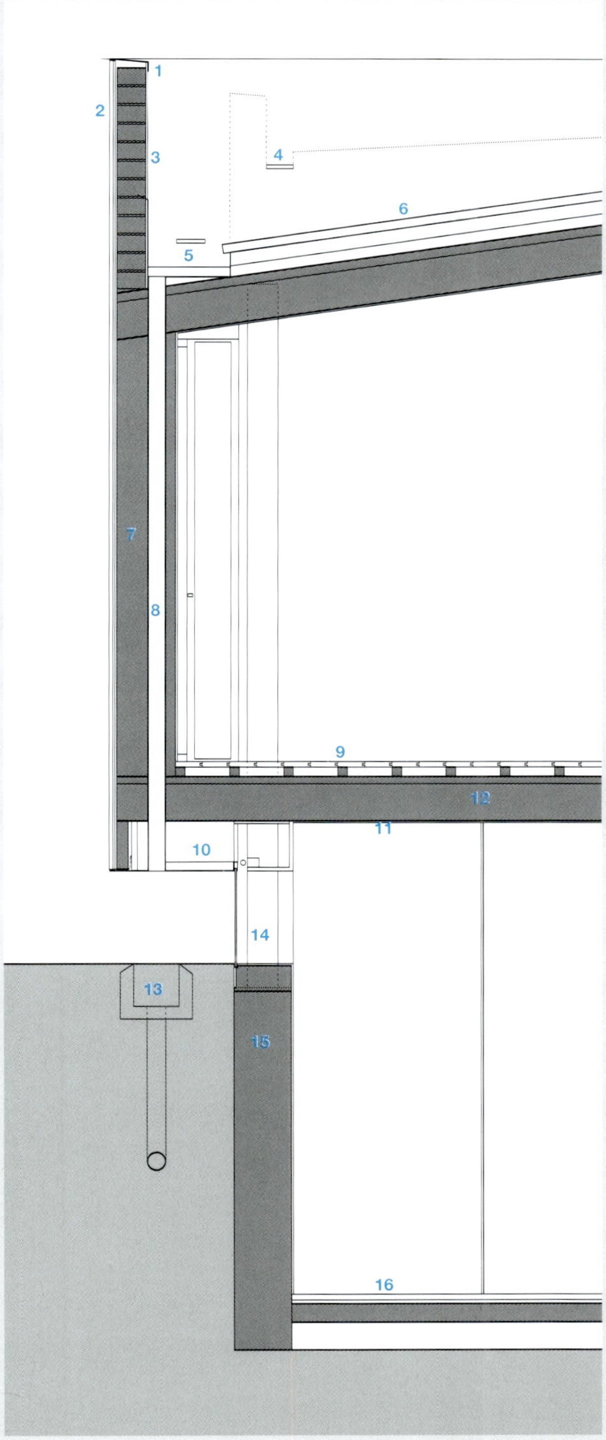

23.09
파사드 상세도
1:50

1 3mm (1/10인치) 아연 도금 파라펫 덮개
2 20mm (3/4인치) 석회암 외장재
3 샌드위치 판넬 지붕재
4 프리캐스트 콘크리트 보 및 바닥 슬라브
5 투명 합판 유리
6 벽 내부 공극
7 거실 벽
8 플라스터 마감 벽
9 롤러 블라인드
10 투명 합판 유리
11 거실 창
12 20mm (3/4인치) 석회암 외장재
13 붙박이식 목골조 창고 상부 창턱
14 30mm (1 1/5인치) 조각나무마루
15 프리캐스트 콘크리트 보 및 바닥 슬라브
16 3mm (1/10인치) 락커 마감 판넬
17 400mm (15 3/4인치) 철근콘크리트 벽
18 플라스터 마감 벽
19 400 X 400 X 30mm (11 3/4 X 11 3/4 X 1 1/5인치) 테라조 타일

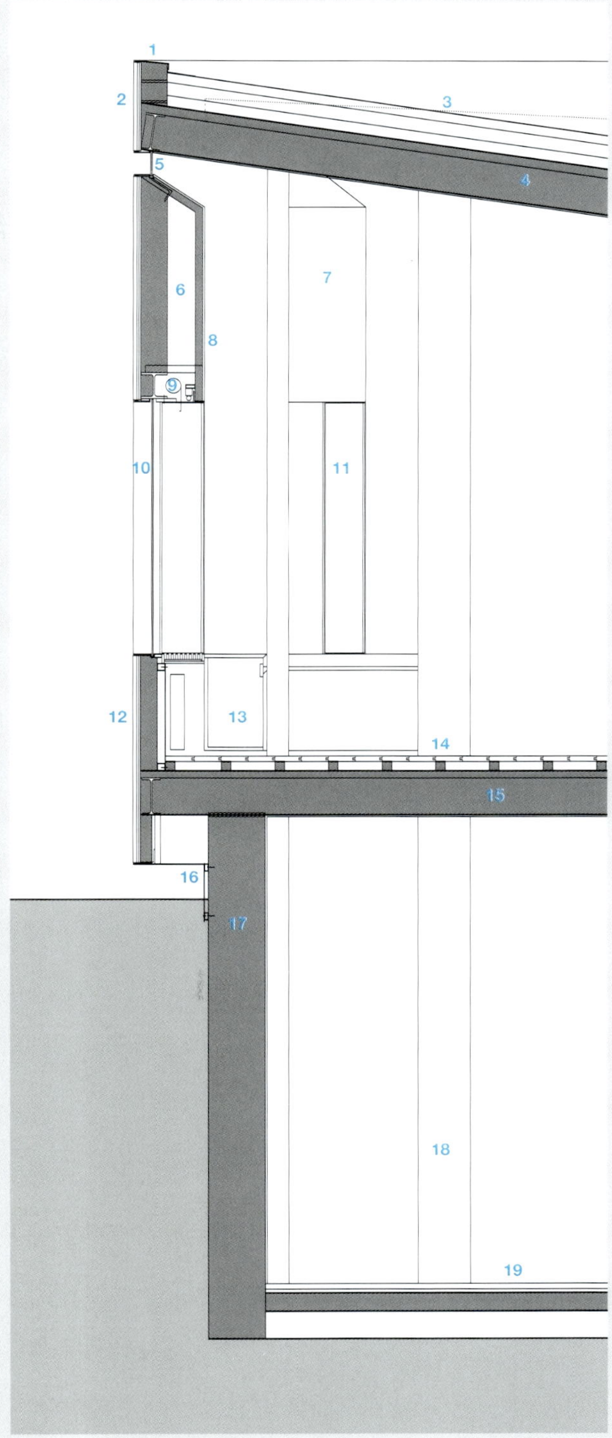

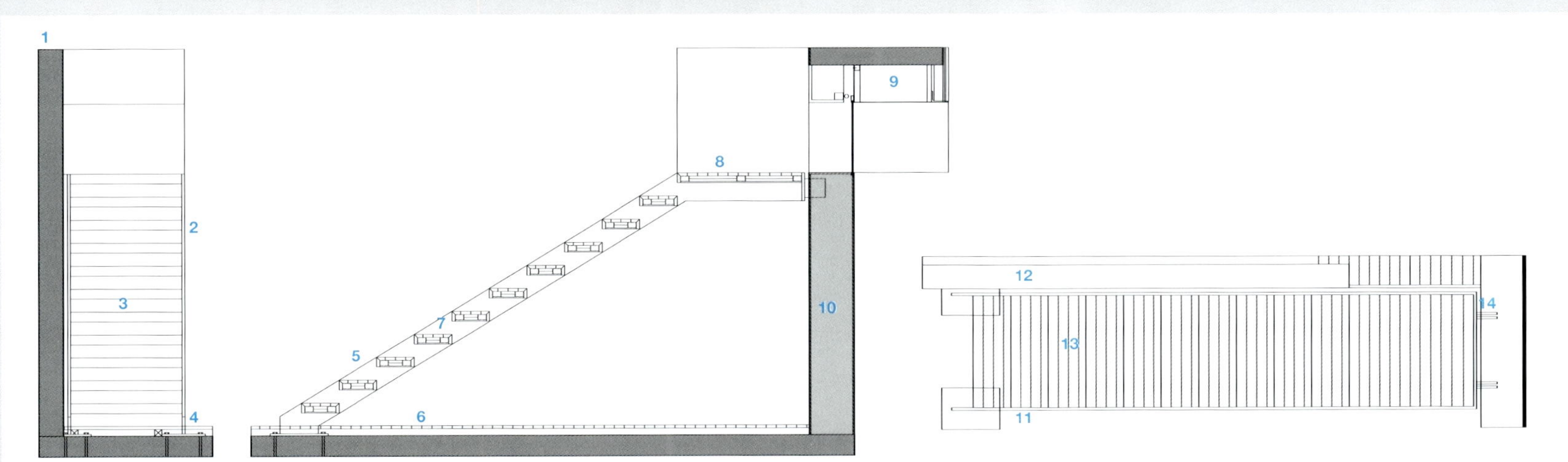

24
Architecture Research Office (ARO)

Colorado House
Telluride, Colorado, USA

Area
930 square metres (10,000 square feet)

Project Team
Stephen Cassell, Adam Yarinsky, John Quale, Scott Abrahams, Matt Azen, Tom Jenkinson, Monica Rivera, Martha Skinner, Kim Yao, Innes Yates

Structural Engineer
Buckhorn Geotech Engineers

Services Engineer
Burggraaf & Associates

Construction Manager
Fortenberry Construction

Landscape Architect
Mathews/Nielsen

Lighting Consultant
Richard J. Shaver

Concrete Consultant
Reginald Hough

산 후안 산으로부터 조금 떨어져 있는 대지에 위치하고 있는 Colorado house는 자연을 바라보는 하나의 액자로써 설계되었다. 주택은 포플러 나무로 둘러 싸인 초원 끝 부분의 낮은 언덕 위에 자리잡고 있다. 코텐 외장재로 만든 옹벽은 멀리 내다 보이는 2개의 산을 향해 평행을 이루며 뻗어 있다. 언덕에서 아래로 향함에 따라, 벽은 점차 감아들어가 대지 위에 건물을 위치시킨다.

설계의 주안점은 거실 공간을 확장하면서도 개인적인 사유의 공간을 조화시키는 것이었다. 주택의 중앙에 위치하는 주방은 모든 주거 활동의 중심이 되는 공간으로 만들어 졌으며, 반면 침실은 중심에서 물러나 주변에 위치하고 있다. 침실은 유리벽을 통해 자연을 향해 개방되어 전정과 산의 웅장한 경관을 받아들인다. 건물에 사용된 재료, 상세, 시공방식 또한 건물과 자연의 연계를 더욱 강화시킨다. 적갈색 코텐 판넬로 이루어진 외벽은 샌드블라스팅 처리한 콘크리트 기초 위에 놓여 있으며, 건물의 색은 지역에서 찾아볼 수 있는 오래된 탄광시설을 연상케 한다.

1

1 평행하게 놓인 옹벽들은 건물의 레이아웃을 잡아주며, 장엄한 자연 경관을 담아 내는 액자의 역할을 하고 있다. 거실 (우) 의 느낌은 벽에 수직하게 설치된 난로에 의해 특징지어진다.

2 코텐 외장재로 이루어진 외벽은 외장재가 이루는 각 열 간의 중첩 정도와 벽의 향에 따라 다양한 패턴을 나타내도록 설계되었다. 멀리 내다 보이는 산의 모습을 마치 액자 같은 느낌으로 담아 내기 위해 창의 위치는 신중하게 결정되었다.

3, 4 내부 공간에 사용된 철제 벽은 차가운 느낌의 회색면으로 나타난다. 내부 공간의 마감과 상세는 간결하면서도 정교하게 만들어져 있으며, 목재와 철이 이루는 색의 조합으로 이루어졌다.

2

3

4

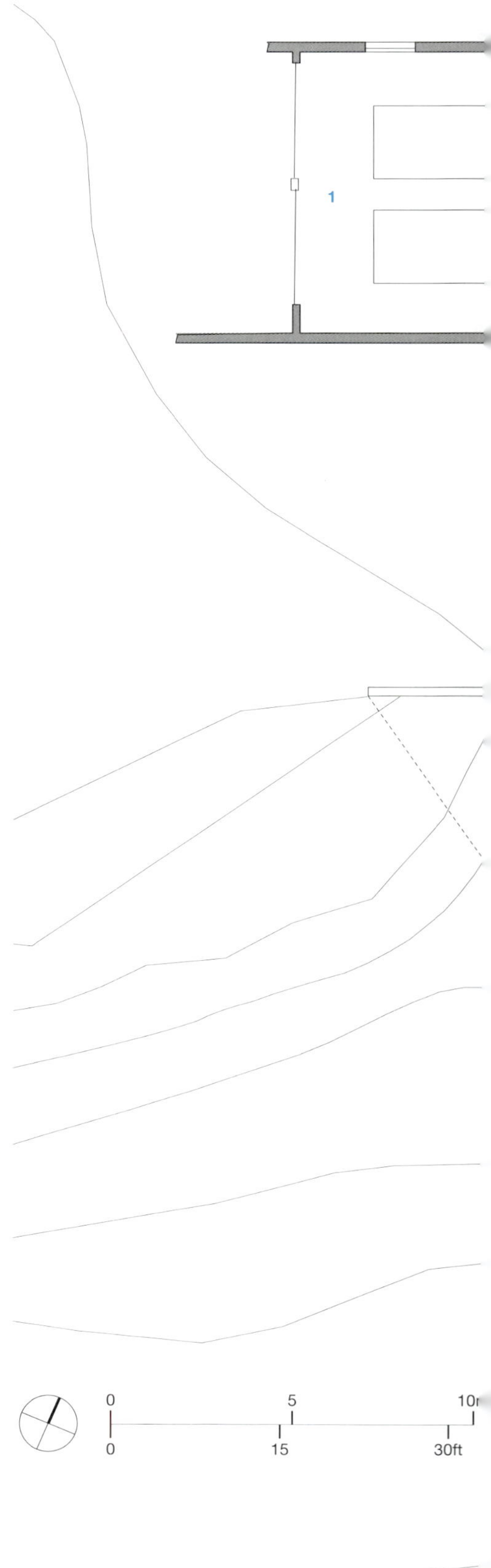

24.01
1층 평면도
1:200

1 차고
2 진흙욕장
3 입구
4 식료품실
5 주방
6 식당
7 객실용 욕실
8 드레스룸
9 객실
10 욕실
11 객실용 화장실
12 침실
13 외부 식당
14 주침실용 드레스룸 및 욕실
15 주침실
16 식당
17 벽난로
18 거실
19 거실
20 테라스

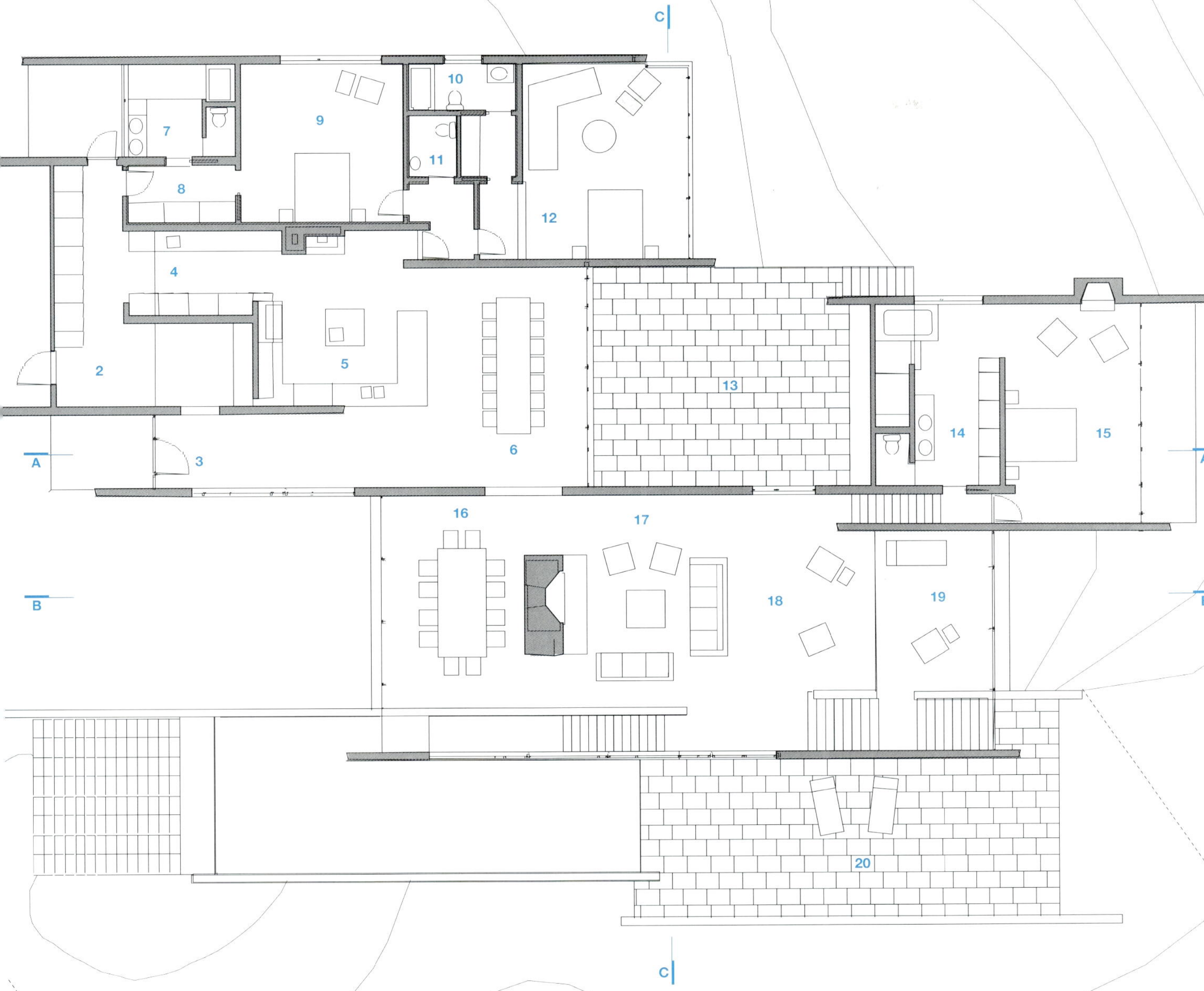

24.02
저층 평면도
1:200

1 침실
2 화장실
3 한증실 및 샤워실
4 화장실
5 객실
6 욕실
7 서재 및 시청각실

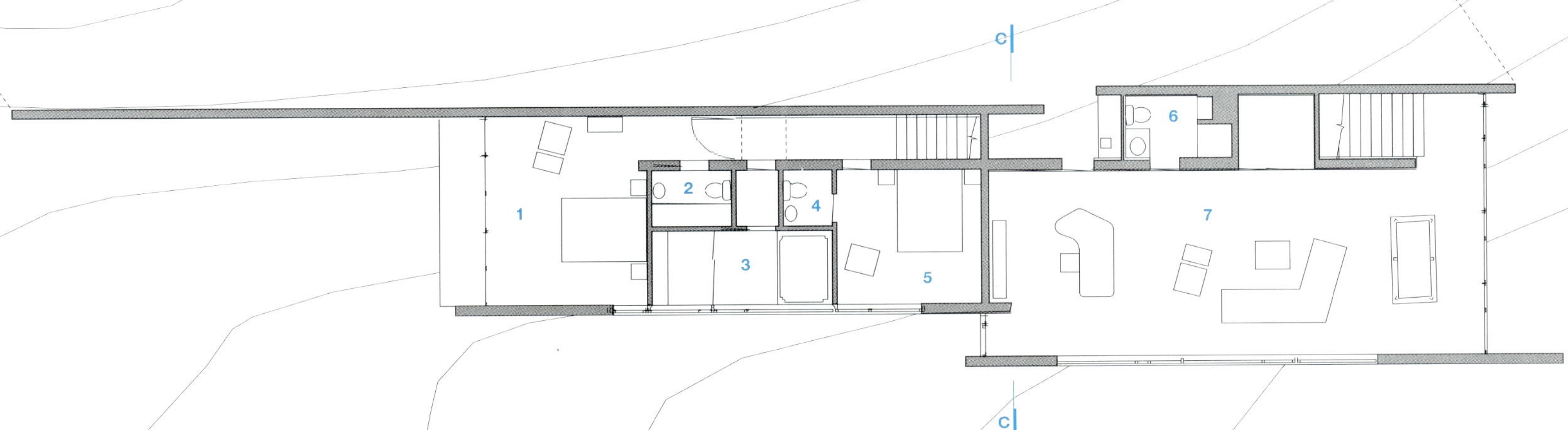

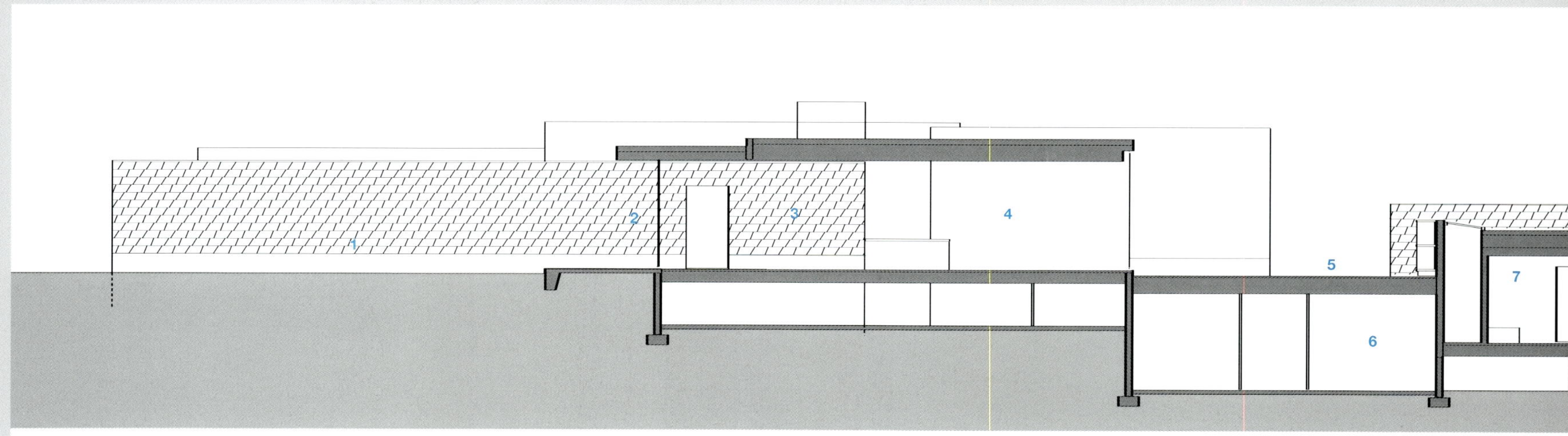

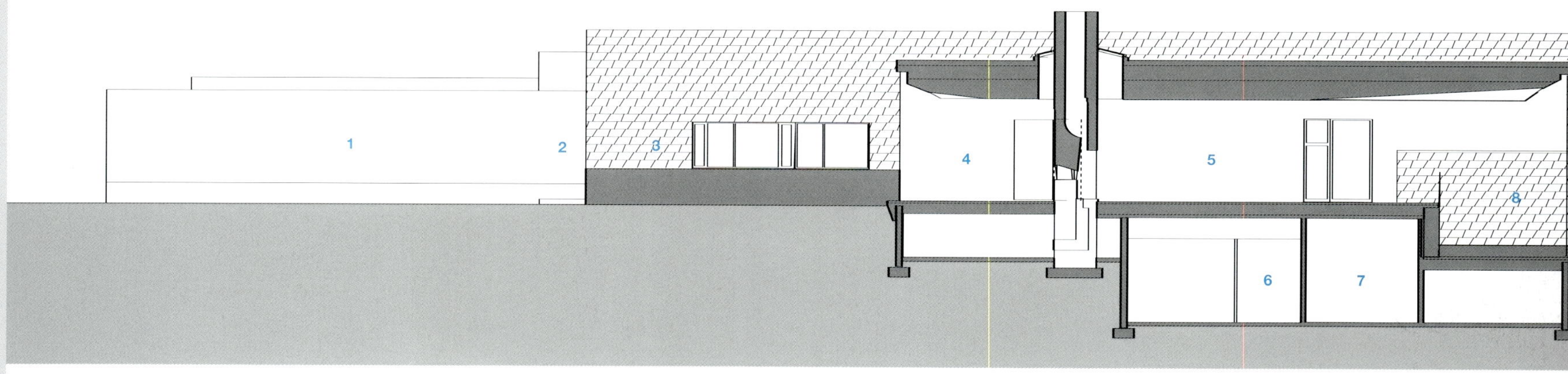

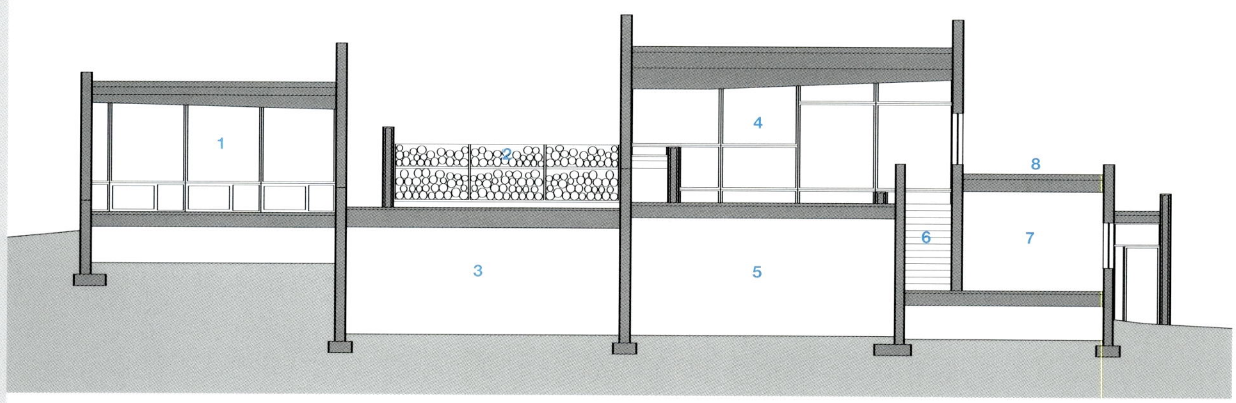

24.03
단면도 A-A
1:200

1 진입로
2 입구
3 주방
4 식당
5 외부 식당
6 기계실
7 주침실용 욕실
8 주침실

24.04
단면도 B-B
1:200

1 진입로
2 입구
3 조각정원
4 식당
5 거실
6 객실
7 서재 및 시청각실
8 거실

24.05
단면도 C-C
1:200

1 침실
2 외부 식당
3 기계실
4 거실
5 체력단련실
6 계단
7 서재 및 시청각실
8 테라스

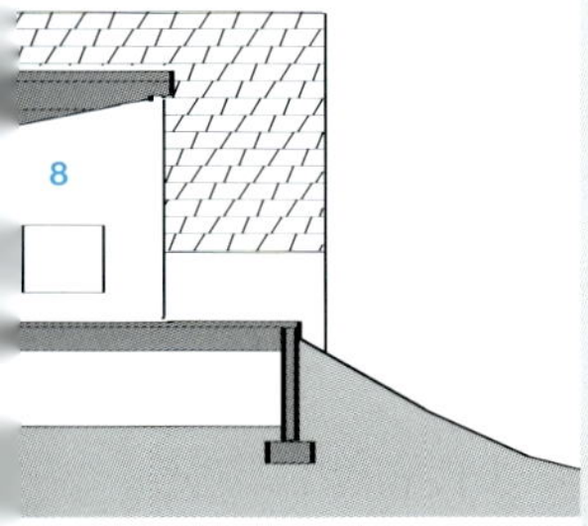

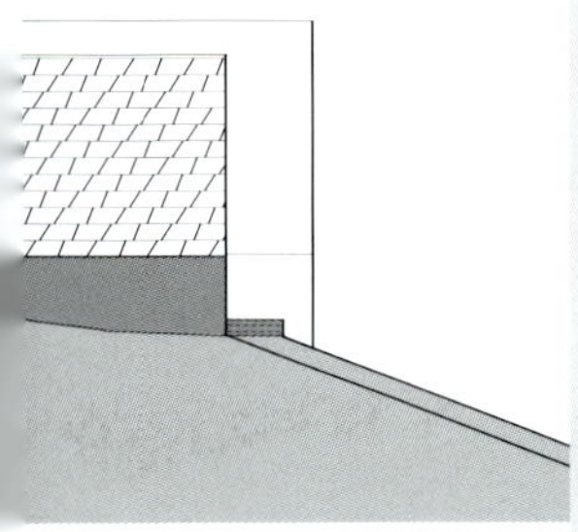

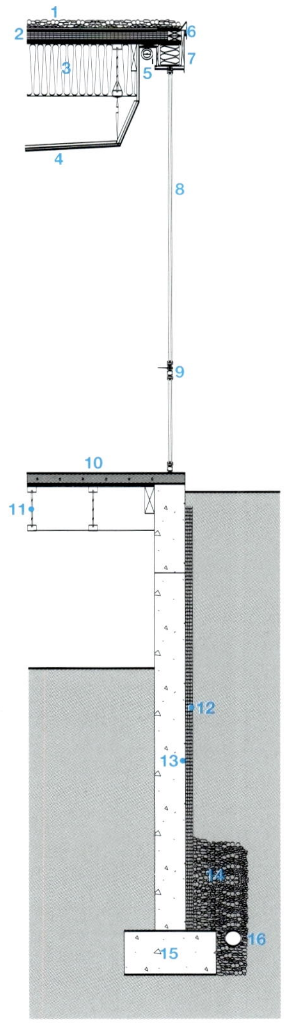

24.06
창문측 벽 단면도
1:50

1 12mm (1/2인치) 재생 판넬 상부 자갈층
2 경질 단열재
3 솜 단열재
4 석고보드
5 롤러 블라인드
6 자갈층의 경계로 설치된 스테인레스 스틸 플래싱 및 압력처리 목제 띠벽에 설치한 25mm (1인치) 낙수 홈
7 압력처리 목제 띠벽에 설치한 스테인레스 스틸 플래싱
8 투명 유리
9 철제 멀리온
10 콘크리트 슬라브
11 TJI 골조
12 50mm (2인치) 두께의 경질 단열재
13 철근콘크리트 기초벽
14 자갈 충전재
15 철근콘크리트 기초
16 100mm (4인치) 타일 배수구 상부 여과막

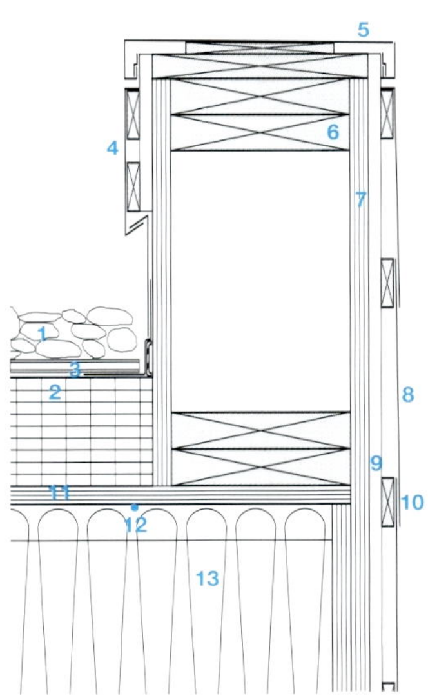

24.07
쉼글벽 상세도
1 1:10

1 12mm (1/2인치) 재생 판넬 상부 자갈층
2 테이퍼 처리 사출 성형 폴리스티렌 단열재
3 완전 접착 EPDM 지붕막
4 스테인레스 스틸 플래싱
5 스테인레스 스틸 스프링 블록에 부착된 18게이지 내후성강 덮개
6 오리대
7 19mm (3/4인치) 합판
8 후면이 도색된 18게이지 내후성강 쉼글, 매립식 철제 파스너와 50mm (2인치) 겹치도록 침목에 고정
9 12mm (1/2인치) 압력처리 수직 침목
10 펠트로 감싼 12mm (1/2인치) 압력처리 수평 침목
11 19mm (3/4인치) 합판에 맞게 설치된 지붕재
12 19mm (3/4인치) 합판
13 솜 단열재

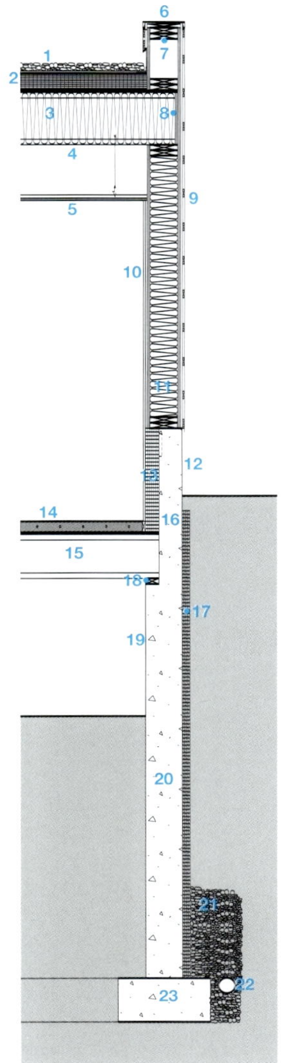

24.08
쉼글벽 단면도
1:50

1 12mm (1/2인치) 재생 판넬 상부 자갈층
2 경질 단열재
3 솜 단열재
4 수분 차단막
5 석고보드
6 18게이지 내후성강 덮개
7 오리대
8 합판
9 후면이 도색된 18게이지 내후성강 쉼글, 매립식 철제 파스너와 50mm (2인치) 겹치도록 침목에 고정
10 석고보드
11 솜 단열재
12 철근콘크리트 벽
13 12mm (1/2인치) 두께의 경질 단열재
14 철근콘크리트 슬라브
15 TJI 골조
16 Bituthene 방수막
17 50mm (2인치) 두께의 경질 단열재
18 오리대
19 방습막
20 철근콘크리트 기초 벽
21 자갈 충전재
22 100mm (4인치) 타일 배수구 상부 여과막
23 철근콘크리트 기초

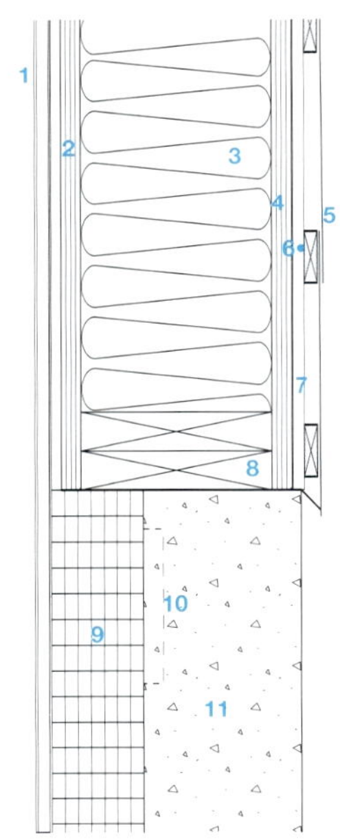

24.09
쉼글벽 상세도
2 1:10

1 석고보드
2 합판
3 솜 단열재
4 합판
5 후면이 도색된 18게이지 내후성강 쉼글, 매립식 철제 파스너와 50mm (2인치) 겹치도록 침목에 고정
6 펠트로 감싼 12mm (1/2인치) 압력처리 수평 침목
7 스테인레스 스틸 플래싱
8 오리대
9 89mm (3 1/2인치) 두께의 경질 단열재
10 창문 지지대 내부에 매립된 플레이트
11 철근콘크리트

25
Julie Snow Architects

Koehler House
Bay of Fundy, New Brunswick, Canada

Client
Mary Beth and David Koehler

Area
139 square metres (1,500 square feet)

Project Team
Julie Snow, Ben Awes, Jim Larson, Connie Lindor, Ken McQuade, Lucas Alm

Structural Engineer
John Johnson Engineers/Campbell Comeau Engineering Ltd

Main Contractor
ERB Builders

Koehler house는 드문드문 가문비나무와 소나무가 자라 있는 화강암 절벽 위에 펀디만을 내려다 보며 자리잡고 있다. 현대주의적인 느낌을 숨김 없이 드러내는 이 주택은 대담한 방식으로 아름다운 자연 경관과 균형을 맞추고 있다. 건물이 위치하고 있는 극적이면서도 고립된 느낌의 대지 주변으로는 어떠한 건물도 존재하지 않는다. 건물은 동서 방향의 축을 따라 놓인 2층의 정방형 평면으로 설계되었으며, 한쪽 끝은 절벽 위로 돌출되어 있다. 이렇듯 강력한 건축적 형태를 통해 건물은 마치 지평선에 고정되어 있으면서도, 지평선 위로 떠 있는 듯한 느낌을 동시에 나타내고 있다.

전방향에 걸쳐 아름다운 경관을 담아내고 있는 유리벽은 완전히 개방하거나, 반투명 커튼으로 가릴 수 있다. 오픈 플랜으로 설계된 거실과 식당에 설치된 2개의 아일랜드 주방은 조리대 내부로 선반과 설비들을 숨겨 시야를 가리지 않도록 만들어져 있다. 건물의 디자인은 선박의 디자인을 다소 차용하고 있지만, 있는 그대로의 모습을 그대로 따오지는 않는다. 매립식 슬라이딩 문은 투명한 침실 공간을 마치 선실과도 같은 개인적인 공간으로 전환시키며, 주택 내부의 모든 물건에는 이를 수납할 수 있는 공간이 딸려 있다. 외부 공간은 자연 환경을 바라볼 수 있는 다양한 공간으로 만들어져 있는데, 이는 각각 별을 바라볼 수 있는 지붕이 없는 데크, 비를 피할 수 있는 지붕이 있는 데크, 그리고 방충망이 설치된 포치이다. 건물은 가볍고 우아한 느낌으로 다가오지만, 기후의 영향과 외부에 그대로 드러나 있는 대지적 특성에 대응하기 위해 매우 견고하게 만들어졌다.

1

1 2층에 걸쳐 사용된 유리벽은 절벽과 바다의 경관이 건축의 일부가 될 수 있도록 한다.
2 지붕이 덮힌 테라스와 상부의 지붕이 없는 데크는 주택의 가장 인상적인 공간이다. 세장한 철골 구조체는 마치 주택이 공중에 떠 있는 듯한 느낌을 연출한다.
3 주방은 선반과 설비가 모두 속으로 감춰져 있는 2개의 아일랜드식 조리대로 이루어져 아무런 장애물 없이 외부 경관을 받아들인다.
4 백색으로 도색한 벽과 엷은 색을 띠는 목재의 느낌은 건물을 대지에 고정시키는 듯이 보이는 석조 굴뚝에 의해 강화된다.

2

3

4

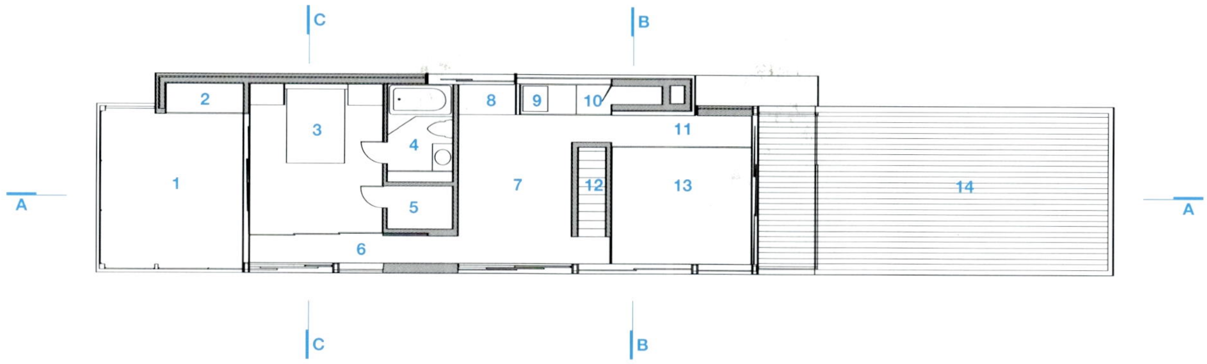

25.01
2층 평면도
1:200
1 중정
2 벽장
3 주침실
4 욕실
5 벽장
6 복도
7 서재
8 창가석
9 세탁건조기
10 벽장
11 복도
12 1층으로 향하는 계단
13 식당 상부
14 발코니

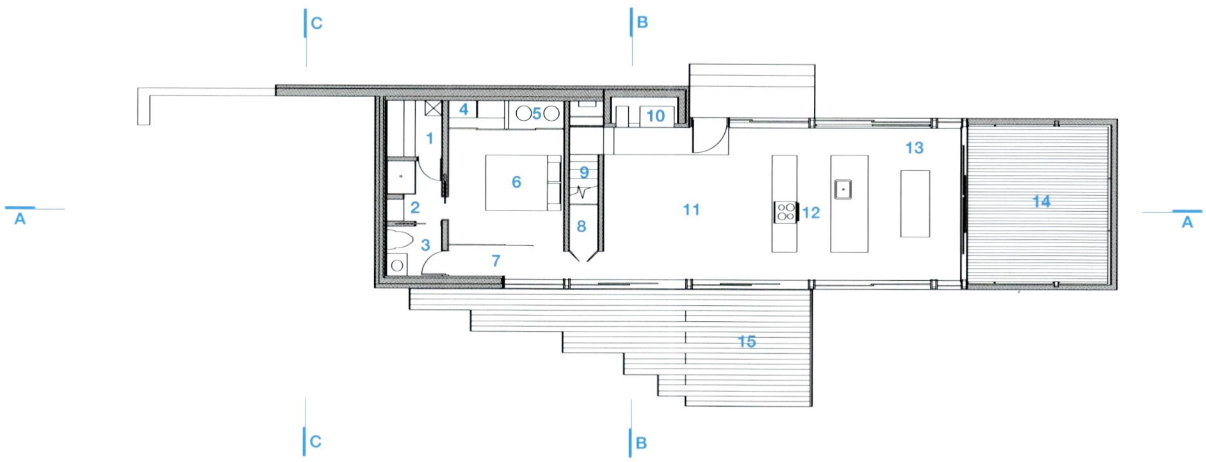

25.02
1층 평면도
1:200
1 사우나
2 샤워실
3 욕실
4 벽장
5 발전기실
6 침실
7 복도
8 벽장
9 2층으로 향하는 계단
10 벽난로
11 거실
12 주방
13 식당
14 지붕이 덮힌 데크
15 데크

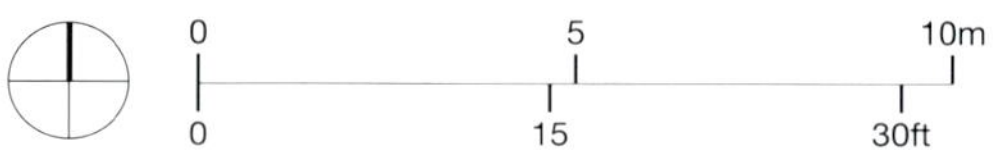

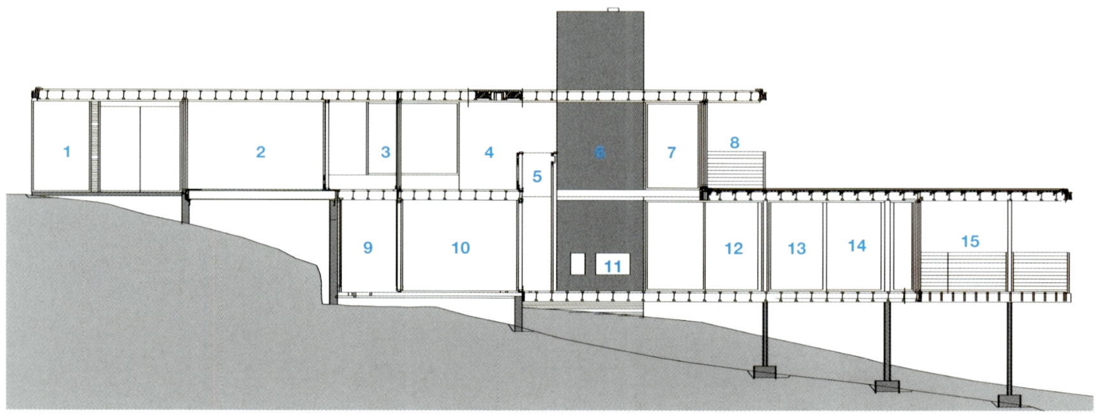

25.03
단면도 A-A
1:200
1 중정
2 주침실
3 벽장
4 서재
5 계단실
6 굴뚝
7 복도
8 발코니
9 샤워실
10 침실
11 벽난로
12 거실
13 주방
14 식당
15 지붕이 덮힌 데크

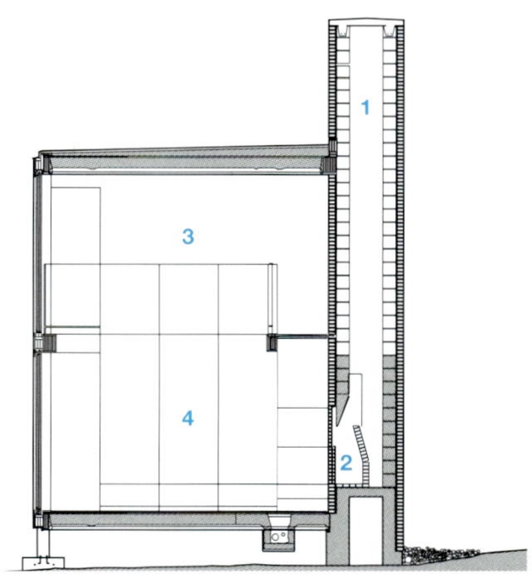

25.04
단면도 B-B
1:200
1 굴뚝
2 벽난로
3 복도
4 거실

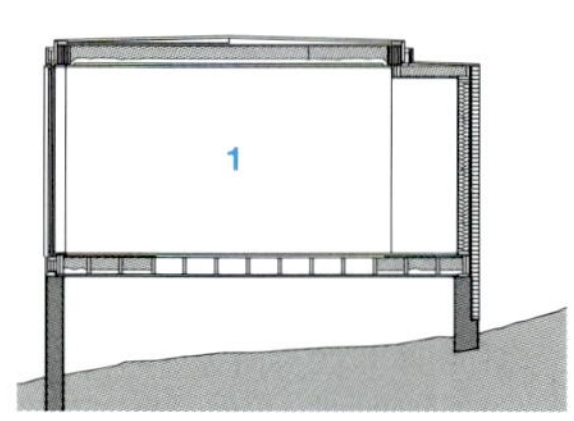

25.05
단면도 C-C
1:200
1 주침실

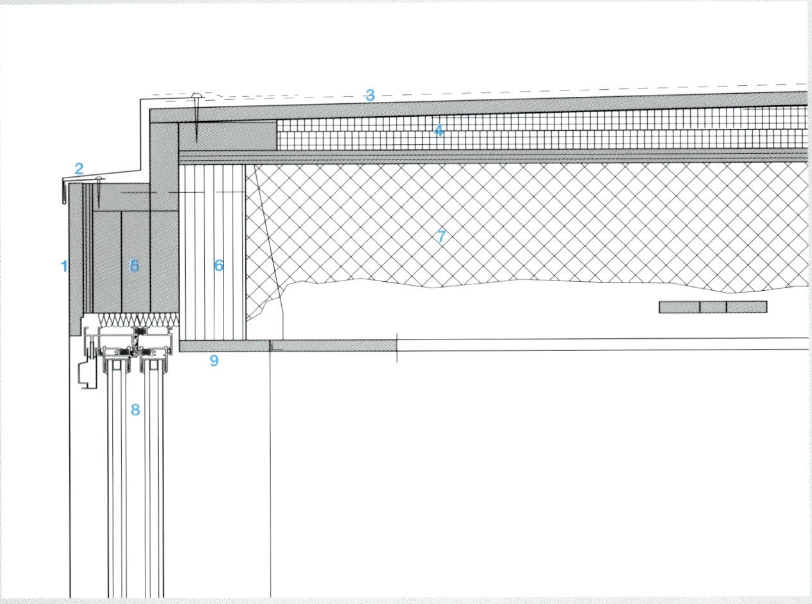

25.06
지붕 데크 상세도
1:10
1 삼나무 띠벽
2 스테인레스 스틸 지붕 단부
3 단겹 지붕막
4 경질 단열재
5 오리대
6 베니어 합판 인방
7 스프레이식 발포 단열재
8 알루미늄 슬라이딩 문 상부 프레임
9 단풍나무 내장재

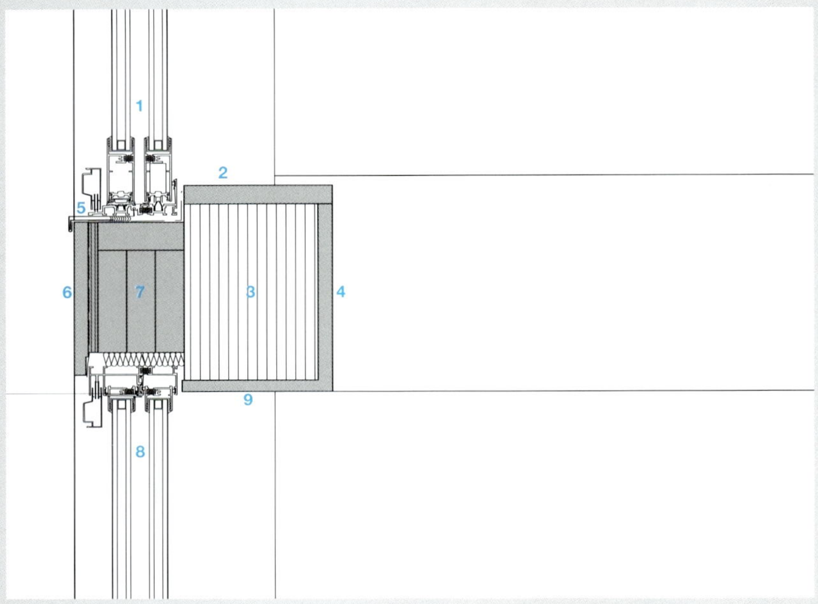

25.07
외벽 상세도
1:10
1 알루미늄 슬라이딩 문 하부 프레임
2 단풍나무 내장재
3 베니어 합판 인방
4 단풍나무 내장재
5 스테인레스 스틸 플래싱
6 삼나무 띠벽
7 오리대
8 알루미늄 슬라이딩 문 상부 프레임
9 단풍나무 내장재

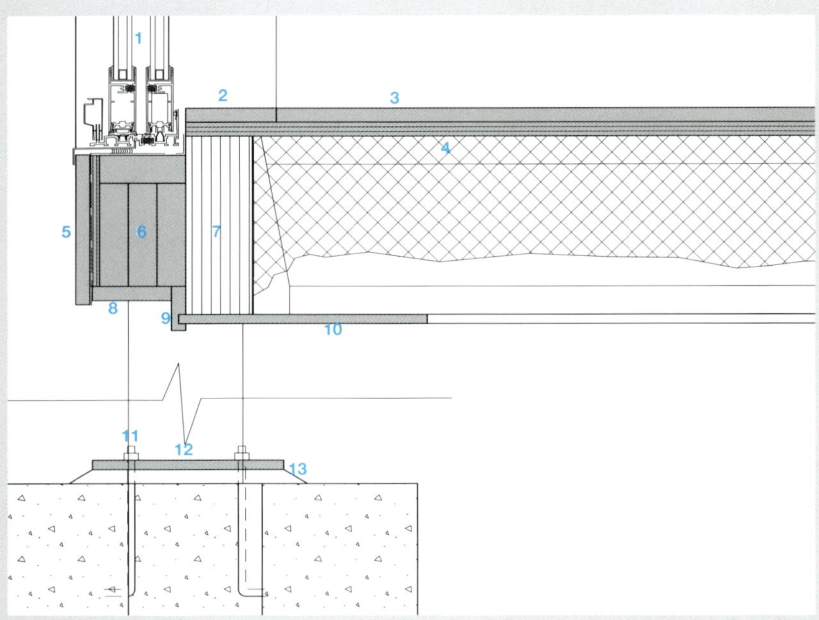

25.08
바닥 슬라브 상세도
1:10
1 알루미늄 슬라이딩 문 하부 프레임
2 단풍나무 내장재
3 단풍나무 바닥재
4 스프레이식 발포 단열재
5 삼나무 내장재
6 오리대
7 베니어 합판 인방
8 삼나무 내장재
9 삼나무 내장재
10 섬유시멘트 판넬
11 앵커 볼트
12 스테인레스 스틸 슈 플레이트
13 암반 상부 버림 콘크리트

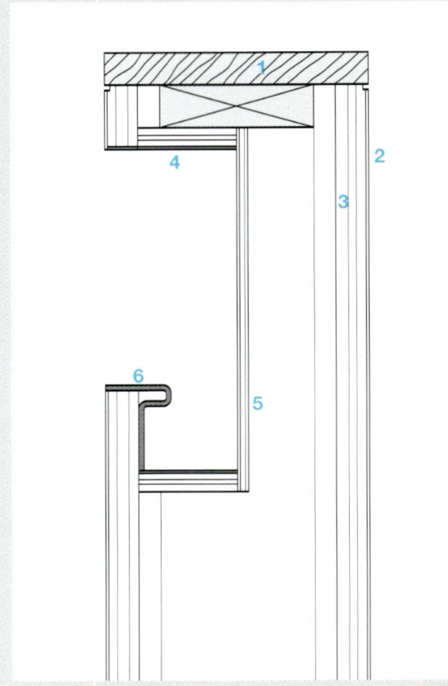

25.09
난간 상세도
1:5
1 19mm (3/4인치) 단풍나무 난간 덮개
2 19mm (3/4인치) 단풍나무 베니어 합판, 모든 줄눈 부위에 3mm (1/8인치) 문설주 설치
3 벽 판넬에 접착 및 나사로 고정되고, 스터드에 나사로 고정된 12mm (1/2인치) 판넬 클립
4 상, 하부에 설치된 12mm (1/2인치) 단풍나무 베니어 합판
5 후면 6mm (1/4인치) 합판
6 1.5mm (1/16인치) 스테인레스 스틸 난간, 용접 이음 부위는 부드럽게 연마 처리

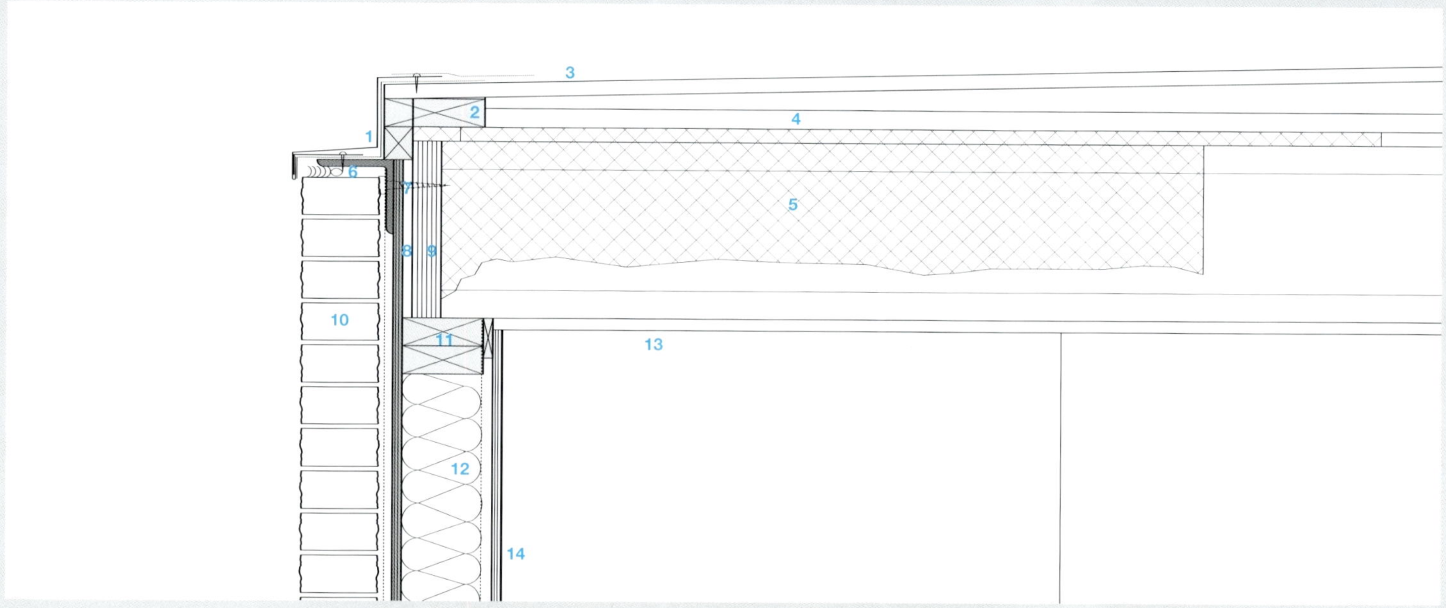

25.10
북측 지붕 단부 상세도
1:10

1 스테인레스 스틸 지붕 단부
2 오리대
3 단겹 지붕막
4 지붕 시트 상부 경질 단열재
5 스프레이식 발포 단열재
6 철제 앵글
7 덮개
8 공극
9 베니어 합판 인방
10 청석 외장재
11 목제 골조
12 솜 단열재
13 석고보드 천장재
14 석고보드 벽 내장재

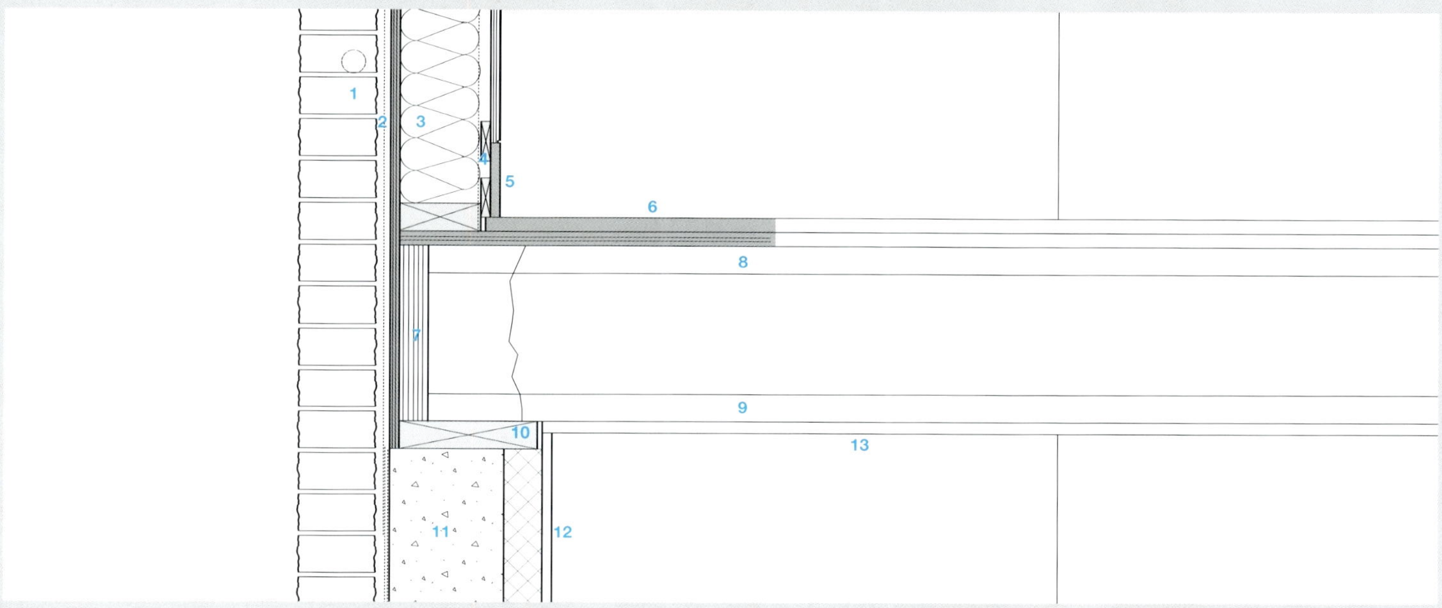

25.11
북측 바닥판 단부 상세도 1:10

1 청석 외장재
2 공극
3 솜 단열재
4 오리대
5 단풍나무 바탕판
6 단풍나무 바닥재
7 베니어 합판 인방
8 목제 장선
9 목제 장선
10 씰 플레이트
11 철근콘크리트 기초 벽
12 석고보드 벽 내장재
13 석고보드 천장재

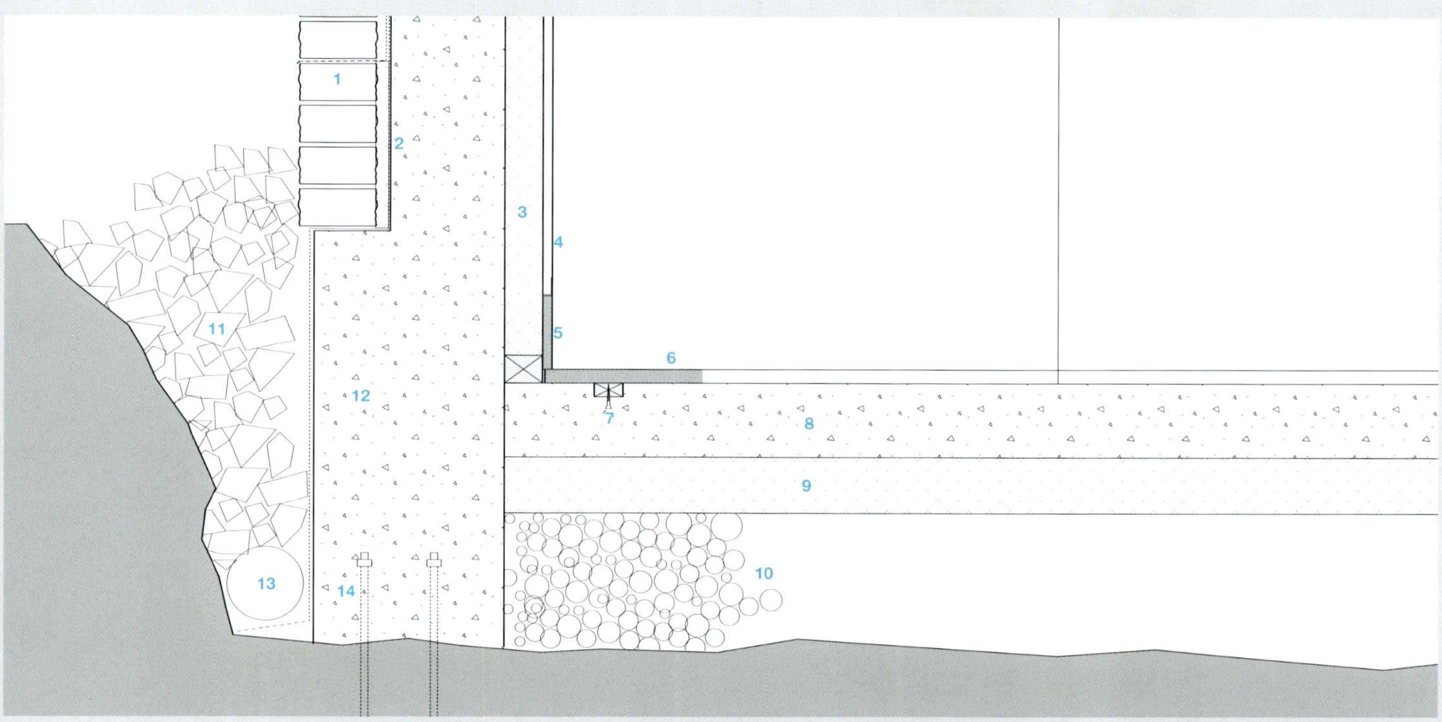

25.12
남측 기초 및 슬라브 상세도 1:10

1 청석 외장재
2 플래싱 및 그라우트
3 경질 단열재
4 석고보드 벽 내장재
5 단풍나무 바탕판
6 단풍나무 바닥재
7 퍼링 스트립
8 철근콘크리트 바닥 슬라브
9 경질 단열재
10 가공충전재
11 화강석 쇄석 충전재
12 철근콘크리트 기초 벽
13 타일 배수구
14 철제 기초 타이

26
Lorcan O'Herlihy Architects

Vertical House
Los Angeles, California, USA

Client
Lorcan O'Herlihy & Cornelia Hayes O'Herlihy

Area
223 square metres (2,400 square feet)

Project Team
Lorcan O'Herlihy, David Thompson, Kevin Tsai

Structural Engineer
Paul Franceschi

Main Contractor
Above Board Construction

매우 협소한 대지적 조건에 따라 이 주택은 건물의 앞, 뒤로 정원을 배치시키는 일반적인 교외 주택의 양식을 거부한다. 대신에 법규상 가능한 최대 한도로 공간을 평면적, 입체적으로 확장시키고, 공간의 활용성과 전망을 극대화하기 위해 층고를 늘리는 전략을 사용했다. 또한 외피의 전면에 걸쳐 수많은 작은 크기의 창을 설치하는 전략을 사용하고 있기도 하다. 105개의 좁은 수직 창은 3가지 종류의 유리로 만들어진 것으로, 가장 좋은 조망을 확보할 수 있는 위치에 각각 설치되었다. 이와 대조적으로 시멘트 섬유판은 투명한 유리와 달리 공간을 폐쇄하는 고형의 재료로써 사용되고 있다. 철제 모멘트 골조가 외피가 구조적인 역할을 담당하지 않을 수 있도록 구조적인 기능을 전담함으로써, 파사드에 사용된 유리와 시멘트 섬유판은 완전히 자유롭게 배치될 수 있었다. 이러한 표면의 형성 원리를 통해 이 건물의 느낌을 정의하는 것은 건물 매스의 형태가 아닌 건물의 외피로 국한된다.

주택은 총 4개의 층으로 구성되었으며, 1층은 차고와 작업실을 위해 일부가 파내어진 형태로 이루어졌다. 2층에는 주침실과 객실이, 3층에는 거실, 주방, 식당이 각각 위치하고 있다. 지붕 테라스에는 유리벽으로 둘러 쌓인 공간이 위치하고 있는데, 바다의 경관을 즐길 수 있는 외부 공간으로 계획되었다. 건물의 중앙을 관통하는 코어는 주계단과 수납 공간으로 이루어졌다.단순한 형태의 매스를 감싸고 있는 리드미컬한 느낌의 외피는 건물의 표현성을 지배하는 요소로 작용하며, 대지의 제약 조건에 대응함과 동시에 안락하고, 빛으로 가득 찬 가족만의 공간을 만들고 있다.

1

2

1 거리측 파사드의 모습 – 최상의 조망권을 얻을 수 있도록 창은 바닥 슬라브의 위치에 관계 없이 파사드 전체에 걸쳐 자유롭게 배치되어 있다.
2 3종류의 유리와 시멘트 섬유판이 번갈아서 배치되며 파사드를 형성한다.
3 북측 파사드에 면하는 적색의 철제 나선계단은 피난 계단으로 사용되는 동시에 건물에 조각적인 느낌을 추가로 부여하고 있다.
4 3층 거실의 전경.
5 주침실의 전경 – 수납이 가능한 벽과 슬라이딩 문은 공간의 크기를 극대화시킨다.
6 조각적인 느낌의 벽은 거실에 위치하는 많은 수납 공간을 가리고 있다.

3

4

5

6

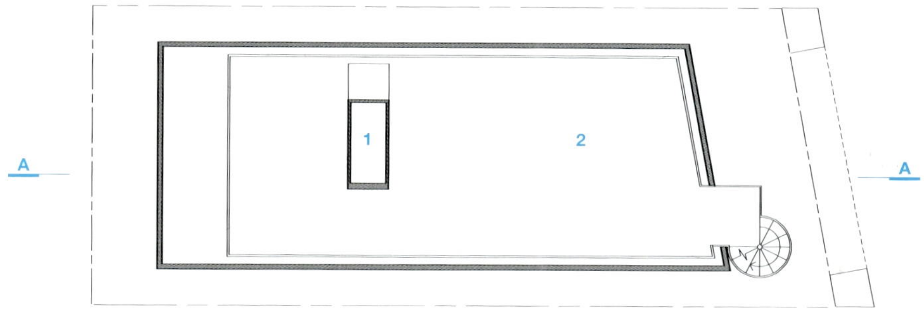

26.01
지붕 평면도
1:200
1 유리 파빌리온
2 지붕 테라스

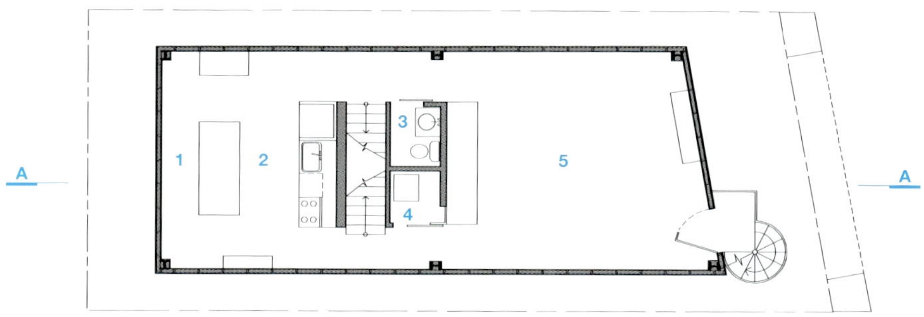

26.02
3층 평면도
1:200
1 식당
2 주방
3 화장실
4 세탁실
5 거실

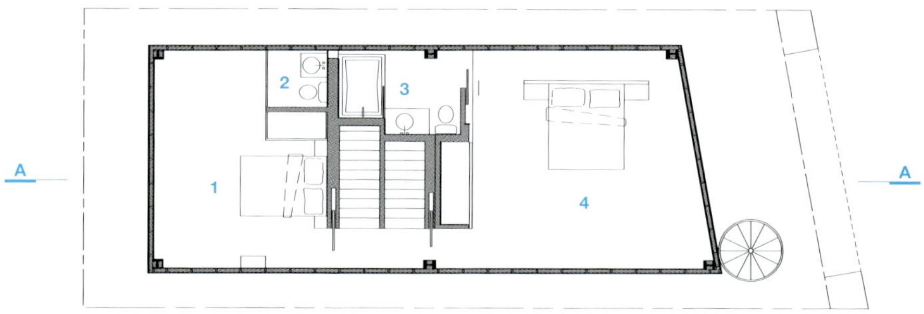

26.03
2층 평면도
1:200
1 객실
2 객실용 욕실
3 주침실용 욕실
4 주침실

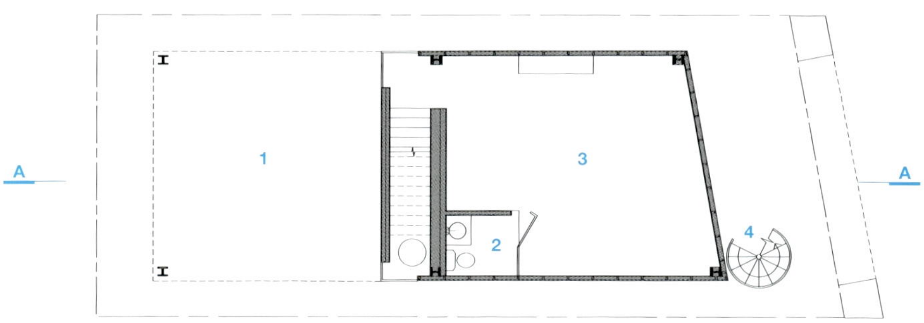

26.04
1층 평면도
1:200
1 차고
2 화장실
3 작업실
4 피난계단

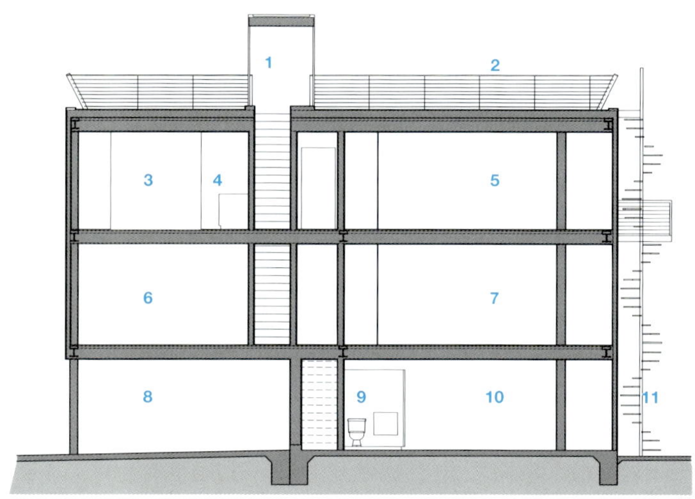

26.05
단면도 A-A
1:200
1 유리 파빌리온
2 지붕 테라스
3 식당
4 주방
5 거실
6 객실
7 주침실
8 차고
9 화장실
10 작업실
11 피난계단

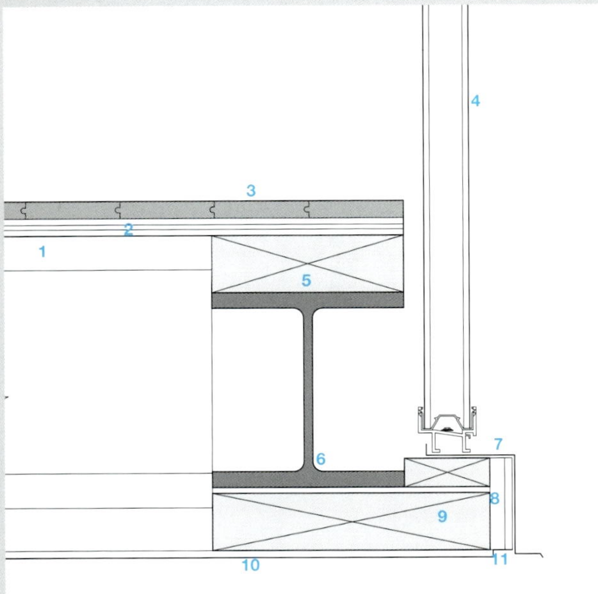

26.06
창 하부 상세도
1:5
1 목제 장선
2 합판 바탕마루
3 장부이음식 활엽수 바닥재
4 U-glass 창유리 시스템
5 오리대
6 철제 보
7 방수지 상부 금속 플래싱, 외측면 Cemplank 마감 처리
8 하부 합판층
9 오리대
10 외측면 Cemplank 마감 처리
11 Z자형 Reglit 부재

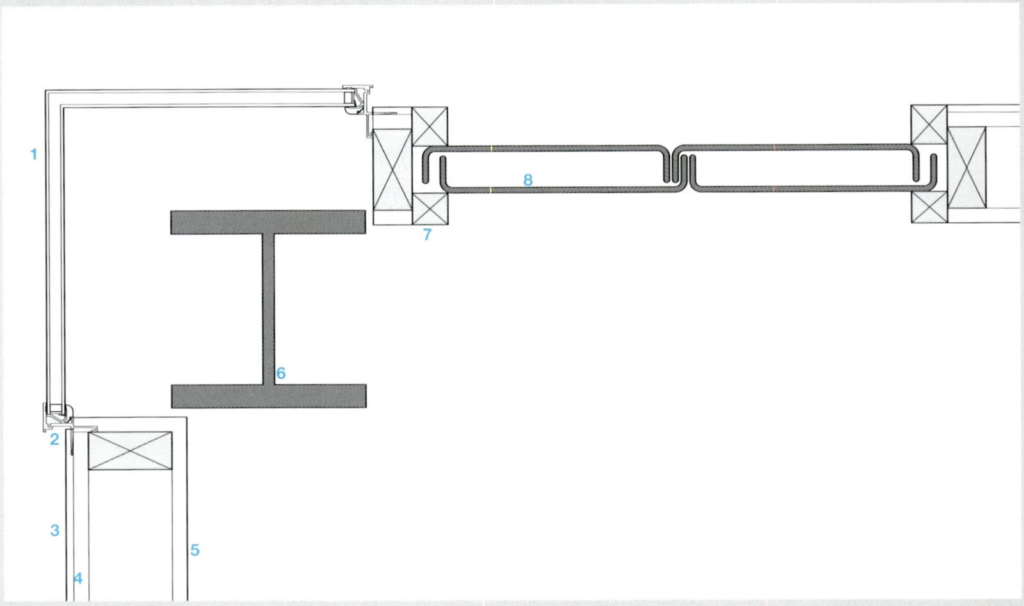

26.07
코너부 창 상세도
1:5
1 Milguard 시스템 창호
2 모든 창의 단부에 설치된 Bituthene 방수막
3 외측면 Cemplank 마감 처리
4 하부 합판층
5 내측면에 설치된 석고보드
6 철제 보
7 오리대
8 U-glass 창유리 시스템

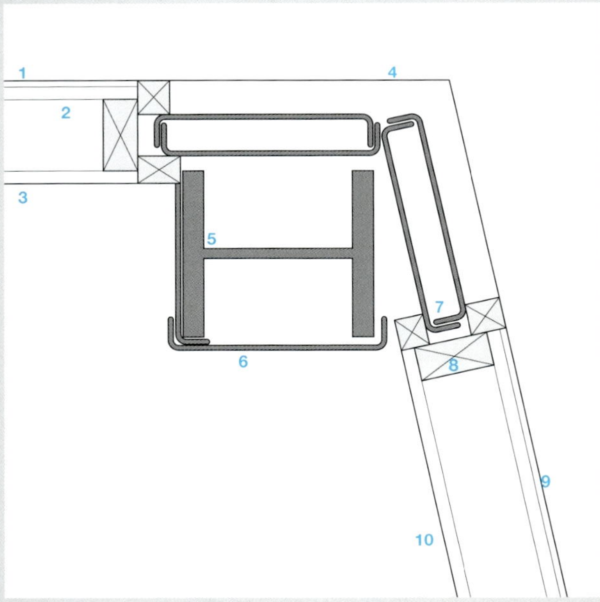

26.08
코너부 창유리 상세도
1:5
1 외측면 Cemplank 마감 처리
2 하부 합판층
3 내측면에 설치된 석고보드
4 하부 외벽 경계선
5 철제 보
6 U-glass 창유리 시스템
7 U-glass 창유리 시스템
8 오리대
9 외측면 Cemplank 마감 처리
10 내측면에 설치된 석고보드

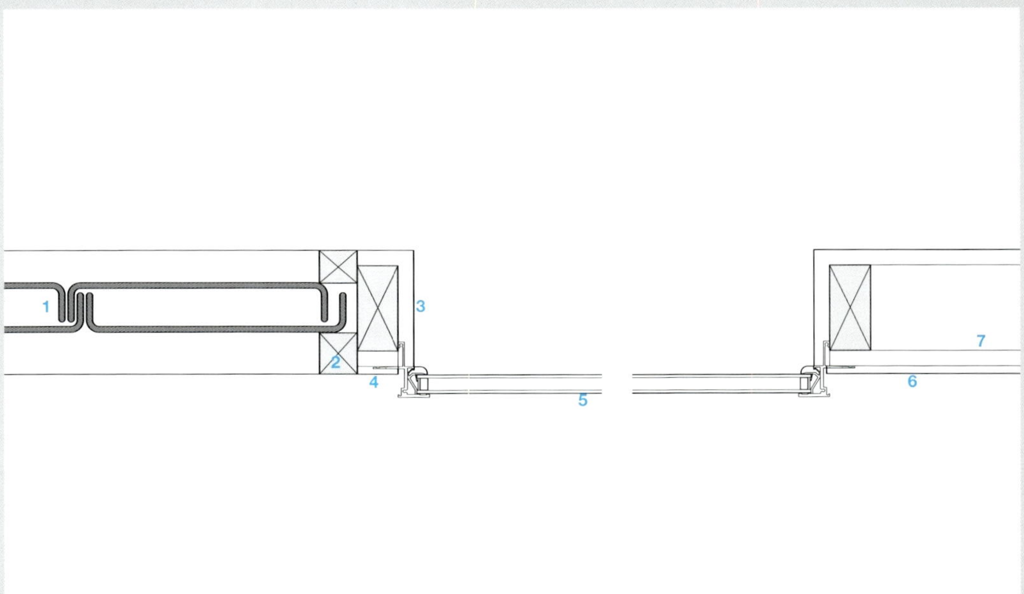

26.09
벽 조립 상세도
1:5
1 U-glass 창유리 시스템
2 오리대
3 내부 건식벽 마감
4 외측면 Cemplank 마감 처리
5 Milguard 시스템 창호
6 외측면 Cemplank 마감 처리
7 하부 합판층

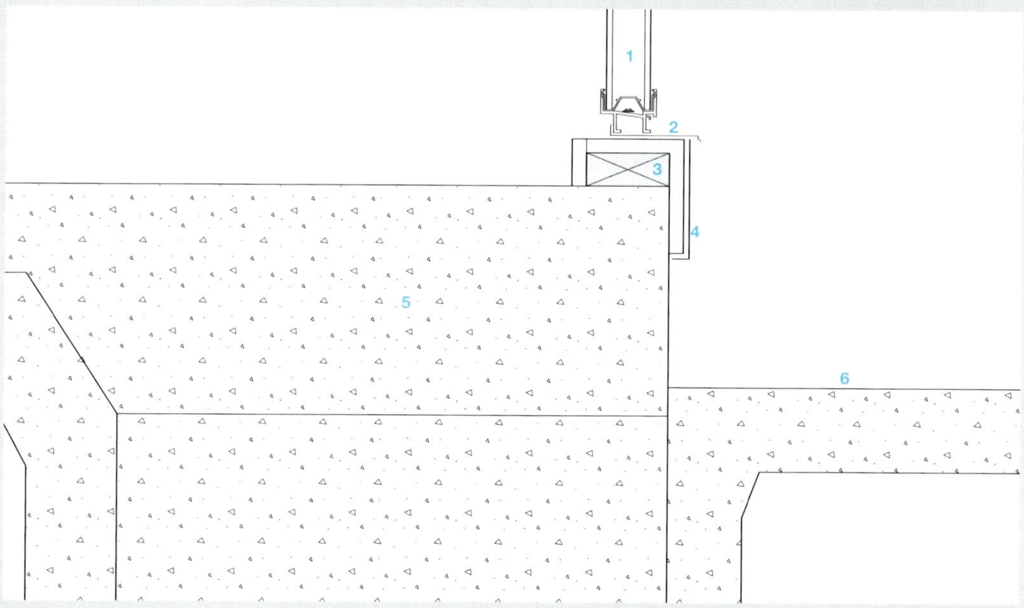

26.10
창유리 하부 상세도
1:5
1 U-glass 창유리 시스템
2 금속 플래싱
3 씰 플레이트
4 구조용 합판 위에 설치된 양극산화처리 알루미늄 앵글
5 철근콘크리트 기초
6 대지 마감선

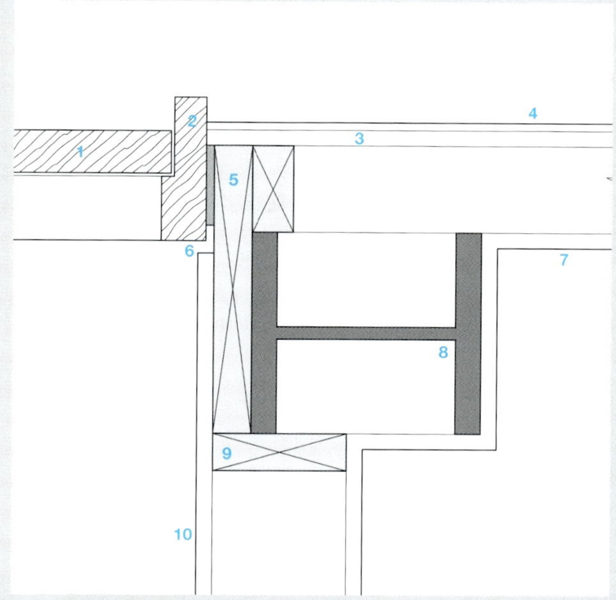

26.11
문설주 상세도
1:5
1 목제 문짝
2 목제 문 프레임
3 하부 합판층
4 Milguard 시스템 창호
5 쐐기
6 Z자형 Reglit 부재
7 건식벽 마감
8 철제 기둥
9 오리대
10 건식벽 마감

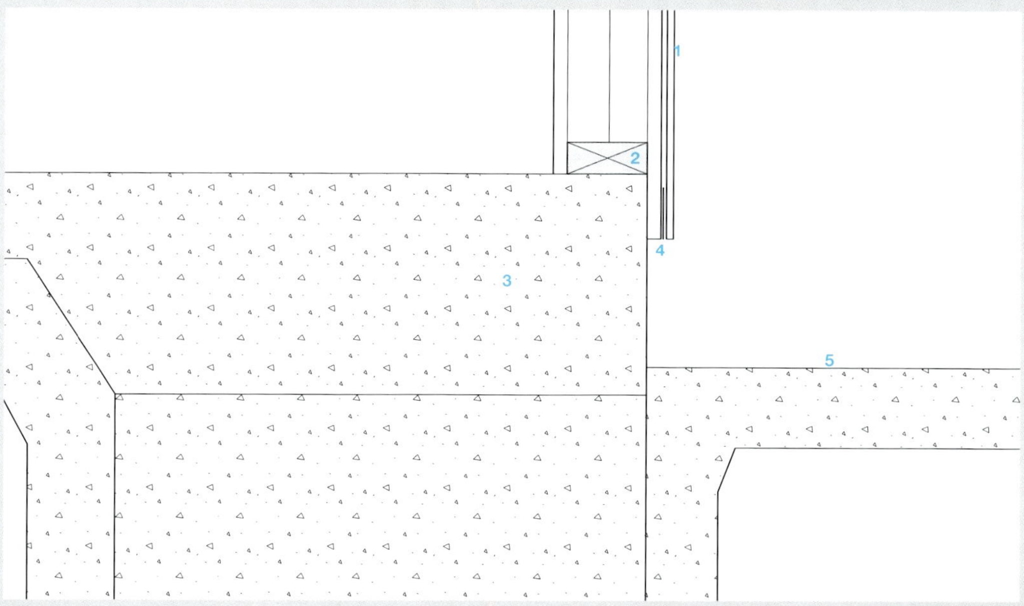

26.12
벽 하부 상세도
1:5
1 하부 합판층 상부 Cemplank 외부 마감
2 목제 씰 플레이트
3 철근콘크리트 기초
4 배수 스크리드
5 대지 마감선

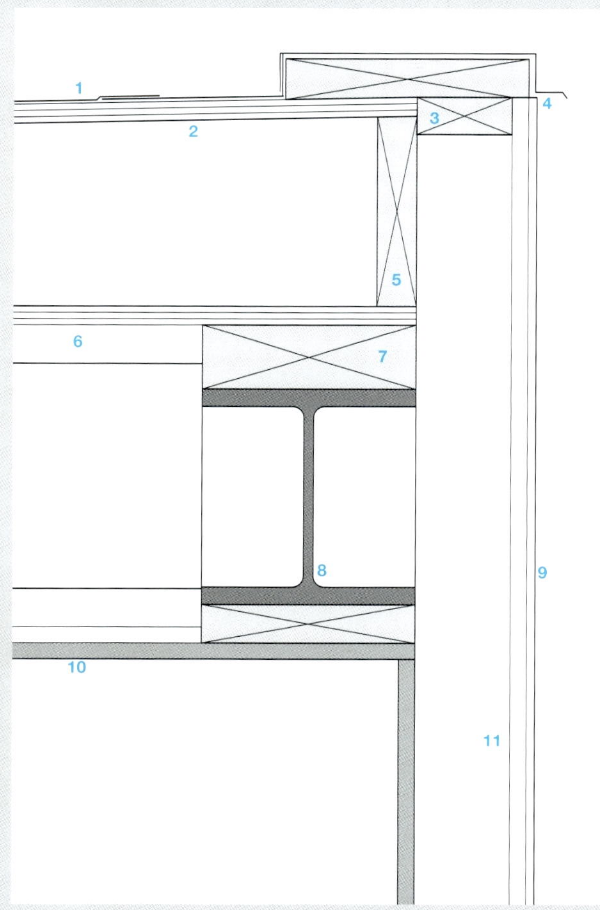

26.13
파라펫 상세도
1:5
1 조립식 시스템 지붕
2 구조용 합판
3 오리대
4 금속 플래싱
5 목제 지붕 프레임
6 TJI보
7 목제 네일 플레이트
8 철제 보
9 6mm (1/4인치) Cemplank 외장재
10 15mm (5/8인치) 석고보드 천장재
11 외부용 석고보드

27
Mack Scogin Merrill Elam Architects

Mountain Tree House
Dillard, Georgia, USA

Area
186 square metres (2,000 square feet) house and deck

Project Team
Mack Scogin, Merrill Elam, David Yocum, Penn Ruderman, Denise Dumais

Structural Engineer
Palmer Engineering

Landscape Architect
Marchant Martin

Lighting Designer
Ramón Noya, Ramón Luminance Design, Atlanta, Georgia

Builder
Winfred McKay Construction

이 흥미로운 게스트하우스는 애팔래치아 산맥의 한 편에 위치하는 아름다운 삼림지대에 자리잡고 있다. 동일한 건축가가 설계한 기존 주택 인근에 추가로 숙소를 만들기 위해 지어진 이 간결한 형태의 건물은 조경용 식재를 보관할 창고와 침실, 욕실, 실외 거실 데크를 담고 있다. 철재와 목재로 만든 단순한 골조 위에 철재와 유리를 덮어 만든 이 건물은 큰 철근콘크리트 구조물 위로 돌출되어 있으며, 한 편으로는 긴 데크가, 다른 한 편으로는 아래로 향하는 램프가 위치하고 있다. 간결한 배치에도 불구하고 채움과 비움, 입체적인 요소와 평면적인 요소, 불투명함과 투명함, 무광과 광택간의 균형을 섬세하게 조절함으로써 건물은 보다 변화무쌍한 느낌을 나타내고 있다.

건물에 사용된 주재료인 유리, 코텐강, 슬레이트, 콘크리트가 매우 현대적인 재료임에도 불구하고, 건축물 자체의 느낌이나 건축 방식보다 더욱 두드러지게 나타나는 것은 건물이 자연 환경과 대응하고 있는 방식이다. 코텐강으로 만든 벽과 반투명 유리벽 사이의 좁은 틈을 따라 위로 이어지는 램프는 내부 공간과 외부 공간을 통합시키며 슬레이트로 덮힌 데크로 이어진다. 세장한 철제 기둥으로 지지되는 구조체는 건물을 둘러싸고 있는 포플러나무들이 이루는 리듬을 따른다. 데크 사이의 좁은 틈으로는 대나무가 자라나 마치 건물이 무성한 이파리 위에 떠 있는 듯한 느낌을 준다.

1 건물을 둘러싸고 있는 포플러나무의 가늘고 수직적인 느낌은 구조물에 사용된 수직재의 반복적인 느낌과 대응하며, 코텐강으로 만든 수평 슬라브와는 대조를 이룬다.
2 파빌리온에서 바라본 거실 데크의 모습. 데크 바닥판의 좁은 틈은 데크 아래 지표로부터 대나무가 자라날 수 있게 하여, 건물과 숲이 융화되도록 한다.
3 거실 데크는 그대로 이어져 숲으로 향하는 브릿지가 된다. 브릿지를 지지하는 세장한 철제 기둥은 주변의 수목과 대나무 사이에서 거의 드러나지 않는다.
4 반투명 유리 외벽과 코르텐강으로 이루어진 건물의 외피로 둘러 쌓인 램프는 방문자를 데크로, 그리고 다시 데크에서 객실로 인도한다.
5 램프의 모습. 정교하게 만들어진 상세는 재료의 거친 느낌 뒤에 감춰져 있다. 접합부, 줄눈, 표면은 내, 외부 모두 완전히 마감처리되었다.

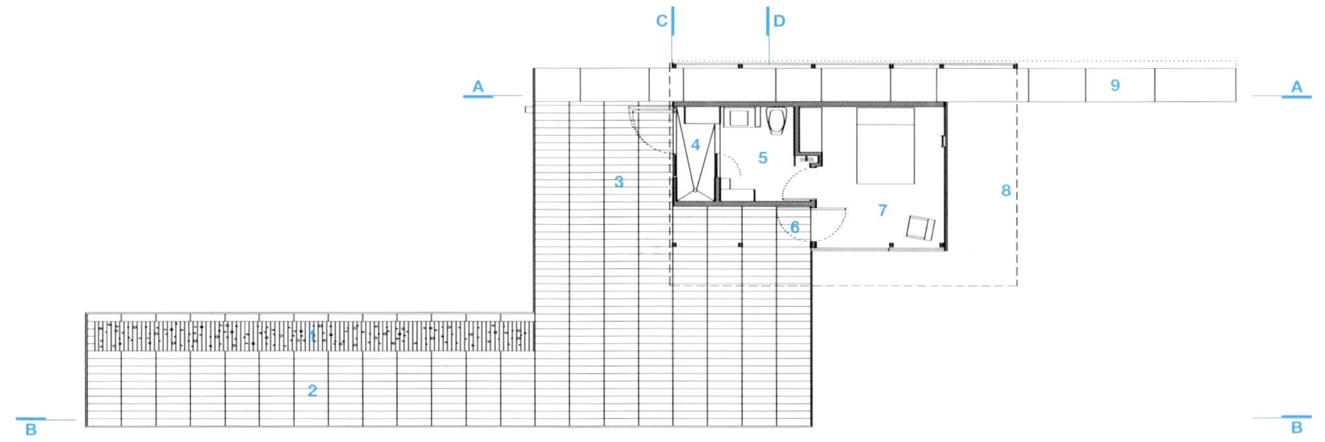

27.01
상부층 평면도
1:200

1 대나무 정원
2 브릿지 데크
3 거실 데크
4 샤워실
5 욕실
6 입구
7 침실
8 상부 지붕 경계선
9 램프

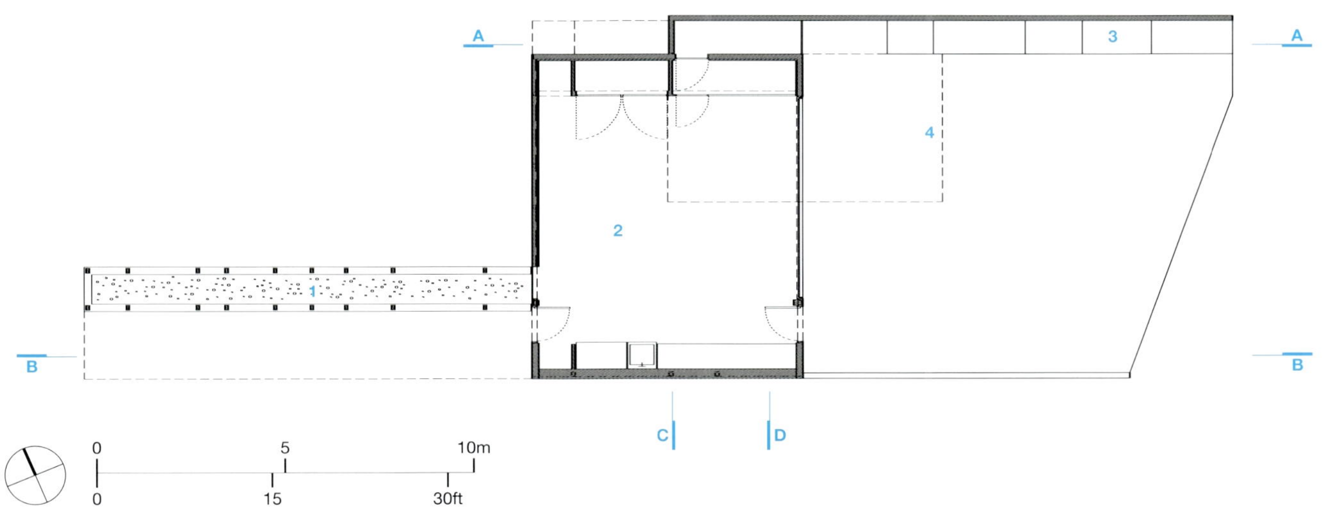

27.02
하부층 평면도
1:200

1 대나무 정원
2 차고 및 식재 창고
3 램프
4 상부 파빌리온 경계선

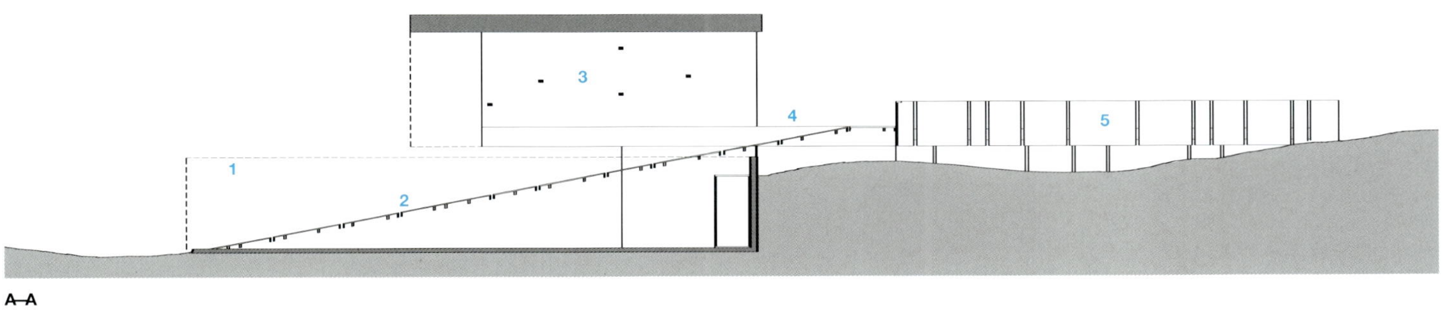

27.03
단면도 A-A
1:200

1 콘크리트 벽 경계선
2 램프
3 파빌리온
4 거실 데크
5 브릿지 난간

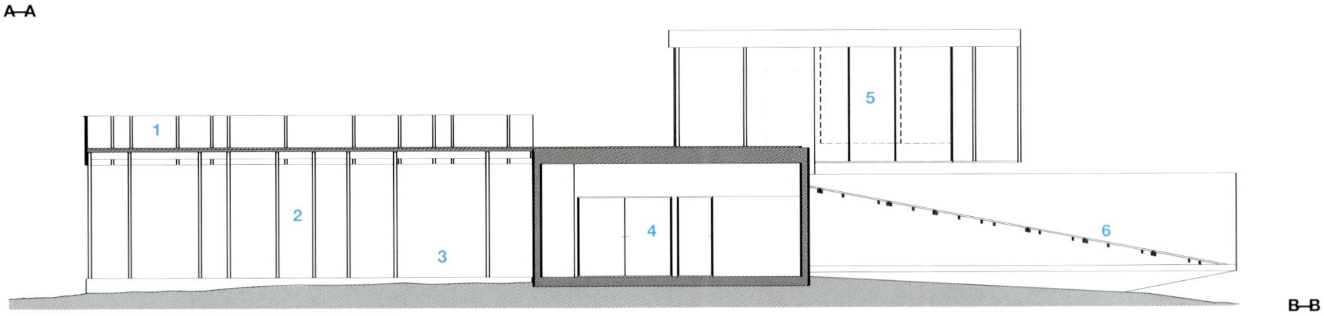

27.04
단면도 B-B
1:200

1 브릿지 난간
2 철제 기둥
3 대나무 정원
4 식재 창고
5 파빌리온
6 램프

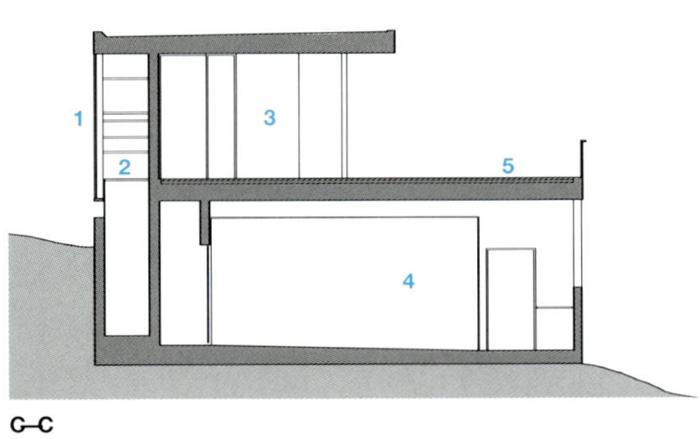

27.05
단면도 C-C
1:200

1 반투명 유리벽
2 램프
3 샤워실
4 차고 및 식재 창고
5 거실 데크

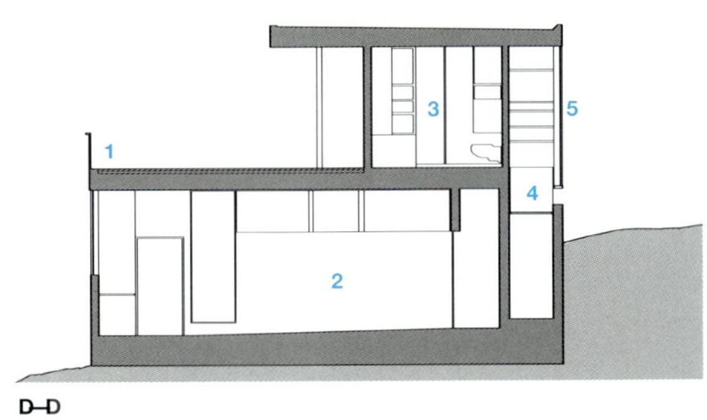

27.06
단면도 D-D
1:200

1 거실 데크
2 차고 및 식재 창고
3 욕실
4 램프
5 반투명 유리벽

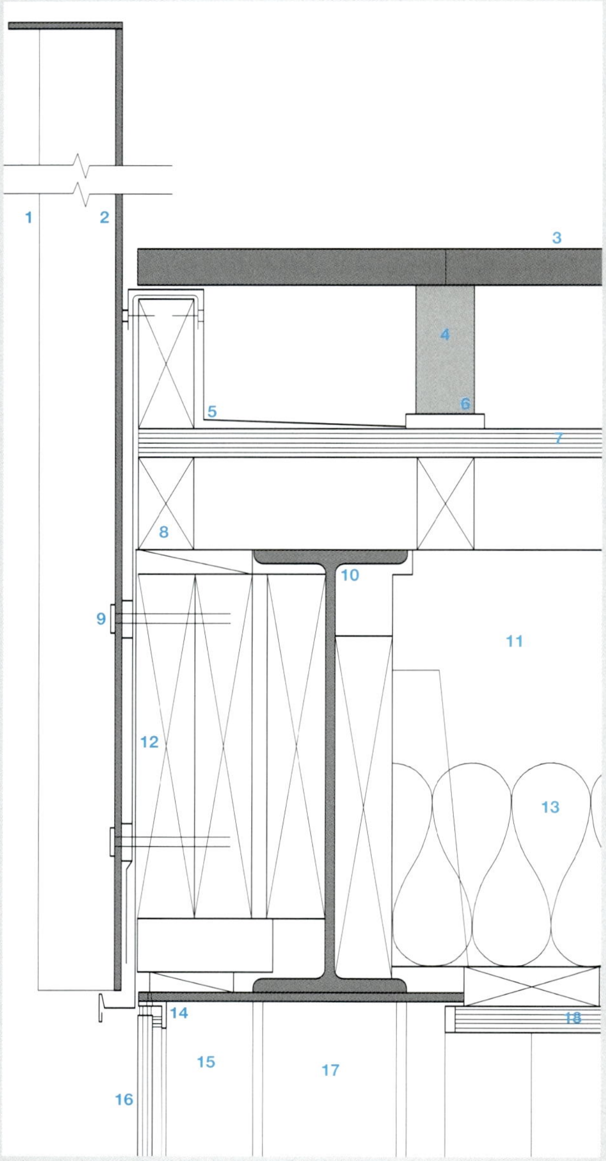

27.07
창유리 및 지붕 데크 상세도 1:5
1 코르텐강 지지대 경계선
2 코르텐강 레일 및 지지대
3 25mm (1인치) 슬레이트 데크
4 200mm (8인치) 중앙에 설치된 플라스틱 침목, 하부 경사 처리
5 단부에 플래싱을 설치한 EPDM 막
6 네오프렌 패드
7 20mm (3/4인치) 합판 바탕마루
8 배수를 위해 상부가 경사 처리된 침목
9 나사못 및 스페이서
10 300 X 100mm (11 4/5 X 4인치) 철제 보
11 목제 데크 프레임
12 오리대
13 솜 단열재
14 20mm (3/4인치) 유리용 앵글 및 실런트
15 6mm (1/4인치) 철제 플레이트
16 10mm (1.3인치) 강화 유리
17 100 X 100 X 6mm (4 X 4 X 1/4인치) HSS
18 20mm (3/4인치) 합판

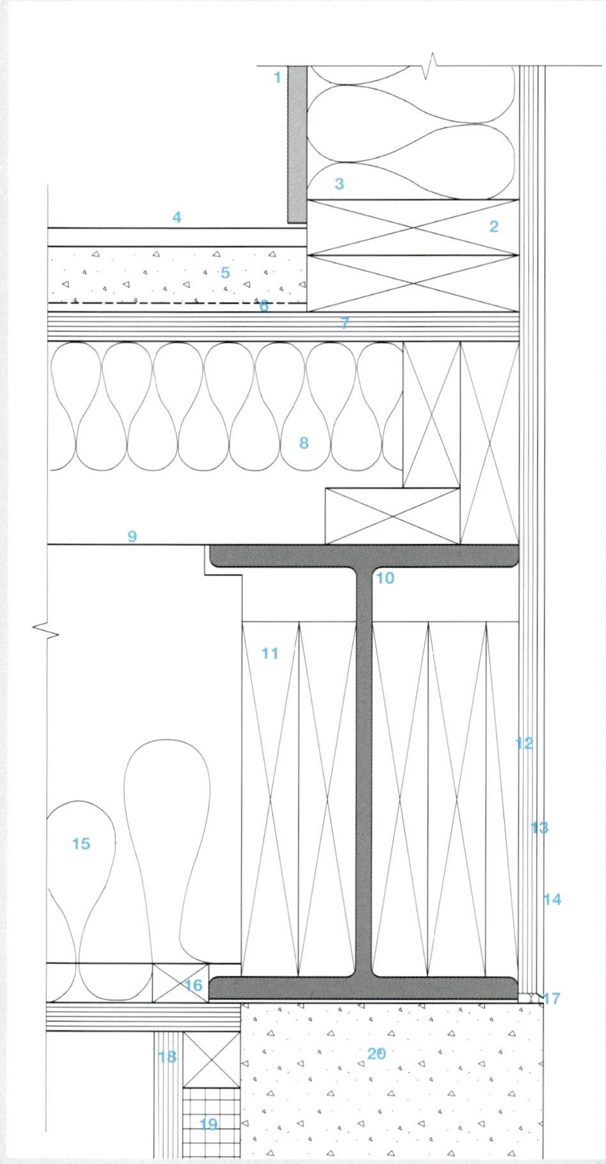

27.09
외벽 상세도
1:5
1 10mm (1/3인치) 석고보드 및 W/J 비드
2 40 X 140mm (1 1/2 X 5 1/2인치) 프레임
3 솜 단열재
4 10mm (1/3인치) 슬레이트 타일
5 45mm (1 3/4인치) 모르타르층
6 방수막
7 20mm (3/4인치) 하부 합판 층
8 솜 단열재
9 40 X 140mm (1 1/2 X 5 1/2 인치) 목제 장선 경계선
10 철제 보
11 40 X 250mm (1 1/2 X 10인치) 오리대
12 10mm (1/3인치) 합판
13 방수막
14 16게이지 코르텐강 외장재
15 솜 단열재
16 오리대
17 스테인레스 스틸 플래싱
18 20mm (3/4인치) 합판
19 38mm (1 1/2인치) 경질 단열재
20 200mm (8인치) 콘크리트 벽

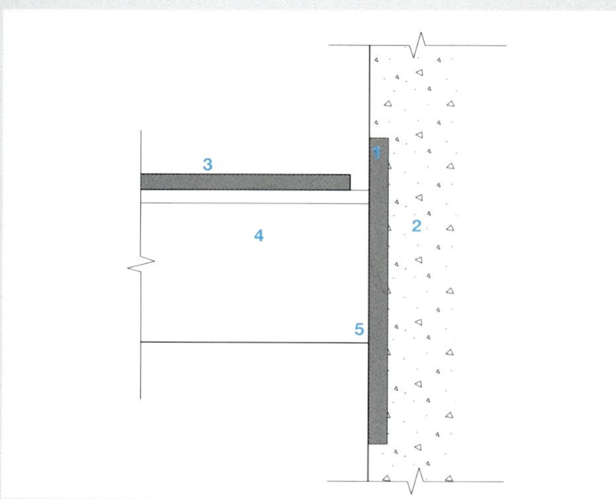

27.08
램프 지지대 상세도
1 1:5
1 콘크리트 벽 내부에 매립된 200 X 100mm (8 X 1/3인치) 코르텐강 플레이트
2 현장 타설 콘크리트 벽
3 램프 표면을 형성하는 8mm (3/8인치) 코르텐강 플레이트
4 코르텐강 T자형 부재
5 플레이트 주변 용접 처리

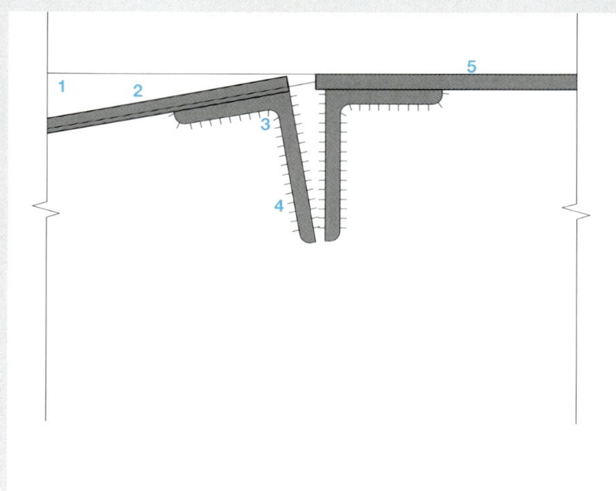

27.10
램프 지지대 상세도
2 1:5
1 T자형 지지대 상부를 감싸는 16게이지 코르텐강 플래싱
2 램프 표면을 형성하는 코르텐강 플레이트
3 코르텐강 앵글
4 플레이트 주변 용접 처리
5 코르텐강 플레이트

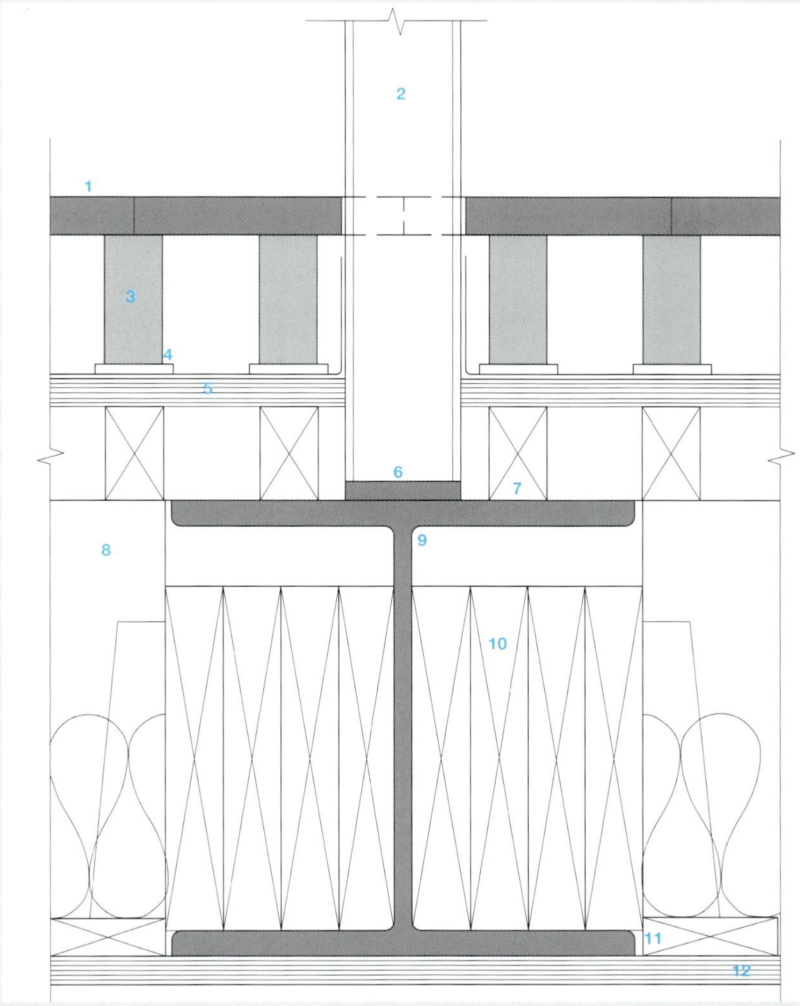

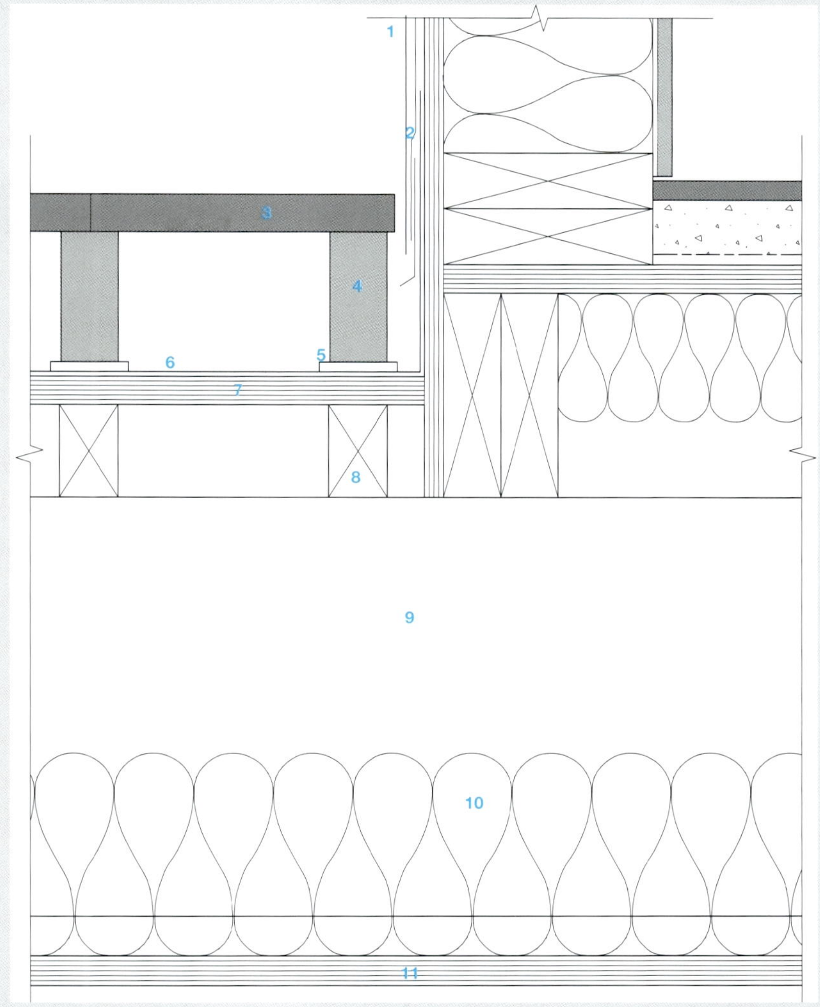

27.11
데크 및 천장 상세도
1 1:5
1 25mm (1인치) 슬레이트 데크
2 75 X 50 X 6mm (3 X 2 X 1/4인치) HSS
3 100mm (4인치) 중앙에 설치된 플라스틱 침목, 하부 경사 처리
4 네오프렌 패드
5 20mm (3/4인치) 하부 합판층
6 75 X 200 X 12mm (3 X 8 X 1/2인치) 철제 플레이트
7 배수를 위해 상부가 경사 처리된 침목
8 50 X 300mm (2 X 12인치) 프레임
9 310 X 310mm (12 1/5 X 12 1/5인치) 철제 I형강
10 38 X 250mm (1 1/2 X 10인치) 오리대
11 20mm (3/4인치) 합판
12 20mm (3/4인치) 합판

27.12
데크 및 천장 상세도
2 1:5
1 16게이지 코르텐강 외장재
2 EPDM 막에 부착된 방수막 플래싱
3 25mm (1인치) 슬레이트 데크
4 100mm (4인치) 중앙에 설치된 플라스틱 침목, 하부 경사 처리
5 네오프렌 패드
6 단부에 플래싱이 설치된 EPDM 막
7 20mm (3/4인치) 하부 합판층
8 목제 침목
9 50 X 300mm (2 X 12인치) 데크 프레임
10 솜 단열재
11 20mm (3/4인치) 합판

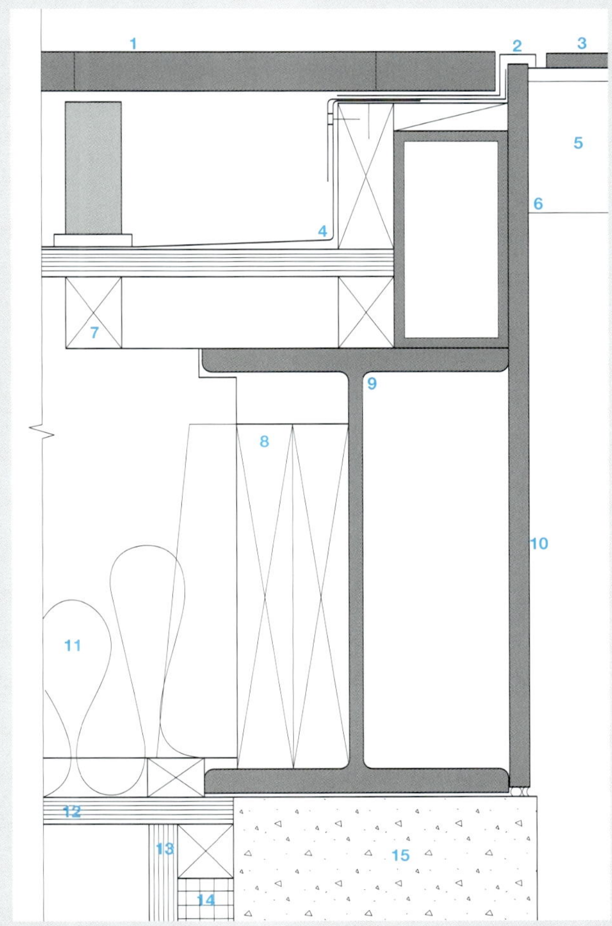

27.13
램프 지지대 상세도
3 1:5
1 25mm (1인치) 슬레이트 타일
2 램프 지지대 상부를 감싸는 16게이지 코르텐강 플래싱
3 램프 표면을 형성하는 8mm (3/8인치) 코르텐강 플레이트
4 20mm (3/4인치) 하부 합판층에 부착된 EPDM 막
5 코르텐강 T자형 부재
6 플레이트 주변 용접 처리
7 목제 침목
8 오리대
9 200 X 300mm (7 9/10 X 12인치) 철제 I형강 보
10 500 X 10mm (19 3/5 X 1/3인치) 코르텐강 플레이트
11 솜 단열재
12 20mm (3/4인치) 합판 천장재
13 20mm (3/4인치) 합판
14 38mm (1 1/2인치) 경질 단열재
15 200mm (8인치) 현장 타설 콘크리트 벽

28
Marin + Trottin

Artifice/MR House
Pompone, France

Client
Monsieur Martin and Madame Rodriguez

Area
140 square metres (1,505 square feet)

Project Team
David Trottin, Emmanuelle Marin-Trottin, D. Graignic, R. Falcon

Structural Engineer
Marin + Trottin

Services Engineer
Marin + Trottin

Quantity Surveyor
Marin + Trottin

이 개인 주택은 개발자에 의해서 공급되는 주택의 가격보다 건축가의 주도로 만들어진 주택이 가격이 더욱 합리적임을 보여준다는 취지 아래 만들어졌다. 건물은 파리 근교 센에마른 지역의 경사진 습지를 따라 놓여 있다. 폭이 17m (55피트) 에 불과한 대지적 조건을 따라 대지의 길이와 경사를 이용하여 길고 좁은 형태의 건물로 설계되었으며, 대지의 경사를 따라 아래로 향함에 따라 반층 만큼 레벨의 변화가 생기도록 만들어졌다. 이러한 전략을 통해 대지의 최상부에 위치하는 침실과 개인 공간에서부터 최하부 정원측에 위치하는 공간인 주방과 거실에 이르는 내부 공간들은 주변 환경과 조화를 이루고 있다.

또한 한 층 높이 전체에 걸쳐 설치된 투명 유리는 건물의 모든 공간에서 정원을 바라볼 수 있도록 한다. 철제 구조체는 내부 공간에 그대로 노출되어 내부 공간에서 일어나는 3단계의 레벨 변화를 더욱 강조함은 물론, 아연 도금 철제 보와 장선이 달린 판금 지붕재로 이루어진 단순하고 우아한 구조체의 모습을 미적인 요소로 활용하고 있다. 녹색으로 도색된 외장 판넬은 주변 자연 환경과의 연결성을 더욱 강화하고 있다. 다양한 느낌의 녹색빛은 각 외장재의 바로 옆에 위치하는 식물의 색조로부터 뽑아낸 것으로 자연의 색을 흉내내면서 정원을 중요한 건축 어휘로써 사용하고자 한 건축가의 의도를 분명하게 드러내고 있다.

1

1 대지를 따라 내려가며 다양한 색조의 녹색 판넬로 덮힌 이 주택은 주변 자연 환경의 느낌을 흉내내면서도 더욱 강조하고 있다.
2 큰 유리창과 개폐가 가능한 외장 판넬을 사용하여 조망과 환기에 있어 좋은 환경을 만들고 있다.
3 한 층 높이 전체에 걸쳐 설치된 유리는 건물의 디자인에 있어 핵심적인 요소이다. 내부 공간을 외부 공간과 연결하려는 시도는 건물 전체에 걸쳐 끊임없이 이어진다.

2

3

28.01
1층 평면도
1:200
1 침실1
2 침실2
3 화장실
4 주방
5 식당
6 거실
7 입구

28.02
2층 평면도
1:200
1 욕실
2 서재
3 지붕 테라스

28.03
3층 평면도
1:200
1 침실3
2 지붕 테라스

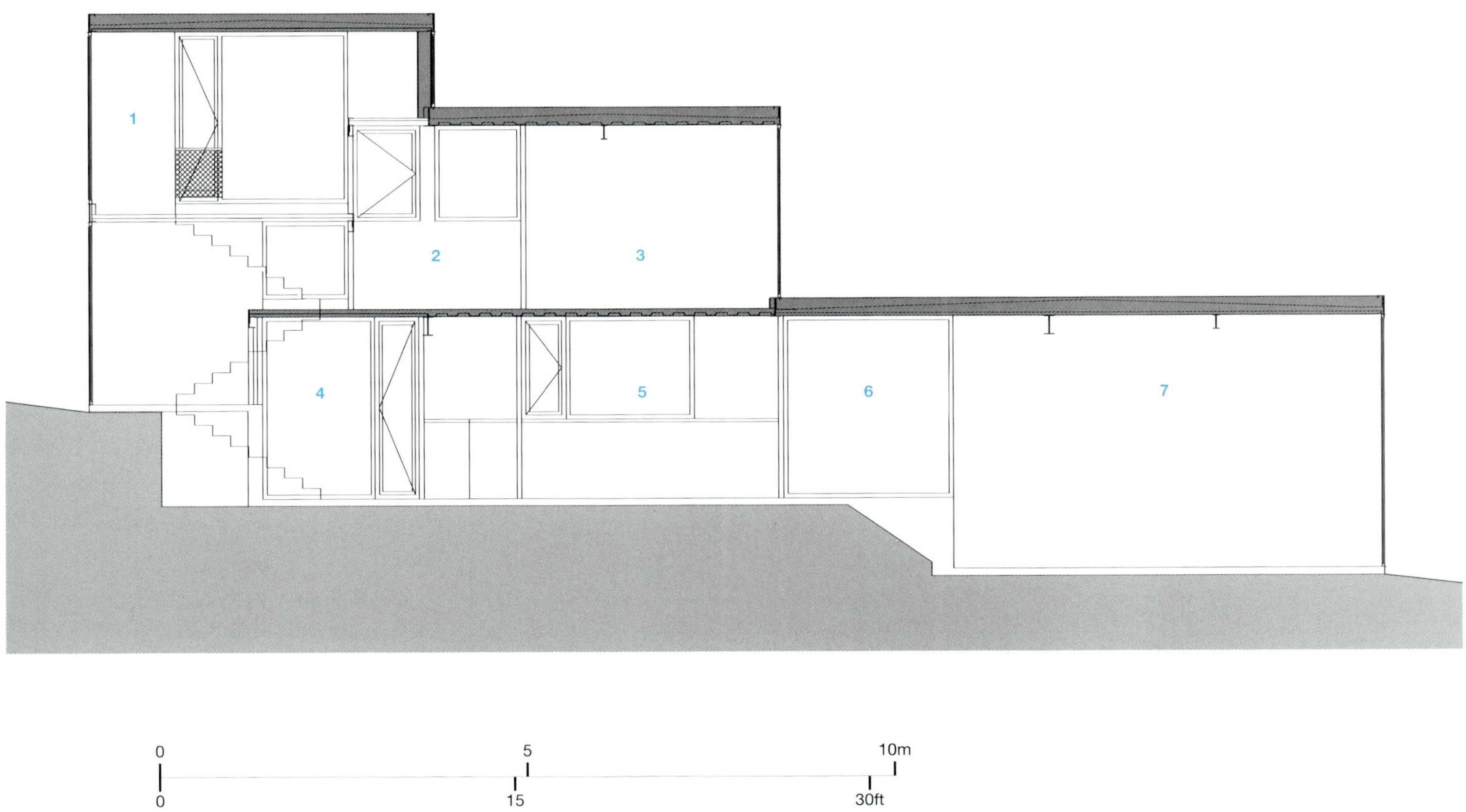

28.04
단면도 A-A
1:100
1 침실3
2 욕실
3 서재
4 침실2
5 주방
6 식당
7 거실

28.05
지붕 파라펫 상세도
1:5

1 1mm (1/24인치) 아연 판금
2 아스팔트 씰링층 및 단열재
3 씰링층
4 철제 앵글
5 아연 도금 철재
6 도색 섬유시멘트 시트
7 강성이 높은 철제 영구 거푸집을 이용한 시스템 지붕
8 방수막
9 알루미늄 U자형 부재
10 단열재
11 도색 석고보드 내장재
12 도색 석고보드 천장재

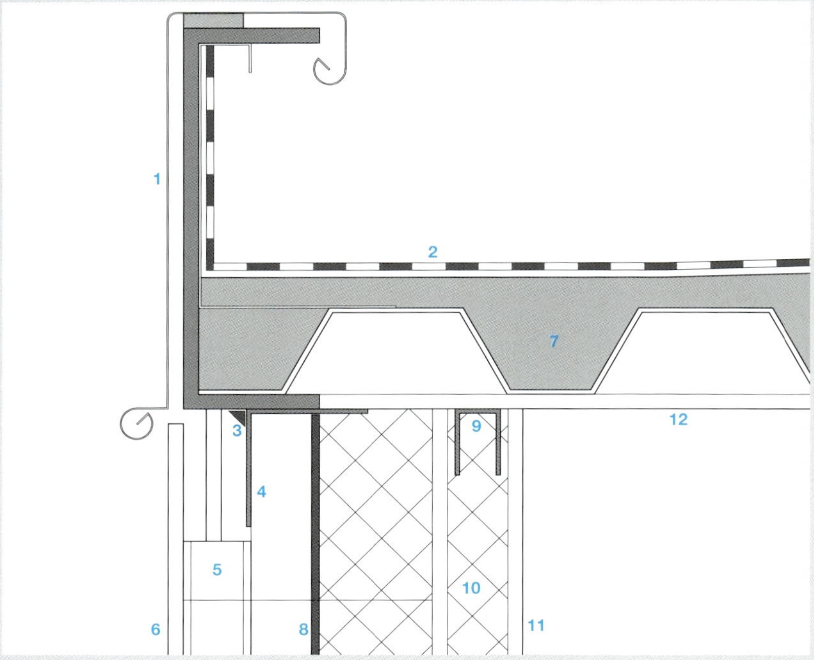

28.06
바닥 및 천장 상세도
1:5

1 단열재
2 씰링층
3 1mm (1/24인치) 아연 판금
4 철제 채널
5 알루미늄 U자형 부재
6 합성 바닥 슬라브
7 씰링층
8 철제 RHS 프레임

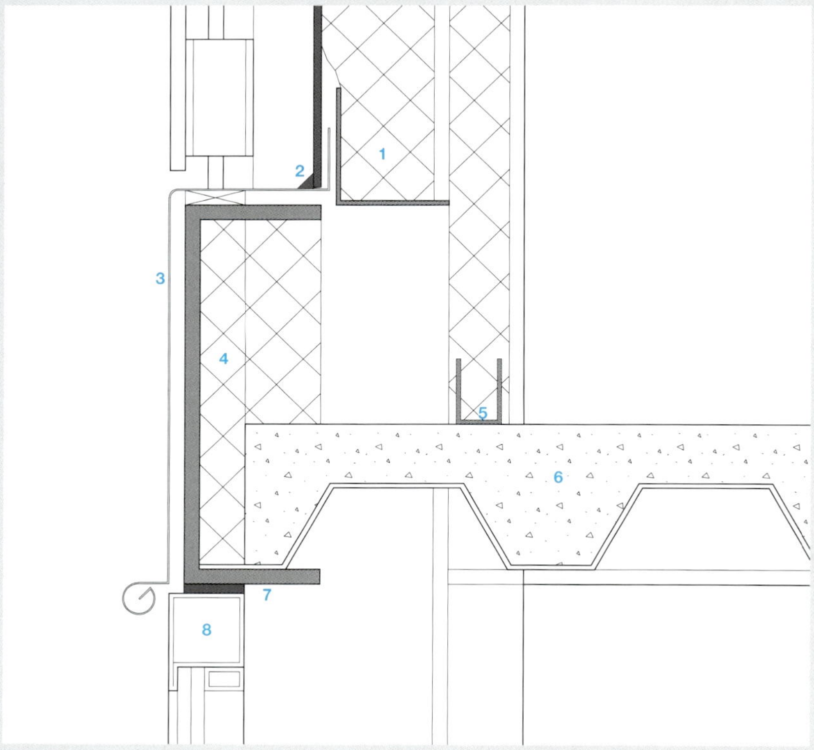

28.07
바닥 및 창 상세도
1:5

1 철제 RHS 프레임
2 바닥 슬라브 위에 놓인 시트 바닥재
3 아연 판금 빗물받이
4 철제 앵글
5 철근콘크리트 바닥 슬라브

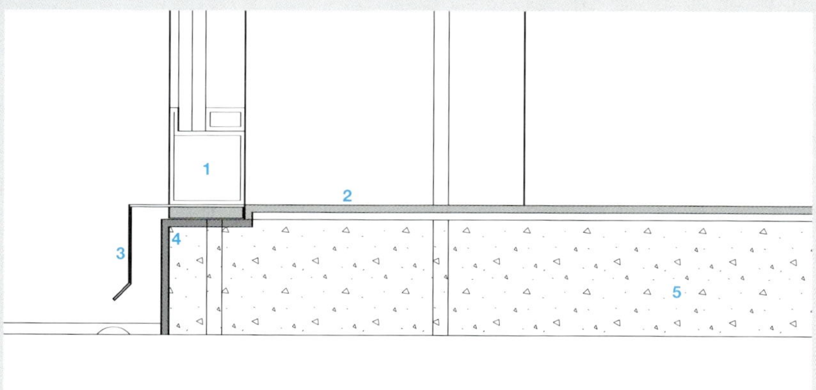

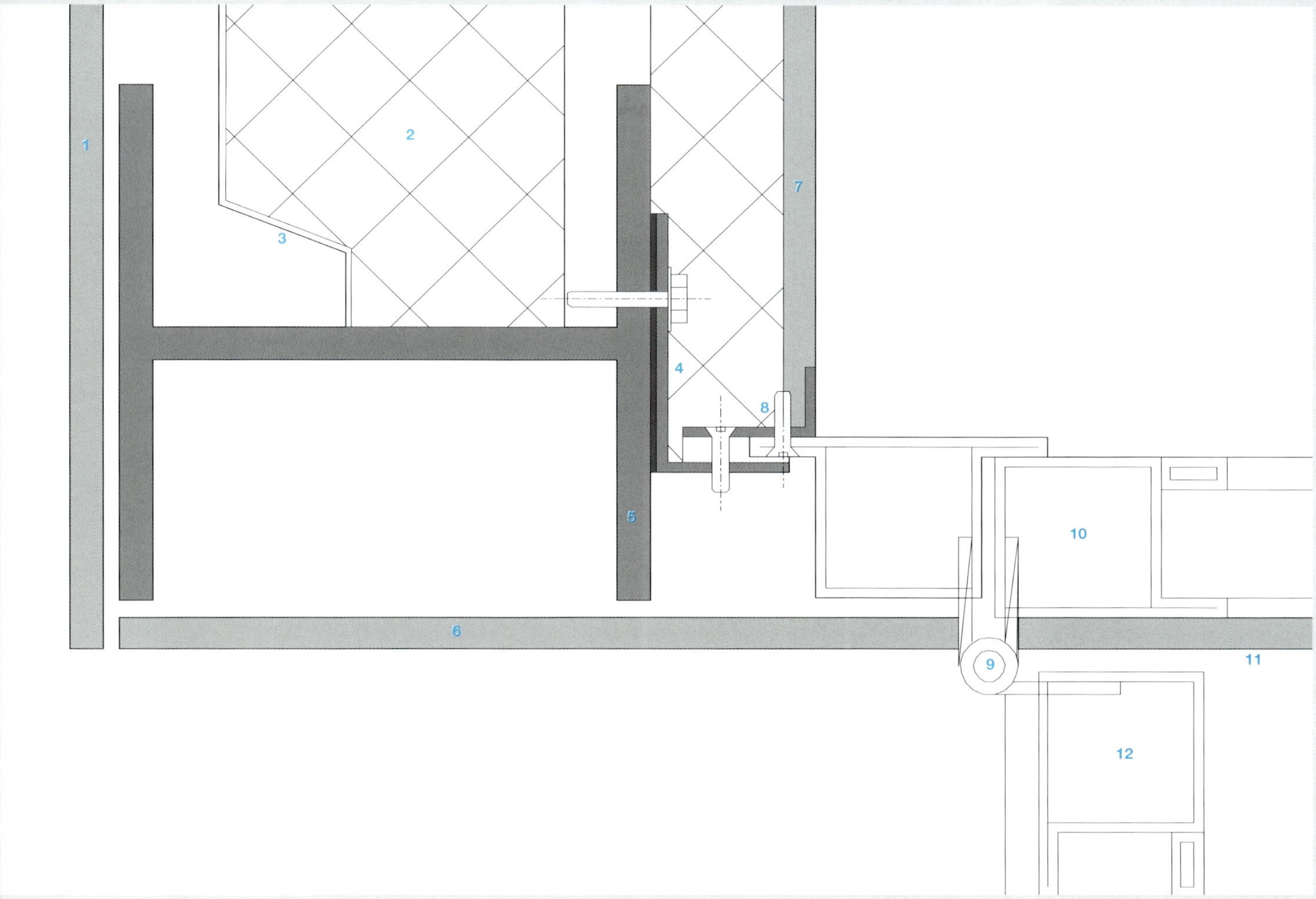

28.08
외벽 코너부 상세도
1:2

1 1mm (1/24인치) 아연 판금
2 아스팔트 씰링층 및 단열재
3 씰링층
4 철제 앵글
5 아연 도금 철재
6 도색 섬유시멘트 시트
7 강성이 높은 철제 영구 거푸집을 이용한 외장재 시스템
8 철제 L형강
9 철제 힌지
10 철제 RHS 프레임
11 도색 석고보드 내장재
12 철제 RHS 프레임

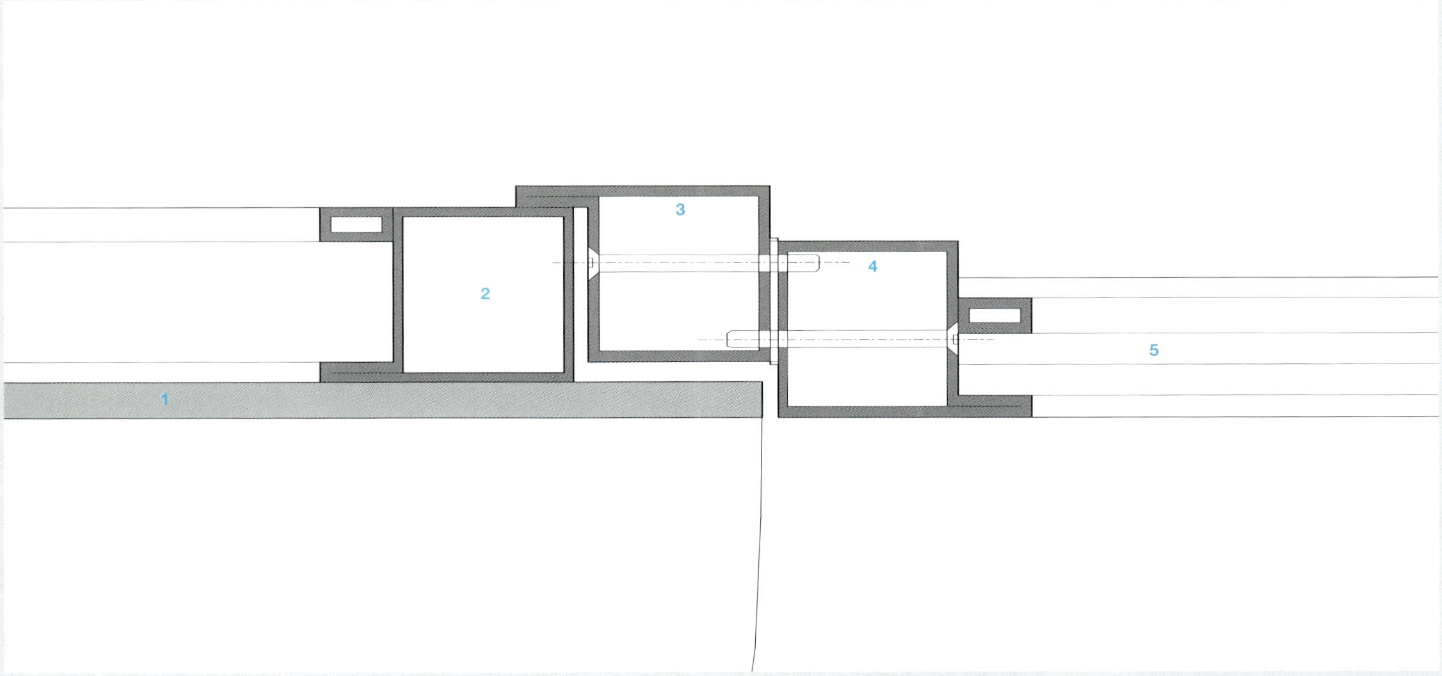

28.09
유리벽 상세도
1:2

1 도색 섬유시멘트 시트
2 철제 RHS 프레임
3 철제 창 프레임
4 철제 글레이징 바
5 자체 개발한 조립식 2중창

29
Shuhei Endo

Springtecture B
Biwa-cho, Shiga Prefecture, Japan

Client
Aoi Fujioka

Area
104 square metres (1,120 square feet)

Project Team
Keisuke Fukuma, Takashi Nabeshima

Structural Engineer
TIS + Partners

Services Engineer
Tawada Shoten

Quantity Surveyor
Shuhei Endo Architect Institute

Spingtectue B는 비와쵸 지역 특유의 초가 지붕 주택과 이를 재해석한 현대적인 주택들 사이에 위치하고 있다. 건축가의 다른 프로젝트와 더불어, 건물의 명칭은 꽤 흥미롭다. 다른 작품들에 사용되었던 명칭인 'Rooftecture', 'Skintecture', 'Halftecture', 그리고 이 주택의 명칭인 'Springtecture'는 건축가의 주요한 관심사를 구체화함은 물론 각 프로젝트의 특징적인 접근 방식을 보여주기 위해 사용되었다. 내부 공간과 외부 공간의 연속성이라는 건물의 설계 개념은 지붕, 바닥, 벽의 별다른 구분 없이 길게 이어지면서 뒤틀리고, 휘어지는 철제 골판을 사용하여 실현되었다. 마치 스프링처럼 꼬인 철판은 내부에 주거를 위한 공간을 형성한다.

슬라이딩 유리문과 바둑판 무늬로 만들어진 벽돌벽은 물결치는 철판, 무작위로 배치된 것처럼 보이는 경사진 철제 기둥과 극명한 대조를 이룬다. 벽돌벽이 건물 뒤에 감춰진 구성의 원리를 겉으로 드러내고 있다면, 길게 늘어진 철판의 띠는 건물의 형성 원리에 대한 이해를 끊임없이 혼동시킨다. 명칭만으로는 전형적인 프로그램이라 할 수 있는 주방, 식당, 거실, 객실, 욕실, 1층의 테라스, 2층에 위치하는 침실과 욕실 등의 공간들은 기발하게 배치되어 조각적인 느낌의 건물을 형성한다. 이러한 배치 과정에서 발생한 틈새의 공간은 정원, 자갈로 덮힌 중정, 반사풀로 활용되거나, 자연 경관을 내다볼 수 있는 창으로써 활용되고 있다.

1

1 건물은 마치 지면 위에 올려놓은 듯이 보인다. 직각을 피해 물결치는 철판은 지면을 스치고 그대로 위로 이어져 벽과 지붕을 형성한다.
2 철제 띠 사이의 틈을 메우는 유리창은 내부 공간에 풍부한 자연광을 받아들인다.
3 골판의 거친 느낌, 경사진 철제 기둥과 도색하지 않은 목제 프레임은 건축물의 자유로운 형태가 만들어 내는 아름다움을 더욱 두드러지게 한다.
4 모습만으로는 그 용도를 알 수 없는 이 공간은 'Springtecture'를 형성하는 과정에서 생겨난 부산물이라 할 수 있다. 그러나 이 공간은 건물을 둘러싸는 자연을 감상할 수 있는 공간으로써 창의적으로 활용되고 있다.

2

3

4

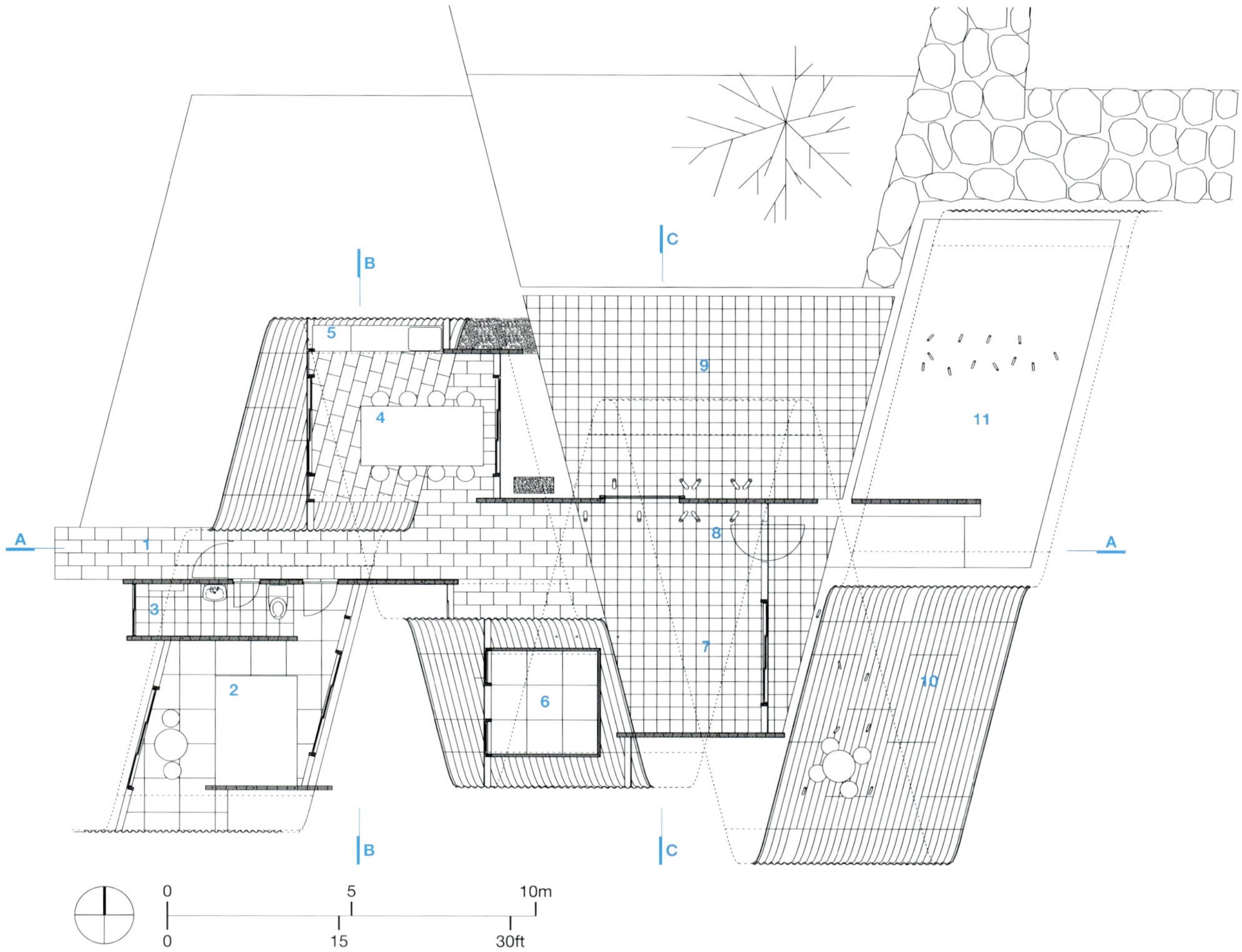

29.01
1층 평면도
1:200
1 입구
2 침실
3 욕실
4 식당
5 주방
6 휴게실
7 갤러리
8 입구
9 테라스
10 테라스
11 주차장

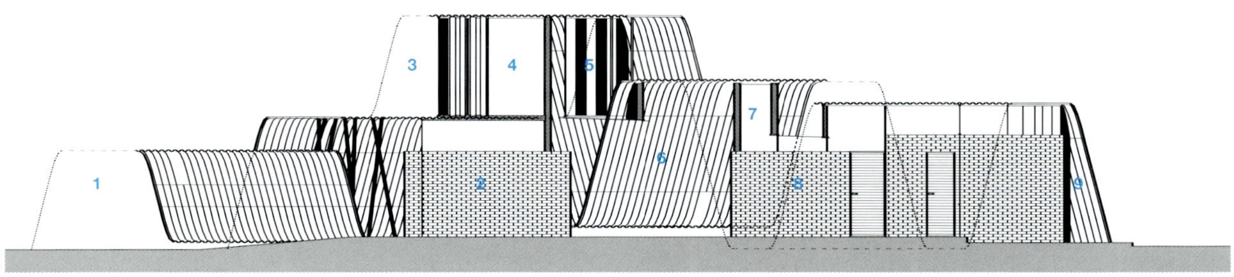

29.02
단면도 A-A
1:200
1 입구
2 입구 복도에 설치된 석조 벽
3 지붕 경계선
4 침실
5 욕실
6 휴게실
7 갤러리 상부 천창
8 침실에 설치된 석조 벽
9 테라스

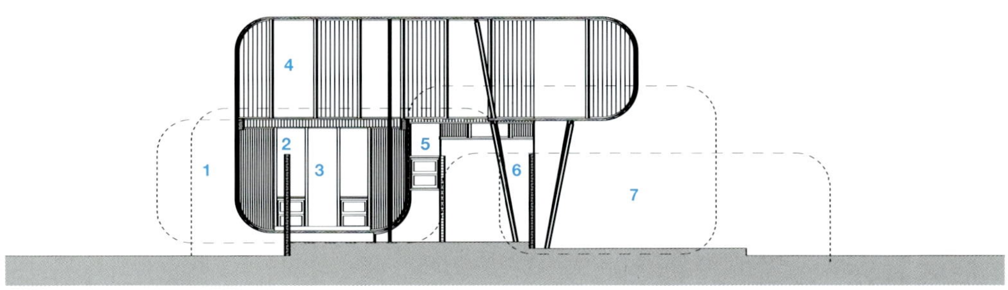

29.03
단면도 B-B
1:200
1 테라스 경계선
2 휴게실 창문
3 휴게실 문
4 상층부 침실 창문
5 건물 중앙 통로에 설치된 창문
6 주방
7 테라스 경계선

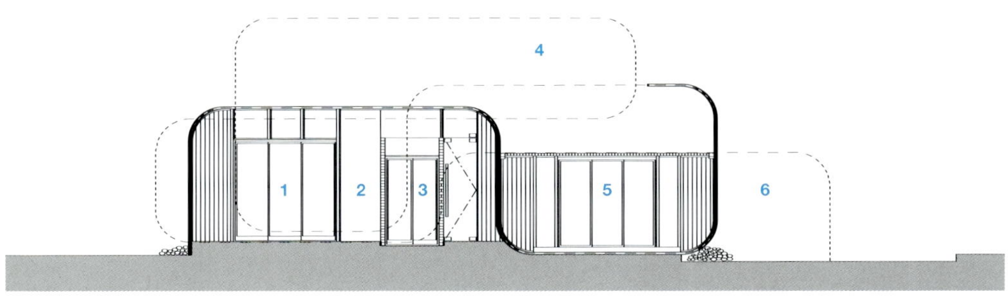

29.04
단면도 C-C
1:200
1 갤러리
2 입구
3 테라스 문
4 상층부 경계선
5 테라스
6 주차장 경계선

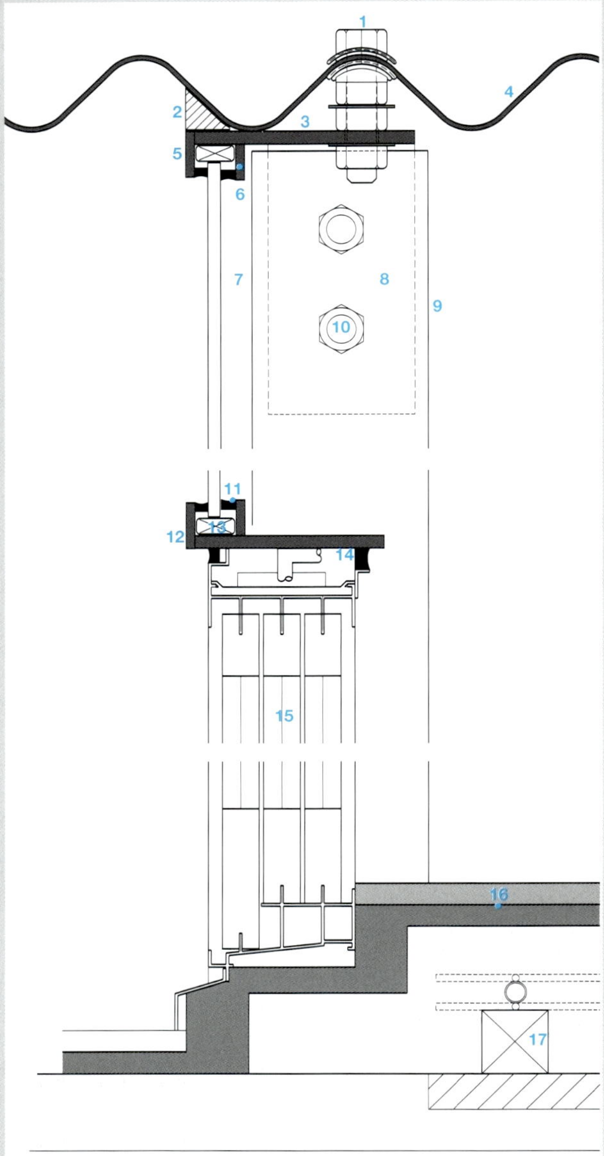

29.05
판금 상세도
1 1:5
1 골판 지붕을 고정시키는 볼트 및 와셔
2 오리대
3 150 X 9mm (6 X 1/3인치) 평철
4 아연 도금 마감 골판 지붕
5 32 X 6mm (1 1/4 X 1/3인치) 평철
6 25 X 6mm (1 X 1/3 인치) 평철
7 고정창
8 철제 거셋 플레이트
9 편백나무 멀리온
10 멀리온을 고정시키는 볼트
11 25 X 6mm (1 X 1/3 인치) 평철
12 32 X 6mm (1 1/4 X 1/3인치) 평철
13 오리대
14 125 X 9mm (5 X 1/3인치) 평철
15 2중 슬라이딩 창
16 철근콘크리트 슬라브 상부 고정 모르타르 및 단열재 위에 설치된 대리석 바닥재
17 바탕마루

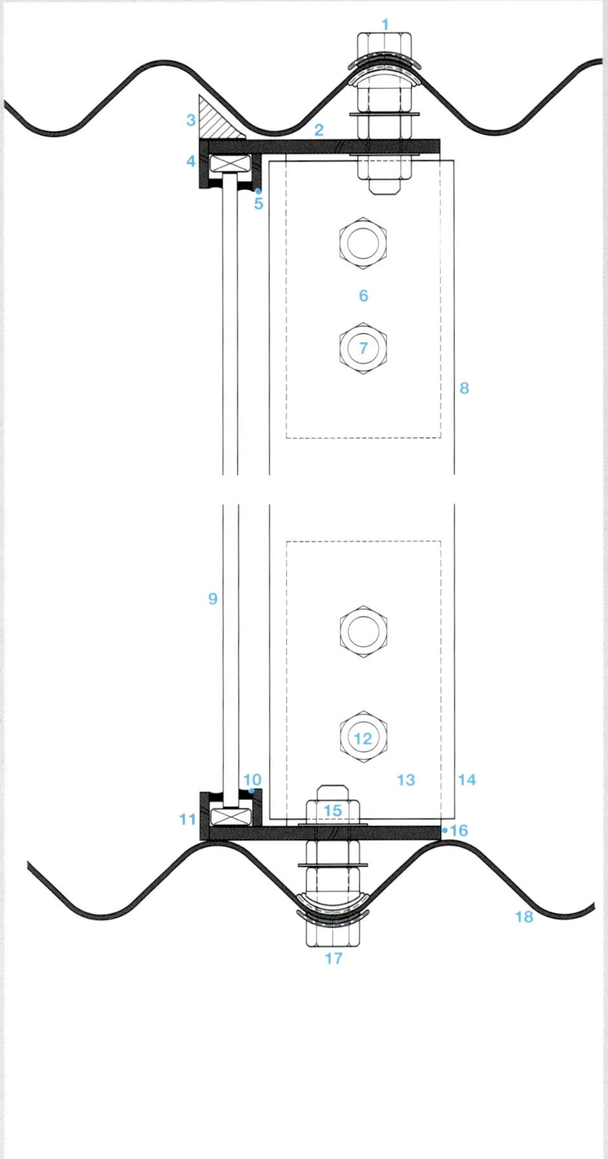

29.06
판금 상세도
2 1:5
1 골판 지붕을 고정시키는 볼트 및 와셔
2 150 X 9mm (6 X 1/3인치) 평철
3 오리대
4 32 X 6mm (1 1/4 X 1/3인치) 평철
5 25 X 6mm (1 X 1/3 인치) 평철
6 철제 거셋 플레이트
7 멀리온을 고정시키는 볼트
8 편백나무 멀리온
9 폴리카보네이트 시트
10 25 X 6mm (1 X 1/3 인치) 평철
11 32 X 6mm (1 1/4 X 1/3인치) 평철
12 멀리온을 고정시키는 볼트
13 철제 거셋 플레이트
14 편백나무 멀리온
15 평철을 고정시키는 볼트 및 와셔
16 150 X 9mm (6 X 1/3인치) 평철
17 골판 지붕을 고정시키는 볼트 및 와셔
18 아연 도금 마감 골판 지붕

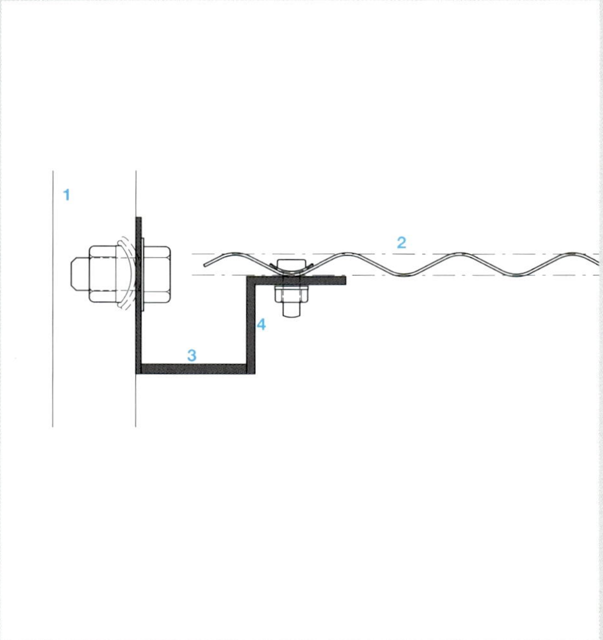

29.07
판금 상세도 3
1:10
1 제2종 골판
2 제1종 골판
3 철제 플레이트
4 철제 앵글

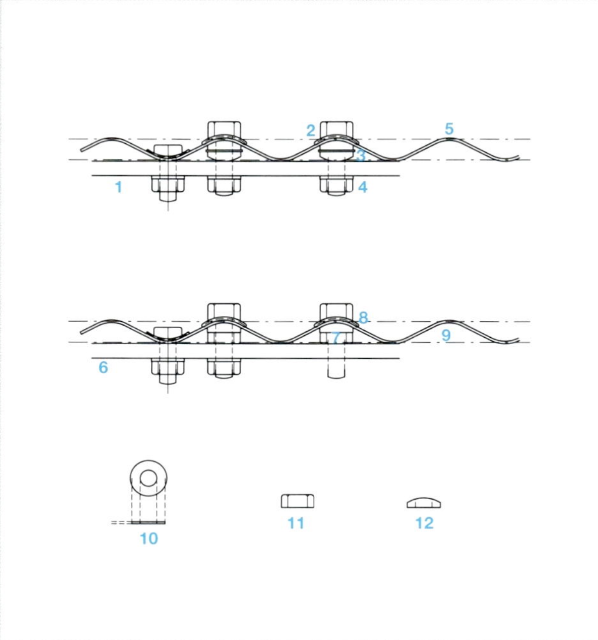

29.08
판금 상세도 4
1:10
1 평철
2 원형 와셔
3 앵글 와셔
4 4mm (1/10인치) 판재용 볼트
5 골판
6 평철
7 볼트 및 너트
8 앵글 와셔
9 4mm (1/10인치) 판재용 볼트
10 원형 와셔
11 볼트 및 너트
12 앵글 와셔

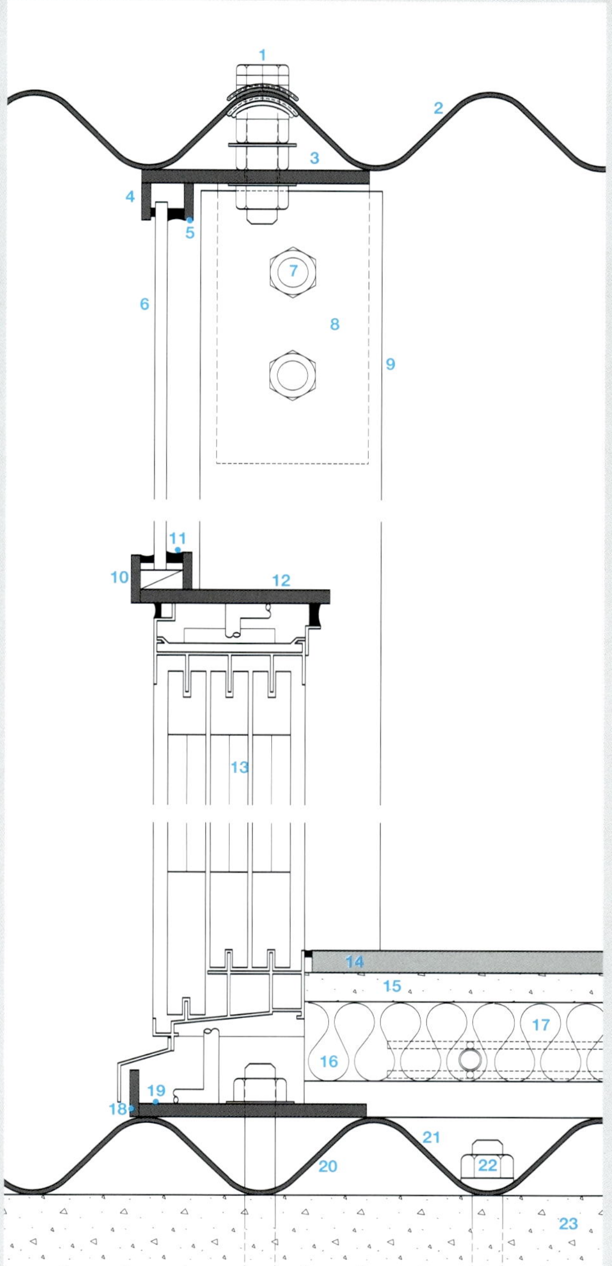

29.09
판금 상세도 5
1:5

1 골판 지붕을 고정시키는 볼트 및 와셔
2 아연 도금 마감 골판 지붕
3 평철
4 아연 도금 마감 평철
5 아연 도금 마감 평철
6 유리
7 거셋 플레이트를 고정시키는 볼트
8 아연 도금 마감 거셋 플레이트
9 편백나무 멀리온
10 아연 도금 마감 평철
11 아연 도금 마감 평철
12 아연 도금 마감 평철
13 조립식 2중 슬라이딩 창
14 대리석 바닥재
15 고정 모르타르
16 석탄재 콘크리트
17 단열재
18 아연 도금 마감 평철
19 아연 도금 마감 평철
20 아연 도금 마감 골판 지붕
21 모르타르 스크리드
22 골판 지붕을 고정시키는 볼트 및 와셔
23 철근콘크리트 슬라브

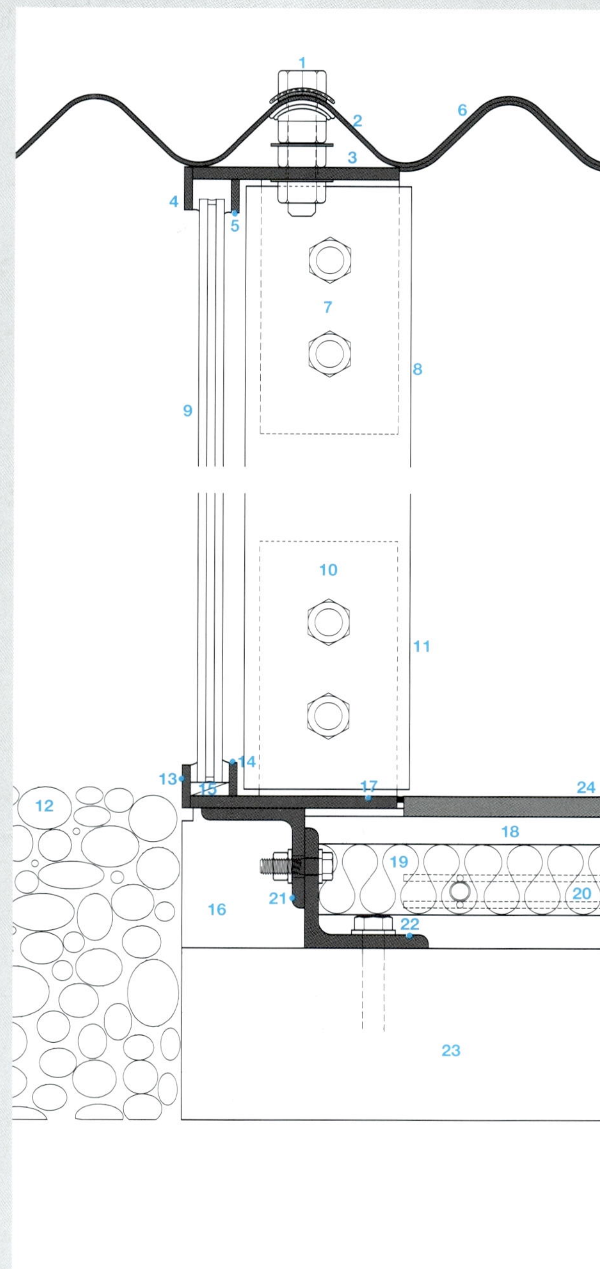

29.10
판금 상세도 6
1:5

1 골판 지붕을 고정시키는 볼트 및 와셔
2 아연 도금 마감 골판 지붕
3 평철
4 아연 도금 마감 평철
5 아연 도금 마감 평철
6 단열 코팅 필름
7 아연 도금 마감 거셋 플레이트
8 편백나무 멀리온
9 단열 유리
10 아연 도금 마감 거셋 플레이트
11 편백나무 멀리온
12 자갈층
13 아연 도금 마감 평철
14 아연 도금 마감 평철
15 오리대
16 수지 모르타르
17 아연 도금 마감 평철
18 고정 모르타르
19 석탄재 콘크리트
20 단열재
21 75 X 75mm (3 X 3인치) 프리폼 철제 앵글
22 90 X 90mm (3 1/2 X 3 1/2인치) 프리폼 철제 앵글
23 철근콘크리트
24 대리석 바닥재

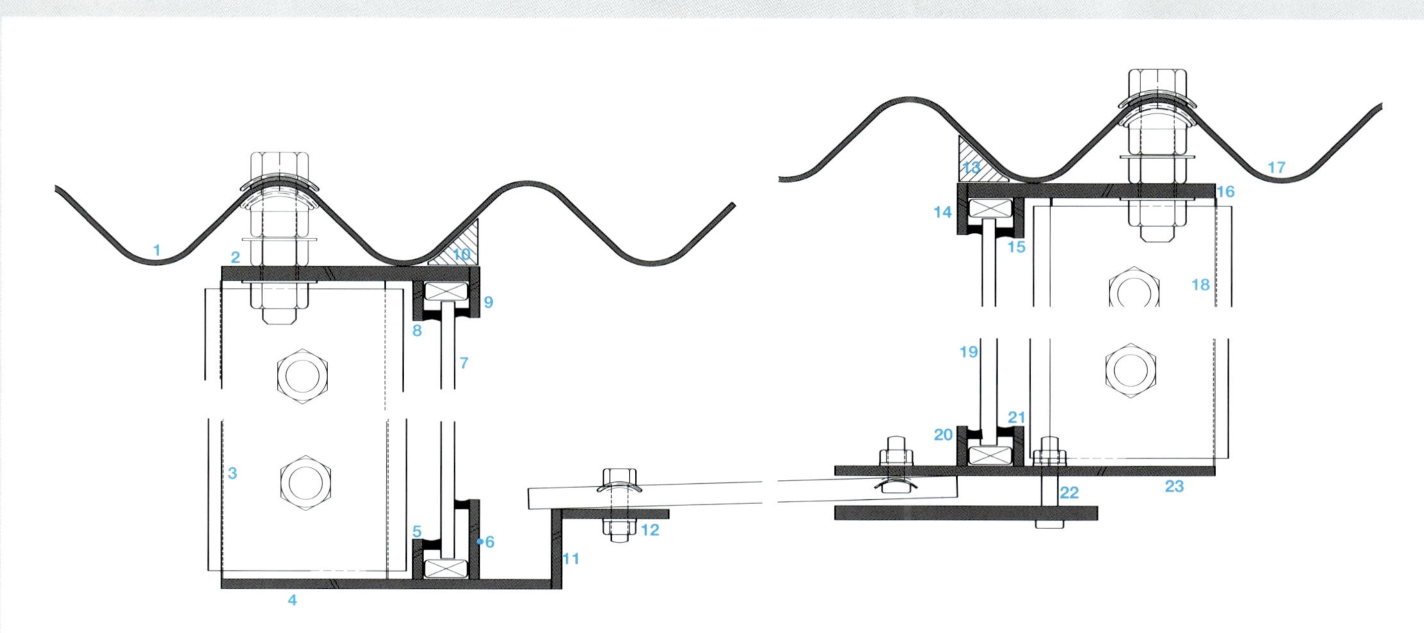

29.11
판금 상세도 7
1:5

1 골판
2 평철
3 편백나무 멀리온
4 평철
5 평철
6 평철
7 폴리카보네이트 시트
8 평철
9 평철
10 오리대
11 평철
12 평철
13 오리대
14 평철
15 평철
16 평철
17 골판
18 편백나무 멀리온
19 폴리카보네이트 시트
20 평철
21 평철
22 평철
23 평철

30
Troppo Architects

Rozak House
Lake Bennett, NT, Australia

Client
Mike Rozak

Area
210 square metres (2,260 square feet)

Project Team
Joanna Rees

Structural Engineer
Colless and O'Neill

Main Contractor
Jo Tagg

Rozak house는 오스트레일리아 북부 다윈 지방에서 남쪽으로 떨어진 황량한 바위 경사지위에 자리잡고 있다. 이 지역은 아열대성 기후를 나타내는 지역적 특성에 따라 우기에는 높은 강수량과 습도를 보인다. 독특한 자연 환경이 마음에 들어 이 대지를 선택한 건축주는 건물 역시도 이러한 대지의 느낌을 잘 살릴 수 있기를 희망했다. 건물의 디자인은 2개의 '베란다'와 거실, 식당을 담고 있는 중앙 '베란다'의 여러 동이 서로 연결된 형태로 설계되었다. 각 동에는 주변의 자연 환경으로 직접 나갈 수 있는 입구가 위치하고 있으며, 자연 채광과 자연 환기가 가능하도록 만들어졌다. 모든 바닥판은 통풍이 원활히 이루어지도록 틈이 난 목제 데크로 이루어졌다.

철제 기둥과 보로 이루어진 구조체는 지역 특유의 회오리바람과 계절의 영향에 따른 산불로부터 건물을 보호할 수 있는 강도로 만들어졌으나, 세장한 부재를 사용함으로써 열대 기후 특유의 가벼운 느낌을 표현하고 있다. 모든 '베란다'에는 스테인레스 스틸 망이 설치되어 곤충과 산불로부터 내부 공간을 보호한다. 철제 골판 지붕은 마치 틀 위에 길게 드리워진 직물처럼 침실동 위에 얹혀져 있다. 산불로 검게 그을어진 건물 주변의 수목들을 따라 철제 구조물은 검게 도색되었다. 건물은 지면으로부터 들어올려져 바위로부터 나오는 복사열의 전달을 막음은 물론, 건물 하부로 바람이 통하게 하여 내부 공간의 온도를 낮춘다. 기후, 외딴 대지의 위치, 비용 등의 제약 조건에 따라 건물의 형태와 상세는 단순하게 설계되었으며, 가격이 저렴하고, 경량이며, 운반이 쉬운 재료를 사용하였다.

1

1 건물은 황량한 바위 경사지 위에 자리잡고 있다. 과도하다 싶을 만큼 많은 벽과 캐노피, 차양 설비들은 열악한 기후 조건으로부터 거주자를 보호한다.
2 경사 지붕은 하나의 구조가 아닌 서로 다른 각도를 갖는 켜들로 이루어져 틈새에 천창을 형성하고 있으며, 베란다 위로 기울어져 내부 공간에 그늘을 드리우고 있다.
3 불리한 기후 조건에도 불구하고, 넓은 유리창은 건물 내부의 깊숙한 곳까지 자연광을 받아들인다.
4 3개의 동은 건물의 주 입구로써 기능하는 철과 폴리카보네이트 구조물을 중심으로 배치되어 있다.

2

4

3

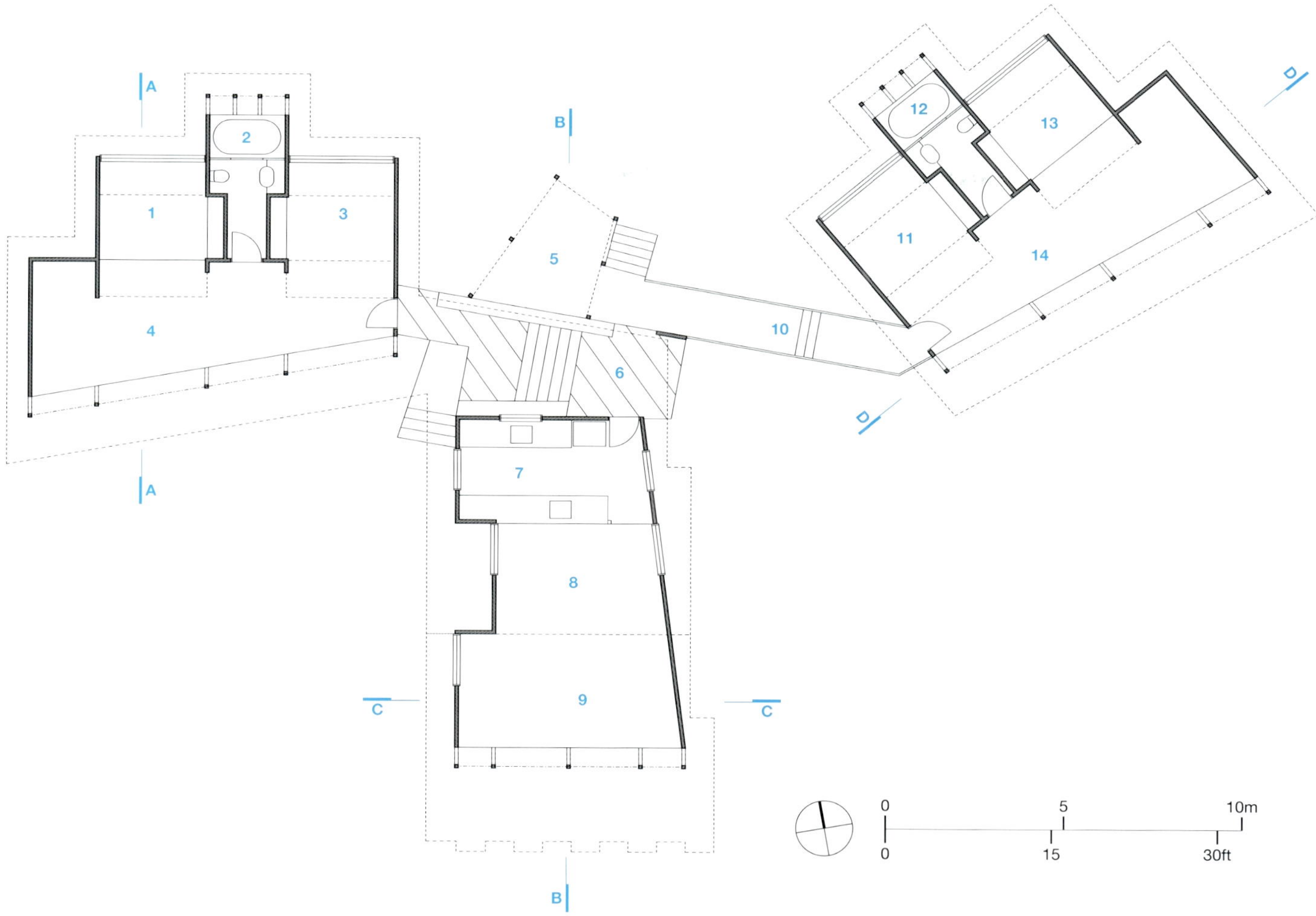

30.01
평면도
1:200
1 침실1
2 욕실
3 침실2
4 베란다
5 입구 타워
6 입구
7 주방
8 거실
9 베란다
10 브릿지
11 침실3
12 욕실
13 침실4
14 베란다

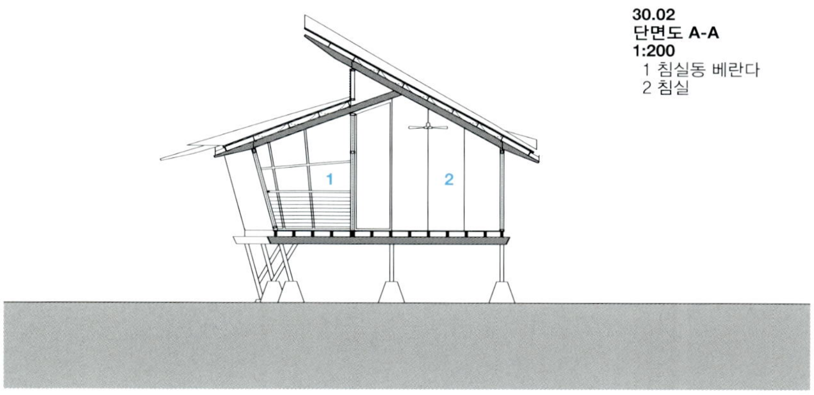

30.02
단면도 A-A
1:200
1 침실동 베란다
2 침실

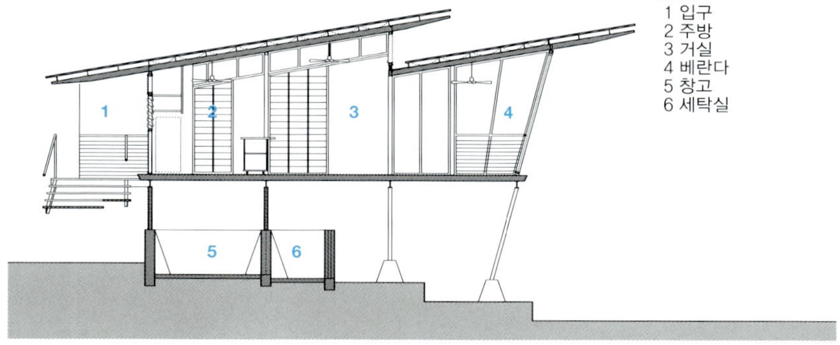

30.03
단면도 B-B
1:200
1 입구
2 주방
3 거실
4 베란다
5 창고
6 세탁실

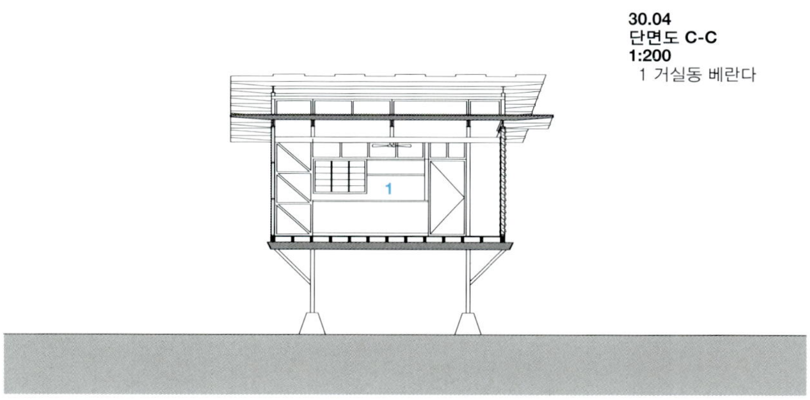

30.04
단면도 C-C
1:200
1 거실동 베란다

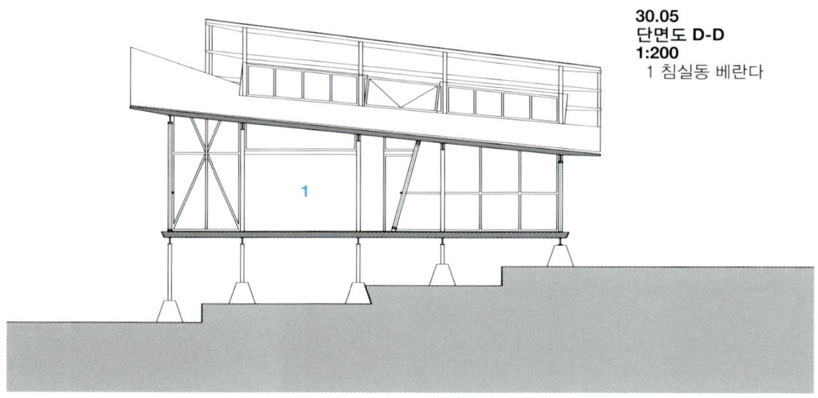

30.05
단면도 D-D
1:200
1 침실동 베란다

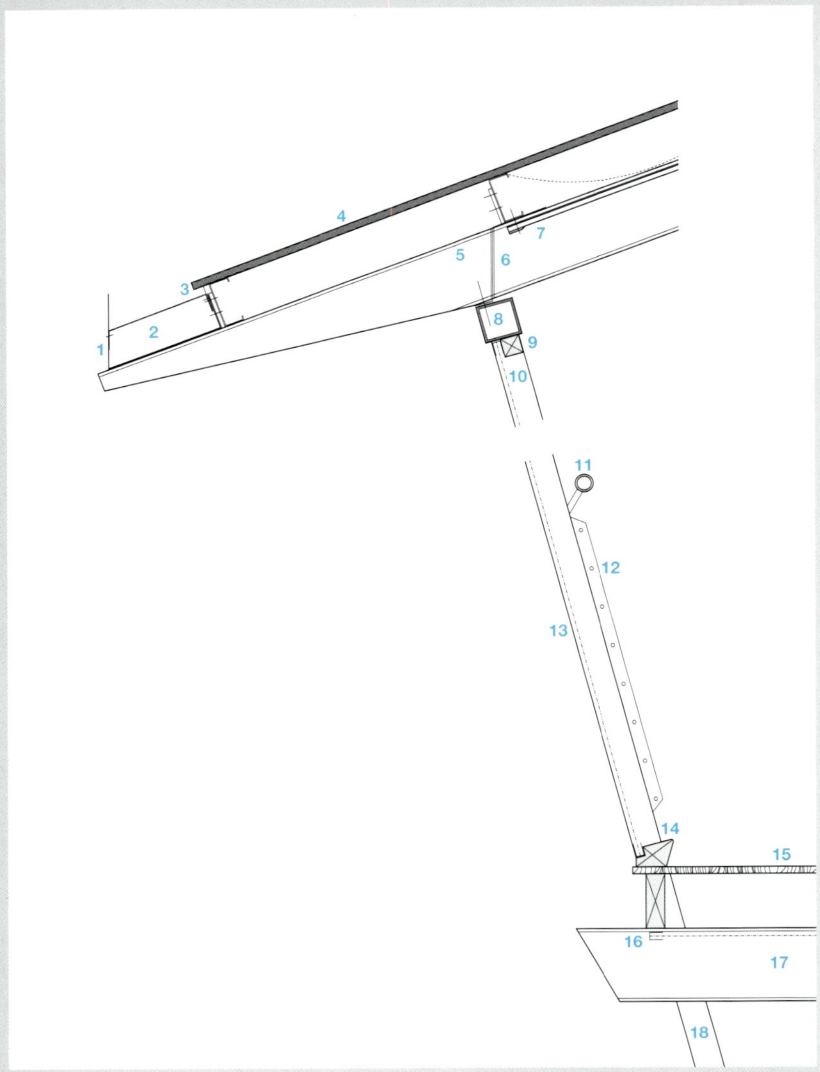

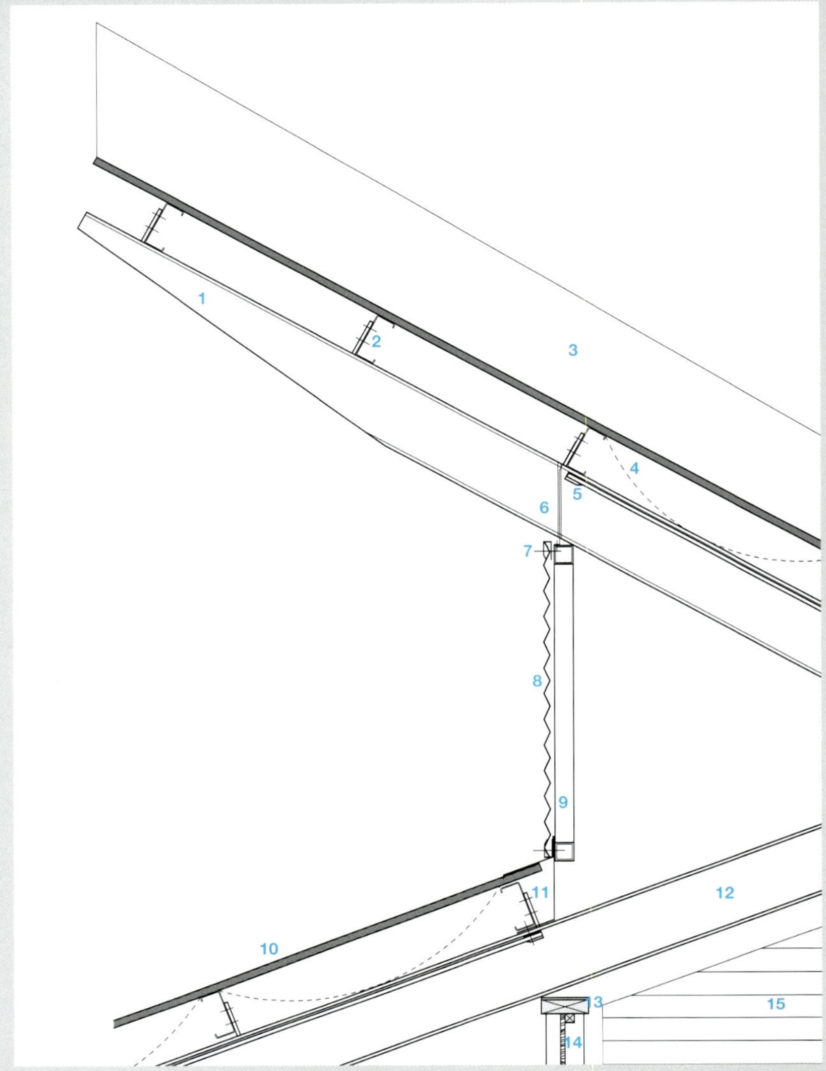

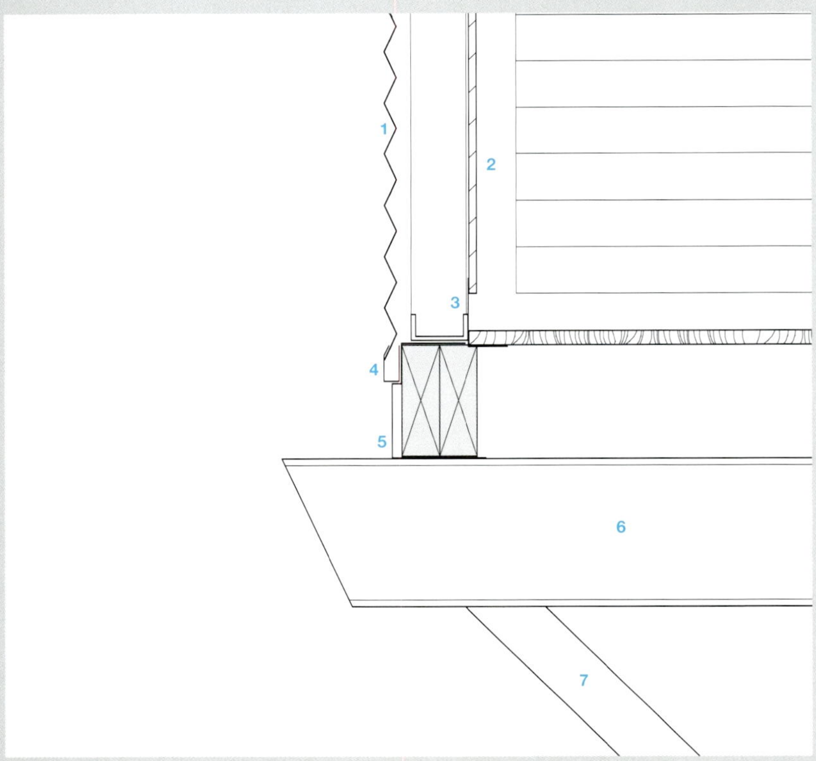

30.06
낙수홈통 및 칸막이벽 상세도
1:20

1 Zincalume 절판
2 아연 스트랩 스티프너
3 Zincalume 플래싱
4 Zincalume Custom Orb 외장재
5 서까래에 부착된 스티프너
6 천공된 금속 플래싱
7 Zincalume Miniorb 천장재 및 이와 호환되는 U자형 비드
8 철제 각관
9 클리어 가공 처리 비드
10 경사지게 설치한 75 X 5mm (3 X 1/5인치) 각관
11 기둥에 고정시킨 철제 난간
12 기둥에 스테인레스 스틸 케이블로 고정시킨 철제 안정판
13 알루미늄 프레임에 나사로 고정시킨 스테인레스 스틸 칸막이 벽
14 클리어 가공 처리 활엽수 덮개목
15 목제 데크
16 착탈식 방충망
17 유니버설 보
18 경사지게 설치한 기둥

30.07
지붕창 상세도
1:20

1 유니버설 I형강 보
2 C형강 지붕 도리
3 Zincalume Custom Orb 외장재
4 Sisalation 단열재
5 Zincalume Miniorb 천장재 및 이와 호환되는 U자형 비드
6 천공된 금속 플래싱
7 Zincalume 절판 플래싱
8 천공된 금속 플래싱 및 아연 도금 알루미늄 부재 설치 이후에 설치한 Suntuf 골판 시트
9 각관 멀리온
10 Zincalume Custom Orb 외장재
11 단부를 가리기 위해 사용된 Miniorb 천장재 상부 도리 아래에 설치된 천공 금속 플래싱
12 유니버설 I형강 보
13 125 X 40mm (5 X 1 1/2인치) 상부 레일 및 쐐기, 볼트
14 활엽수 비드를 사용한 목제 널
15 Zincalume Custom Orb 벽

30.08
외벽 상세도
1:10

1 Zincalume Custom Orb 외장재
2 합판 시트 및 착색 비드, Zincalume 비드
3 25mm (1인치) 아연 도금 처리 shadow edge
4 Zincalume U자형 비드
5 건물 외벽을 따라 연속적으로 설치된 Zincalume 플래싱 – 타일 바닥에 맞게 장선의 크기 변화
6 유니버설 I형강 보
7 75 X 5mm (3 X 1/5인치) 각관 지주

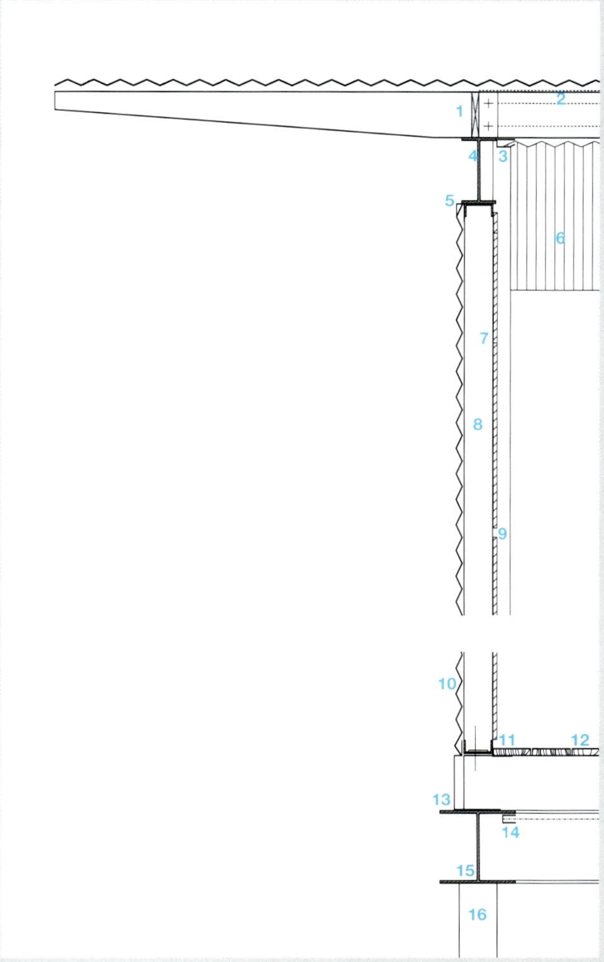

30.09
벽 상세도
1:20

1 도리에 맞는 높이의 클리어 가공 처리 bird board
2 Sisalation 단열재
3 Miniorb 천장재에 부착한 Zincalume J자형 비드
4 유니버설 I형강 보
5 Zincalume Custom Orb 벽 시트에 부착한 Zincalume J자형 플래싱
6 클리어 가공 처리 폴리카보네이트 Custom Orb 부재
7 착색 합판 시트
8 압착 금속 스터드를 프레임으로 사용한 벽
9 25mm (1인치) 아연 도금 처리 shadow edge
10 Zincalume Custom Orb 벽 시트
11 25mm (1인치) shadow edge
12 목제 데크
13 Zincalume 플래싱
14 착탈식 방충망
15 도색 마감 베어러
16 75 X 5mm (3 X 1/5인치) 각관 기둥

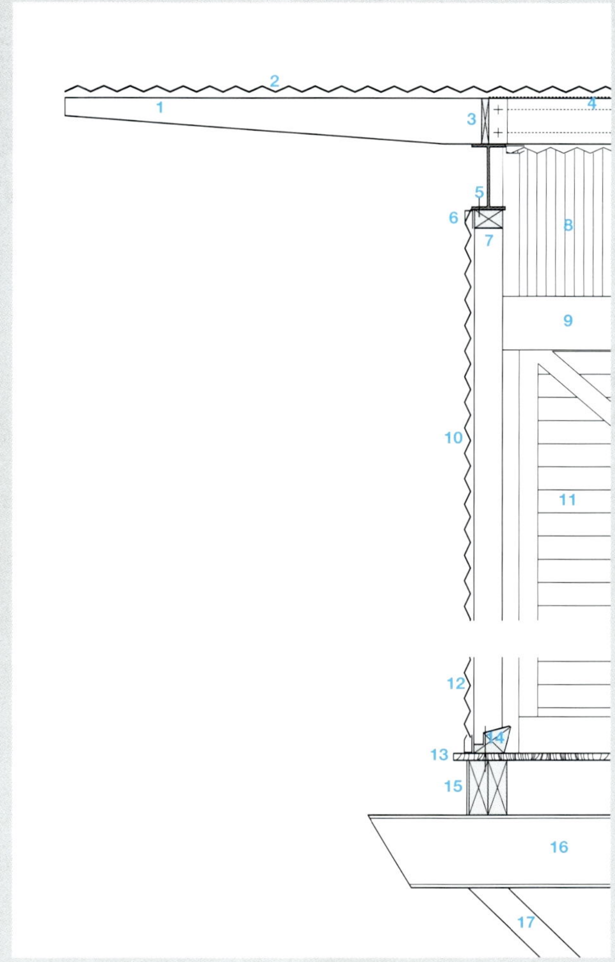

30.10
시트 벽 상세도
1:20

1 테이퍼 컷팅 처리 C형강 지붕 도리
2 Zincalume Custom Orb 시트
3 도리에 맞는 높이의 클리어 가공 처리 bird board
4 Sisalation 단열재
5 유니버설 I형강 보
6 와 칸막이벽에 맞도록 방충망이 설치된 베란다에 설치된 비드
7 양극 산화 처리 알루미늄 채널
8 클리어 가공 처리 폴리카보네이트 Custom Orb 부재
9 각관 보
10 씰 클리어 시트 벽 및 벽 시트의 각도와 내구성에 적합한 prestite 부재
11 천공된 Zincalume Custom Orb 벽
12 알루미늄 채널로 마감된 클리어 가공 처리 Suntuf 골판
13 목제 데크
14 클리어 가공 처리 활엽수 덮개목
15 장선에 볼트로 접합된 철제 안정판
16 유니버설 I형강 보
17 75 X 5mm (3 X 1/5인치) 각관 지주

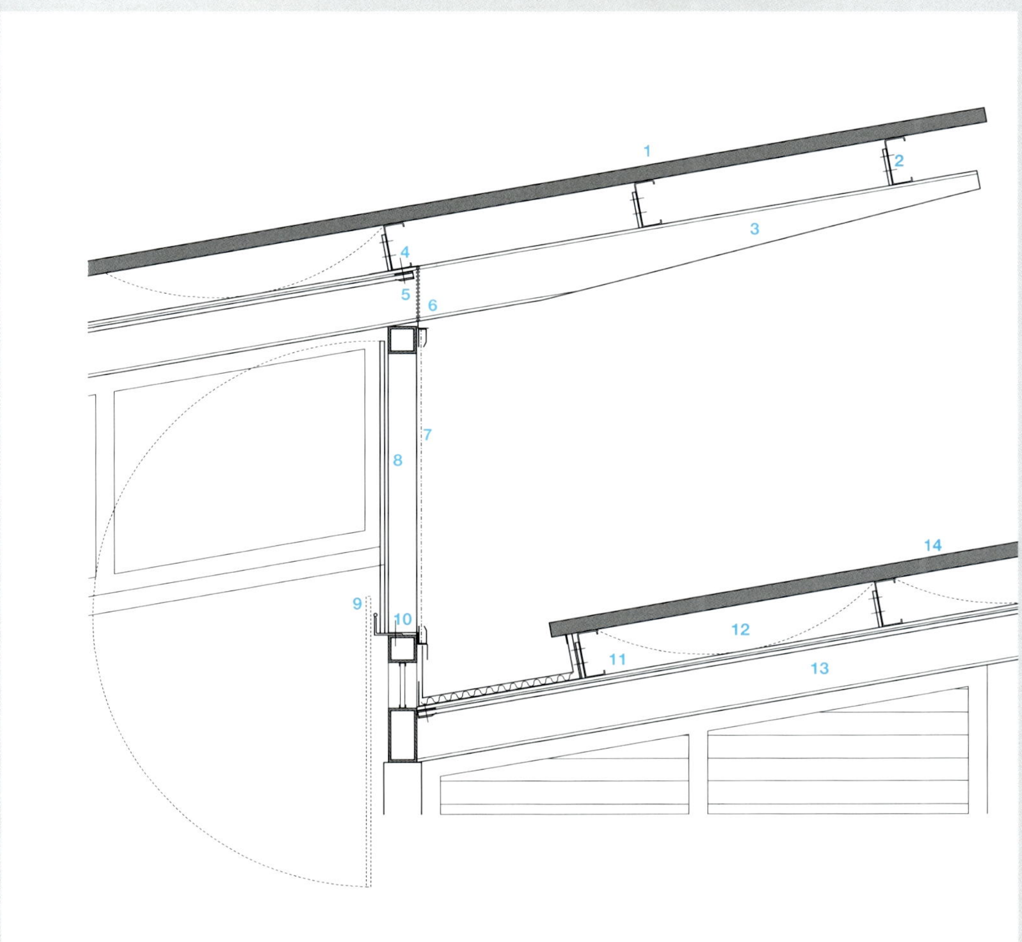

30.11
낙수홈통 및 셔터 상세도
1:20

1 Zincalume Custom Orb 지붕재
2 C형강 지붕 도리
3 유니버설 I형강 보
4 Zincalume Miniorb 천장재 및 이와 호환되는 U자형 비드
5 최대의 지붕 경간을 형성하기 위해 도리를 고정하고 간격을 최대로 유지하기 위해 가로보의 외측 단부에 설치된 천공 금속 플래싱
6 서까래에 부착된 스티프너
7 하부 프레임에 설치된 방충망
8 클리어 가공 합판 셔터
9 힌지를 지지하고 우수 완충재로써 기능하는 75 X 50mm (3 X 2인치) 앵글
10 Zincalume 플래싱
11 Zincalume Miniorb 천장재
12 Sisalation 단열재
13 유니버설 I형강 보
14 Zincalume Custom Orb 지붕재

31
Atelier Bow-Wow + Tokyo Institute of Technology Tsukamoto Lab

Gae House
Tokyo, Japan

Area
88 square metres (950 square feet)

Project Team
Yoshiharu Tsukamoto, Momoyo Kaijima, Satoshi Saito, Daisuke Sakurai, Yuko Suzuki, Masamichi Hirabayasi, Hiroki Tominaga

Structural Engineer
Structural Design Office Oak Inc

Main Contractor
Tokyo Tekkin Concrete

도쿄의 주택지구에 위치하고 있는 Gae house는 인근의 주택들이 그러하듯이 작은 대지 위에 서 있다. 일반적으로 대지의 크기가 작을 경우 주택 앞의 정원을 주차 공간으로 사용하여 전체적인 조경을 축소되는 경우가 대부분이다. 그러나 Gae house의 경우, 가능한 최대의 크기로 만들어진 지붕을 통해 저층부 처마 아래의 넓은 공간을 주차 공간 및 울타리로 활용하는 방식을 취하고 있다. 3개의 레벨로 이루어진 이 주택에서 지하층은 침실과 서재를, 지붕층은 거실, 식당, 주방을, 1층은 입구와 욕실을 각각 담고 있다.

천장고는 각 층의 기능과 의도된 건축물의 형태에 따라 층마다 서로 다르게 나타난다. 지붕층 바닥의 레벨은 처마로부터 불과 900mm (35인치) 아래에 위치하고 있으며, 이에 따라 수평창이 사용되었다. 자연광은 백색 벽에서 반사되고, 데크의 불규칙한 표면 위에서 확산되는 과정을 통해 부드러운 간접광으로 변화하여 내부 공간에 전달된다. 거주자가 가족만의 생활을 영위할 수 있도록 파사드에는 반드시 필요한 만큼의 개구부만이 설치되었다. 처마 높이에 설치된 유리창은 남측 파사드에 설치된 2개의 큰 개구부를 보완한다. 또한, 1층 및 지하층 사이의 개구부와 챌판이 없는 계단을 통해 건물의 깊숙한 부분까지 빛을 받아들이게 하고 있다.

1

1 지나치게 커 보이는 지붕은 사실 거실, 식당, 주방 등의 많은 프로그램을 담고 있는 공간이다. 저층의 수직 벽과 경사 지붕 사이로는 띠 모양으로 설치된 투명 유리창이 보인다.
2 챌판이 없는 백색 철제 계단은 지하층의 사무실로부터 지붕층의 거실에 이르기까지, 총 3개의 층을 서로 연결한다. 벽과 바닥의 구조는 백색으로 도색된 채 그대로 노출되어 있다.
3 거실 공간에서 수평 창을 통해 들어온 빛은 산화처리 천장에서 반사되어 내부 공간 전체에 부드럽게 퍼진다.

2

3

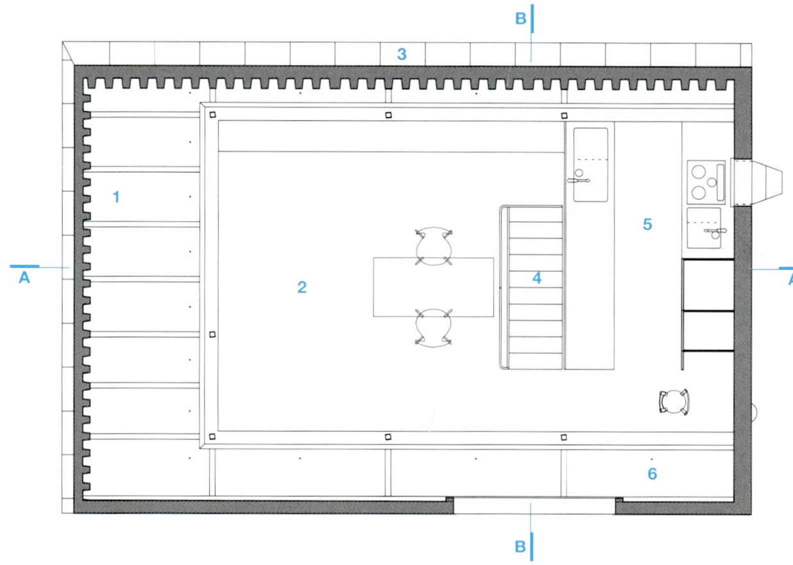

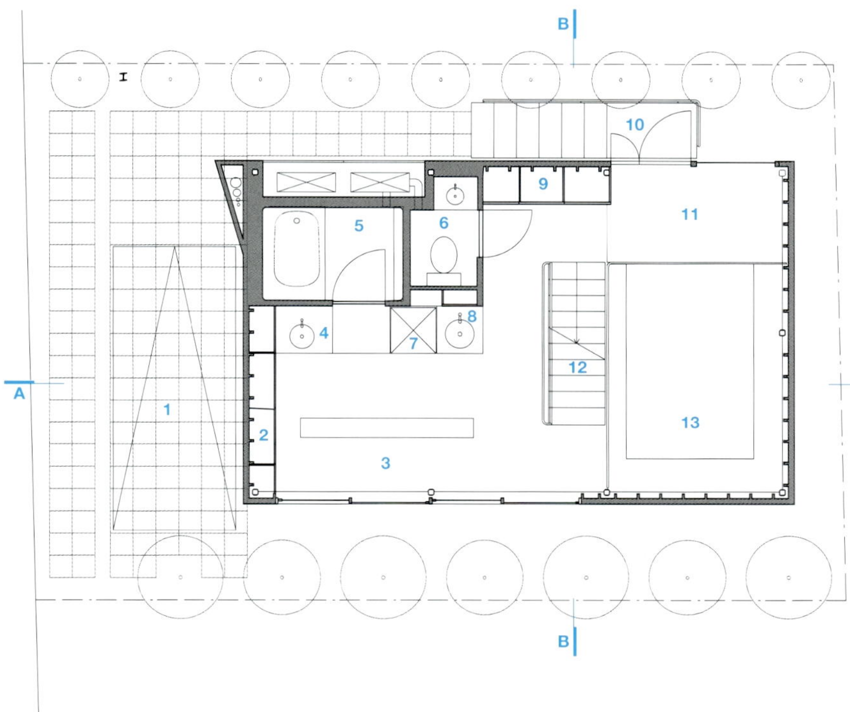

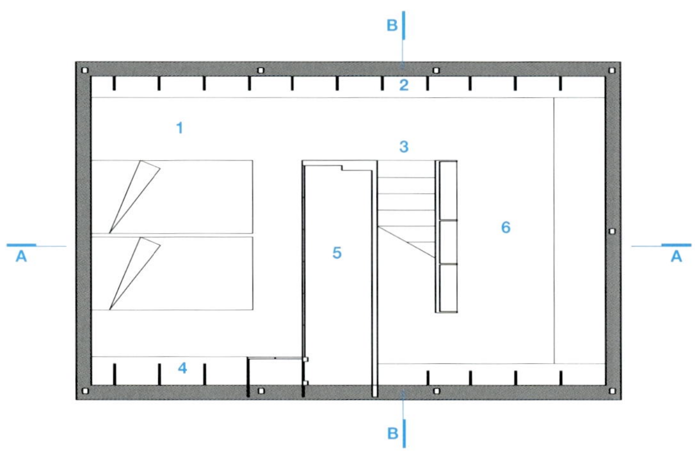

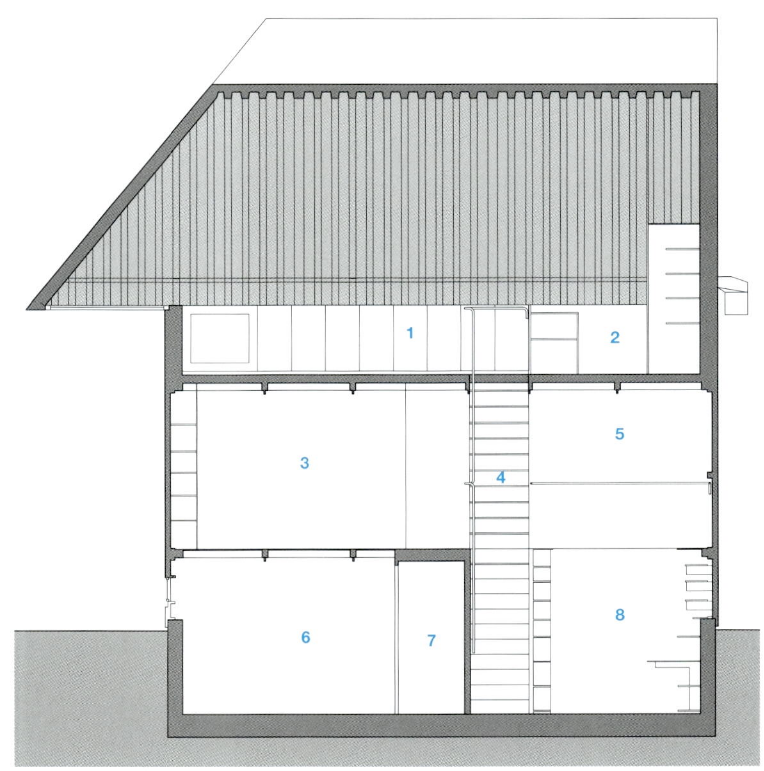

31.01
2층 평면도
1:100
1 처마에 설치된 유리
2 거실 및 식당
3 지붕
4 1층으로 향하는 계단
5 주방
6 처마에 설치된 유리

31.02
1층 평면도
1:100
1 주차장
2 창고
3 다용도실
4 온수 보일러
5 욕실
6 화장실
7 세탁실
8 보일러실
9 창고
10 입구
11 포이어
12 지하층 및 2층 거실로 이어지는 계단
13 사무실 상부

31.03
지하층 평면도
1:100
1 침실
2 창고
3 1층으로 향하는 계단
4 창고
5 벽장
6 사무실

31.04
단면도 A-A
1:100
1 거실 및 식당
2 주방
3 다용도실
4 계단
5 사무실 상부
6 침실
7 벽장
8 사무실

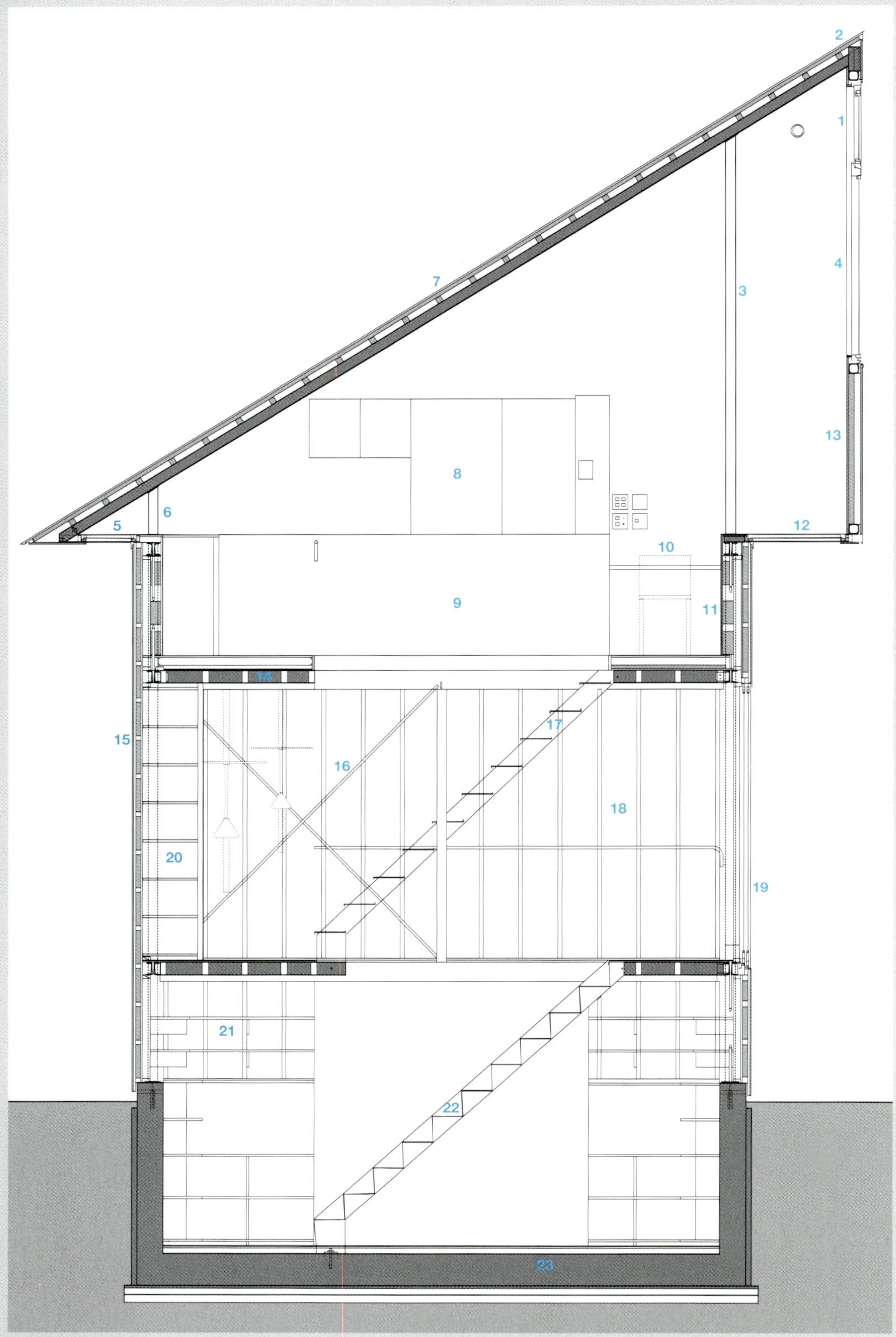

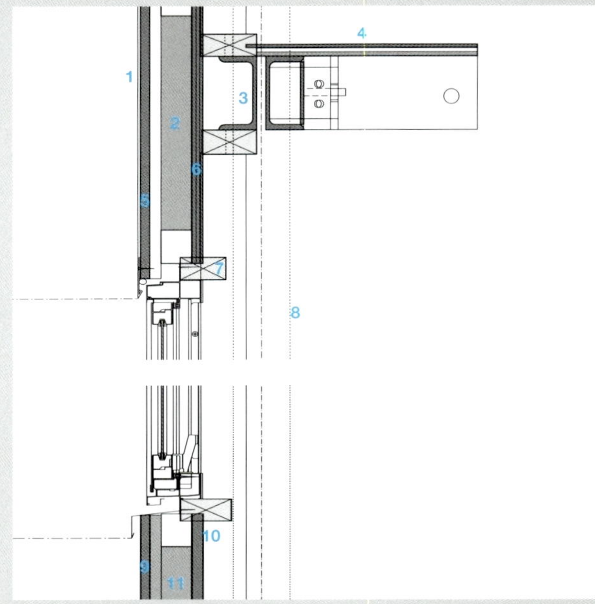

31.05
침실 창 상세도
1:10
1 아연 도금 및 알루미늄 코팅 처리 판금
2 스티로폼 단열재
3 철제 채널 2개
4 우레탄에나멜 페인트 마감 낙엽송 합판
5 수분 침투성 방수막이 부착된 낙엽송 합판
6 낙엽송 합판
7 새시 지지대
8 유성 페인트 마감 철제 각관
9 수분 침투성 방수막이 부착된 낙엽송 합판
10 낙엽송 합판
11 스티로폼 단열재

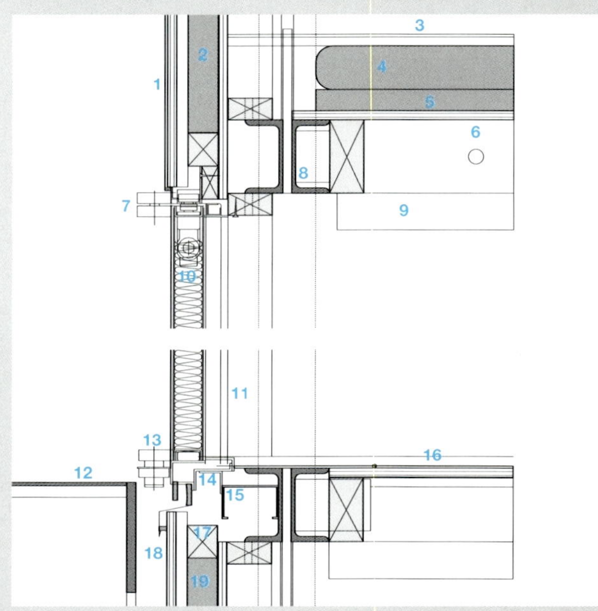

31.06
단면도 B-B
1:50
1 투명 유리
2 착색 아연 도금 및 알루미늄 코팅 처리 판금 처마 덮개
3 철제 각관 기둥
4 투명 유리 창
5 착색 아연 도금 및 알루미늄 코팅 처리 판금 처마 덮개
6 철제 각관 기둥
7 서까래 상부 차음재, 스티로폼 단열재, 천장 장선 및 구조용 합판 위에 설치된 착색 아연 도금 및 알루미늄 코팅 처리 판금
8 목제 주방 가구
9 주방과 식당을 분리시키는 낮은 벽
10 주방용 벤치
11 합판 벽 상부에 설치된 백색 자작나무 내장재
12 처마 창에 설치된 투명 유리
13 퍼링 스트립 및 스티로폼 단열재 상부 합판 위에 설치된 친수성 착색 아연 도금 및 알루미늄 코팅 처리 판금 벽
14 목제 바닥 장선 상부 난방 배관 및 스티로폼 위에 설치된 백색 자작나무 바닥
15 퍼링 스트립 및 스티로폼 단열재 상부 합판 위에 설치된 친수성 착색 아연 도금 및 알루미늄 코팅 처리 판금 벽
16 철제 가새
17 철제 계단
18 구조용 합판 벽 내장재
19 투명 유리창
20 목제 선반
21 목제 서고
22 철제 계단
23 난방 배관 시스템, 목제 바닥 장선, 방수 콘크리트 슬라브 상부에 설치된 합판 바닥

31.07
벽 및 바닥 상세도
1:10
1 아연 도금 및 알루미늄 코팅 처리 판금
2 스티로폼 단열재
3 우레탄 락커로 마감한 백색 자작나무 합판
4 난방 배관층
5 스티로폼 단열재
6 우레탄 에나멜 페인트로 마감한 바닥 장선
7 힌지
8 유성 페인트로 마감한 2개의 철제 채널
9 평철 보
10 철제 문
11 우레탄 에나멜 페인트로 마감한 목제 문 프레임
12 유성 페인트로 마감한 철제 계단 디딤판
13 힌지
14 30 X 30mm (1 1/5 X 1 1/5인치) 철제 앵글
15 철제 채널
16 아연 도금 및 알루미늄 코팅 처리 판금
17 45 X 35mm (1 3/4 X 1 1/3인치) 퍼링 스트립
18 아연 도금 및 알루미늄 코팅 처리 판금
19 스티로폼 단열재

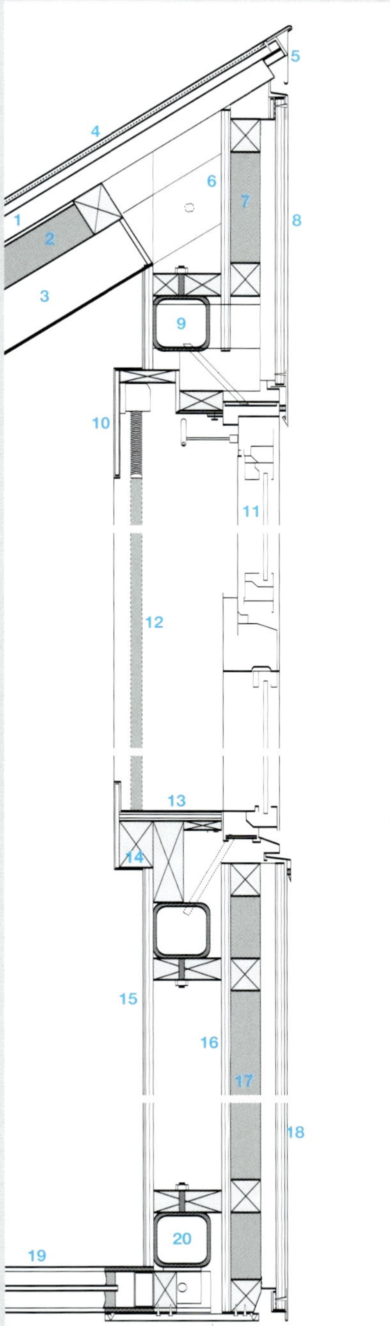

31.09
지붕 및 외벽 상세도
1:10
1 455mm (18인치) 중앙에 설치된 30 X 40mm (1 1/5 X 1 1/2 인치) 목제 서까래
2 스티로폼 단열재
3 철제 데크 플레이트
4 아연 도금 및 알루미늄 코팅 처리 판금
5 플래싱
6 낙엽송 합판
7 스티로폼 단열재
8 아연 도금 및 알루미늄 코팅 처리 판금
9 75 X 75mm (3 X 3 인치) 철제 각관
10 아연 도금 및 알루미늄 코팅 처리 판금
11 알루미늄 새시
12 알루미늄 블라인드
13 아연 도금 및 알루미늄 코팅 처리 판금
14 65 X 45mm (2 1/2 X 1 3/4인치) 목제 보
15 아연 도금 및 알루미늄 코팅 처리 판금
16 낙엽송 합판
17 스티로폼 단열재
18 아연 도금 및 알루미늄 코팅 처리 판금
19 투명 안전 유리
20 75 X 75mm (3 X 3 인치) 철제 각관

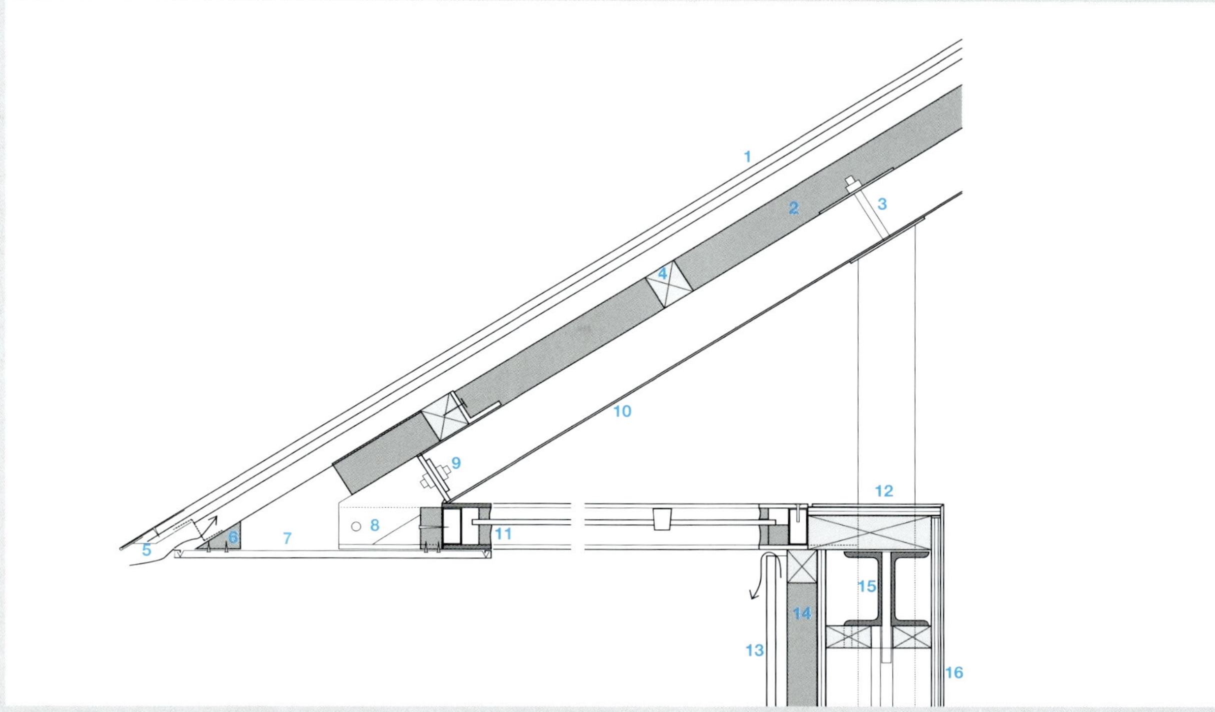

31.08
처마 창 상세도
1:10
1 아연 도금 및 알루미늄 코팅 처리 판금
2 스티로폼 단열재
3 철제 데크 플레이트와 평철을 고정시키는 볼트
4 50 X 45mm (2 X 1 3/4인치) 천장 장선
5 아연 도금 및 알루미늄 코팅 처리 판금
6 오리대
7 개구부
8 평철
9 평철
10 철제 데크 플레이트
11 투명 안전 유리
12 우레탄 락커로 마감한 백색 자작나무 합판
13 아연 도금 및 알루미늄 코팅 처리 판금
14 스티로폼 단열재
15 유성 페인트로 마감한 2개의 철제 채널
16 우레탄 락커로 마감한 백색 자작나무 합판

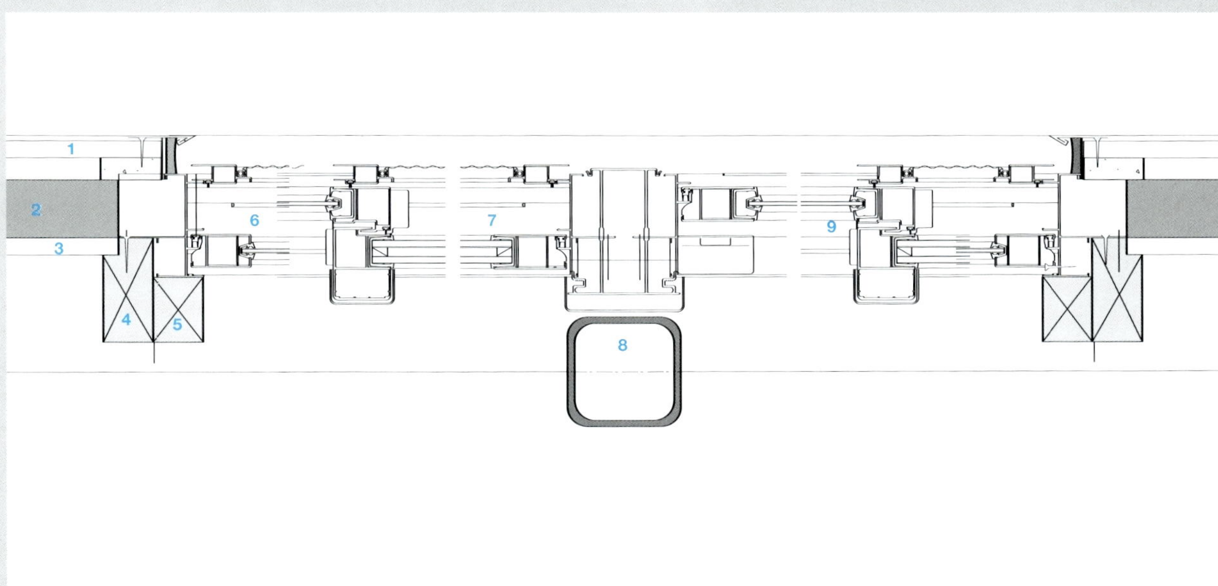

31.10
창 상세도
1:5
1 300mm (11 4/5인치) 중앙에 설치된 15 X 40mm (3/5 X 1 1/2인치) 퍼링 스트립
2 스티로폼 단열재
3 우레탄 에나멜 페인트로 마감한 낙엽송 합판
4 우레탄 에나멜 페인트로 마감한 70 X 30mm (2 3/4 X 3 1/4 인치) 목제 퍼링 스트립
5 우레탄 에나멜 페인트로 마감한 목제 창 프레임
6 알루미늄 새시
7 알루미늄 새시
8 75 X 75mm (3 X 3 인치) 철제 각관 **9** 알루미늄 새시

32
Werner Sobek

House R128
Stuttgart, Germany

Client
Ursula and Werner Sobek

Area
250 square metres (2,690 square feet)

Project Team
Werner Sobek, Zheng Fei, Robert Brixner, Christoph Dengler, Jörg Kuhn, Ingo Weiss

Mechanical Engineer
Ing.-Büro F. Müller, Weissach i. T.

Control Engineer
Baumgartner GmbH

Sensor Technology
Jochen Köhnlein Gebäudeautomation

건축가 자신의 가족이 거주할 공간으로 직접 설계한 이 4층 주택은 슈투트가르트 외곽의 경사지에 위치하고 있다. 브릿지를 통해 건물에 들어서면 최상층의 주방과 식당에 다다르게 된다. 진입 레벨 아래의 두 층은 거실과 침실로 사용되며, 최하층은 서재와 기계실을 담고 있다. 건물의 투명성을 극대화한다는 설계 컨셉에 따라 모든 층에는 전면에 3중 유리가 설치되었다. 철근콘크리트 기초 위에 축조된 내력 구조체는 철골조로 만들어졌으며, 대각선 가새에 의해 보강되었다.

모든 내력 부재와 파사드 부재를 포함한 비내력 부재들은 모듈화된 제품으로 손쉽게 조립되었다. 주택은 완전한 재활용과 자급자족이 가능하고, 공해 물질을 배출하지 않는 건물로 설계되었다. 건물 전체가 재활용이 가능하도록 폐기가 곤란한 재료는 전혀 사용되지 않았다. 동일한 이유에 따라 벽 내부에는 어떠한 케이블이나 파이프도 매설되지 않았다. 모든 공급 및 폐기 설비는 파사드를 따라 설치된 금속관 내부에 담겨 바닥판과 천장 구조체 내부로 연결된다. 공해 물질을 배출하지 않으며, 화석 연료를 사용하지 않는 건물을 만들기 컴퓨터로 조정되는 혁신적인 태양 전지 시스템이 사용되었는데, 이 시스템은 전화나 컴퓨터를 이용하여 세계 어디에서든 점검할 수 있도록 만들어졌다.

1 건물로의 진입을 위한 철제 브릿지는 최상층을 따라 길게 연장되어 거실을 위한 체라스를 형성한다.
2 '투명성을 극대화한다'는 컨셉은 건물 전체에 걸쳐 뚜렷하게 드러난다. 각 층에서 다른 층을 볼 수 있도록 바닥판에는 부분적으로 개구부가 형성되어 있다.
3 정교하게 만들어진 철제 계단은 챌판이 없는 구조로 설계되어 유리 파사드와 함께 가벼운 느낌을 연출하고 있다.

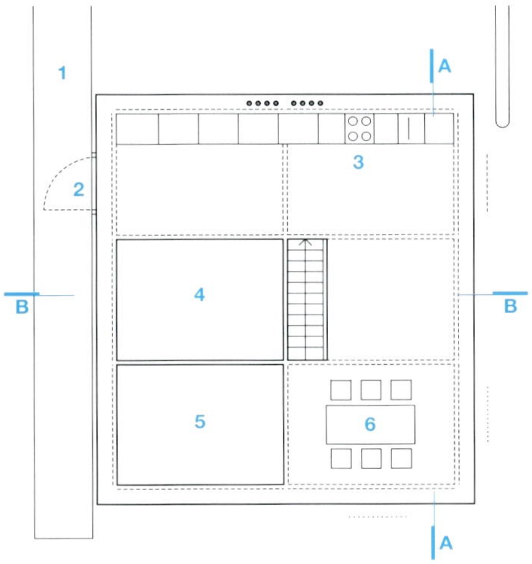

32.01
4층 평면도
1:200
1 브릿지
2 입구
3 주방
4 개구부
5 개구부
6 식당

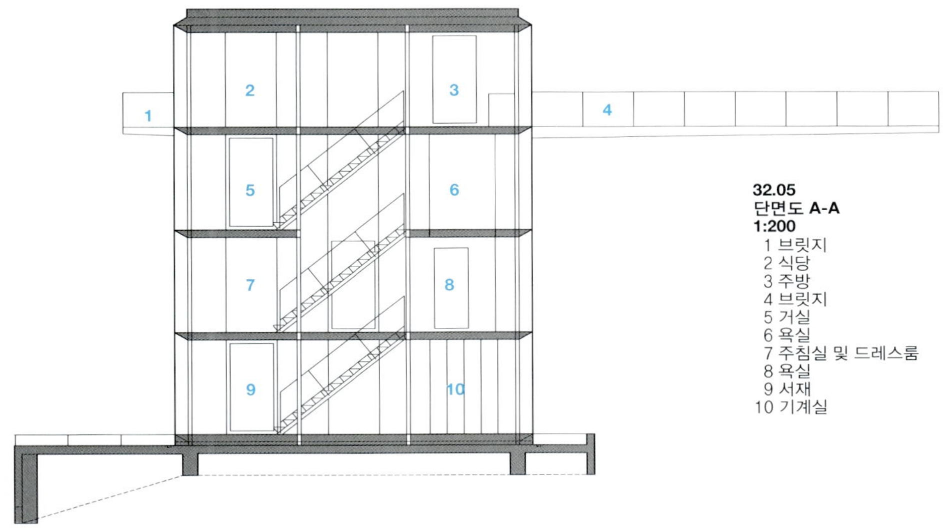

32.05
단면도 A-A
1:200
1 브릿지
2 식당
3 주방
4 브릿지
5 거실
6 욕실
7 주침실 및 드레스룸
8 욕실
9 서재
10 기계실

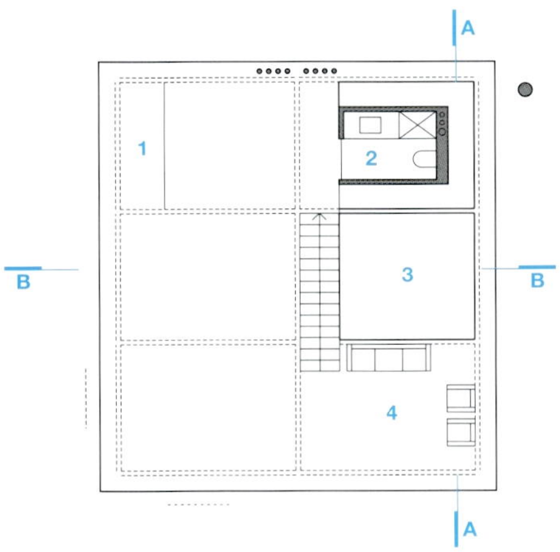

32.02
3층 평면도
1:200
1 서가
2 욕실
3 개구부
4 거실

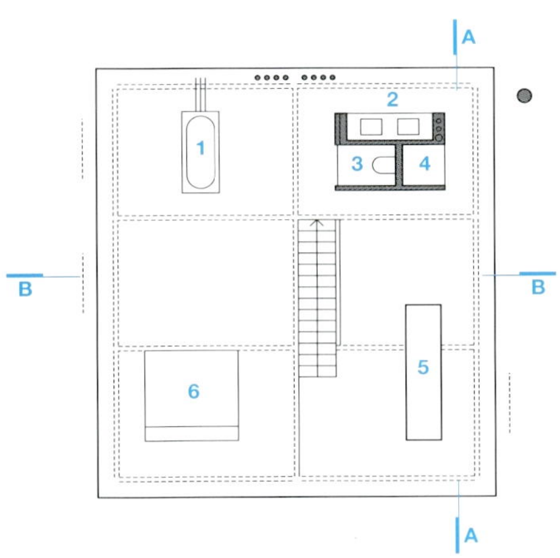

32.03
2층 평면도
1:200
1 욕조
2 세면대
3 화장실
4 샤워실
5 대형 옷장
6 침실

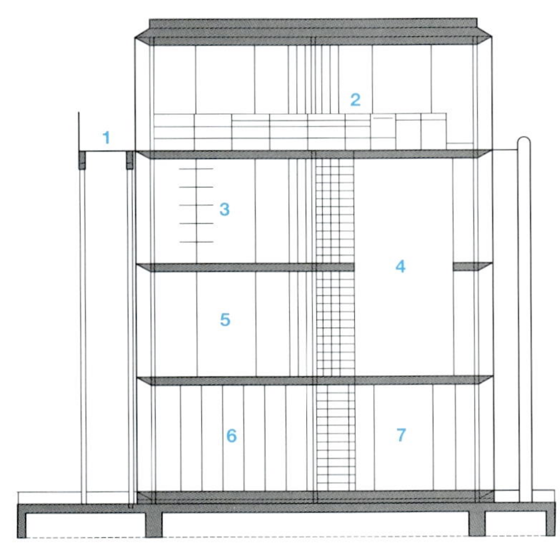

32.06
단면도 B-B
1:200
1 브릿지
2 주방
3 거실
4 개구부
5 주침실
6 보일러실
7 서재

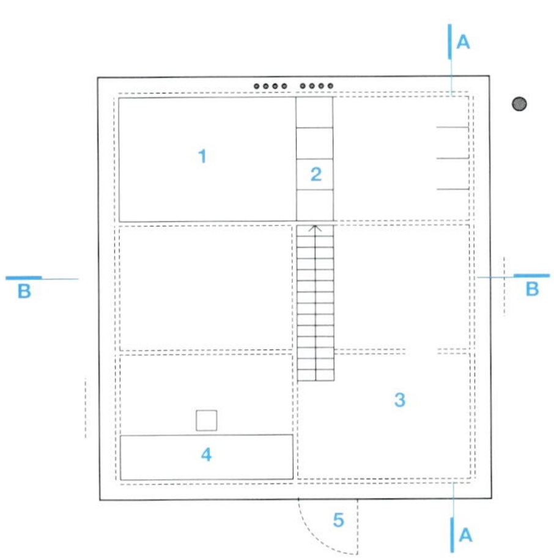

32.04
1층 평면도
1:200
1 보일러실
2 기계실
3 서가
4 서재
5 입구

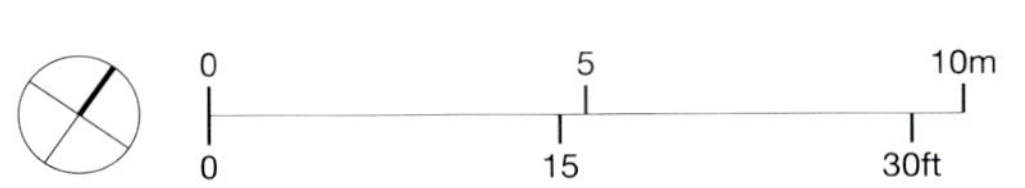

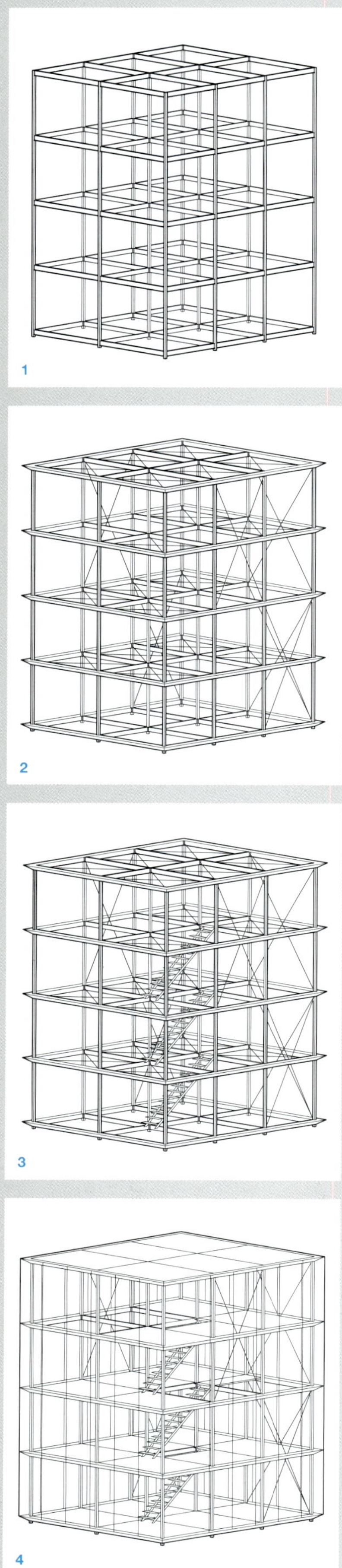

32.07
철골 축조 과정
1 주 철골조
2 바닥판 및 벽에 대각선 가새 설치
3 철제 계단 설치
4 바닥 및 벽 판넬 설치

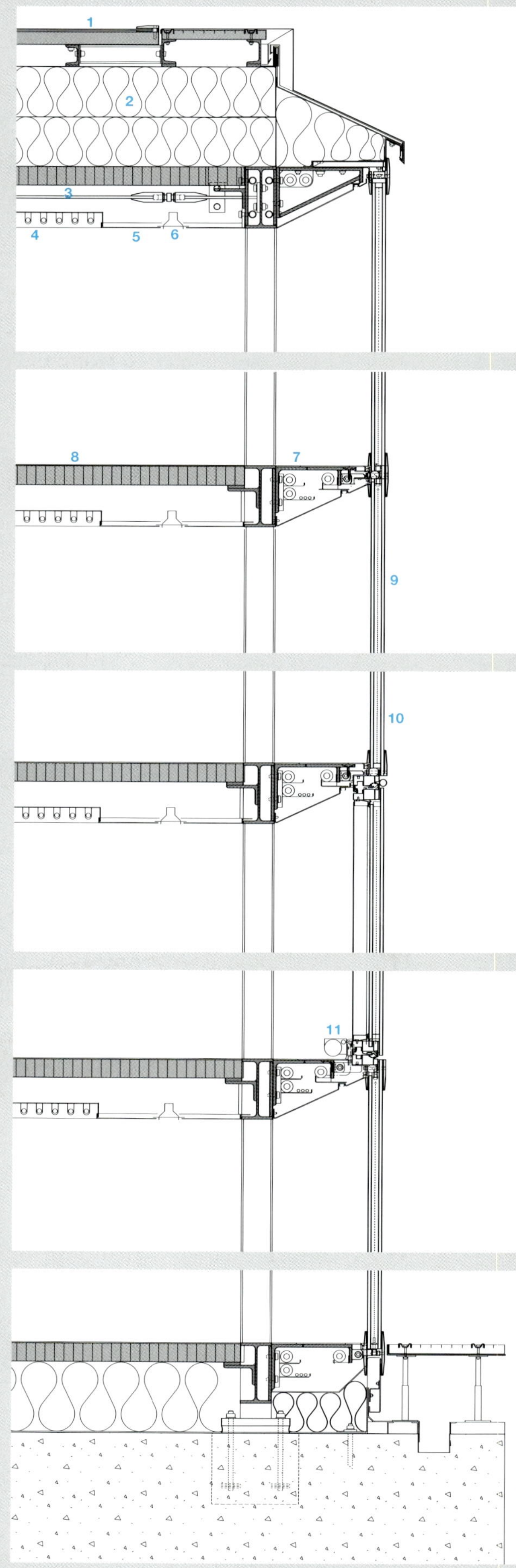

32.08
파사드 단면도
1:20
1 집광 판넬
2 지붕 단열재
3 수평 보강재
4 난방 및 냉방 판넬
5 알루미늄 달천장
6 천장면과 평평하게 설치된 조명 장치
7 파이프 및 케이블 덕트
8 바닥 판넬
9 3중 유리 고정식 창
10 3중 유리 개폐식 창
11 창문 개폐 장치

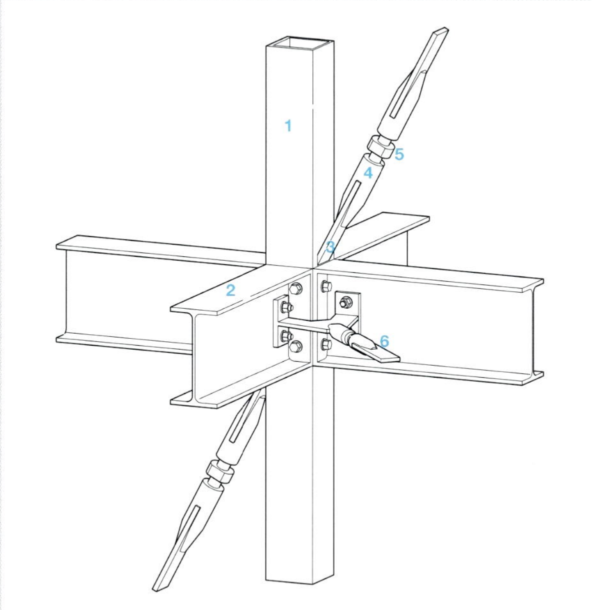

32.09
철골 접합부 상세도
1 철제 기둥
2 철제 거더
3 텐션 로드
4 가새
5 조절 나사
6 텐션 로드

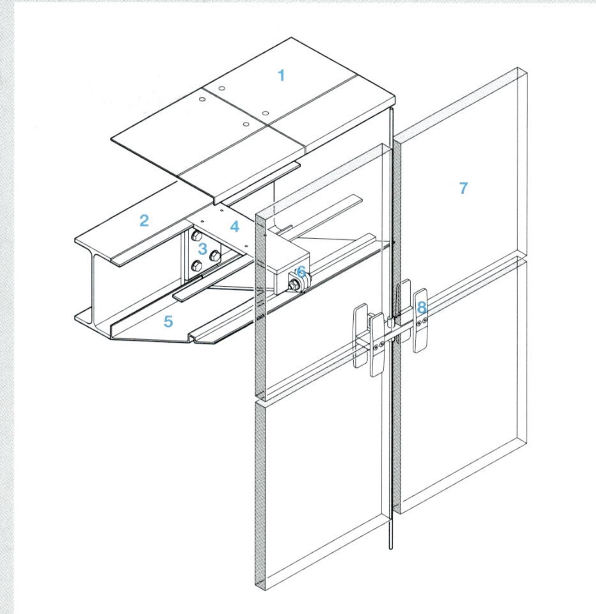

32.10
파사드 고정부 상세도
1 전면판
2 철제 거더
3 조임판
4 캔틸레버
5 전면판
6 마운팅
7 판유리
8 유리 고정용 클램프

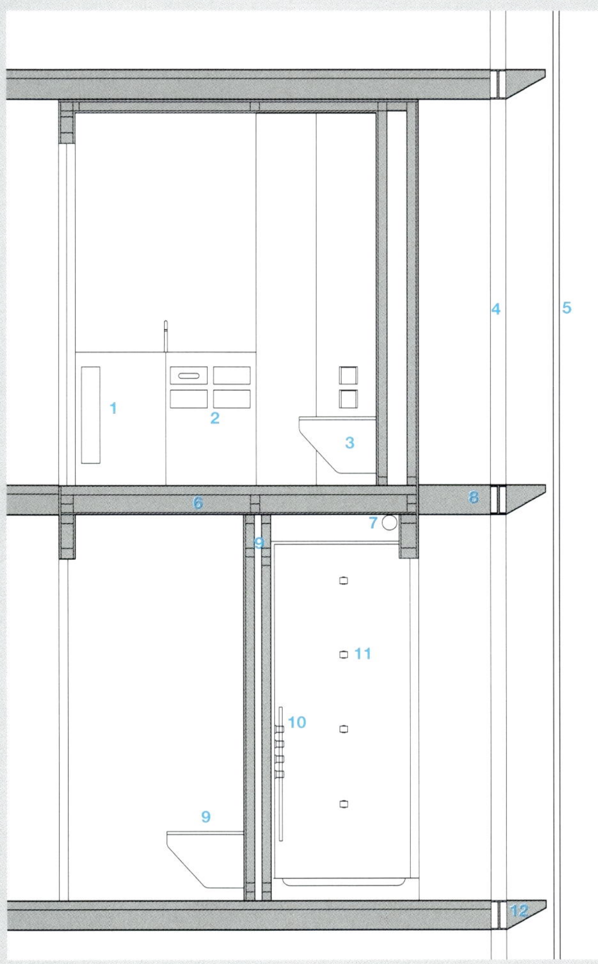

32.11
욕실 평면도 1
1:50
1 수건걸이
2 서랍
3 변기
4 철제 기둥
5 파사드
6 달천장
7 수도관
8 철제 거더
9 변기
10 샤워대
11 샤워 부스
12 수도관

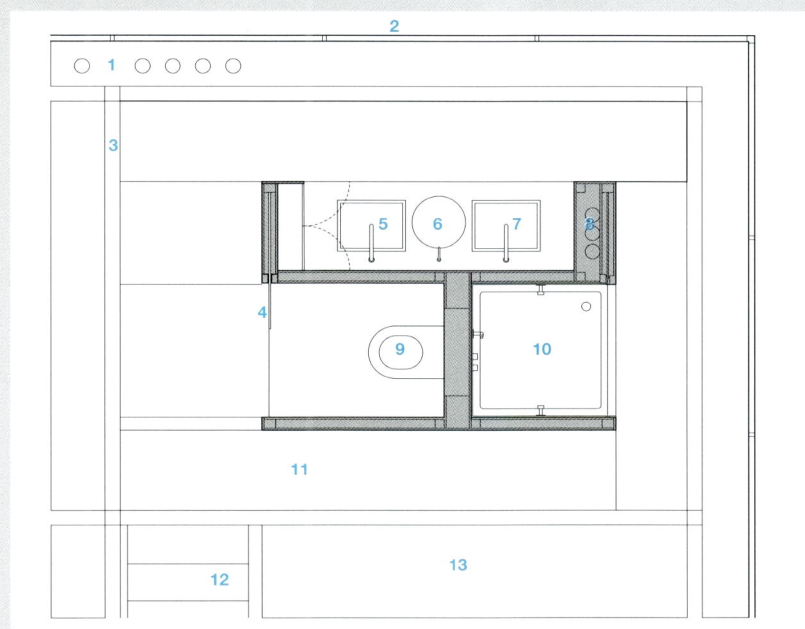

32.12
욕실 평면도 1
1:50
1 수도관
2 파사드
3 철제 거더
4 슬라이딩 문
5 세면대
6 세탁물 슈트
7 세면대
8 수도관
9 변기
10 샤워 부스
11 바닥 판넬
12 계단
13 수조

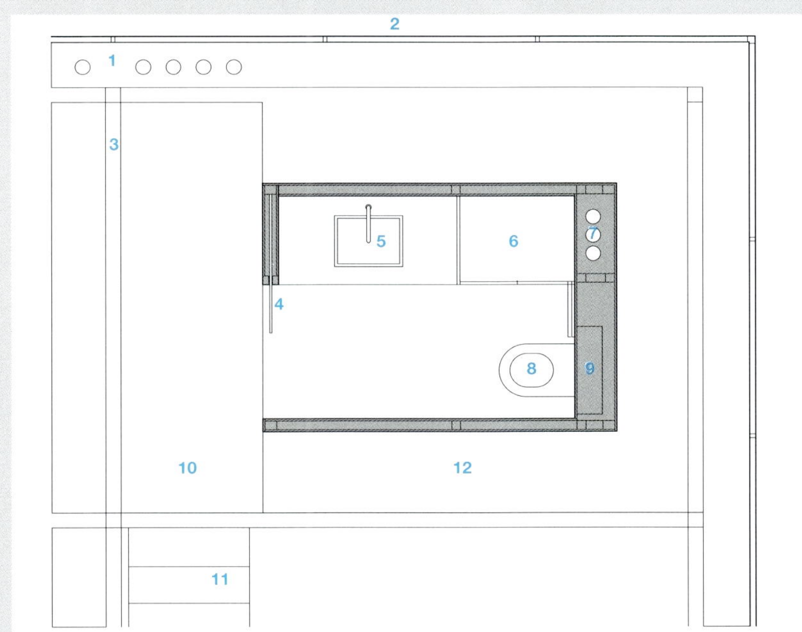

32.13
욕실 평면도 2
1:50
1 수도관
2 파사드
3 철제 거더
4 슬라이딩 문
5 세면대
6 기계 설비
7 수도관
8 변기
9 수조
10 바닥 판넬
11 계단
12 개구부

33
WPA Inc.

Villa Lucy
Port Townsend, Washington, USA

Client
Kathy Wesselman and Anthony Pellecchia

Area
140 square metres (1,507 square feet)

Project Team
Anthyony Pellecchia, Anthony Goins

Structural Engineer
Dayle B Houk & Co

Main Contractor
Aran Pellecchia Construction

Villa Lucy는 후안 드 푸카 해협이 멀리 보이며, 넓이가 6에이커에 달하는 워싱턴 주 해안가의 삼림지대 내부에 자리잡고 있는 주말 별장이다. 건물의 건축주이기도 한 건축가는 대지의 자연적인 조건과 대지를 둘러싸고 있는 생태계를 아무런 훼손도 없이 완전 무결한 상태로 유지한다는 목표를 세웠다. 기존 식생과 우수에 의한 자연 지형을 그대로 보존하기 위해 건물은 경사면 위에 자리잡고 있다. 경사 대지 위로 뻗어 있는 철제 격자판 브릿지를 따라 적색의 목제 여닫이 문에 접근하게 되는데, 이 문은 회색의 삼나무 벽으로 전체가 둘러싸인 긴 매스에서 유일하게 시선을 끄는 요소로 나타나고 있다. 실내로 빗물이 들어오지 못하도록 차단하는 수직 널로 만든 목조 벽은 전면이 대기에 노출되어 있다.

나무, 유리, 콘크리트, 기타 재료로 만들어진 면이 이루는 건물의 형태는 자연환경 속에서 시각적으로 두드러지지 않도록 설계되었다. 건물 외부에 사용된 철제 기둥, 보, 난간은 시간이 흐름에 따라 자연적으로 녹이 슬도록 별다른 방청처리를 하지 않아, 고풍스런 느낌을 갖도록 만들어졌다. 데크와 브릿지는 아연 도금 처리한 격자판으로 만들어져 빗물을 통과시키고, 식물이 자라날 수 있도록 하고 있다. 건물은 각각 보조 공간과 주 공간으로써 기능하는 불투명한 영역과 투명한 영역으로 구분된다. 길고 좁은 불투명 영역은 모든 보조 시설을(욕실, 주방, 식료품실, 드레스룸, 창고, 설비) 담고 있다. 개방적인 공간인 투명 영역은 거실, 식당, 침실로 구성되어 있는데, 이 공간에 사용된 모든 가구는 바퀴가 달려 있거나, 경량으로 만들어져 공간의 가변성을 제공한다. 건물은 자연 환경을 바라볼 수 있는 전망대로써 만들어짐으로써, 자연과의 관계에 있어 반대되는 방법을 취하는 도시 주택들과는 사뭇 다른 모습을 보이고 있다.

1

1 삼림 지대 한 가운데의 얕은 경사지에 위치하고 있는 이 주택은 얇은 철제 기둥에 의해 지면 위로 떠 있다.
2 남동측 파사드를 이루고 있는 원목 매스는 주방, 욕실, 창고 등 건물의 모든 보조 시설을 담고 있다. 철제 브릿지에서 이어지는 목제 문은 적색을 대담하게 사용함으로써, 균일한 느낌의 파사드에서 입구의 위치를 분명하게 인지시키고 있다.
3 북서측에서 중정의 양쪽에 위치하고 있는 유리 파빌리온은 숲의 경관을 들여다 볼 수 있는 액자의 역할을 하고 있다. 더운 날에는 유리 판넬을 열어 내부 공간을 통풍시켜 온도를 낮출 수 있다.
4 단순한 형태의 선형 주방은 식당과 중정을 향해 열려 있다. **5** 남동측의 고측창이 하루 종일 자연광을 실내에 받아들이고 있는 거실의 모습.

2

3

4

5

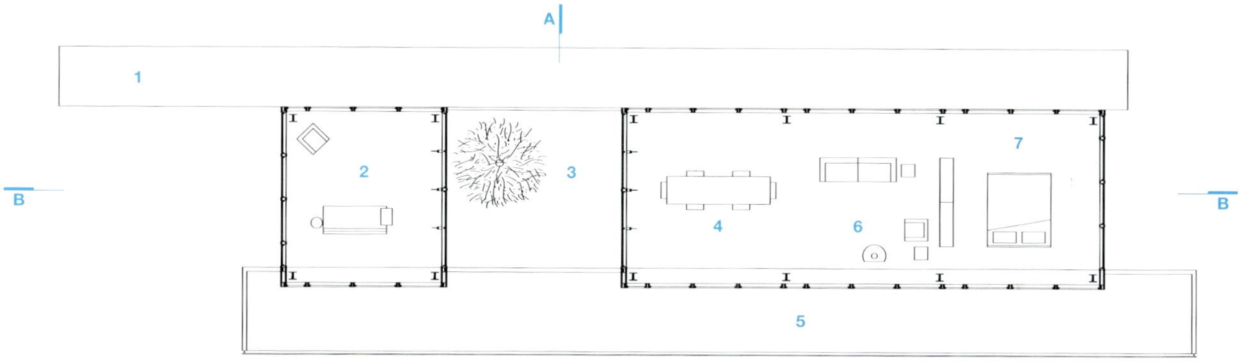

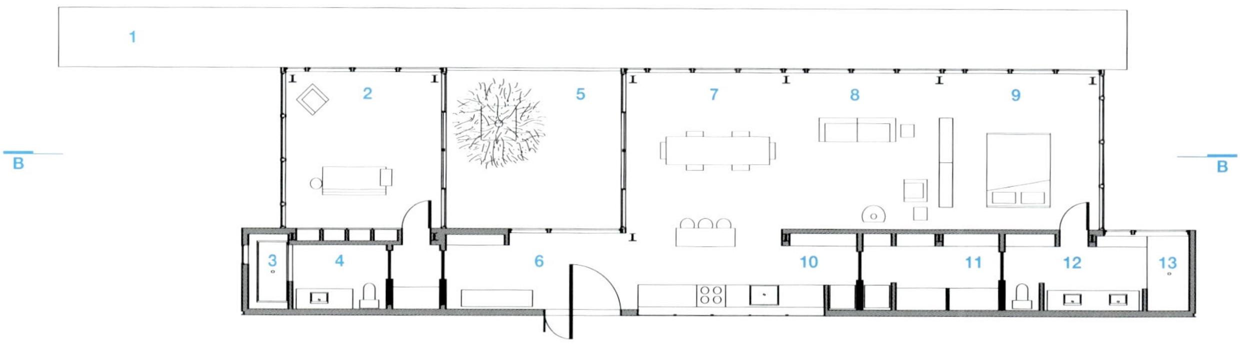

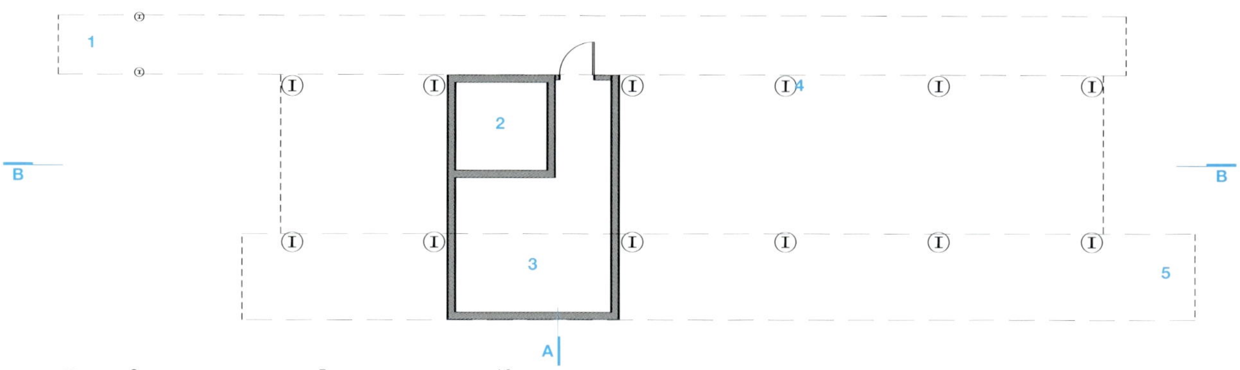

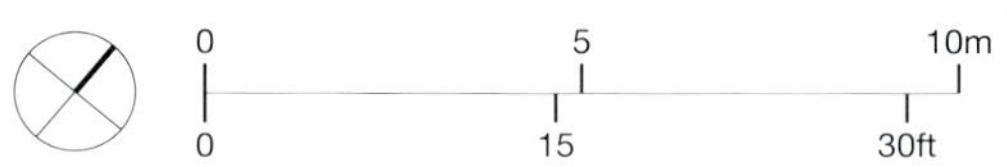

33.01
채광층 평면도
1:200
1 테라스 상부
2 서재 및 예비 침실 상부
3 테라스 중정
4 식당 상부
5 다용도실 상부 지붕
6 거실 상부
7 침실 상부

33.02
1층 평면도
1:200
1 테라스
2 서재 및 예비 침실
3 욕조
4 욕실
5 테라스 중정
6 입구
7 식당
8 거실
9 침실
10 주방
11 식료품실, 세탁실, 다용도실
12 욕실
13 욕조

33.03
저층부 평면도
1:200
1 상부 테라스 경계선
2 목조 울타리
3 기계실
4 철제 기둥
5 상부 주택 경계선

33.04
단면도 A-A
1:200
1 테라스
2 거실측 테라스 및 창문
3 입구
4 기계실
5 진입 브릿지

33.05
단면도 B-B
1:200
1 테라스
2 서재 및 예비 침실
3 테라스 중정
4 식당
5 거실
6 침실
7 기계실 입구
8 주택 하부 공지

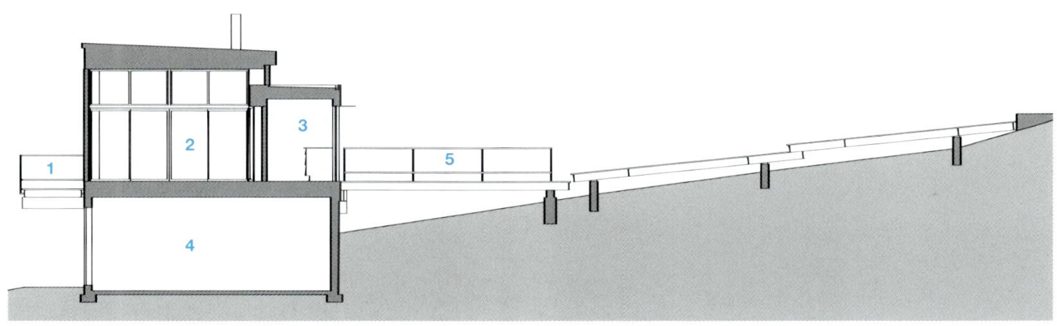

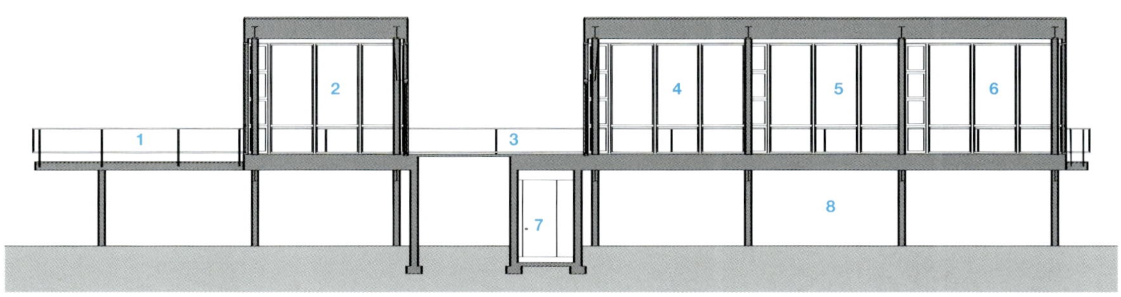

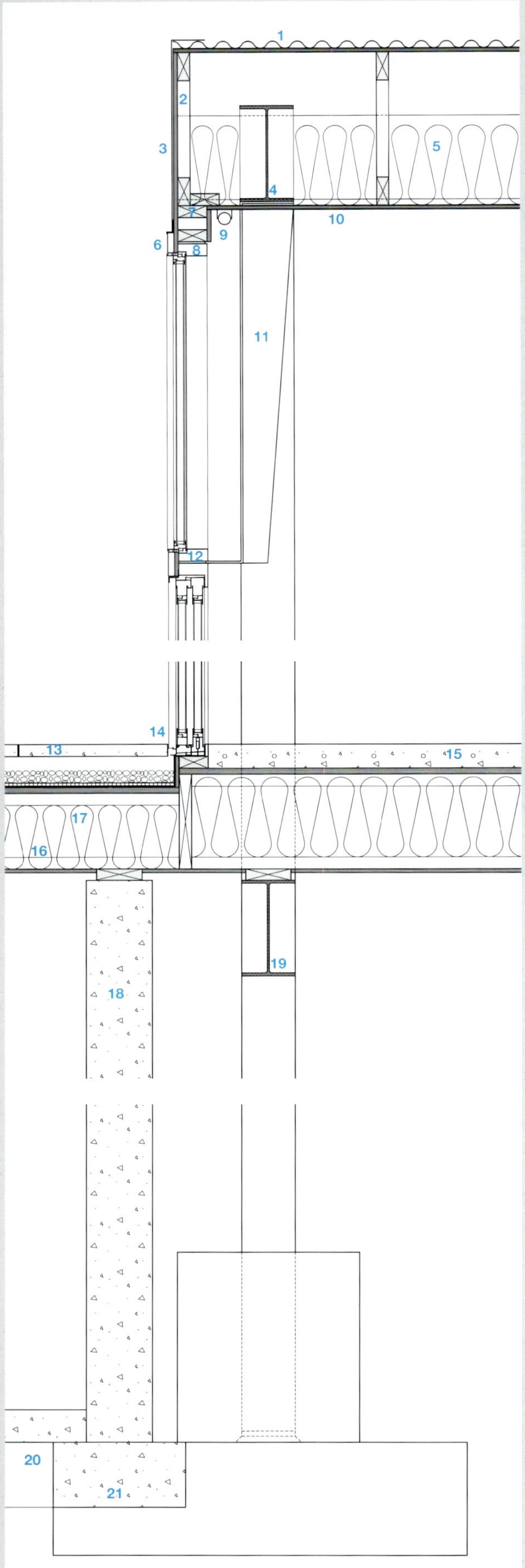

33.06
슬라이딩 문 상세도
1:20

1 합판 상부 방수막 위에 설치된 Zincalume 골판
2 목조 트러스
3 합판 상부 방수막 위에 설치된 Zincalume 외장재
4 철제 모멘트 골조
5 단열재
6 삼나무 덮개
7 오리대
8 오리나무 창 프레임
9 롤러식 차양
10 Lite-ply 천장재
11 슬라이딩 유리문에 사용된 철제 브래킷
12 오리나무 창 프레임
13 합판, 방수막, 보호판, 자갈층, 모래층 상부 콘크리트 판석
14 알루미늄제 슬라이딩 유리문
15 합판 바탕마루에 순환수식 난방 설비를 설치한 콘크리트 바닥
16 단열재
17 목제 바닥 장선
18 현장 타설 콘크리트 벽
19 철제 모멘트 골조
20 철근콘크리트 슬라브
21 철근콘크리트 기초

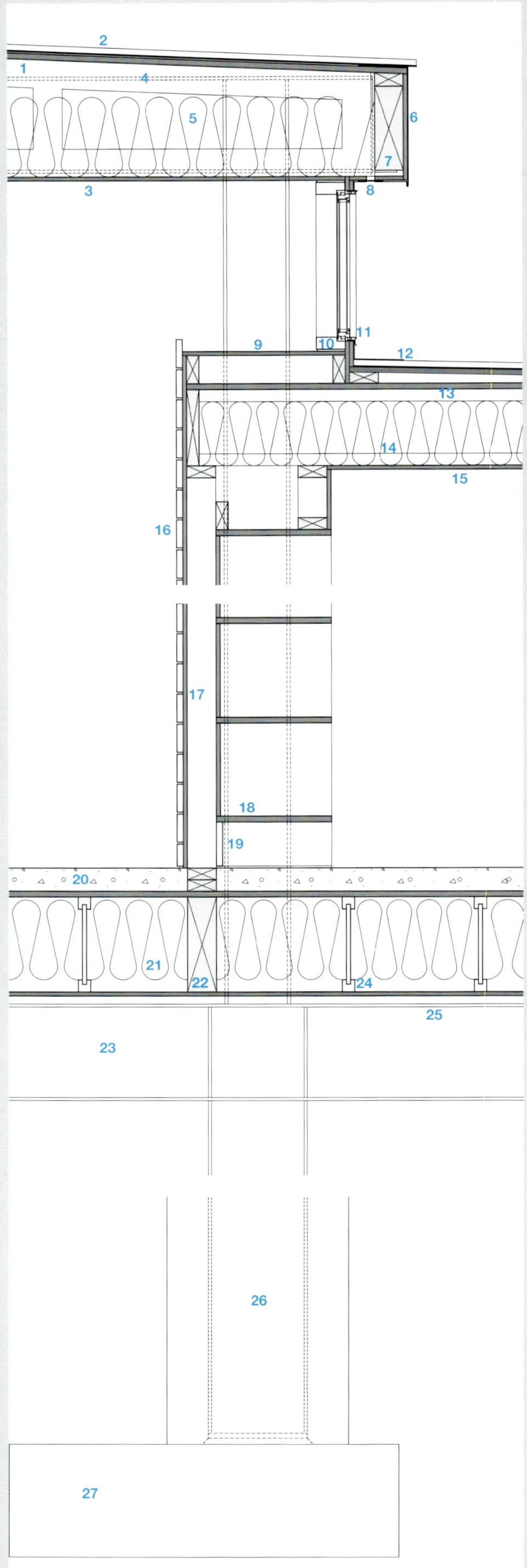

33.07
주방 식료품실 상세도
1:20

1 목조 트러스
2 합판 상부 방수막 위에 설치된 Zincalume 골판
3 Lite-ply 천장재
4 철제 모멘트 골조
5 단열재
6 합판 상부 방수막 위에 설치된 Zincalume 외장재
7 목제 보
8 지붕 환기구 및 방충망
9 내측면 Lite-ply 마감
10 오리나무 창 프레임
11 알루미늄 창
12 합판 상부 방수막 위에 설치된 Zincalume 골판
13 목제 지붕 장선
14 단열재
15 Lite-ply 천장재
16 합판 상부에 설치한 삼나무판
17 목제 프레임
18 Lite-ply 가구
19 포플러나무 벽
20 합판 바탕마루에 순환수식 난방 설비를 설치한 콘크리트 바닥
21 단열재
22 목제 보
23 철제 모멘트 골조
24 목제 바닥 장선
25 외부용 합판
26 철제 모멘트 골조
27 철근콘크리트 기초

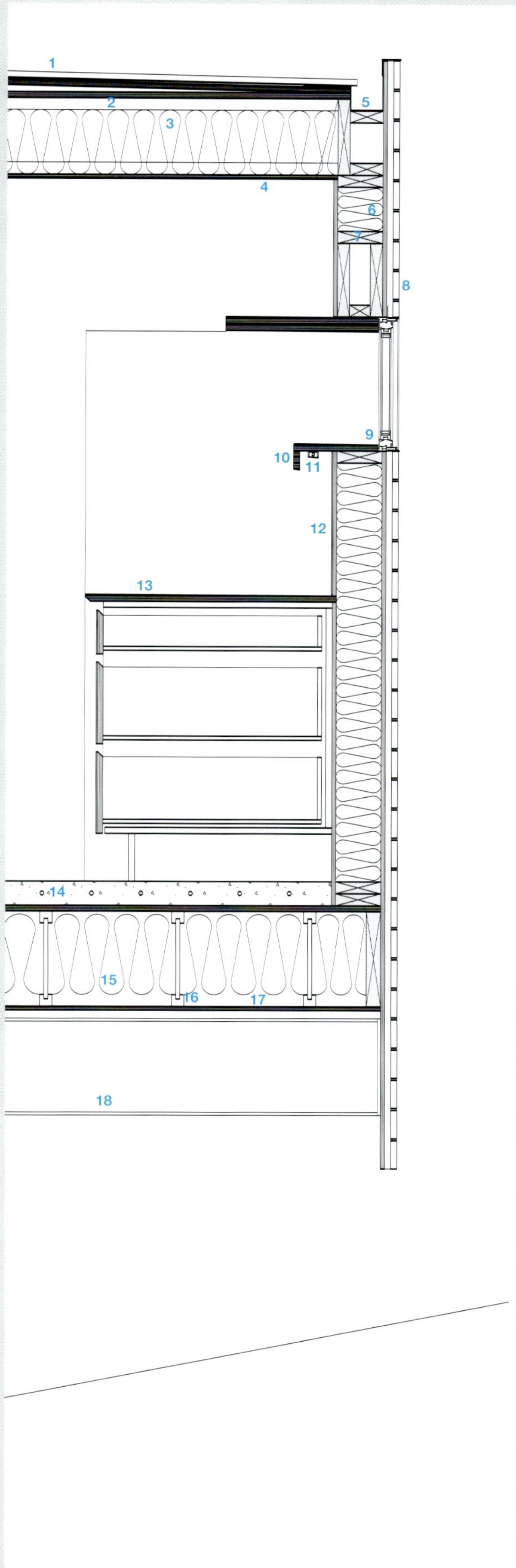

33.08
주방 창 상세도
1:20

1 합판 상부 방수막 위에 설치된 Zincalume 골판
2 목제 지붕 장선
3 단열재
4 Lite-ply 천장재
5 조립식 Zincalume 낙수홈통
6 단열재
7 목제 프레임
8 합판, 방수막, 목제 프레임, 삼나무판을 적층하여 만든 우수차단막
9 알루미늄 창
10 조명 장치에 설치한 Lite-ply 덮개
11 조명 장치
12 합판 상부 플라스틱 합판 물 튀김 방지판
13 플라스틱 합판 조리대 및 서랍이 달린 주방용 캐비닛
14 합판 바탕마루에 순환수식 난방 설비를 설치한 콘크리트 바닥
15 단열재
16 목제 바닥 장선
17 외부용 합판
18 철제 모멘트 골조

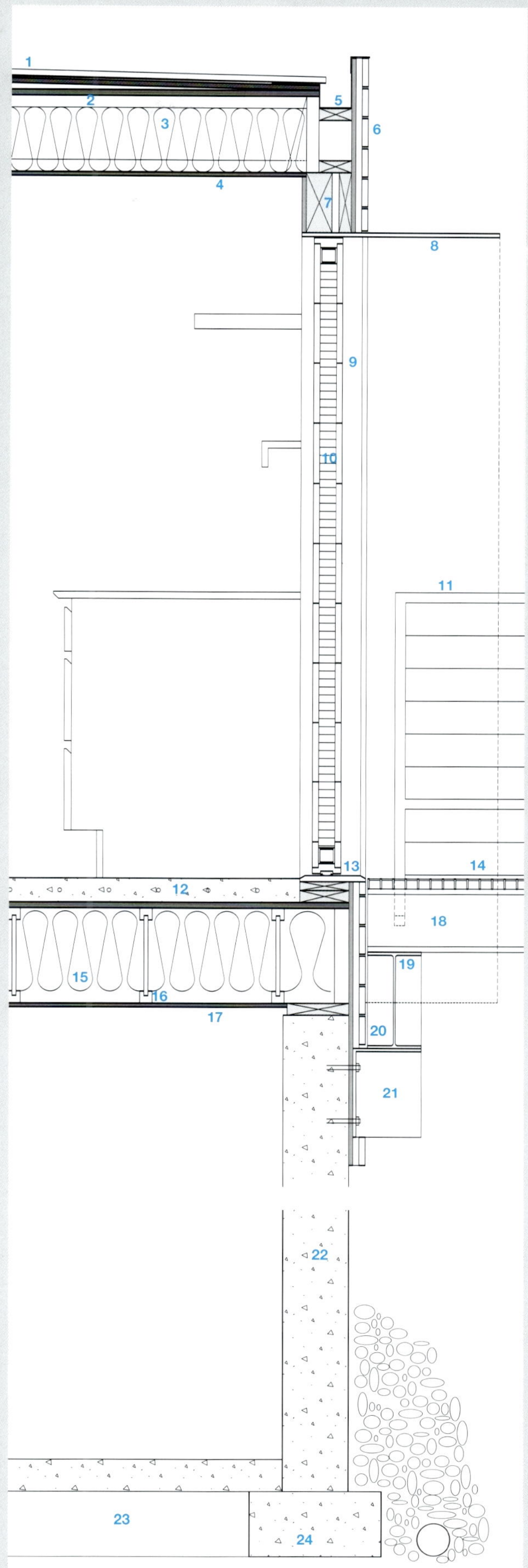

33.09
전면 문 상세도
1:20

1 합판 상부 방수막 위에 설치된 Zincalume 골판
2 목제 지붕 장선
3 단열재
4 Lite-ply 천장재
5 조립식 Zincalume 낙수홈통
6 합판, 방수막, 목제 프레임, 삼나무판을 적층하여 만든 우수차단막
7 목제 보
8 알루미늄 플레이트
9 문설주
10 철제 강관 프레임, 삼나무판과 4면에 IPE 목재를 사용한 속찬 문
11 철제 강관 난간 및 스테인레스 스틸 케이블
12 합판 바탕마루에 순환수식 난방 설비를 설치한 콘크리트 바닥
13 IPE 목재로 만든 문지방
14 아연 도금 철제 그레이팅
15 단열재
16 목제 바닥 장선
17 외부용 합판
18 철제 채널
19 철제 보
20 합판, 방수막, 목제 프레임, 삼나무판을 적층하여 만든 우수차단막
21 철제 브래킷
22 현장 타설 콘크리트 벽
23 철근콘크리트 슬라브
24 철근콘크리트 기초

34–46 Timber 목재

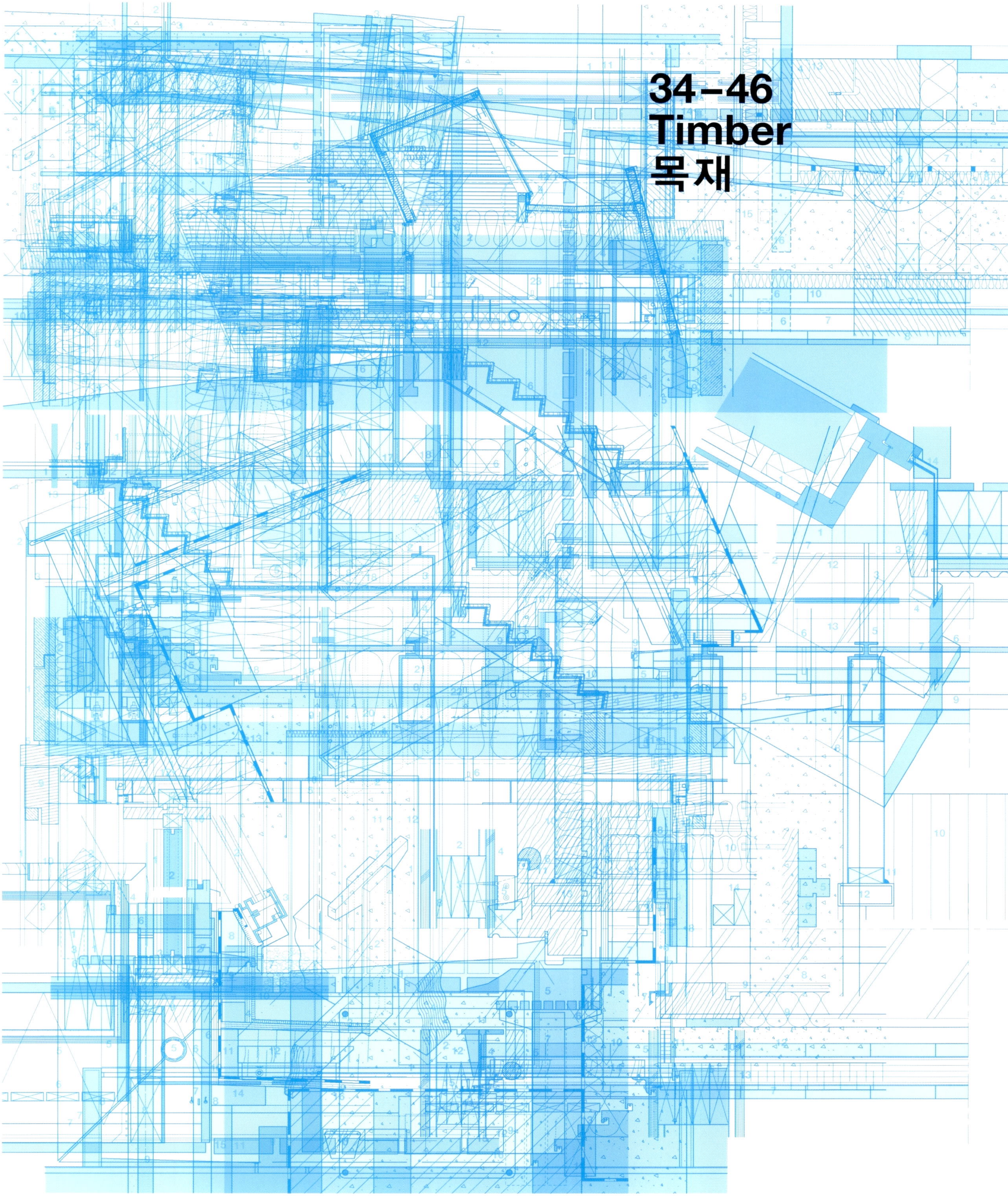

34
Álvaro Siza Vieira

House in Oudenbourg
Oudenbourg, Belgium

Area
1,774 square metres (19,095 square feet)

Project Team
Roberto Cremascoli, Daniela Antonucci, Maurice Custers, Andrea Smaniotto, Ueli Krauss

평지와 운하가 펼쳐진 오스텐드 지방에서 그리 멀지 않은 작은 마을에 자리잡고 있는 이 주택은 기존의 농장 건물을 새롭게 고치고, 증축하여 주거 공간과 예술 작품을 위한 갤러리로 전환시킨 결과물이다. U자형으로 배치된 3개의 기존 건물은 새로운 프로젝트를 위한 출발점이었다. 새롭게 배치된 L자형의 증축동은 기존의 건물들과 함께 새로운 U자형의 배치를 만들고 있다. 기존 건물 중의 하나와 증축동은 주거 공간으로 사용되며, 기존 건물 중 나머지 2동은 각각 갤러리와 차고 및 창고로써 사용된다. 건설된지 200여년이 흐른 기존의 오래된 건물들은 테라코타 벽돌과 타일로 만들어진것으로, 새로운 프로젝트는 지역의 전통적인 건축 양식을 받아들여 흑색 몰딩과 적색 목제 창 프레임을 사용하고 있다.

새로 지어진 건물은 기존의 건물들과 동일한 형태로 만들어져 별다른 이질감 없이 융화되고 있지만, 대조적인 재료와 시공 상세로 이루어져 차별화를 추구하고 있다. 기존 건물과 새 건물이 연결되는 부분에는 휘어진 형태의 유리가 사용된 작은 입구가 설치되어 두 건물 간의 경계를 인지하게 한다. 두 건물의 접합부에는 위치하는 알코브에는 경사 창이 설치되어, 편하게 앉아 자연 경관을 바라볼 수 있는 장소를 제공하고 있다. 건물의 한 편으로는 침실과 욕실이 위치하고 있으며, 반대편으로는 거실, 주방, 식당과 복도가 위치하고 있다. 적색 삼나무로 만든 파사드와 연판 지붕은 새로운 건물이 동시대의 건물이면서도, 지역의 오래된 건축 양식을 이어가고자 함을 보여준다. 시간이 흐르며 조금씩 재료의 색이 바래져 감에 따라 고풍스런 느낌을 연출하고 있는 새 건물은 기존의 오래된 건물들 속으로 자연스럽게 융화되고 있다.

1

1 증축동은 (우) 기존의 오래된 건물과 (좌) 동일한 형태로 만들어졌으나, 대조적인 재료를 사용하여 차별화를 추구하고 있다. L자형의 증축동이 기존 건물과 연결되는 부분에는 경사 창이 설치되어 대지 너머 간척지의 경관을 받아들이고 있다.
2 기존 건물 중 한 건물에 만들어진 갤러리의 모습. 이 공간은 건물의 역사성을 유지하면서도 방대한 예술 작품을 보유하고 있는 건축주의 요구를 받아들이기 위해 만들어진 새롭게 바뀐 공간이다. 백색으로 도색한 목조 바닥은 경사 지붕으로 덮힌 공간 내에서 예술 작품을 관람할 수 있는 적절한 환경을 만들고 있다.

2

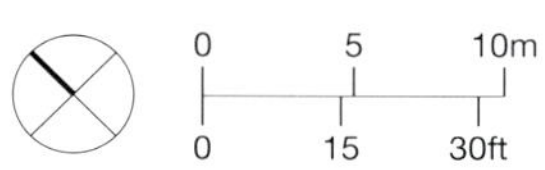

34.01
1층 평면도
1:500

1 욕실
2 드레스룸
3 침실
4 드레스룸
5 침실
6 욕실
7 욕실
8 침실
9 거실
10 식당
11 주방
12 입구
13 락커룸 및 화장실
14 세탁실
15 로지아
16 사무실
17 취미실
18 락커룸 및 욕실
19 침실
20 침실
21 갤러리
22 기존 건물
23 창고

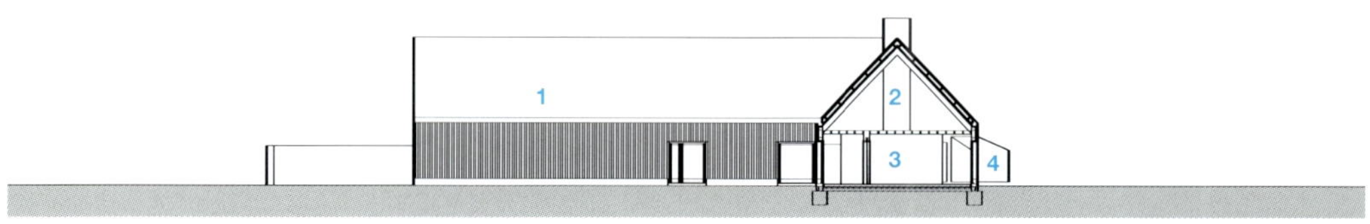

34.02
단면도 A-A
1:500

1 침실부
2 굴뚝
3 식당
4 경사형 창

34.03
단면도 B-B
1:500

1 창고
2 주동의 객실부
3 입구
4 증축부
5 갤러리

34.04
단면도 C-C
1:500

1 경사형 창
2 증축부
3 객실부
4 갤러리
5 기존 건물

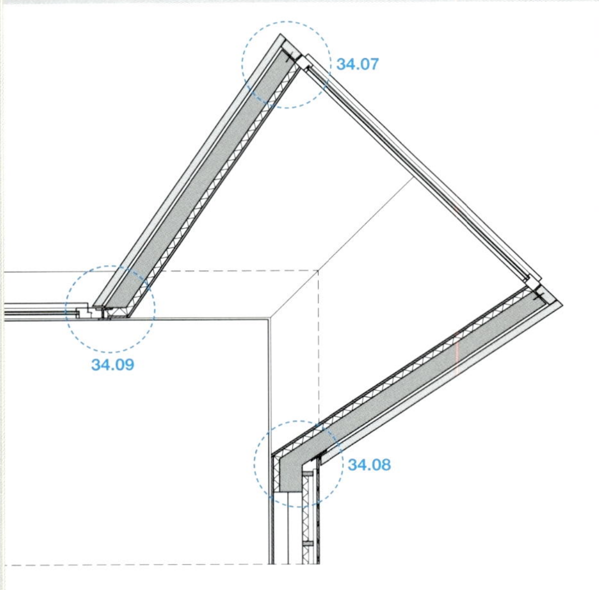

34.05
경사형 창 평면 상세도
1:50

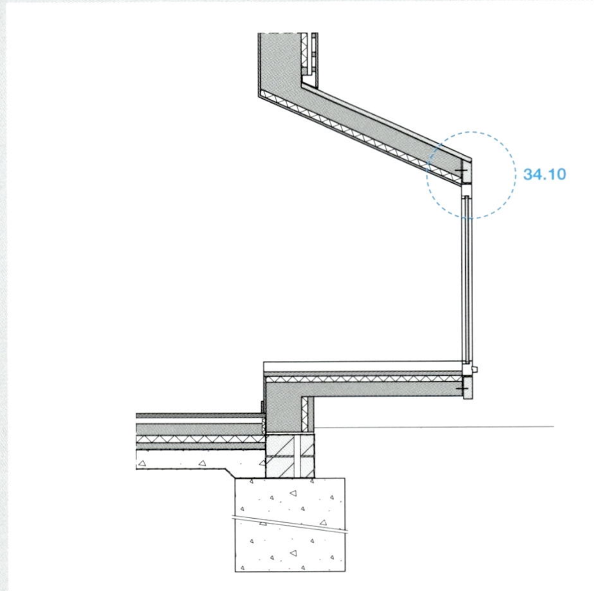

34.06
경사형 창 단면 상세도
1:50

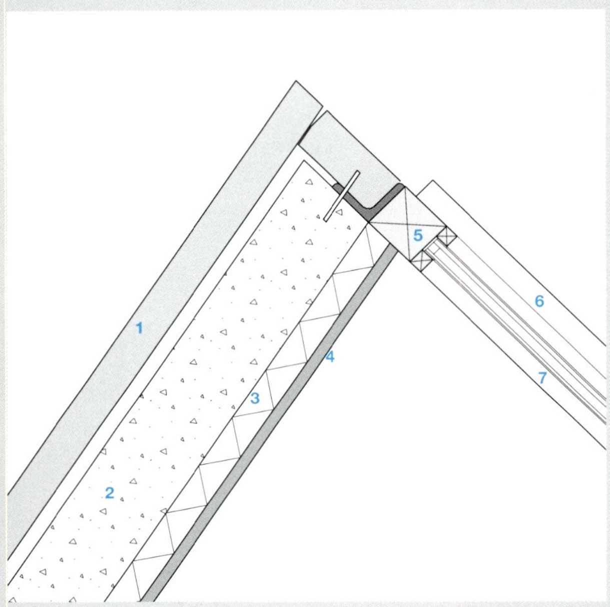

34.07
창문 상세도 1
1:10

1 외벽에 사용된 석제 외장재
2 콘크리트 벽
3 단열재
4 내측 석고보드 벽
5 목제 프레임
6 물끊기 홈이 설치된 목제 프레임 외장재
7 2중 유리

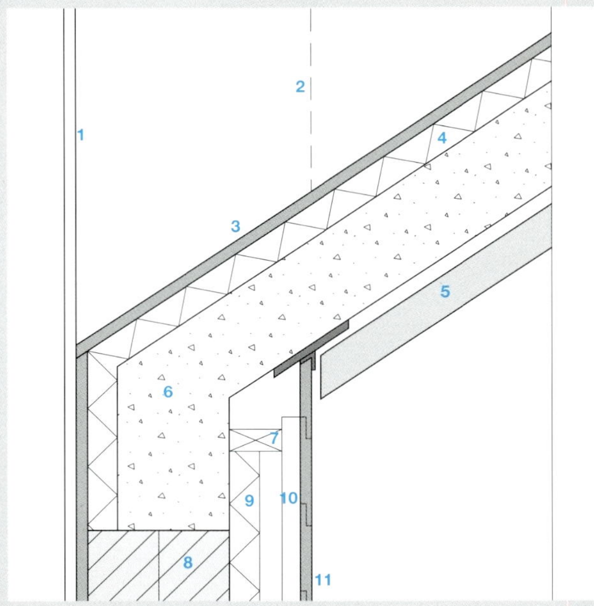

34.08
창문 상세도 2
1:10

1 창가석에 사용된 가죽 쿠션
2 외벽 경계선
3 내측 석고보드 벽
4 단열재
5 석제 외장재
6 콘크리트 벽
7 외벽 표면을 지지하는 내부 골조
8 석조 벽
9 단열재
10 목조 파사드를 지지하는 내부 골조
11 외부 목조 파사드

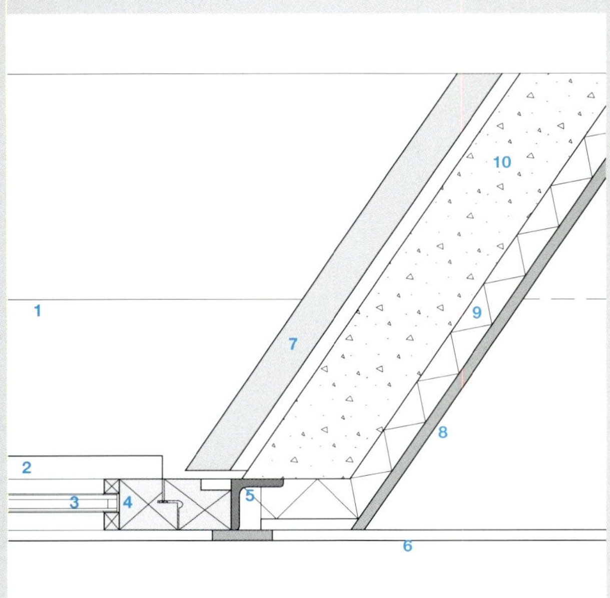

34.09
창문 상세도 3
1:10

1 창턱
2 물끊기 홈이 설치된 목제 프레임 외장재
3 2중창
4 목제 프레임
5 목제 프레임을 지지하는 금속재
6 목재 굽도리널
7 석제 외장재
8 내측 석고보드 벽
9 단열재
10 콘크리트 벽

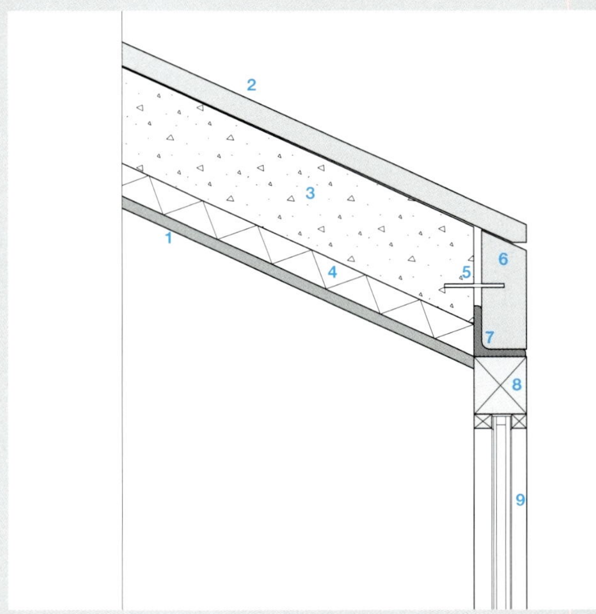

34.10
창문 상세도 4
1:10

1 내측 석고보드 벽
2 석제 외장재
3 콘크리트 슬라브
4 단열재
5 석제 외장재를 지지하는 금속제 지지봉
6 석제 외장재
7 목제 프레임을 지지하는 금속재
8 목제 프레임
9 2중 유리

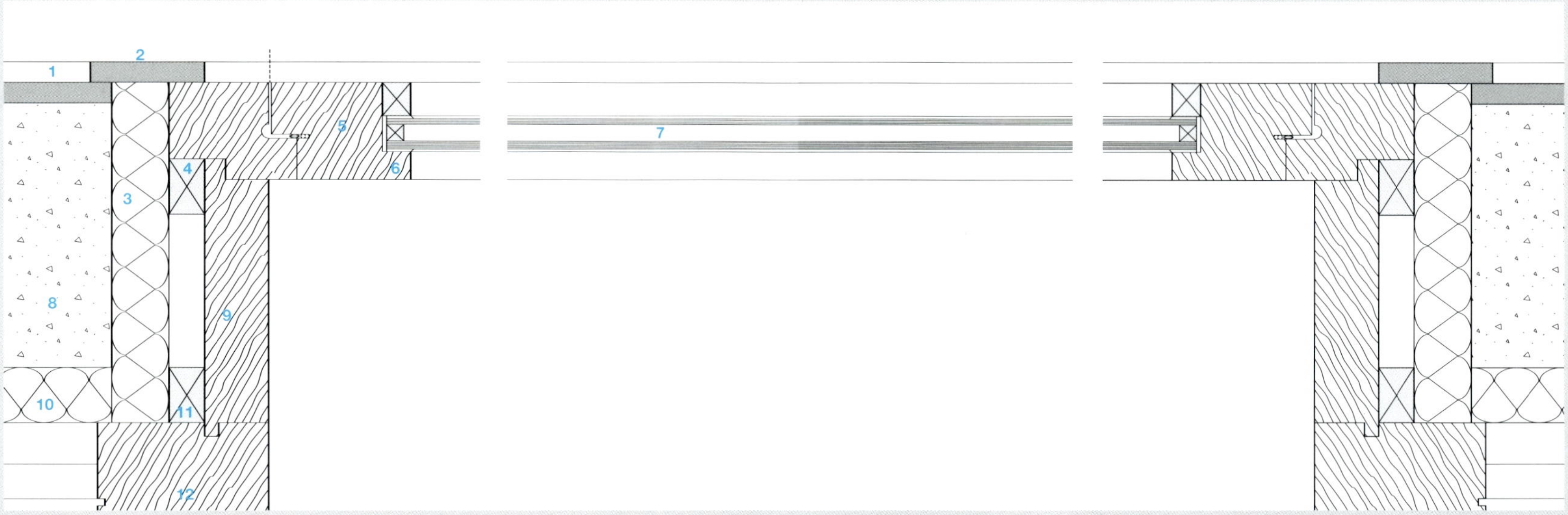

34.11
창문 평면 상세도
1:5

1 목제 굽도리널
2 목제 창과 치장 벽토 사이에 설치된 목제 프레임
3 단열재 및 문설주와 창틀을 지지하는 목제 골조
4 문설주와 프레임을 지지하는 내부 골조
5 목제 프레임
6 목제 씰
7 2중 유리
8 콘크리트 벽
9 목제 문설주
10 단열재
11 목제 문설주를 지지하는 내부 골조
12 목제 문설주

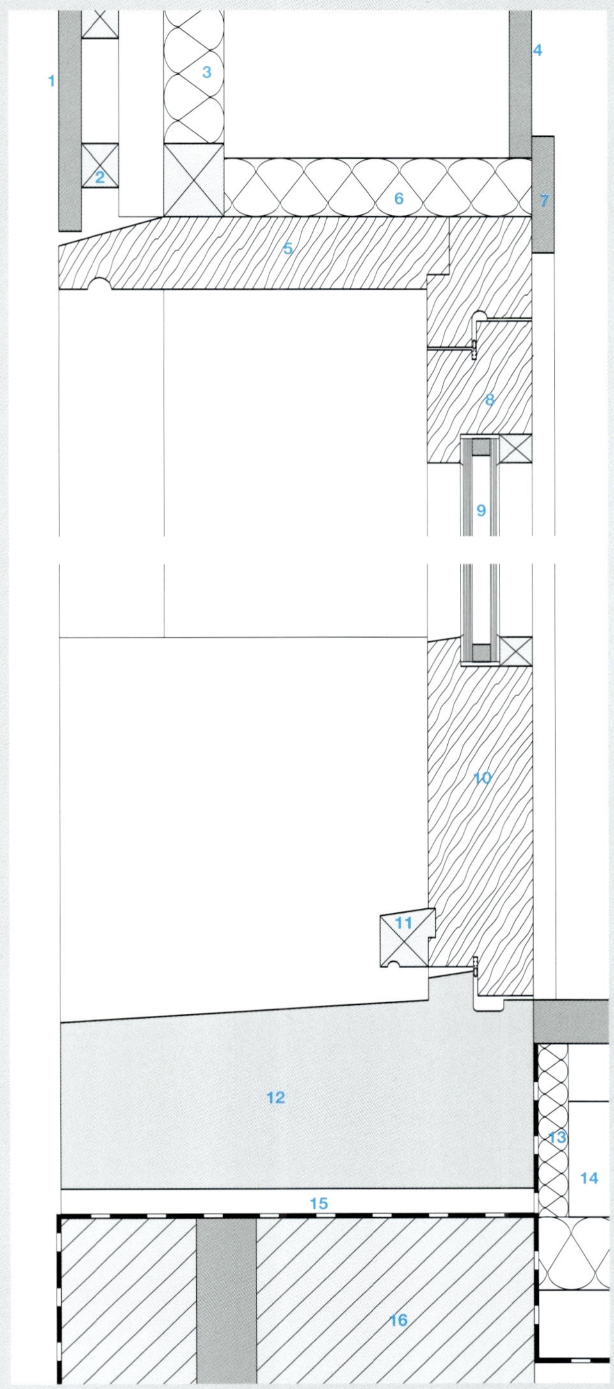

34.12
문 단면 상세도
1:5

1 목제 외장재 파사드
2 목조 파사드를 지지하는 내부 골조
3 단열재
4 내측면 치장 벽토 마감
5 목제 인방
6 단열재 및 목제 인방과 프레임을 지지하는 목제 골조
7 목제 창과 치장 벽토 사이에 설치된 내부 목제 프레임
8 목제 프레임 상부
9 2중 유리
10 목제 프레임 하부
11 물끊기 홈이 설치된 목제 프레임 외장재
12 석제 문지방
13 방수막 및 단열재
14 목제 프레임 하부 골조를 지지하는 석제 구조체
15 방수막 및 모르타르 줄눈
16 석제 구조체

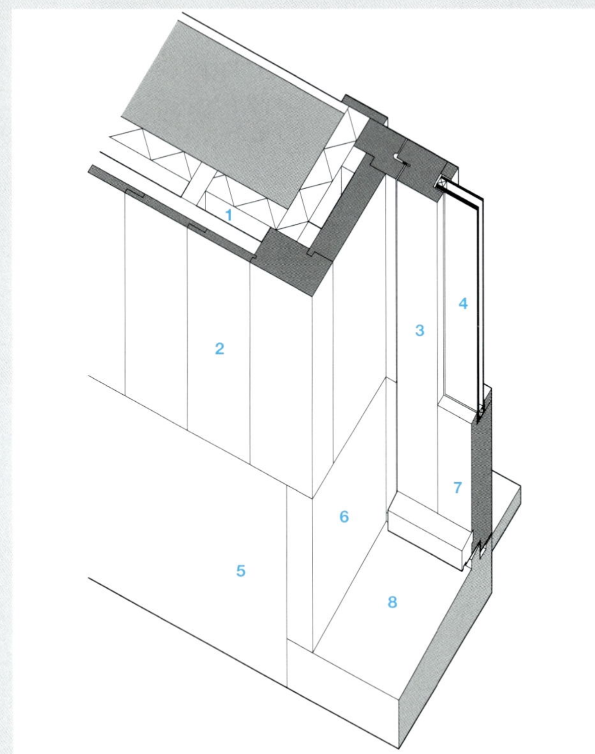

34.13
문 엑소노메트릭 상세도

1 목조 파사드와 단열재 사이에 설치된 내부 골조
2 목제 외장재를 사용한 파사드
3 목제 문 프레임
4 2중 유리
5 석제 외장재
6 석제 외장재
7 목제 문 프레임
8 석제 문지방

35
Architect Antonius Lanzinger

Single Family House
Brixlegg, Tirol, Austria

Client
Antonius Lanzinger

Area
160 square metres (1,720 square feet)

Structural Engineer
Merz + Kaufmann + Partner

오래된 성과 탑이 연출하는 아름다운 풍경이 펼쳐진 인강 유역의 계곡에 자리잡고 있는 정숙한 느낌의 이 주택은 건축가가 자신의 가족을 위해 직접 설계한 건물로 이 지역에서 몇 세기에 걸쳐 이어져 온 높은 건축물의 전통을 이어받고 있다. 알프스 산맥의 장엄한 경관이 보이는 경사도 36 ° 의 대지에서, 건물은 자연 속에 파묻혀 왜소한 느낌을 준다. 그러나 산의 웅장한 느낌 속에서도 자신의 모습을 분명히 드러냄으로써 주택과 대지가 서로 소통하도록 하고 있다. 4층짜리 건물은 6~8m (19~26피트)의 콘크리트 기초 위에 놓여 있으며, 거실 공간에 따뜻한 햇빛을 최대한 받아들일 수 있도록 향이 결정되었다. 거주자는 또한 주택의 폭 전체에 걸쳐 만들어진 지붕 테라스에서도 자연광과 경관을 즐길 수 있다.

주택의 프로그램은 각각의 층이 서로 다른 기능을 갖도록 적층되었다. 콘크리트 기초 내부에는 입구와 부속 공간, 휴게실이 위치하고 있으며, 1층에는 주방, 식당과 함께 5m (16피트) 높이의 거실과 갤러리가 위치하고 있다. 3층에는 자녀용 침실이, 4층에는 주침실과 샤워실이 각각 자리잡고 있다. 수직 코어는 계단과 각종 설비, 그리고 각 층의 난방을 담당하는 고효율의 세라믹 히터를 담고 있다. 또한 목제 블록을 사용한 건축 방식에 따라 높은 단열 효과를 나타내고 있는데, 단열 효율이 매우 높아 최초 설계안에서 계획되었던 목제 판넬층이 불필요해지기도 했다. 외부 줄눈이 기후의 영향에 그대로 노출됨에 따라 주택의 상세는 매우 정밀하게 만들어졌다. 건축 방식의 특성상, 건물은 첫 해에 16cm (6인치) 침하했는데, 이는 설계 과정에서 이미 계획되었던 부분으로 침하를 고려하여 건물에 사용된 창은 특수하게 설계되었다.

1

2

1 목조 파사드에 형성된 개구부를 보호하는 방식은 이 건물이 티롤주 특유의 전통 건축물을 동시대적으로 해석하고 있는 모습을 보여준다.
2 경사가 매우 심한 대지적 조건에서 탑형의 건물은 수평 방향으로 길게 이어지는 건물에 비해 절성토의 소요를 줄여주는 경제적인 형태이다.
3 목제 외장재의 모습. 코너 접합부는 지역 특유의 전통 목조 건축 방식을 정교하게 표현해 내고 있다.
4 내부 공간은 전부 목재로 마감되어 있다. 벽, 바닥, 천장, 문, 계단에 사용된 목재는 별도의 도색 처리를 거치지 않아 재료 본연의 느낌을 살리고 있다.

3

4

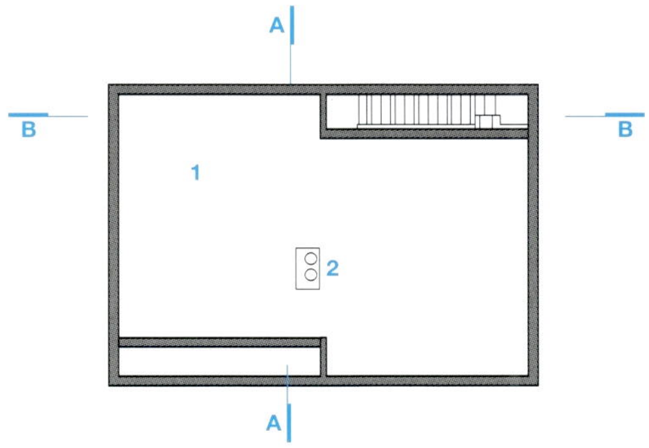

35.01
지붕 평면도
1:200
1 테라스
2 굴뚝 연도

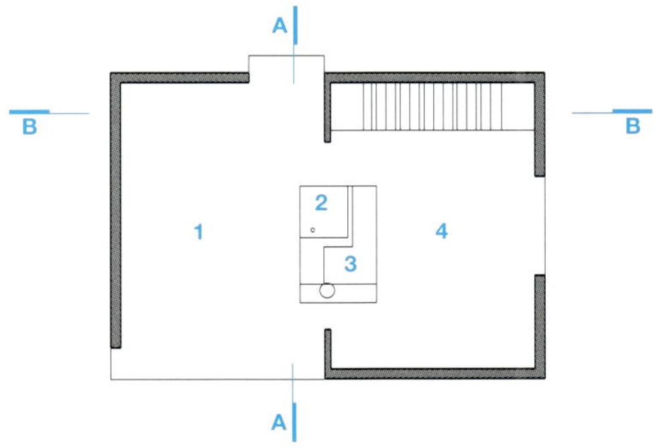

35.02
4층 평면도
1:200
1 주침실
2 샤워실
3 목재 연소식 난로
4 침실

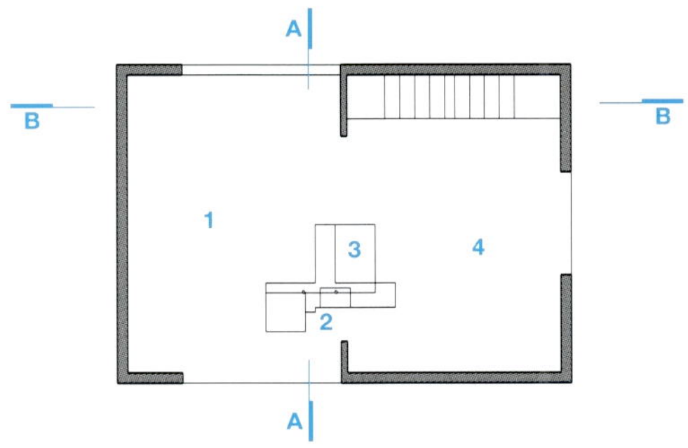

35.03
3층 평면도
1:200
1 자녀용 침실
2 샤워실 및 세면대
3 목재 연소식 난로
4 자녀용 침실

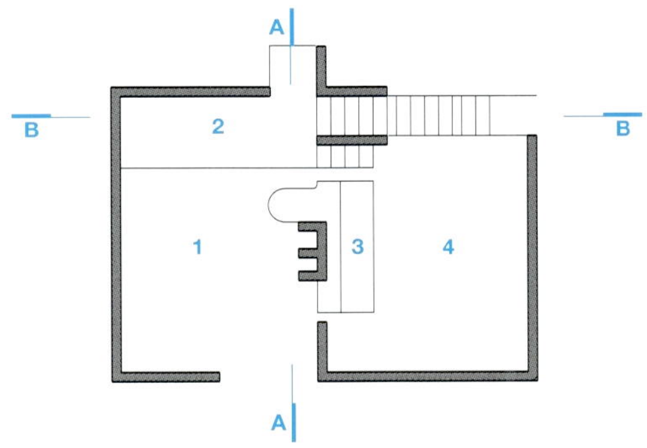

35.04
2층 평면도
1:200
1 거실 및 식당 상부
2 갤러리
3 벽난로
4 주방

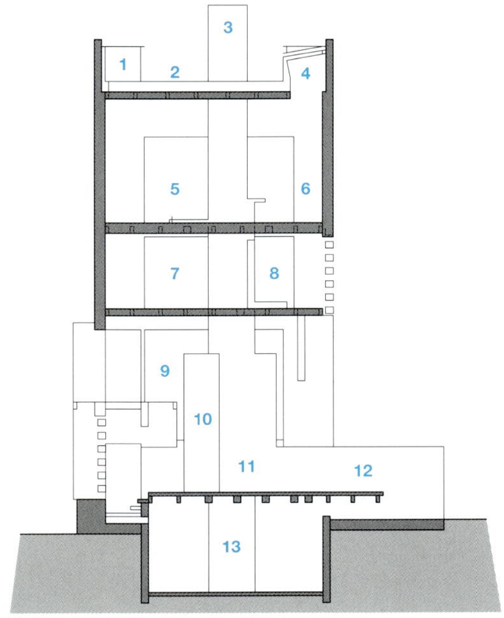

35.07
단면도 A-A
1:200
1 지붕 테라스로 향하는 피난 계단
2 지붕 테라스
3 굴뚝 연도
4 천창
5 주침실
6 주침실
7 자녀용 침실
8 샤워실
9 갤러리
10 목재 연소식 난로
11 거실 및 식당
12 테라스
13 목재 창고 및 작업실

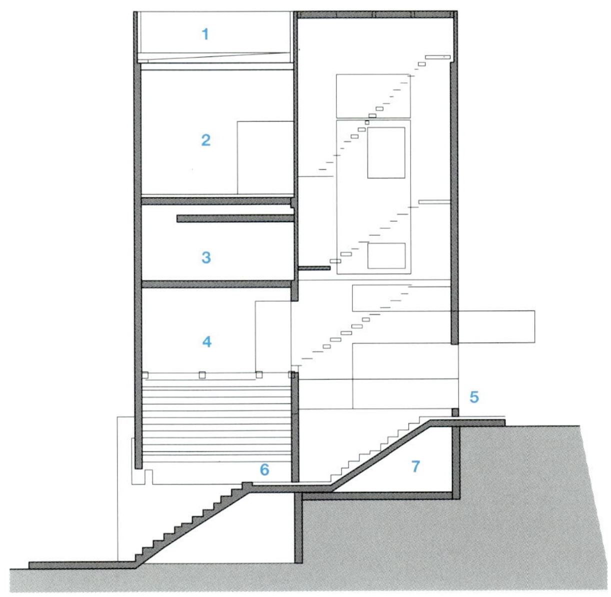

35.08
단면도 B-B
1:200
1 지붕 테라스
2 주침실
3 자녀용 침실
4 갤러리
5 테라스
6 입구
7 창고

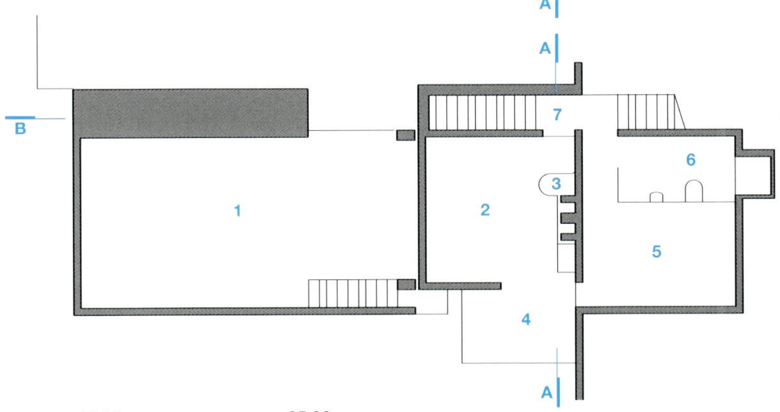

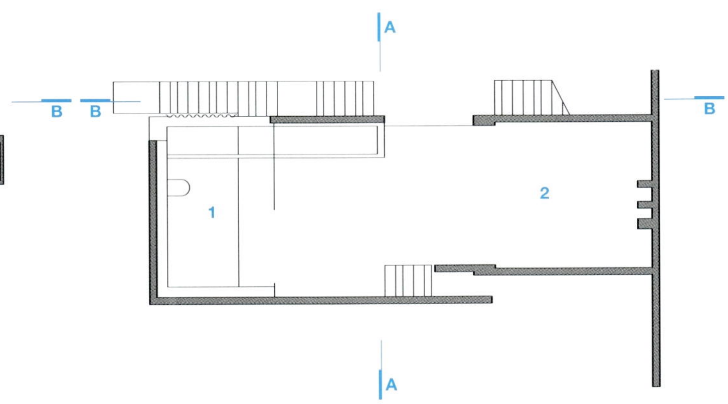

35.05
1층 평면도
1:200
1 휴게실 상부
2 거실 및 식당
3 목재 연소식 난로
4 테라스
5 창고
6 화장실
7 입구

35.06
지하층 평면도
1:200
1 휴게실
2 목재 창고 및 작업실

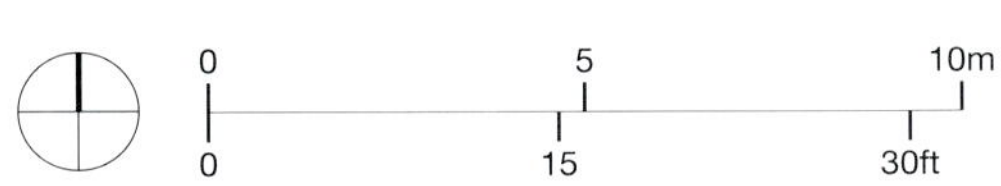

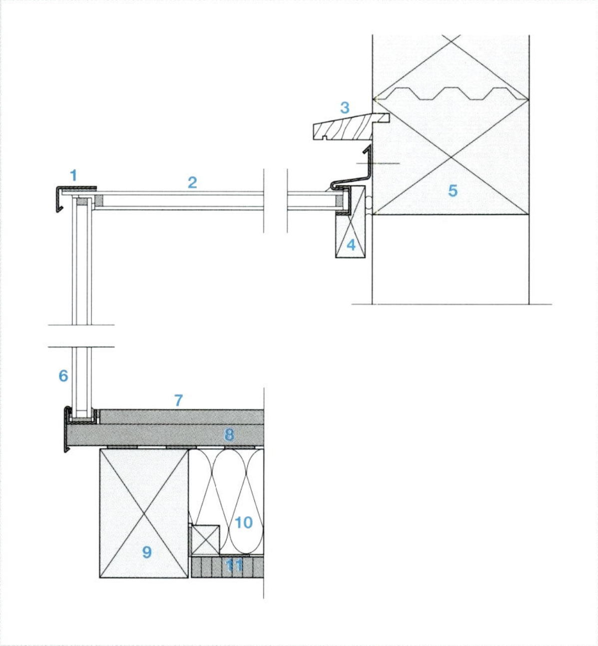

35.09
코너부 창문 상세도
1:10
1 러그 패턴 플래싱
2 고정식 2중 유리
3 물막이판
4 목제 창 프레임
5 210mm (8 1/3인치) 목제 블록 구조
6 고정식 2중 유리
7 조각나무 바닥재
8 30mm (1 1/5인치) 3겹 합판
9 120 X 180mm (4 3/4 X 7인치) 오리대
10 아마 섬유 단열재
11 30mm (1 1/5인 치) 3겹 합판

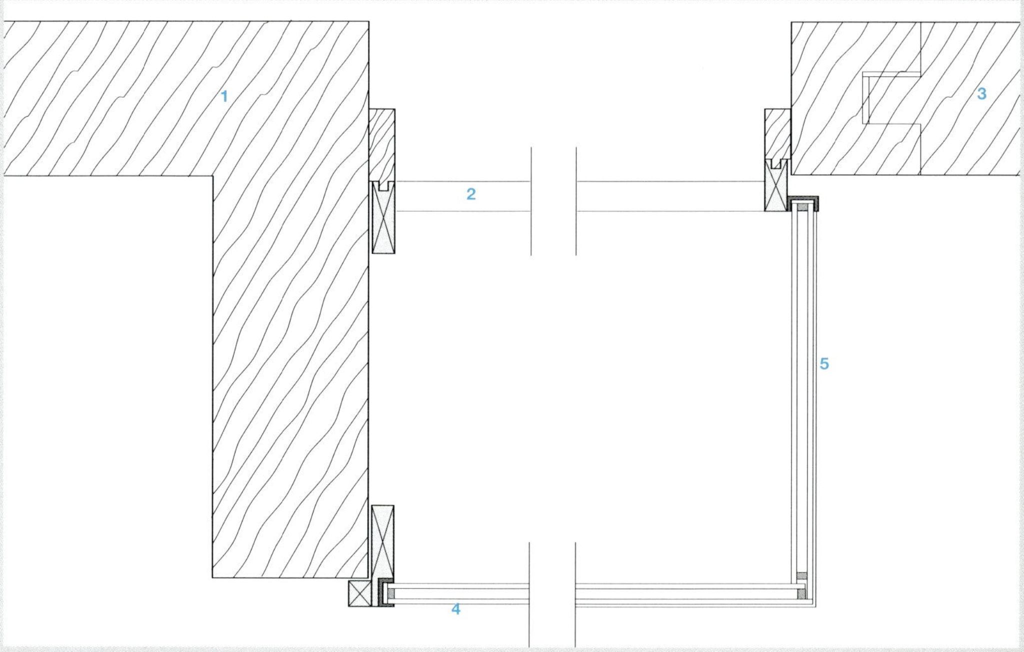

35.10
코너부 창문 평면 상세도 1:10
1 210mm (8 1/3인치) 목제 블록 구조
2 목제 창 프레임
3 210mm (8 1/3인치) 목제 블록 구조
4 고정식 2중창
5 고정식 2중 유리

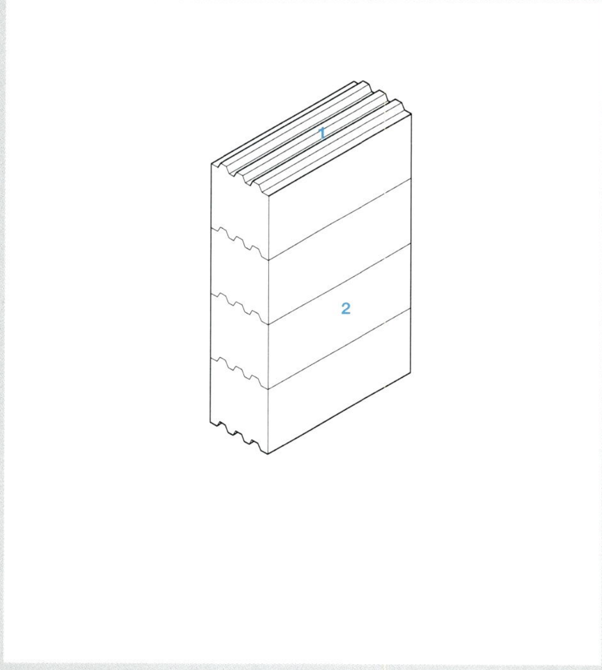

35.11
목재 연결 상세도 1
1:25
1 3개의 촉을 갖는 촉이음 구조로 이루어진 목제 블록 연결
2 210mm (8 1/3인치) 목제 블록 구조

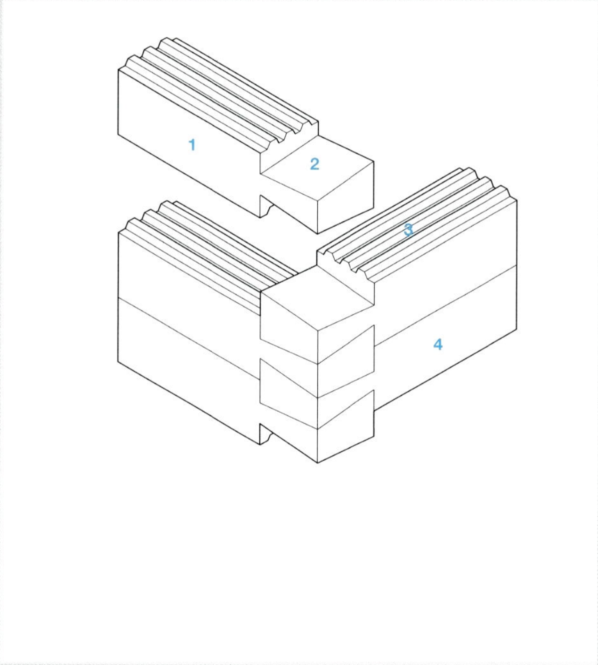

35.12
목재 연결 상세도 2
1:25
1 210mm (8 1/3인치) 목제 블록 구조
2 티롤리안 코너 접합
3 3개의 촉을 갖는 촉이음 구조로 이루어진 목제 블록 연결
4 210mm (8 1/3인치) 목제 블록 구조

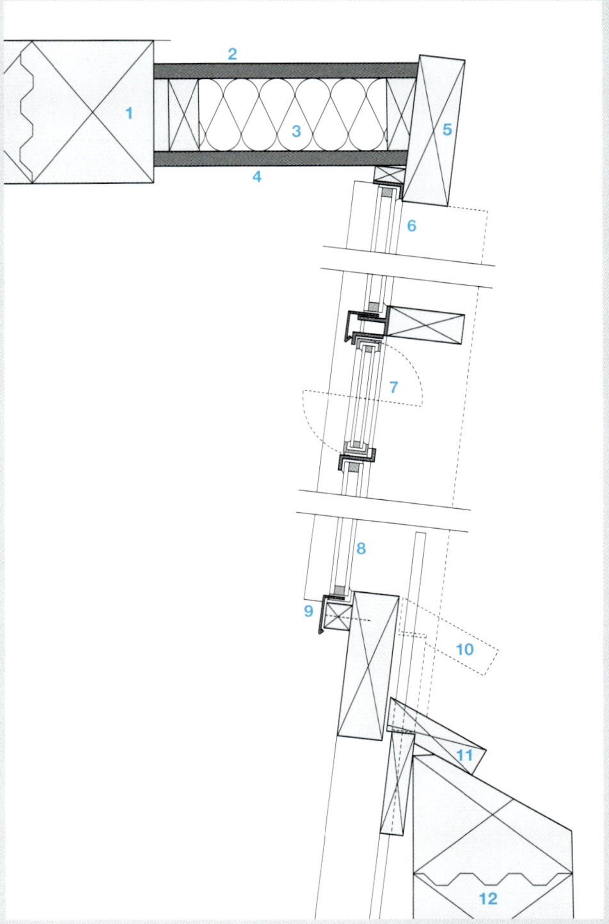

35.13
경사형 창 상세도
1:10
1 210mm (8 1/3인치) 목제 블록 구조
2 20mm (3/4인치) 합판
3 100mm (4인치) 아마 섬유 단열재
4 20mm (3/4인치) 합판
5 오리대
6 고정식 2중 유리
7 루버가 달린 2중 유리
8 고정식 2중 유리
9 러그 패턴 플래싱
10 벽 수축 후 씰(11)의 위치
11 씰의 최초 설치 위치
12 210mm (8 1/3인치) 목제 블록 구조

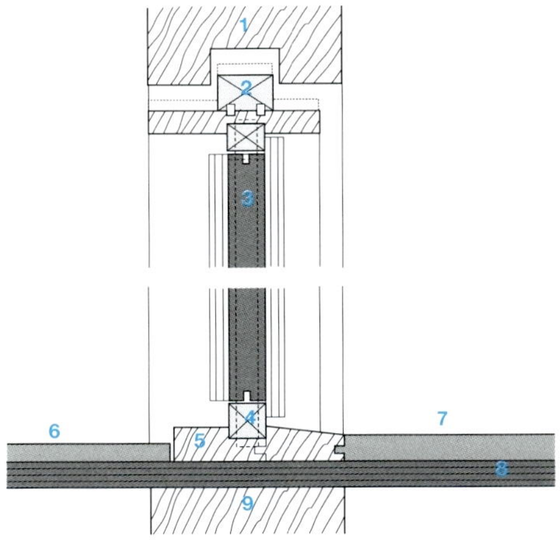

35.14
문 상세도
1:10
1 210mm (8 1/3인치) 목제 블록 구조
2 목제 인방
3 목제 문짝
4 문 개폐 제한장치
5 씰
6 내부 조각나무 바닥재
7 외부 목판
8 30mm (1 1/5인치) 3겹 합판
9 210mm (8 1/3인치) 목제 블록 구조

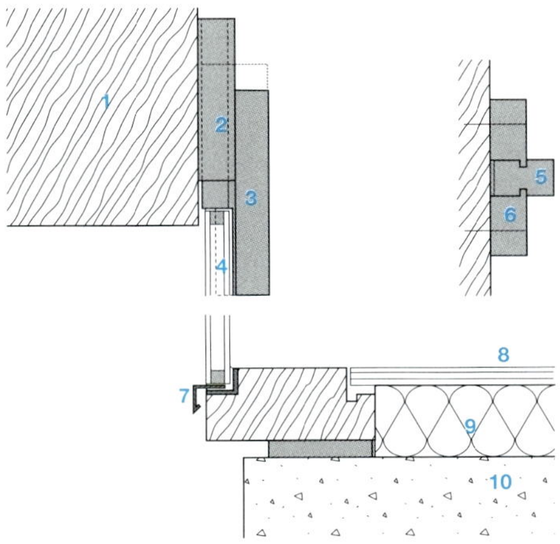

35.15
고정창 상세도
1:10
1 210mm (8 1/3인치) 목제 블록 구조
2 오리목
3 오리목
4 고정식 2중 유리
5 오리목
6 오리목
7 러그 패턴 플래싱
8 내부 조각나무 바닥재
9 아마 섬유 단열재
10 철근콘크리트 기초

36
Bernard Quirot + Olivier Vichard

Convercey House
Grachaux, France

Client
Mr and Mrs Convercey

Area
125 square metres (1,345 square feet)

Project Team
Bernard Quirot, Olivier Vichard, Alexandre Lenoble, Emmanuel Beaudoin

Structural Engineer
ADC Structure

조경설계사 부부를 위한 이 주택은 건축가가 자연의 모습을 담는 하나의 기계라고 표현하기도 했다. 목제 외장재로 감싼, 좁은 장방형의 이 건물은 얕은 경사지 위에 길게 뻗어 있다. 필로티로 들어올려진 건물의 형태에 있어 가장 중요한 목표는 평지 너머로 펼쳐진 자연 경관을 최대한 내부 공간에 받아들이는 것이었다. 수평적으로는 단순하고, 개방적인 평면을 통해 건물의 한쪽 끝에서 반대편 끝을 아무런 장애물 없이 바라볼 수 있으나, 수직적으로는 거실 공간을 경계짓기 위해 2차례의 간섭이 발생하게 되었다. 식당에서 서로 마주보고 있는 2개의 큰 창은 건물을 가로지르는 축을 형성하며, 동서 방향에서 자연 경관이 건물 내부를 관통하도록 하고 있다. 주택에서 가장 높은 공간인 거실은 지붕창, 굴뚝의 수직적인 느낌과 함께 수직적인 축을 형성하고 있다.

건물은 철제 구조체를 사용하여 간결하면서도 경량의 느낌을 연출하고 있다. 주택은 단지한 부분, 입구에서만 지면에 접하는 듯이 보이며 평형을 이루고 있다. 반대편에는 정교한 철제 나선계단이 위치하여 지면에서 테라스로 이어지는 접근로를 제공함은 물론, 조각적인 느낌을 건물에 부여한다. 하나의 거대한 매스로 보이는 건물은 사실 2개의 부분으로 이루어져 있는데, 거실을 담고 있는 좁고 긴 매스와 2개의 침실을 담고 있는 넓은 매스가 바로 그것이다. 내부 공간은 순백색의 벽과 목제 바닥판으로 특징지어지며, 부재들은 벽표면 속으로 파고들어 주택의 전체적인 공간적 유동성을 저해하지 않으면서도 벽난로를 설치하고, 장식품을 전시할 수 있는 알코브를 형성하고 있다.

1

1 목재로 만들어진 장방형의 건물은 지면과 거의 접촉하지 않는 듯이 보인다. 가느다란 필로티 위에 위치하고 있는 주 공간은 단지 방문자가 주방으로 접근할 수 있도록 저층부에 입구를 설치하기 위해서만 대지와 접하고 있다.
2 주택의 폭 전체에 걸쳐 형성된 서측 테라스는 거실로부터 진입할 수 있다. 건물 후면의 침실 영역은 흑색 철제 나선계단 너머에 위치하고 있다.
3 북측 파사드의 모습 – 지면은 건물 아래로 끊김 없이 이어지고 있다.
4 목제 외장재를 사용한 주택의 모습. 수직 외장재는 수직창이 위치하거나, 침실동 등이 시작되는 부분을 제외하곤 끊김 없이 길게 뻗어 있다.
5 고측창이 내부 공간에 빛을 받아 들이는 거실은 수직적인 느낌이 강하다.

2

3

4

5

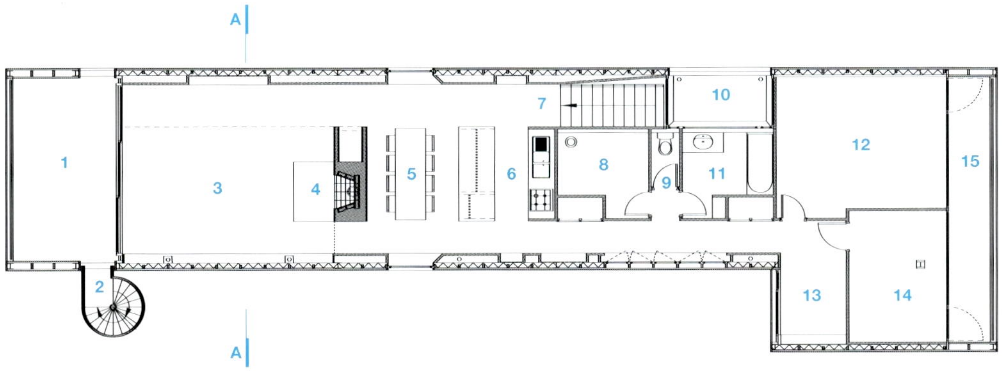

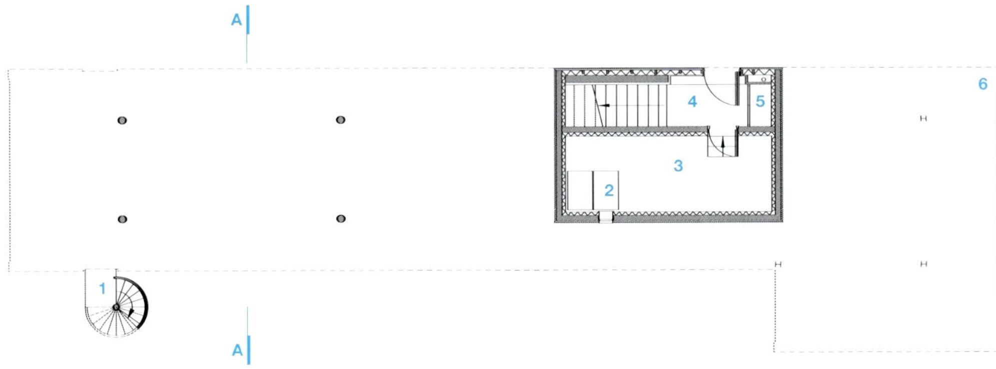

36.01
2층 평면도
1:200

1 테라스
2 나선 계단
3 거실
4 벽난로
5 식당
6 주방
7 입구에서 이어지는 계단
8 세탁실
9 화장실
10 욕실 창
11 욕실
12 침실
13 서재
14 침실
15 테라스

36.02
1층 평면도
1:200

1 나선 계단
2 기계실
3 창고
4 2층으로 이어지는 계단
5 찬장
6 상부 주택 경계선

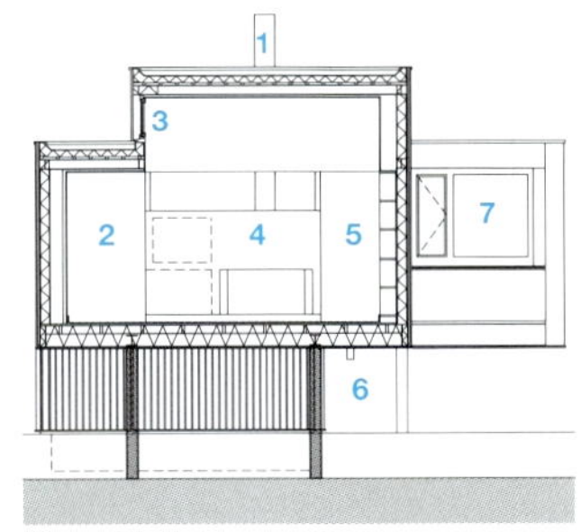

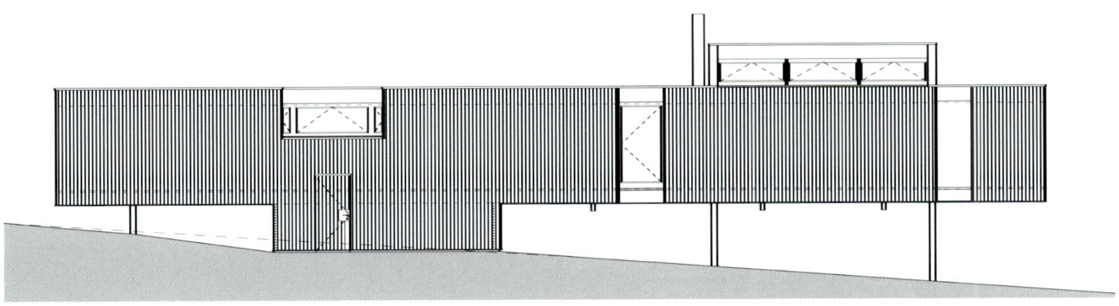

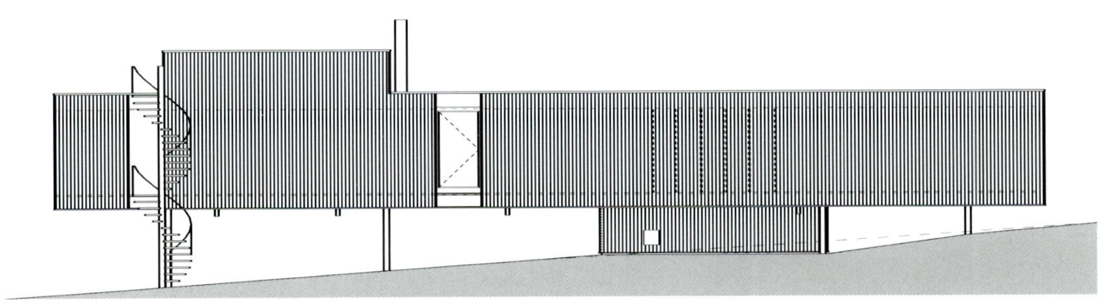

36.03
북측 입면도
1:200

36.04
남측 입면도
1:200

36.05
단면도 A-A
1:200

1 굴뚝
2 복도
3 채광창
4 벽난로
5 서재
6 하부 골조
7 서재측 창

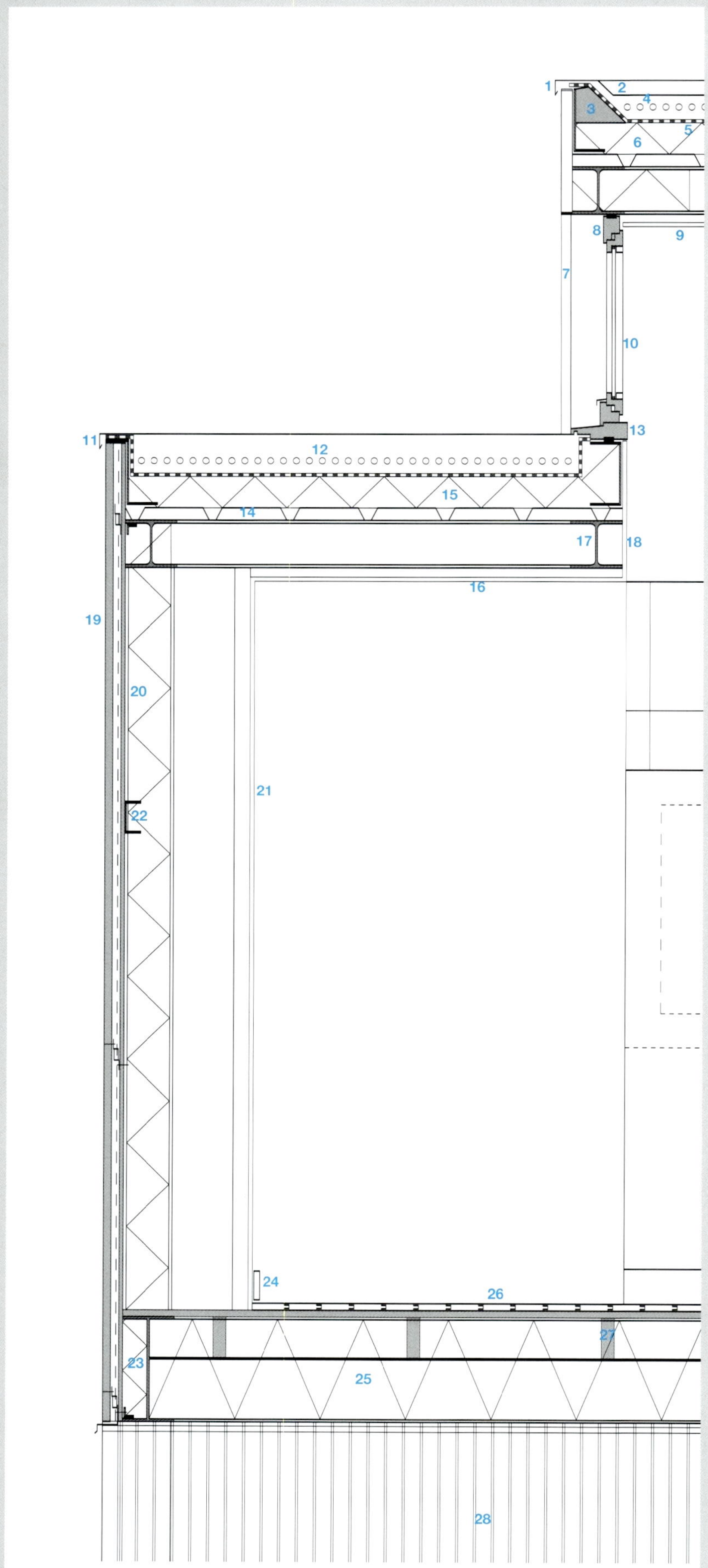

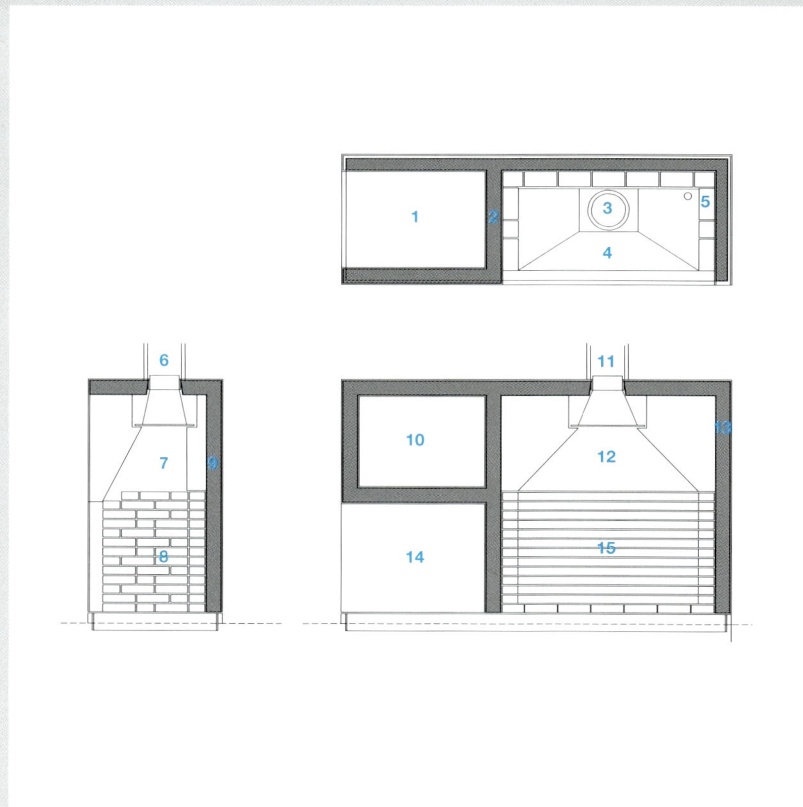

36.06
외벽 상세도
1:20

1 알루미늄 판금 덮개
2 알루미늄 판금 덮개
3 오리대
4 지붕 표면 자갈층
5 방수막
6 암면 단열재
7 미가공 낙엽송 외장재
8 열대성 목제 여닫이창
9 석고보드 천장재
10 2중 유리
11 파라펫에 설치한 알루미늄 판금 덮개
12 지붕 표면 자갈층
13 목제 창턱
14 장선 판금 지붕 구조
15 암면 단열재
16 석고보드 천장재
17 160mm (6 1/3인치) 철제 I형강 보
18 석고보드 벽
19 미가공 낙엽송 외장재
20 방풍지를 댄 합판
21 석고보드 벽
22 100mm (4인치) 철제 U자형 보
23 330mm (13인치) 철제 I형강 보
24 열대성 목제 굽도리널
25 광물섬유 단열재
26 장부이음식 소나무 바닥재
27 목제 장선
28 미가공 낙엽송 외장재

36.07
굴뚝 상세도
1:50

1 목재 창고 내벽 시멘트 미장 마감
2 콘크리트 블록 구조 벽난로, 굴뚝, 목재 창고
3 굴뚝 연도
4 벽난로 내부에 사용된 Argile 벽돌
5 벽난로 내부에 사용된 Argile 벽돌
6 굴뚝 연도
7 콘크리트 구조
8 벽난로 내부에 사용된 Argile 벽돌
9 콘크리트 블록 구조 벽난로, 굴뚝, 목재 창고
10 시멘트 미장 마감
11 굴뚝 연도
12 콘크리트 구조
13 콘크리트 블록 구조 벽난로, 굴뚝, 목재 창고
14 시멘트 미장 마감
15 벽난로 내부에 사용된 Argile 벽돌

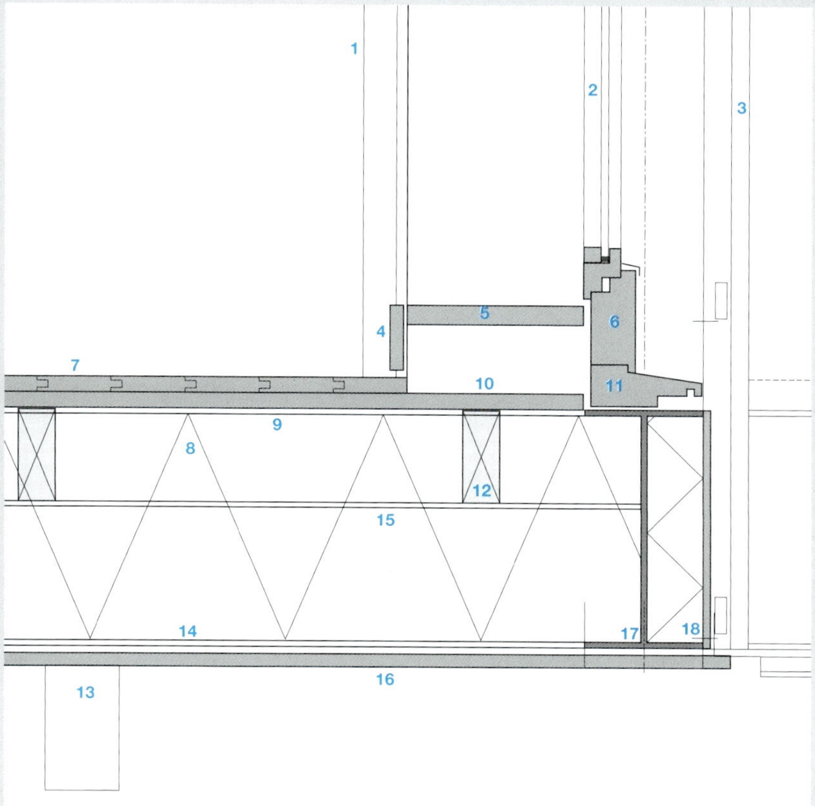

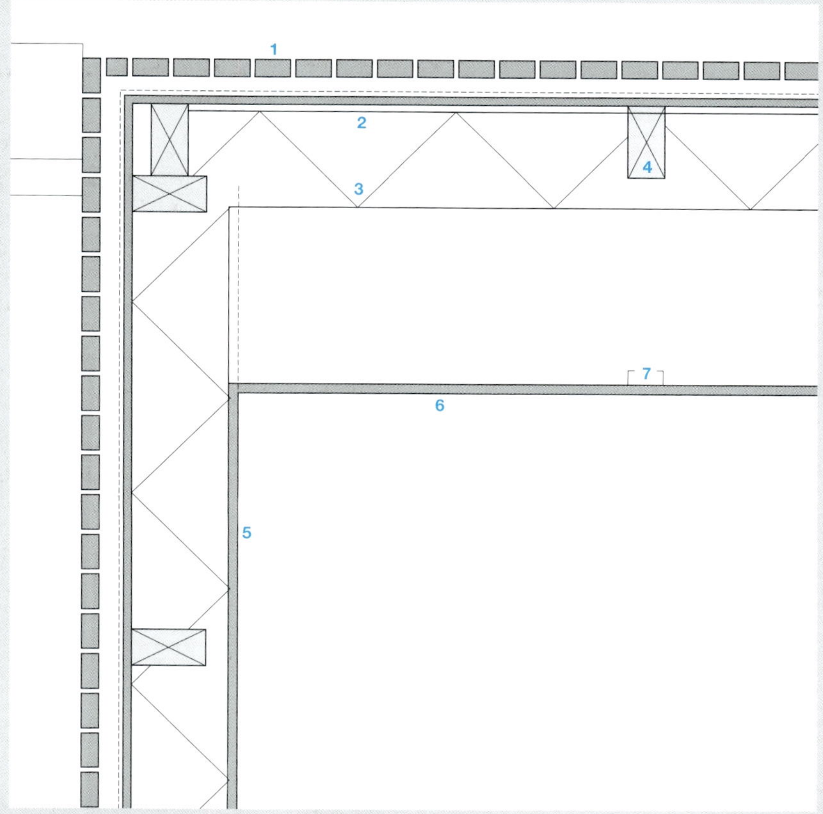

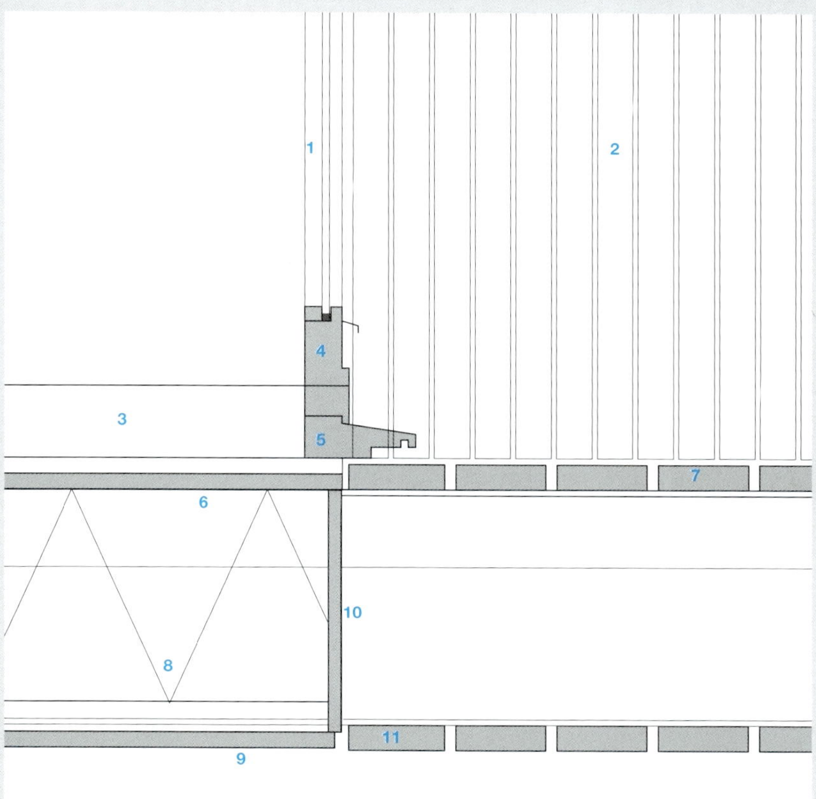

36.08
바닥 및 벽 상세도
1:10
1 석고보드 벽
2 2중 유리
3 미가공 낙엽송 외장재
4 열대성 목제 굽도리널
5 열대성 목제 문지방
6 열대성 목제 여닫이창
7 장부이음식 소나무 바닥재
8 광물섬유 단열재
9 160mm (6 1/3인치) H형강
10 합판 바닥 하부 구조
11 창턱
12 목제 장선
13 낙수홈통
14 330mm (13인치) 철제 I형강 보
15 암면 단열재
16 바닥 하부에 설치된 장선 판금
17 330mm (13인치) 철제 I형강 보
18 합판 충전재

36.09
외벽 코너부 상세도
1:10
1 미가공 낙엽송 외장재
2 방풍지를 댄 합판
3 암면 단열재
4 목제 스터드 구조
5 석고보드 벽 내장재
6 석고보드 벽 내장재
7 금속 채널 석고보드 고정 장치

36.10
내부 및 외부 바닥 상세도
1:10
1 2중 유리
2 미가공 낙엽송 외장재
3 열대성 목제 굽도리널
4 열대성 목제 여닫이창
5 창턱
6 합판 바닥 하부 구조
7 데크에 사용된 열대성 목재
8 광물섬유 단열재
9 바닥 하부에 설치된 장선 판금
10 합판 충전재
11 데크 하부 열대성 목재

37
Drew Heath Architect

Zig Zag Cabin
Wollombi, New South Wales, Australia

Client
Ross Harley and Maria Fernanda Cardoso

Area
25 square metres (270 square feet)

Project Team
S. Barnett, C. Morrison, T. Dwyer, R. Langdon

Builder
Drew Heath

마치 장난처럼 느껴지는 이 '바퀴 없는 객차'는 대담한 색상과 기하학적인 면의 조합물이다. 시드니 출신의 건축주를 위한 이 건물은 취침, 휴식, 식사를 할 수 있는 작은 공간이다. 입방체 형태의 매스는 '지그재그 형태로' 파사드에 틈을 만들고 있는 창을 통해서 주변 환경의 모습을 받아들이고 있다. 개구부의 배치는 넓은 조망, 좁은 조망 등의 다양한 장면을 연출하며, 건물을 일련의 유리, 목재, 섬유시멘트 판넬로 분해한다. 1층의 창은 대지와 과목의 모습을 보여준다. 수직 창은 곧게 서 있는 나무의 모습을 그대로 보여주며, 최상층의 창은 캐노피를 향하고 있다.

건물은 1층과 메자닌층에 각각 하나씩, 총 2개의 침실을 담고 있다. 목제 데크는 건물 외부로 거실을 확장하며, 우수 집수정은 건물에 신선한 물을 공급한다. 침엽수로 만든 골조는 목재와 섬유시멘트 판넬로 덮이며, 목조 바닥판과 합판 가구가 사용된 내부 공간은 Masonite를 마감재로 사용하고 있다. 건물의 형태와 색은 2가지의 사항을 참조하고 있다. 첫번째 참고 사항은 Gerrit Rietveld가 설계한 네덜란드의 Schroder house (1924)이다. 정교한 상세, 간결한 레이아웃, 서로 교차하는 평면에서 이 건물의 흔적을 찾아볼 수 있다. 두번째 참고 사항은 오스트레일리아 특유의 관목이다. 주변 환경과 조화를 이루도록 색을 사용함으로써, 건물은 자연 속에서 이질감 없이 융화된다. 관목으로 둘러 싸인, 마치 야영지 같은 느낌의 대지에서 Zig zag cabin은 거대한 크기의 건물을 대체할 수 있는 감각적이면서도 영리한 대안을 제시하고 있다.

1

2

3

1 건물의 모서리에 설치된 문은 간결하면서도 넓은 외부 목제 데크를 향해 내부 공간을 개방한다.
2 건물의 이름이기도 한 '지그재그' 적인 요소는 파사드를 가로지르며 형성된 창의 레이아웃에서 분명하게 나타난다.
3 관목이 이루는 주변 경관을 그대로 받아들이지 않고, 특정한 방식으로 보이도록 하기 위해 코너측 멀리온을 생략한 창의 상세 모습.
4 수평창과 수직창이 만나는 부분에 설치된 정방형 창은 통풍을 위해 열 수 있도록 설계되었다.
5 건물의 내부 공간은 합리적이고, 현명한 방식으로 구성되어 있다. 일례로 침대는 의자로 활용되기도 하며, 기타 활동을 위한 준비의 공간으로 활용되기도 한다.

4

5

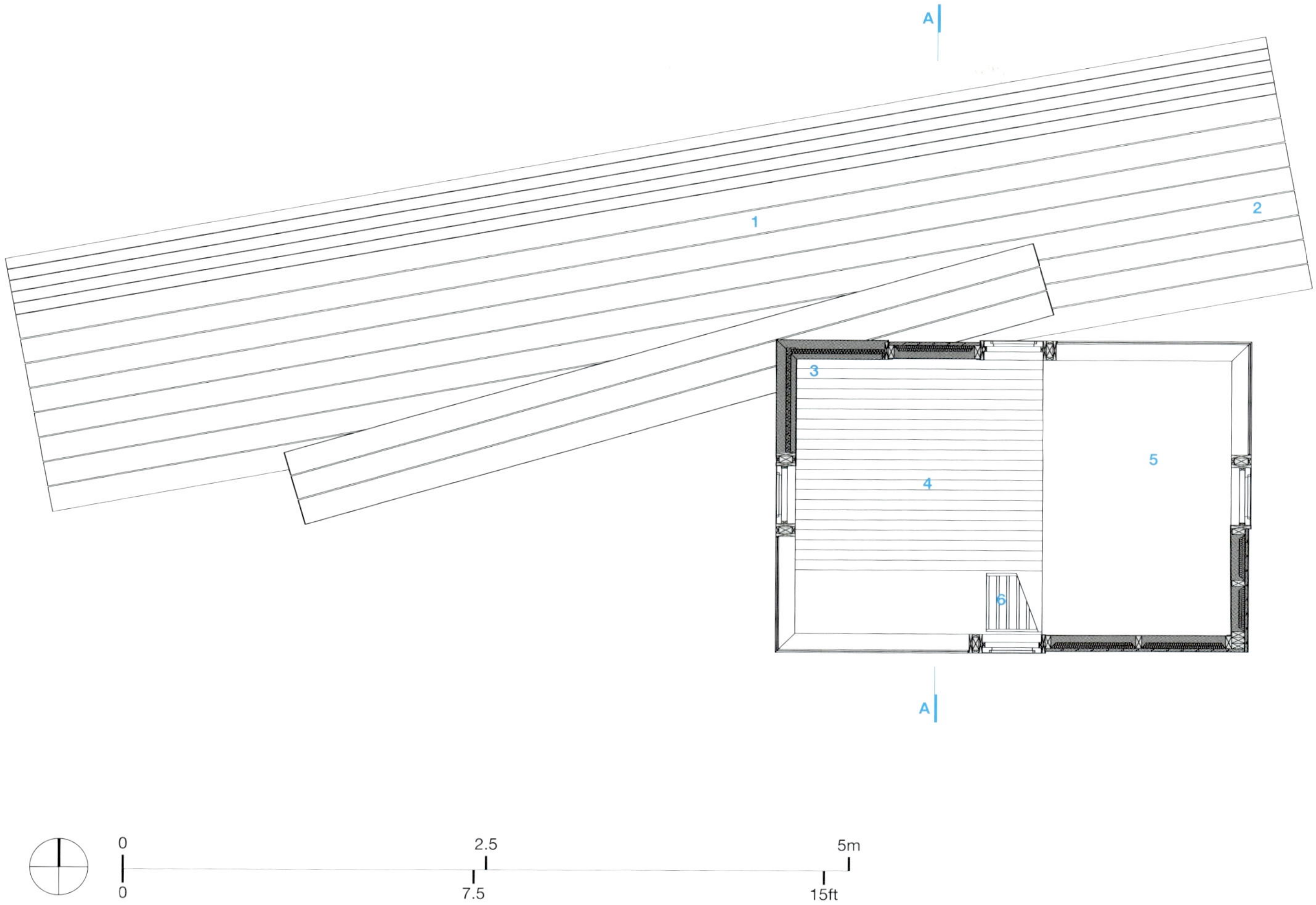

37.01
평면도
1:50

1 목제 데크
2 데크 하부 하수구
3 입구
4 거실
5 침대
6 상부층으로 이어지는 사다리

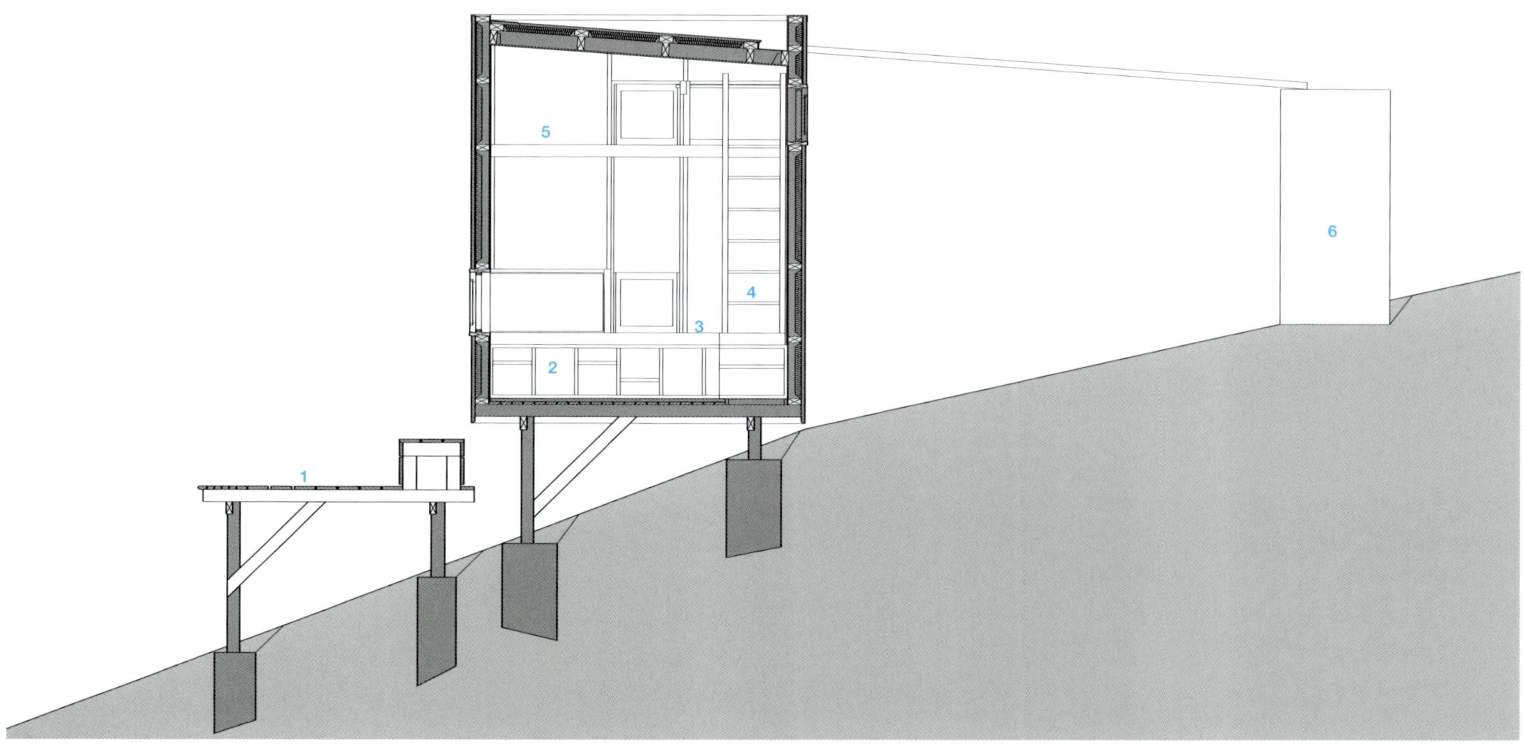

37.02
단면도 A-A
1:50

1 목제 데크
2 벤치 하부 창고
3 벤치
4 상부층으로 이어지는 사다리
5 상부층 침소
6 우수 저장 탱크

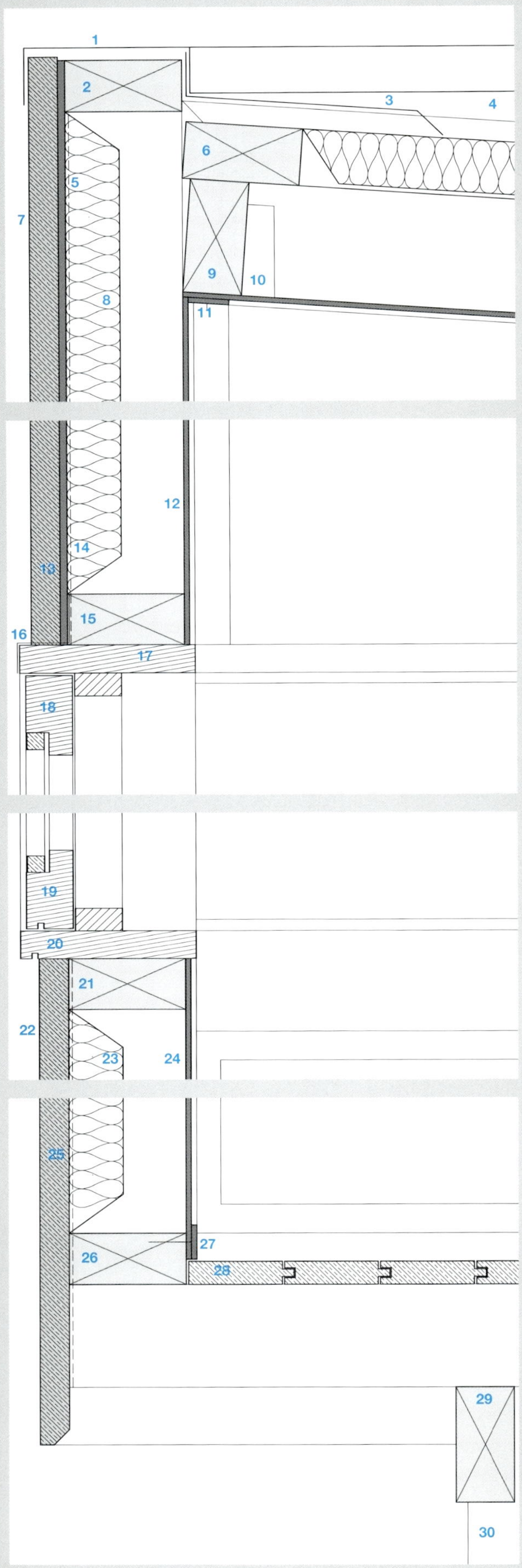

37.03
지붕, 벽, 바닥 상세도
1:5
1 Zincalume 플래싱
2 100 X 50mm (4 X 2 인치) 재생 활엽수
3 Zincalume 플래싱
4 18mm (3/4인치) Colorbond 철제 지붕
5 천공 사킹
6 100 X 50mm (4 X 2 인치) 재생 활엽수
7 25mm (1인치) 사이프러스 반턱 제재
8 R1.5 단열재
9 100 X 50mm (4 X 2 인치) 재생 활엽수
10 장선 걸이
11 30 X 4.5mm (1 X 1/3인치) Masonite 커버 스트립
12 4.5mm (1/3인치) Masonite
13 6mm (1/3인치) 압착 섬유시멘트 외장재
14 R1.5 단열재
15 100 X 50mm (4 X 2 인치) 재생 활엽수
16 Zincalume 플래싱
17 150 X 25mm (6 X 1 인치) 활엽수
18 70 X 40mm (2 3/4 X 1 1/2인치) 활엽수 창틀
19 70 X 40mm (2 3/4 X 1 1/2인치) 활엽수 창틀
20 150 X 25mm (6 X 1 인치) 활엽수 창턱
21 100 X 50mm (4 X 2 인치) 재생 활엽수
22 25mm (1인치) 사이프러스 반턱 제재
23 R1.5 단열재
24 4.5mm (1/3인 치) Masonite
25 25mm (1인치) 사이프러스 반턱 제재
26 100 X 50mm (4 X 2 인치) 재생 활엽수
27 30 X 4.5mm (1 X 1/3인치) Masonite 커버 스트립
28 80 X 20mm (3 1/4 X 3/4인치) 장부이음식 바닥재
29 100 X 50mm (4 X 2 인치) 재생 활엽수
30 100 X 100mm (4 X 4인치) 활엽수 지주

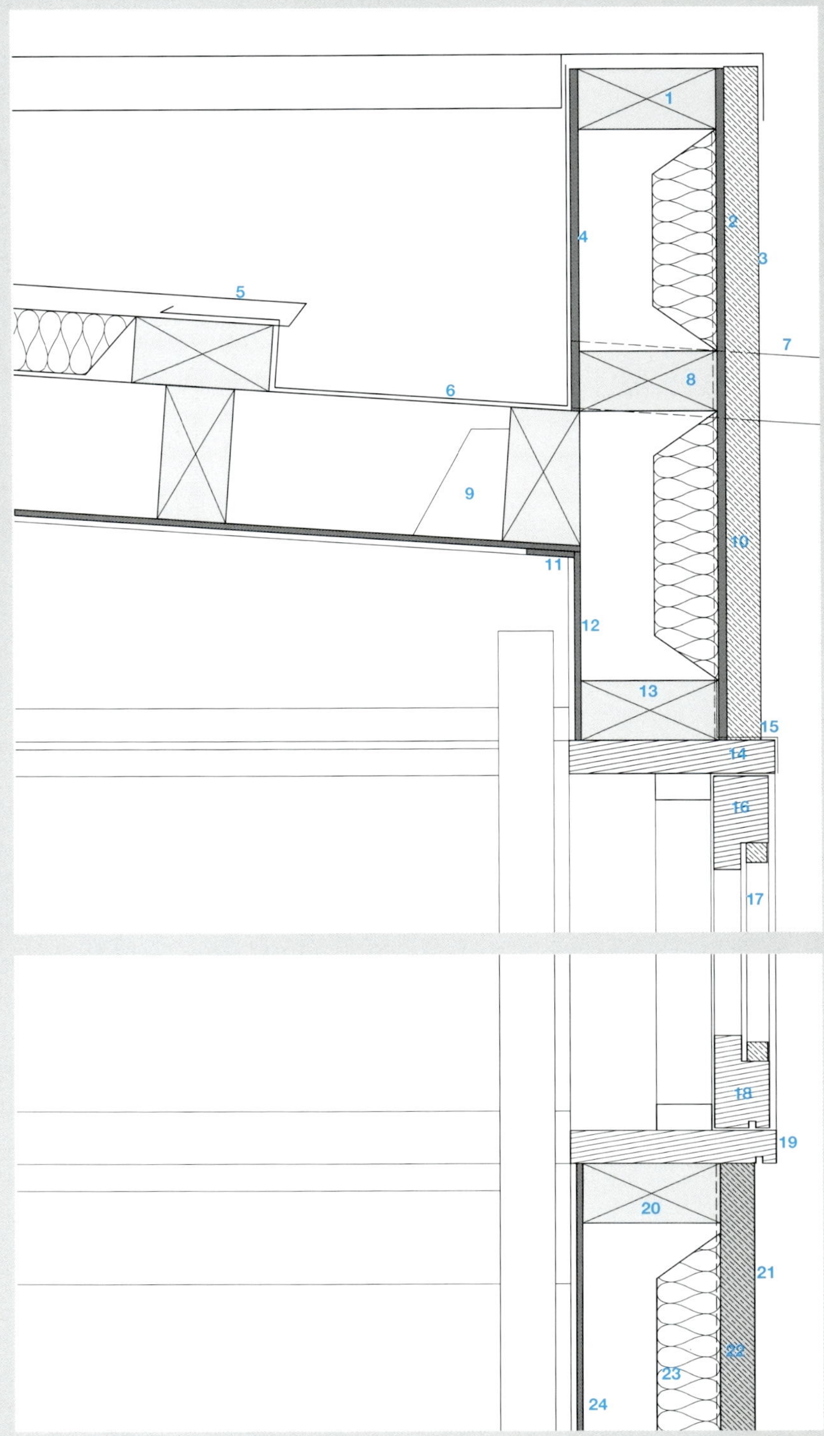

37.04
지붕 파라펫 및 창 상세도 1:5
1 100 X 50mm (4 X 2 인치) 재생 활엽수
2 천공 사킹
3 25mm (1인치) 사이프러스 반턱 제재
4 4.5mm (1/3인치) Masonite
5 18mm (3/4인치) Colorbond 철제 지붕
6 Zincalume 플래싱
7 직경 50mm (2인치) Zincalume 낙수홈통
8 100 X 50mm (4 X 2 인치) 재생 활엽수
9 장선 걸이
10 6mm (1/3인치) 압착 섬유시멘트 외장재
11 30 X 4.5mm (1 X 1/3인치) Masonite 커버 스트립
12 4.5mm (1/3인치) Masonite
13 100 X 50mm (4 X 2 인치) 재생 활엽수
14 150 X 25mm (6 X 1 인치) 활엽수
15 Zincalume 플래싱
16 70 X 40mm (2 3/4 X 1 1/2인치) 활엽수 창틀
17 4mm (1/5인치) 플로트 유리
18 70 X 40mm (2 3/4 X 1 1/2인치) 활엽수 창틀
19 150 X 25mm (6 X 1 인치) 활엽수 창턱
20 100 X 50mm (4 X 2 인치) 재생 활엽수
21 25mm (1인치) 사이프러스 반턱 제재
22 천공 사킹
23 R1.5 단열재
24 4.5mm (1/3인치) Masonite

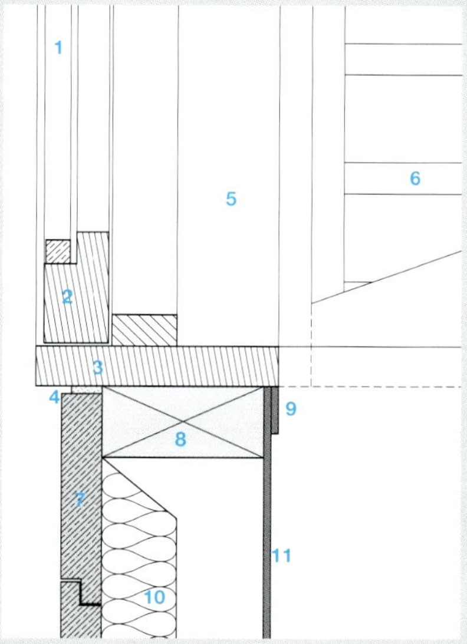

37.05
창문 상세도 1
1:5
1 4mm (1/5인치) 플로트 유리
2 70 X 40mm (2 3/4 X 1 1/2인치) 활엽수 창틀
3 150 X 25mm (6 X 1 인치) 활엽수
4 유향 수지 줄눈
5 150 X 25mm (6 X 1 인치) 활엽수
6 재생 목제 사다리
7 25mm (1인치) 사이프러스 반턱 제재
8 100 X 50mm (4 X 2 인치) 재생 활엽수
9 30 X 4.5mm (1 X 1/3인치) Masonite 커버 스트립
10 R1.5 단열재
11 4.5mm (1/3인치) Masonite

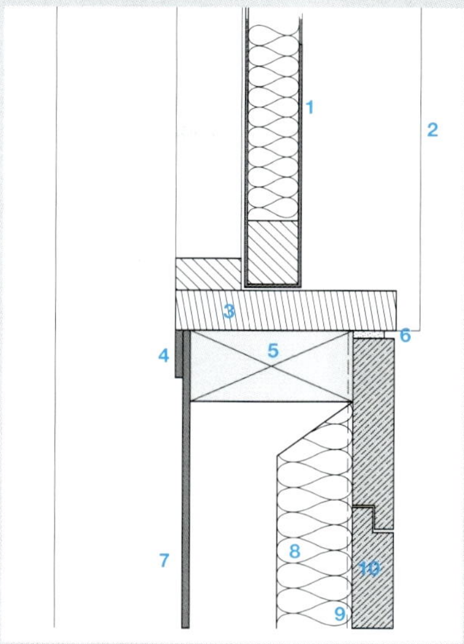

37.06
벽 상세도 1
1:5
1 35mm (1 1/3인치) 중공 코어 문
2 150 X 25mm (6 X 1 인치) 활엽수
3 150 X 25mm (6 X 1 인치) 활엽수
4 30 X 4.5mm (1 X 1/3인치) Masonite 커버 스트립
5 100 X 50mm (4 X 2 인치) 재생 활엽수
6 유향 수지 줄눈
7 4.5mm (1/3인치) Masonite
8 R1.5 단열재
9 천공 사킹
10 25mm (1인치) 사이프러스 반턱 제재

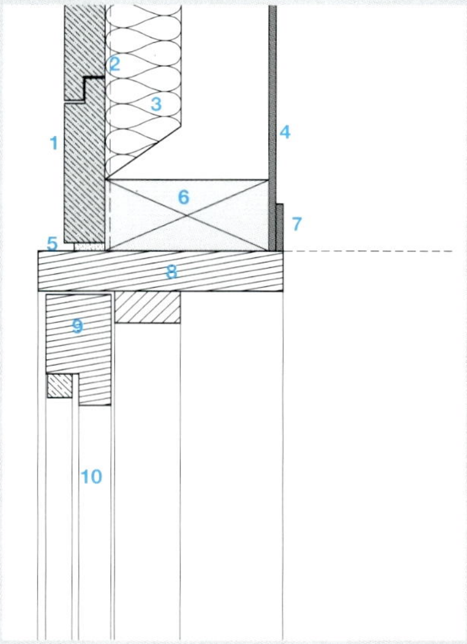

37.07
창문 상세도 2
1:5
1 25mm (1인치) 사이프러스 반턱 제재
2 천공 사킹
3 R1.5 단열재
4 4.5mm (1/3인치) Masonite
5 유향 수지 줄눈
6 100 X 50mm (4 X 2 인치) 재생 활엽수
7 30 X 4.5mm (1 X 1/3인치) Masonite 커버 스트립
8 150 X 25mm (6 X 1 인치) 활엽수
9 70 X 40mm (2 3/4 X 1 1/2인치) 활엽수 창틀
10 4mm (1/5인치) 플로트 유리

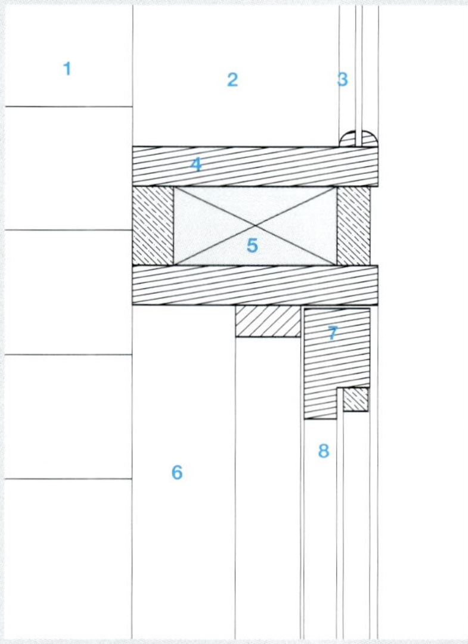

37.08
벽 상세도 2
1:5
1 80 X 20mm (3 1/4 X 3/4인치) 장부이음식 바닥재
2 150 X 25mm (6 X 1 인치) 활엽수 창턱
3 4mm (1/5인치) 플로트 유리
4 150 X 25mm (6 X 1 인치) 활엽수
5 100 X 50mm (4 X 2 인치) 재생 활엽수
6 150 X 25mm (6 X 1 인치) 활엽수 창턱
7 70 X 40mm (2 3/4 X 1 1/2인치) 활엽수 창틀
8 4mm (1/5인치) 플로트 유리

38
Edge Design Institute Ltd.

Suitcase House
Shuiguan, Badaling, China

Client
SOHO China Ltd.

Area
250 square metres (2,690 square feet)

Project Team
Gary Chang, Andrew Holt, Howard Chang, Popeye Tsang, Yee Lee

Structural Engineer
Qin Min-De

Services Engineer
Beijing Century Co.

Local Architect
Beijing Century Architectural Design + Planning Co. Ltd.

Main Contractor
China Construction 1st Division, 4th Company, 3rd Housing Architecture Construction Company

Suitcase house는 베이징 인근에 위치한 실험적인 프로젝트 'The commune by the Great Wall'의 일환으로 설계된 주택이다. 전체 프로젝트는 만리장성의 끝자락에 11개의 주택과 클럽하우스를 건설하는 내용으로 이를 위해 12명의 젊은 건축가가 초빙되었다. Suitcase house는 프라이버시와 적응성이라는 측면에 관해 새롭게 생각해보고자 의도에서 출발하여, 주택의 가변성을 극대화시키는데 그 목표를 두고 있다. 총 3개의 층으로 구성된 건물에서 1층은 대부분의 주거 활동이 이루어지는 영역이다. 이 공간은 다수의 이동식 부재들로 구성되어, 안에서 벌어지는 행위의 종류나 공간의 개방 또는 폐쇄 정도에 대한 개인적인 성향에 따라 다양한 모습으로 변환될 수 있도록 설계되었다.

지하층은 1층과 달리 특정 용도로 사용되는 공간들을 담고 있는데, 침실, 욕실, 주방은 물론 유리 바닥판이 사용된 명상실, 음악실, 서고와 사우나 등이 위치하고 있다. 각 실간의 경계는 공기식으로 열리는 바닥 판넬이 만들어 내는 환경 속에서 흐릿해져, 단지 일부 요소만이 공간적인 존재감을 나타내고 있다. 외부 공간과 내부 공간, 가구의 경계를 흐리게 하기 위해, 건물을 구성하는 모든 요소는 단색의 목제 마감재를 사용하였다. 철제 골조는 식로품실, 집사를 위한 공간, 보일러실, 사우나 등의 부속 공간을 담고 있는 콘크리트 기단 위에 올려져 있으며, 일부분은 기단 밖으로 돌출되어 있다.

1

1 거주자가 필요에 따라 공간을 형성하고, 각종 설비를 사용할 수 있는 내부 공간의 엄청난 가변성은 단순한 장방형의 매스 뒤로 감춰져 있다.
2 모든 판넬을 닫았을 때, 내부 공간은 마치 단순한 하나의 공간처럼 보인다.
3 바닥에서 천장에 걸쳐 설치된 슬라이딩 판넬은 공간을 구획한다. 바닥판의 여닫이 문은 필요에 따라 설비 시설들을 노출하거나, 감출 수 있도록 한다.
4 공기식으로 열리는 바닥판 아래로는 사진에서 볼 수 있듯이, 욕실과 주방, 침실이 위치하고 있다.

2

3

4

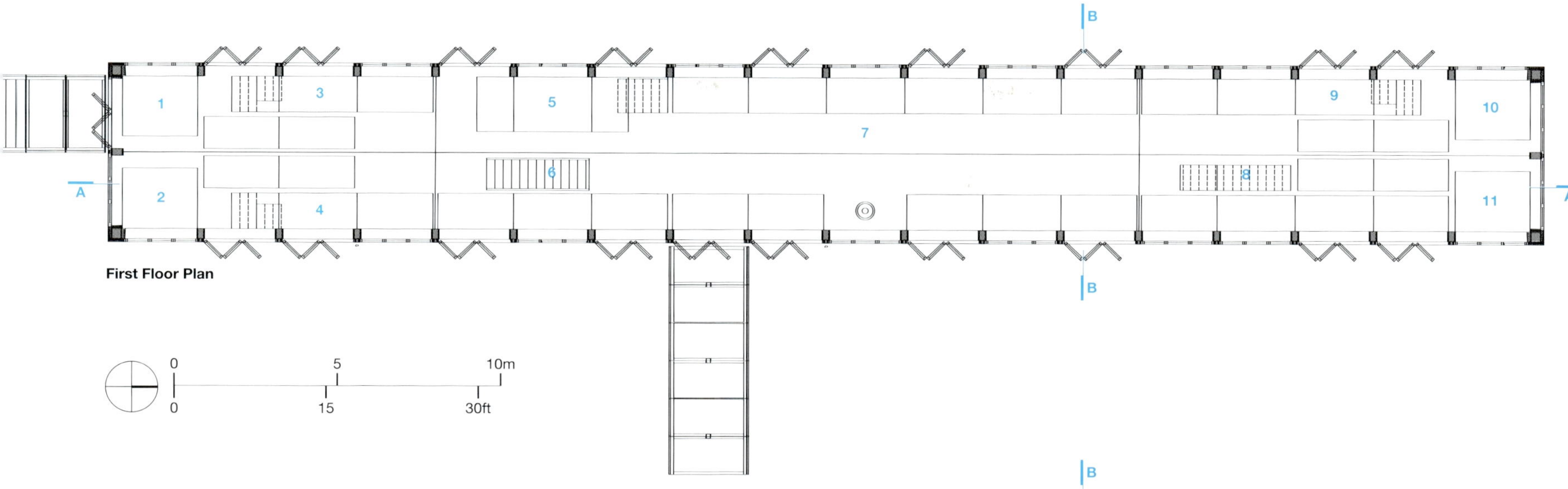

First Floor Plan

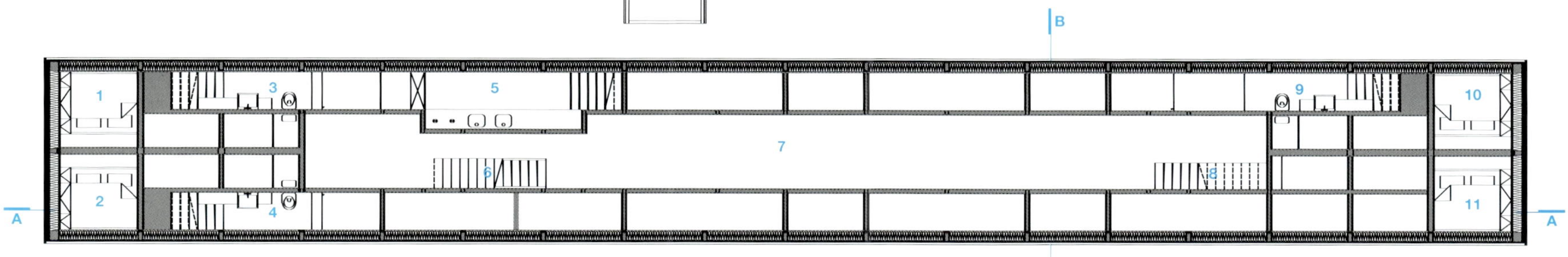

Ground Floor Plan

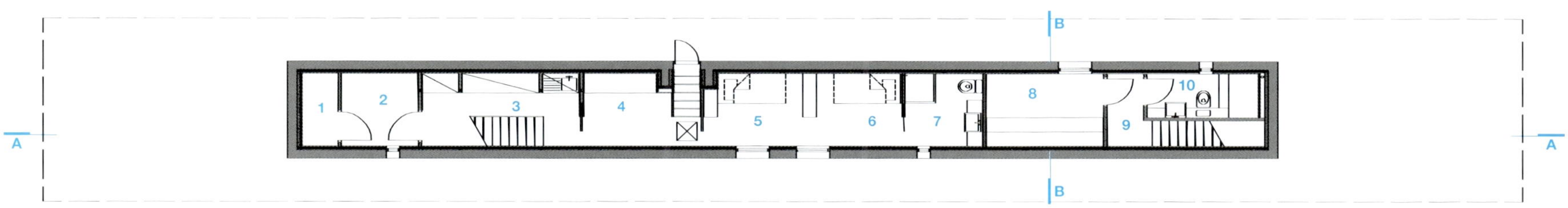

Basement Floor Plan

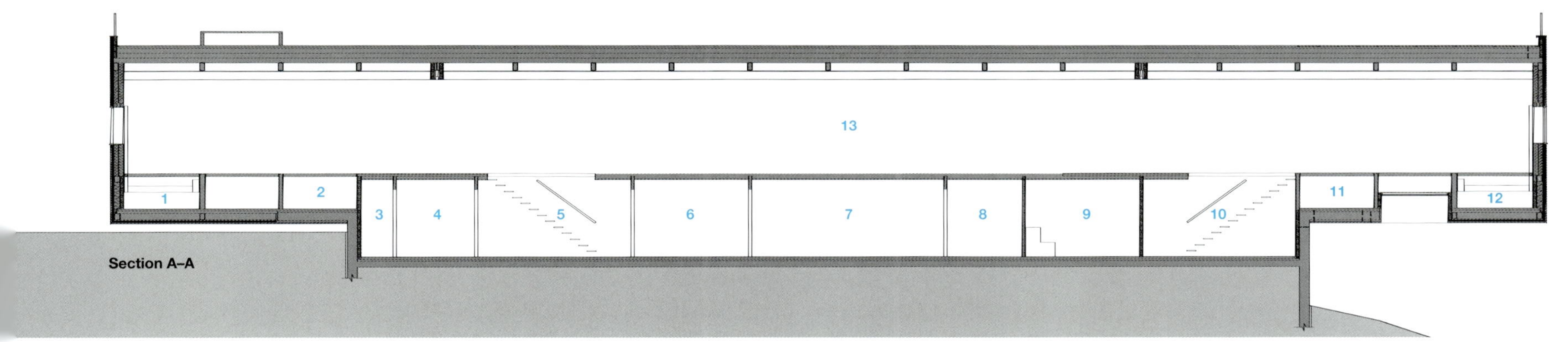

Section A–A

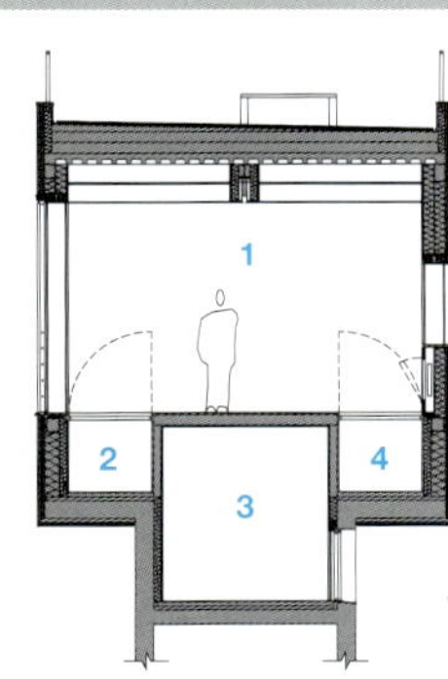

Section B–B

38.01
2층 평면도
1:200
1 침실 판넬
2 침실 판넬
3 욕실 판넬
4 욕실 판넬
5 주방 판넬
6 1층으로 이어지는 계단
7 거실
8 1층으로 이어지는 계단
9 욕실 판넬
10 침실 판넬
11 침실 판넬

38.02
1층 평면도
1:200
1 침실
2 침실
3 욕실
4 욕실
5 주방
6 지하층으로 이어지는 계단
7 거실
8 지하층으로 이어지는 계단
9 욕실
10 침실
11 침실

38.03
지하층 평면도
1:200
1 기계실 및 전기실
2 보일러실
3 식료품실
4 서고
5 집사용 침실 입구
6 집사용 침실
7 집사용 욕실
8 사우나
9 1층으로 이어지는 계단
10 욕실

38.04
단면도 A-A
1:200
1 침실
2 욕실
3 기계실
4 보일러실
5 상부층으로 이어지는 계단
6 서고
7 집사용 침실
8 집사용 욕실
9 사우나
10 상부층으로 이어지는 계단
11 욕실
12 침실
13 거실

38.05
단면도 B-B
1:200
1 거실
2 창고
3 사우나
4 창고

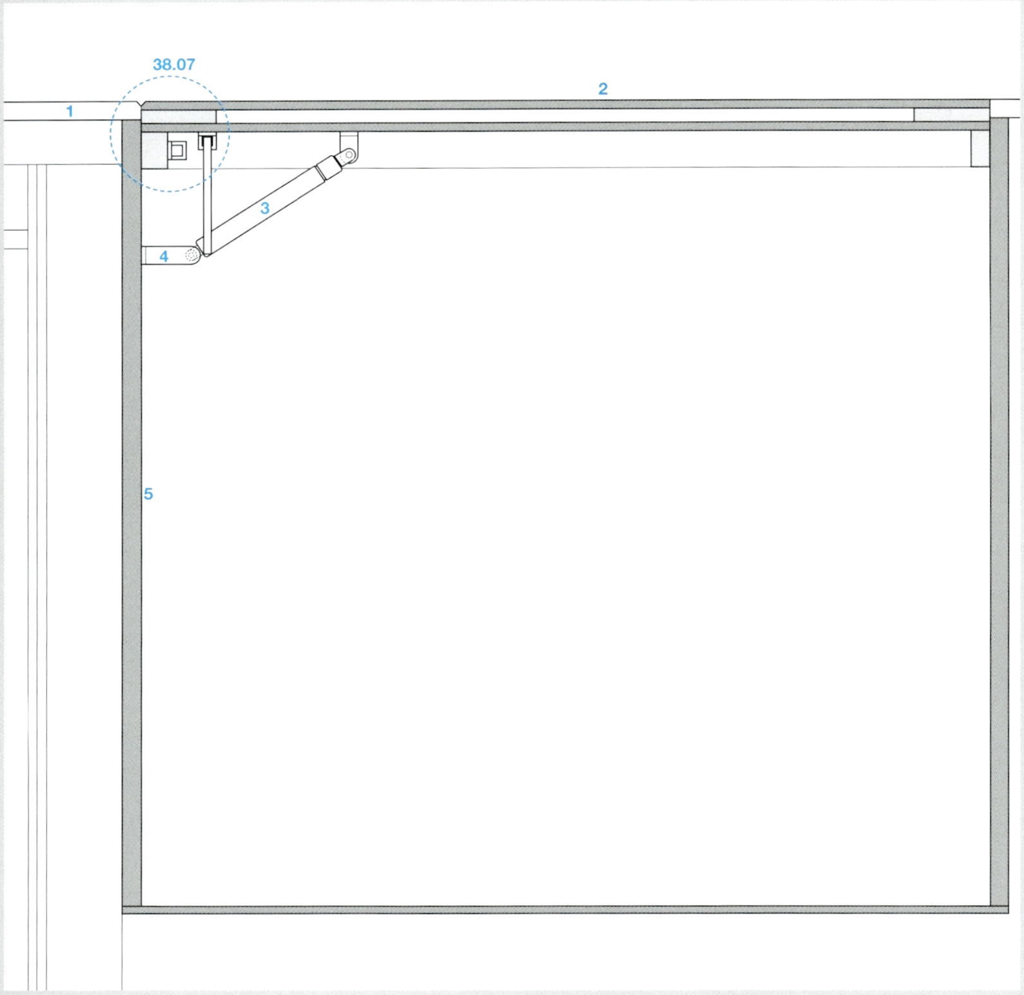

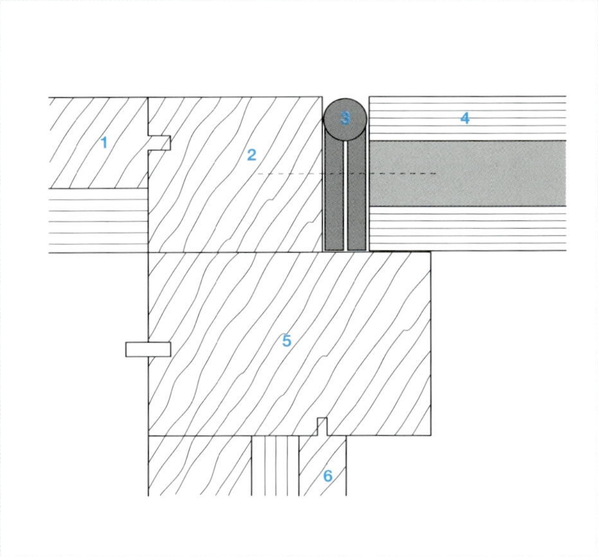

38.06
압축 공기식 바닥 판넬 상세도
1:10
1 목제 바닥
2 개폐식 목제 바닥 판넬
3 가스 스프링
4 금속 브래킷
5 목제 내장재

38.07
압축 공기식 바닥 힌지 상세도
1:2
1 활엽수 바닥재
2 활엽수 블록
3 매립식 힌지
4 활엽수 판넬
5 활엽수 프레임
6 목제 벽 판넬

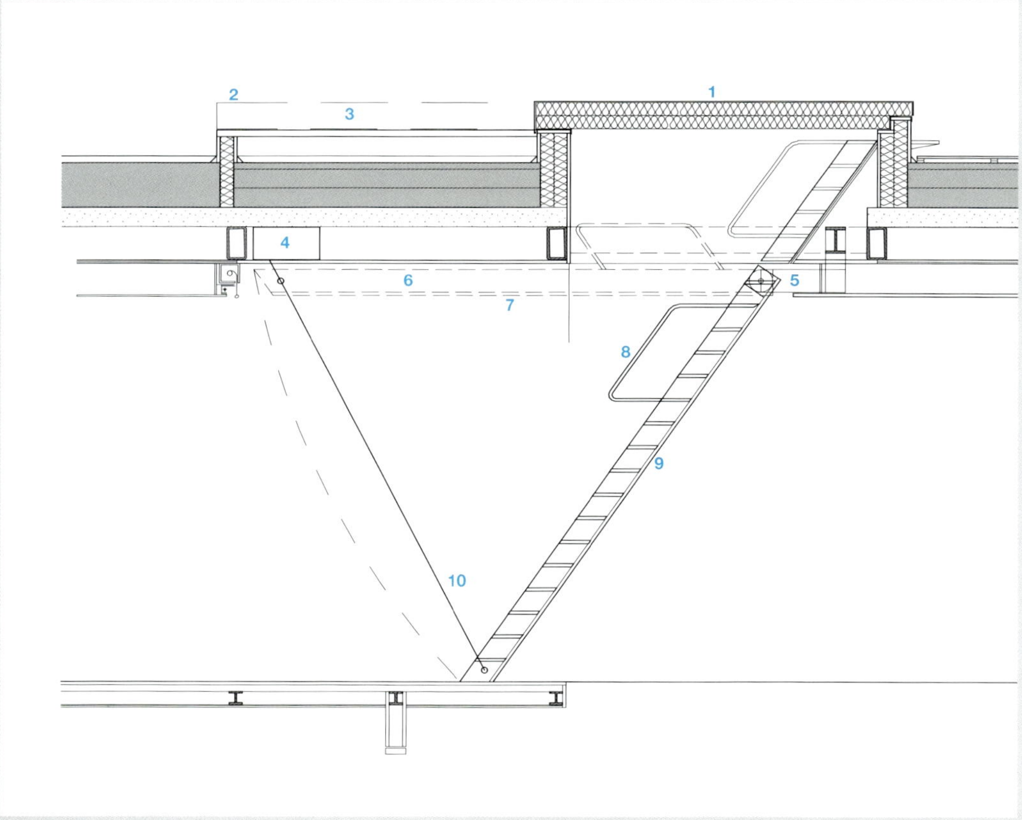

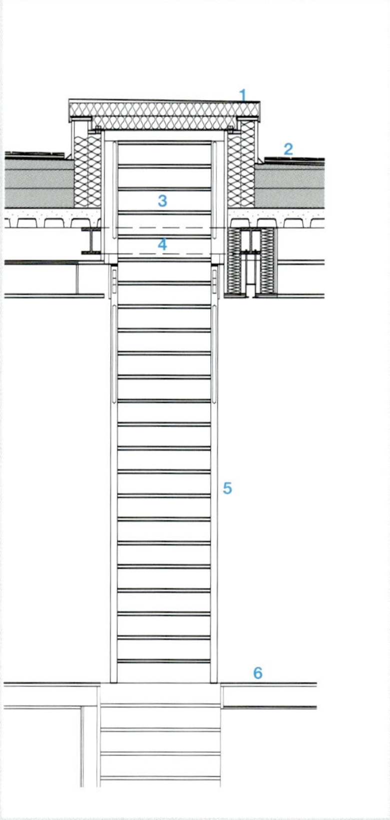

38.08
지붕 통로 종단면도
1:50
1 슬라이딩식 절연 지붕 해치
2 개방시 지붕 경계선
3 가이드 레일
4 계단을 위로 들어올리기 위한 매립식 전기 모터
5 회전축
6 합판 천장재
7 들어올렸을 때의 계단 경계선
8 난간
9 계단 후면에 설치한 베니어 합판
10 계단을 들어올리기 위한 철제 케이블

38.09
지붕 통로 횡단면도
1:50
1 슬라이딩식 절연 지붕 해치
2 목제 지붕 데크
3 고정식 계단
4 회전축
5 내렸을 때의 계단 경계선
6 내부 목제 바닥

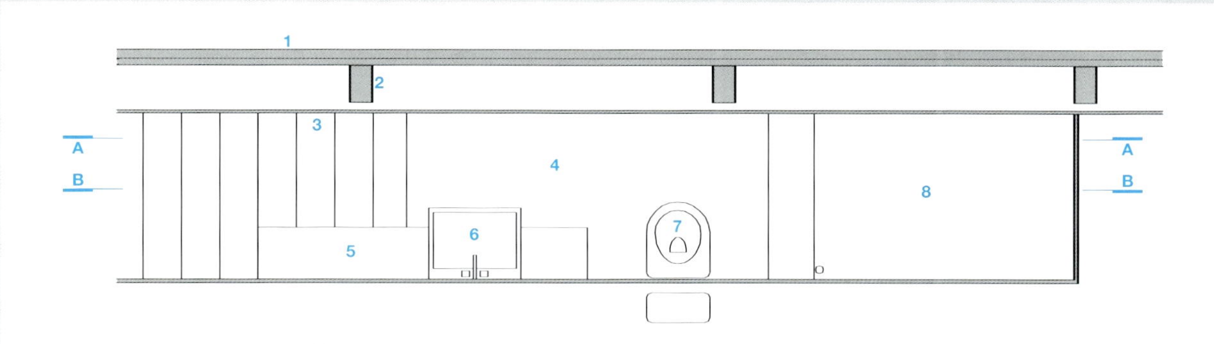

38.10
욕실 평면 상세도
1:50

1 전면 접이식 문
2 철제 기둥
3 상부층으로 이어지는 계단
4 슬레이트 바닥
5 카운터
6 세면대
7 변기
8 샤워 트레이

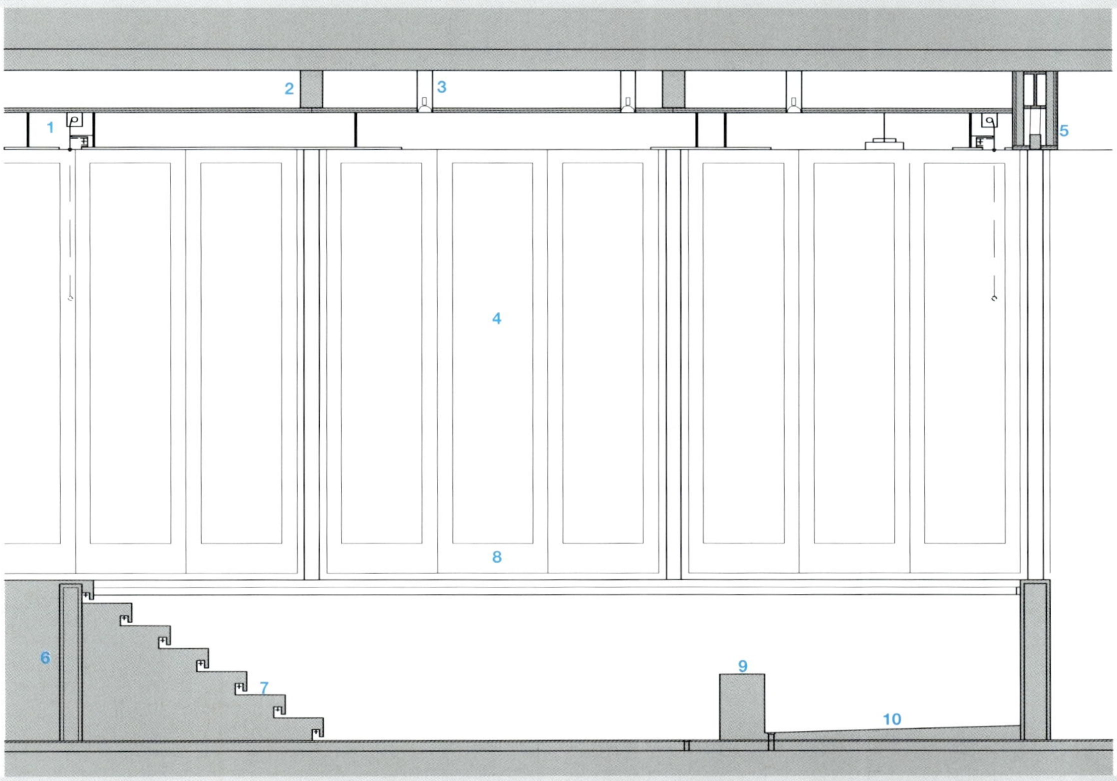

38.11
욕실 단면 상세도 A-A
1:50

1 롤러 커튼
2 천장 구조
3 다운라이트
4 전면 접이식 문
5 내부에 사용된 슬라이딩식 및 접이식 칸막이벽을 위한 가이드 레일
6 창고
7 매립식 조명 장치가 사용된 계단
8 목제 바닥
9 샤워실 턱
10 샤워 트레이

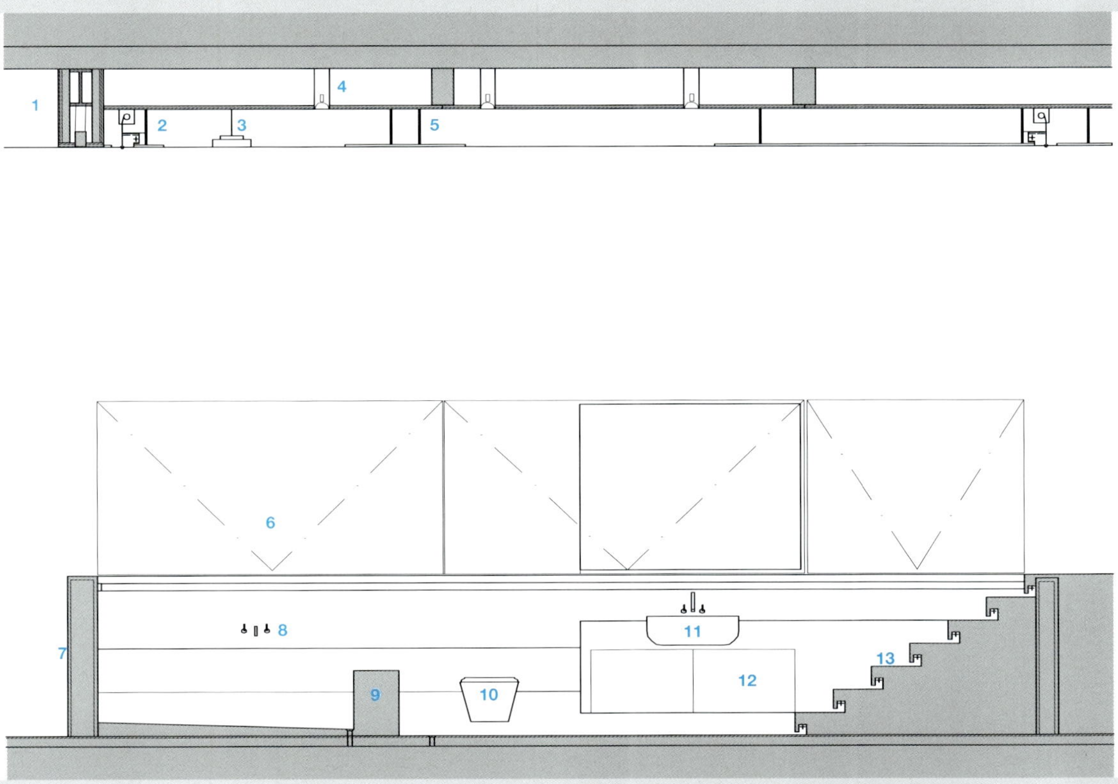

38.12
욕실 단면 상세도 B-B
1:50

1 내부에 사용된 슬라이딩식 및 접이식 칸막이벽을 위한 가이드 레일
2 롤러 커튼
3 천장설치식 샤워기
4 다운라이트
5 달천장
6 개폐식 목제 바닥 판넬
7 식료품실
8 스테인레스 스틸 수도꼭지
9 샤워실 턱
10 변기
11 세면대
12 선반
13 매립식 조명 장치가 사용된 계단

39
Fougeron Architecture

Jackson Family Retreat
Big Sur, California, USA

Area
232 square metres (2,500 square feet)

Project Team
Anne Fougeron, Michel Pierry, Anne Tipp, Vivian Dwyer, Ethen Wood, Ryan Murphy, Todd Aranaz

Structural Engineer
Endres Ware Consulting Engineers

Main Contractor
Thomas George Construction

캘리포니아주 북부 빅서 지방에 위치하고 있는 이 주말 별장은 서로 다른 재료의 매스 4개로 이루어졌으며, 매스 간의 상호 관계를 통해 시각적, 공간적으로 복잡한 외부 공간과 내부 공간의 조합을 만들고 있다. 건물 중심의 매스 위로는 나비 지붕이 덮혀 있으며, 한 편으로는 유리 매스가 위치하고 있다. 지붕은 띠 모양으로 길게 설치된 유리창 위에 정교하게 놓여 있으며, 가느다란 강관이 지붕 구조물을 서로 연결한다. 건물의 한쪽 구석에는 대지 주변의 적삼목과 하늘이 들여다 보이는 2층 높이의 유리 구조물이 위치한다. 이 매스는 구리 스탠딩심으로 덮혀 있다. 건물을 구성하는 두번째 매스는 부수 공간들을 담고 있는 1층 높이의 구조물로, 도로로부터의 소음을 완충하는 공간으로 기능하기도 한다. 이 매스는 황색 알래스카 삼나무 외장재로 덮혀 있는데, 목재는 3방향으로 뻗어 비를 막는 가림막과 울타리의 역할을 하고 있다.

건물의 후면에는 지류의 경관이 내다 보이는 철과 유리로 만든 매스가 위치하고 있다. 계단을 담고 있는 네번째 매스는 내, 외부 모두 회색 벽토로 마감되었으며 지진으로부터 건물을 보호하는 가새의 역할을 함과 동시에, 매스를 둘러싸고 있는 유리 매스를 시각적으로 장식하는 효과를 내고 있다. 1층의 두 침실은 2층 높이의 거실과 벽난로, 서고를 양쪽에서 둘러싸고 있다. 침실에 설치된 높은 창은 모서리 부분의 각진 느낌을 완화시키면서 침실과 거실에 풍부한 빛과 좋은 경관을 받아들이고 있다. 2층의 공간에서는 서고와 거실 상부가 그대로 개방되어 있으며, 1층의 침실 상부와는 유리 판넬로 경계를 이루고 있다. 투명 유리와 사출 성형한 글래스 채널이 이루는 조합은 자연광을 반사하여, 시시각각 변화하는 따뜻한 빛과 그림자를 공간에 드리움으로써 항상 변화하는 느낌의 내부 공간을 연출하고 있다.

1

1 건물을 구성하는 세 매스의 모습 – 회색 벽토로 마감된 좌측의 계단실 매스, 유리로 만들어져 외부 목제 데크까지 확장된 거실 매스, 거실과 침실을 담고 있으며 2층 높이의 창이 설치된 구리 외장재로 덮힌 매스의 모습.
2 건물의 후면에는 인근 도로로부터 소음을 완충시키기 위해 목제 칸막이벽이 설치되어 있다. 나비 지붕은 우아하게 건물을 감싸고 있다.
3 거실이 내다 보이는 2층의 서고에는 목제 보와 철제 텐션 로드로 이루어진 아름다운 지붕 구조물이 그대로 노출되어 있다.
4 철제 프레임에 설치된 거대한 전면 유리벽을 통해 협곡의 장엄한 경관을 받아들이고 있는 거실의 모습.

2

3

4

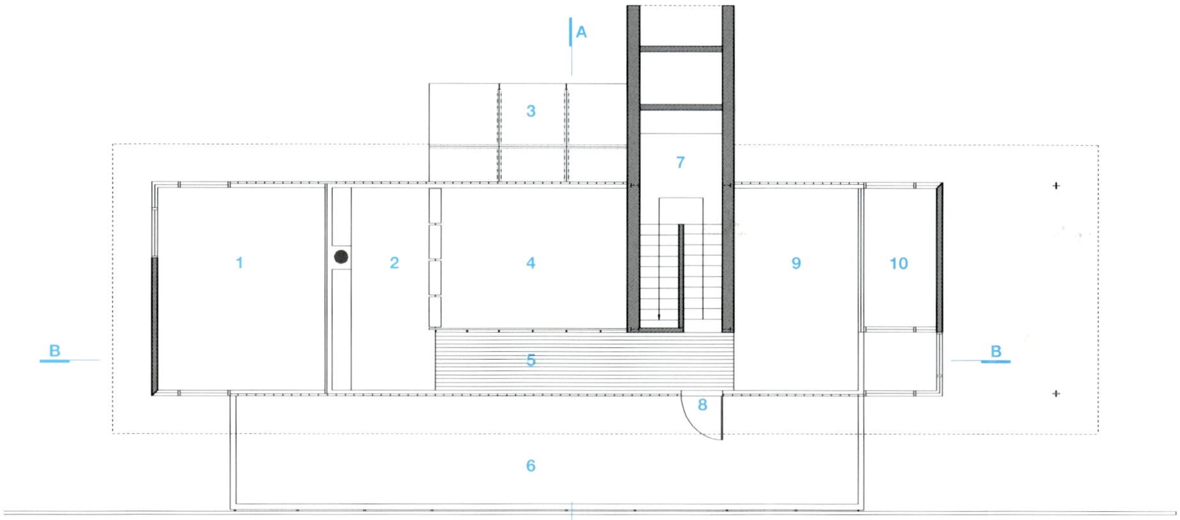

39.01
2층 평면도
1:200

1 침실 상부
2 서고
3 거실 상부 지붕창
4 거실 상부
5 복도
6 목제 데크
7 계단실
8 데크 입구
9 다락방
10 입구 상부

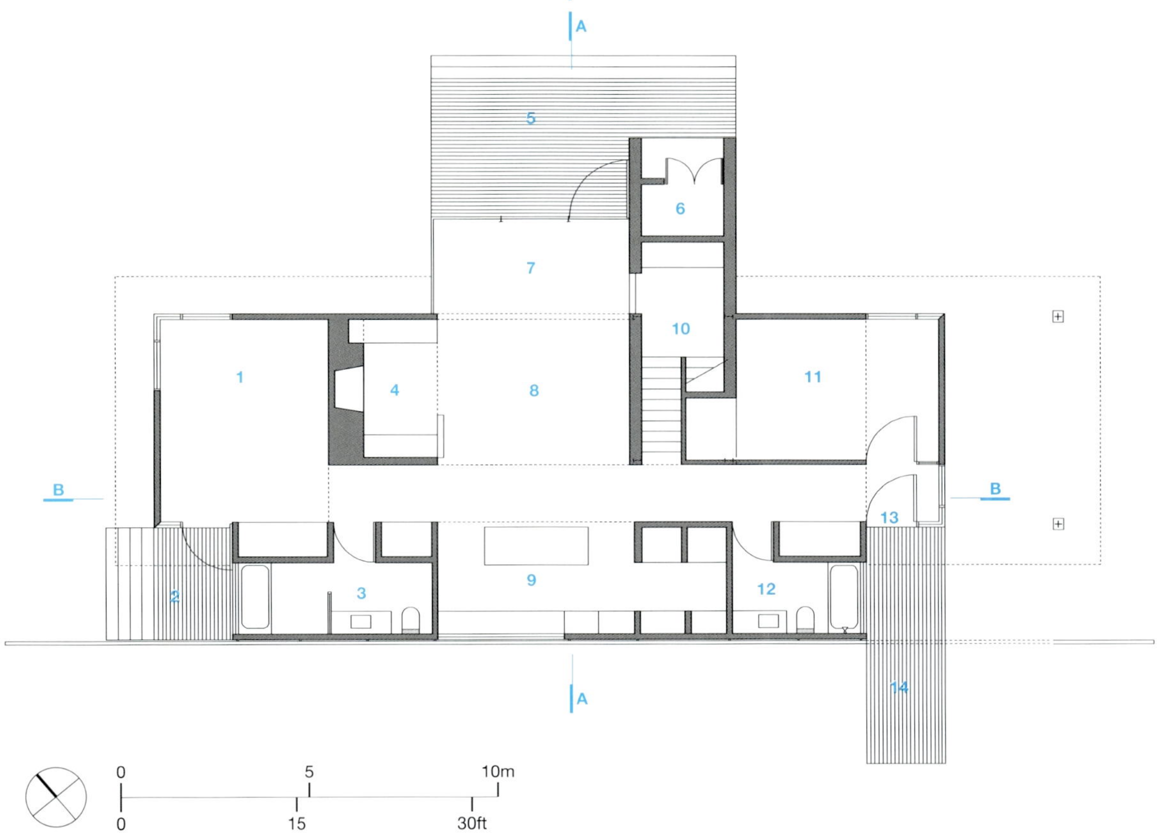

39.02
1층 평면도
1:200

1 침실
2 침실측 데크
3 욕실
4 벽난로
5 거실측 목제 데크
6 창고
7 유리로 감싼 거실 확장부
8 거실 및 식당
9 주방
10 계단실
11 침실
12 욕실
13 입구
14 입구로 향하는 램프

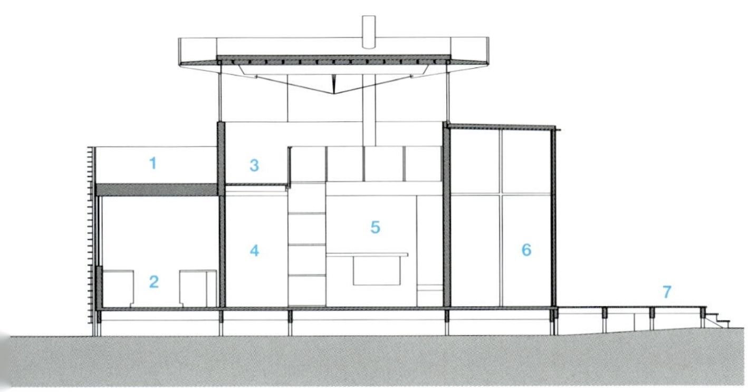

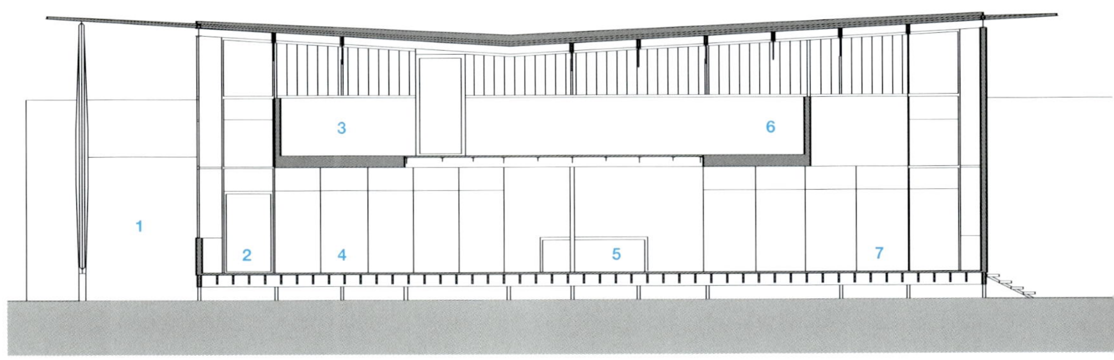

39.03
단면도 A-A
1:200

1 데크
2 주방
3 복도 상부
4 복도
5 벽난로측 거실 및 식당
6 유리로 감싼 거실 확장부
7 목제 데크

39.04
단면도 B-B
1:200

1 차고
2 입구
3 다락방
4 욕실
5 주방
6 서고
7 침실

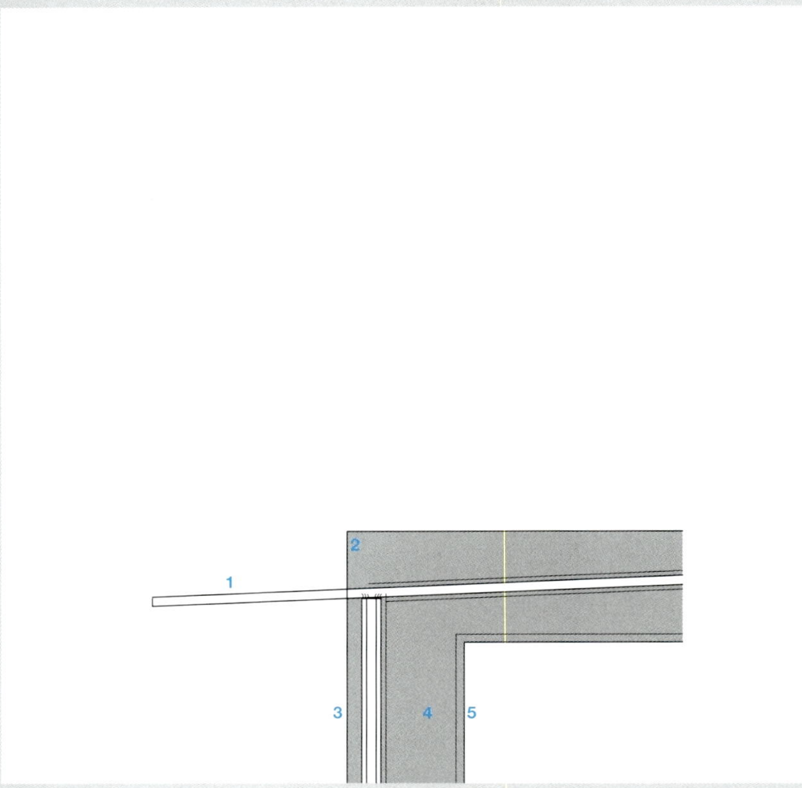

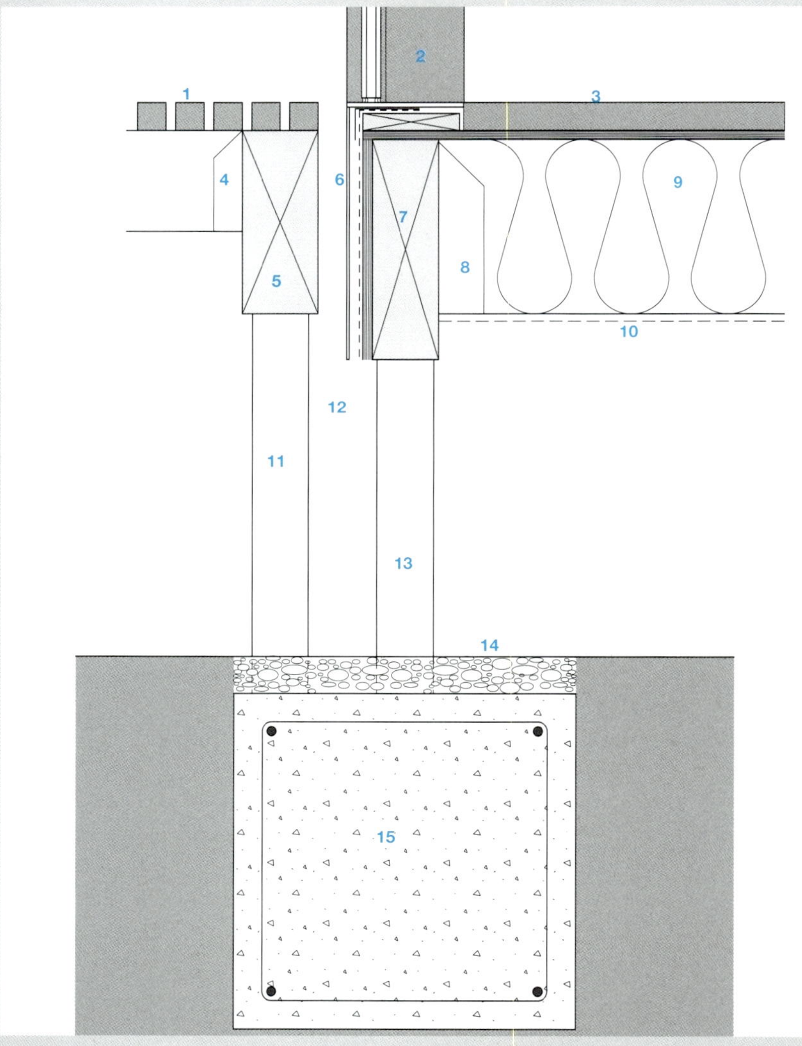

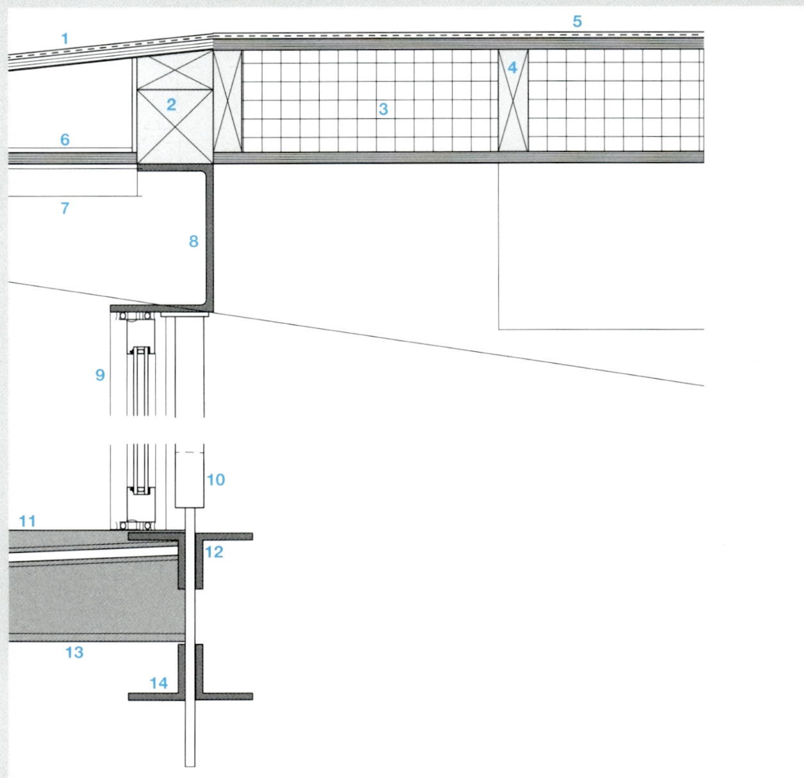

39.05
유리 박스 벽 단면 상세도 1
1:10
1 단열 유리
2 철재
3 철재
4 철재
5 철재

39.06
유리 박스 벽 단면 상세도 2
1:10
1 레드우드 데크
2 도색 평철
3 복사 난방 설비가 설치된 콘크리트 바닥
4 장선 걸이
5 100 X 250mm (4 X 10인치) 레드우드 보
6 금속 플래싱
7 100 X 300mm (4 X 12인치) 집성재 보
8 장선 걸이
9 솜 단열재
10 유리섬유 망
11 76mm (3인치) 강관 기둥
12 공기층
13 76mm (3인치) 강관 기둥
14 화강석 쇄석
15 철근콘크리트 보

39.07
유리 박스 벽 단면 상세도 3
1:10
1 조립식 지붕
2 100 X 100mm (4 X 4인치) 머릿돌
3 경질 단열재
4 50 X 150mm (2 X 6 인치) 스터드
5 조립식 지붕
6 직경 50mm (2인치) 환기구
7 6mm (1/4인치) 철제 트러스
8 곡선형 철제 채널
9 단열 유리
10 50mm (2인치) 철제 지주
11 T형강
12 기성 합성 보
13 T형강
14 기성 합성 보

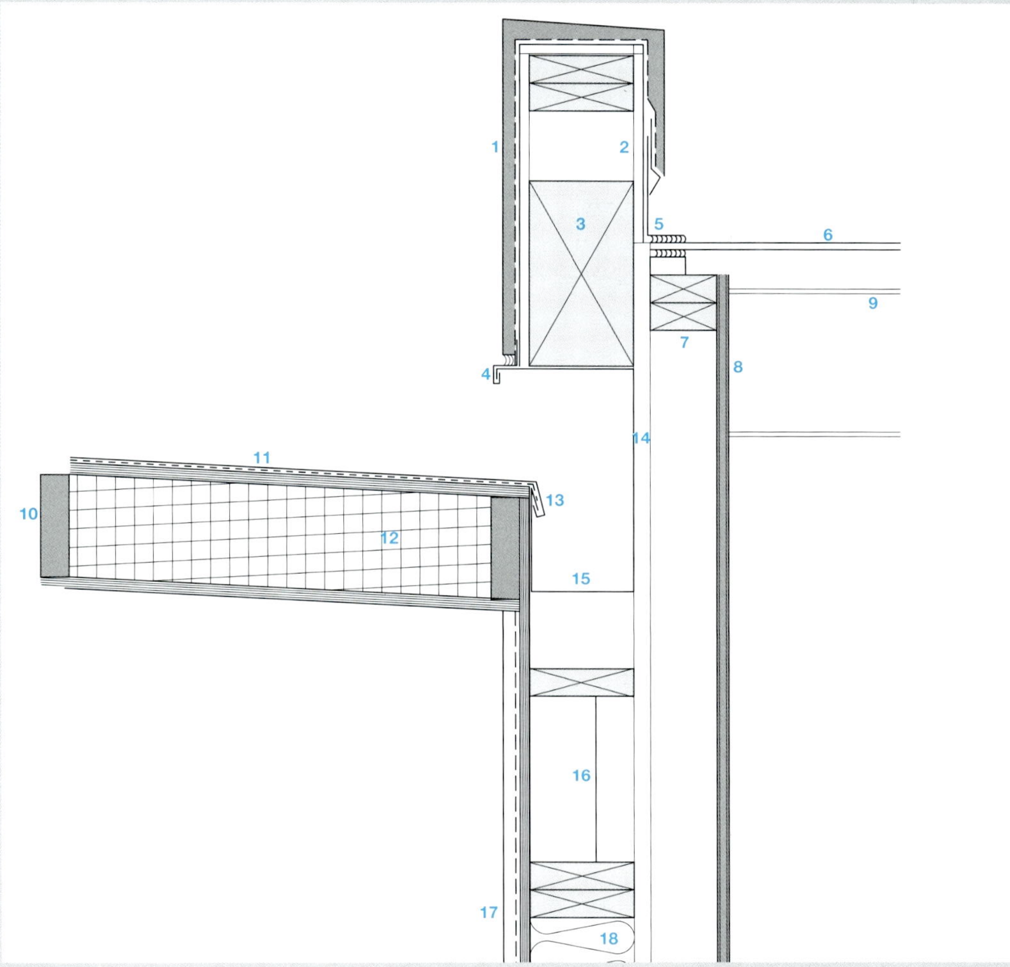

39.08
시멘트 플라스터 벽 단면 상세도 1
1:10

1 시멘트 플라스터 외벽 마감
2 12mm (1/2인치) 합판
3 집성재 보
4 금속 플래싱
5 실런트
6 조립식 지붕
7 50 X 100mm (2 X 4 인치) 목제 스터드
8 15mm (5/8인치) 석고보드 벽 내장재
9 50 X 200mm (2 X 8 인치) 목제 장선
10 목제 장선
11 조립식 지붕
12 경질 단열재
13 금속 플래싱
14 20mm (1인치) 합판
15 낙수홈통
16 낙수홈통
17 시멘트 치장 벽토 외벽 마감
18 솜 단열재

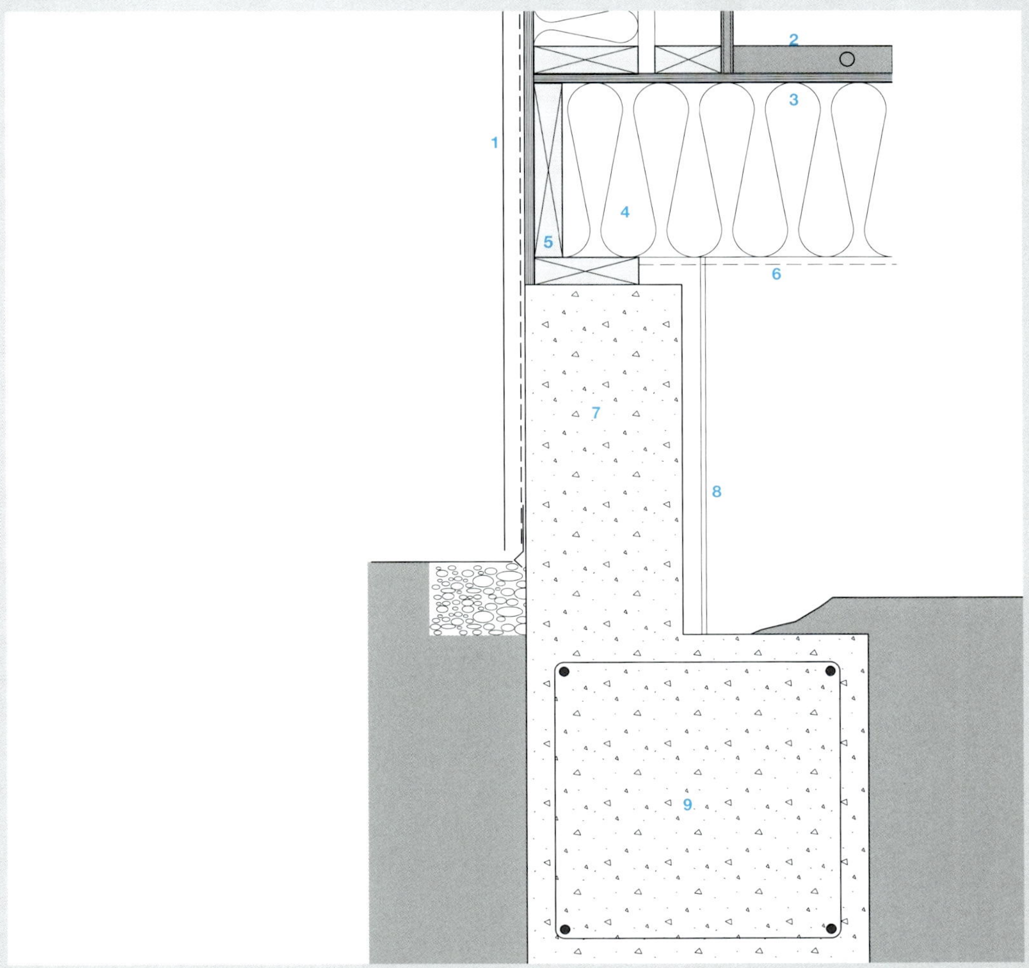

39.09
시멘트 플라스터 벽 단면 상세도 2
1:10

1 시멘트 치장 벽토 외벽 마감
2 복사 난방 설비가 설치된 콘크리트 바닥
3 합판
4 솜 단열재
5 50 X 150mm (2 X 6 인치) 목제 스터드
6 철제 모멘트 골조
7 콘크리트 각주
8 단열판
9 철근콘크리트 보

40
Kengo Kuma & Associates

Bamboo Wall House
Badaling, Beijing, China

Client
SOHO China Ltd.

Area
716 square metres (7,707 square feet)

Structural Engineer
ARUP China

Landscape Design
Rocco Landscape Design

'The commune by the Great Wall' 은 만리장성 인근의 장엄한 경관을 자랑하는 대지 위에 현대적인 주택 단지를 형성한 프로젝트이다. 건축가는 단지의 한 쪽 경계를 이루고 있는 만리장성의 끊김이 없는 연속적인 느낌에서 영감을 받았다. 균일한 벽으로 이루어진 만리장성은 자연 상태의 지형을 그대로 받아들여, 구조물의 설치를 위한 정지작업을 거치지 않고 지형의 다양한 높이와 방향성을 간직하고 있다. Kuma는 이와 동일한 접근 방식을 사용하여 우묵하게 파인 대지 위에 조심스럽게 건물을 올려 놓음으로써, 자연 환경이 아무런 방해 없이 연속될 수 있도록 하고 있다.

주택은 2개의 레벨로 이루어져 있으며 1층에는 거실, 식당, 주방과 4개의 객실이, 지하층에는 객실과 직원을 위한 공간이 각각 위치하고 있다. 주택 중앙의 공간은 일명 대나무 라운지라는 의식적인 공간으로 만들어져 있는데, 반사풀을 가로질러 접근할 수 있는 이 공간은 대나무들이 이루는 장벽으로 둘러 쌓여 있다. 건축가는 중국 특유의 건축 어휘를 받아 들이고자 대나무를 주요 건축 재료로 사용했다. 건축 재료로써 대나무가 갖는 근본적인 단점, 이 지역에서 일반적으로 대나무는 비계를 만드는 용도로밖에는 사용되지 않는다는 점에 따라 Kuma는 대나무의 자연적인 물성을 더욱 향상시키면서도, 단순한 건축 방식을 찾기 위해 지역 건축가들과 함께 작업했다. 주택 전체에 걸쳐 바닥판, 벽, 외장재, 슬라이딩 셔터, 차양 등으로 다양하게 사용된 대나무는 건축의 정교함과 자연 환경의 완고함 간의 간격을 좁히고 있다.

1

1 움푹 패인 자연 지형 위에 올려진 대나무 파사드는 대지를 둘러싸고 있는 산의 극적인 느낌과 대조적으로 가볍고, 정교한 느낌을 연출하고 있다.
2 건물의 중앙에 위치하고 있는 대나무 라운지는 대나무 천장과 유리 지붕으로 감싸져 자연광은 물론, 시시각각 변화하는 하늘의 모습을 받아들이고 있다.
3 단순한 형태의 벤치가 놓여 있는 대나무 라운지는 곧게 서 있는 대나무 막 사이로 들여다 보이는 산의 아름다운 전경을 바라볼 수 있는 완벽한 관조의 공간이다.
4 대나무 지주로 나뉘어 있는 주방과 식당 (반층 높이만큼 아래에 위치하고 있다) 의 모습.

2

3

4

40.01
지하층 평면도
1:200
1 세탁실
2 창고
3 기사대기실
4 화장실
5 직원대기실
6 샤워실
7 객실
8 객실
9 화장실
10 욕실
11 수조 및 기계실
12 화장실
13 창고

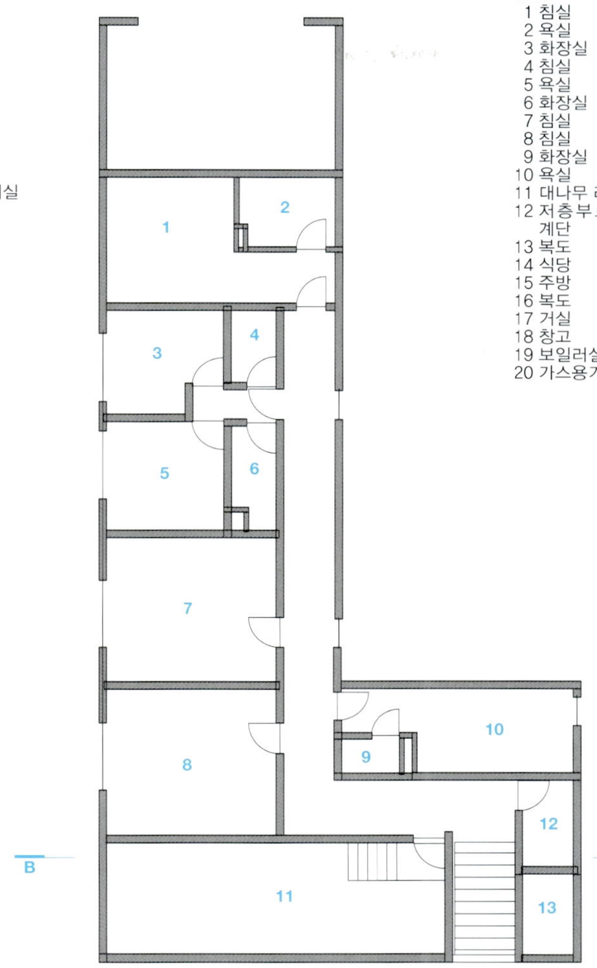

40.02
1층 평면도
1:200
1 침실
2 욕실
3 화장실
4 침실
5 욕실
6 화장실
7 침실
8 침실
9 화장실
10 욕실
11 대나무 라운지
12 저층부로 이어지는 계단
13 복도
14 식당
15 주방
16 복도
17 거실
18 창고
19 보일러실
20 가스용기 창고

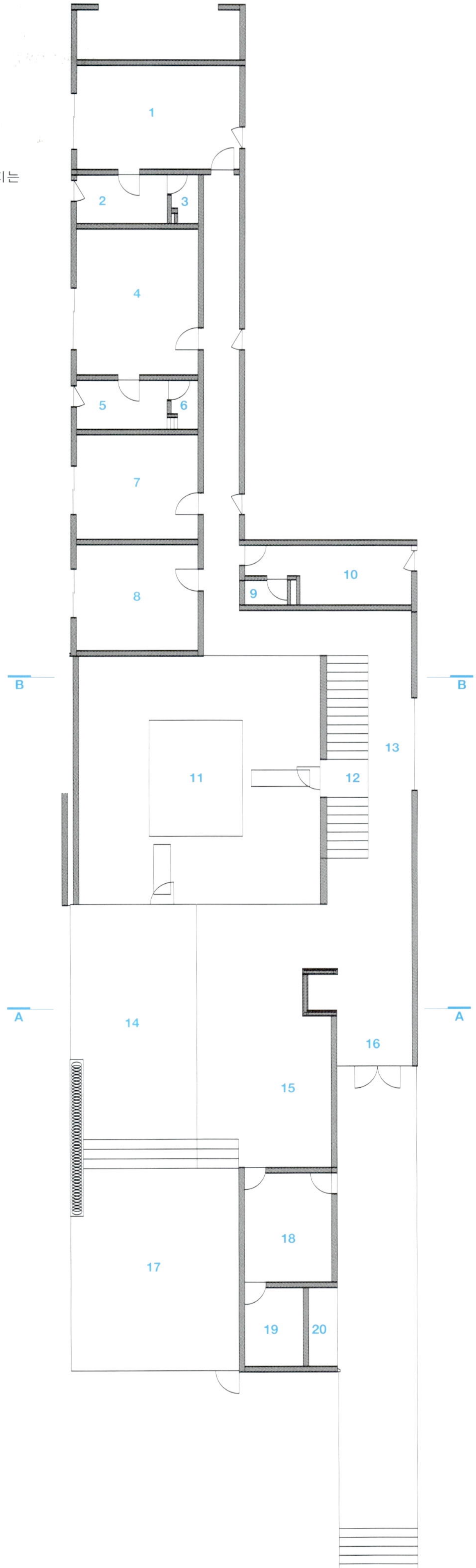

40.03
단면도 A-A
1:200
1 식당
2 주방
3 복도

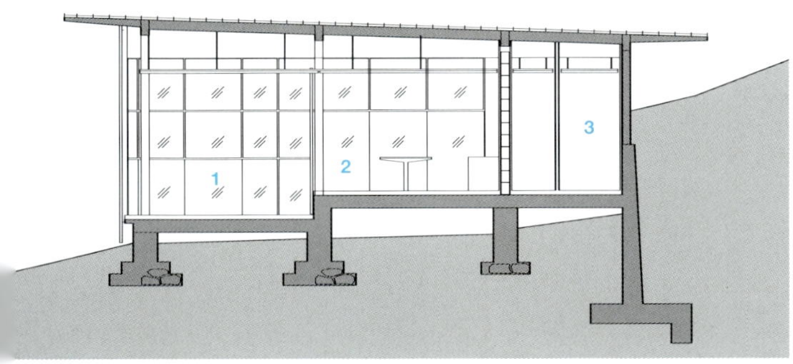

40.04
단면도 B-B
1:200
1 대나무 라운지
2 대나무 라운지
3 계단실
4 수조 및 기계실
5 창고

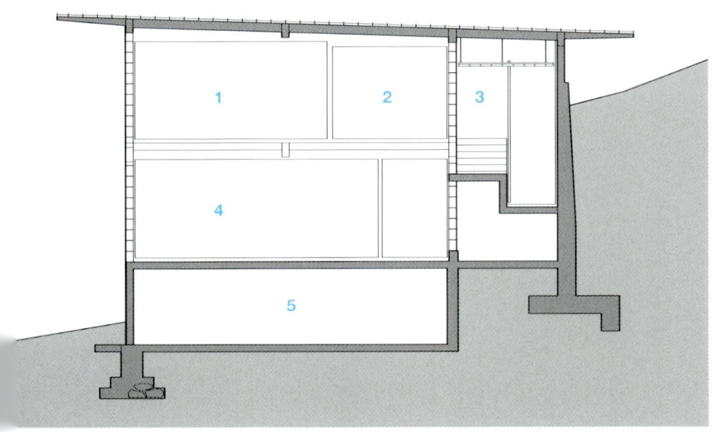

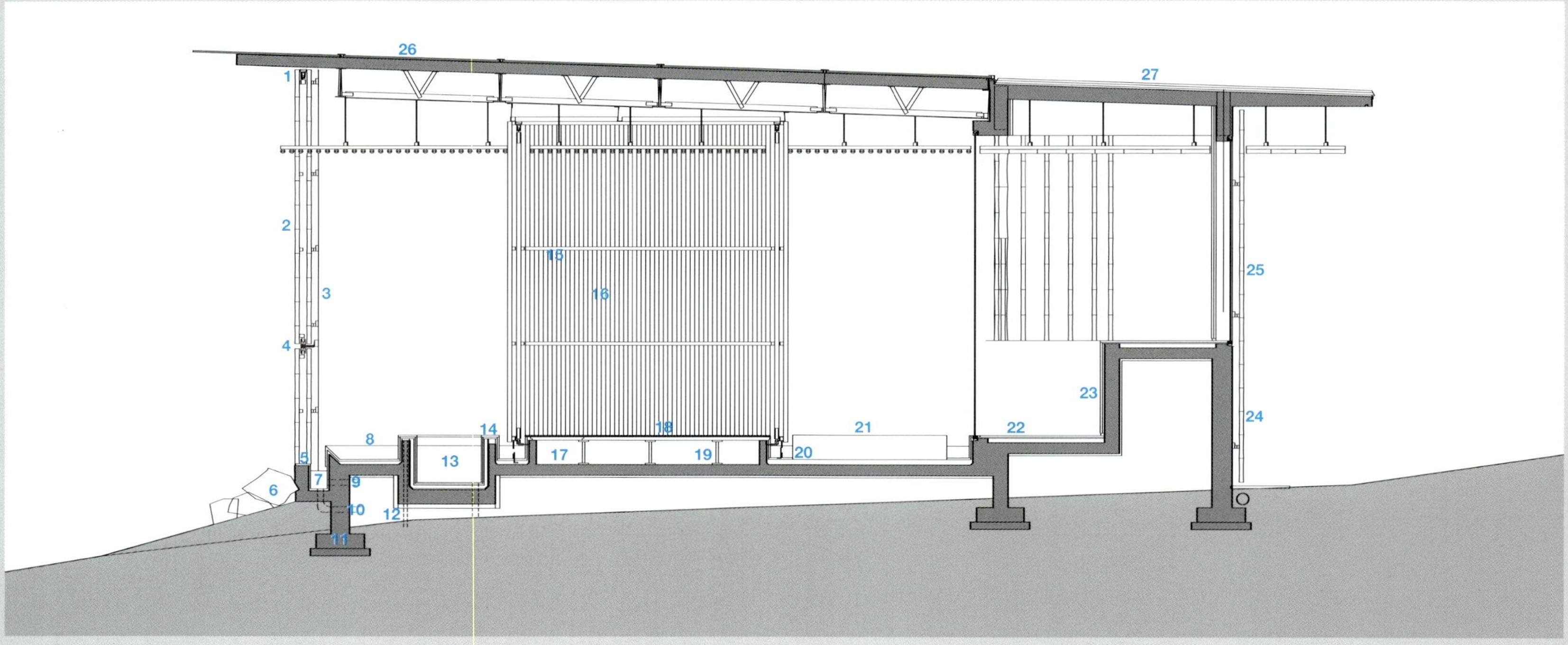

40.05
대나무 라운지 단면 상세도
1:100

1 대나무 스크린 슬라이딩 레일
2 대나무 슬라이딩 칸막이벽 및 상부 슬라이딩 레일
3 45 X 45mm (1 3/4 X 1 3/4인치) 목제 퍼링 스트립에 부착된 노출된 고정식 대나무 벽
4 흑색으로 도색한 스테인레스 스틸 가이드 레일
5 흑색으로 도색한 스테인레스 스틸 가이드 레일
6 노출식 석조 벽
7 수영장 배수구 방수 모르타르 마감
8 수면
9 설비 파이프
10 배수 파이프
11 버림 콘크리트 및 쇄석 하부 구조 상부 줄기초
12 서비스 파이프
13 모르타르층, 금속망, 아스팔트 방수막 상부 슬레이트 마감 및 수중 조명 장치와 욕조
14 목제 프레임으로 감싼 슬레이트 욕조
15 45 X 45mm (1 3/4 X 1 3/4인치) 목제 퍼링 스트립
16 대나무 슬라이딩 칸막이벽
17 조명 장치
18 직경 30mm (1 1/5인치) 노출 대나무 바닥재
19 스티로폼 단열재 상부에 배수구를 설치하기 위해 경사를 둔 콘크리트 슬라브 상부 목제 바닥 장선 및 들바닥
20 스테인레스 스틸 플레이트에 부착한 가이드 레일
21 아스팔트 방수막 상부 모르타르층에 부착한 화강석
22 구조용 합판층 상부 슬레이트 바닥
23 석고보드 및 스티로폼 단열재 상부 궐련용지 마감
24 도색 콘크리트 벽 상부 노출식 대나무 루버 벽
25 강화 유리벽 상부 노출식 대나무 루버 벽
26 철제 프레임 상부 강화 합판 유리 지붕
27 스티로폼 단열재 및 아스팔트 방수막 상부 불소 수지 금속 지붕재 및 스탠딩심

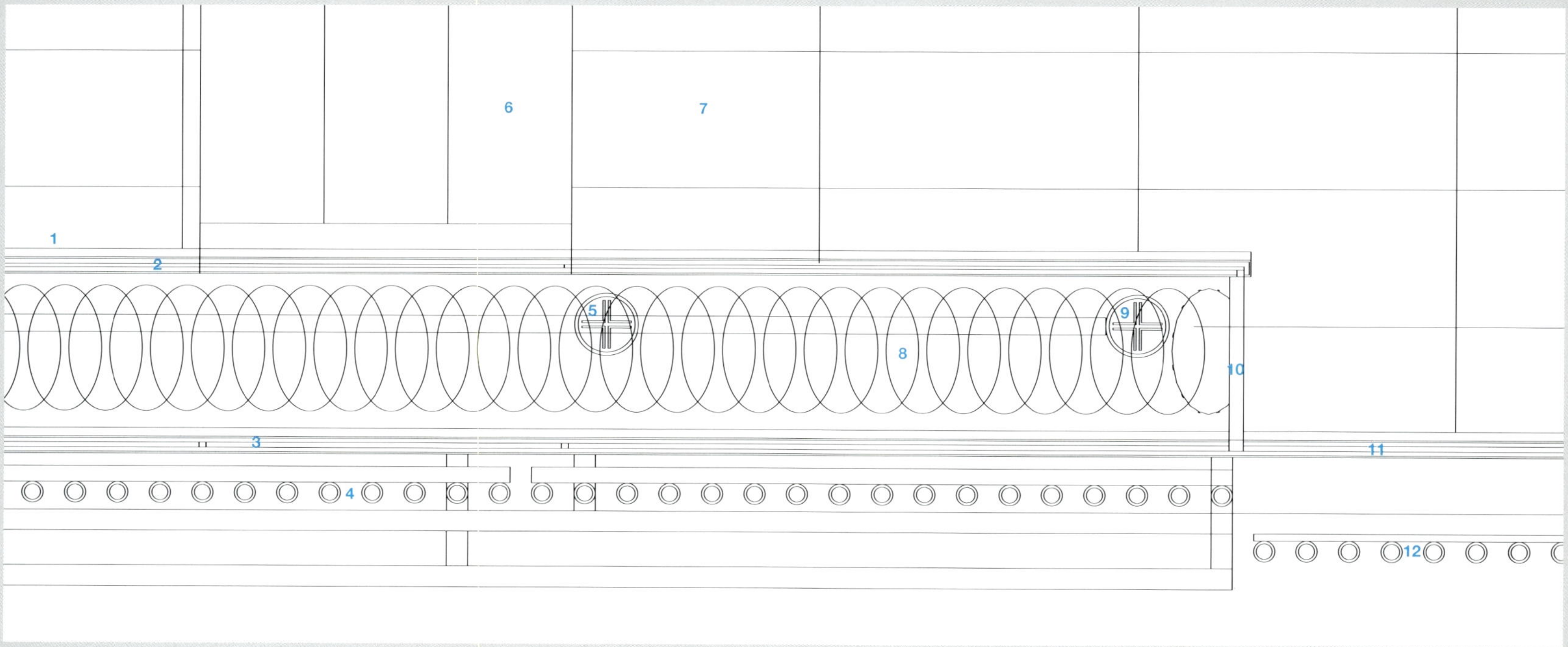

40.06
대나무 벽 상세도
1:20

1 결로 배수구
2 강화 유리
3 강화 유리
4 노출된 고정식 대나무 루버
5 노출된 대나무 기둥
6 구조용 모르타르 상부 슬레이트 바닥
7 구조용 모르타르 상부 슬레이트 바닥
8 집오리 깃털 단열재
9 노출된 대나무 기둥
10 궐련용지로 감싼 구조용 합판
11 강화 유리
12 대나무 슬라이딩 칸막이벽

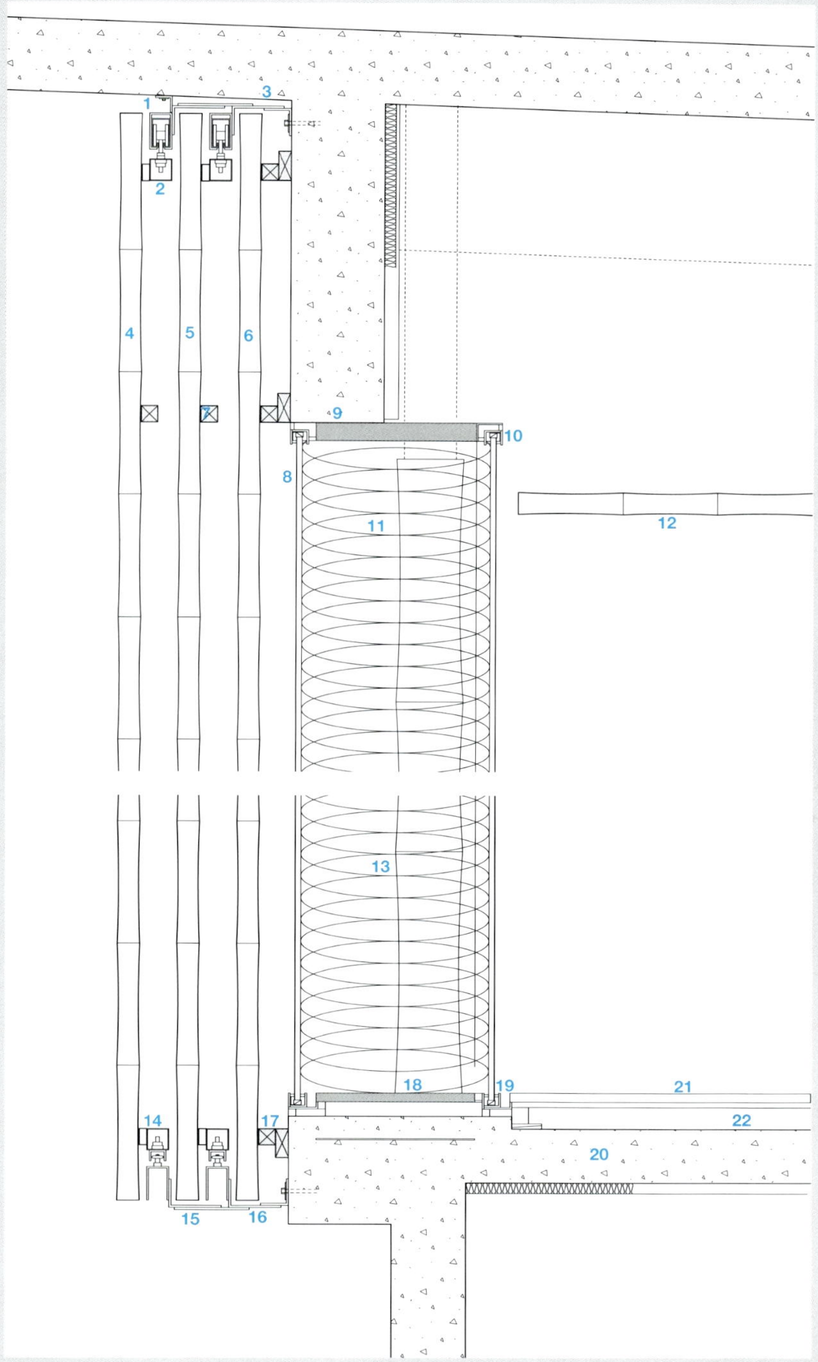

40.07 대나무 파사드 상세도 1:20
1 페인트 마감 철제 앵글
2 페인트 마감 스테인레스 스틸 행거 레일
3 페인트 마감 철제 앵글
4 대나무 슬라이딩 칸막이벽
5 대나무 슬라이딩 칸막이벽
6 노출된 고정식 대나무 루버
7 부식 방지 처리 45 X 45mm (1 3/4 X 1 3/4 인치) 목제 퍼링 스트립
8 강화 유리
9 궐련용지로 감싼 구조용 합판
10 스테인레스 스틸 새시
11 집오리 깃털 단열재
12 천장
13 노출된 대나무 기둥
14 페인트 마감 스테인레스 스틸 가이드 레일
15 페인트 마감 평철
16 페인트 마감 철제 앵글
17 부식 방지 처리 45 X 45mm (1 3/4 X 1 3/4 인치) 목제 퍼링 스트립
18 궐련용지로 감싼 구조용 합판
19 결로 배수구
20 철근콘크리트 바닥
21 구조용 모르타르 상부 슬레이트 바닥
22 바닥 난방 설비 설치를 위한 60mm (2 1/3인치) 틈

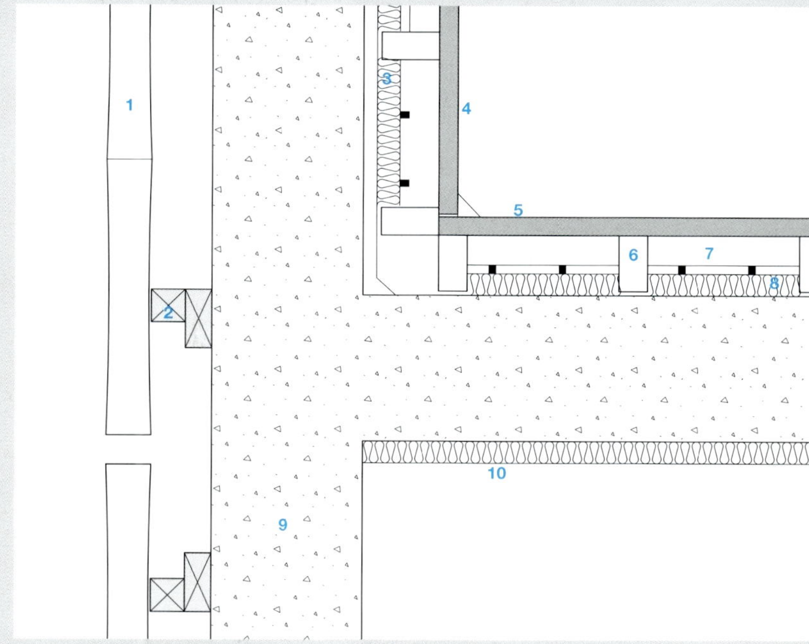

40.08 대나무 외장제 상세도 1:10
1 고정식 대나무 스크린
2 부식 방지 처리 45 X 45mm (1 3/4 X 1 3/4 인치) 목제 퍼링 스트립
3 단열재
4 궐련용지 마감 석고보드
5 대나무 조각 바닥재
6 콘크리트 장선
7 모르타르층 상부 바닥 하부 난방 설비
8 단열재
9 철근콘크리트 구조
10 궐련용지 천장 마감

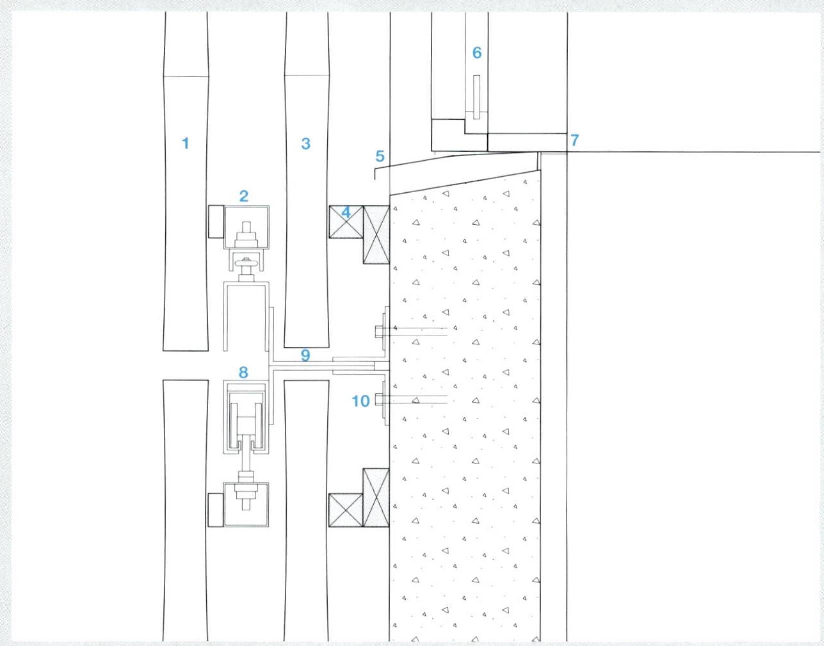

40.09 창문 상세도 1:10
1 대나무 슬라이딩 칸막이벽
2 페인트 마감 스테인레스 스틸 가이드 레일
3 고정식 대나무 칸막이벽
4 부식 방지 처리 45 X 45mm (1 3/4 X 1 3/4 인치) 목제 퍼링 스트립
5 창턱
6 창유리
7 궐련용지 마감 석고보드
8 페인트 마감 스테인레스 스틸 행거 레일
9 페인트 마감 철제 앵글
10 75 X 75mm (3 X 3 인치) 철제 앵글

41
Martín + Martín Arquitectos

La Vega House
Granada, Spain

Client
Eduardo Martín Martín, Olimpia Gómez Rivero

Area
100 square metres (1,076 square feet)

Project Team
Eduardo Martín Martín, Luis Javier Martín Martín

Builder
Gabriel Vallejo S.L.

Granada Vega라고 알려져 있는 그라나다 서부의 비옥한 평야는 오랜 세월 곡창지대로써 그라나다를 유지해 왔으며, 역사적인 의미를 지닌 장소이기도 하다. 새로이 만들어진 주택은 과거 농업용 건물이 자리했던 자리 위에 자리잡고 있으며, 지역의 건축 법규에 따라 기존에 이 장소에서 있던 담배 창고의 크기를 넘지 못한다는 제약 조건을 받게 되었다. 이에 따라 새 건물은 최대 75m²(805ft²)의 단층 건물로 만들어져야 했다. 공간의 낭비를 최소화하면서도 지역 특유의 컨텍스트에 부합하는 주택을 만들어야 한다는 조건에 따라 설계된 이 건물은 우아한 대칭형 건물의 모습으로 자연 환경 속에 조화롭게 자리잡고 있다.

이를 위해 동선으로 사용되는 모든 공간이 생략되었으며, 가용 공간은 3개의 동일한 영역으로 분할되었다. 이 중 중앙 영역은 거실을 담고 있다. 거실의 북서측에는 2개의 침실이, 남동측의 한 편에는 욕실이, 반대편에는 주방과 식당이 각각 위치하고 있다. 이러한 각각의 공간들과 함께 자리잡고 있는 넓은 창고는 내부 공간이 정돈되지 않은 느낌으로 다가오지 않도록 중심을 잡는다. 하나의 창을 제외하고는, 건물의 외벽에 설치된 모든 창이 문으로서 기능함으로써 주택 내부의 모든 공간에서 직접 외부로 나갈 수 있도록 만들어졌다. 과거 대지 위에 위치했던 건물과 동일하게, 이 건물은 흑색 포플러나무 외장재로 덮혀 있으며, 시간이 지남에 따라 자연스럽게 색이 바래 둔탁한 은색을 나타내도록 계획되었다. 외장재로 사용된 목재는 건물의 북서측 모서리와 남동측 모서리에서 그대로 이어져 데크를 만들고 있는데, 이는 프라이버시를 필요로 하는 내부 공간과 넓게 펼쳐져 있는 평야 사이에서 전이공간으로써 기능하고 있다.

1

1 북서측 파사드의 큰 개구부는 넓은 데크를 향해 열려 있다. 주택의 나머지 공간은 천창에 의해 빛을 받아들인다.
2 겨울철에 잎이 모두 떨어진 나무는 건물이 빛과 따뜻함을 받아들이도록 한다.
3, 4 어두운 색조의 목재는 별도의 처리를 거치지 않아 시간이 흐름에 따라 은회색으로 변하게 된다. 잔디 위에 지그재그형으로 돌출되어 있는 데크에도 동일한 재료가 사용되었다.
5 동일한 목재를 내부 공간에도 사용하고 있는데, 목재의 자연적인 광택은 백색으로 마감된 내부 공간에 따뜻함을 불어넣는다.

2

3

4

5

41.01
평면도
1:100
1 테라스
2 침실
3 창고
4 주방
5 식당
6 테라스
7 거실
8 침실
9 창고
10 창고
11 욕실

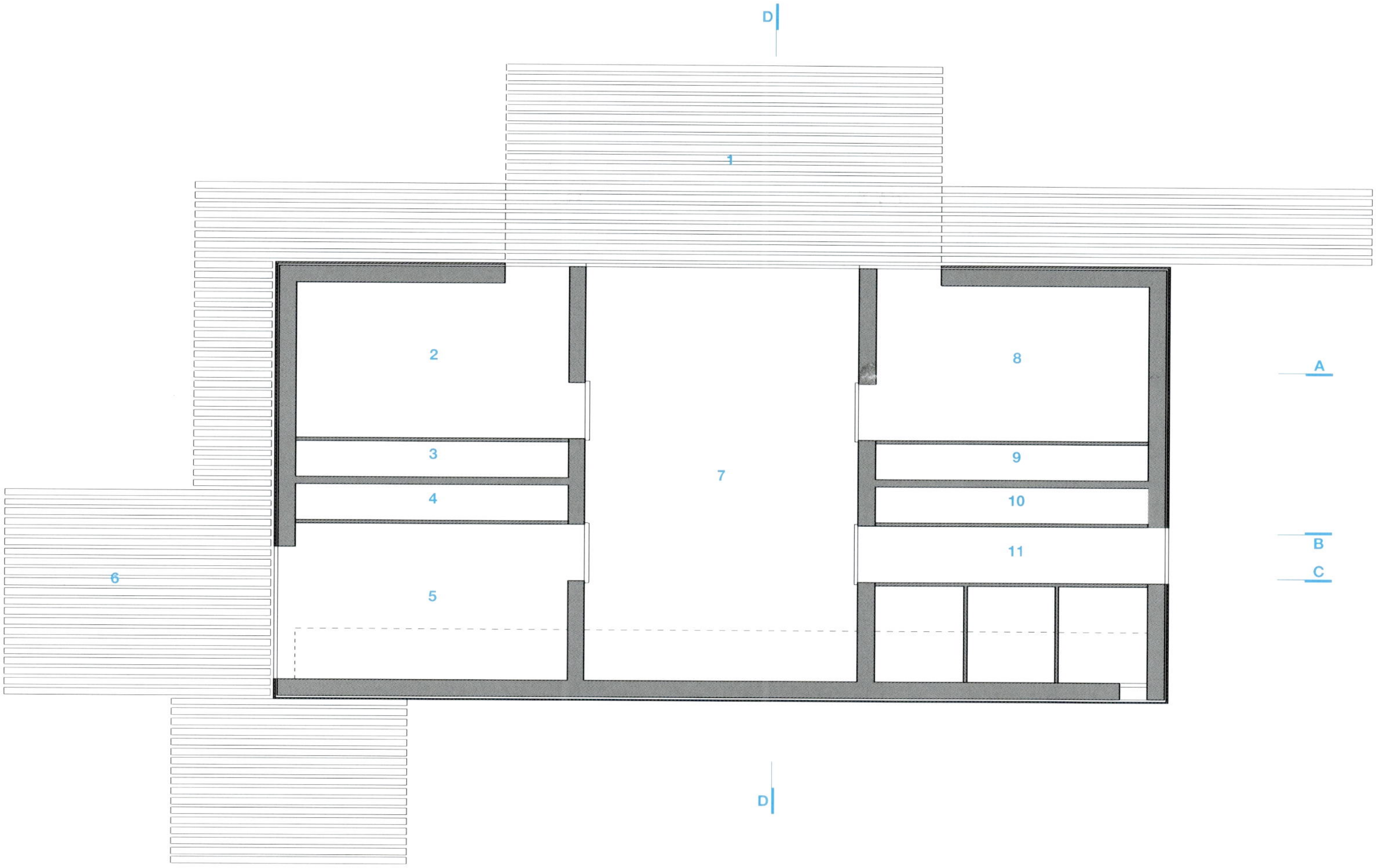

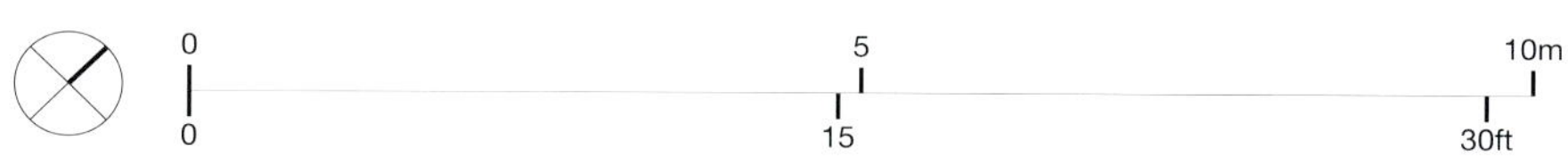

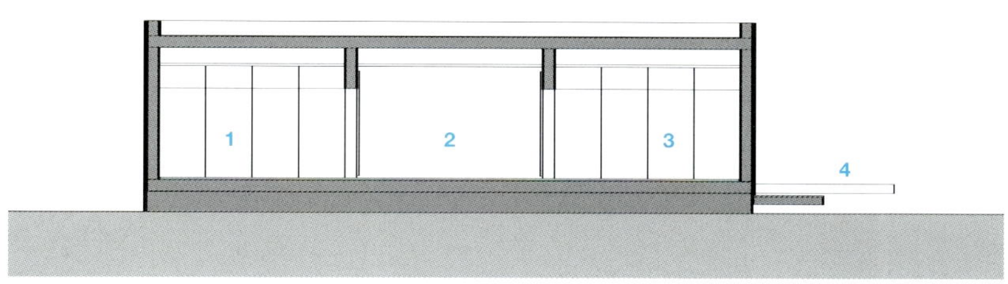

41.02
단면도 A-A
1:200
1 침실
2 거실
3 침실
4 테라스

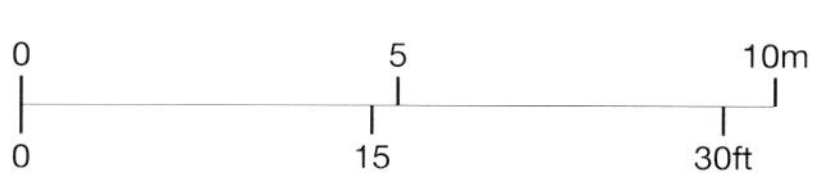

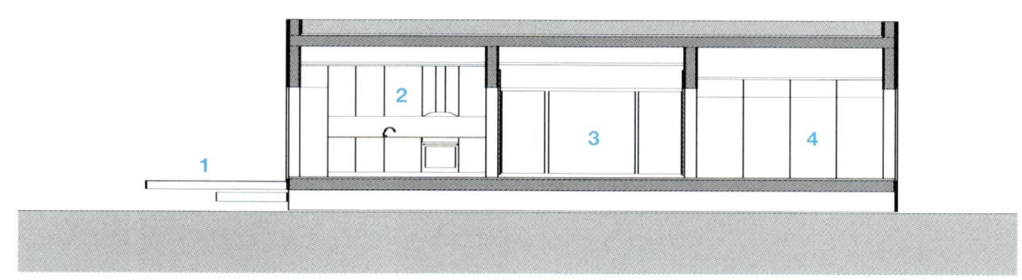

41.03
단면도 B-B
1:200
1 테라스
2 주방
3 거실
4 욕실

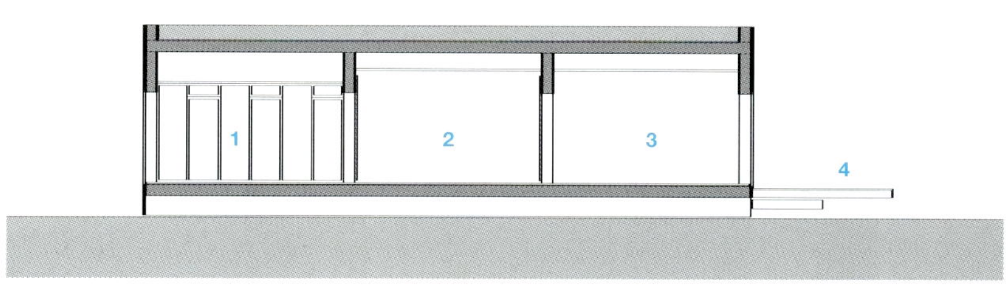

41.04
단면도 C-C
1:200
1 욕실
2 거실
3 식당
4 테라스

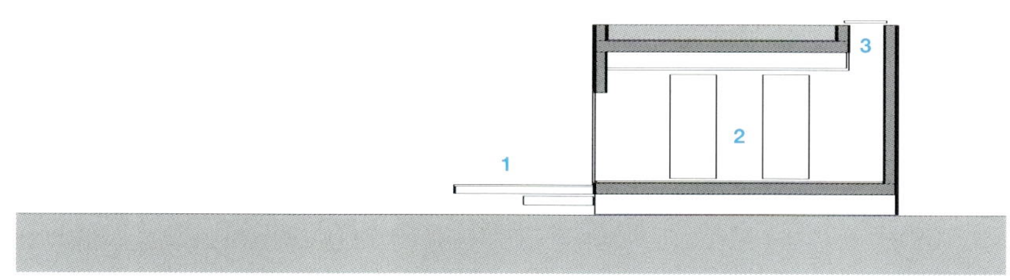

41.05
단면도 D-D
1:200
1 테라스
2 거실
3 천창

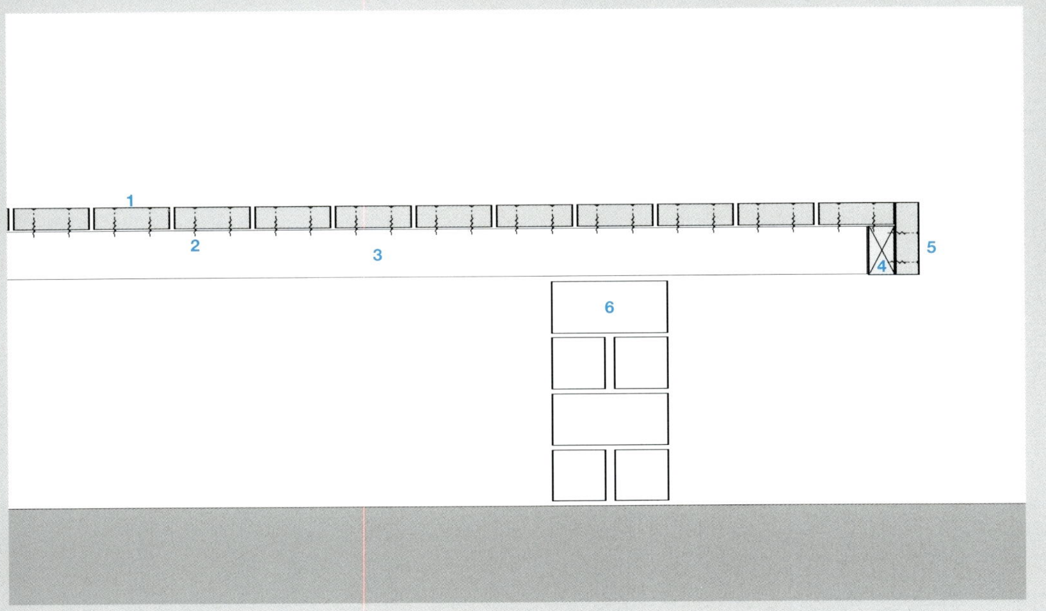

41.06
테라스 상세도
1:15
1 150 X 45mm (6 X 1 3/4인치) 흑양나무 데크
2 60mm (2 1/3인치) 태핑 나사
3 100 X 60 X 4mm (4 X 2 1/3 X 1/10인치) 철제 보
4 100 X 50 X 3mm (4 X 2 X 1/10인치) 철제 보
5 테라스 단부에 설치한 흑양나무
6 230 X 100 X 100 mm (9 X 4 X 4인치) 벽돌을 지지하는 각주

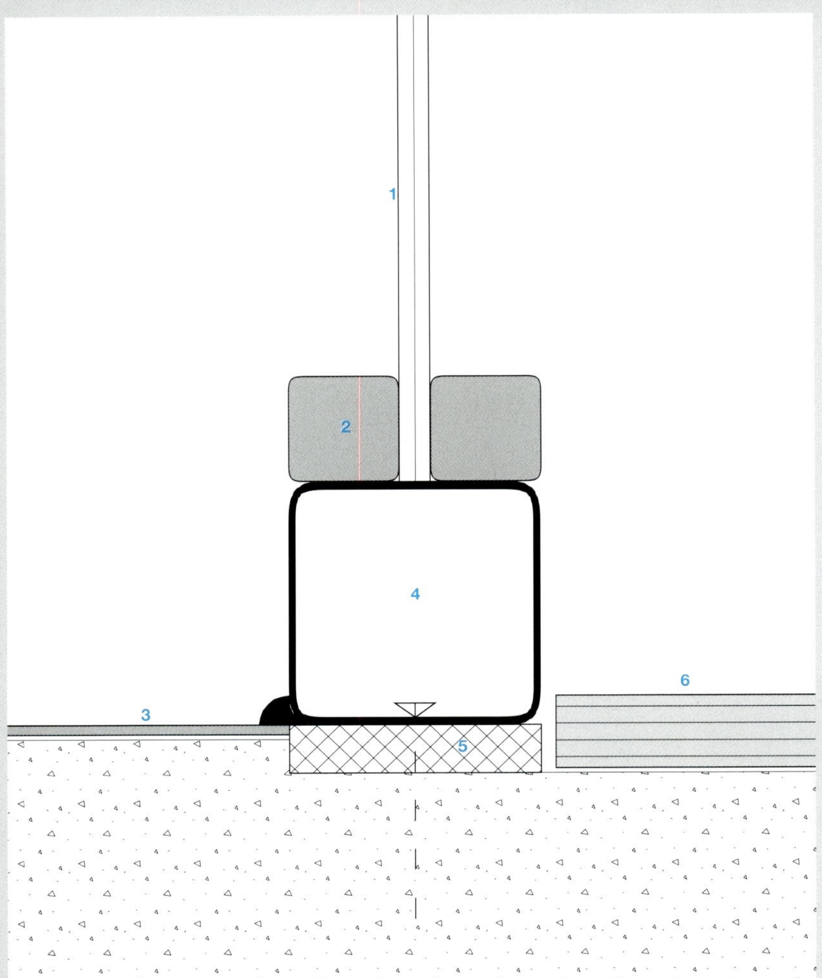

41.07
창유리 상세도
1:1.5
1 6mm (1/10인치) 투명 유리
2 22 X 22mm (4/5 X 4/5인치) 평철
3 2mm (1/12인치) 스테인레스 스틸 슬라브
4 50 X 50 X 3mm (2 X 2 X 1/12인치) 강관
5 50 X 10mm (2 X 2/5인치) 고무
6 15mm (3/5인치) Mekoy 조각

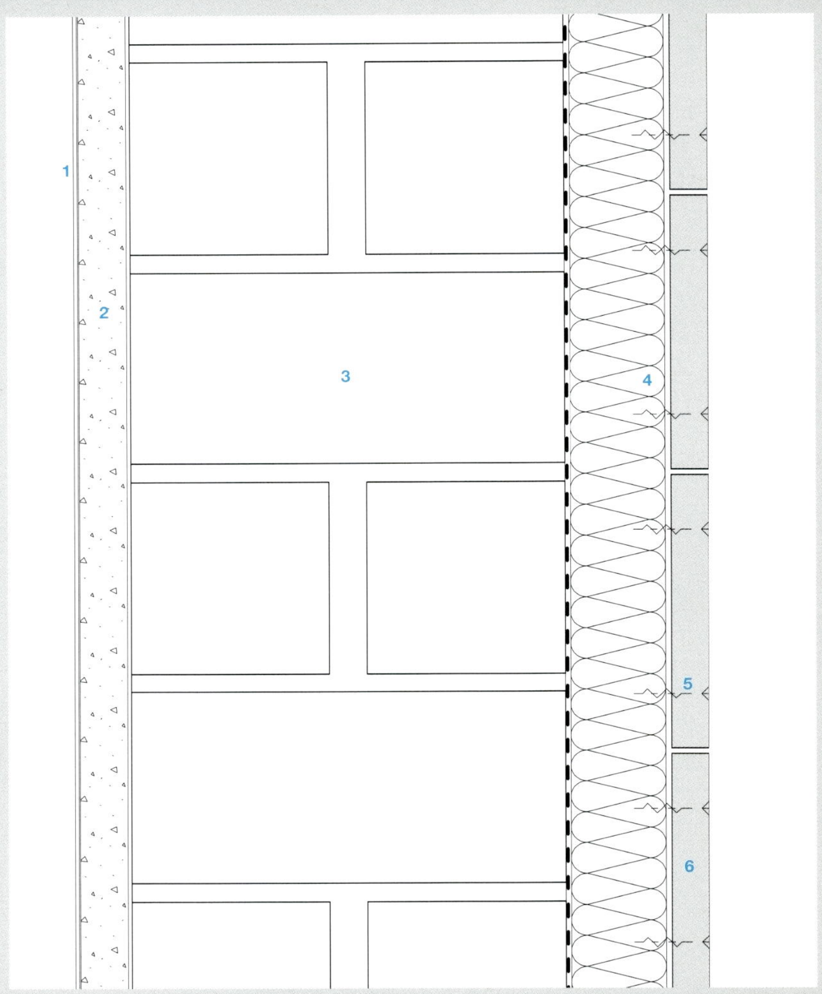

41.08
외벽 상세도
1:4
1 2mm (1/12인치) 알루미늄 슬라브
2 25mm (1인치) 잔골재 모르타르층
3 230 X 100 X 100 mm (9 X 4 X 4인치) 벽돌
4 50mm (2인치) 단열재 및 50 X 50 X 3mm (2 X 2 X 1/12인치) 강관
5 40mm (1 1/2인치) 태핑 나사
6 150 X 20mm (6 X 3/4인치) 흑양나무 외장재

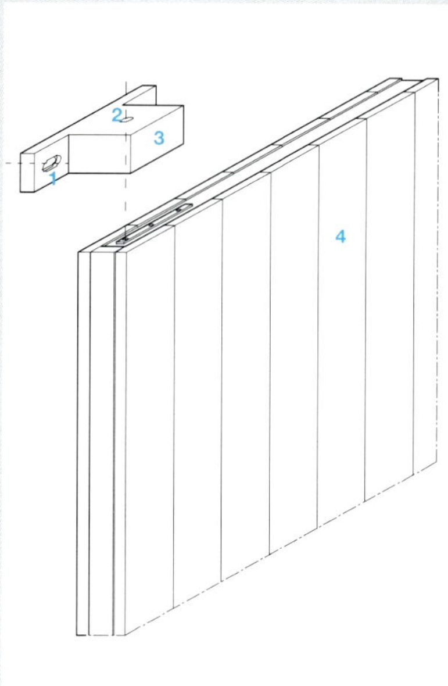

41.09
내부 문 상세도 1
1 나사 홈
2 힌지 축
3 사전 제작 청동 힌지
4 Mekoy 외장재를 사용한 내부 문 판넬

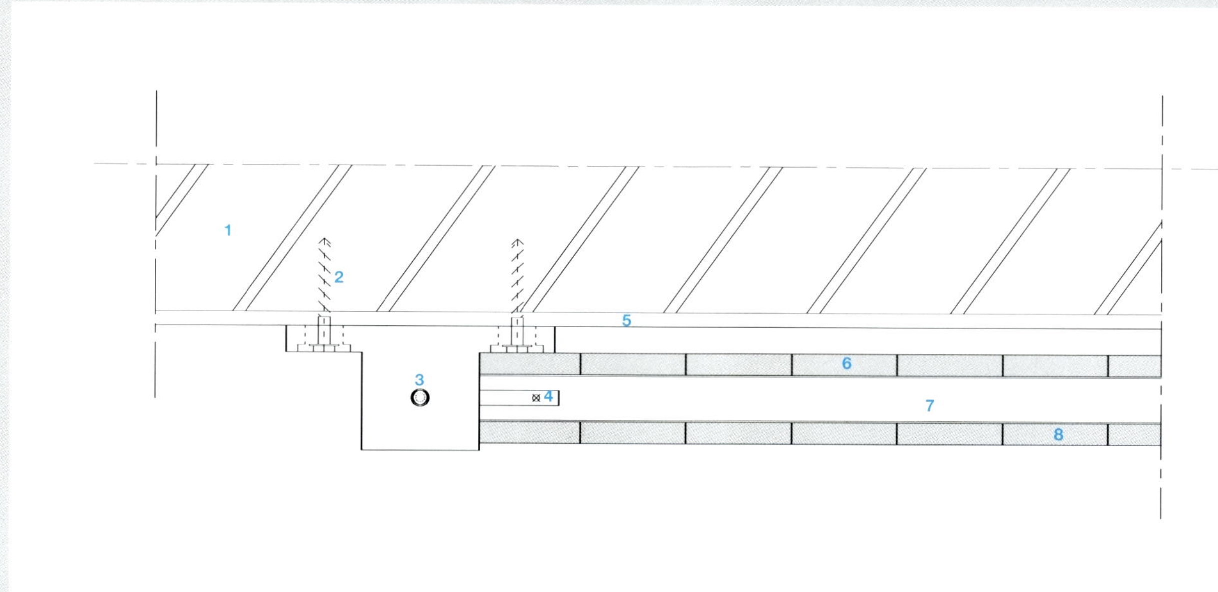

41.10
내부 문 상세도 2
1:5
1 230 X 100 X 100mm (9 X 4 X 4 인치) 벽돌
2 78mm (3인치) M14 나사못
3 사전 제작 청동 힌지
4 3mm (1/12인치) 철제 스트립
5 10mm (2/5인치) 백색 플라스터
6 15mm (3/5인치) Mekoy 조각
7 목제 프레임
8 15mm (3/5인치) Mekoy 조각

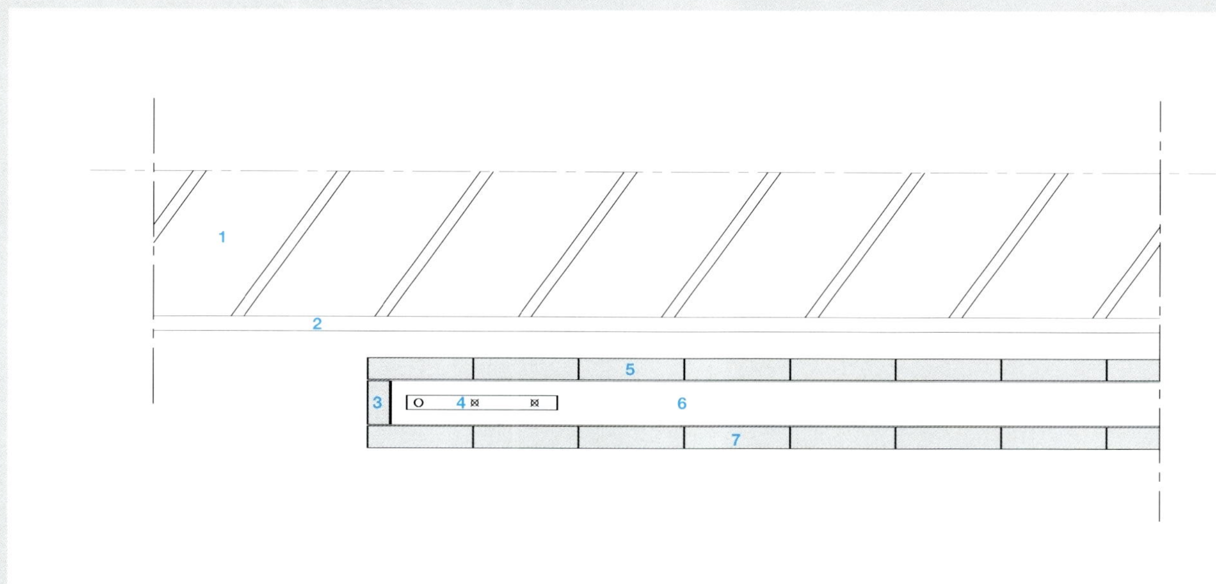

41.11
내부 문 상세도 3
1:5
1 230 X 100 X 100 mm (9 X 4 X 4인치) 벽돌
2 10mm (2/5인치) 백색 플라스터
3 70 X 15mm (2 3/4 X 3/5인치) 조각나무
4 사전 제작 청동 힌지
5 70 X 15mm (2 3/4 X 3/5인치) 조각나무
6 목제 프레임
7 70 X 15mm (2 3/4 X 3/5인치) 조각나무

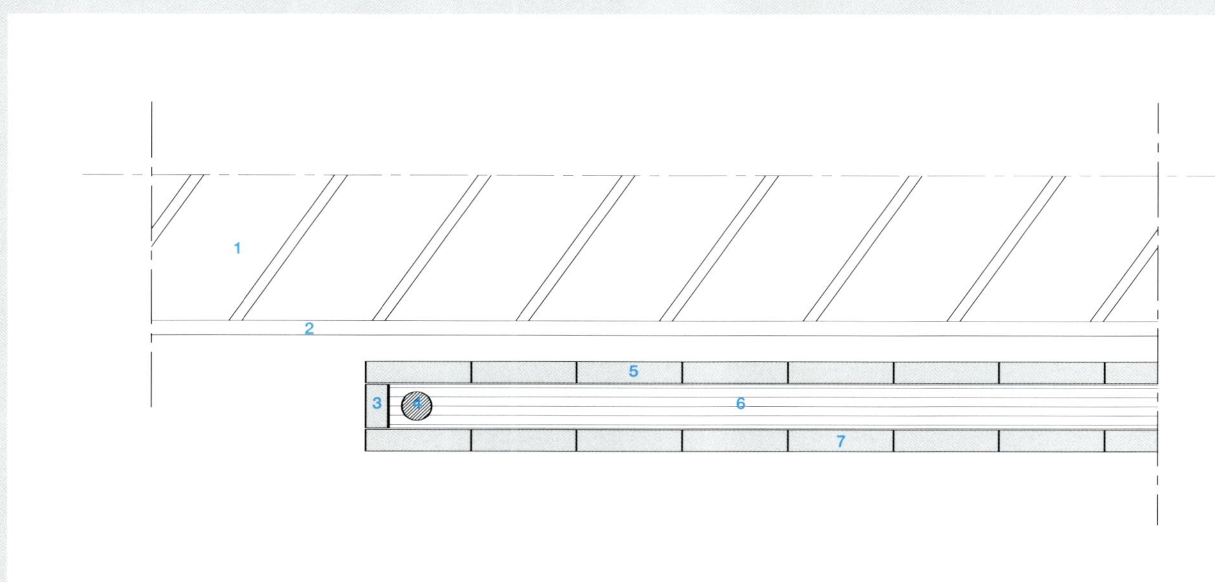

41.12
내부 문 상세도 4
1:5
1 1 230 X 100 X 100mm (9 X 4 X 4 인치) 벽돌
2 10mm (2/5인치) 백색 플라스터
3 70 X 15mm (2 3/4 X 3/5인치) 조각나무
4 직경 20mm (3/4인치) 철제 봉
5 70 X 15mm (2 3/4 X 3/5인치) 조각나무
6 목제 프레임
7 70 X 15mm (2 3/4 X 3/5인치) 조각나무

42
Patkau Architects

Agosta House
San Juan Island,
Washington, USA

Area
258 square metres (2,775 square feet)

Structural Engineer
Fast + Epp Structural Engineers

Builder
Ravenhill Construction

맨하탄에서 옮겨와 산후안섬으로 새로운 보금자리를 마련하고자 하는 부부를 위한 공간인Agosta house는 워싱턴주 태평양 연안의 작고, 전원적인 대지 위에 자리잡고 있다. 일반적인 주택의 프로그램과 함께 건물에는 부부가 함께 자신들의 전문적인 작업을 이어나가기 위한 사무실과 야생 사슴으로부터 내부를 보호하기 위해 높은 울타리로 둘러 싸인 정원이 포함되었다. 건물이 위치하고 있는 대지는 2년생 미송나무 숲으로 둘러쌓여 있으며, 이 중 4헥타르 (10에이커)의 숲은 보호 구역으로 영구 지정되었다. 주택은 3면이 숲으로 막힌 채 초원 위에 서 있지만, 북서쪽으로는 대지 아래로 펼쳐진 기복이 심한 지형은 물론 하로 해협과 브리티쉬 콜럼비아주의 걸프섬이 만들어 내는 아름다운 경관을 향해 열려 있다. 이에 따라 건물은 능선 위에 길게 뻗은 형태로 만들어져 대지의 남동측으로는 정원을 형성하고, 북서측으로는 아름다운 대지와 수로의 장엄한 경관을 향하고 있다.

완만한 경사를 이루는 건물의 벽과 지붕은 얕지만, 계속 이어지는 대지의 경사에 대응한다. 건물의 공간적인 구성은 이러한 대지의 단면적인 특성을 정교하게 다루는 방법으로 이루어졌는데, 대지를 파내어 외부 공간을 형성함으로써 프로그램적인 측면에서 주택을 몇 개의 영역으로 분할시키거나, 비내력 칸막이벽을 삽입함으로써 내부 공간을 좀 더 정교하게 하나의 영역으로 조직하는 방식을 취하고 있다. 콘크리트 슬라브 위에 놓인 구조물은 외부로 노출된 전나무 골조와 도색 석고보드로 감싼 스터드로 이루어졌다. 외피는 경량 판금으로 넓은 면적을 덮어 기후의 영향으로부터 구조물을 보호함은 물론, 소방 활동이 상대적으로 부실한 지역적 특성에 따라 산불로부터 건물을 보호하는 역할을 하기도 한다..

1

2

3

1 남동측의 거대한 목제 울타리는 광대한 전나무 숲 속에 위치하고 있는 초원 속에 정원을 만들고 있다.
2 지붕의 경사는 대지의 경사도를 따르는 것으로, 겉으로 노출된 목재는 징겨에서 직접 구한 것이다.
3 삭막하지 않은 외부 공간을 만들기 위해 건물을 부분적으로 파낸 부분에는 거대한 지붕 캐노피가 덮혀 있다.
4 초원은 건물 바로 앞까지 이어진다. 건물을 가로질러 광대한 시골의 풍경을 바라볼 수 있다.
5 거칠게 마감된 목재는 내부 공간에 그대로 노출되어 백색으로 도색한 벽과 넓은 유리와 극명한 대조를 이루고 있다.

4

5

42.01
평면도
1:200
1 주침실
2 주침실용 욕실
3 욕실
4 입구
5 거실
6 창고 및 기계실
7 벽난로
8 식당
9 주방
10 울타리가 있는 정원
11 테라스
12 포장 도로
13 객실
14 작업실
15 정자

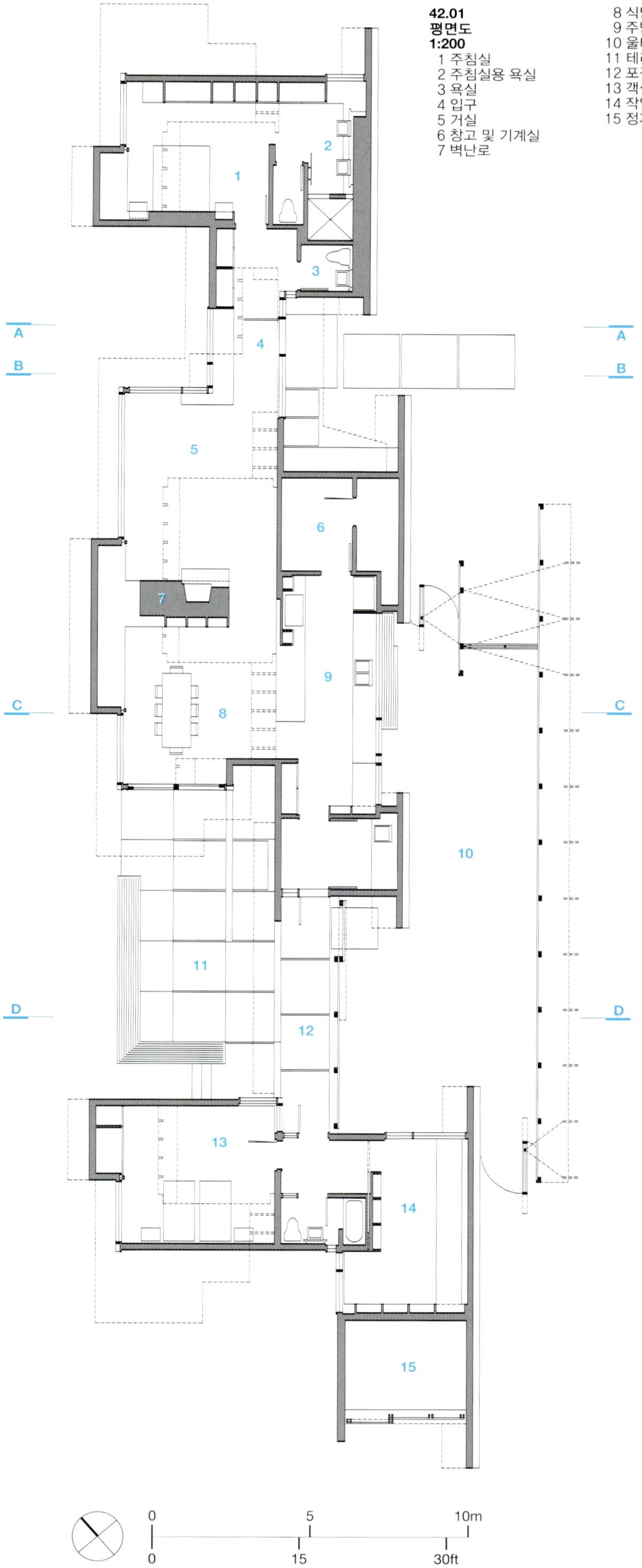

42.02
단면도 A-A
1:200
1 삼나무 외장재
2 입구 홀
3 낙수홈통
4 목조 지붕

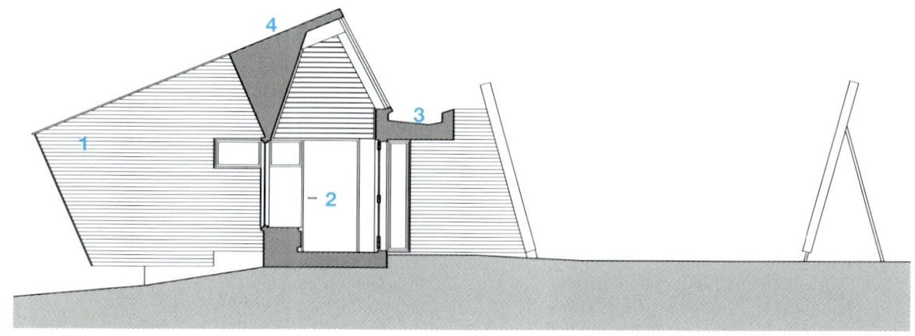

42.03
단면도 B-B
1:200
1 정원 울타리
2 정원 입구
3 삼나무 외장재
4 낙수홈통
5 입구
6 거실측 창
7 목조 지붕
8 굴뚝

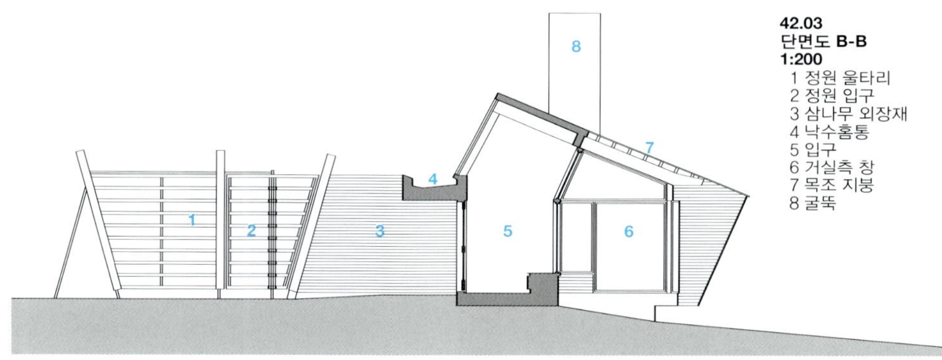

42.04
단면도 C-C
1:200
1 정원 울타리
2 울타리가 있는 정원
3 주방
4 벽난로
5 식당
6 천창
7 굴뚝

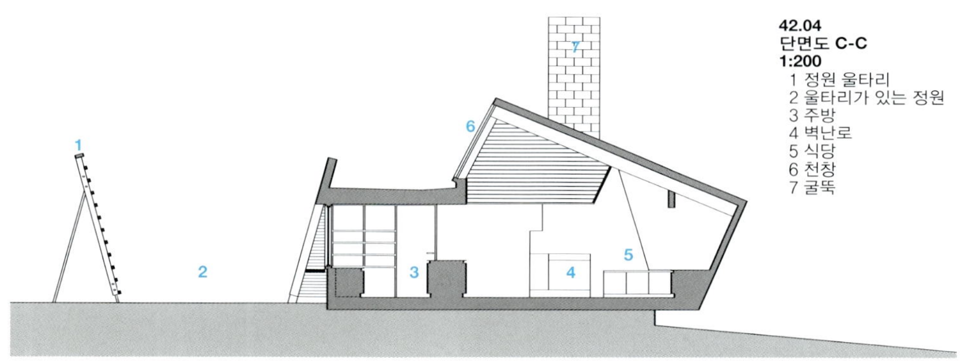

42.05
단면도 D-D
1:200
1 목제 울타리
2 울타리가 있는 정원
3 작업실측 창
4 낙수홈통
5 포장 도로
6 목제 벤치
7 삼나무 외장재

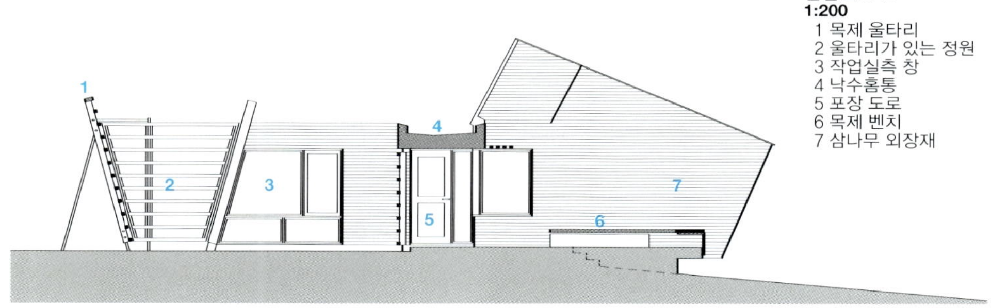

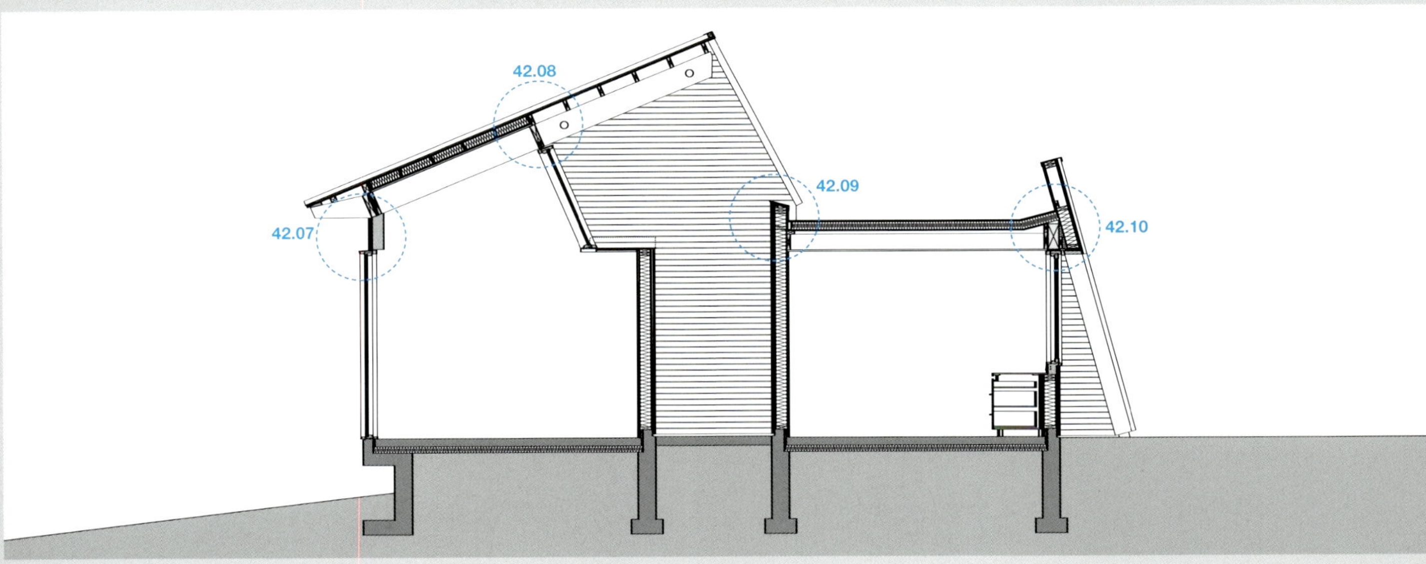

42.06
단면 상세도
1:100

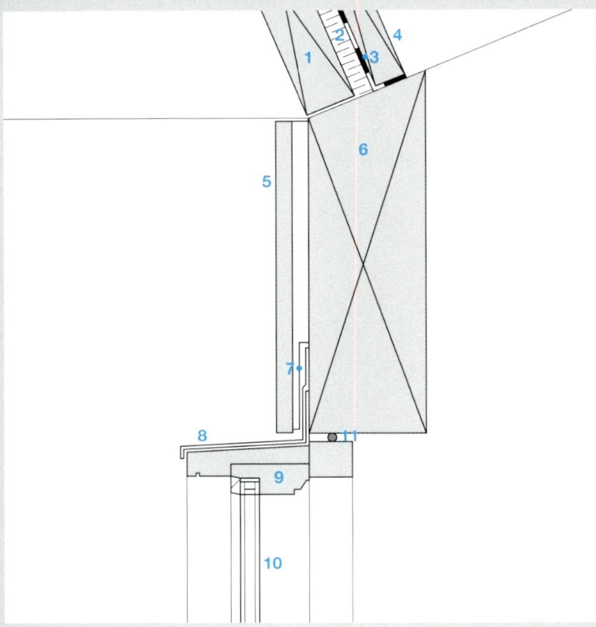

42.07
처마 및 창문 상세도
1:10

1 오리대
2 경질 단열재
3 증기막
4 오리대
5 목제 띠벽
6 목제 보
7 막 플래싱
8 아연 도금 판금 플래싱
9 목제 창
10 2중 단열 유리
11 실런트

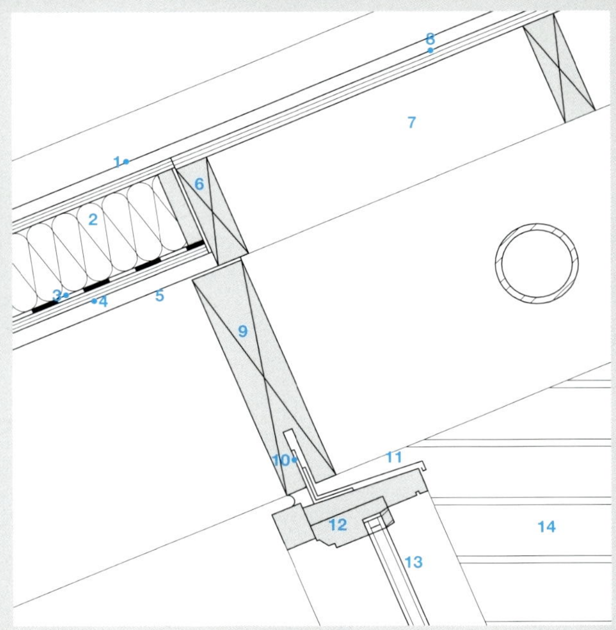

42.08
지붕 및 천창 상세도
1:10

1 아연 도금 판금 지붕
2 솜 단열재
3 증기막
4 합판 시트
5 목제 데크
6 오리대
7 개구부
8 목제 데크
9 오리대
10 막 플래싱
11 아연 도금 판금 플래싱
12 목제 창
13 2중 단열 유리
14 삼나무 외장재

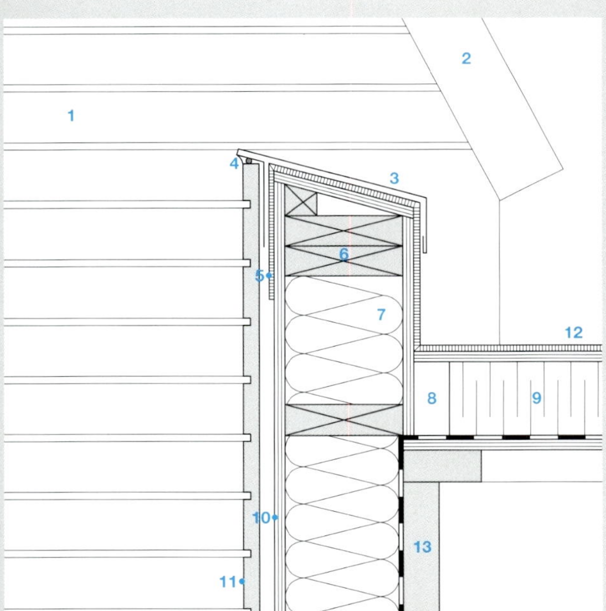

42.09
지붕 파라펫 상세도
1:10

1 삼나무 외장재
2 알루미늄 천창 프레임
3 아연 도금 판금 플래싱
4 실런트
5 막 플래싱
6 목제 프레임
7 솜 단열재
8 목제 프레임
9 경질 단열재
10 합판 시트
11 삼나무 외장재
12 막 지붕재
13 목제 프레임

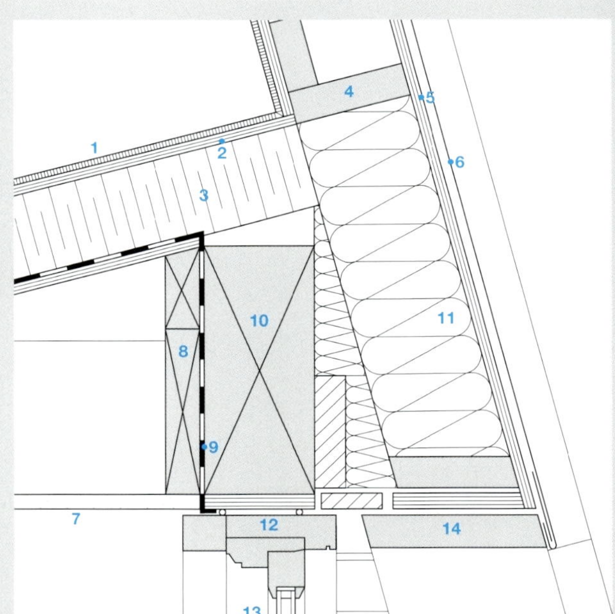

42.10
지붕 및 창문 상세도
1:10

1 막 지붕재
2 합판 시트
3 경질 단열재
4 오리대
5 합판 시트
6 아연 도금 판금 지붕
7 석고보드 천장재
8 오리대
9 증기막
10 목제 보
11 솜 단열재
12 목제 창 프레임
13 2중 단열 유리
14 목제 인방 하부

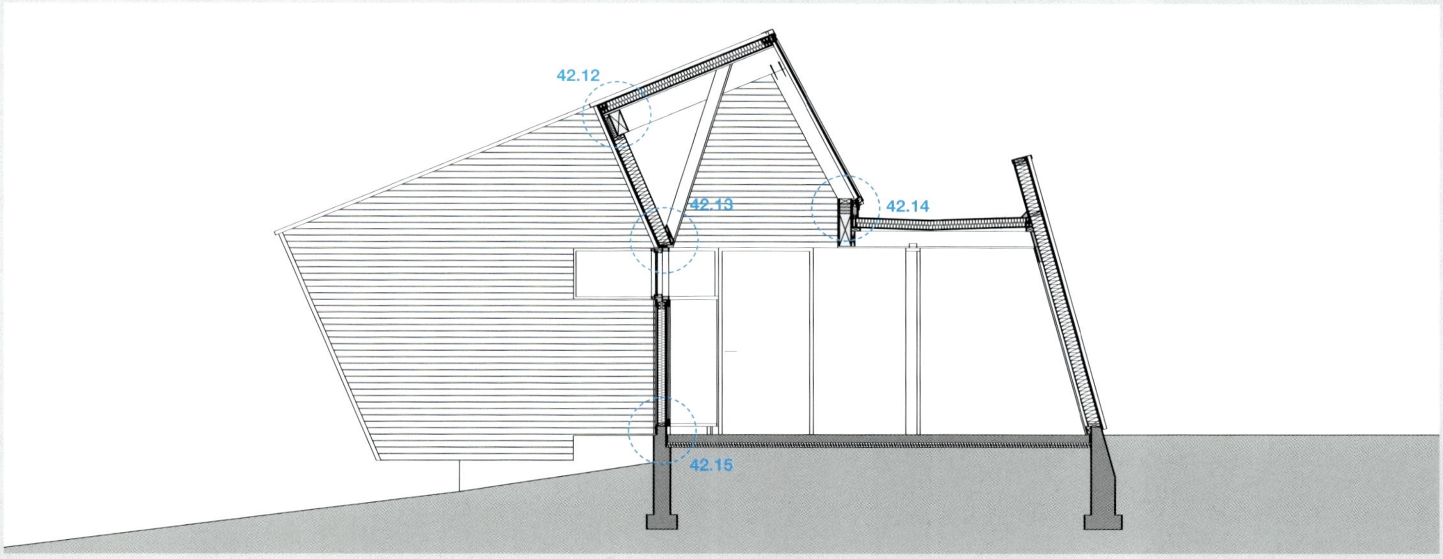

42.11
단면 상세도
1:100

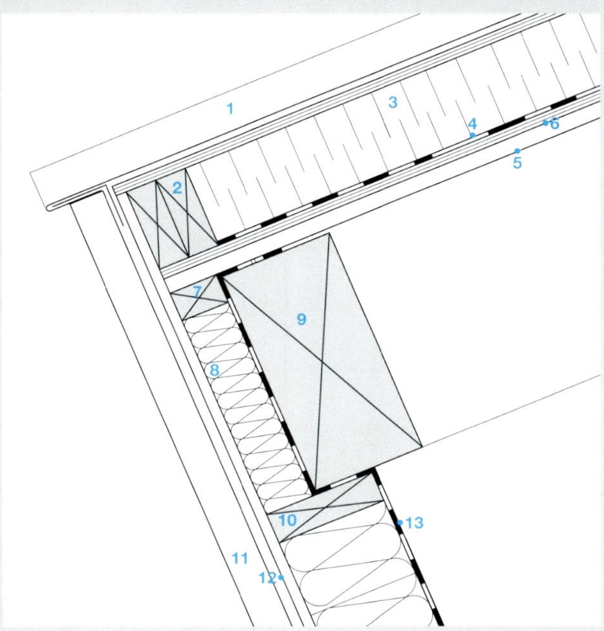

42.12
지붕 및 벽 상세도
1:10

1 아연 도금 판금 지붕
2 오리대
3 경질 단열재
4 증기막
5 노출된 목제 데크
6 합판 시트
7 목제 프레임
8 솜 단열재
9 목제 보
10 목제 프레임
11 아연 도금 판금 외장재
12 합판 시트
13 증기막

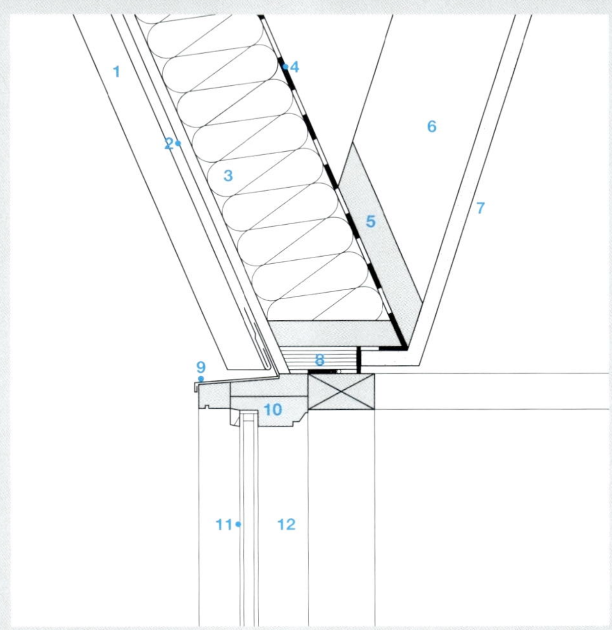

42.13
벽 및 창문 상세도
1:10

1 아연 도금 판금 지붕
2 합판 시트
3 솜 단열재
4 증기막
5 목제 프레임
6 목제 프레임
7 석고보드 벽
8 합판 시트
9 아연 도금 판금 플래싱
10 목제 창
11 2중 단열 유리
12 목제 창

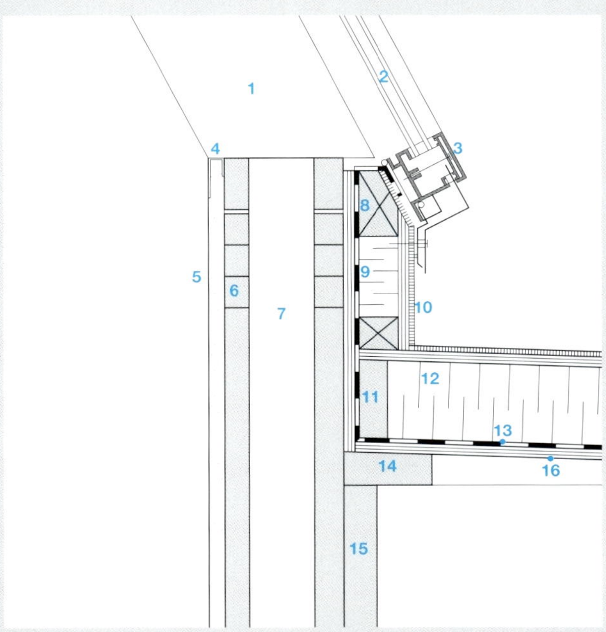

42.14
천창 상세도
1:10

1 목제 프레임
2 2중 단열 유리
3 알루미늄 천창 프레임
4 석고보드 벽 비드
5 석고보드 벽
6 목제 프레임
7 목제 보
8 목제 프레임
9 경질 단열재
10 막 지붕재
11 목제 프레임
12 경질 단열재
13 증기막
14 목제 프레임
15 목제 프레임
16 합판 시트

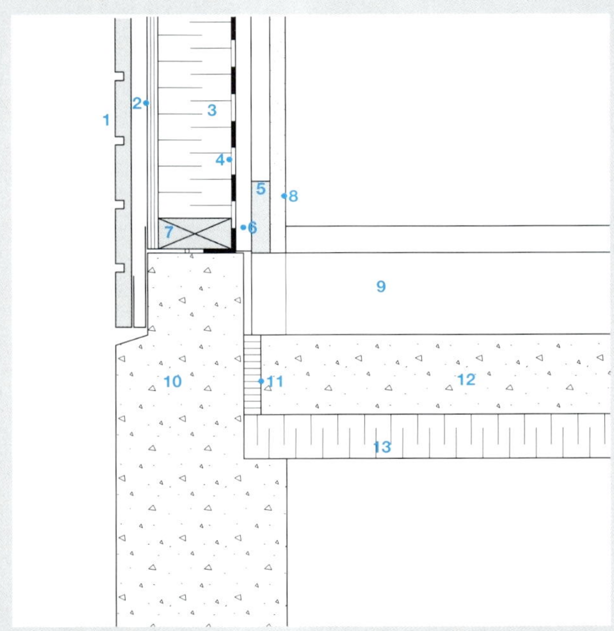

42.15
벽 및 바닥 상세도
1:10

1 삼나무 외장재
2 합판 시트
3 솜 단열재
4 증기막
5 오리대
6 석고보드 벽
7 목제 프레임
8 목재
9 목재
10 콘크리트 기초
11 본드 브레이커 스크리드
12 콘크리트 슬라브
13 경질 단열재

43
Stutchbury and Pape

Verandah House
Sydney, NSW, Australia

Client
Laura and Terry Winder

Area
320 square metres (3,445 square feet)

Project Team
Peter Stutchbury, Sacha Zehnder

Structural Engineer
Professor Max Irvine

General Contractor
Pocklington and Thornton

Verandah house는 유칼립투스 숲으로 둘러 싸인 계곡의 끝에 위치하고 있다. 이 대지는겨울에 지면에 많은 그림자가 드리워져 습기가 많은 음지가 되며, 여름에도 캐노피의 높이에서만 약한 바람이 분다는 특성을 갖는다. 이에 따라 건축가는 건물을 지면으로부터 들어올려 습기를 차단하고, 자연광을 받아들임은 물론 지면의 식생이 건물에 의해 끊기지 않고 이어질 수 있도록 하는 방식을 통해 이러한 대지적 조건과 환경적인 상황에 대응하고 있다. 건물을 들어올리기 위해 숲 주변으로 견고한 기단이 먼저 만들어졌다. 이 기단은 동선 공간으로 기능할 뿐 아니라, 겨울에 높은 온도를, 여름에는 낮은 온도를 만들어 내는 효율적인 축열체의 역할을 하기도 한다. 경량 목재로 만든 상부의 구조물은 'Verandah'라는 건물의 명칭을 대변하는 부분으로, 원래는 오스트레일리아 건축 특유의 지붕이 덮힌 외부 공간을 지칭하지만 이 건물에서는 주거 활동이 벌어지는 생활 공간으로써 사용되고 있다.

거실은 한 쪽 끝에 위치하는 숲이 드리우는 그림자를 통해 시원함을 유지하고 있으며, 거실의 반대편에 위치하는 주방과 식당은 3개의 침실과 침실 사이에 위치하고 있는 욕실을 감싸고 있다. 1층에서 차고와 객실은 구석으로 밀려나 있다. 1층에서 솟아난 2개의 계단은 2층의 공간들은 물론, 2층 반대편의 지면으로 이어진다. 자연광을 직접 주택 내부로 받아들이는 '복도 벽'은 건물의 상층부에 풍부한 빛을 공급한다. 빛을 모으는 역할을 하는 이 복도는 큰 합판을 사용하여 내부 공간을 드러내거나, 가리고 있는데 이를 통해 기후적인 악조건을 극복하고 있다.

1

1 베란다는 목제 기둥과 철제 대각선 가새에 의해 대지 위에 고정되어 있다. 처마가 넓게 펼쳐진 상부의 경량 골판 지붕은 기후의 영향으로부터 파사드를 보호한다.
2 북측 파사드를 따라 설치된 일련의 합판 외장재는 거실 공간에 선별적으로 자연광을 받아들인다. 외장재는 어두운 녹색으로 도색되어 주택을 둘러싸고 있는 유칼립투스 숲과 조화를 이루고 있다.
3 내부 공간은 목조 바닥판과 가구, 북측 파사드와 천장을 따라 설치된 합판으로 특징지어진다.
4 합판 외장재와 외장재 사이에 설치된 투명 유리창의 모습. 길게 뻗어 있는 건물와 외장재가 이루는 각은 역동적인 외관을 연출한다. 저층부에 사용된 침엽수 널은 주택 아래로 시원한 바람이 지나갈 수 있도록 한다.

2

3

4

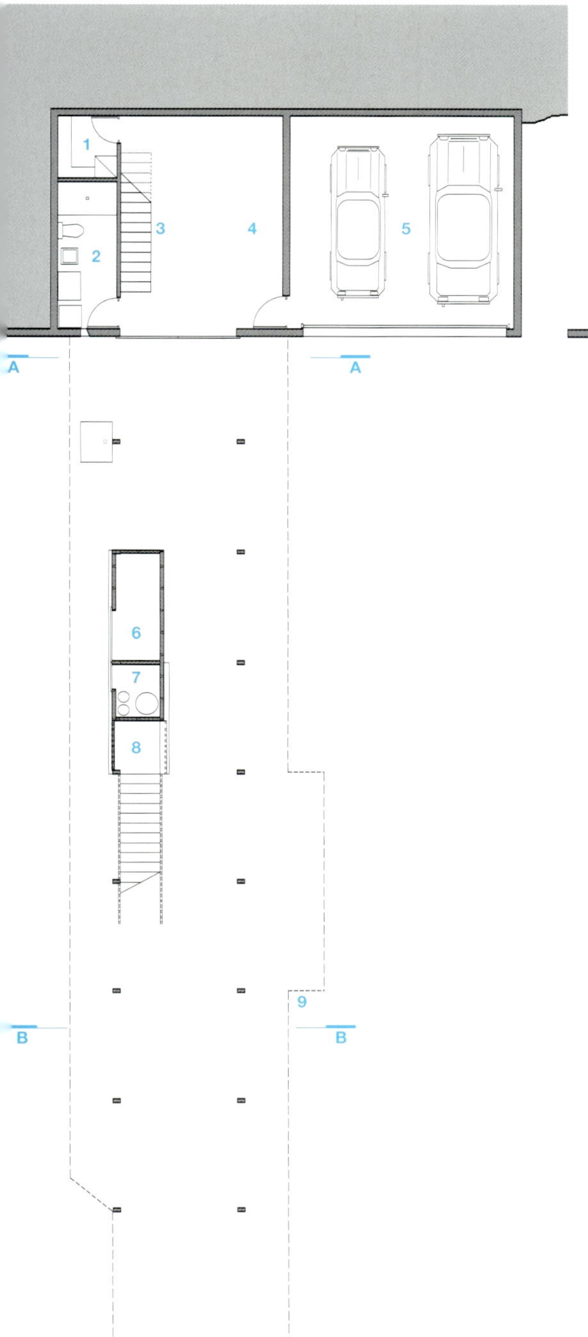

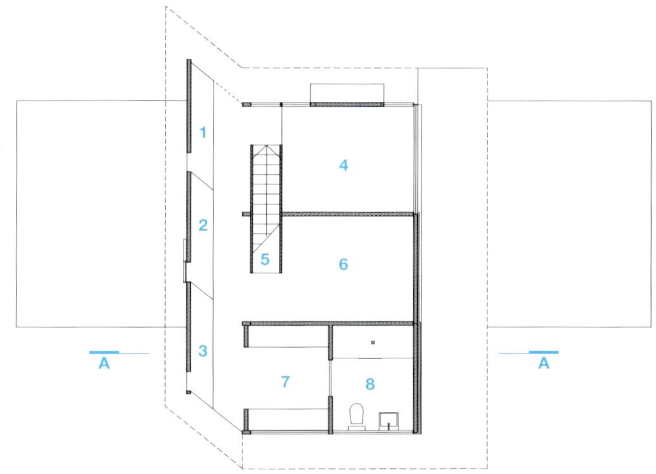

43.01
1층 평면도
1:200

1 창고
2 세탁실 및 샤워실
3 2층으로 이어지는 계단
4 객실
5 차고
6 창고
7 가스용기 창고 및 온수 탱크
8 입구
9 2층 바닥 경계선

43.02
2층 평면도
1:200

1 TV실
2 테라스
3 침실1
4 일조 복도
5 침실2
6 침실3
7 화장실
8 욕실
9 베란다
10 식당
11 식료품실
12 주방
13 거실

43.03
3층 평면도
1:200

1 서재 벤치
2 서재 벤치
3 창고
4 TV실 상부
5 2층에서 이어지는 계단
6 주침실
7 드레스룸
8 주침실용 욕실

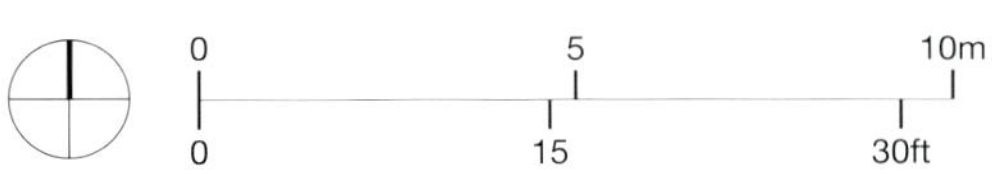

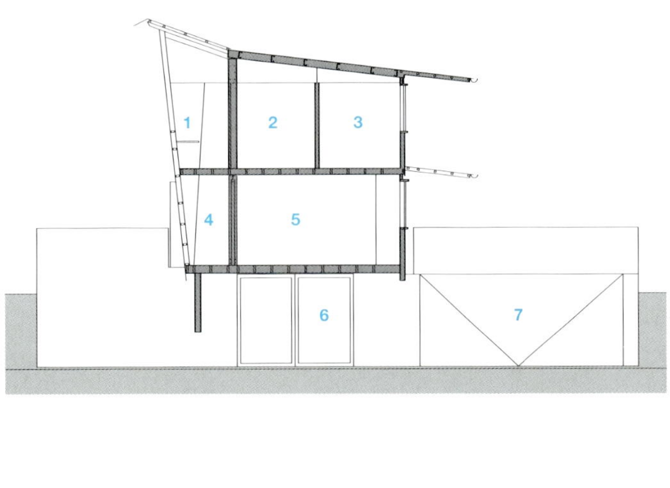

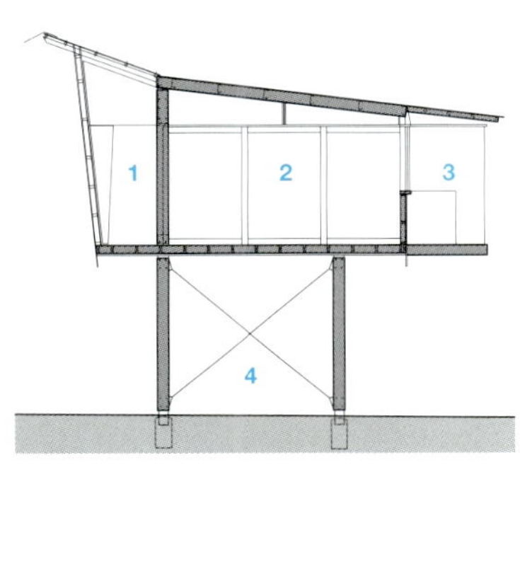

43.04
단면도 A-A
1:200

1 창고
2 드레스룸
3 주침실용 욕실
4 일조 복도
5 침실
6 객실 입구
7 차고

43.05
단면도 B-B
1:200

1 일조 복도
2 식당
3 베란다
4 주택 하부 공지

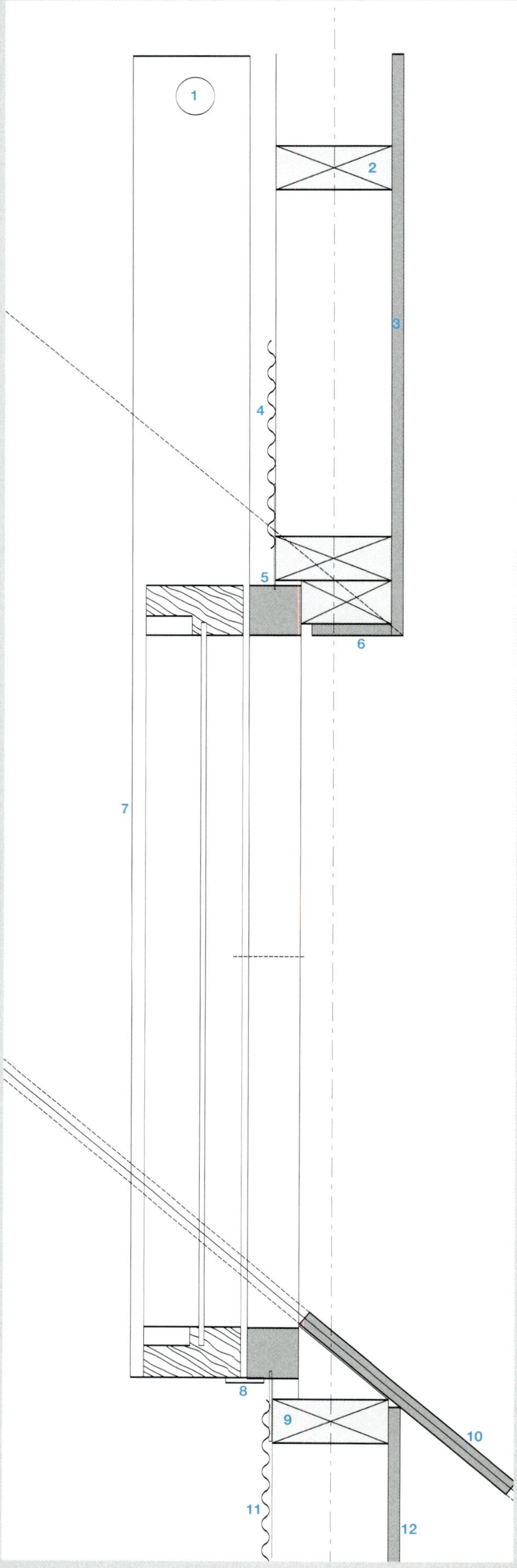

43.06
슬라이딩 창 평면 상세도
1:5

1 창문 멈춤 장치
2 목제 스터드 프레임
3 내측 벽에 설치된 도색 석고보드
4 Miniorb 외장재
5 창 프레임에 설치한 제재 Colorbond 플래싱
6 창문 코너에 설치된 석고보드
7 활엽수 슬라이딩 창 프레임
8 아연도금 평철
9 목제 스터드 프레임
10 도색 합판
11 Miniorb 외장재
12 내측 벽에 설치된 도색 석고보드

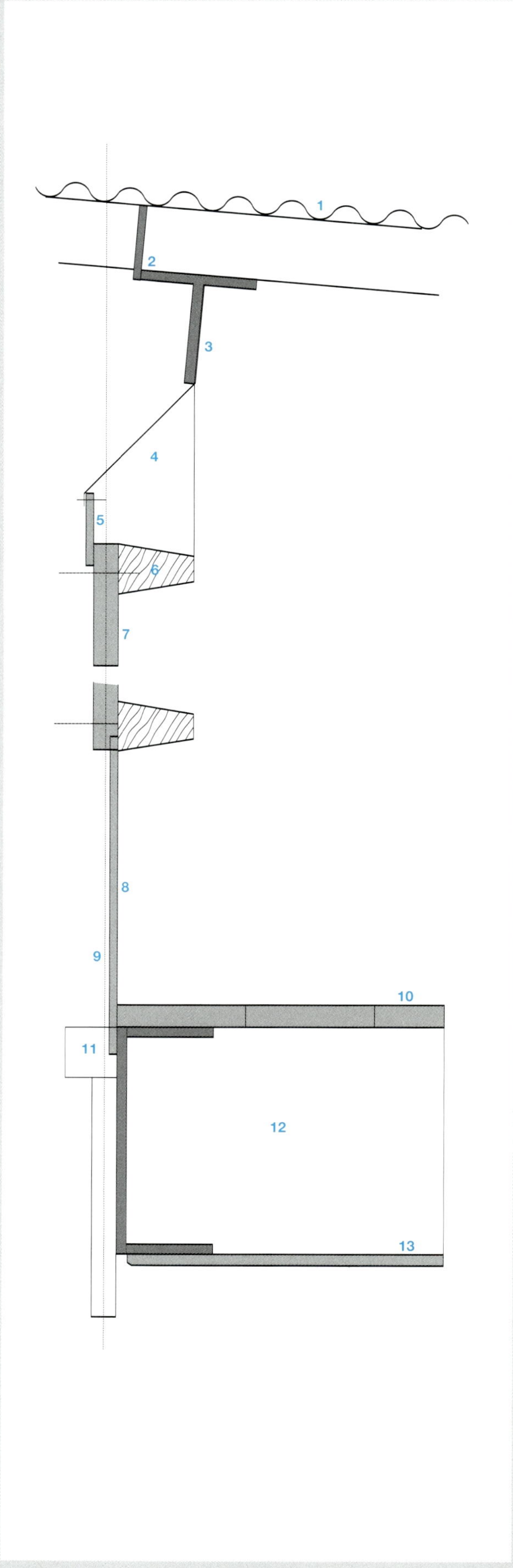

43.07
외부 합판 가새 단면 상세도
1:5

1 폴리카보네이트 지붕 시트
2 실리콘으로 고정시킨 철제 중공 도리 사이에 설치된 아크릴 시트
3 T형강
4 아크릴 내장 판넬의 상부에 고정시킨 Colorbond 평철
5 고정식 아크릴 판넬
6 압착 섬유시멘트 시트에 고정시킨 활엽수 널
7 단부에 설치한 압착 섬유시멘트 시트
8 고정창에 설치한 압착 섬유시멘트 시트
9 Sikaflex 유리
10 장부이음식 목제 바닥재
11 상부 유리를 지지하는 활엽수 블록
12 Hyspan 및 단열재
13 9mm (1/3인치) 구조용 합판

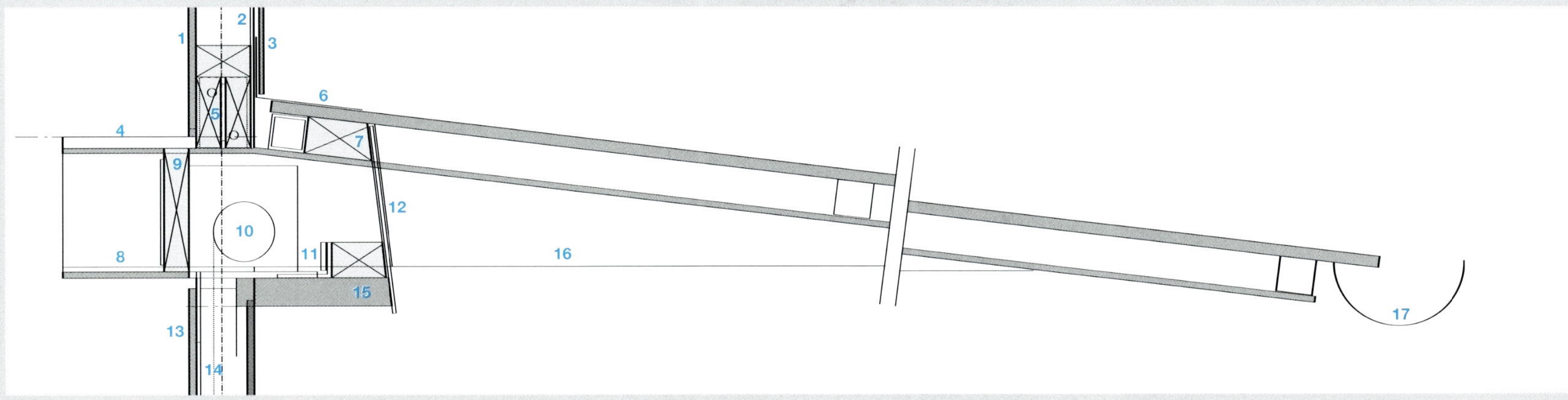

43.08
처마 상세도
1:10
1 석고보드 내장재
2 합판 내장재
3 Miniorb 외장재
4 장부이음식 목제 바닥재
5 벽 하부 받침목을 지지하는 횡목
6 Colorbond 플래싱
7 롤러 블라인드의 관리를 위한 착탈식 오리대
8 합판 내장재
9 목제 장선
10 매립식 롤러 블라인드 카트리지
11 접착제와 나사못으로 활엽수 인방을 지지하는 앵글
12 롤러 블라인드의 설치와 보수를 위한 액세스 판넬
13 T자형 플랜지에 볼트 접합된 바닥 보에 용접시킨 횡목
14 테이퍼 컷팅 활엽수를 양면에 부착시킨 T자형 기둥
15 활엽수 인방
16 바닥 보에 용접시킨 T자형 부재
17 Colorbond 반원형 낙수홈통

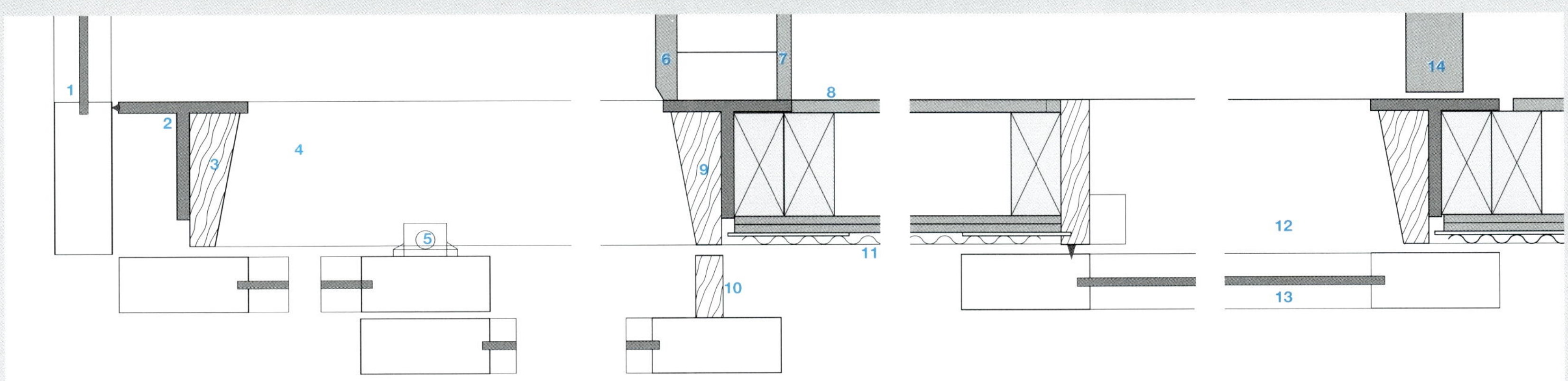

43.09
내부 문 평면 상세도
1:5
1 활엽수 슬라이딩 문 및 원목 내장재
2 T형강
3 활엽수 문설주
4 활엽수 문설주
5 하부 씰에 고정시킨 푸시록
6 압착 섬유시멘트 시트 욕실 내장재
7 석고보드 내장재
8 석고보드 내장재
9 활엽수 문설주
10 황동 트랙 상부 고무 멈춤 장치
11 활엽수 멀리온에 사개맞춤한 Miniorb 부재 및 후면 플래싱
12 헤드 정렬 장치
13 슬라이딩 창
14 합판 여닫이문

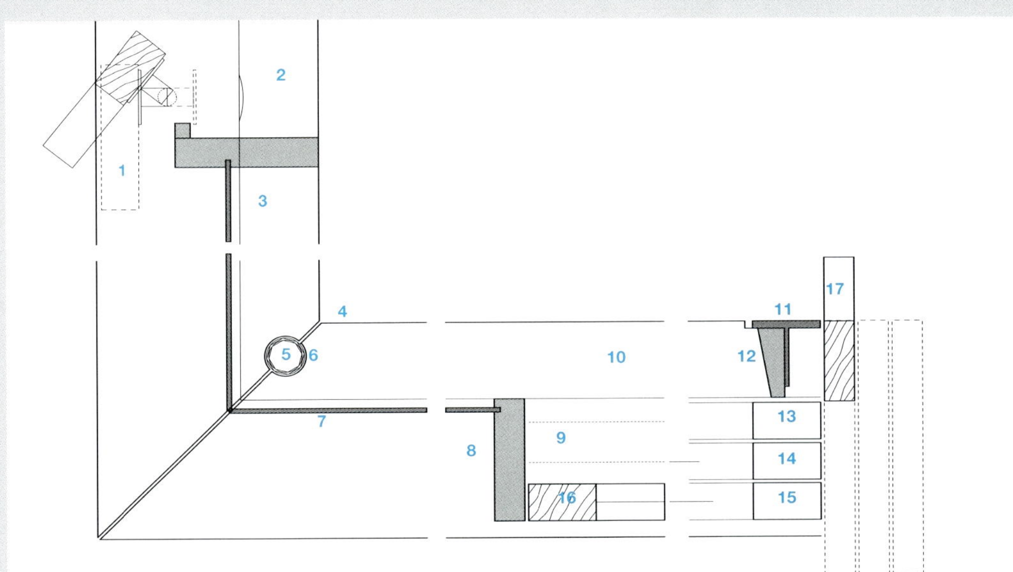

43.10
코너부 창문 평면 상세도
1:10
1 목제 프레임을 사용한 여닫이 창
2 활엽수 문설주
3 창 상인방
4 활엽수 문설주 및 경사진 모서리
5 원형 강관
6 기둥 주변 Sikaflex 설치
7 코너에 실리콘 줄눈을 설치한 활엽수 문설주
8 유리에 사개맞춤한 활엽수 문설주
9 황동 슬라이딩 트랙
10 활엽수 씰
11 90mm (3 1/2인치) T형강
12 활엽수 문설주
13 슬라이딩 창 판넬
14 슬라이딩 창 판넬
15 슬라이딩 창 판넬
16 슬라이딩 창 판넬
17 목제 프레임을 사용한 슬라이딩 문ㅁ

44
RoTo Architects

Gompertz Residence
Livingston, Montana, USA

Client
Ron Gompertz

Area
167 square metres (1,800 square feet)

Project Team
Clark Stevens, Michael Rotondi, Ben Ives, Dave Kitazaki, Kirby Smith, Carrie Di Fiore, Eric Meglassen

Structural Engineer
MT Structural, Bozeman, Montana

Main Contractor
Ron Gompertz

건물이 자리잡고 있는 장소는 압사로카 산맥의 끝에 위치하는 5.6헥타르 (14에이커)의 대지이다. 건물은 거센 비바람과 장엄한 전경으로 유명한 옐로스톤 강 지역의 계곡에 위치하고 있다. 건축주는 단순히 대지를 바라보기 보다는 넓게 펼쳐진 하늘을 올려다 볼 수 있기를 희망했다. 이에 따라 건물의 디자인은 지역에서 쉽게 찾아볼 수 있는 사일로의 건축적인 형태를 탐구한다. View silo라는 건물의 별명에서 알 수 있듯이, 건물은 지면 위에 최소의 흔적을 남기면서 하늘을 향한 좁은 창을 열어두고 있다. 입구가 상부층에 위치하며, 아래의 두 층에는 침실이 위치하고 있는 이 주택은 일부가 땅 속에 파묻혀 있다.

바로 위로는 거실과 업무 공간이 위치하고 있다. 주방과 식당으로 사용되는 메자닌층은 위로 갈수록 좁아지는 2층 높이의 공간 안에 자리잡고 있다. 이들 공간 위로 뻗어 있는 계단탑은 하늘을 향해 열려 있으며, 계단의 끝에는 주변에 울타리가 설치되어 360° 전 방향에 걸쳐 경관을 받아들이는 지붕 전망대가 위치하고 있다. 남측과 동측의 벽에는 벽돌과 적색 아스팔트 루핑으로 만든 방수층 위로 삼나무 널이 덮혀 있다. 루핑 상부에 틈을 두고 설치되어 모든 파스너가 외부에서 보이지 않도록 한 삼나무 널은 그 간격이 다양하게 설치됨으로써 외피 너머 개구부에 빛과 그림자가 만드는 다양한 패턴을 드리우고 있다. 거센 비바람으로부터 개구부를 보호하기 위해 창은 셔터로 완전히 폐쇄할 수 있다. 완전히 개방했을 때 셔터는 각각의 향에 따라 적절하게 차양의 기능을 한다.

1

1 건물은 강둑으로부터 튀어나와 있는 철근콘크리트 기단 위에 놓여 있다. 목제 외장재로 덮힌 이 4층 건물의 최상부에는 주변 자연을 바라볼 수 있는 테라스가 위치하고 있다.
2 외장재로 사용된 삼나무 널은 창, 데크, 브릿지 등의 개구부가 설치되는 부분을 제외하곤 끊김 없이 이어져 있다.
3 파사드가 다양한 색조와 질감을 나타내고, 파사드 뒤에 위치하는 개구부를 바람과 비로부터 보호할 수 있도록 하기 위해, 삼나무 널 사이의 간격은 다양하게 형성되었다.
4 삼나무로 이루어진 내벽과 천장재는 외피에 사용된 건축 어휘를 따른다. 백색으로 도색된 간결한 벽과 넓은 창은 아름다운 외부 경관을 그대로 받아들인다.

2

3

4

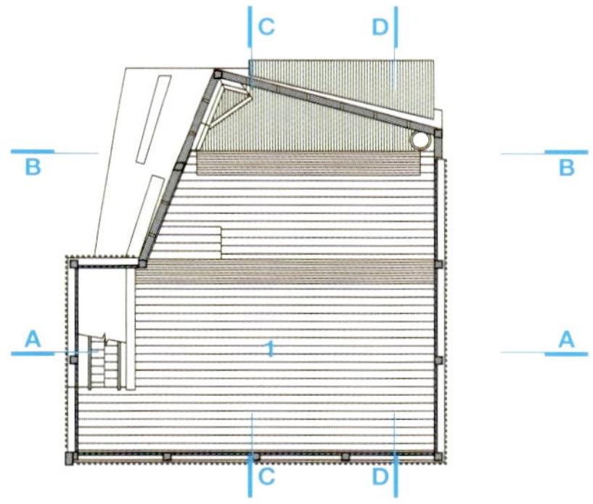

44.01
지붕 평면도
1:200
1 지붕 데크

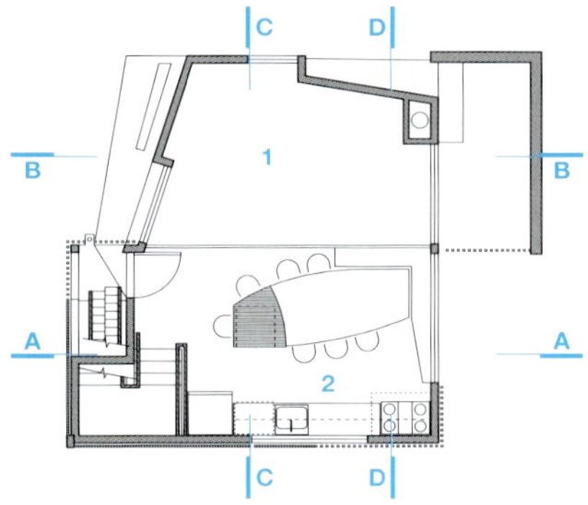

44.02
3층 평면도
1:200
1 거실 상부
2 주방

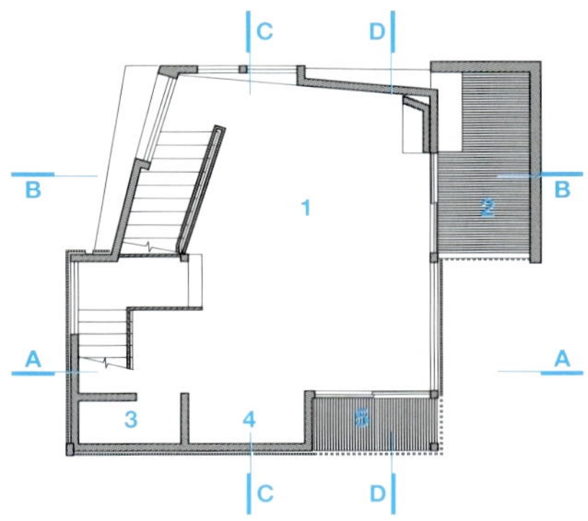

44.03
2층 평면도
1:200
1 거실
2 포치1
3 창고
4 서재
5 포치2

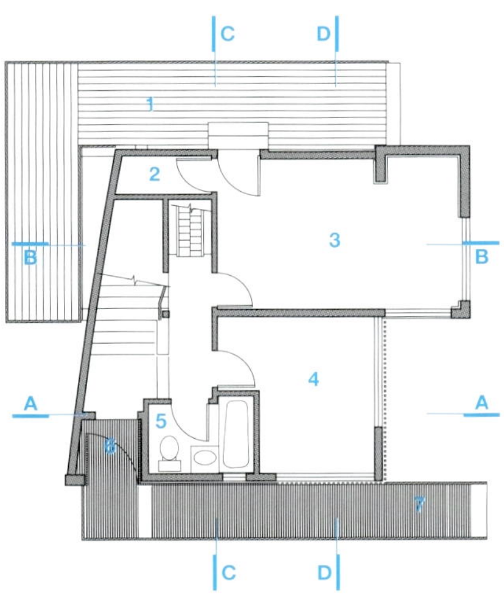

44.04
1층 평면도
1:200
1 발코니
2 벽장
3 침실1
4 침실2
5 욕실
6 입구
7 보도

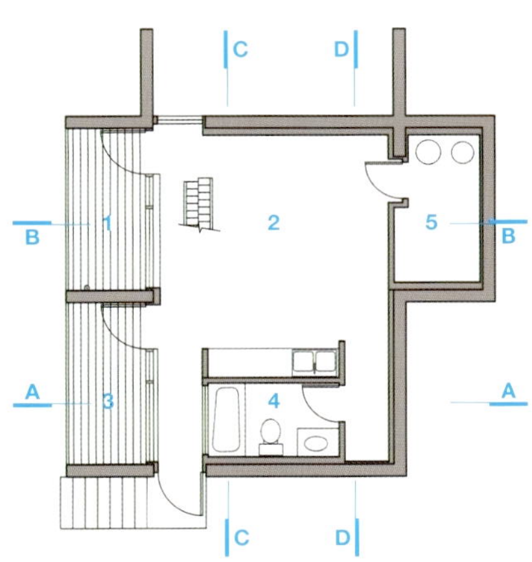

44.05
지하층 평면도
1:200
1 데크
2 강변 공간
3 데크
4 욕실
5 발전기실

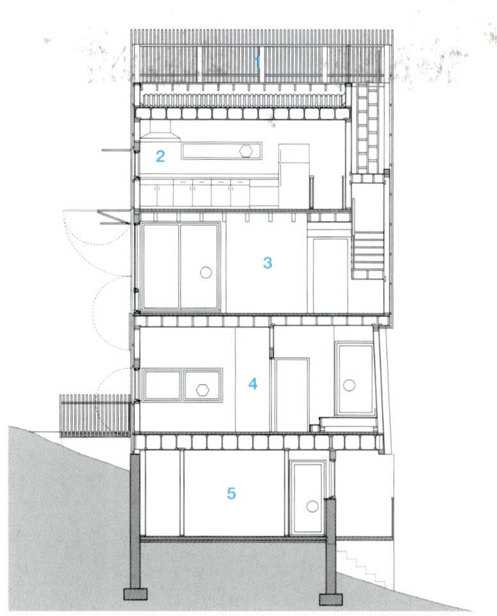

44.06
단면도 A-A
1:200
1 지붕 데크
2 주방
3 거실
4 침실
5 욕실

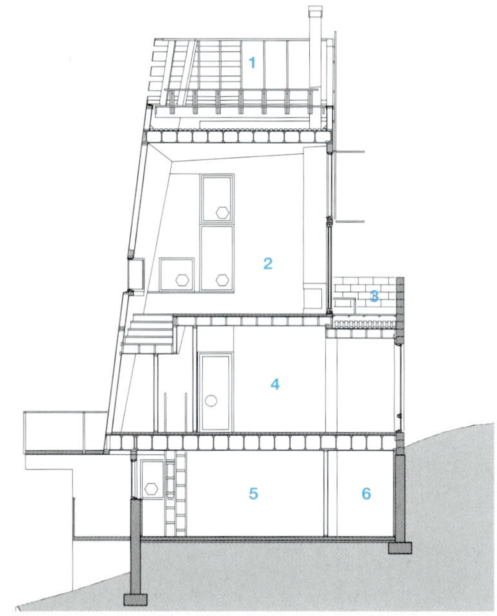

44.07
단면도 B-B
1:200
1 지붕 데크
2 거실
3 포치1
4 침실
5 강변 공간
6 발전기실

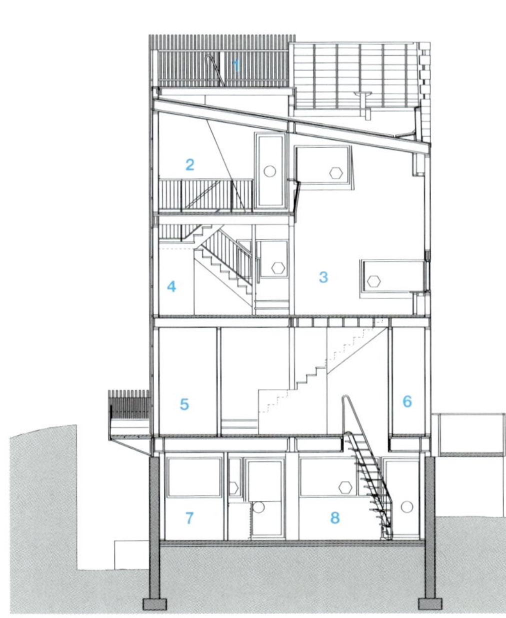

44.08
단면도 C-C
1:200
1 지붕 데크
2 주방
3 거실
4 서재
5 욕실
6 벽장
7 욕실
8 강변 공간

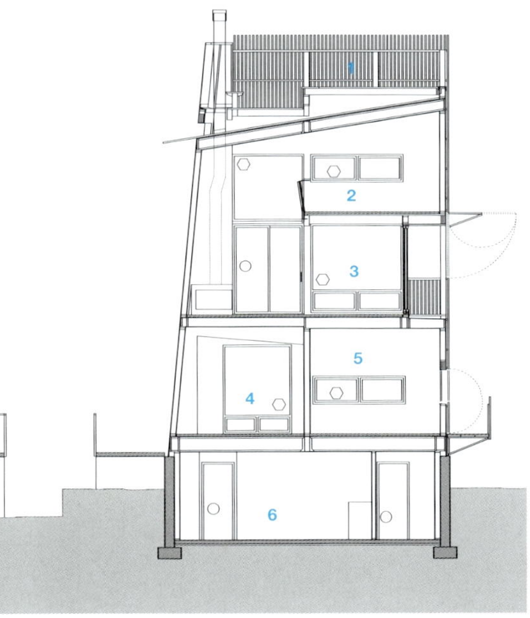

44.09
단면도 D-D
1:200
1 지붕 데크
2 주방
3 거실
4 침실1
5 침실2
6 강변 공간

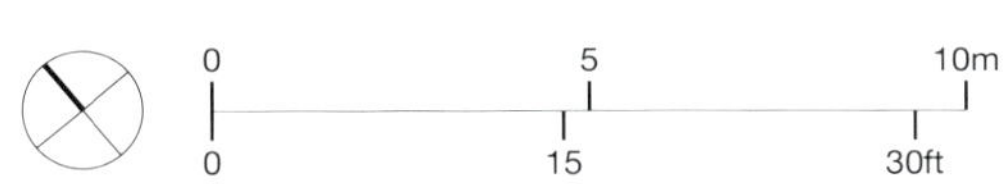

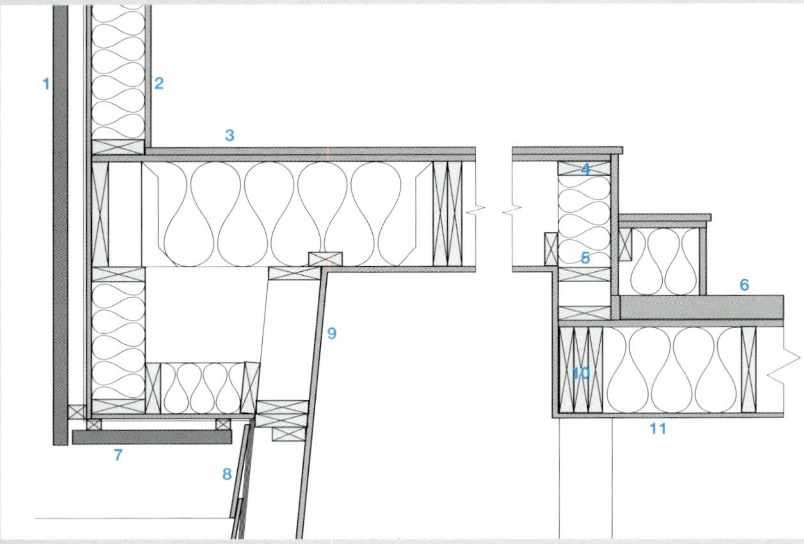

44.10
계단참 상세도
1:20
1 50 X 50mm (2 X 2 인치) 삼나무 널
2 내벽 마감재
3 단풍나무 바닥재
4 목제 프레임
5 목제 프레임
6 복사 난방 설비를 설치한 경량 콘크리트 토핑 슬라브
7 50 X 50mm (2 X 2 인치) 삼나무 널
8 삼나무 외장재
9 내벽 마감재
10 인방보
11 내벽 마감재

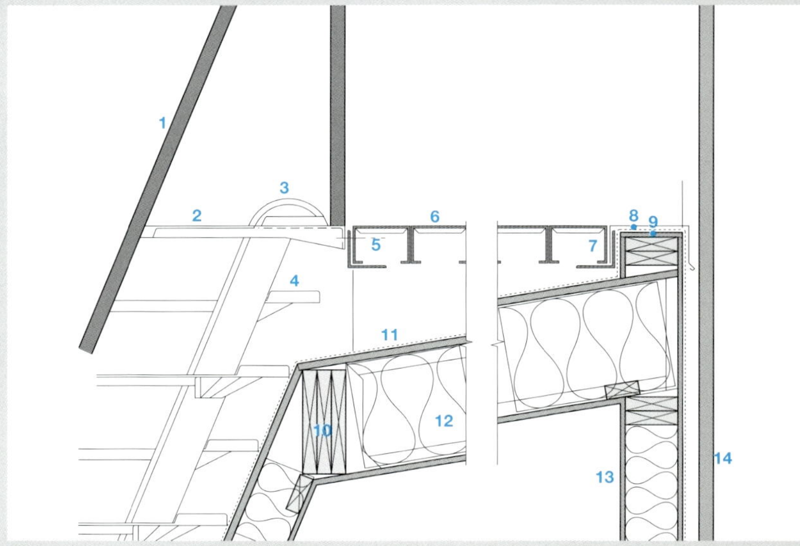

44.11
지붕 데크 상세도
1:20
1 철제 난간
2 기성 철제 디딤판
3 철제 스트링거
4 기성 철제 디딤판
5 지붕 데크 주변에 설치한 100 X 100mm (4 X 4인치) 철제 그레이팅 지지 앵글
6 100 X 150mm (4 X 6인치) 철제 그레이팅
7 지붕 데크 주변에 설치한 100 X 100mm (4 X 4인치) 철제 그레이팅 지지 앵글
8 전처리 금속제 플래싱
9 50 X 150mm (2 X 6 인치) 파라펫 상부 회전도포식 지붕재, 공기막, 합판
10 3개의 50 X 300mm (3 X 12인치) 보
11 50 X 150mm (2 X 6 인치) 파라펫 상부 회전도포식 지붕재, 공기막, 합판
12 솜 단열재
13 내벽 마감재
14 삼나무 널

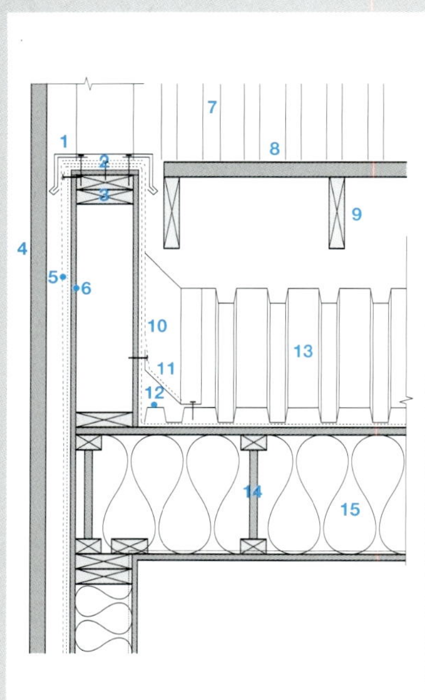

44.12
파라펫 상세도 1
1:20
1 100 X 100mm (4 X 4인치) 지주
2 횡목에 고정시킨 전처리 금속제 플래싱
3 2중 상부 플레이트
4 삼나무 외장재
5 파라펫 상부 회전도포식 지붕재, 공기막, 합판
6 목제 프레임
7 삼나무 레일
8 목제 데크
9 데크 장선
10 삼각띠에 겹치게 설치한 회전도포식 지붕재
11 125mm (5인치) 금속제 삼각띠
12 파라펫 상부 금속 지붕재 아래에 설치한 회전도포식 지붕재
13 금속 지붕재
14 400mm (16인치) 중앙에 설치한 목제 장선
15 수분 차단막 및 건식벽 상부 솜 단열재

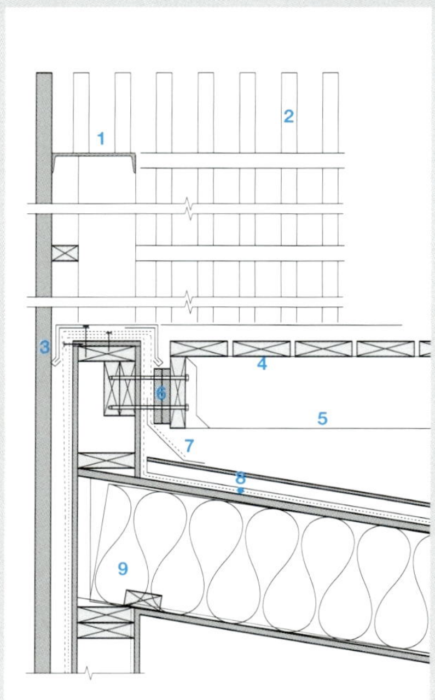

44.13
파라펫 상세도 2
1:20
1 철제 채널
2 목제 널
3 회전도포식 지붕재 위에 설치한 전처리 금속제 플래싱
4 12mm (1/2인치) 간격을 두고 설치한 목제 데크
5 400mm (16인치) 중앙에 설치한 목제 장선
6 원목 오리대에 접착제 및 래그 볼트로 고정된 2겹의 합판 스페이서
7 전처리 금속제 삼각띠
8 회전도포식 지붕재 상부 금속 지붕재
9 수분 차단막 및 건식벽 상부 솜 단열재

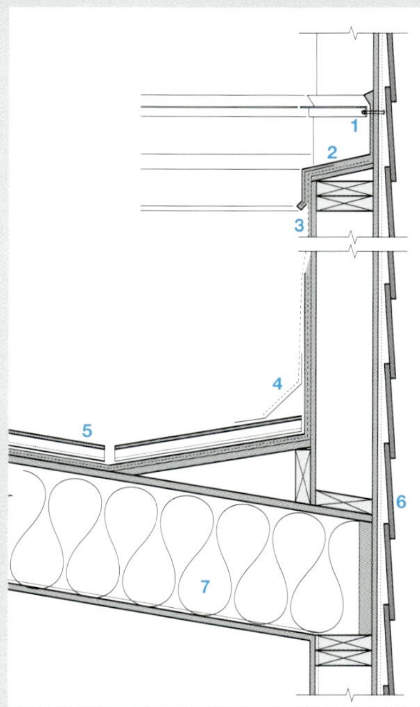

44.14
지붕 크리켓 상세도
1:20
1 코킹 및 실런트 처리 플래싱 위에 설치된 아연 도금 금속 클램프
2 횡목에 고정시킨 전처리 금속제 플래싱
3 금속제 삼각띠 상부 파라펫 위에 설치한 회전도포식 지붕재
4 전처리 금속제 삼각띠
5 금속 지붕재
6 삼나무 외장재
7 수분 차단막 및 건식벽 상부 솜 단열재

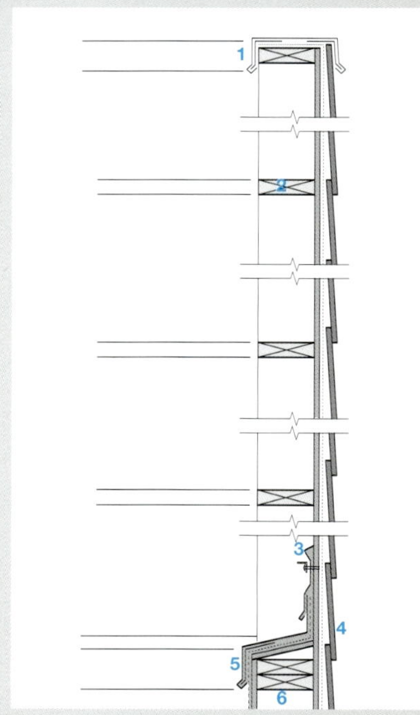

44.15
지붕 데크 중 북측 벽 상세도
1:20
1 횡목에 고정시킨 전처리 금속제 플래싱
2 스터드 사이에서 서측 벽과 동일한 간격을 갖도록 정렬된 오리대
3 플래싱
4 삼나무 외장재
5 플래싱
6 50 X 150mm (2 X 6 인치) 2중 상부 플레이트

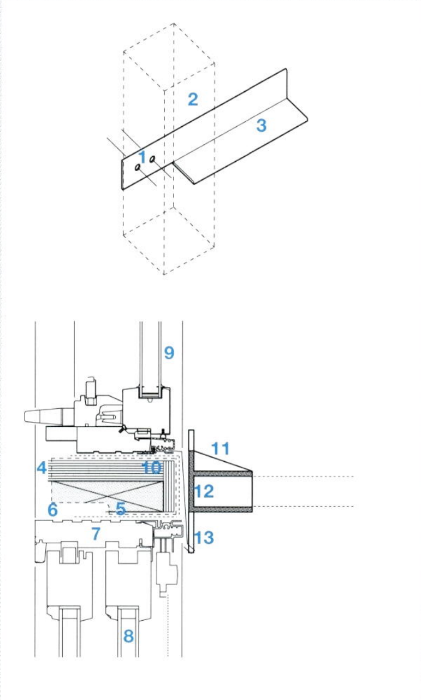

44.16
슬라이딩 문 상부 및 창문 상세도
1:20

1 150 X 150mm (6 X 6인치) 지주에 설치한 나무 나사
2 150 X 150mm (6 X 6인치) 지주
3 75 X 75 X 6mm (3 X 3 X1/4인치) 철제 앵글
4 75 X 75 X 6mm (3 X 3 X1/4인치) 철제 앵글 멀리온 상부
5 50 X 150mm (2 X 6 인치) 철제 앵글
6 멀리온 전체를 감싸고 있는 수분 차단막
7 쐐기
8 내부 건식벽 표면에 평평하게 설치된 슬라이딩 문
9 합판 외벽에 평평하게 설치된 창문
10 12 X 12mm (1/2 X 1/2인치) 합판 2겹
11 기성 철제 브래킷
12 멀리온 주변 회전도포식 지붕재
13 전처리 금속제 플래싱

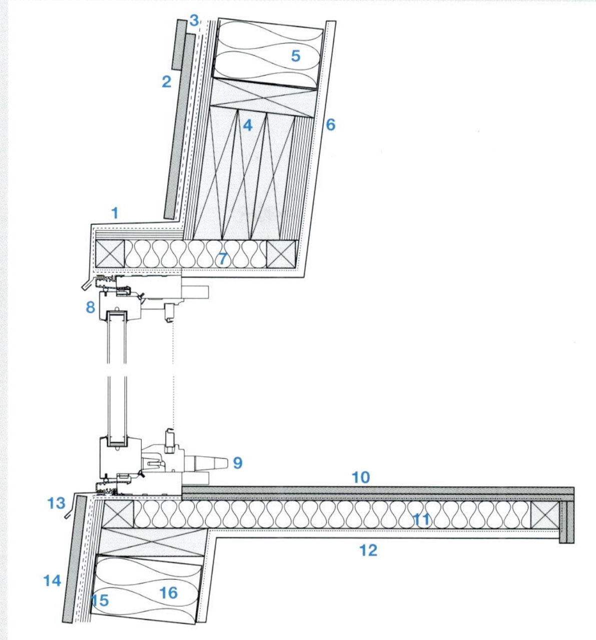

44.17
창문 단면 상세도
1:20

1 배수를 위해 경사지게 설치된 전처리 금속제 플래싱
2 삼나무 외장재
3 삼나무 외장재
4 창 상인방
5 경질 단열재
6 내벽 마감재
7 양단에 설치된 50 X 150mm (2 X 6인치) 목재, 경질 단열재로 채운 공극 사이에 설치된 50 X 50mm (2 X 2인치) 오리대로부터 300mm (12인치) 중앙에 설치된 50 X 150mm (2 X 6인치) 목재
8 창 상인방
9 조립식 블라인드
10 수분 차단막 상부 활엽수 창턱 및 비드, 두께와 길이는 필요에 따라 조절
11 경질 단열재
12 건식벽
13 씰 플래싱
14 삼나무 외장재
15 수분 차단막
16 단열재

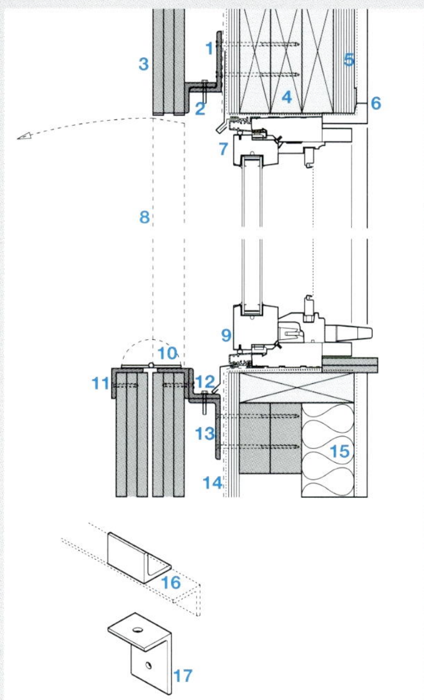

44.18
창문 상세도
1:20

1 회전도포식 지붕재 설치 후 부착한 철제 마운팅 브래킷
2 목제 널에 사전 조립한 철제 앵글과 앵글을 관통하여 용접시킨 철제 볼트
3 삼나무 외장재
4 창 상인방
5 경질 단열재
6 내벽 마감재
7 상인방에 설치된 지붕재 하부, 하인방에 설치된 지붕재 상부에 각각 설치한 헤비 게이지 전처리 금속제 플래싱
8 폐쇄시 셔터 경계선
9 상인방에 설치된 지붕재 하부, 하인방에 설치된 지붕재 상부에 각각 설치한 헤비 게이지 전처리 금속제 플래싱
10 아연 도금 철제 힌지
11 목제 널에 사전 조립한 철제 앵글과 앵글을 관통하여 용접시킨 철제 볼트
12 목제 널에 사전 조립한 철제 앵글과 앵글을 관통하여 용접시킨 철제 볼트
13 창 양단에 설치한 철제 앵글 마운팅 브래킷, 회전도포식 지붕재 설치 후 부착
14 회전도포식 지붕재
15 수분 차단막 및 단열재
16 목제 널을 고정하는 철제 앵글
17 마운팅 브래킷

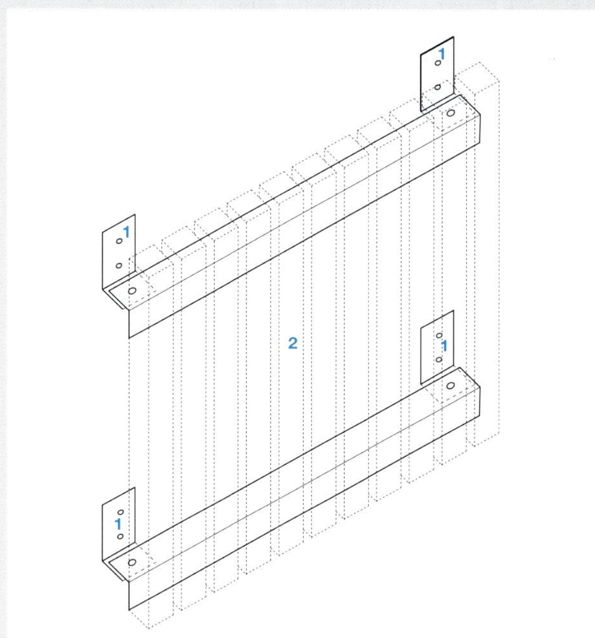

44.19
목제 널 상세도

1 810mm (32인치) 중앙에 설치한 마운팅 브래킷
2 목제 수직 널

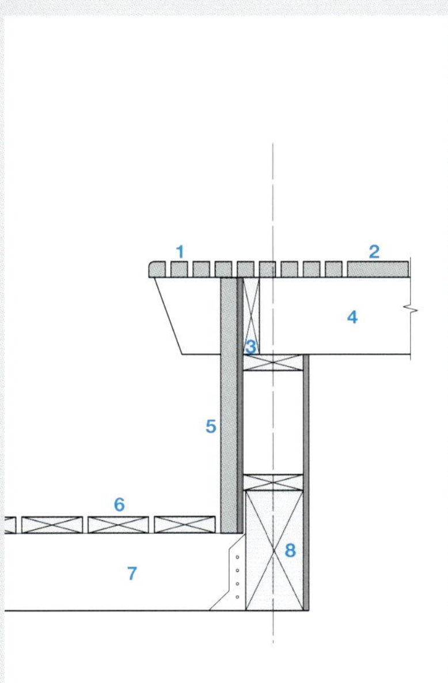

44.20
벤치 상세도 1
1:20

1 12mm (1/2인치) 간격으로 설치한 삼나무 널
2 12mm (1/2인치) 간격으로 설치한 40 X 150mm (1 3/5 X 6인치) 목제 데크
3 데크 장선 사이에 설치한 오리대
4 400mm (16인치) 중앙에 설치한 목제 장선, 프레임 표면으로부터 200mm (8인치) 돌출되게 설치
5 장선 바로 아래에 설치된 합판 스터드 상부 40 X 40mm (1 3/5 X 1 3/5인치) 삼나무 널
6 40 X 150mm (1 3/5 X 6인치) 목제 데크
7 목제 장선
8 150 X 300mm (6 X 12인치) 보

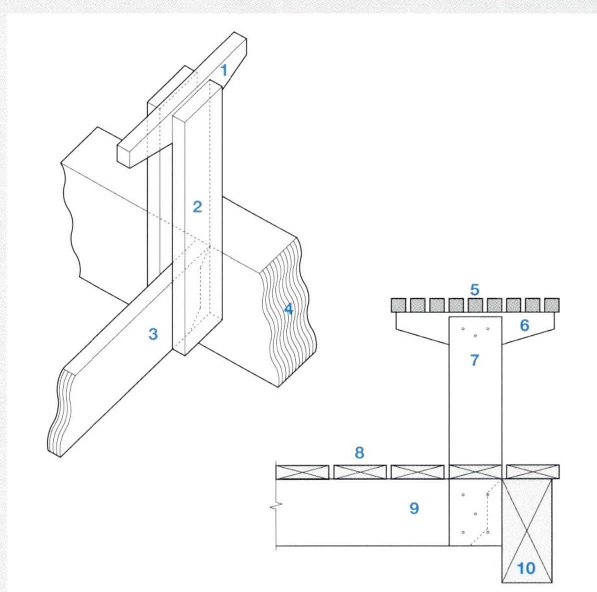

44.21
벤치 상세도 2
1:20

1 50 X 100mm (2 X 4 인치) 성형 목재
2 장선 양단에 설치된 40 X 150mm (1 3/5 X 6인치) 목재
3 600mm (2피트) 중앙에 설치된 목제 장선
4 150 X 300mm (6 X 12인치) 보
5 12mm (1/2인치) 간격으로 설치한 40 X 40mm (1 3/5 X 1 3/5 인치) 삼나무 널
6 50 X 100mm (2 X 4 인치) 성형 목재
7 장선 양단에 설치된 40 X 150mm (1 3/5 X 6인치) 목재
8 40 X 150mm (1 3/5 X 6인치) 목제 데크
9 600mm (2피트) 중앙에 설치된 목제 장선
10 150 X 300mm (6 X 12인치) 목제 보

45
Sean Godsell

Peninsula House
Victoria, Australia

Area
210 square metres (2,260 square feet)

Project Team
Sean Godsell, Hayley Franklin

Structural Engineer
Felicetti Pty Ltd

General Contractor
Kane Constructions (Vic) Pty Ltd

이 우아한 목조 주택은 전통 일본 주택에서 나타나는 밀폐된 베란다와 오스트레일리아 주택에서 나타나는 '일광욕실' 간의 유사성에 관해 탐구하고 있다. 산화처리한 철재로 만든 구조물은 모래 언덕의 한쪽 면에 파묻혀 있다. 이 철제 구조물은 주택을 감싸는 '외골격'의 역할을 하며, 조절식 목제 셔터, 유리 지붕 및 유리벽 등 내부 공간의 미시 기후를 조절하는 외부 장치들이 설치되어 있다. 거실, 식당, 서고, 침실로 이루어진 단순한 프로그램은 주택의 '내골격'을 형성한다. 침실은 주택 내부에 깊이 위치하고 있는 공간으로 별도의 계단을 통해서만 접근할 수 있는 반면, 1층에 위치하는 2층 높이의 거실은 직접 외부 환경으로 나갈 수 있도록 설계되었다. 거실의 뒤로는 객실과 서고가 위치한다.

내부 공간 (moya), 밀폐된 베란다 (hisashi), 유동적인 공간 (복도)는 건물을 형성하는 기초가 된다. 3개의 주요 공간은 면적과 크기, 자연광을 받아들이는 정도에 있어 서로 다른 특성을 보인다. 거실은 매우 밝은 공간, 침실은 중간 정도의 밝기를 갖는 공간, 서고는 어두운 공간으로 각각 만들어졌다. 외부 베란다는 건물을 보호할 수 있는 외피를 만들기 위해 생략되었다. 지붕의 기능과 벽의 기능은 별다른 차이가 없다. 건물은 사실 거친 외피 뒤로 감춰져 있는 연약한 공간이라고 할 수 있는데, 외피는 재활용 유칼립투스 외장재가 긴밀하게 배치되어 이루고 있는 벽으로 이루어졌다. 이러한 두 요소와 거주자가 만드는 상호작용은 파사드의 개폐에 따라 단순한 형태의 건물에 생동감을 불어넣는다. 이러한 효과는 건물 내부에 채워진 빛이 목조 외피 밖으로 새어 나올 때 더욱 강조되는데, 시간의 변화에 따라 다양한 형태와 크기의 그림자를 외피에 드리우게 된다.

1

2

1 공기식으로 작동되는 일련의 목제 판넬은 베란다 공간을 옹벽으로 둘러 쌓인 목조 데크를 향해 개방시킨다.
2 벽과 지붕을 감싸는 섬세한 느낌의 목조 외피는 본질적으로 유리 박스라 할 수 있는 약한 매스를 험한 기후로부터 보호한다.
3 벽 사이로 난 작은 틈으로는 하늘을 볼 수 있다. 목조 외피는 내부 공간의 프라이버시를 보호하고 기후의 영향을 차단하는 보호막으로 기능함은 물론, 사적인 내부 공간을 건물 외부의 자연 환경과 연결하는 역할을 하기도 한다.
4 건물 내부에서 외부로, 목제 데크에서 광택처리한 목제 바닥재가 사용된 콘크리트 보도로 향함에 따라 바닥면이 변화하는 모습은 점진적으로 구성된 공간의 켜를 보여준다.

3

4

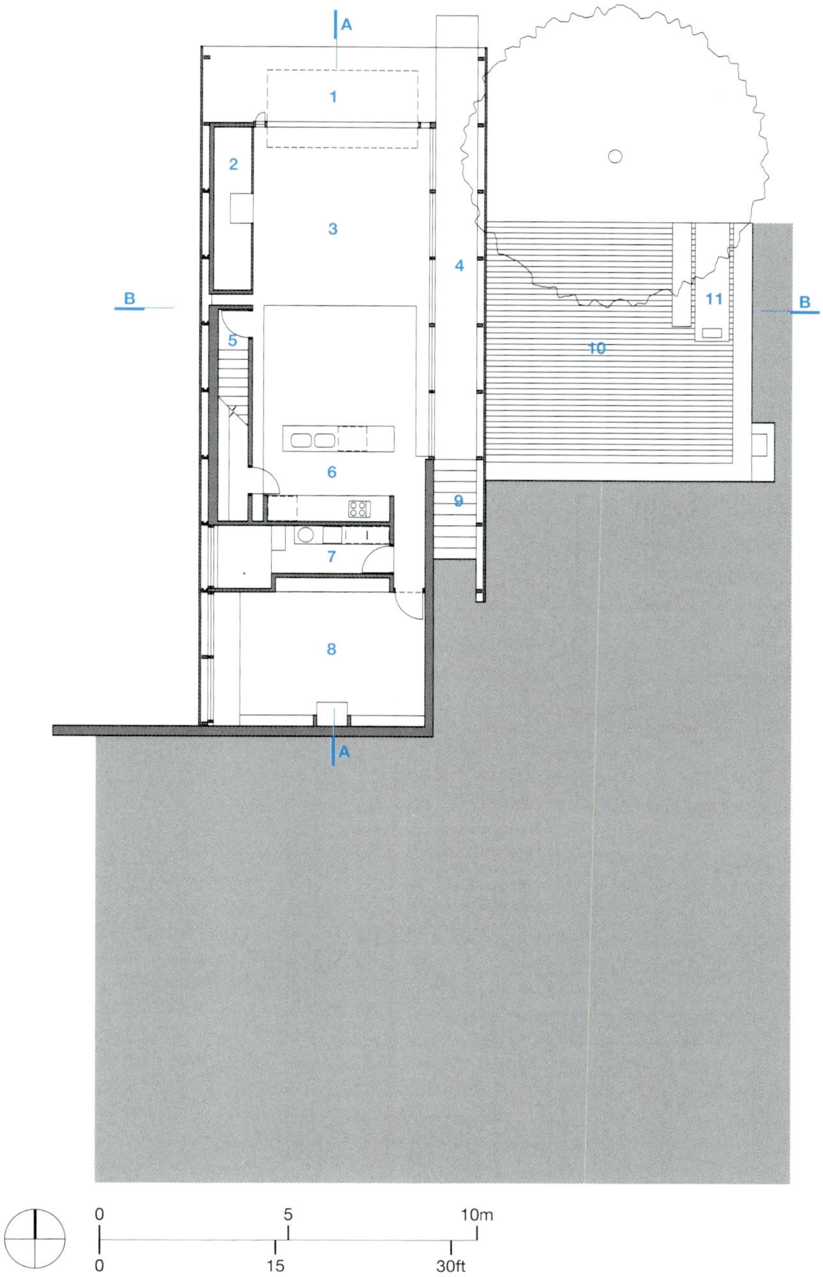

45.01
1층 평면도
1:200
1 틸트식 문 경계선
2 창고 및 벽난로
3 거실
4 베란다
5 계단
6 주방
7 욕실
8 서고
9 외부 계단
10 중정
11 테이블 및 바비큐 그릴

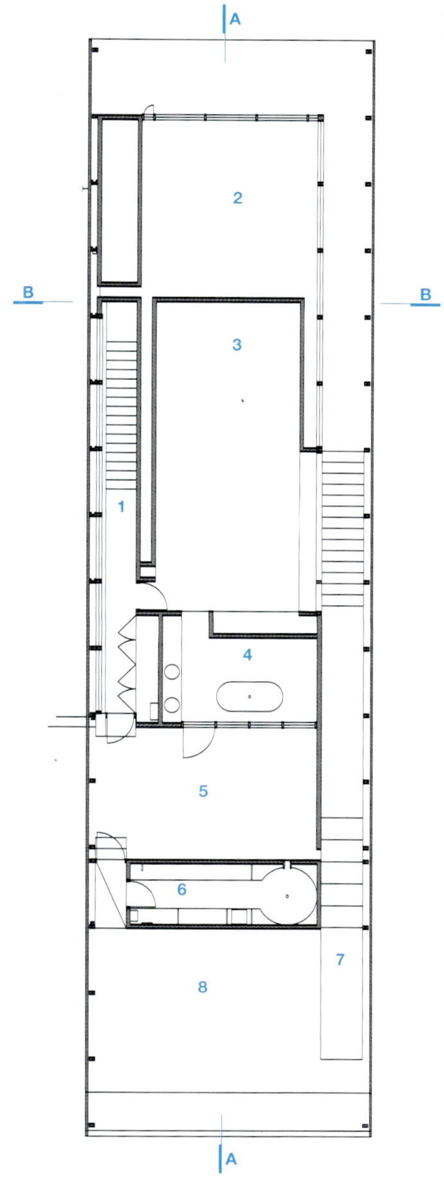

45.02
2층 평면도
1:200
1 복도
2 거실 상부
3 침실
4 욕실
5 중정
6 탈의실 및 창고
7 입구
8 차고

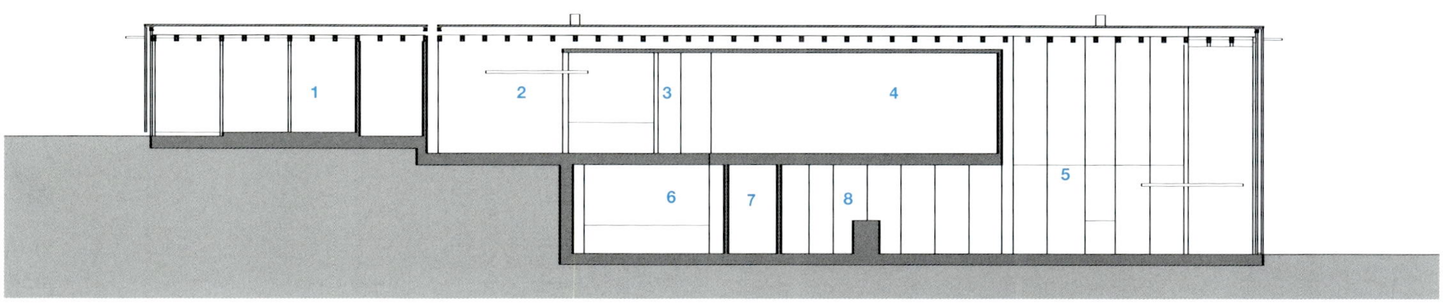

45.03
단면도 A-A
1:200
1 차고
2 중정
3 욕실
4 침실
5 거실
6 서고
7 욕실
8 주방

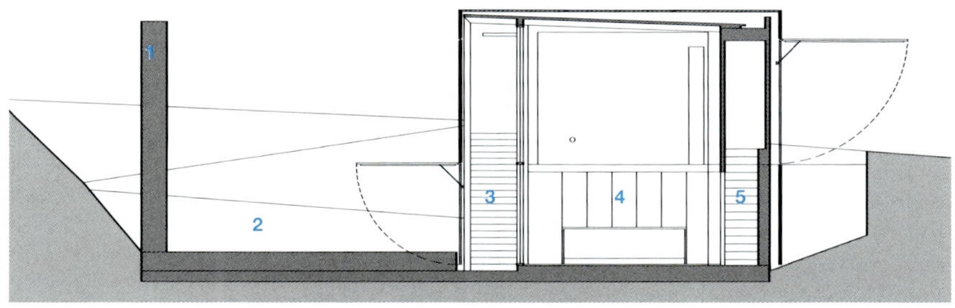

45.04
단면도 B-B
1:200
1 벽난로
2 중정
3 외부 계단
4 주방
5 내부 계단

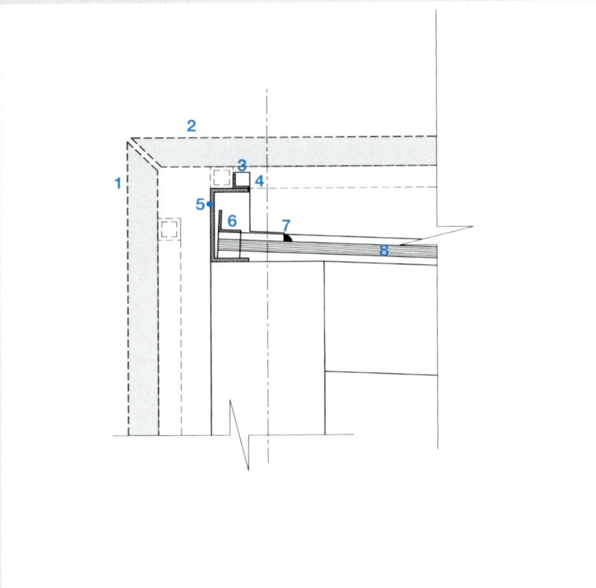

45.05
목제 칸막이벽 상세도
1 목제 칸막이벽
2 목제 칸막이벽
3 20 X 20mm (3/4 X 3/4인치) 연철 앵글
4 아연 앵글
5 사전 성형 100 X 50mm (4 X 2인치) 연철 채널
6 20 X 20mm (3/4 X 3/4인치) 알루미늄 앵글
7 실리콘
8 알루미늄 채널에 끼운 유리

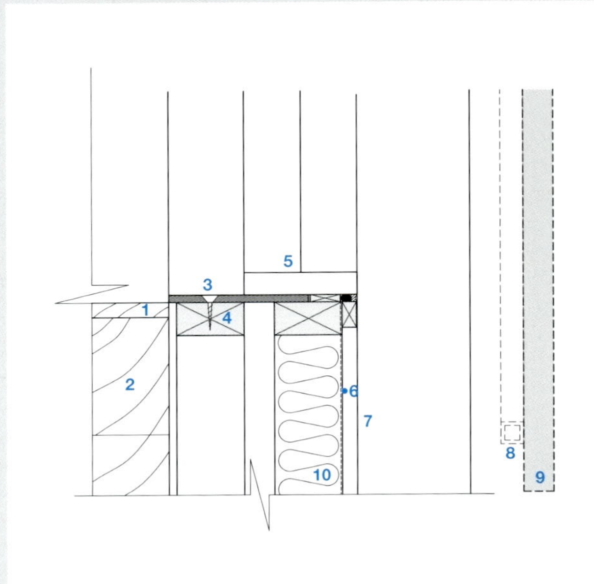

45.06
벽 상세도 1
1:10
1 목제 바닥재
2 목제 챌판
3 문에 맞게 설치된 연철 플레이트 및 접시머리 나사
4 네일 플레이트
5 목제 씰
6 사킹 (절취식)
7 600mm (23 1/2인치) 중앙에 설치된 19mm (3/4인치) 널 상부 산화 연철 외장재
8 30 X 30mm (1 1/5 X 1 1/5인치) 각관
9 목제 칸막이벽
10 단열재

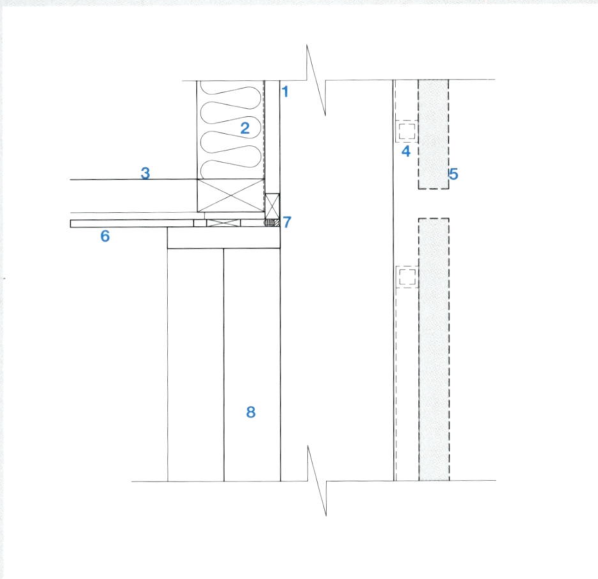

45.07
벽 상세도 2
1:10
1 산화 연철 외장재
2 단열재
3 나사로 고정한 32 Rondo 널
4 30 X 30mm (1 1/5 X 1 1/5인치) 각관
5 목제 칸막이벽
6 석고보드
7 폴리스티렌 백업재에 설치한 투명 실리콘
8 150 X 75mm (6 X 3인치) 사전성형 채널

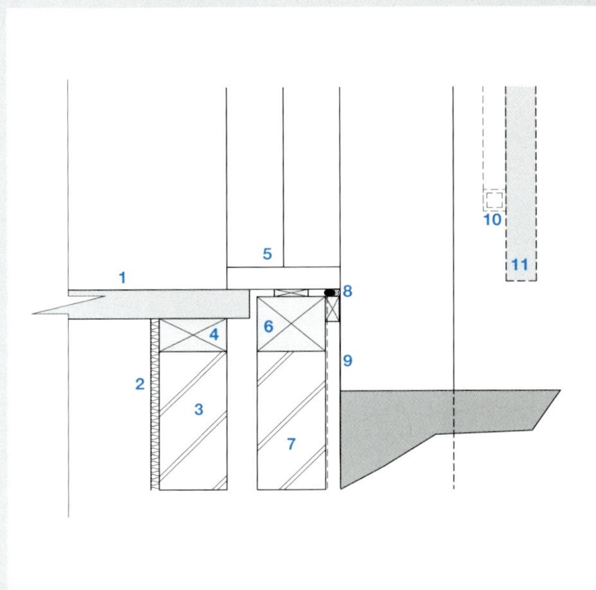

45.08
벽 및 책상 상세도
1:10
1 책상
2 12mm (1/2인치) MDF
3 석제 각주 내측면
4 목제 베어러판
5 목제 창턱
6 목제 베어러판
7 석제 각주 외측면
8 실리콘
9 가공 처리 소나무 널 상부 1.6mm (1/16인치) 연철
10 30 X 30mm (1 1/5 X 1 1/5인치) 각관
11 목제 칸막이벽

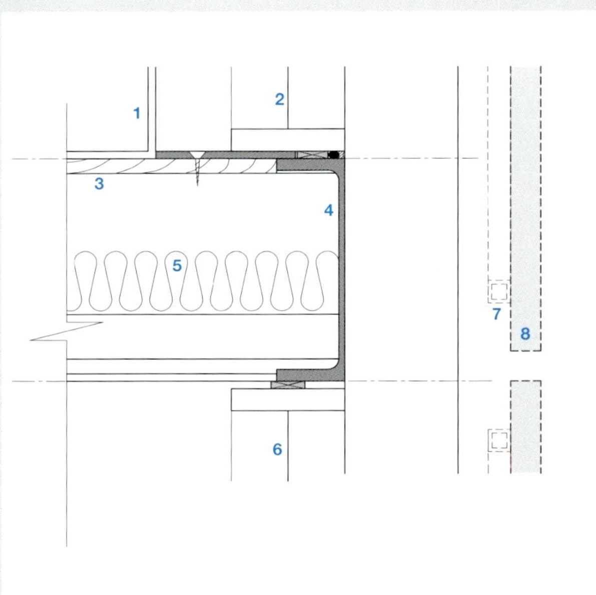

45.09
벽 상세도 3
1:10
1 정문
2 목제 프레임을 사용한 창
3 목제 바닥판 4 300 X 90mm (11 3/4 X 3 1/2인치) 사전성형 채널
5 단열재
6 목제 프레임을 사용한 창
7 30 X 30mm (1 1/5 X 1 1/5인치) 각관
8 목제 칸막이벽

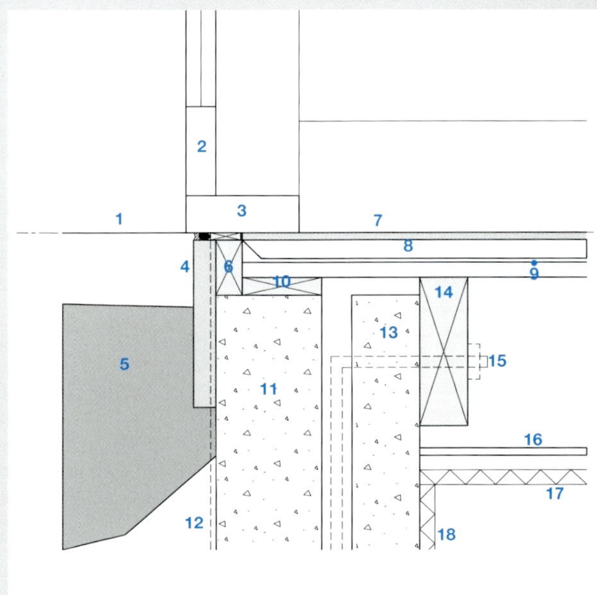

45.10
바닥 상세도
1:10
1 8mm (1/3인치) 철제 정문
2 목제 프레임을 사용한 문
3 목제 문턱
4 탱크 상부 도색하지 않은20mm (3/4인치) 시멘트 미장 마감
5 대지 마감선
6 가공 처리 소나무 단부 비드
7 탱크 상부 스크리드에 부착한 도자 타일
8 시멘트 스크리드
9 18mm (3/4인치) 물 사용부위용 파티클보드
10 오리대
11 석조 옹벽
12 탱크
13 석조 벽
14 목제 바닥 장선
15 조임 볼트
16 알루미늄 퍼링 채널
17 석고보드
18 MDF

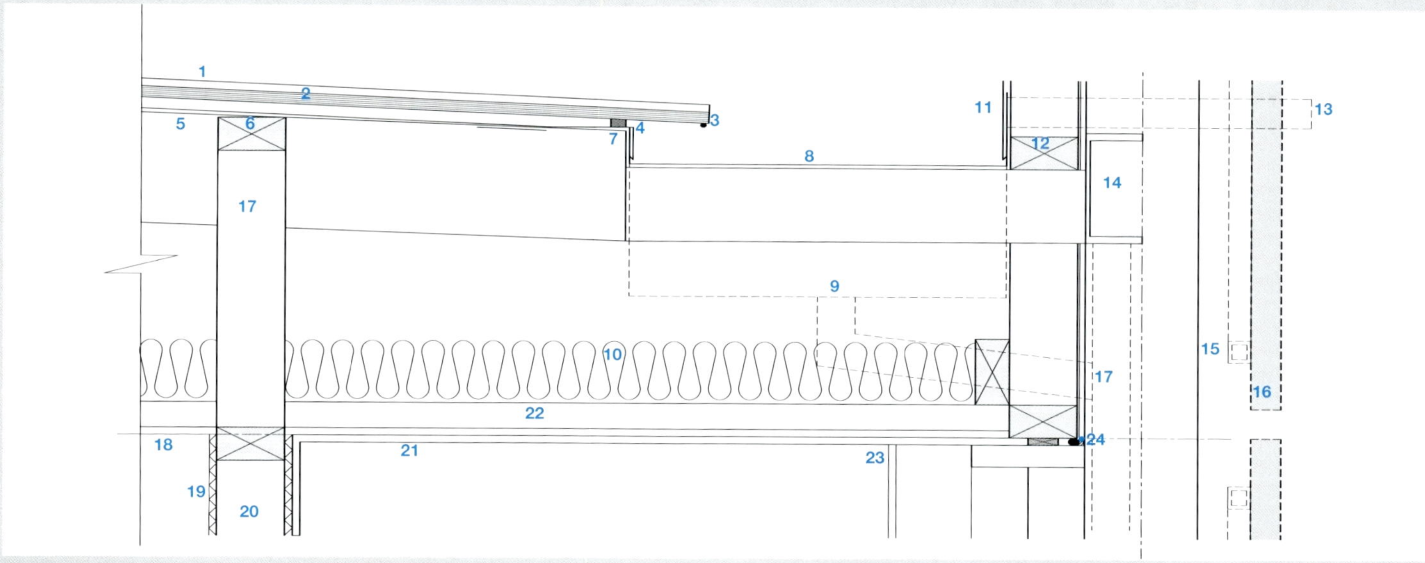

45.11
지붕 및 낙수홈통 상세도
1:10
1 알루미늄 채널
2 유리
3 실리콘 물끊기용 비드
4 네오프렌 개스킷
5 목제 서까래
6 목제 베어러
7 목제 널
8 스테인레스 스틸 낙수홈통
9 500 X 400 X 180mm (19 1/2 X 15 3/4 X 7인치) 스테인레스 스틸 집수공
10 단열재
11 플래싱
12 목제 플레이트
13 직경 32mm (1 1/4 인치) 배수구
14 채널
15 30 X 30mm (1 1/5 X 1 1/5인치) 각관
16 목제 칸막이벽
17 목제 스터드 프레임
18 석고보드
19 MDF
20 목제 스터드 프레임
21 석고보드 천장재
22 32 Rondo 널
23 철제 정문
24 실리콘

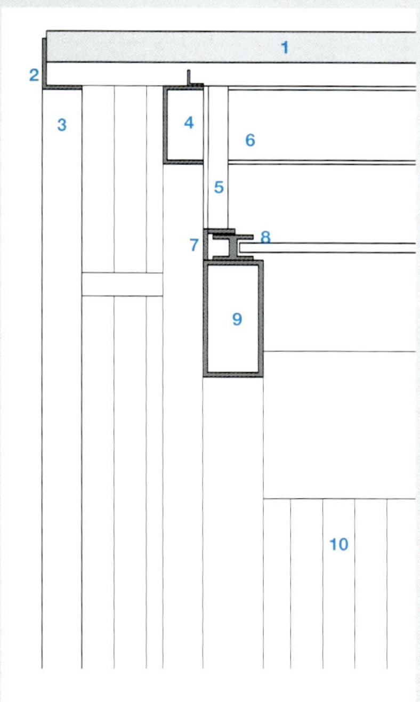

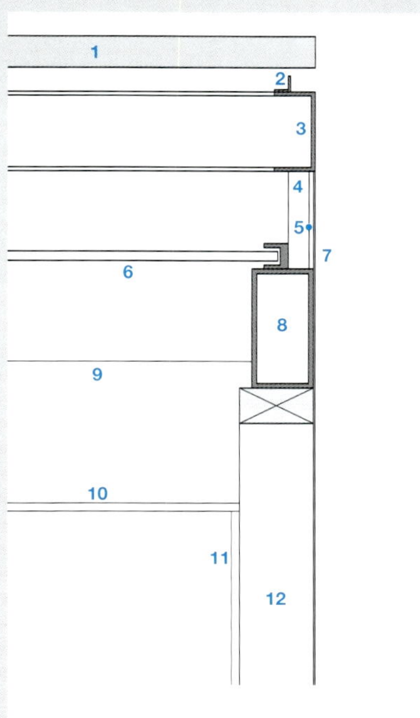

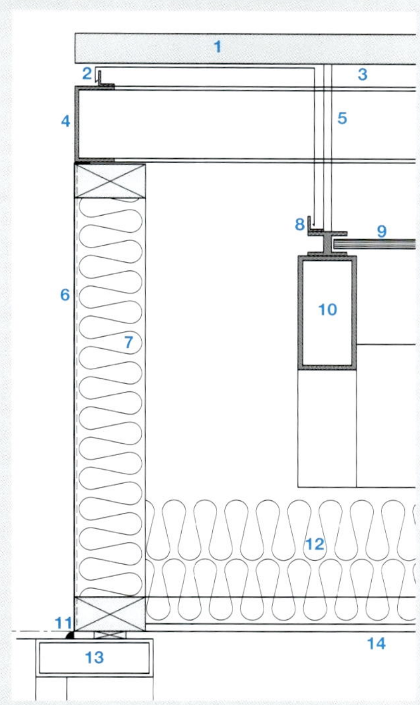

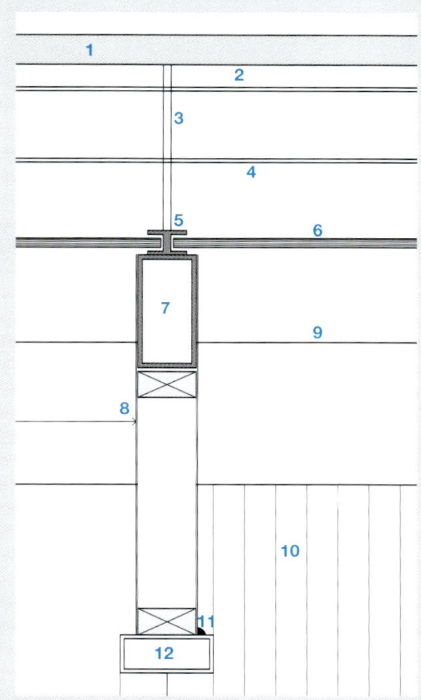

45.12
벽 및 창유리 상세도 1
1:10
1 목제 칸막이벽
2 65 X 50mm (2 1/2 X 2인치) 연철 앵글
3 65 X 50mm (2 1/2 X 2인치) 연철 앵글
4 100 X 50mm (4 X 2 인치) 사전 성형 채널
5 1.6게이지 연철 띠벽을 보강하는 합판
6 450mm (17 3/4인치) 중앙에 설치된 20 X 20mm (3/4 X 3/4인치) 각관
7 40 X 40 X 3mm (1 1/2 X 1 1/2 X 1/10 인치) 연철 앵글
8 알루미늄 채널에 끼운 유리 및 알루미늄과 철재를 분리하는 재료분리대
9 150 X 75mm (6 X 3 인치) 박스형 부재
10 연철 플레이트

45.13
벽 및 창유리 상세도 2
1:10
1 목제 칸막이벽
2 20 X 20mm (3/4 X 3/4인치) 연철 앵글
3 100 X 50mm (4 X 2 인치) 사전 성형 채널
4 450mm (17 3/4인치) 중앙에 설치된 20 X 20mm (3/4 X 3/4인치) 각관
5 1.6게이지 연철 띠벽을 보강하는 합판
6 알루미늄 채널에 끼운 유리 및 알루미늄과 철재를 분리하는 재료분리대
7 사킹 상부 연철
8 150 X 75mm (6 X 3 인치) 박스형 부재
9 연철 플레이트
10 연철 플레이트
11 연철 플레이트
12 목제 스터드

45.14
벽 및 지붕 상세도 1
1:10
1 목제 칸막이벽
2 아연 앵글
3 덮개
4 100 X 50mm (4 X 2 인치) 사전 성형 채널
5 직경 10mm (1/3인치) 연철봉
6 사킹 상부 연철
7 단열재
8 40 X 40mm (1 1/2 X 1 1/2인치) 알루미늄 앵글
9 글레이징 채널에 삽입된 12 WP PW 세트 상부 막지붕
10 150 X 75mm (6 X 3 인치) 박스형 부재
11 실리콘
12 유리섬유 단열재 2겹
13 창 프레임
14 Rondo 널에 나사로 고정된 석고보드 천장재

45.15
벽 및 지붕 상세도 2
1:10
1 목제 칸막이벽
2 덮개
3 직경 10mm (1/3인치) 연철봉
4 450mm (17 3/4인치) 중앙에 설치된 20 X 20mm (3/4 X 3/4인치) 각관
5 글레이징 채널
6 글레이징 채널에 삽입된 12 WP PW 세트 상부 막지붕
7 150 X 75mm (6 X 3 인치) 박스형 부재
8 연철 플레이트
9 연철 플레이트
10 목제 칸막이벽
11 실리콘
12 창 프레임

46
Smith-Miller+Hawkinson Architects

Mustang Meadow
Colorado, USA

Client
Dennis Goggin

Area
317 square metres (3,415 square feet)

Project Team
Henry Smith-Miller, Ferda Kolatan, Michael Johnston, Luben Dimcheff, Twitee Vajrabhaya, Dannon Canterbury

Structural Engineer
Buckhorn Geo Tech

Mechanical Engineer
Carstel Engineering

Landscape Architect
Quennell Rothschild and Partners

Main Contractor
Kent Building Company

Mustang meadow house는 콜로라도주 록키 산맥으로부터 조금 떨어진 암석 대지 위에 자리잡고 있다. 충적기에 형성된 광대한 초원의 경계에 위치하는 이 주택에서는 수백만 에이커에 걸쳐 펼쳐져 있는 숲과 산의 광대한 전경을 즐길 수 있다. 건물 형태의 원형은 미국 전통의 공동 주택이었던 'long house'에서 찾아볼 수 있는데, 이는 대지의 지형과 의식의 종류에 맞게 만들어진 공간으로 집회에 사용된 하나의 큰 방이었다. 주택은 동서 방향으로 뻗어 있어 산과 계곡을 서로 연결한다. 북쪽으로는 숲에 의해 막혀 있으며, 남쪽으로는 초원을 향해 열려 있다.

구불구불한 도로는 불투명한 북측 파사드에 설치된 입구로 이어진다. 부분적으로 '쪼개진' 공간을 통해서 외피 뒤로 숨겨져 있던 내부 공간이 드러난다. 건물의 외피는 내부 공간을 감싸고, 접어들며 공간을 형성한다. 거대한 '차양'은 남쪽을 향하는 공간에 그림자를 드리우며, 직사일광을 차단하면서도 외부 경관을 즐길 수 있도록 한다. 창과 문은 외피가 쪼개져 있는 틈과 접혀 있는 부분에 설치되었다. 건물의 단면은 주택을 관통하여 시각적인 통로를 형성할 수 있도록 분해되었다. 합판을 사용한 내벽과 두꺼운 판자를 사용한 외벽, 유리를 끼운 개구부와 유리를 끼우지 않은 개구부는 모두 대지 내에서 건물의 존재감을 더욱 강조하고 있다.

1 북측 파사드를 이루는 수직 합판은 작은 개구부 몇 개와 캐노피가 설치된 큰 개구부를 제외하곤 공간을 완전히 폐쇄하고 있는데, 큰 개구부에는 주 출입구로 이어지는 계단과 이를 덮는 캐노피가 위치하고 있다.
2 입구 바로 위의 유리를 끼우지 않은 개구부는 2층 서고 측에 위치하는 테라스에서 외부의 경관을 바라볼 수 있는 액자의 역할을 한다.
3 합판 내장재를 사용한 2층 높이의 거실에서는 초원의 경관을 내다볼 수 있다. 상층부의 서재와 서고에서는 거실이 내려다 보인다.

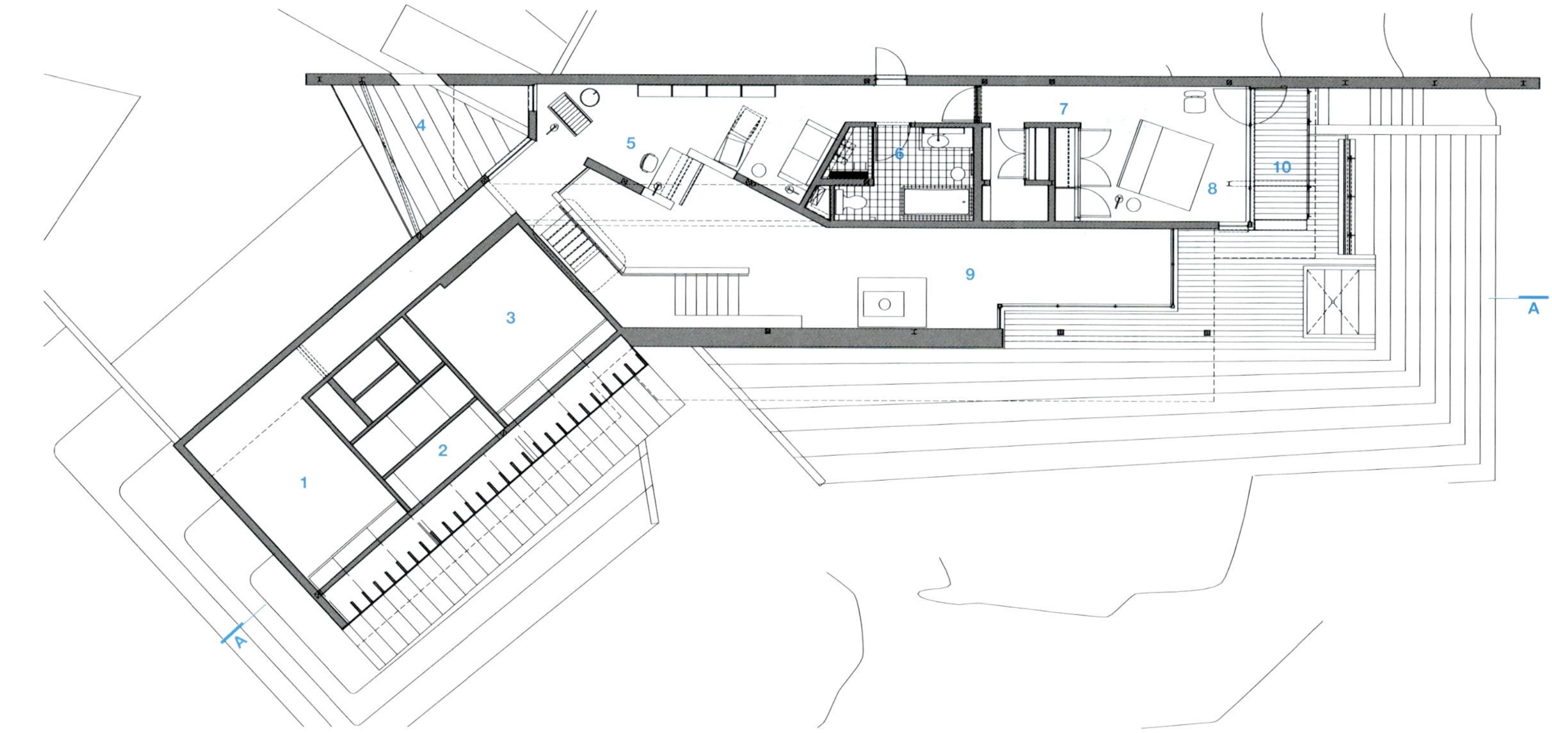

46.01
2층 평면도
1:200

1 침실
2 욕실 상부 천창
3 서재 및 침실 상부
4 테라스
5 서고
6 욕실
7 드레스룸
8 주침실
9 거실 상부
10 테라스

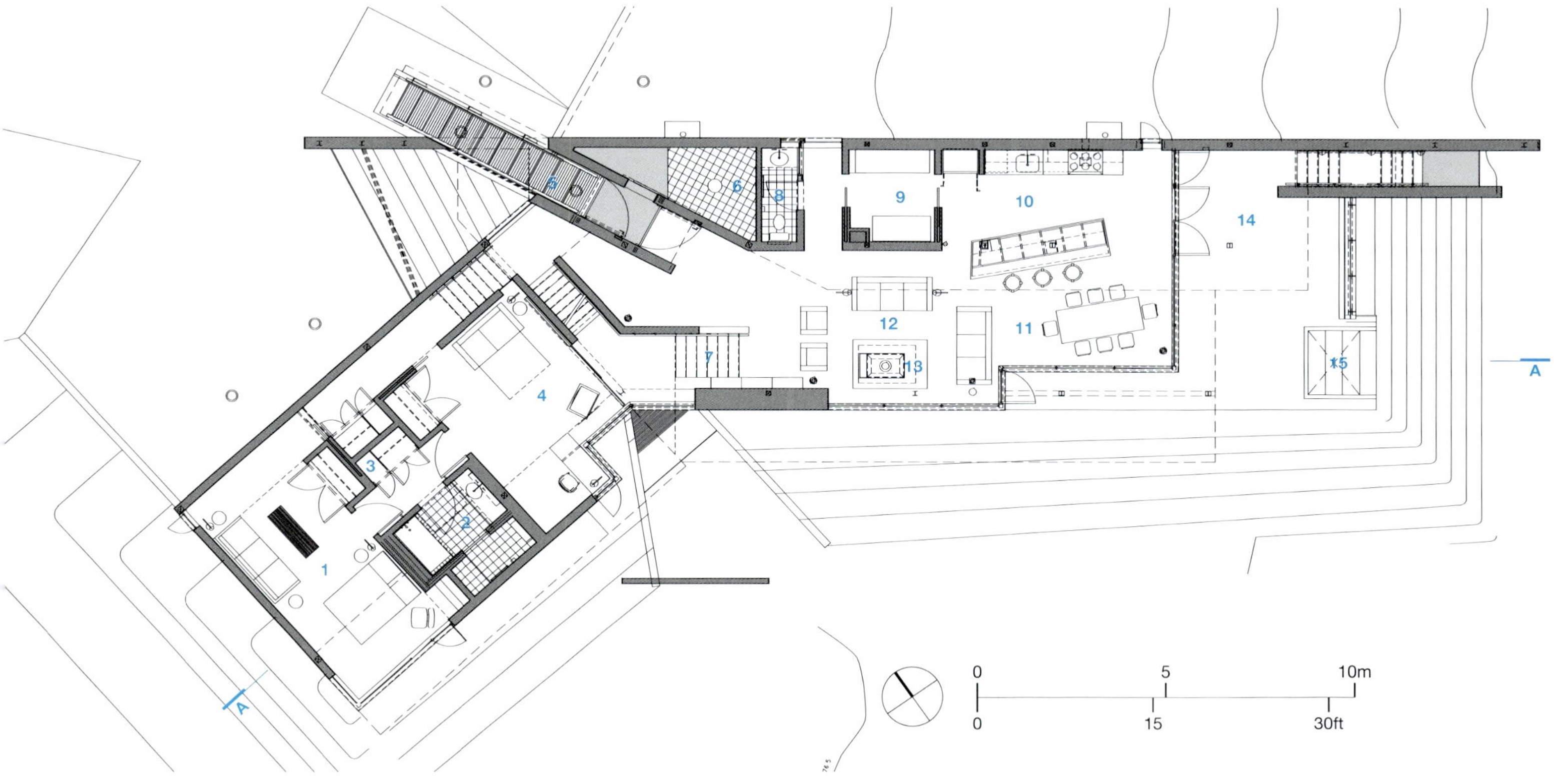

46.02
1층 평면도
1:200

1 침실
2 욕실
3 드레스룸
4 서재 및 침실
5 입구
6 진흙욕장
7 2층으로 이어지는 계단
8 화장실
9 식료품실
10 주방
11 식당
12 거실
13 벽난로
14 테라스
15 온수 욕조

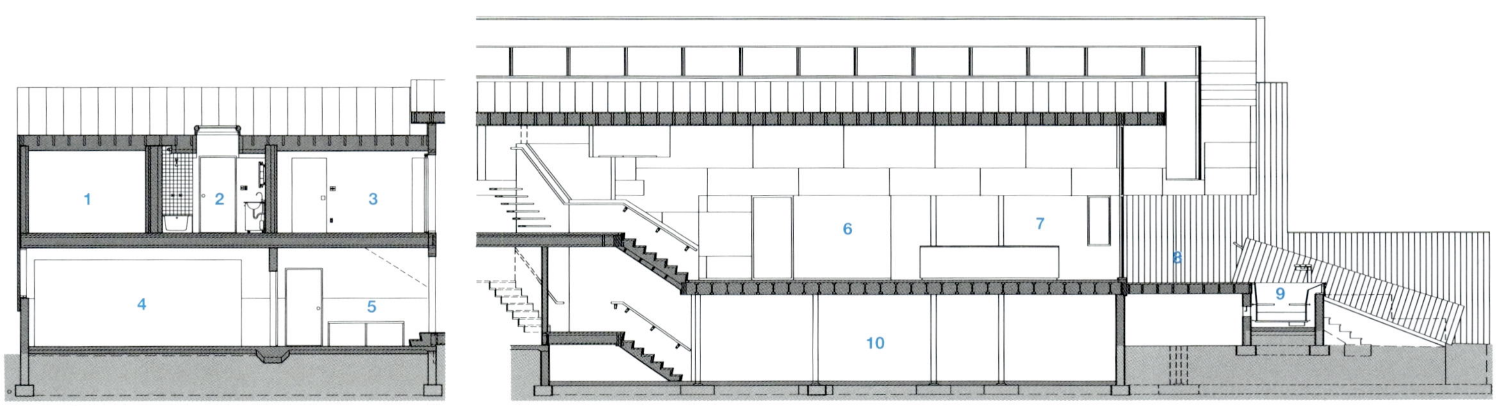

46.03
단면도 A-A
1:200

1 침실
2 욕실
3 서재 및 침실
4 침실
5 서재
6 거실
7 식당
8 테라스
9 온수 욕조
10 지하실

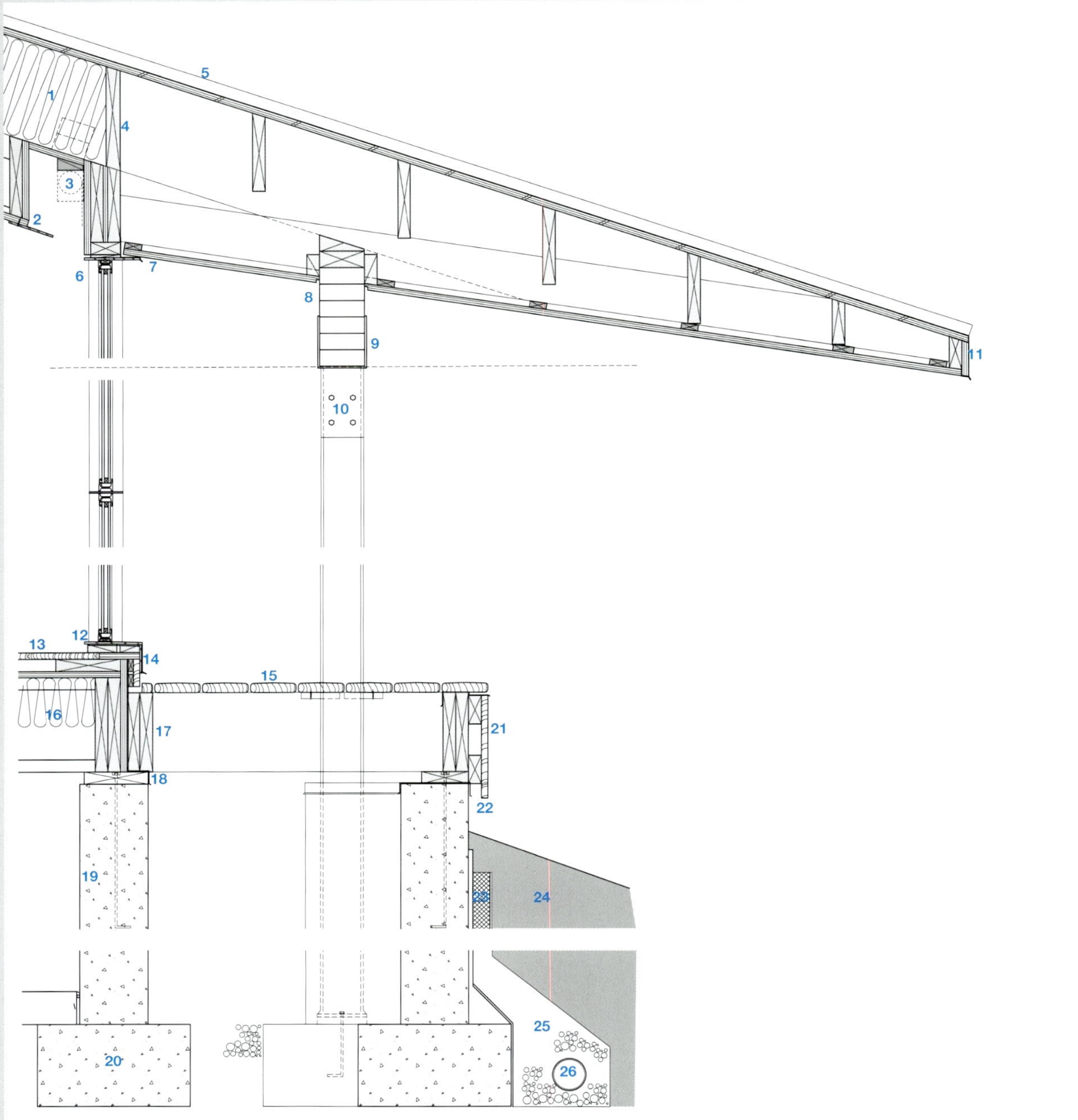

46.04
건물 단면 상세도
1:20

1 지붕 단열재
2 차양
3 회전도포식 차양
4 테이퍼 컷팅 서까래
5 지붕 시트
6 창문
7 천장 하부 마감재
8 집성재 보
9 기성 철제 스터럽
10 철제 기둥
11 띠벽
12 창턱
13 활엽수 바닥재
14 씰 덮개판
15 목제 데크
16 바닥 단열재
17 40 X 250mm (1 1/2 X 10인치) 여장
18 플래싱
19 철근콘크리트 기초
20 철근콘크리트 기초
21 띠벽
22 플래싱
23 경질 단열재
24 지중보
25 자갈층
26 배수구

46.05
계단 평면도
1:50

1 자갈층
2 콘크리트 패드
3 스트링거
4 와이어 메쉬 가이드 레일
5 지주
6 타일
7 상부 벽 경계선
8 스트링거
9 금속제 디딤판
10 벽
11 하부 조명 장치
12 문

46.06
계단 단면도
1:50

1 와이어 메쉬 가이드 레일
2 난간
3 알루미늄 앵글
4 스트링거
5 금속제 디딤판
6 금속제 난간
7 콘크리트 외벽

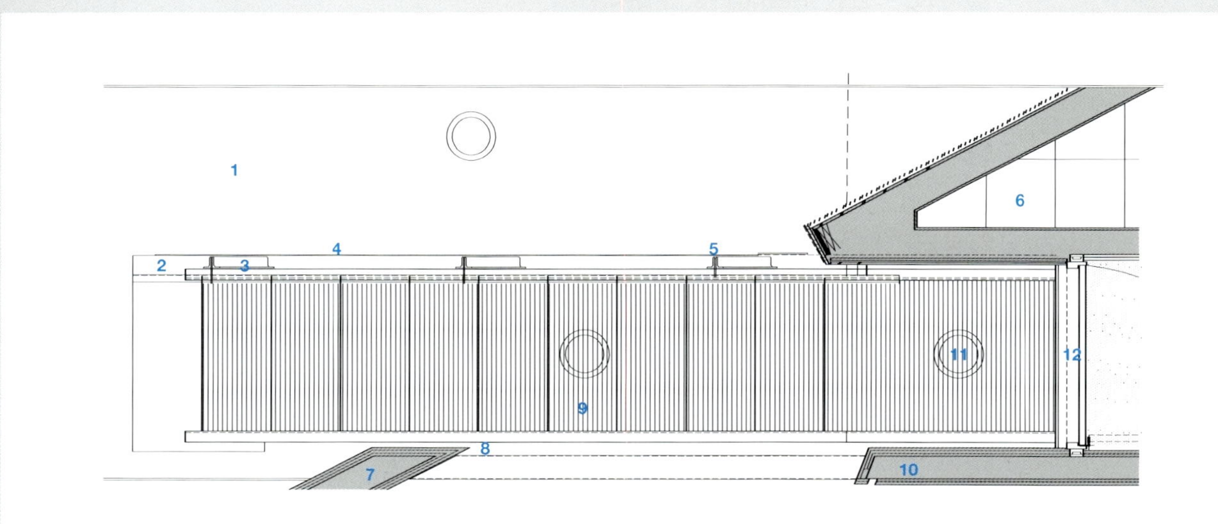

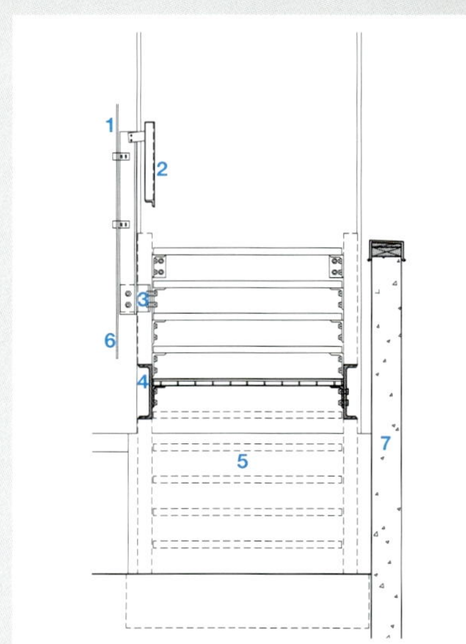

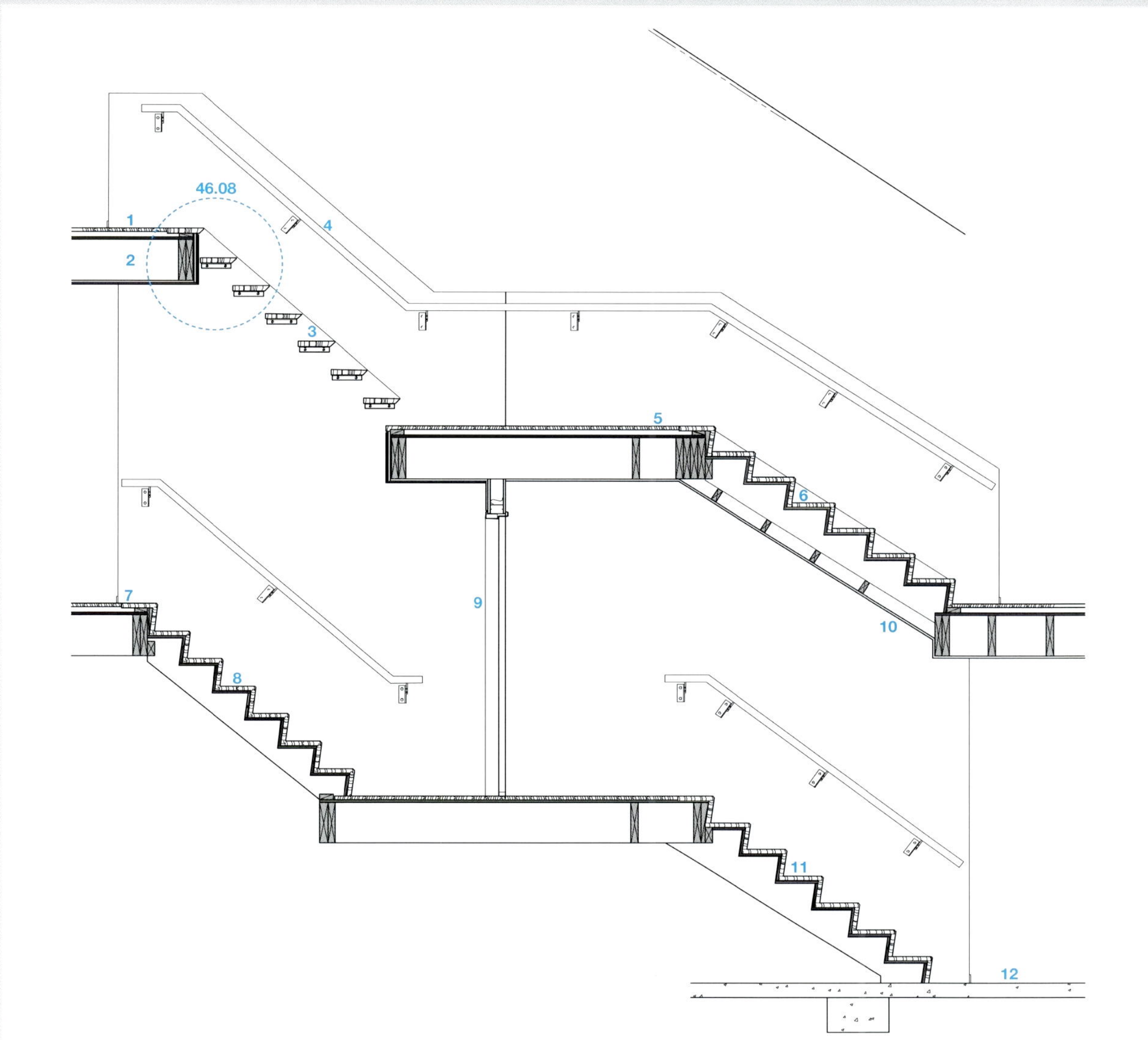

46.07
계단 상세도
1:50

1 활엽수 바닥재
2 50 X 250mm (2 X 10인치) 목제 프레임
3 챌판이 없는 목조 계단
4 활엽수 바닥재와 동일한 직경 50mm (2인치) 활엽수 난간
5 여타 디딤판과 동일한 재료를 사용한 최상부 디딤판
6 목제 디딤판 및 챌판
7 여타 디딤판과 동일한 재료를 사용한 최상부 디딤판
8 목제 디딤판 및 챌판
9 문
10 석고보드 천장재
11 목제 디딤판 및 챌판
12 콘크리트 바닥

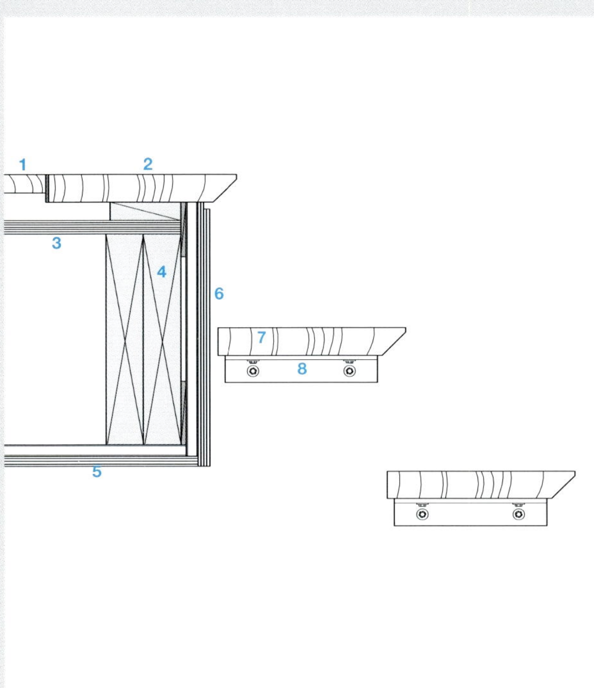

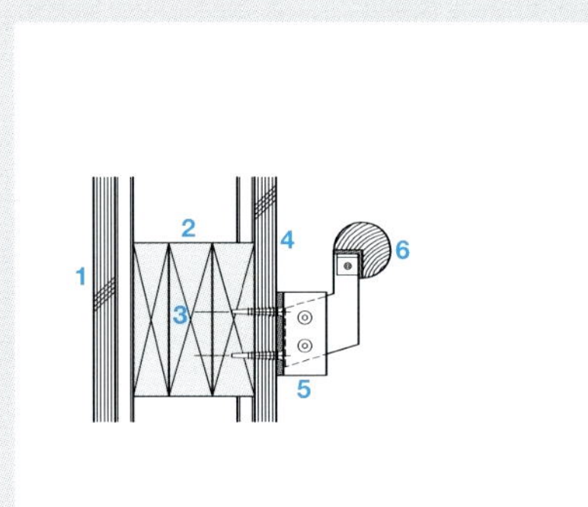

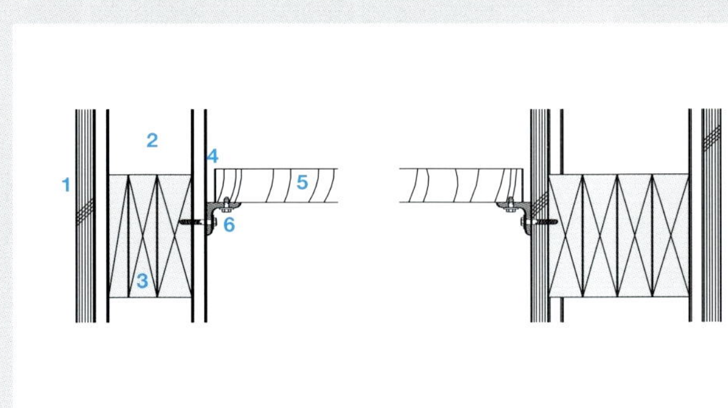

46.08
계단 단면 상세도 1
1:10

1 활엽수 바닥재
2 바닥면과 평평하게 설치한 목제 디딤판
3 합판 바탕마루
4 목제 프레임
5 합판 천장재
6 합판 띠벽
7 모서리가 경사진 목제 디딤판
8 벽에 고정시켜 디딤판을 지지하는 알루미늄 앵글

46.09
계단 단면 상세도 2
1:10

1 합판 천장재
2 공극
3 목제 프레임
4 합판 천장재
5 벽에 고정된 알루미늄 앵글
6 활엽수 난간

46.10
계단 단면 상세도 3
1:10

1 합판 천장재
2 공극
3 목제 프레임
4 벽과 디딤판 사이 섀도우 갭
5 목제 디딤판
6 알루미늄 앵글

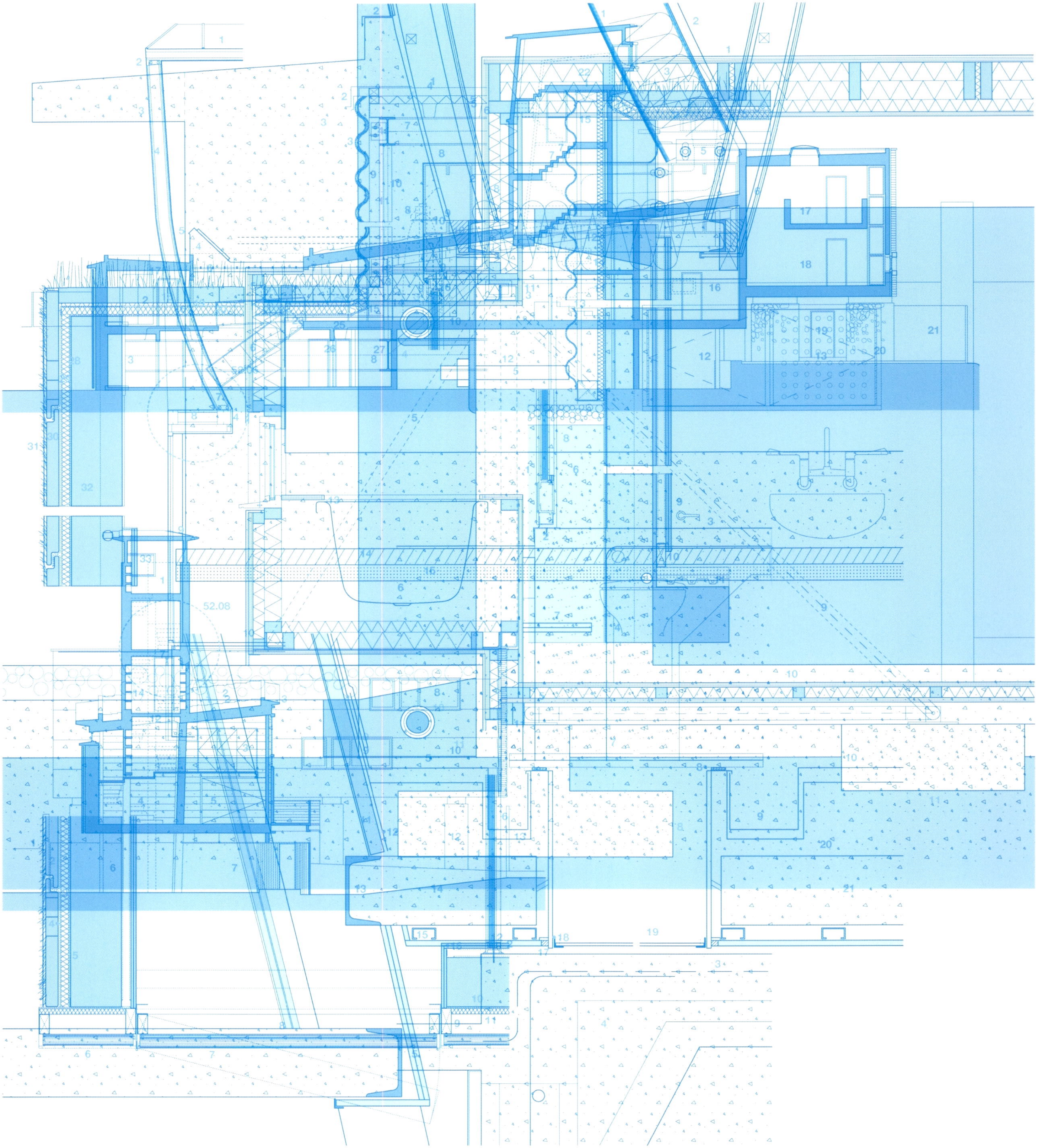

47–52 Aluminium, Bamboo, Plastic, Rubber and Straw 알루미늄, 대나무, 플라스틱, 고무, 짚

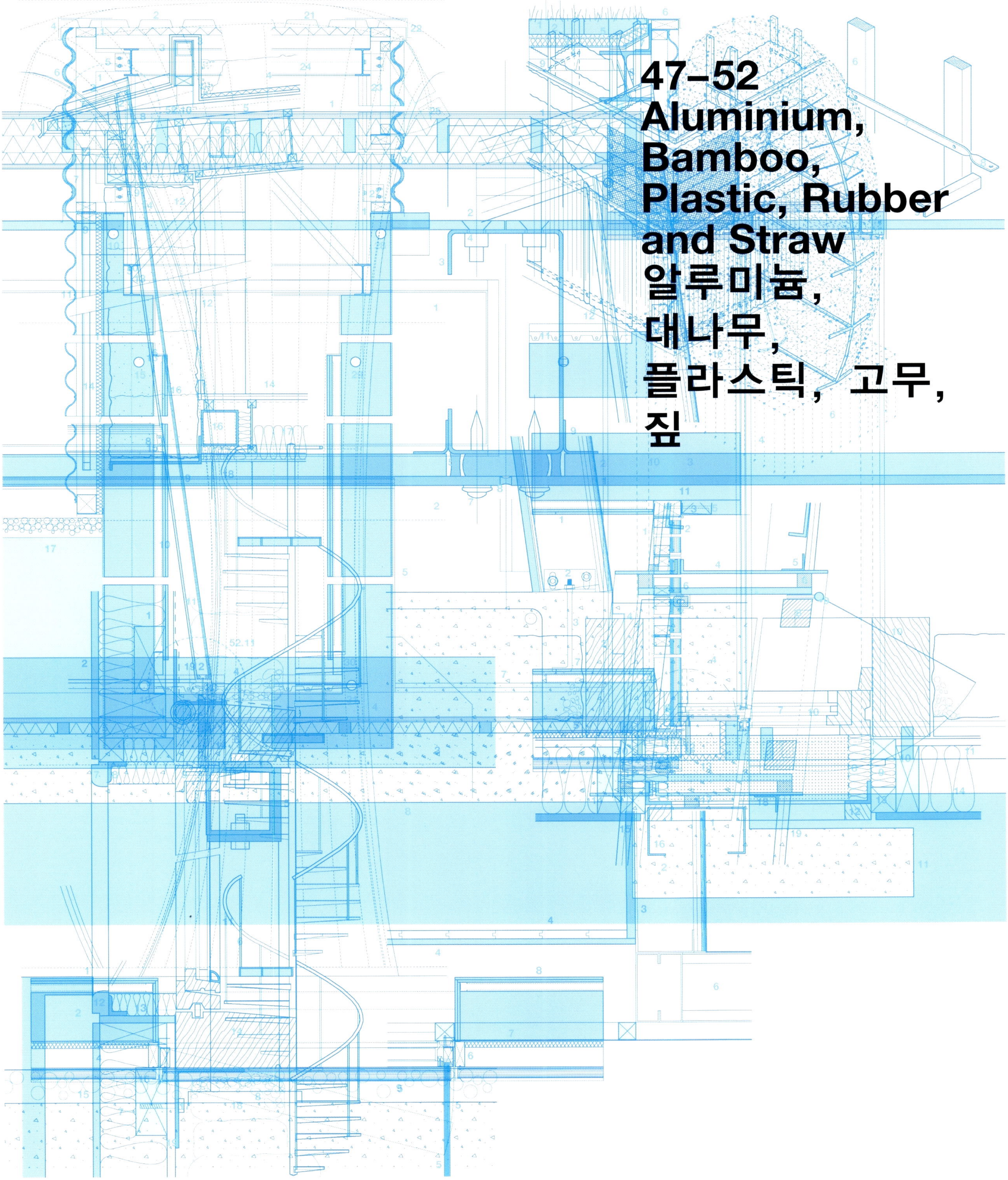

47
Ábalos + Herreros

Studio Gordillo
Madrid, Spain

Client
Luis Gordillo and Pilar Linares

Area
328 square metres (3,530 square feet)

Project Team
Iñaki Ábalos, Juan Herreros, Ángel Jaramillo, Renata Sentkiewicz, Auxiliadora Gálvez

Structural Engineer
Juan Gómez

Quantity Surveyor
José Torras

Landscape Architect
Fernando Valero

마드리드 근교에 위치하는 빛으로 가득찬 이 작업실은 기존의 주택에 대한 부속건물로써 만들어졌다. 독립적인 구조의 건물로 설계된 작업실은 지면에 반쯤 묻혀 있는 선형의 구조물로, 지붕 위로는 2개의 채광정이 돌출되어 있다. 주 파사드는 거리로부터 5m (16피트)의 거리만큼 뒤로 물러나 대지의 동쪽 경계와 평행하게 형성되어 있다. 이 파사드의 뒤에 위치하는 주 매스에서 2/3의 공간은 주 작업실이 차지하고 있다. 나머지 1/3의 공간의 상부층에는 판화실, 사무실, 주방, 욕실이, 지하층에는 창고와 보존실이 각각 위치하고 있다. 지붕은 정원이 확장된 공간으로 설계되었다. 남북 방향으로 설치된 2개의 채광정은 작업실에 빛을 받아들인다.

328m^2 (3,530ft^2) 크기의 건물은 반투명 폴리카보네이트와 덩굴류 식물을 활용하여 그 크기가 실제보다 작게 느껴지도록 하는 방식을 취하고 있다. 전자의 요소는 이 건물을 인근의 건물들과 차별화시키며, 회화 작업에 적절한 밝은 환경을 제공함은 물론 야간에는 건물이 하나의 표지가 될 수 있도록 한다. 후자의 요소는 건물이 대지와 조화로운 관계를 맺을 수 있도록 하는데, 이러한 효과는 정원을 향해 작업실을 개방할 수 있도록 하는 슬라이딩 판넬에 의해 더욱 강화된다. 결과적으로 반쯤 파묻힌 내부 공간은 자연광 그 자체를 하나의 광대한 재료로써 활용하며, 회화 작업에 필요한 특수한 사항들을 만족시킴은 물론 감각적이면서도 금욕적인 느낌의 건물을 연출하고 있다.

1

1 거리에서 바라볼 때, 건물은 폴리카보네이트로 만든 단층의 매스 위로 작업실에 자연광을 풍부하게 받아들이는 2개의 채광정이 올려져 있는 듯한 모습으로 나타난다.

2 북측에 위치하는 2층 높이의 판화실은 슬라이딩 문과 여닫이 문을 통해 정원으로 개방된다.

3 건물의 모서리에서는 재료를 부드럽게 사용하여, 인공적인 건물과 자연 환경을 서로 연결하는 전이공간을 형성하고 있다.

4 야간에 폴리카보네이트 판넬은 정원에 부드러운 빛을 드리운다. 목제 데크와 간결하게 정리된 지면 역시 이러한 느낌을 더욱 두드러지게 한다.

5 채광정을 통해 밝은 자연광을 받아들이고 있는 주 작업실의 모습. 백색의 벽과 구조체, 광택 처리한 콘크리트 바닥은 유입된 자연광을 공간 전체에 채운다.

2

3

4

5

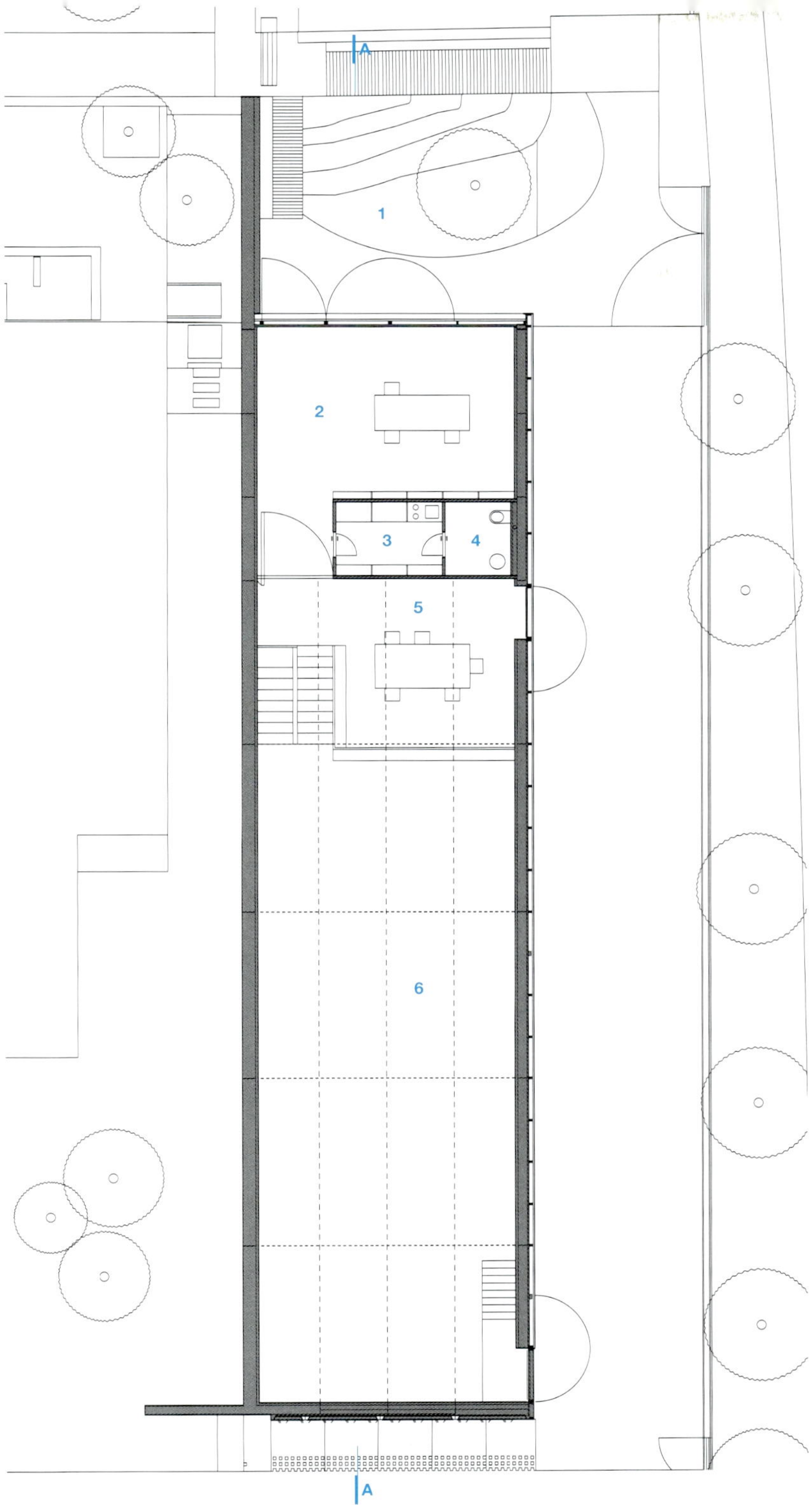

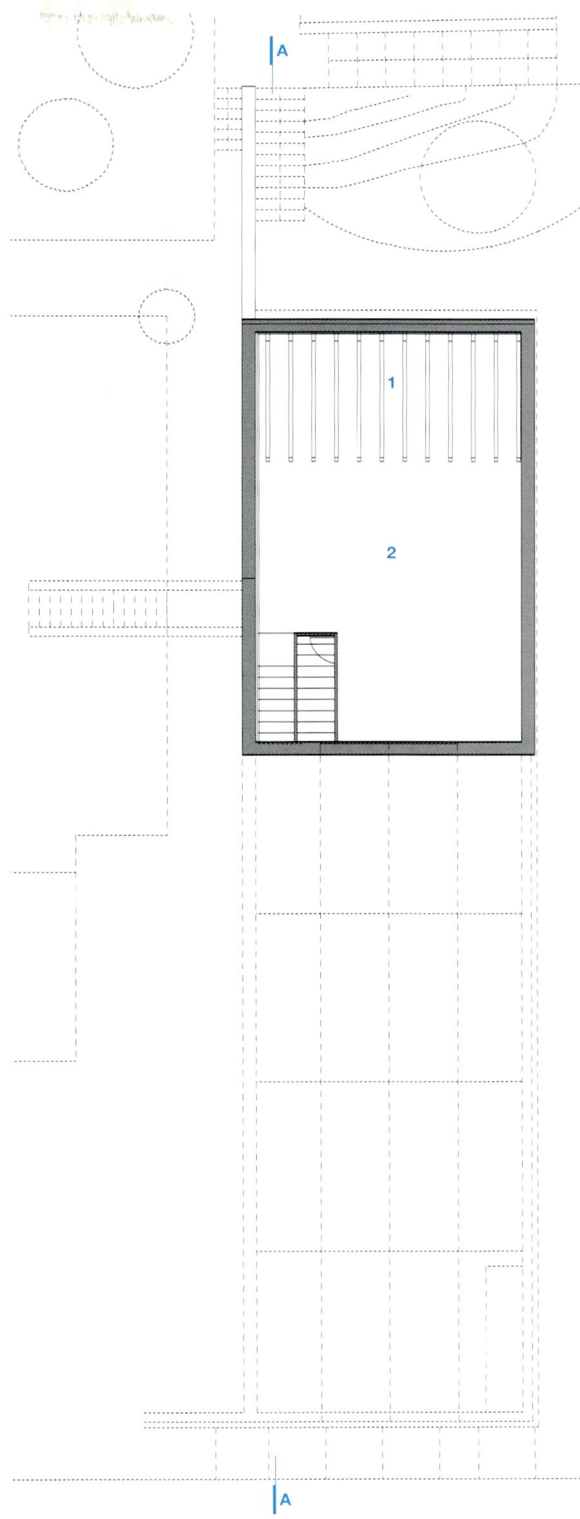

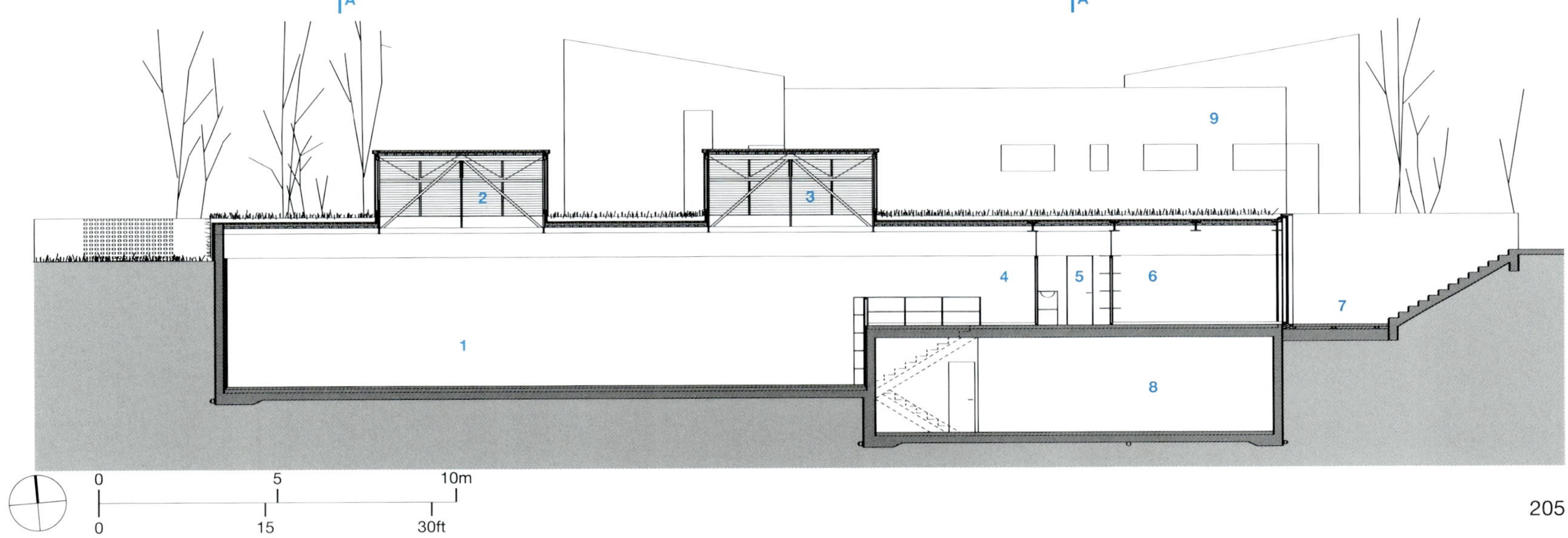

47.01
1층 평면도
1:200
1 정원
2 판화실
3 주방
4 욕실
5 사무실
6 주 작업실

47.02
지하층 평면도
1:200
1 보존실
2 창고

47.03
단면도 A-A
1:200
1 주 작업실
2 채광정
3 채광정
4 사무실
5 주방
6 판화실
7 정원
8 보존실 및 창고
9 후면 주택

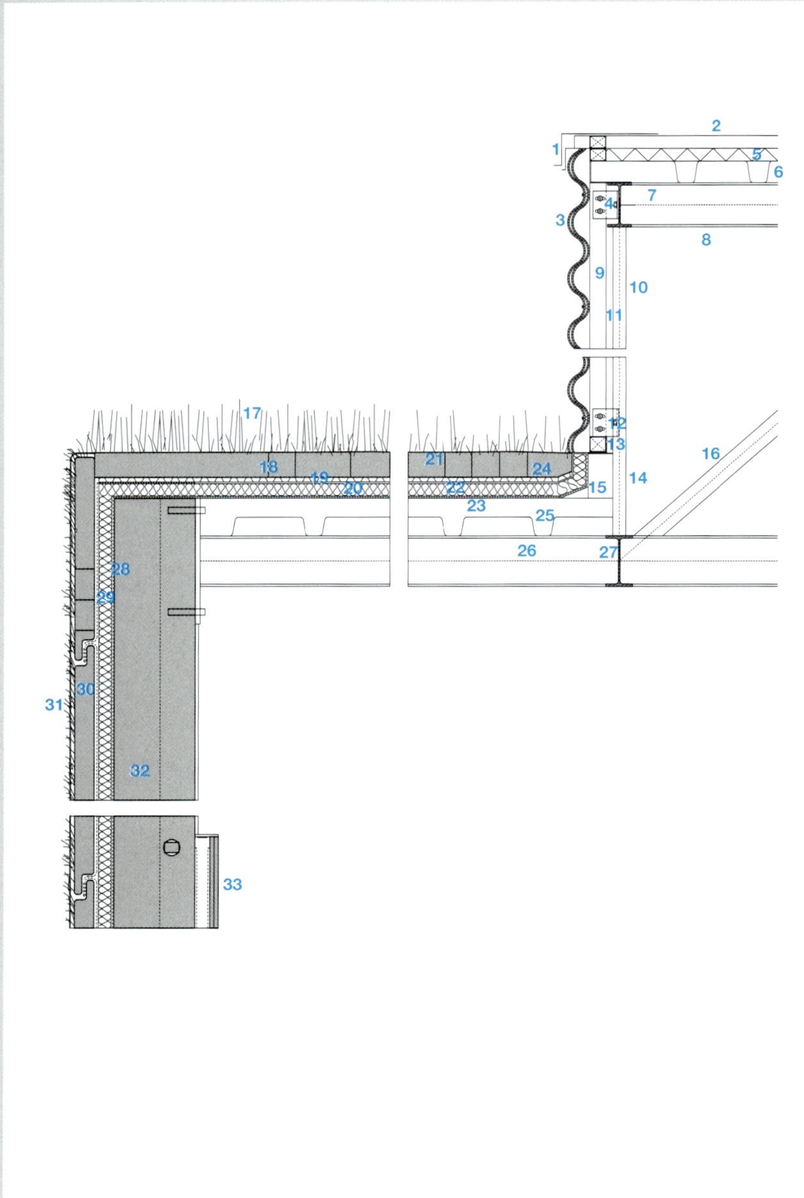

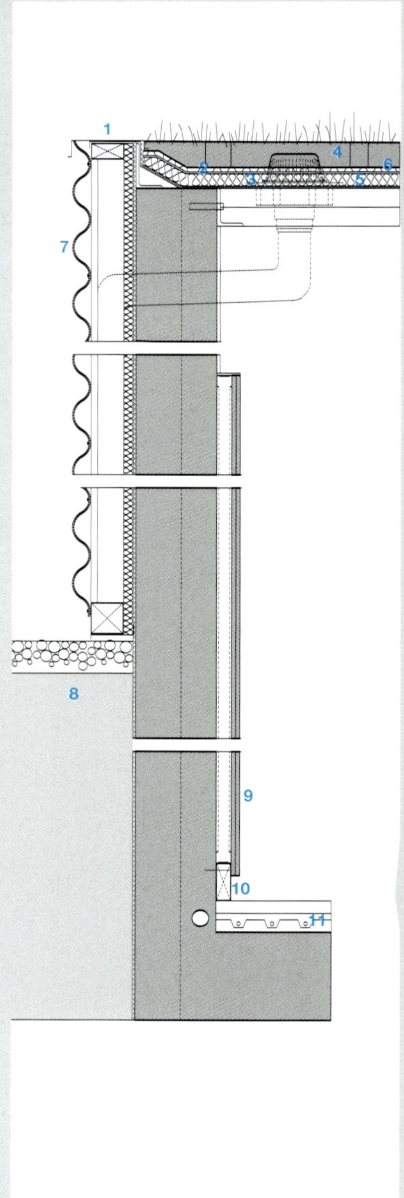

47.04
채광정 상세도
1:20

1 단부 골판
2 철제 지붕 시트
3 폴리카보네이트 골판
4 철제 앵커 앵글
5 40mm (1 1/2인치) 사출 성형 폴리스티렌
6 절판 슬라브
7 S자형 160게이지 압연강
8 S자형 160게이지 압연강
9 압연 강관 하부 구조
10 S자형 80게이지 압연강
11 압연 강관 하부 구조
12 철제 앵커 앵글
13 압연 강관 하부 구조
14 S자형 80게이지 압연강
15 지지용 블록
16 S자형 120게이지 압연강
17 지붕 표면 상부 식재
18 방수막
19 합성 수지 펠트로 만든 분리층
20 40mm (1 1/2인치) 사출 성형 폴리스티렌
21 80mm (3인치) 하층토
22 합성 수지 펠트로 만든 분리층 및 사출 성형 폴리스티렌 경질 단열재
23 방수막
24 배수구
25 60mm (2 1/3인치) 콘크리트 슬라브 하부 철제 절판 슬라브
26 W자형 압연강 벨트
27 라미네이트 강제 I형 강 보
28 S자형 160게이지 압연강
29 합성 수지 펠트로 만든 분리층 및 사출 성형 폴리스티렌 경질 단열재
30 40mm (1 1/2인치) 사출 성형 폴리스티렌
31 식물 재배를 위한 메쉬
32 철근콘크리트 베어러 벽
33 자체 지지 구조 석고 보드 칸막이벽

47.05
벽 및 지붕 상세도
1:20

1 배수구
2 방수막
3 40mm (1 1/2인치) 사출 성형 폴리스티렌
4 80mm (3인치) 하층토
5 합성 수지 펠트로 만든 분리층
6 단부 골판
7 폴리카보네이트 타공 골판
8 배수용 자갈층 상부 토층
9 자체 지지 구조 칸막이벽
10 굽도리널
11 Polytherm 바닥 난방 설비

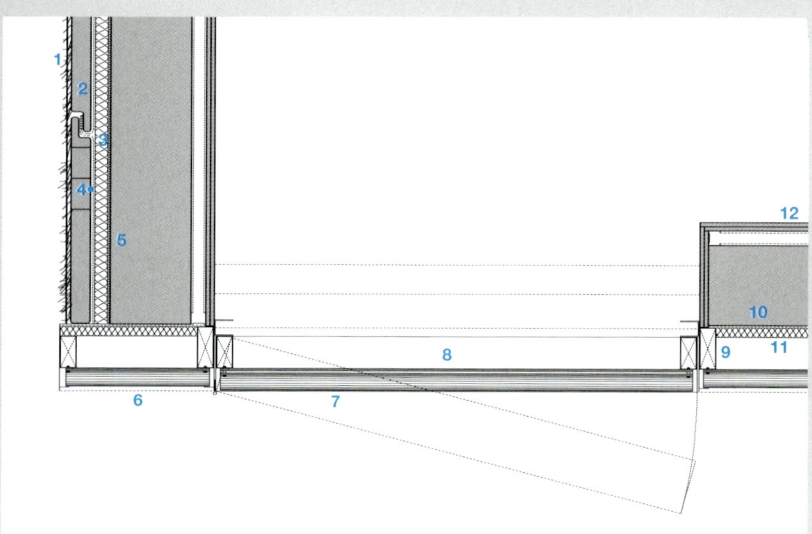

47.06
외벽 및 창문 코너부 상세도
1:20

1 식물 재배를 위한 메쉬
2 강성 보강 폴리엔틸렌 판넬
3 40mm (1 1/2인치) 사출 성형 폴리스티렌
4 합성 수지 펠트로 만든 분리층
5 방수막
6 외벽 판금 마감
7 폴리카보네이트 타공 골판
8 폴리카보네이트 타공 2중 곡선 골판
9 압연 강관 하부 구조
10 방수막
11 합성 수지 펠트로 만든 분리층 및 사출 성형 폴리스티렌 경질 단열재
12 자체 지지 구조 석고 보드 칸막이벽

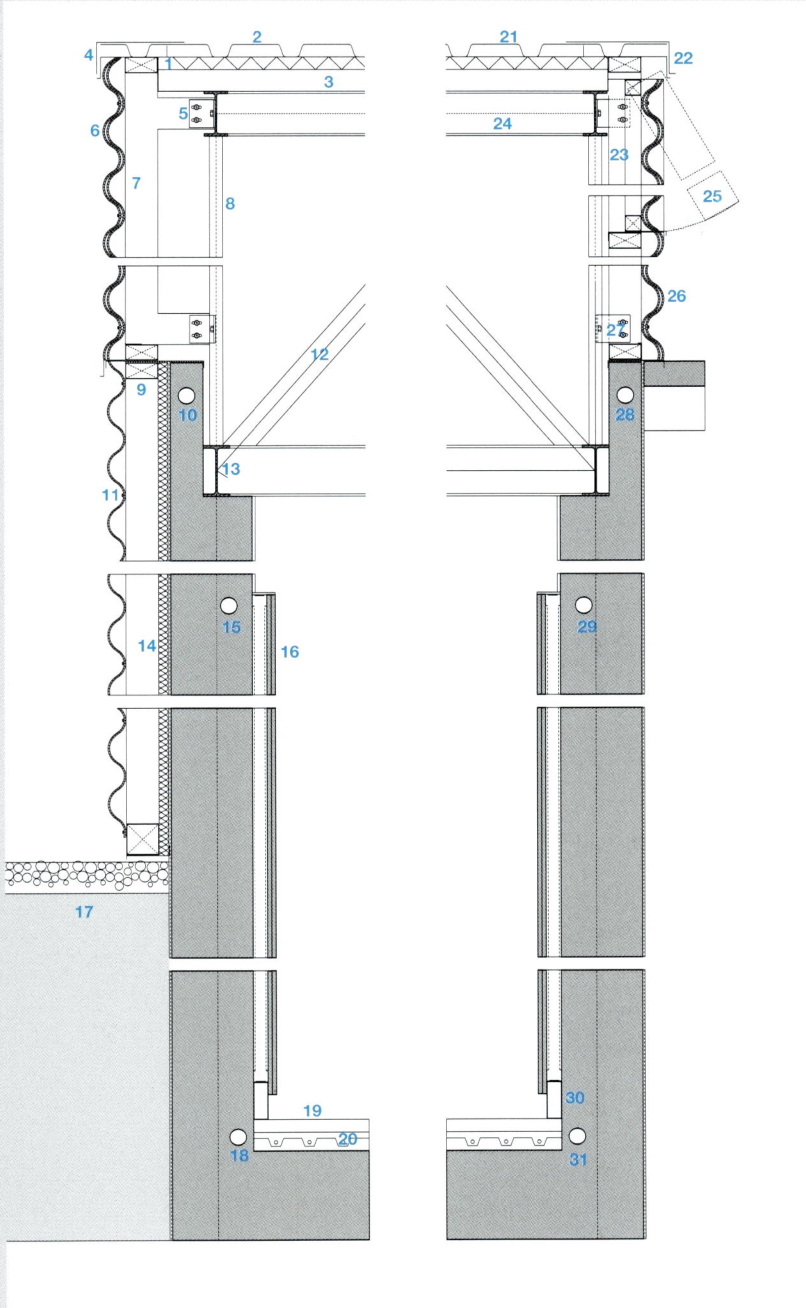

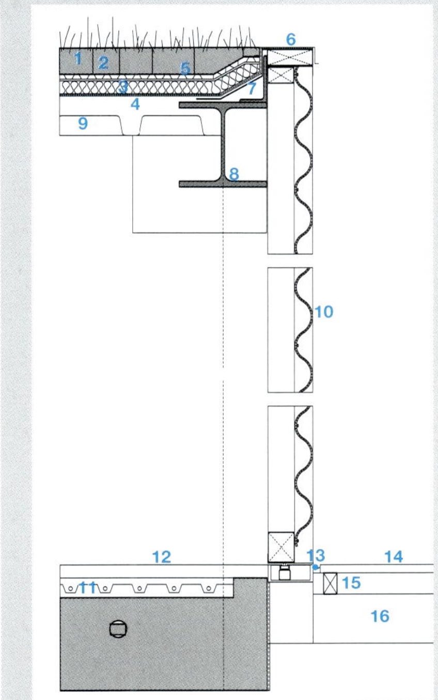

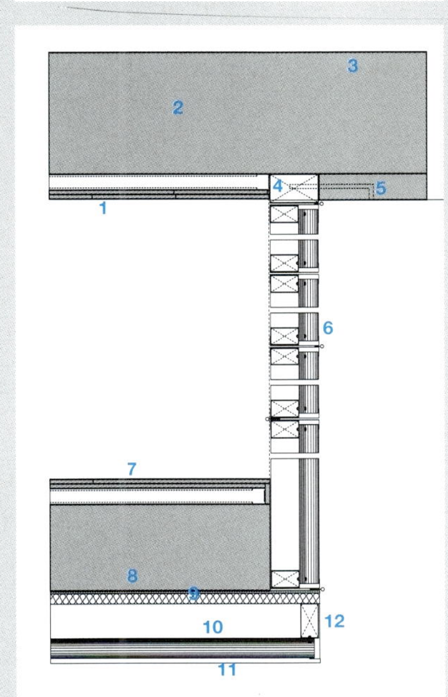

47.07
채광정 및 외벽 상세도
1:20
1 40mm (1 1/2인치) 사출 성형 폴리스티렌
2 은회색 프렛 시트
3 철제 절판 슬라브
4 철제 절판 립
5 앵커 앵글
6 폴리카보네이트 타공 2중 곡선 골판
7 라미네이트 강관 하부 구조
8 S자형 80게이지 압연강
9 압연 강관 하부 구조
10 철근콘크리트 벽
11 폴리카보네이트 타공 골판
12 S자형 120게이지 압연강
13 S자형 160게이지 압연강
14 합성 수지 펠트로 만든 분리층 및 사출 성형 폴리스티렌 경질 단열재
15 철근콘크리트 베어러 벽
16 자체 지지 구조 석고 보드 칸막이벽
17 배수용 자갈층 상부 토층
18 철근콘크리트 베어러 벽
19 테라조 내장 판석
20 Polytherm 바닥 난방 설비
21 은회색 프렛 시트
22 철제 립
23 S자형 160게이지 압연강
24 S자형 160게이지 압연강
25 조절식 힌지가 달린 환기 판넬
26 폴리카보네이트 타공 2중 곡선 골판
27 앵커 앵글
28 철근콘크리트 벽
29 철근콘크리트 베어러 벽
30 알루미늄 관 굽도리 널
31 철근콘크리트 바닥

47.08
외벽 및 지붕 상세도
1:20
1 80mm (3인치) 하층토
2 합성 수지 펠트로 만든 분리층 및 배수구
3 40mm (1 1/2인치) 사출 성형 폴리스티렌
4 방수막
5 배수구
6 골판 마감재
7 지지용 블록
8 W자형 260게이지 라미네이트 강재
9 60mm (2 1/3인치) 콘크리트 슬라브 하부 철제 절판 슬라브
10 폴리카보네이트 타공 2중 곡선 골판
11 Polytherm 바닥 난방 설비
12 테라조 내장 판석
13 바닥과 벽 사이에 설치된 실리콘 줄눈
14 수지 가공 목제 데크
15 목제 장선

47.09
문 상세도
1:20
1 자체 지지 구조 석고 보드 칸막이벽
2 철근콘크리트 베어러 벽
3 철근콘크리트 벽
4 압연 강관 하부 구조
5 전기 설비 덕트
6 금속제 접이식 문 및 폴리카보네이트 타공 2중 곡선 골판
7 자체 지지 구조 칸막이벽
8 방수막
9 합성 수지 펠트로 만든 분리층
10 40mm (1 1/2인치) 사출 성형 폴리스티렌
11 폴리카보네이트 타공 골판
12 골판 마감재

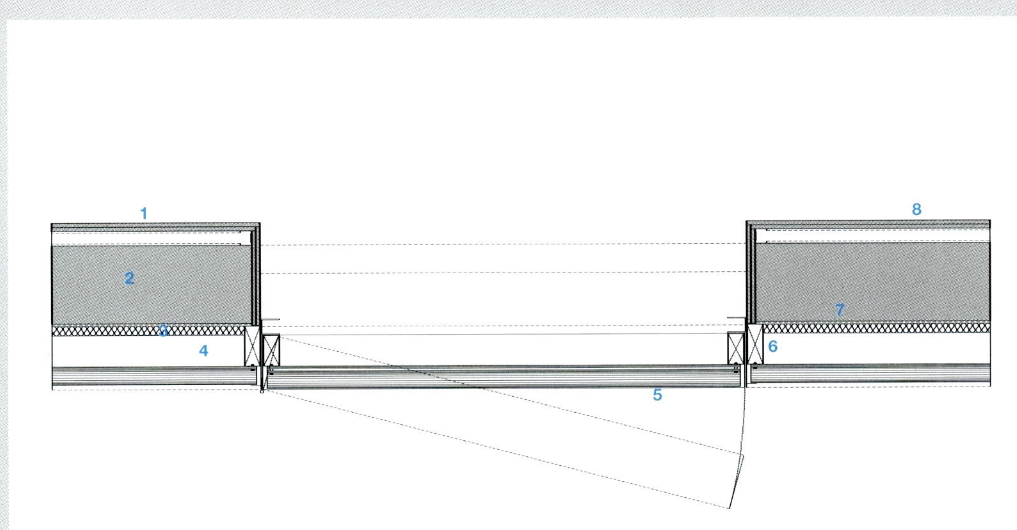

47.10
창문 상세도
1:20
1 자체 지지 구조 석고 보드 칸막이벽
2 철근콘크리트 베어러 벽
3 합성 수지 펠트로 만든 분리층
4 40mm (1 1/2인치) 사출 성형 폴리스티렌
5 폴리카보네이트 타공 골판
6 압연 강관 하부 구조 및 폴리카보네이트 판넬
7 방수막
8 자체 지지 구조 석고 보드 칸막이벽

48
Kengo Kuma & Associates

Plastic House
Tokyo, Japan

Area
173 square metres (1,860 square feet)

Project Team
Kengo Kuma, Hiroshi Nakamura

Structural Engineer
Kajima Design

Main Contractor
Kajima Design

Mechanical Engineer
Koizumi Jyusan

Electrical Engineer
Tada Enterprise

패션 사진작가인 건축주와 작가인 건축주의 어머니의 의뢰로 설계된 이 독특한 주택은 도쿄의 조밀한 도시 구조를 분할하고 있다. 각종 제약을 받는 151m² (1,625ft²)의 대지에 위치하고 있는 이 건물의 디자인은 최근 몇십년 동안 일본 도시 전역에 널리 퍼진 콘크리트 박스에서 탈피하고 있다. 대신에 융통성, 가벼움, 투명에서 불투명에 이르는 다양한 투명도 등의 장점을 갖는 재료인 플라스틱이 주요 건축 재료로 사용되고 있는데, 이 과정에서 플라스틱은 일본식 기둥-보 구조와 반투명 창호지 문으로 이루어진 전통 건축을 재해석해내는 매개체의 역할을 하고 있다.

철제 골조는 섬유 보강 폴리에스터 지주와 투명 플라스틱 나사못으로 플라스틱 스터드에 부착한 섬유 유리 판넬 중공벽으로 이루어진 외피 뒤로 감춰져 있다. 전방 파사드의 단부는 돌출되어 침실의 발코니와 지붕의 계단탑을 위한 골조가 된다. 건물 후면의 공간에 위치하는 플라스틱 다다미방은 반투명한 재료의 사용을 통해 지하 공간에까지 빛을 유입시킨다. 사진 작업실의 백색 바닥은 거실과 식당이 그러하듯이, 전정과 후정으로 확장된다. 남측 벽에 위치하는 계단은 플라스틱 디딤판으로 이루어져 있으며, 지하실에서 지붕 테라스에 이르기까지 전 층을 서로 연결한다. 지붕 테라스는 오락의 공간은 물론 외부 작업 공간으로써도 기능한다.

1 도시 지역의 좁은 대지 위에 놓인 이 주택은 3개의 층으로 구성되어 있으며, 최상부에는 지붕 테라스가 위치하고 있다. 거리에서 바라볼 때, 건물에서 가장 특징적인 부분은 건물에서 돌출된 큰 플라스틱 박스로, 이는 침실과 연결된 테라스의 역할을 함과 동시에 지붕 테라스로 이어지는 계단실을 감싸는 역할을 하기도 한다.

2 1층의 주방, 식당, 거실의 전경. 공간을 사진 작업실로 사용할 수 있도록 내부에 놓인 가구들은 경량으로 제작되어 필요시 이동시킬 수 있다. 철제 프레임과 플라스틱 디딤판으로 만들어진 계단은 상부층의 침실과 하부층의 공간으로 통한다.

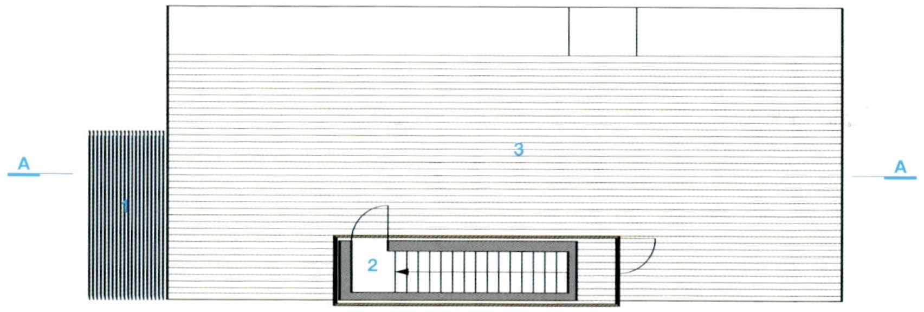

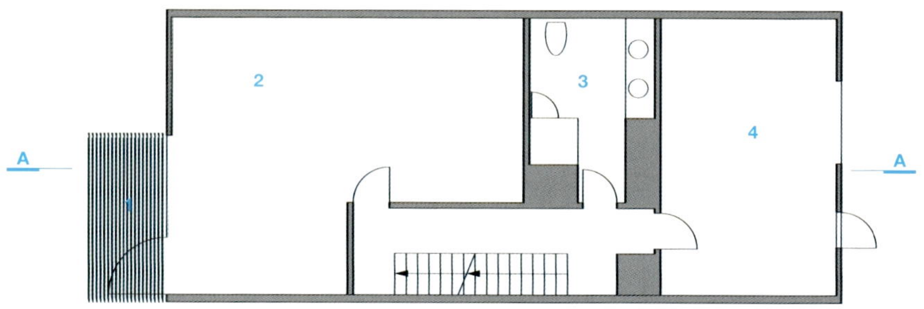

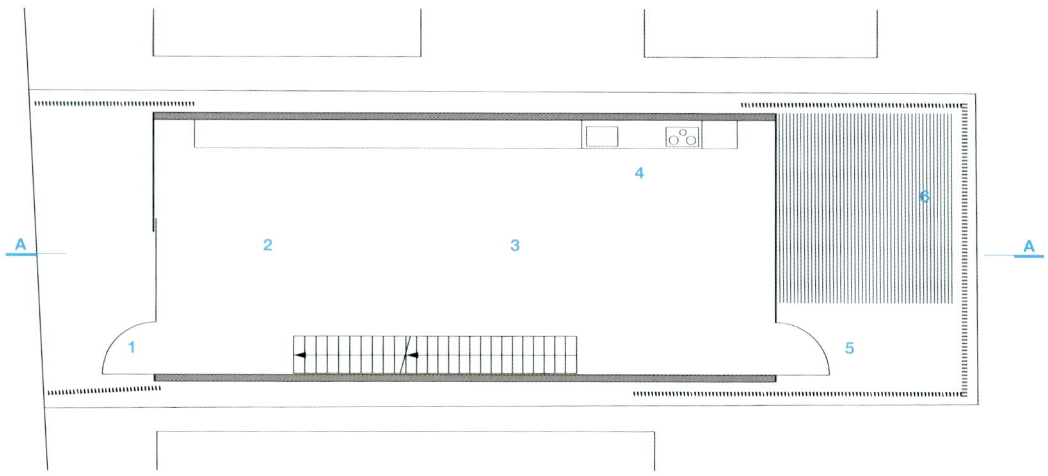

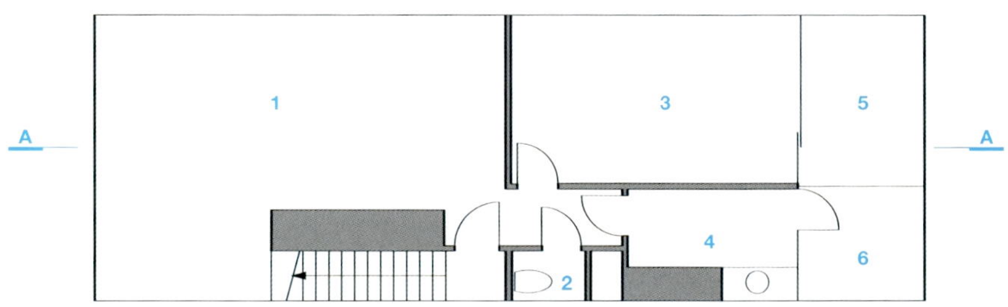

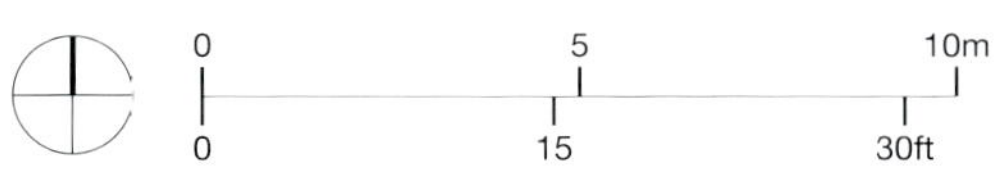

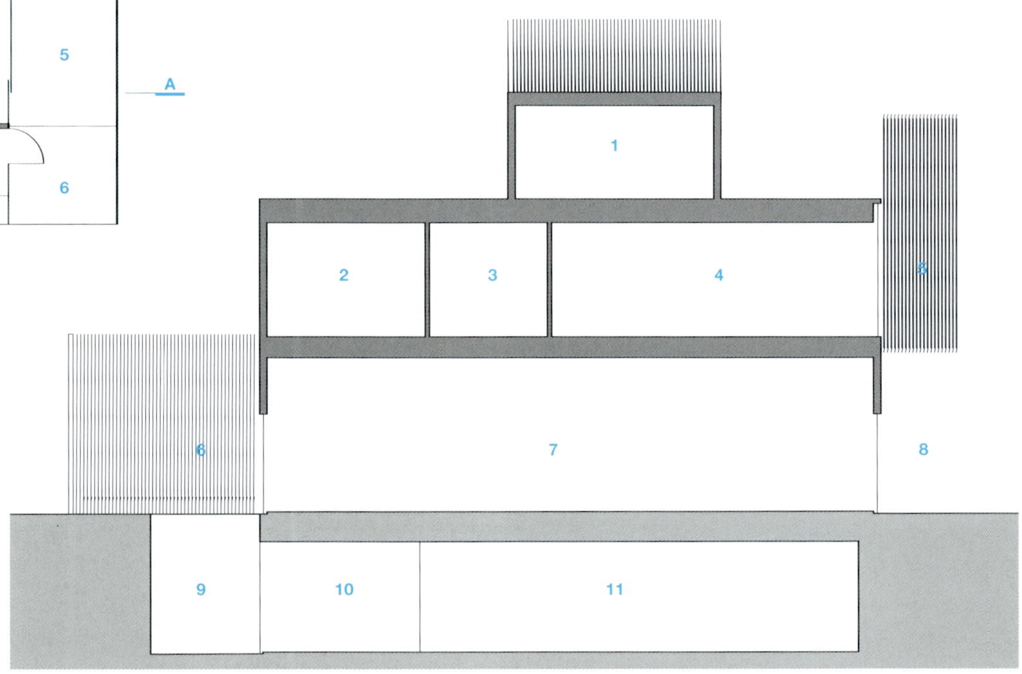

48.01
지붕 평면도
1:200
1 발코니 지붕
2 2층에서 이어지는 계단
3 지붕 테라스

48.02
2층 평면도
1:200
1 발코니
2 침실
3 욕실
4 침실

48.03
1층 평면도
1:200
1 입구
2 거실
3 식당
4 주방
5 중정
6 다다미방

48.04
지하층 평면도
1:200
1 갤러리
2 화장실
3 침실
4 욕실
5 벽장
6 샤워실

48.05
단면도 A-A
1:200
1 지붕 테라스로 통하는 계단
2 침실
3 욕실
4 침실
5 발코니
6 다다미방
7 거실, 식당, 주방
8 입구
9 벽장
10 침실
11 갤러리

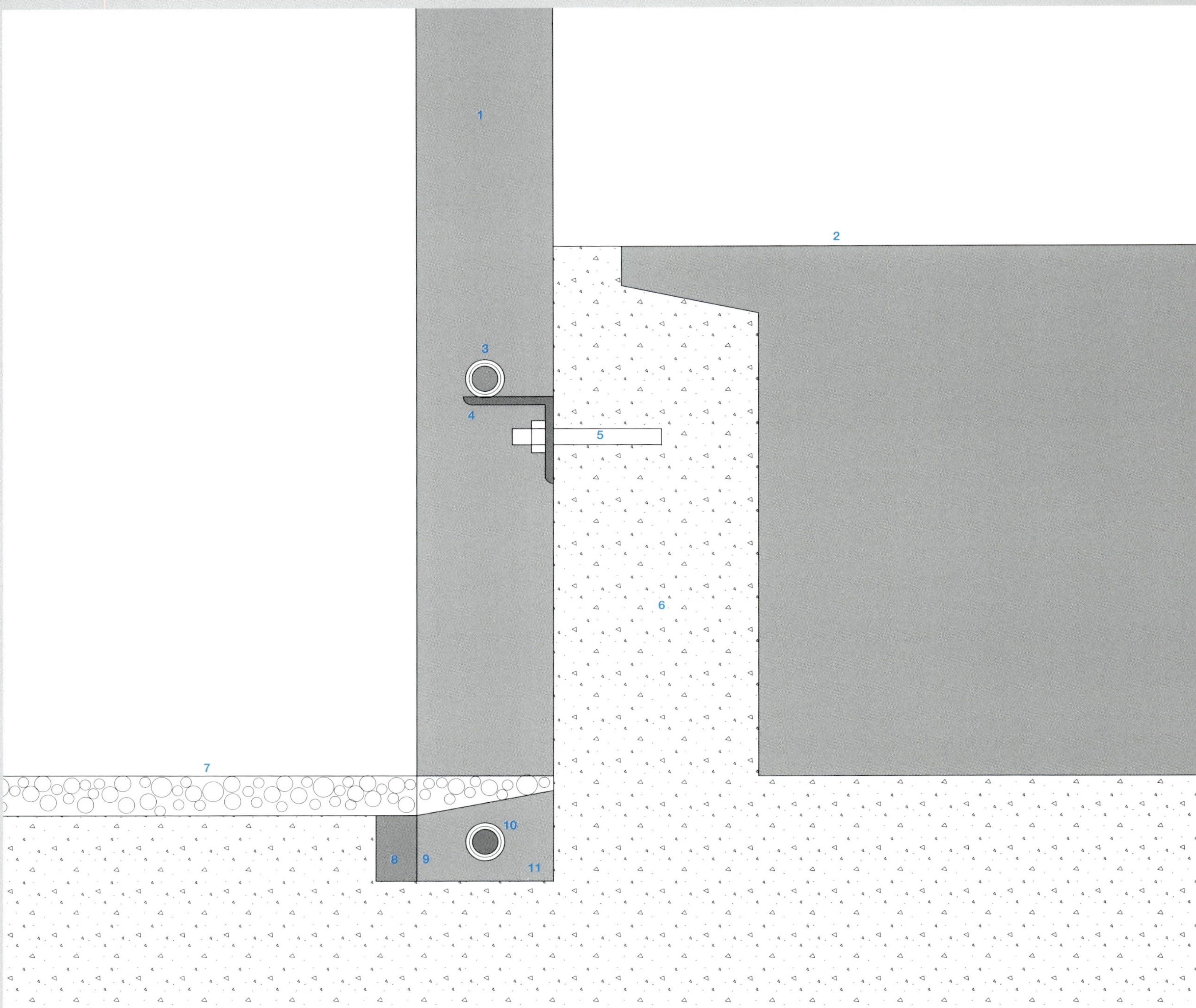

48.06
후방 정원 단면 상세도
1:4
1 100 X 22 X 5.5mm (4 X 7/8 X 1/5인치) 섬유 보강 플라스틱 기둥
2 내부 바닥 마감선
3 평철 난간
4 65 X 65mm (2 1/2 X 2 1/2인치) 금속 앵글
5 난간 앵글을 철근콘크리트 옹벽에 고정시키는 볼트
6 철근콘크리트 옹벽
7 대지 마감선 상부 자갈층
8 철제 플레이트
9 방수막
10 배수구
11 모르타르

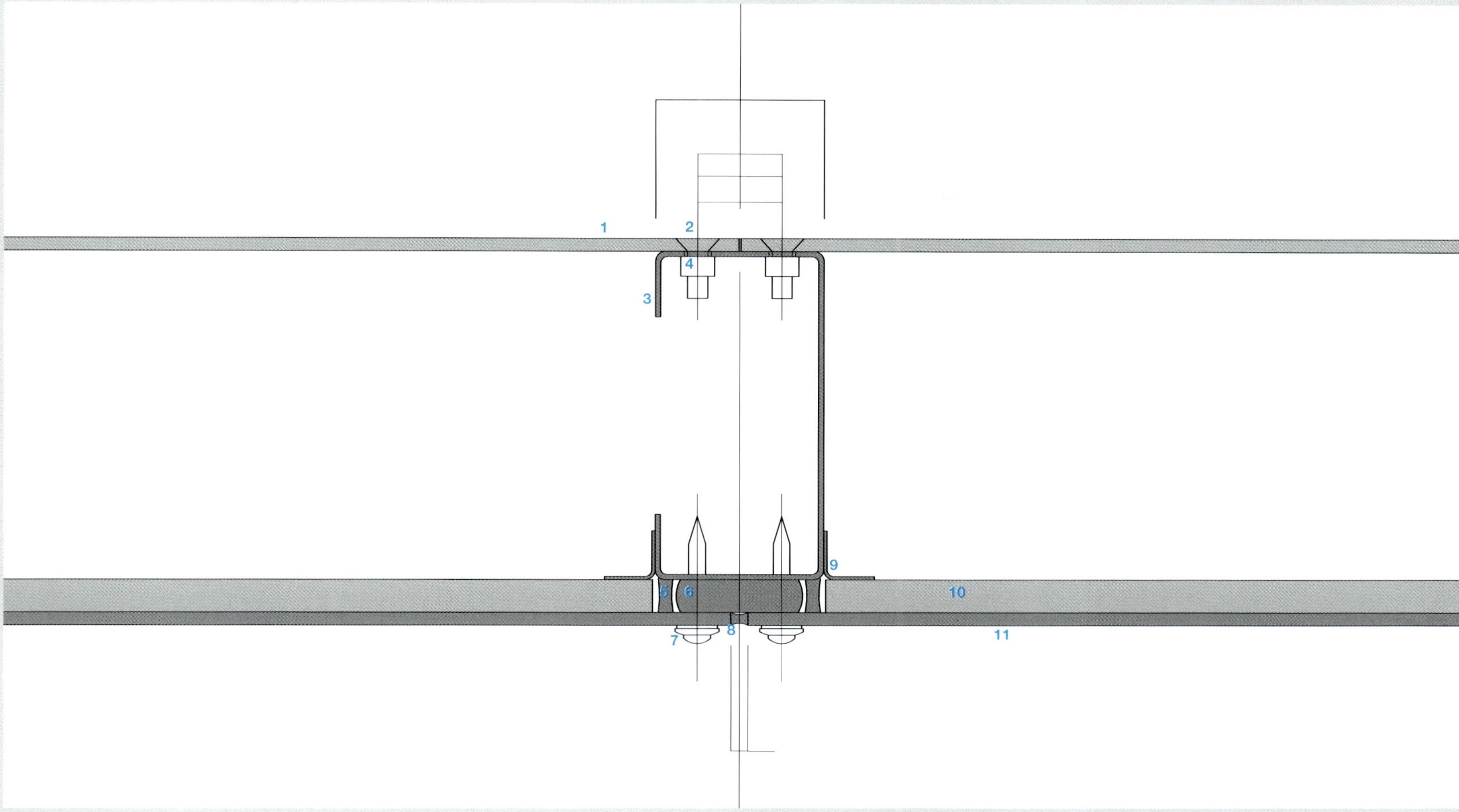

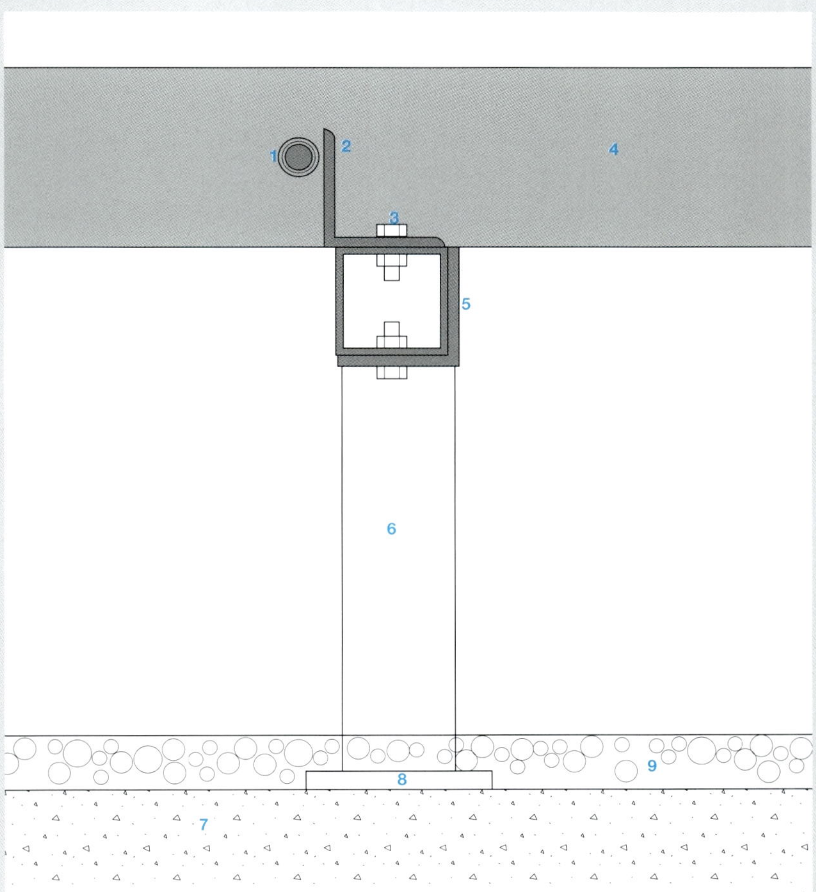

48.07
섬유 보강 플라스틱 외벽 상세도
1:2

1 투명 폴리우레탄을 코팅한 섬유 보강 플라스틱
2 평나사
3 방청 도료를 코팅한 100 X 50 X 20mm (4 X 2 X 3/4인치) 철제 채널
4 M4 너트
5 2중 실런트
6 부틸 고무
7 실러 와셔 및 M5 태핑 실런트
8 실리콘 실런트
9 15 X 15mm (3/10 X 3/10인치) 알루미늄 앵글
10 반투명 단열 시트
11 투명 폴리우레탄을 코팅한 섬유 보강 플라스틱

48.08
후방 정원 단면 상세도
1:4

1 철봉 난간
2 65 X 65mm (2 1/2 X 2 1/2인치) 금속 앵글
3 금속 앵글과 각관을 고정시키는 볼트
4 섬유 보강 플라스틱 보
5 60 X 60 X 4mm (2 1/3 X 2 1/3 X 1/8인치) 섬유 보강 플라스틱 보
6 60 X 60 X 4mm (2 1/3 X 2 1/3 X 1/8인치) 섬유 보강 플라스틱 기둥
7 철근콘크리트 슬라브
8 철제 플레이트
9 대지 마감선 상부 자갈층

49
Masaki Endoh + Masahiro Ikeda

Natural Ellipse
Tokyo, Japan

Client
Horiike Katunori

Area
132 square metres (1,420 square feet)

Project Team
Masaki Endoh, Masahiro Ikeda, Kenji Nawa

General Contractor
Ahagon-gumi Co. Ltd

놀라울 만큼 독특한 이 주택은 쇼핑과 야간 문화로 유명한 도쿄의 고밀도 지역에 위치하고 있다. 건물의 설계에 있어 중요하게 다루어졌던 부분은 건물을 외부 세계로부터 완전히 차단시키지 않으면서도, 소음과 밝은 빛으로 가득 찬 도시 속에 평화롭고 정숙한 공간을 만들어내는 것이었다. 거주자는 무작위적으로 보이는 패턴을 이루며 외피에 형성되어 있는 몇 개의 개구부를 통해 외부의 경관을 볼 수 있는데, 사실 개구부는 인근 건물의 특정한 모습을 담을 수 있도록 그 위치가 신중하게 결정된 것이다. 하늘을 향해 열려 있는 비밀스런 테라스는 건물의 정점에서 들쭉날쭉한 형태를 만들고 있는 볼록한 외벽 안에 둘러 싸여 있다. 바닥이 유리로 만들어진 이 테라스는 계단실을 통해 건물의 깊숙한 부분까지 자연광을 받아들이는 천장의 역할을 하기도 한다.

풍선 같은 모양의 매스는 속이 빈 타원형 코어를 둘러 싸며 수직적으로 설치된 24개의 타원형 고리로 만들어졌다. 건물의 형태에서 가장 두드러진 부분은 건물 전체를 감싸고 있는 섬유 보강 플라스틱(FRP) 외피로, 외피에는 내부 공간과 외부 공간을 연결하는 개구부가 극히 제한적으로 설치되어 있다. FRP 외피는 얇은 경량 플라스틱 막 내부에 일방향성 섬유를 삽입하여 만든 것이다. 섬유는 외피의 강도와 강성을 높이며, 플라스틱 막은 섬유를 고정시키고 충격으로부터 섬유를 보호한다. FRP를 사용함으로써 얻을 수 있는 장점은 하중이나 응력을 받았을 때 원래의 형태로 돌아간다는 점으로, 지진이 빈번한 일본에서는 매우 큰 장점이 된다. 도색 마감한 콘크리트 슬라브 바닥판, 도색 철제 플레이트로 만든 천장, 도색 광물섬유판으로 만든 벽 등 건물 내부에 사용된 재료와 마감 방식은 간결하면서도 금욕적인 느낌을 준다.

1

2
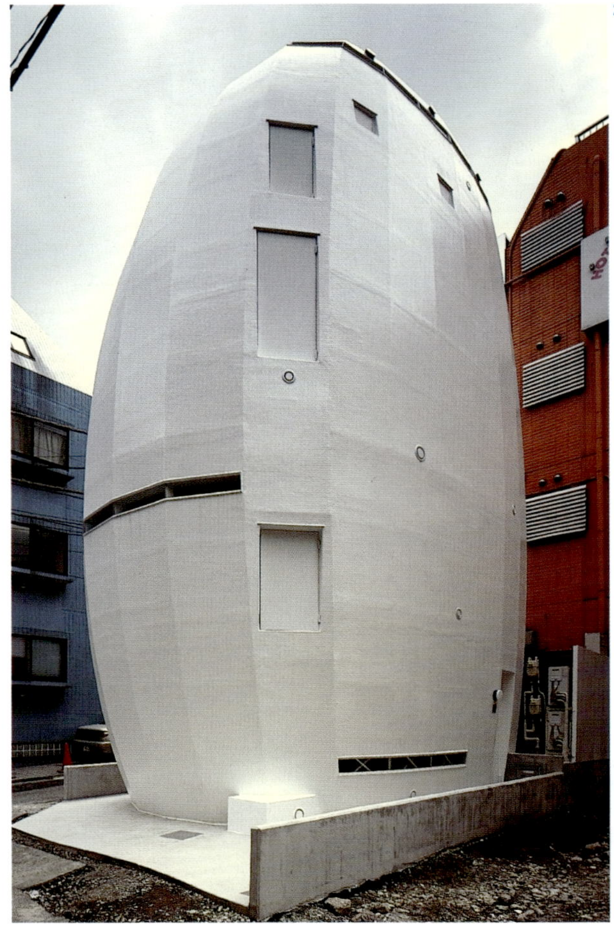

1 무질서한 도시 경관 속에서 고립된 듯한 느낌을 주는 이 건물은 내부 공간의 모습을 겉으로 거의 드러내지 않는다.
2 플라스틱 외피에는 무작위적으로 개구부가 형성되어 있는데, 창에 설치된 백색 블라인드는 직사일광으로부터 내부 공간을 보호한다.
3 오목한 지붕에는 유리 바닥판이 사용되어 빛을 받아들이며, 내부로 유입된 빛은 다시 타공판으로 만든 계단을 통해 분산된다.
4 건물을 이루는 모든 부분은 백색으로 도색되어 내부 공간에서는 오직 거주자만이 색을 갖는 요소가 된다.

3

4

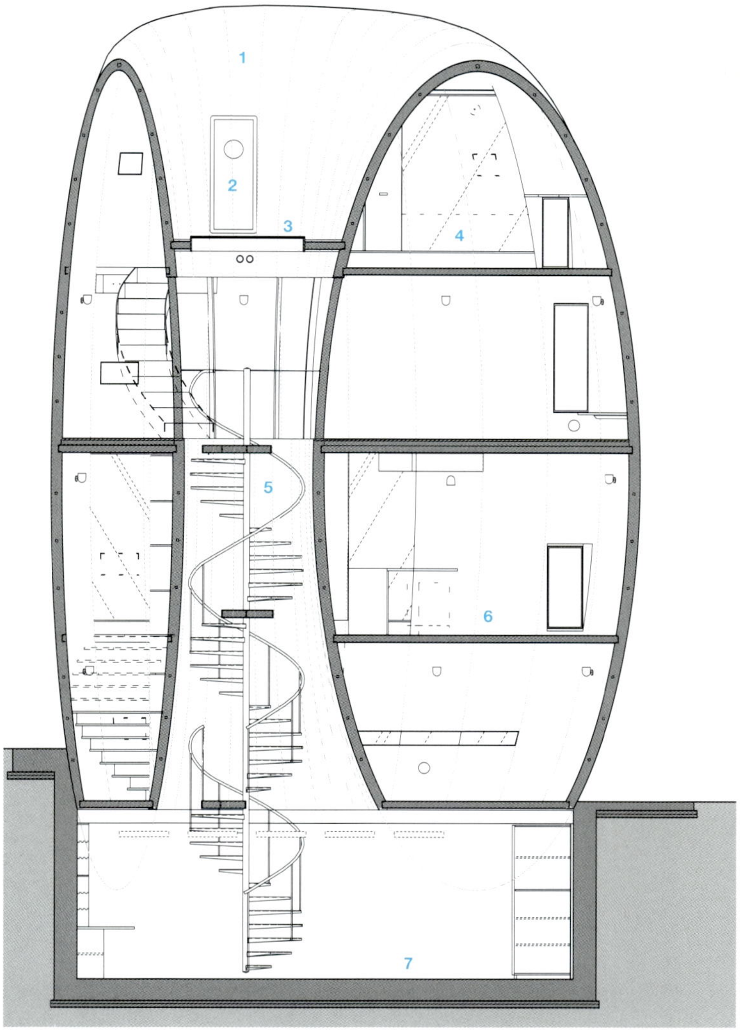

49.01
단면 상세도
1:100
1 유성 페인트로 마감 처리한 불연성 FRP방수막
2 유성 페인트 마감 철제 문
3 10mm (3/4인치) 강화 안전 유리
4 구조용 합판 및 90mm (3 1/2인치) 콘크리트 슬라브 상부에 설치한 2mm (1/8인치) 폴리염화비닐 시트 바닥재
5 철제 나선 계단
6 구조용 합판 및 90mm (3 1/2인치) 콘크리트 슬라브 상부에 설치한 2mm (1/8인치) 폴리염화비닐 시트 바닥재
7 구조용 합판 및 300mm (12인치) 콘크리트 슬라브 상부에 설치한 2mm (1/8인치) 폴리염화비닐 시트 바닥재

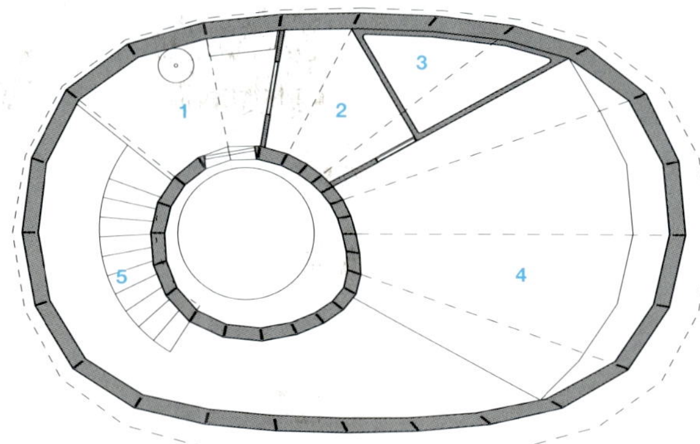

49.02
4층 평면도
1:100
1 화장실
2 욕실
3 욕조
4 침실
5 지붕 테라스로 향하는 계단

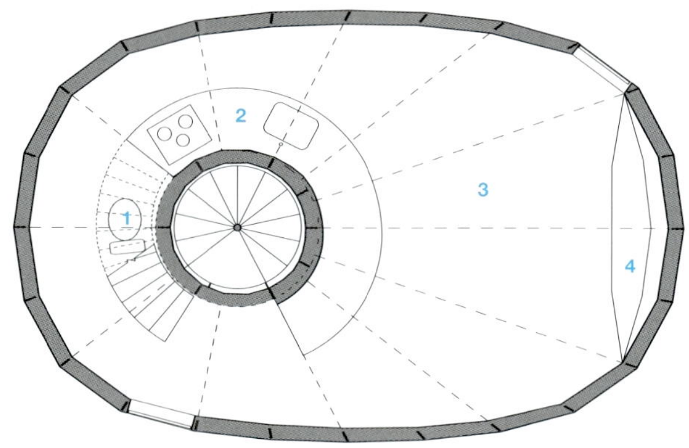

49.03
3층 평면도
1:100
1 화장실
2 주방
3 거실
4 선반

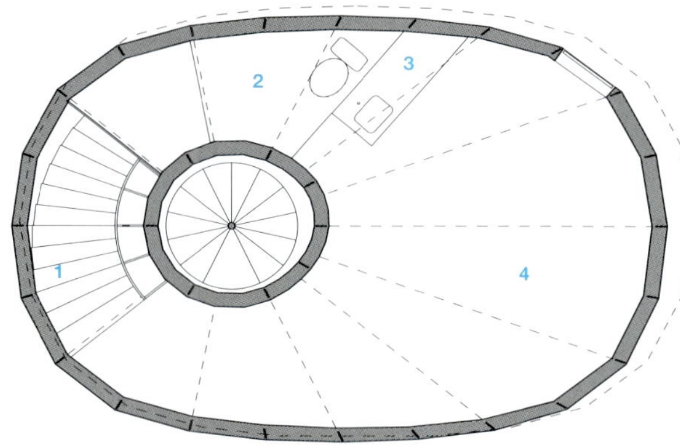

49.04
2층 평면도
1:100
1 계단
2 화장실
3 주방
4 식당

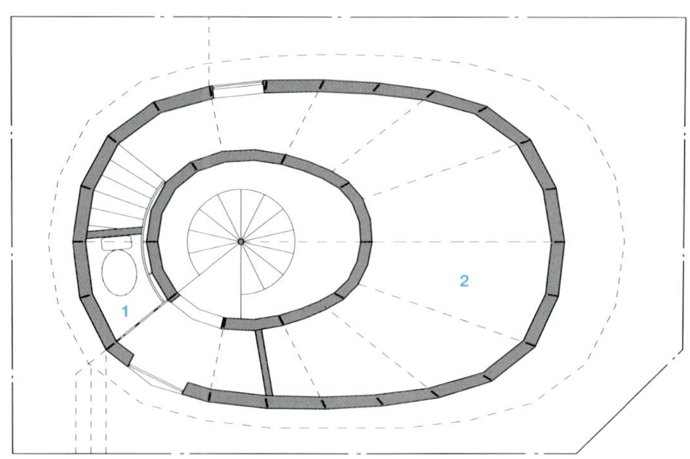

49.05
1층 평면도
1:100
1 화장실
2 거실

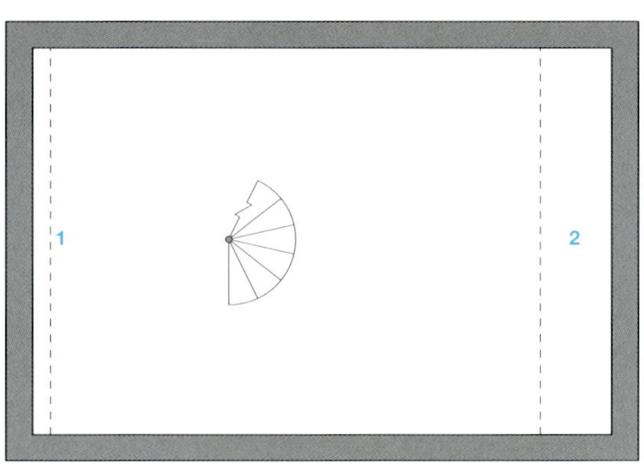

49.06
지하층 평면도
1:100
1 서고
2 벽장

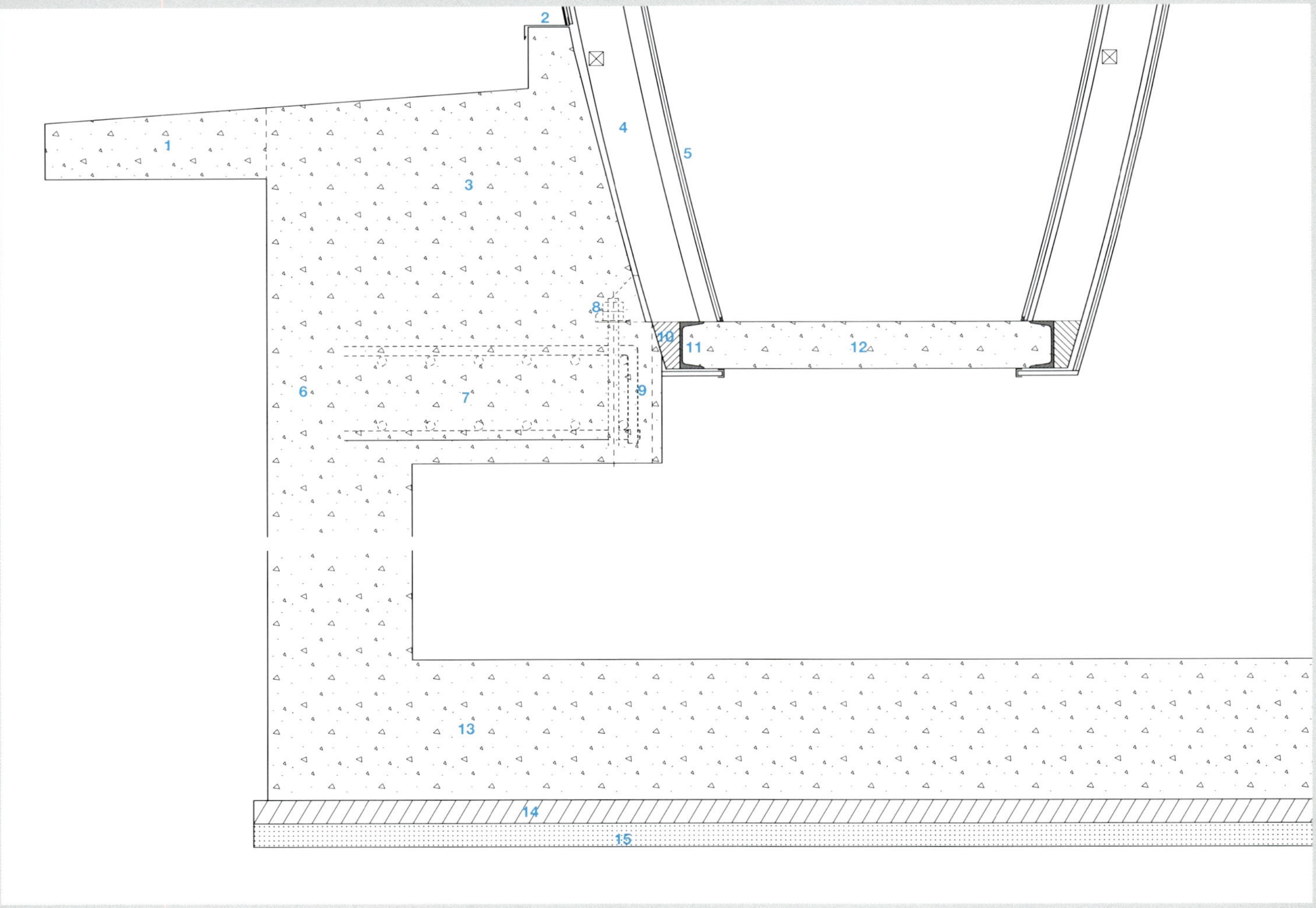

49.07
접합부 상세도
1:20
1 철근콘크리트
2 방수 시트
3 철근콘크리트
4 22 x 100mm (3/4 X 4인치) 평철 기둥
5 광물섬유판
6 철근콘크리트
7 철근콘크리트
8 A BL 2-M20
9 보강 철근
10 밑창 콘크리트
11 철제 채널
12 철근콘크리트
13 철근콘크리트
14 밑창 콘크리트
15 하부 쇄석층

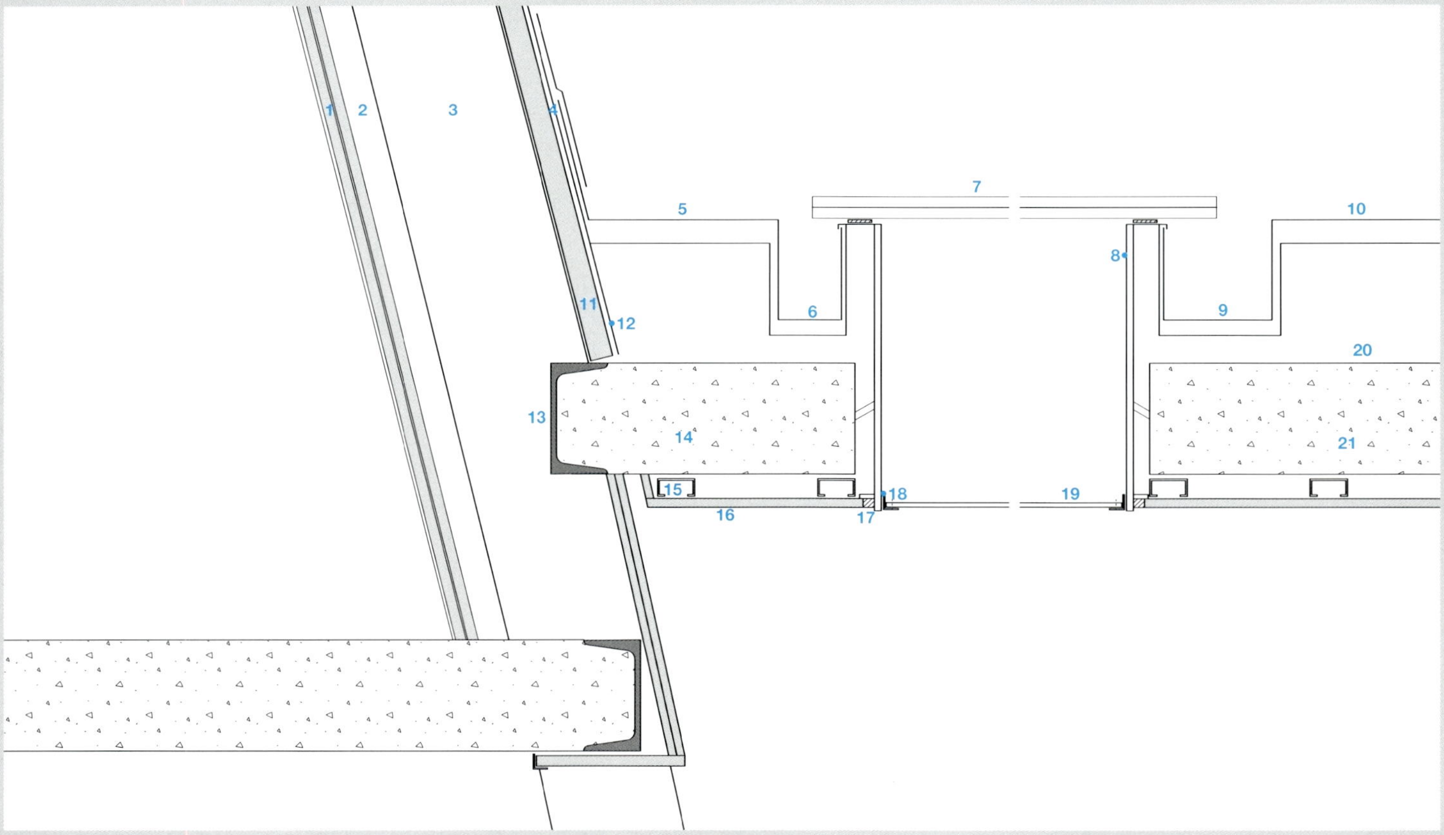

49.08
천창 상세도
1:10
1 아크릴 에멀젼 페인트 마감 광물섬유판
2 환기구
3 22 x 100mm (3/4 X 4인치) 평철 기둥
4 섬유보강 불연성 플라스틱 방수층
5 섬유보강 불연성 플라스틱 방수층
6 낙수홈통
7 15mm (2/3인치) 강화 유리
8 아크릴 에멀젼 페인트 마감 석고보드
9 낙수홈통
10 방수 시트
11 광물섬유판
12 섬유보강 불연성 플라스틱 방수층
13 철제 채널
14 150mm (6인치) 철근콘크리트
15 철제 채널
16 아크릴 에멀젼 페인트 마감 석고보드
17 실런트
18 철제 앵글
19 아크릴판
20 단열재
21 150mm (6인치) 철근콘크리트

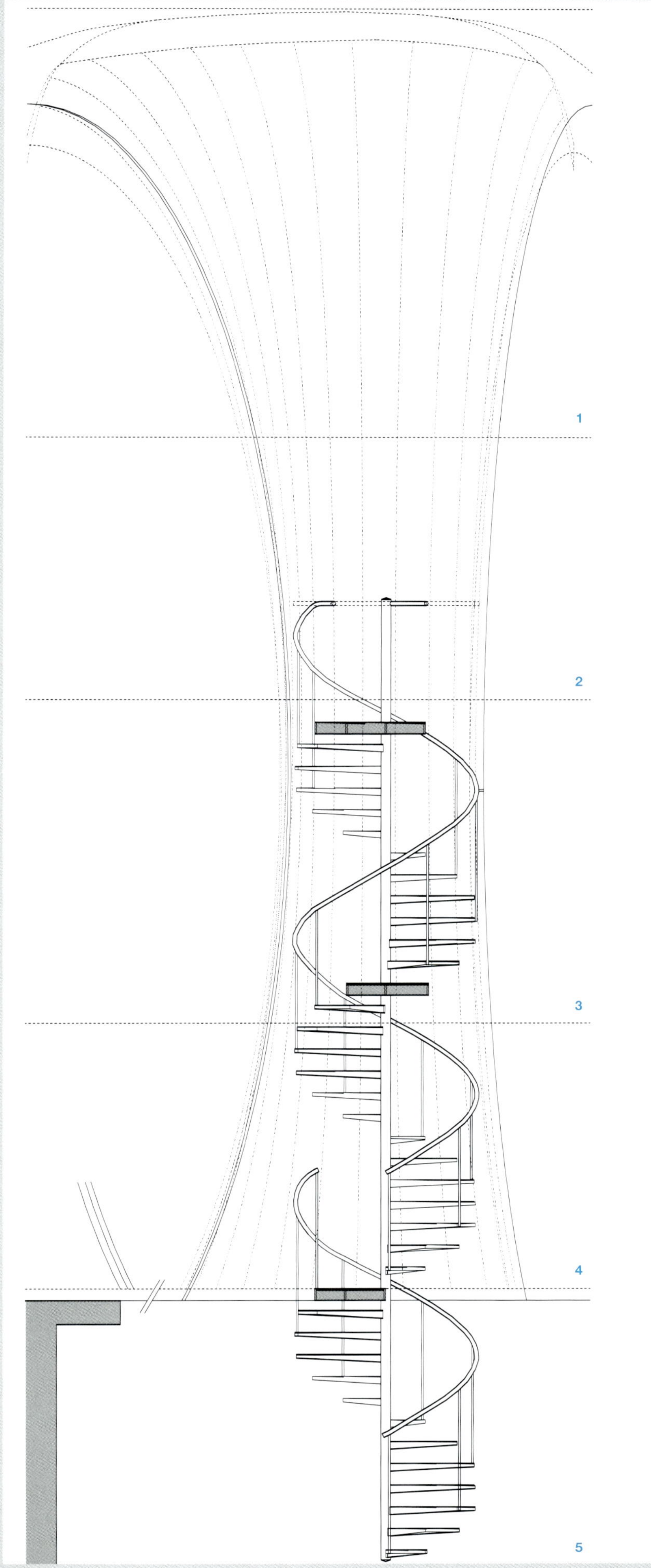

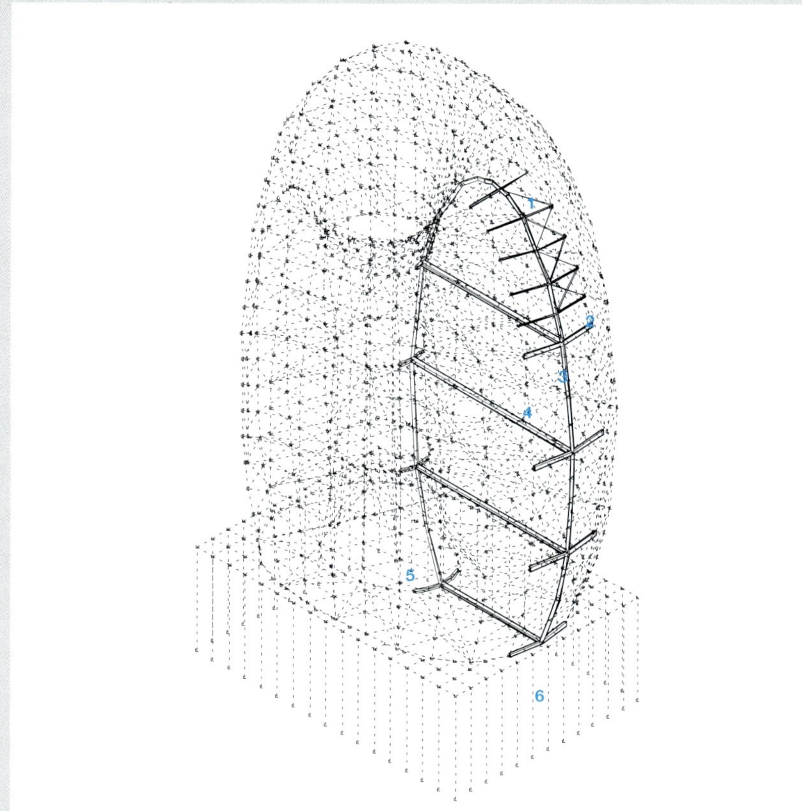

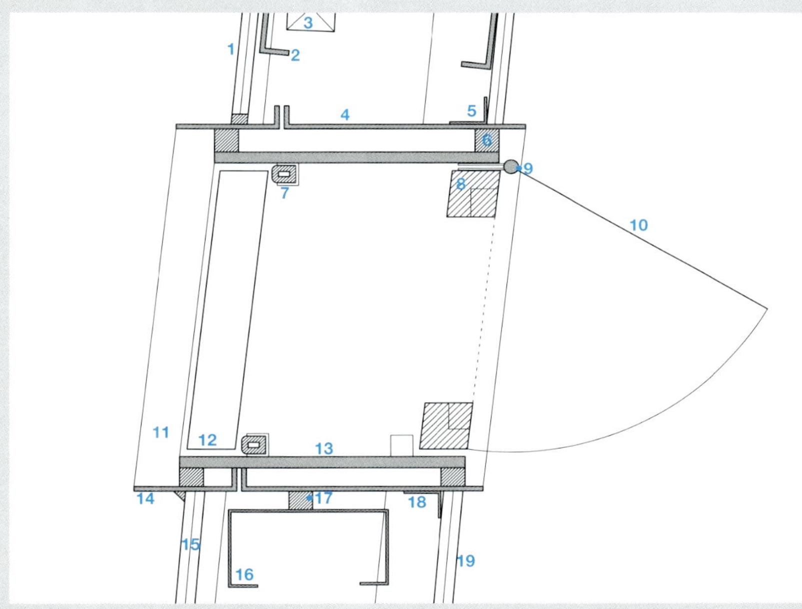

49.09
계단 상세도
1:50
1 4층 : 1층 기준 레벨 + 7200mm (23 2/3피트)
2 3층 : 1층 기준 레벨 + 4990mm (16 1/3피트)
3 2층 : 1층 기준 레벨 + 2250mm (7 1/3피트)
4 1층 : 1층 기준 레벨 + 0mm (0피트)
5 지하층 : 1층 기준 레벨 – 2400mm (7 3/4 피트)

49.10
엑소노메트릭
1 30 X 30mm (1 1/5 X 1 1/5인치) 철제 각관
2 100 X 50 X 5 X 7.5mm (4 X 2 X 1/5 X 1/3인치) C형강
3 22 x 100mm (3/4 X 4인치) 평철
4 100 X 100 X 6 X 8mm (4 X 4 X 1/4 X 1/4인치) H형강
5 100 X 50 X 5 X 7.5mm (4 X 2 X 1/5 X 1/3인치) C형강
6 300mm (11 3/4 인치) 철근콘크리트

49.11
창문 상세도
1:5
1 방수성 유성 페인트로 마감 처리한 섬유보강 불연성 플라스틱 방수층
2 100 X 50 X 5 X 7.5mm (4 X 2 X 1/5 X 1/3인치) 철제 채널
3 30 X 30mm (1 1/5 X 1 1/5인치) 철제 각관
4 3.2mm (1/10인치) 철제 앵글
5 1.6mm (1/20인치) 철제 앵글
6 실런트
7 U형강
8 스크린 도어 프레임
9 스테인레스 스틸 힌지
10 스크린 도어
11 3.2mm (1/10인치) 철제 앵글
12 30mm (1 1/4인치) 철제 문
13 평철
14 3.2mm (1/10인치) 철제 앵글
15 방수성 유성 페인트로 마감 처리한 섬유보강 불연성 플라스틱 방수층
16 100 X 50 X 5 X 7.5mm (4 X 2 X 1/5 X 1/3인치) 철제 채널
17 용접 철물
18 1.6mm (1/20인치) 철제 플레이트
19 아크릴 에멀젼 페인트로 마감 처리한 무명 직물 도포 광물섬유판

50
Sarah Wigglesworth Architects

Stock Orchard Street House
London, England, UK

Client
Sarah Wigglesworth and Jeremy Till

Area
494 square metres (5,320 square feet)

Structural Engineer
Price and Meyers

Main Contractor
Koya Construction Limited

런던 북부에 위치한 이 주택 겸 사무소는 도시 내에 위치한 지속가능형 주택의 가능성을 보여준다. 이 건물은 지속가능한 개발의 원리를 기반으로 하여 혁신적인 기술들을 다수 차용하고 있는데, 대표적인 예로 스트로베일로 만든 벽을 들 수 있다. 주요 활동이 이루어지는 층은 기둥 위로 들어올려져 있으며, 그 아랫 공간은 정원과 닭장으로 사용된다. 침실동은 스트로베일 벽으로 둘러 싸여 따뜻한 안식처를 제공하고 있다. 지붕을 관통하는 5층 서가는 산딸기 나무가 재배되는 지붕 너머의 경관을 바라보면서 독서할 수 있는 공간을 마련하고 있다. 철도를 면하고 있는 사무소에는 소음으로부터 내부 공간을 보호하기 위해 모래 주머니로 벽이 만들어져 있다.

건물의 디자인은 수동형 에너지 획득 방식을 채용하고 있는데 북동측, 북서측 입면이 단열 성능이 매우 높은 스트로베일로 둘러 쌓여 있는 반면, 남서측 파사드는 태양 에너지를 받아들이기 위해 유리로 이루어졌다. 탑은 굴뚝효과에 의해 자연 환기를 가능하게 하여 여름에 주택 내부의 온도를 낮추는 작용을 한다. 건물에 사용된 재료들 역시 환경적인 영향이 적은 재료로 선택되었다. 북측벽은 내력을 담당하는 목제 골조 사이에 스트로베일을 적층하고, 투명 빗물 차단막을 씌워 만들었다. 짚은 가격이 매우 저렴하고, 재활용이 가능하며, 매우 높은 단열성능을 보이면서도 공사에 소요되는 에너지가 극히 낮다는 장점을 갖는 재료이다. 건물에 사용된 또 다른 혁신적인 재료들로는 모래 주머니, 깃털형 외장재, 재활용 콘크리트를 채운 개비온 월 등을 들 수 있다. 우수는 따로 모아 지붕 테라스에 재배되는 식물들에 물을 공급하고 건물에 설치된 변기와 세척기에 사용하며, 퇴비식 변기를 사용하여 물의 사용량을 줄이는 등 건물을 이루고 있는 모든 부분이 환경적인 이념에 맞게 설계되었다.

1

1 서로 분리된 내부 프로그램의 모습은 외부로 드러난다. 건물의 좌측으로는 스트로베일로 감싼 침실과 세장한 기둥에 의해 지면으로부터 들어 올린 거실이, 우측으로는 혁신적인 깃털형 외장재로 마감된 작업실이 각각 위치하고 있다. 주택 위에 위치하고 있는 서고는 마치 요새의 망루 같은 느낌으로 나타난다.
2 건물 전반에 걸쳐 서로 다른 재료가 강한 대조를 나타내는 모습을 볼 수 있다. 부드러운 느낌의 모래 주머니 벽은 콘크리트를 채운 둔탁한 개비온 기둥 위에 올려져 있다.
3 스트로베일의 독특한 질감은 외피에 드러나 있으며, 이를 위해 투명 폴리카보네이트 막을 사용하여 스트로베일을 보호하고 있다.
4 목조 바닥판, 목제 문, 백색 벽으로 이루어진 내부 공간은 외부 공간과 대조적으로 차분하고, 중성적인 느낌을 연출한다.
5 거실에 설치된 철제 서가는 상부 공간을 향해 계속 올라가며 이어져 서고가 위치하고 있는 탑 구조물을 형성한다.

2

3

4

5

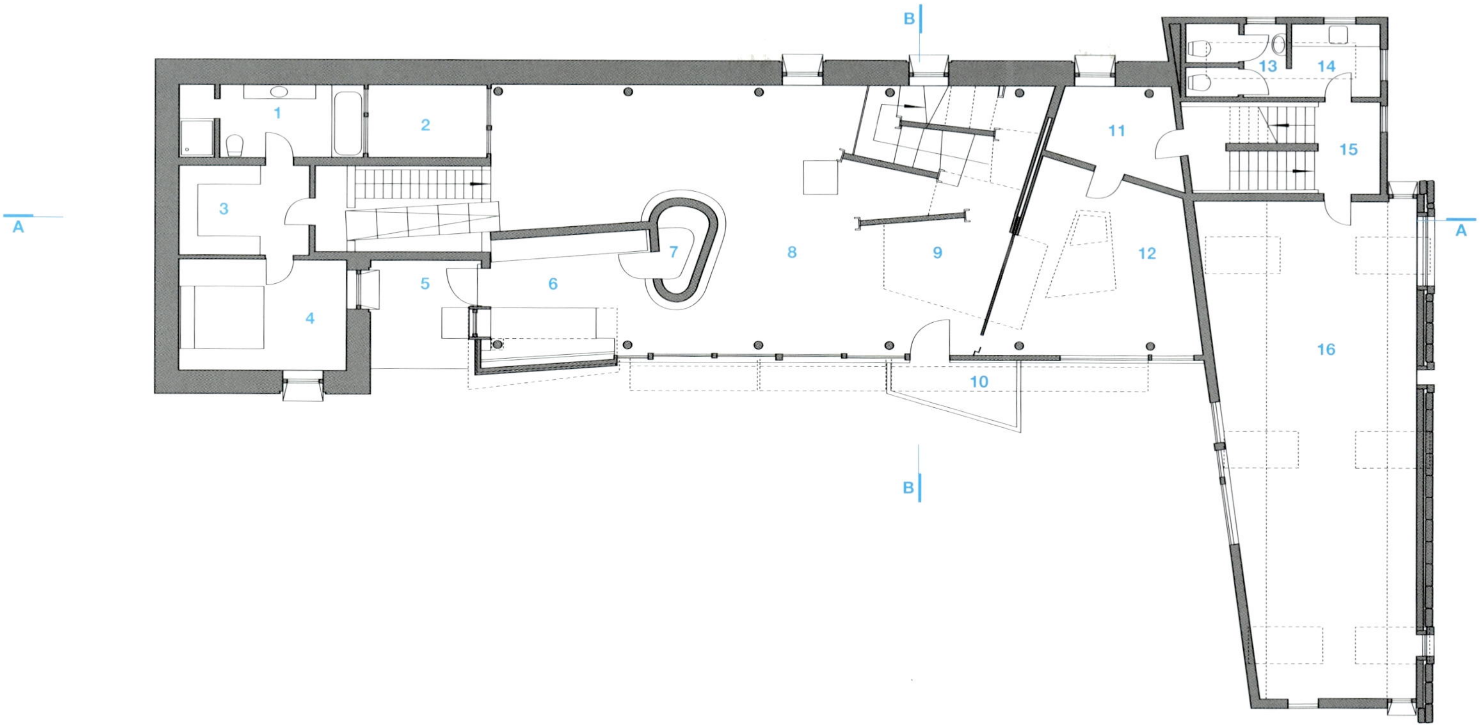

50.01
2층 평면도
1:200

1 욕실
2 중정 상부
3 드레스룸
4 침실
5 데크
6 주방
7 식료품실
8 거실
9 갤러리가 있는 중이층 하부 거실
10 발코니
11 로비
12 식당 및 회의실
13 화장실
14 주방
15 1층 입구에서 작업실로 이어지는 계단
16 계단

50.02
1층 평면도
1:200

1 다용도실
2 창고
3 창고
4 침실
5 중정 및 연못
6 서재
7 입구 홀
8 욕실
9 현관
10 주택 하부
11 탑 하부
12 자전거 보관대
13 개비온 월
14 사무실 진입 로비
15 사무실 입구
16 주택과 사무실의 경계선
17 중정
18 옹벽
19 개비온 월
20 사무실 하부
21 차량 진입구
22 정문

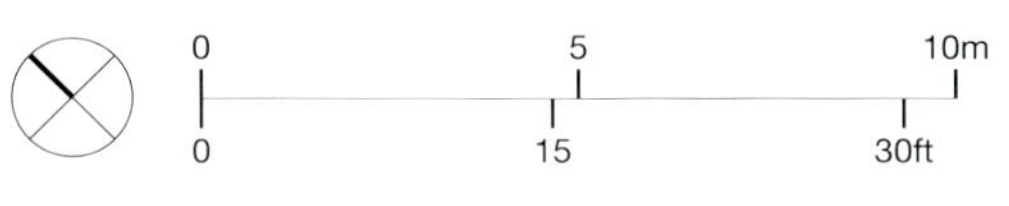

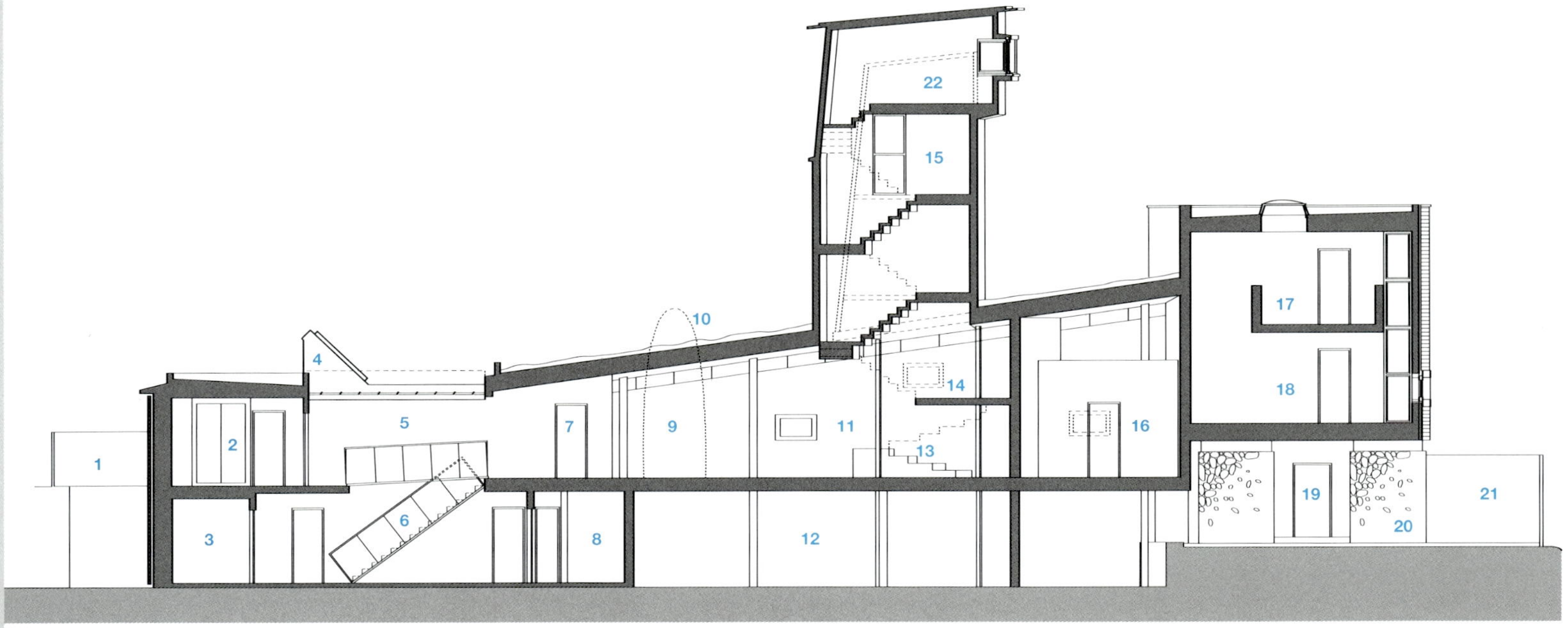

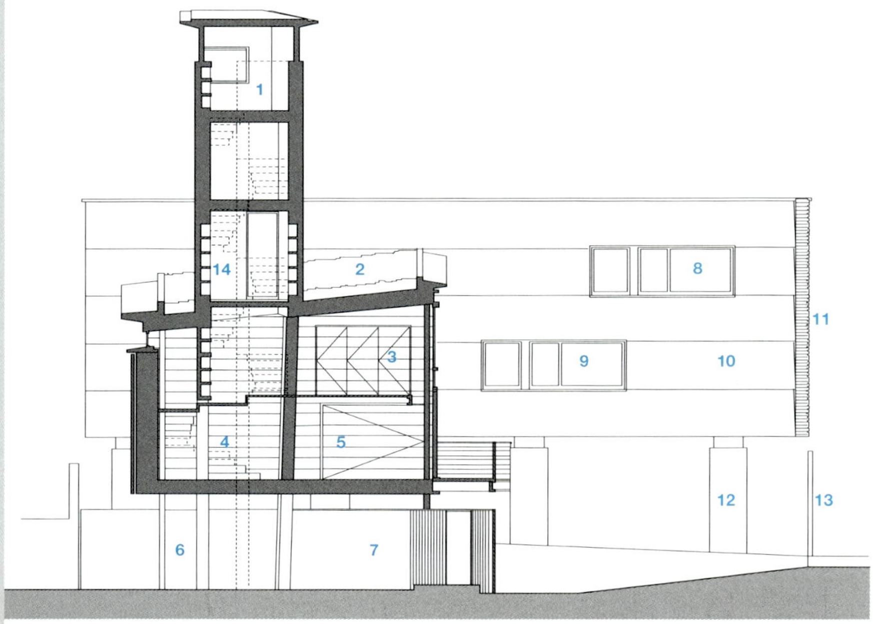

50.03
단면도 A-A
1:200

1 인근 주택과의 경계벽
2 드레스룸
3 창고
4 태양열 온수기
5 침실로 이어지는 브릿지
6 주생활공간으로 이어지는 계단
7 식료품실
8 욕실
9 거실
10 유리 지붕
11 거실
12 주택 하부
13 탑 내부 계단
14 메자닌층 갤러리
15 서고
16 회의실 및 식당
17 메자닌층 사무실
18 사무실 (주층)
19 사무실 입구
20 개비온 월
21 울타리
22 서재

50.04
단면도 B-B
1:200

1 서재
2 유리 지붕
3 메자닌층에서 회의실 및 식당으로 향하는 문
4 탑 내부 계단
5 슬라이딩 문
6 탑 하부
7 주택 하부
8 사무실측 창
9 사무실측 창
10 사무실측 외장재
11 모래 주머니로 만든 벽
12 개비온 월
13 울타리
14 서고

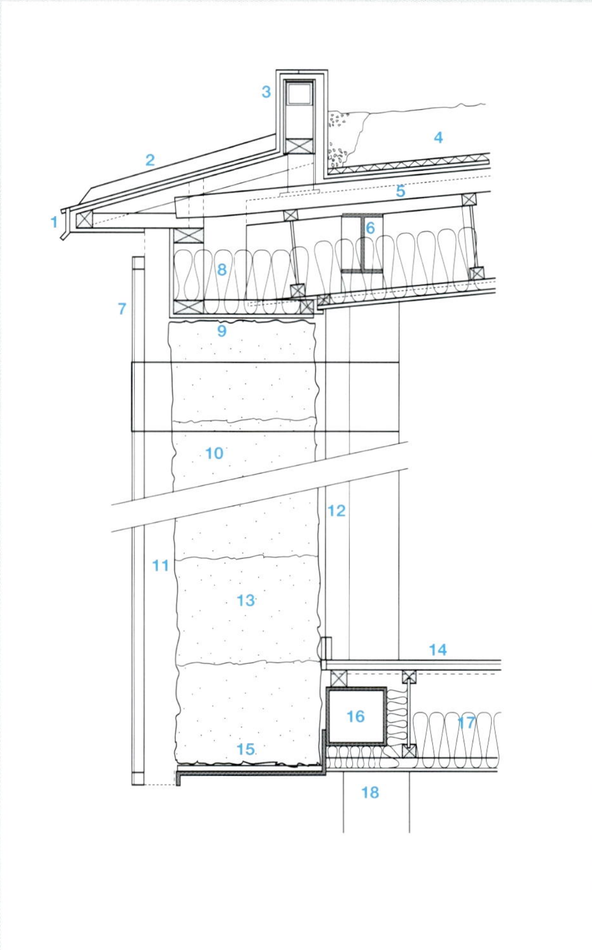

50.05 벽 상세도 1:20

1 아연 띠벽 및 물끊기
2 아연 스탠딩심
3 아연 파라펫 스탠드
4 18mm (3/4인치) 합판 데크, 용접 EPDM 방수층, 토목섬유층, 비옥도가 낮은 150mm (6인치) 토양층으로 이루어진 옥상녹화
5 공기층
6 철제 구조물
7 철제 골판 및 폴리카보네이트 층
8 200mm (7 4/5인치) 단열재
9 목제 상인방 플레이트
10 스트로베일
11 100mm (4인치) 공기층
12 스트로베일 표면 석회질 모르타르 마감
13 스트로베일
14 22mm (9/10인치) 칩보드 바탕마루, 12mm (1/2인치) 장부이음식 자작나무 바닥판넬로 이루어진 목조바닥
15 철제 트레이 상부 25mm (1인치) 폴리스티렌 단열재 위에 설치한 스트로베일
16 철제 바닥 구조물
17 단열재
18 철제 기둥

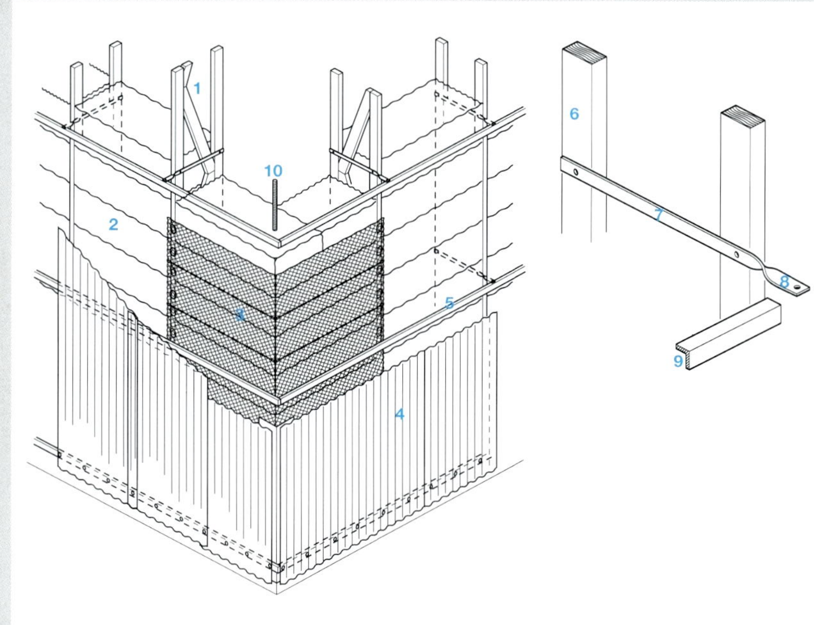

50.06
스트로베일벽 상세도

1 목제 골조
2 스트로베일
3 스트로베일을 고정하기 위해 주변에 설치한 익스팬디드 메탈
4 철제 골판 및 폴리카보네이트 판넬
5 철제 도리
6 침엽수 골조 부재
7 철제 스트랩
8 도리에 연결하기 위해 방향을 튼 스트랩
9 철제 도리
10 스트로베일을 서로 묶는 보강 철근

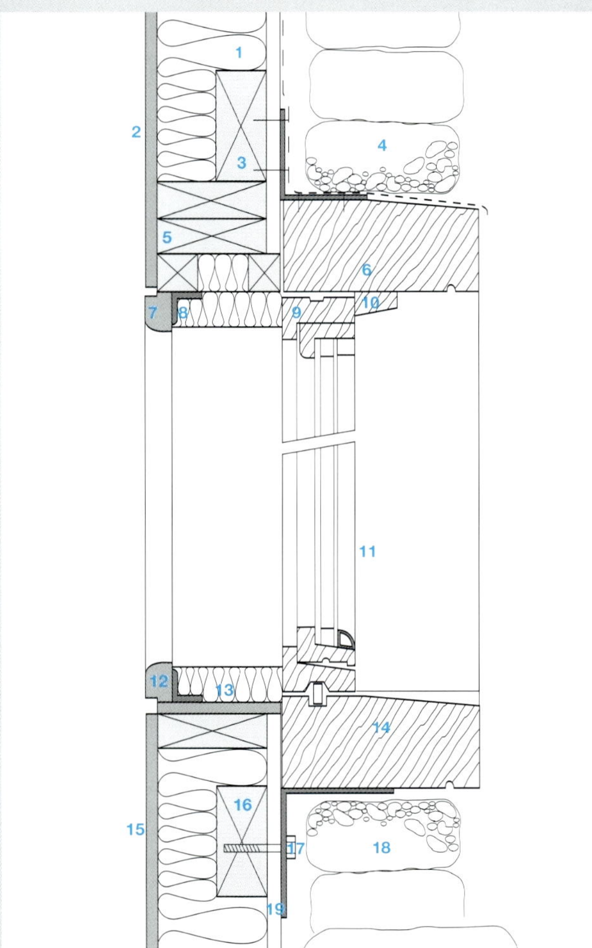

50.07
창유리 상세도
1:10

1 단열재
2 석회질 모르타르
3 목제 베이스 플레이트
4 모래 주머니
5 목제 상인방 플레이트
6 창 주변에 설치한 철도용 침목
7 목제 아키트레이브
8 목제 비드를 고정하는 앵글
9 창 프레임
10 침엽수 비드
11 2중 유리창
12 목제 프레임
13 차음재 및 타공판
14 창턱의 역할을 하는 철도용 침목
15 석회질 모르타르
16 브래킷을 고정하는 목제 플레이트
17 철도용 침목을 지지하는 철제 앵글 브래킷
18 모래 주머니
19 9mm (1/3인치) 판넬 환기구

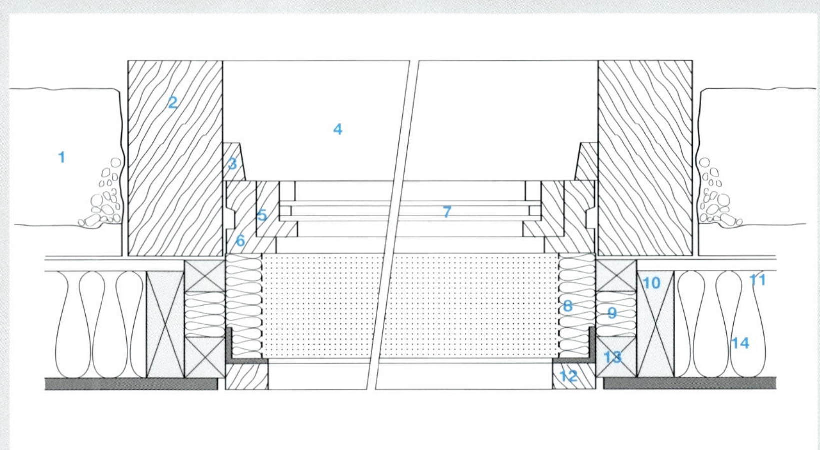

50.08
창유리 상세도
1:10

1 모래 주머니
2 창 주변에 설치된 철도용 침목
3 침엽수 비드
4 창턱의 역할을 하는 철도용 침목
5 2중 유리창
6 창 프레임
7 2중 유리
8 차음재 및 타공판
9 단열재
10 목제 벽 스터드
11 9mm (1/3인치) 판넬 환기구
12 목제 아키트레이브
13 침엽수 패킹
14 스터드 벽 내부 단열재

51
Simon Conder Associates

Black Rubber Beach House
Dungeness, England, UK

Area
127 square metres (1,370 square feet)

Project Team
Simon Conder, Chris Neve

Structural Engineer
KLC Consulting Engineers

Contractor
Charlier Construction Ltd

이 프로젝트는 재료를 신중히 선택하고, 새로운 제품을 혁신적인 방법으로 사용함으로써 매우 저렴한 비용으로 주택을 지을 수 있음을 보여준다. 건물은 극적이면서도 거친 자연 환경에 대응하는 Dungeness 지방 특유의 전통 양식을 더욱 발전시키고 있다. 어부가 생활하는 오두막이었던 기존의 건물은 1930년대에 지어진 것으로 새 건물로 변화하면서 목제 골조만 남기고 모두 해체되어 남쪽과 동쪽의 경관을 받아들이게 되었으며, Wisa-Spruce 합판을 외장재로 사용하였다. 벽, 바닥, 천장, 문, 접합부 등의 내부 마감에도 동일한 재료를 사용했다. 외벽과 지붕은 흑색 고무로 덮혀 있는데, 이는 지역의 건물들에서 쉽게 찾아볼 수 있는 펠트와 타르 외장재를 좀 더 복잡한 방식으로 재해석한 것이다. 욕조는 건물로부터 해안을 향해 돌출되어 나와 아름다운 바다의 풍경을 받아들인다.

내부적으로 가족의 생활 공간은 위계 구조에서 좀 더 높은 위치를 점유하고 있다. 방문자는 건물 옆에 주차된 Airstream 캠핑카에서 머물러야 한다. 이 건물은 EPDM(에틸틸렌-프로필렌 이중 합성 고무) 고무 방수층을 건물 전체에 사용한 최초의 사례이기도 하다. 이 재료의 가장 큰 장점은 증기는 통과시키면서도 방수성이고, 극한의 온도 조건에서도 견디며, 오존과 자외선에 강하고, 화재의 위험이 적으며, 또한 천연 재료라는 점이다. 동일한 이유에서 핀란드산 합판이 내부와 외부에 사용되었다. 흑색 고무와 함께 연안에서 계속 불어오는 바람은 건물이 높은 에너지 효율을 나타낼 수 있는 환경을 제공한다. 여름에는 마주 향하고 있는 창문을 열어 내부 공간을 통풍시킨다. 겨울철에는 흑색 고무가 방열판으로써 기능하여 보조적인 난방 시스템의 필요성을 최소화 시키고 있다.

1

1 흑색 고무인 EPDM (에틸렌 프로필렌 이중 합성 고무)는 건물 외관의 느낌을 특징짓는다. EPDM으로 벽과 지붕을 감싸고 있는, 광택이 없는 흑색의 매스에는 주변 환경과 바다의 경관을 들여다 볼 수 있는 한 층 높이의 유리문과 몇 개의 창이 설치되어 있다.
2 남동쪽을 향하고 있는 목조 데크에서는 건물이 서 있는 관목지 너머로 펼쳐진 바다의 경관이 내다 보인다.
3 간결한 내부 프로그램에서 특이한 공간을 형성하고 있는 욕조는 조약돌이 깔린 해안 위로 돌출되어 나와 있다.
4 해질 무렵의 거실 전경 – 가구, 벽, 바닥, 천장 등 내부공간을 구성하는 모든 표면은 가문비나무 재생 합판으로 마감되었다.

2

3

4

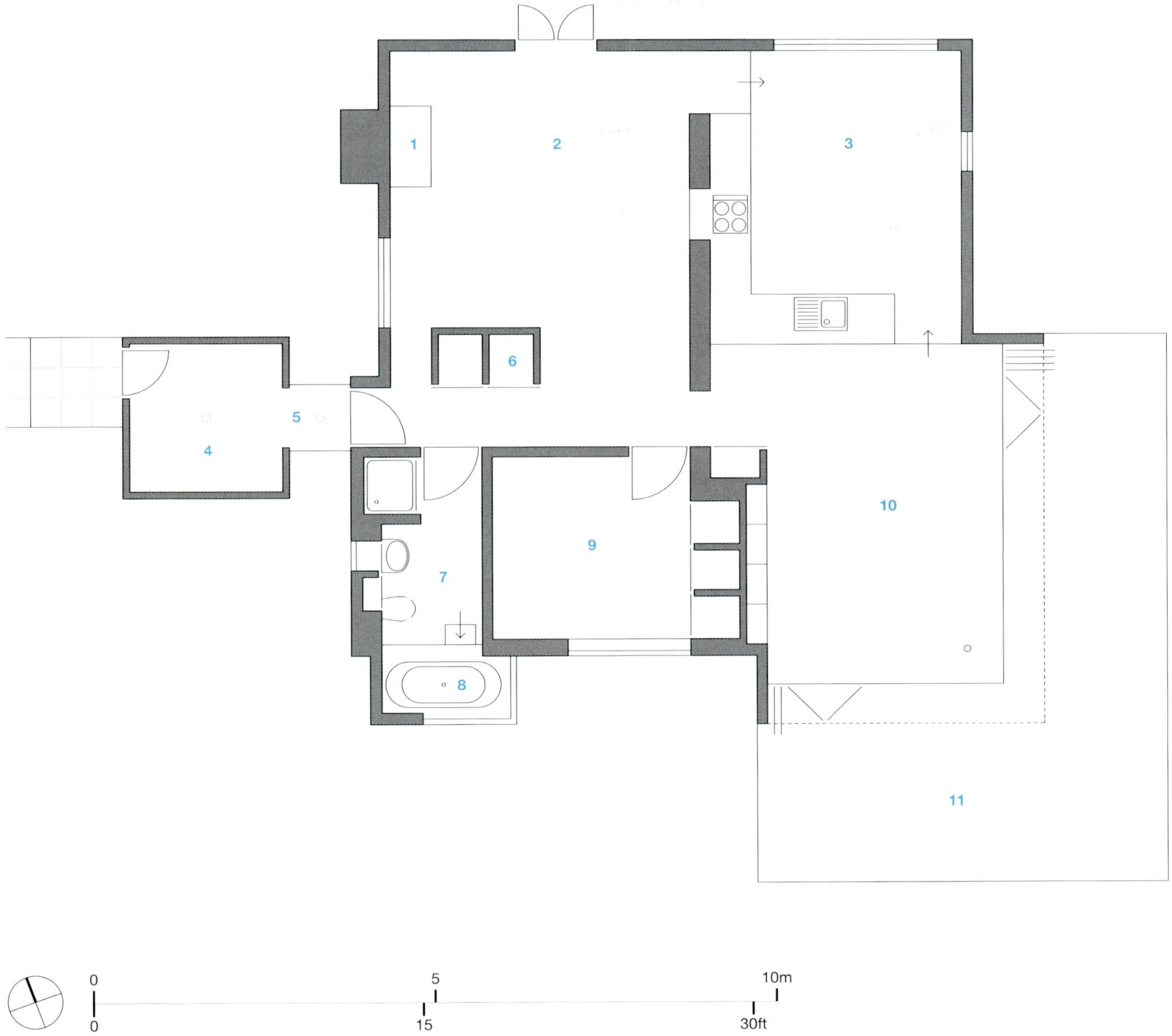

51.01
평면도
1:100
1 목재 연소식 난로
2 거실
3 식당 및 주방
4 주택과 분리된 입구 로비
5 유리벽 연결 통로
6 창고
7 욕실
8 건물로부터 돌출된 욕조
9 침실
10 거실
11 데크

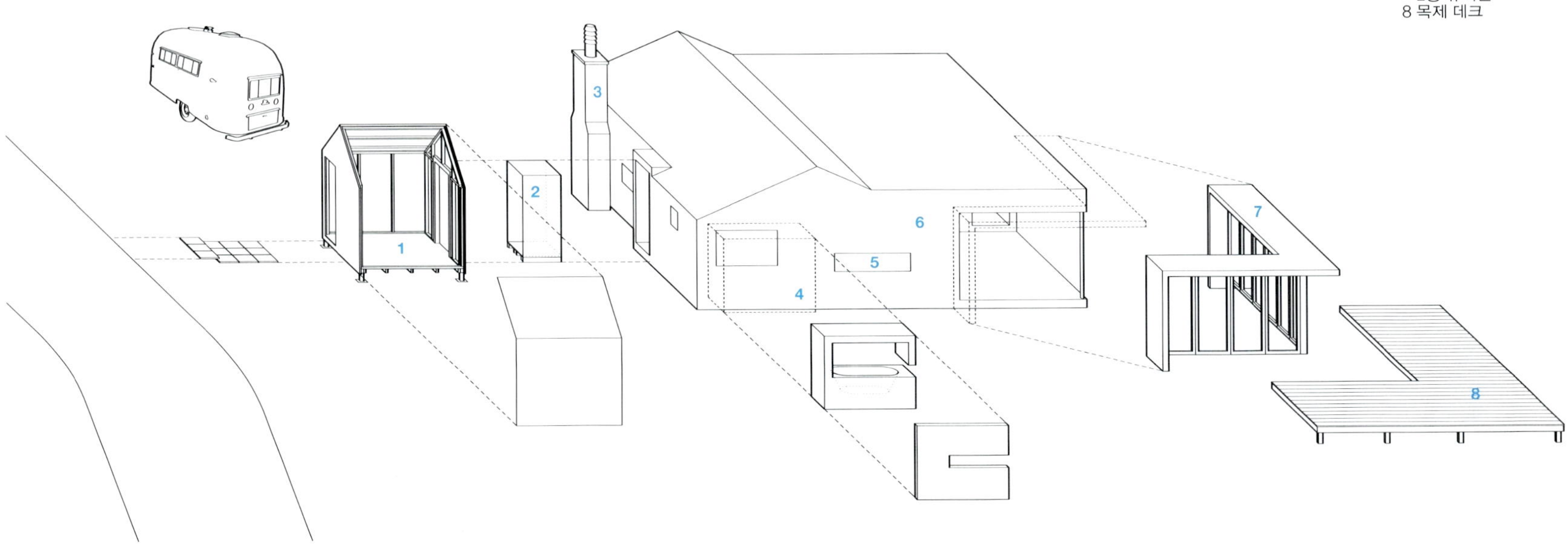

51.02
엑소노메트릭
1 입구 로비
2 유리벽 연결 통로
3 굴뚝
4 건물로부터 돌출된 욕조
5 침실 창
6 흑색 고무 벽 외장재
7 접이식, 슬라이딩식 2중 유리문
8 목제 데크

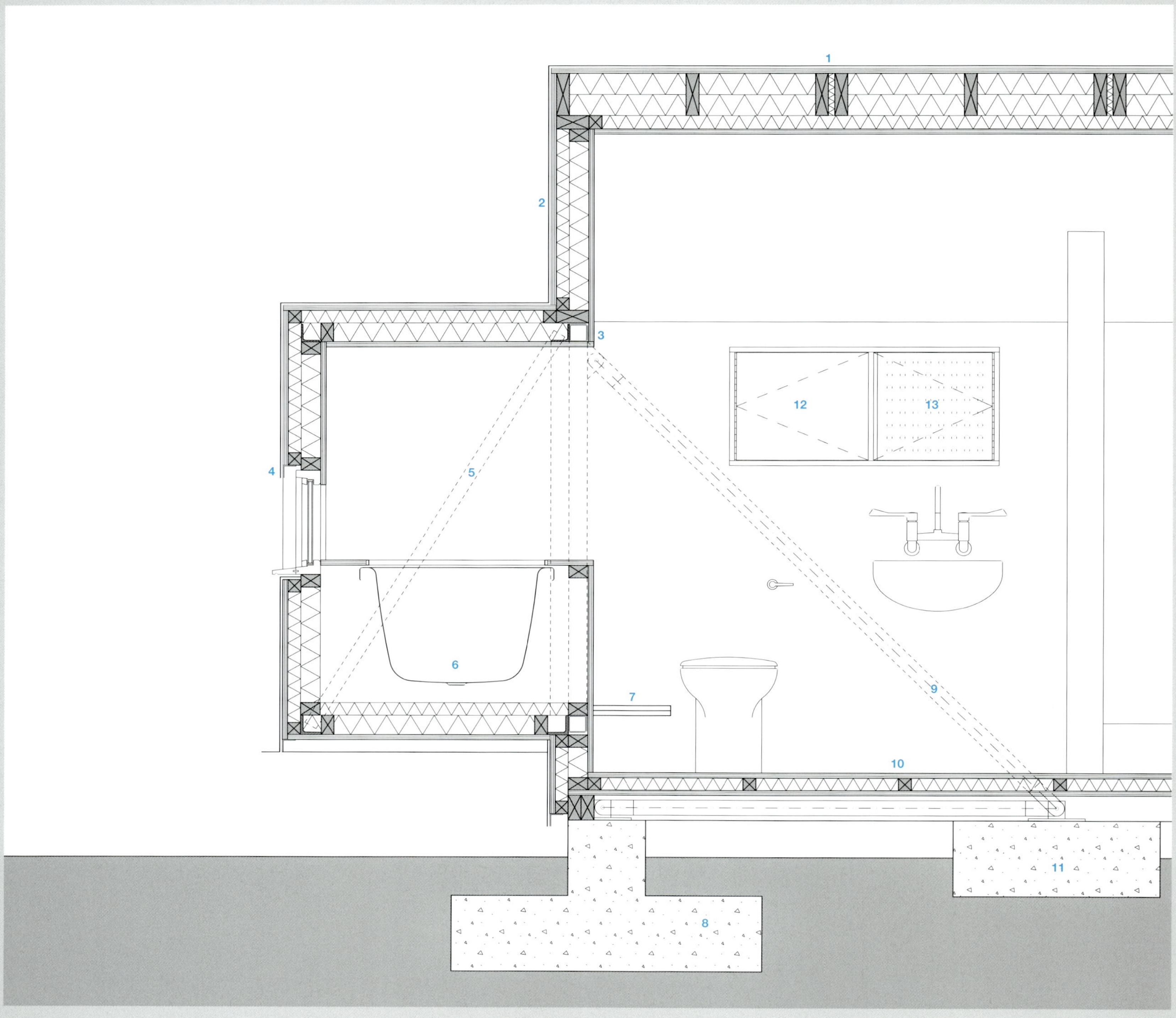

51.03
단면 상세도 1
1:20

1 경사 지붕 : 18mm (3/4인치) 가문비나무 합판 상부 1.2mm (1/20인치) EPDM 흑색 고무 막 ; 150 X 50mm (6 X 2인치) 침엽수 서까래 및 광물 섬유 단열재 ; 50 X 50mm (2 X 2인치) 침엽수 널 및 광물 섬유 단열재 ; 복사 난방 필름 – 기타 난방 설비 ; 500게이지 폴리에틸렌 수분 차단막 ; 18mm (3/4인치) 가문비나무 합판 및 내화 성능 1등급의 팽창성 무광 투명 자재

2 벽 : 18mm (3/4인치) 가문비나무 합판에 부착한 1.2mm (1/20인치) EPDM 흑색 고무 막 ; 50 X 50mm (2 X 2인치) 침엽수 널 및 광물 섬유 단열재 ; 75 X 50mm (3 X 2인치) 침엽수 스터드 및 광물 섬유 단열재 ; 500게이지 폴리에틸렌 방수막 ; 18mm (3/4인치) 가문비나무 합판 및 내화 성능 1등급의 팽창성 무광 투명 자재

3 건물벽으로부터 돌출된 욕실에 사용된 70 X 70 X 4mm (2 3/4 X 2 3/4 X 1/8인치) 아연 도금 철제 각관 프레임

4 40 X 40 X 2mm (1 1/2 X 1 1/2 X 1/14인치) 알루미늄 앵글 물끊기

5 건물벽으로부터 돌출된 욕실에 사용된 70 X 70 X 6mm (2 3/4 X 2 3/4 X 5/16인치) 아연 도금 압연강 앵글 사이드 판넬 및 50 X 5mm (2 X 1/8인치) 아연 도금 연철 대각선 부재

6 양단부를 백색 에나멜로 마감한 1700 X 750 X 430mm (67 X 29 1/2 X 17인치) 철재 욕조

7 2 X 18mm (1/14 X 3/4인치) 가문비나무 합판 디딤판

8 새로 만든 콘크리트 단부 보

9 볼트 연결부를 위해 양단부를 용접한 60.3 X 4mm (2 1/3 X 1/8인치) 아연 도금 강관과 60 X 10mm (2 2/3 X 1/3인치) 아연 도금 평철 (욕실과 침실 사이의 벽에는 2중 대각선 가새를 사용)

10 부유 바닥 : 18mm (1/14 X 3/4인치) 가문비나무 합판 ; 1200게이지 폴리에틸렌 수분 차단막 ; 50 X 50mm (2 X 2인치) 침엽수 널 및 사출성형 폴리스티렌 단열재 ; 1200게이지 폴리에틸렌 수분 차단막 ; 18mm (1/14 X 3/4인치) 가문비나무 합판 ; 100 X 50mm (4 X 2인치) 침엽수 장선

11 돌출된 욕실에 따른 콘크리트 평형추

12 단부를 광택 처리한 3mm (1/7인치) 유리 거울 및 18mm (1/14 X 3/4인치) 가문비나무 합판으로 만든 여닫이식 캐비닛

13 18mm (1/14 X 3/4인치) 가문비나무 합판를 천공한 판넬로 만든 여닫이식 칸막이 창 – 50mm (2인치) 그리드에 드릴로 천공한 직경 20mm (3/4인치) 구멍

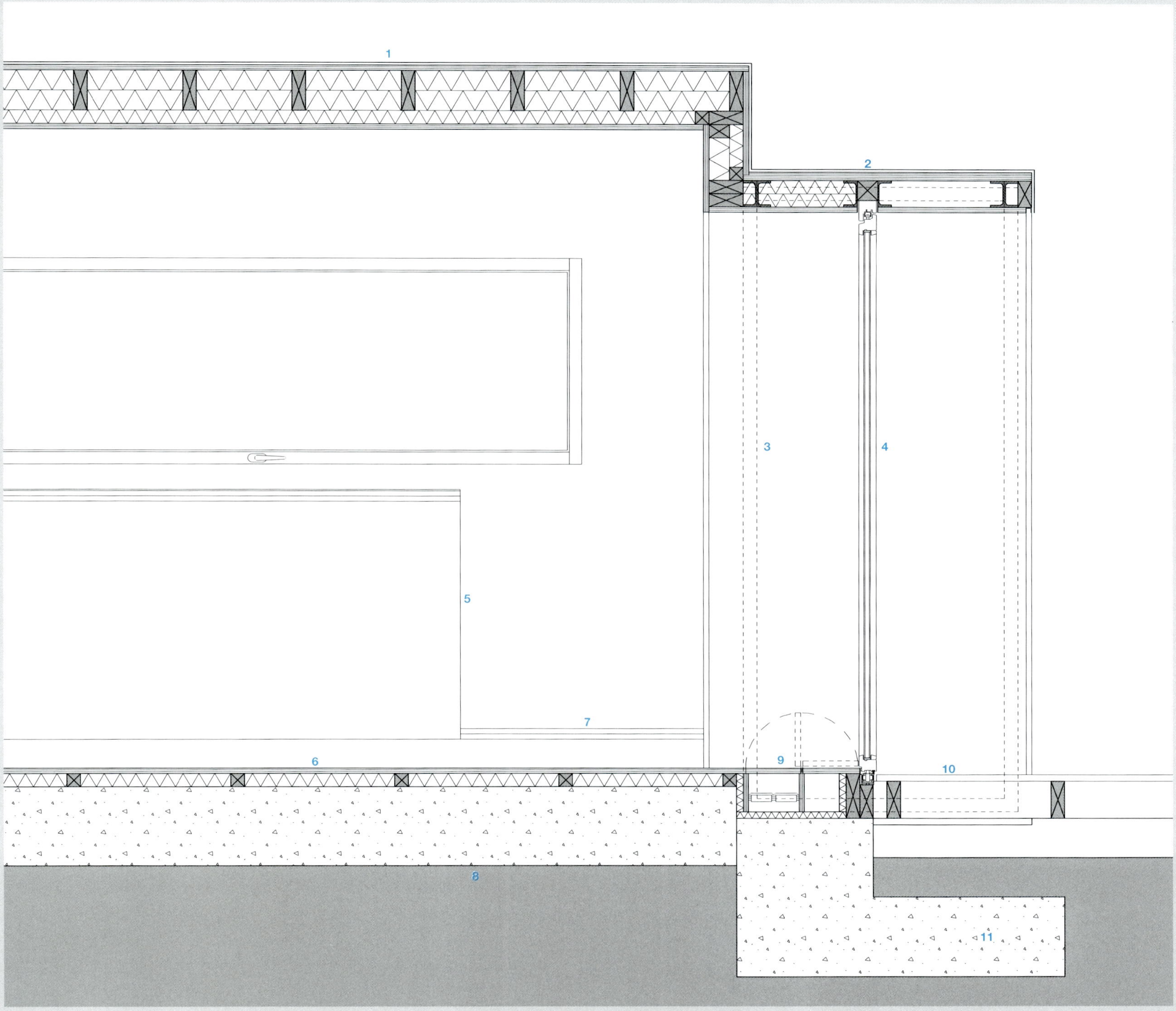

51.04
단면 상세도 2
1:10

1 평지붕 : 18mm (3/4인치) 가문비나무 합판에 부착한 1.2mm (1/20인치) EPDM 흑색 고무 막 ; 150 X 50mm (6 X 2인치) 침엽수 장선 및 광물 섬유 단열재 ; 50 X 50mm (2 X 2인치) 침엽수 널 및 광물 섬유 단열재 ; 복사 난방 필름 – 기타 난방 설비 ; 500게이지 폴리에틸렌 수분 차단막 ; 18mm (3/4인치) 가문비나무 합판 및 내화 성능 1등급의 팽창성 무광 투명 자재

2 캐노피 : 12mm 및 18mm (1/2인치 및 3/4인치) 가문비나무 합판에 부착한 1.2mm (1/20인치) EPDM 흑색 고무 막 ; 80 X 75mm (3 1/16 X 3인치) 침엽수 판넬을 둘러싸는 100 X 50mm (4 X 2인치) 아연 도금 채널 평행 플랜지로 만든 프레임 ; 500게이지 폴리에틸렌 수분 차단막 ; 18mm (3/4인치) 가문비나무 합판 및 내화 성능 1등급의 팽창성 무광 투명 자재

3 100 X 50mm (4 X 2인치) 아연 도금 채널 평행 플랜지로 만든 캐노피 측면 판넬 프레임

4 접이식, 슬라이딩식 2중 유리문 및 강화 실런트 – 내측 유리로는 Pilkington K 유리 사용

5 18mm (3/4인치) 가문비나무 합판으로 만든 주방 가구

6 원목 바닥 : 18mm (3/4인치) 가문비나무 합판 ; 1200게이지 폴리에틸렌 수분 차단막 ; 50 X 50mm (2 X 2인치) 침엽수 널 및 사출성형 폴리스티렌 단열재 ; 1200게이지 폴리에틸렌 수분 차단막

7 배선 및 배관 설비 설치를 위해 들어올려진 18mm (3/4인치) 가문비나무 합판 바닥재

8 기존 콘크리트 슬라브

9 전기 콘센트를 감추기 위한 18mm (3/4인치) 가문비나무 합판 여닫이식 판넬

10 내부 바닥 마감선으로부터 20mm (4/5인치) 하부에 설치한 90 X 25mm (3 1/2 X 1인치) 활엽수 데크 및 10mm (2/5인치)의 공극

11 X–T피브린과 가소제를 첨가한 새로 만든 콘크리트 층

52
Steven Holl Architects

Turbulence House
Abiqui, New Mexico, USA

Client
Richard Tuttle and Mei-mei Berssenbrugge

Area
84 square metres (900 square feet)

Project Team
Steven Holl, Anderson Lee, Richard Tobias, Arnault Biou, Matt Johnson

Structural Engineer
Delapp Engineering

Richard Tuttle이 만든 일련의 어도비 벽돌집 인근에 위치하고 있는 이 흥미로운 주택은 바람이 강하게 부는 사막의 언덕 위에 자리잡고 있다. 마치 빙산의 일각과도 같은 건물의 형태는 알루미늄으로 감싼 매스의 중앙으로 강한 바람이 지나갈 수 있는 길을 마련하고 있다. 표현성이 강한 파사드를 이루는 매우 복잡한 형태의 금속 외장재를 만들기 위해서는 최신 기술과 전통적인 방식 모두를 혼합해야만 했다. 응력을 받는 외피와 알루미늄 장선이 이루는 구조는 디지털 방식으로 선제작된 후, 현장에서 볼트로 접합한 것이다. 판넬의 크기는 12m (40피트) 크기의 내부 공간에 맞게, 최대 2.4m (8피트)의 모듈로 그 폭이 결정되었다.

모두 다른 형태를 하고 있는 31개의 금속 판넬은 조립되어 건물의 전체 외피를 형성한다. 외장 판넬의 제작에 있어 버려지는 알루미늄의 양을 최소화시키기 위해 컴퓨터로 만든 형틀이 사용되었으며, 선제작의 정도를 늘림으로써 현장에서의 작업량을 줄이고 공기를 단축시켰다. 평이음의 방식으로 연결된 알루미늄 판넬은 별도의 마감 처리를 거치지 않았는데, 알루미늄 특유의 밝은 색상은 건물의 냉방 부하를 감소시키는 역할을 하고 있다. 건물의 북측, 남측 단부에 각각 설치된 2개의 천창은 건물 내부의 열기가 밖으로 빠져나가도록 한다. 수동형 에너지 시스템과 함께 사용된 광기전성 지붕 판넬은 건물에 필요한 전체 전력을 생산하며, 건물 남쪽에 설치된 수조는 우수를 모아 주변의 수목에 사용한다.

1

1 바람이 강하게 부는 황무지 위에 위치하고 있는 건물의 '외피'는 구부러지고, 굽이치며 바람이 건물을 통과할 수 있도록 길을 열어두고 있다.
2 중앙부의 개방된 공간과 거실, 흑색의 철제 계단이 보이는 동측 파사드의 모습.
3 내벽과 천장은 백색 플라스터로 마감되어, 광택 처리한 콘크리트 바닥판과 흑색으로 도색된 경량 철제 계단과 대조적인 느낌을 연출한다.

2

3

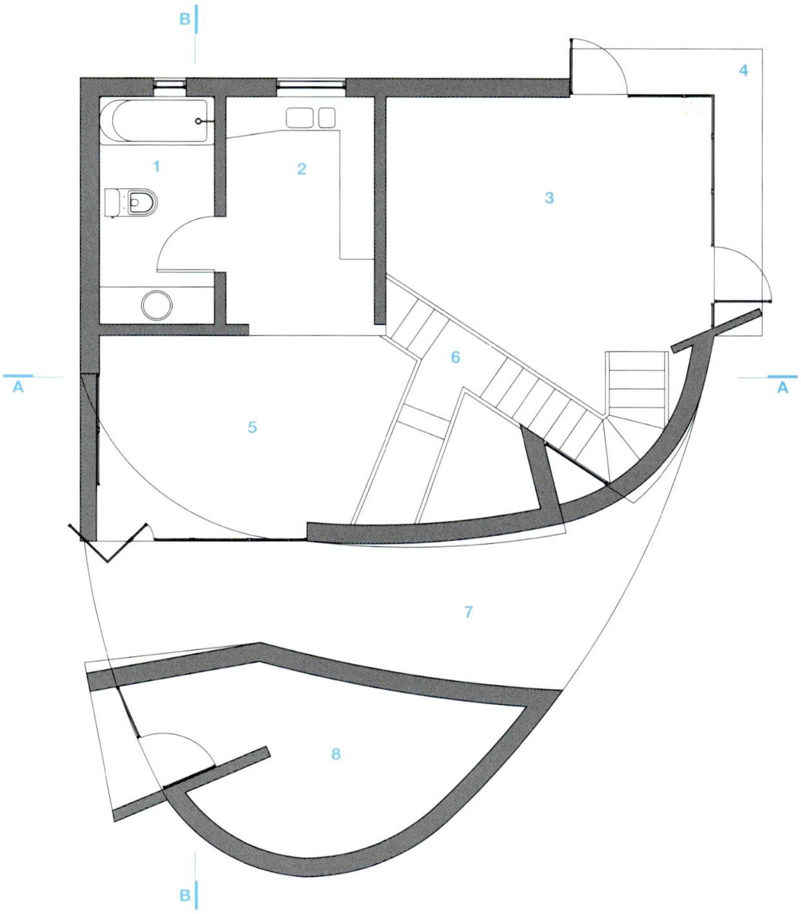

52.01
1층 평면도
1:100
1 욕실
2 주방
3 거실
4 테라스
5 식당
6 철제 계단
7 중앙부 개방 공간
8 창고

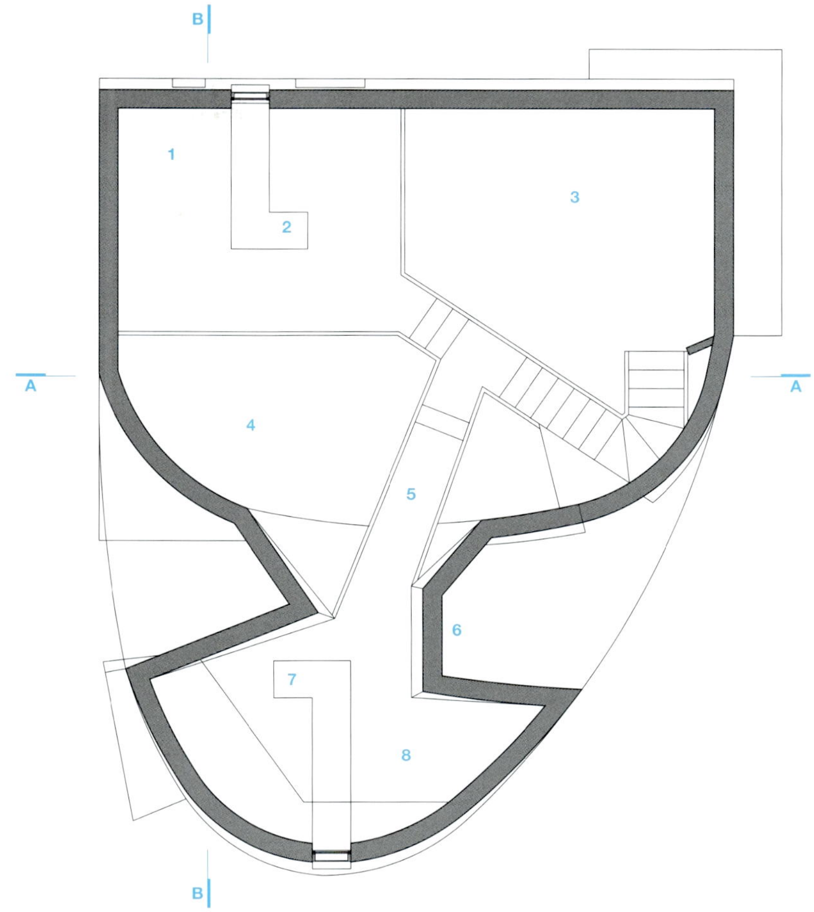

52.02
2층 평면도
1:100
1 침실
2 상부 천창 경계선
3 거실 상부
4 식당 상부
5 침실과 서재를 연결하는 브릿지
6 중앙부 개방 공간 위에서 절개된 외벽
7 상부 천창 경계선
8 서재

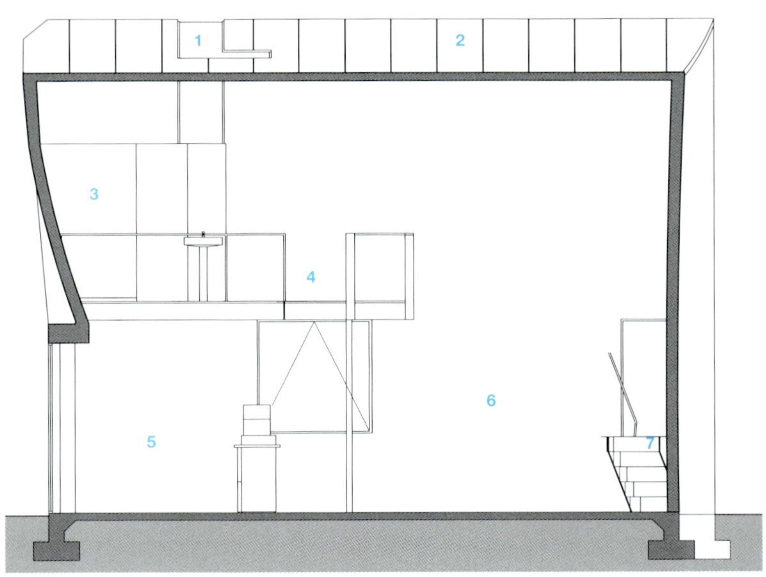

52.03
단면도 A-A
1:100
1 천창
2 알루미늄 지붕
3 침실
4 철제 브릿지
5 식당
6 거실
7 2층으로 이어지는 철제 계단

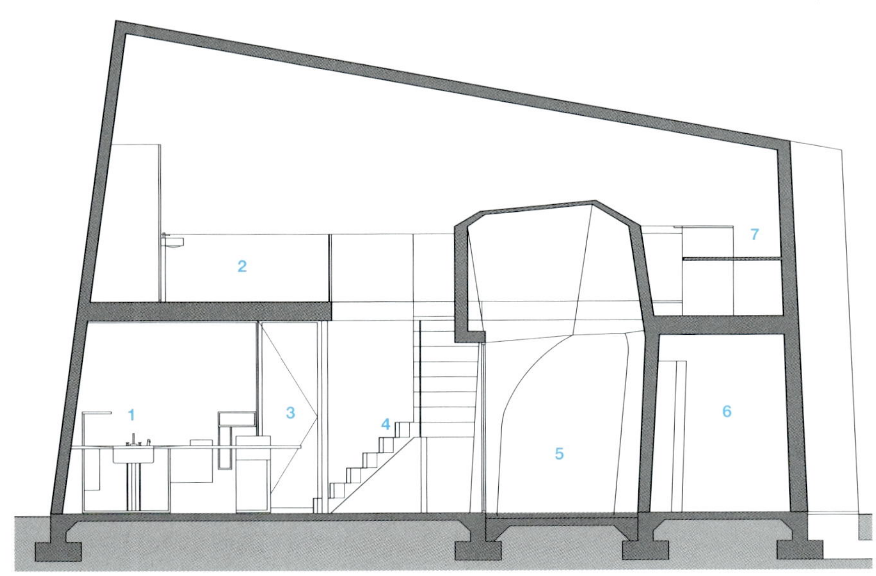

52.04
단면도 B-B
1:100
1 욕실
2 침실
3 주방으로 향하는 문
4 철제 계단
5 중앙부 개방 공간
6 창고
7 서재

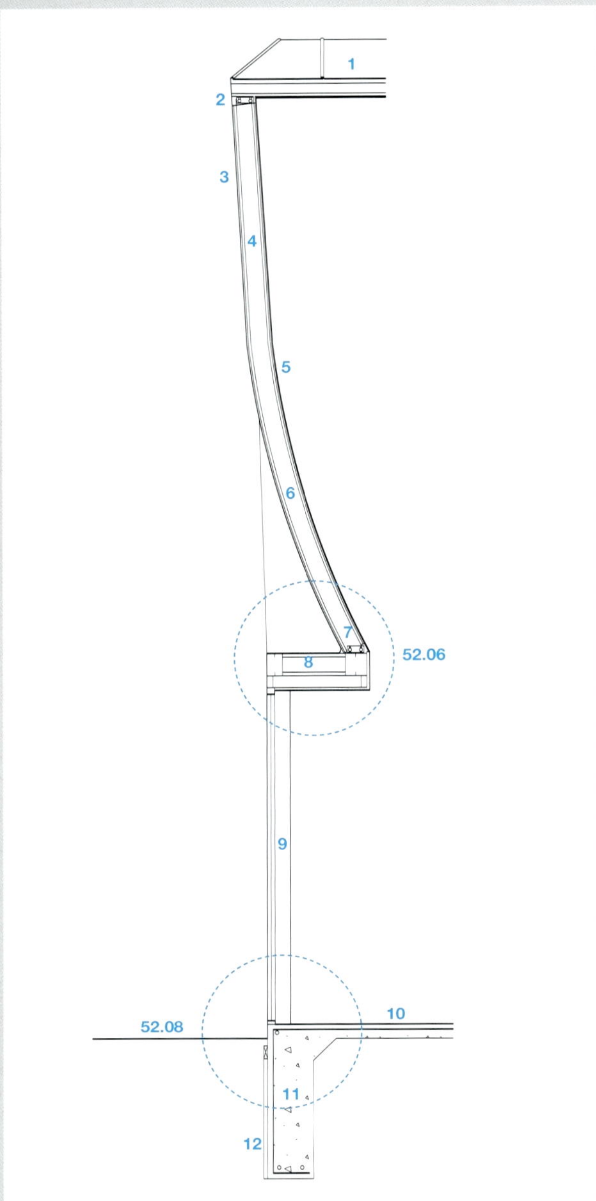

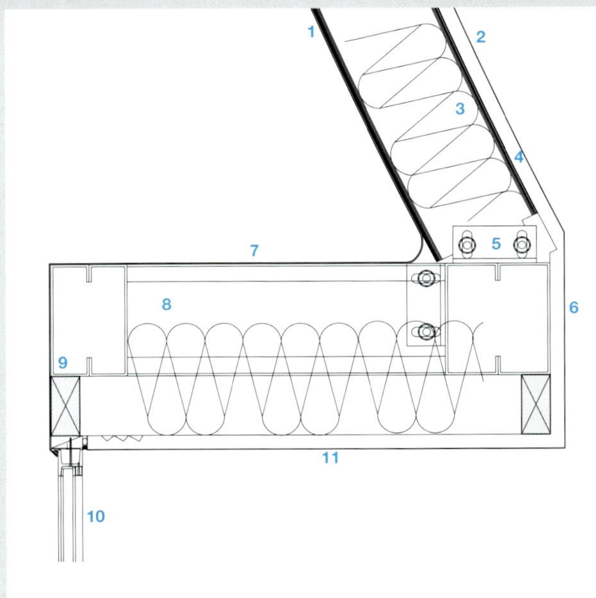

52.06
상인방 상세도
1:10
1 금속 외장재 및 단열 방수막
2 406mm (16인치) 중앙에 설치한 알루미늄 판
3 152mm (6인치) 단열재
4 6mm (1/4인치) 합판 상부 금속 외장재
5 50 X 50 X 100mm (2 X 2 X 4인치) 앵글
6 19mm (3/4인치) 합판
7 금속 외장재
8 채널로 만든 도리
9 철제 채널
10 알루미늄 프레임에 설치된 창유리
11 천장재

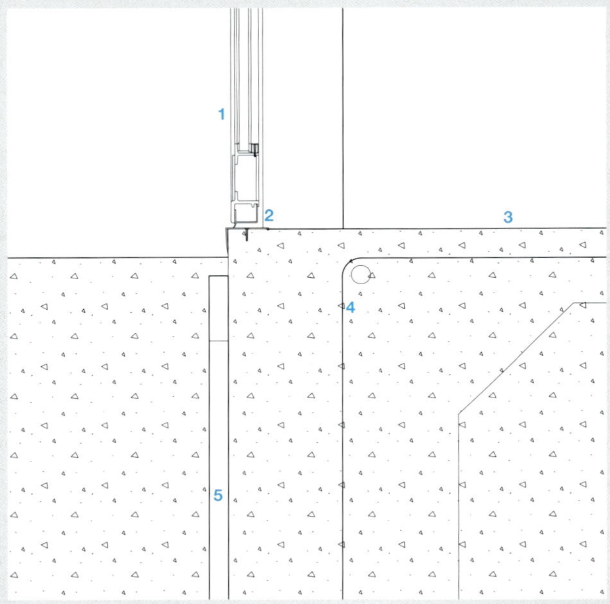

52.07
하인방 상세도 1
1:10
1 알루미늄 프레임에 설치된 유리문
2 알루미늄 문턱
3 철근콘크리트 바닥
4 철근콘크리트 턴다운 슬라브
5 경질 단열재

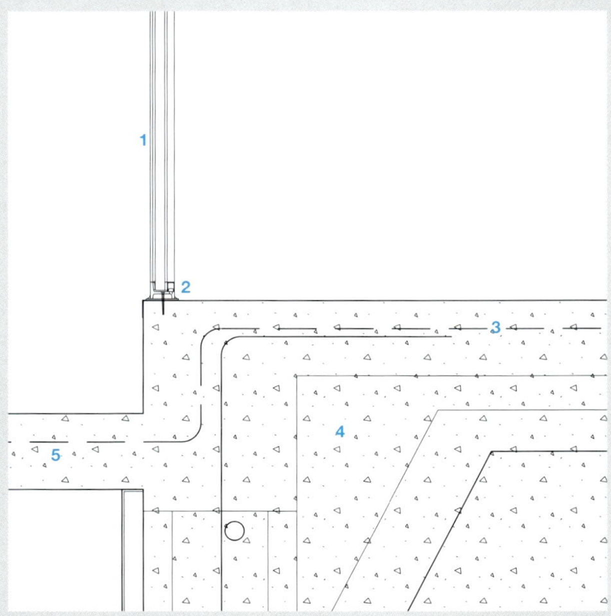

52.08
하인방 상세도 2
1:10
1 12mm (1/2인치) 유리를 끼운 철제 문
2 유향 수지 위에 설치한 알루미늄 문지방
3 복사 난방 설비
4 철근콘크리트 기초
5 철근콘크리트 바닥 슬라브

52.05
외벽 상세도
1:50
1 610mm (24인치) 중앙에 설치한 304 X 50 X 406mm (12 X 2 X 16인치) 아연 도금 앵글
2 50 X 50 X 100mm (2 X 2 X 4인치) 앵글
3 금속 외장재 및 방수막
4 단열층
5 6mm (1/4인치) 합판
6 406mm (16인치) 중앙에 설치한 알루미늄 판
7 50 X 50 X 100mm (2 X 2 X 4인치) 앵글
8 채널로 만든 도리
9 투명 유리창
10 철근콘크리트 바닥 슬라브 위에 설치한 바닥 하부 난방 설비
11 철근콘크리트 기초
12 경질 단열재

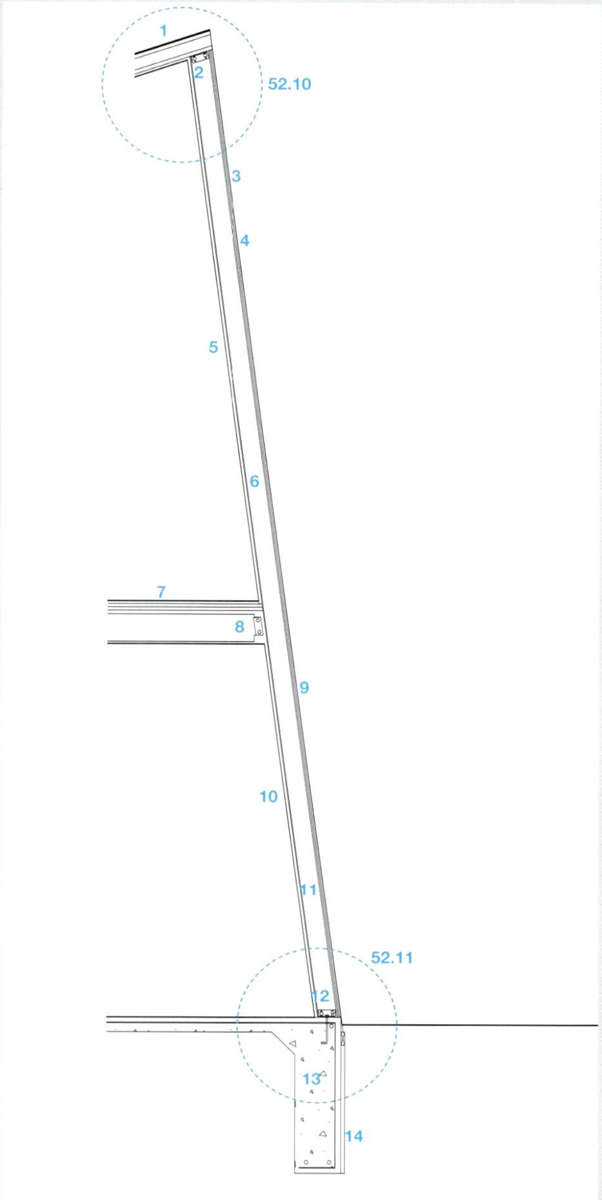

52.09
벽 상세도
1:10
1 지붕 구조물에 볼트 접합된 아연 도금 플랜지
2 50 X 50 X 100mm (2 X 2 X 4인치) 앵글
3 금속 외장재 및 방수막
4 단열층
5 6mm (1/4인치) 합판
6 406mm (16인치) 중앙에 설치한 알루미늄판
7 합판 바탕마루 위에 설치한 대나무 바닥재
8 아연 도금 알루미늄 플랜지
9 단열층 상부 금속 외장재 및 방수막
10 6mm (1/4인치) 합판
11 406mm (16인치) 중앙에 설치한 알루미늄판
12 50 X 50 X 100mm (2 X 2 X 4인치) 앵글
13 철근콘크리트 기초 및 바닥 슬라브
14 경질 단열재

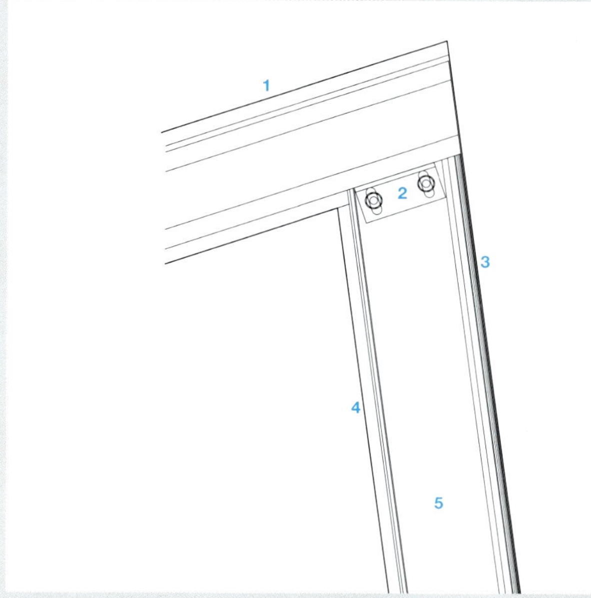

52.10
지붕 상세도
1:10
1 610mm (24인치) 중앙에 설치한 304 X 50 X 406mm (12 X 2 X 16인치) 아연 도금 앵글
2 50 X 50 X 100mm (2 X 2 X 4인치) 앵글
3 금속 외장재 및 방수막, 단열층
4 6mm (1/4인치) 합판
5 406mm (16인치) 중앙에 설치한 알루미늄판

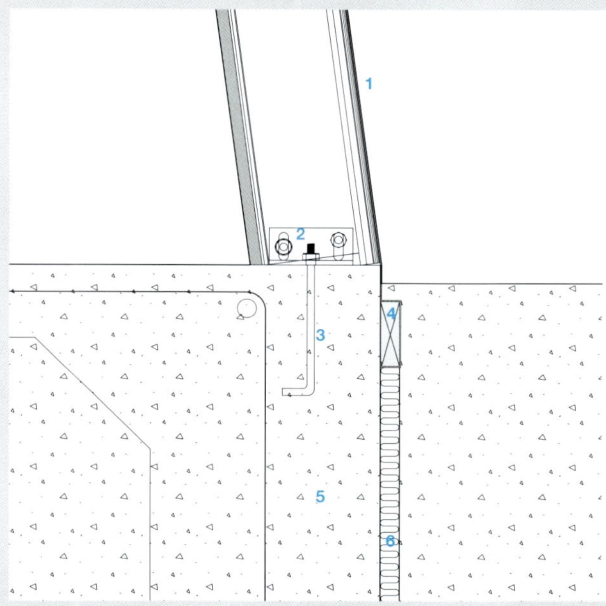

52.11
하인방 상세도 3
1:10
1 금속 외장재 및 방수막, 단열층
2 50 X 50 X 100mm (2 X 2 X 4인치) 앵글
3 앵커 볼트
4 30 X 100mm (1 1/5 X 4인치) 오리대
5 철근콘크리트 턴다운 슬라브
6 경질 단열재

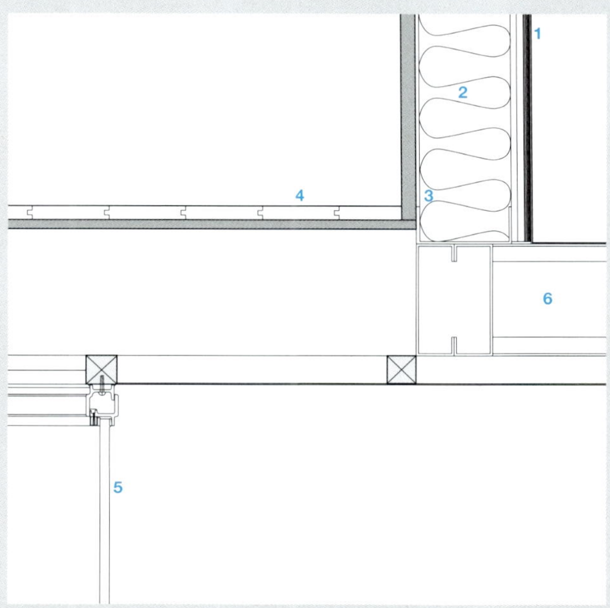

52.12
상인방 상세도
1:10
1 금속 외장재 및 방수막, 단열층
2 150mm (6인치) 단열재
3 6mm (1/4인치) 합판
4 합판 바탕마루 위에 설치한 대나무 바닥재
5 투명 유리
6 채널로 만든 도리

Directories of Details and Architects

상세도 및 건축가 목록

Bathroom Details

Bench Details

Ceiling Details

Door Details

Eaves Details

Floor Details

Fireplace Details

Footing and Foundation Details

Glazing Details

Gutter Details

Handrail Details

Kitchen Details

Metal Details

Parapet Details

Roof Details

Skylight Details

Stair Details

Steel Details

Stone Details

Wall Details

Window Details

Australia

Drew Heath Architect
7/67 Boronia Road
Bellevue Hill
Sydney
New South Wales 2023
Australia
E: drewheath@ozemail.com.au
T: +61 414 491 270
[37] Zig Zag Cabin, Wollombi, New South Wales, Australia (2003), 162

Ian Moore Architects
44 McLachlan Avenue
Rushcutters Bay
Sydney
NSW 2011
Australia
E: mail@ianmoorearchitects.com
T: +61 2 9380 4099
F: +61 2 9380 4302
W: www.ianmoorearchitects.com
[11] Rose House, Kiama, New South Wales, Australia (2001), 52

Sean Godsell
Level 1, 49 Exhibition Street
Melbourne
Victoria 3000
Australia
E: godsell@netspace.net.au
T: +61 3 9654 2677
F: +61 3 9654 3877
W: www.seangodsell.com
[45] Peninsula House, Victoria, Australia (2002), 194

Stutchbury and Pape
Unit 5, 364 Barrenjoey Road
Newport
NSW 2106
Australia
E: snpala@ozemail.com.au
T: +61 2 9979 5030
F: +61 2 9979 5367
[43] Verandah House, Sydney, New South Wales, Australia (2004), 186

Troppo Architects
6 Stack Street
Freemantle
Western Australia 6160
Australia
E: perth@troppoarchitects.com.au
T: +61 8 9336 4533
F: +61 8 9336 6609
W: www.troppoarchitects.com.au
[30] Rozak House, Lake Bennett, Northern Territory, Australia (2001), 132

Austria

Architect Antonius Lanzinger
Maria Theresien Strasse 9
A-6020 Innsbruck
Austria
E: a.lanzinger@gmx.at
T: +43 51257 3198
[35] Single Family House, Brixlegg, Tirol, Austria (2002), 154

Baumschlager & Eberle
Lindauer Strasse 31
A-6911 Lochau
Austria
E: office@baumschlager-eberle.com
T: +43 (0)5574 430 79
F: +43 (0)5574 430 79-30
W: www.baumschlager-eberle.com
[02] Flatz House, Schaan, Liechtenstein (2002), 14

Georg Driendl
Mariahferstr. 9
A-1060 Vienna
Austria
E: architekt@driendl.at
T: +43 1 585 1868
F: +43 1 585 1868
W: www.driendl.at
[04] Solar Tube, Vienna, Austria (2001), 22

China

EDGE Design Institute Ltd.
Suite 1604, Eastern Harbour Centre
28 Hoi Chak Street, Quarry Bay
Hong Kong
China
E: edgeltd@netvigator.com
T: +852 2802 6212
F: +852 2802 6213
W: www.edgedesign.com.hk
[38] Suitcase House, Shuiguan, Badaling, China (2002), 166

MADA s.p.a.m.
No.2, Lane 134, Xinle Road
Xuhui District
Shanghai 200031
China
E: office@madaspam.com
T: +86 21 5404 1166
F: +86 21 621 77437
W: www.madaspam.com
[20] Father's House, Lantian, China (2005), 90

France

Bernard Quirot and Olivier Vichard
4 rue de la Préfecture
25000 Besançon
France
E: quirot.vichard@wanadoo.fr
T: +33 3 81 81 31 31
F: +33 3 81 61 98 94
W: www.quirot-vichard.com
[36] Convercey House, Grachaux, France (2001), 158

Marin & Trottin
8 rue Montcalm
Paris 75018
France
E: mt.peripheriques@club-internet.fr
T: +33 1 44 92 05 01
F: +33 1 44 92 05 14
[28] Artifice/MR House, Pompone, France (2002), 124

Germany

Brückner + Brückner Architekten
Büro Würzburg
Veitshöchheimer Str. 14
97080 Würzburg
Germany
E: mail@architektenbrueckner.de
T: +49 931 575 47
F: +49 931 575 48
[16] House in the Landscape, Bärnau, Germany (2002), 74

Léon Wohlhage Wernik Architekten
Leibnizstrasse 65
10629 Berlin
Germany
E: post@leonwohlhagewernik.de
T: +49 (30) 327 60 00
F: +49 (30) 327 60 060
W: www.leonwohlhagewernik.de
[07] House Voss, Münsterland, Germany (2000), 34

Werner Sobek
Albstr. 14
70597 Stuttgart
Germany
E: mail@wsi-stuttgart.com
T: +49 711 767500
F: +49 711 7675044
W: www.wernersobek.com
[32] House R128, Stuttgart, Germany (2000), 140

Japan

Atelier Bow-Wow + Tokyo Institute of Technology Tsukamoto Lab
Negishi Building, 2nd Floor
2-23-8 Higashi Shibuya
Tokyo 150-0011
Japan
E: info@bow-wow.jp
T: +81 3 5774 6508
F: +81 3 5774 6508
W: www.bow-wow.jp
[31] Gae House, Tokyo, Japan (2003), 136

Kazuyo Sejima & Associates
7-A Shinagawa-Soko
2-2-35 Higashi-Shinagawa
Shinagawa-ku
Tokyo 140
Japan
E: sanaa@sanaa.co.jp
T: +81 3 3450 1754
F: +81 3 3450 1757
W: http://sanaa.co.jp
[12] Small House, Tokyo, Japan (2000), 56

Kei'ichi Irie + Power Unit Studio
#2107, 12-1 Sarugako-cho
Shibuya-ku
Tokyo 150-0033
Japan
E: info@pus.jp
T: +81 3 3461 9827
F: +81 3 3461 9829
W: www.pus.jp
[06] Y House, Chita, Aichi, Japan (2003), 30

Kengo Kuma & Associates
2-24-8 Minami Aoyama
Minato-ku
Tokyo 107-0062
Japan
E: ikeguchi@kkaa.co.jp
T: +81 3 3401 7721
F: +81 3 3401 7778
W: www.kkaa.co.jp
[40] Bamboo Wall House, Badaling, China (2002), 174
[48] Plastic House, Tokyo, Japan (2002), 208

Masaki Endoh + Masahiro Ikeda
2-13-8 Honmachi
Shibuya-Ku
Tokyo 151 0071
Japan
E: edh-endoh@mvi.biglobe.ne.jp
T: +81 3 3377 6293
F: +81 3 3377 6293
[49] Natural Ellipse, Tokyo, Japan (2002), 212

Japan (continued)

Shigeru Ban Architects
5-2-4 Matsubara Ban Bldg 1Fl
Setagaya
Tokyo 156
Japan
E: tokyo@shigerubanarchitects.com
T: +81 3 3324 6760
F: +81 3 3324 6789
W: www.shigerubanarchitects.com
[14] Picture Window House, Shizuoka, Japan (2002), 64

Shuhei Endo
Domus AOI 5F
5-15-11 Nishitenma
Kita-ku
Osaka
Japan
E: endo@paramodern.com
T: +81 6 6312 7455
F: +81 6 6312 7456
W: www.paramodern.com
[29] Springtecture B, Biwa-Cho, Shiga Prefecture, Japan (2002), 128

Tadao Ando
5-23 Toyosaki 2-Chome Kita-ku
Osaka 531-0072
Japan
E: taaa@mx6.nisiq.net
T: +81 6 6375 1148
F: +81 6 6374 6240
[09] 4 x 4 House, Kobe, Hyogo, Japan (2004), 42

Portugal

Álvaro Siza Vieira
Rua Do Aleixo, 53-2
4150-043 Porto
Portugal
E: siza@mail.telepac.pt
T: +351 22 616 72 70
F: +351 22 616 72 79
W: www.alvarosiza.com
[34] House in Oudenbourg, Oudenbueg, Belgium (2002), 150

Spain

Ábalos + Herreros
C / Gran Via
16 3C
Madrid 28013
Spain
E: studio@abalos-herreros.com
T: +34 91 5234 404
F: +34 91 5234 553
W: www.abalos-herreros.com
[47] Studio Gordillo, Madrid, Spain (2002), 204

Alberto Campo Baeza
Almirante 9
28004 Madrid
Spain
E: estudio@campobaeza.com
T: +34 91 5217061
F: +34 91 7010695
W: www.campobaeza.com
[01] De Blas House, Madrid, Spain (2000), 10

Aranda Pigem Vilalta
Passeig de Blay, 34
17800 Olot
Girona
Spain
E: rcr@rcrarquitectes.es
T: +34 972 269 105
F: +34 972 267558
W: www.rcrarquitectes.es
[10] M-Lidia House, Girona, Spain (2003), 48
[23] Bellows House, Girona, Spain (2003), 104

Carlos Ferrater
Balmes, 145 Bajos
08008 Barcelona
Spain
E: carlos@ferrater.com
T: +34 93 238 51 36
F: +34 93 416 1306
W: www.ferrater.com
[18] Tagomago House, Ibiza, Spain (2001), 82

Martín + Martín Arquitectos
Mesones 37, 2
18001 Granada
Spain
E: emartinmartin@coagranada.org
T: +34 958 265 469
F: +34 958 529 008
[41] La Vega House Granada, Spain (2001), 178

The Netherlands

Kruunenberg Van der Erve Architecten
Conradstraat 8C
1018 NG Amsterdam
The Netherlands
E: info@kvde.nl
T: +31 20 320 8486
W: www.kvde.nl
[13] Laminata, House of Glass, Leerdam, The Netherlands (2001), 60

UK

Adjaye Associates
23–28 Penn Street
London N1 5DL
UK
E: info@adjaye.com
T: +44 20 77 39 4969
F: +44 20 77 39 3484
W: www.adjaye.com
[17] Dirty House, London, UK (2002), 78

John Pawson
Unit B, 70-78 York Way
London N1 9AG
UK
E: email@johnpawson.co.uk
T: +44 20 7837 2929
F: +44 20 7837 4949
W: www.johnpawson.com
[19] Tetsuka House, Tokyo, Japan (2002), 86

Sarah Wigglesworth Architects
9/10 Stock Orchard Street
London N7 9RW
UK
E: mail@swarch.co.uk
T: +44 20 7607 9200
F: +44 20 7607 5800
W: www.swarch.co.uk
[50] Stock Orchard Street House, London, UK (2001), 216

Simon Conder Associates
Nile Street Studios
8 Nile Street
London N1 7RF
UK
E: sca@simonconder.co.uk
T: +44 20 7251 2144
F: +44 20 7251 2145
W: www.simonconder.co.uk
[51] Black Rubber Beach House, Dungeness, England, UK (2003), 220

USA

Architecture Research Office (ARO)
180 Varick Street
10th Floor
New York
NY 10014
USA
E: mvoorhees@aro.net
T: +1 212 675 1870
F: +1 212 675 1645
W: www.aro.net
[24] Colorado House, Telluride, Colorado, USA (2000), 108

Carlos Zapata Studio
444 Broadway, 3rd Floor
New York
NY 10013
USA
E: mkoff@wood-zapata.com
T: +1 212 966 9292
F: +1 212 966 9242
W: http://wood-zapata.com
[15] Private House, Quito, Ecuador (2002), 68

Fougeron Architecture
720 York Street #107
San Francisco
CA 94110
USA
E: anne@fougeron.com
T: +1 415 641 5744
F: +1 415 282 6434
W: http://fougeron.com
[39] Jackson Family Retreat, Big Sur, California, USA (2005), 170

Jim Jennings Architecture
49 Rodgers Alley
San Francisco
CA 94103
USA
E: office@jimjenningsarchitecture.com
T: +1 415 551 0827
F: +1 415 551 0829
W: www.jimjenningsarchitecture.com
[05] Visiting Artists' House, Geyserville, California, USA (2002), 26

Julie Snow Architects
2400 Rand Tower
527 Marquette Ave
Minneapolis
MN 55402
USA
E: mail@juliesnowarchitects.com
T: +1 612 359 9430
F: +1 612 359 9530
W: www.juliesnowarchitects.com
[25] Koehler House, New Brunswick, Canada (2000), 112

Lorcan O'Herlihy Architects
5709 Mesmer Avenue
Culver City
CA 90230
USA
E: loh@loharchitects.com
T: +1 310 398 0394
F: +1 310 398 2675
W: www.loharchitects.com
[26] Vertical House, Los Angeles, California, USA (2003), 116

Mack Scogin Merrill Elam Architects
111 John Wesley Dobbs Avenue, NE
Atlanta
GA 30303
USA
E: office@msmearch.com
T: +1 404 525 6869
F: +1 404 525 7061
W: www.msmearch.com
[27] Mountain Tree House, Dillard, Georgia, USA (2001), 120

Olson Sundberg Kundig Allen Architects
159 South Jackson Street, 6th Floor
Seattle
WA 98104
USA
E: new_inquiry@olsonsundberg.com
T: +1 206 624 5670
F: +1 206 624 3730
W: www.olsonsundberg.com
[21] Chicken Point Cabin, Chicken Point, Idaho, USA (2003), 94

Patkau Architects
1564 West 6th Avenue
Vancouver BC
Canada V6J 1R2
E: info@patkau.ca
T: +1 604 683 7633
F: +1 604 6837634
W: www.patkau.ca
[42] Agosta House, San Juan Island, Washington, USA (2000), 182

Pugh + Scarpa
2525 Michigan Avenue, Building F1
Santa Monica
CA 90404
USA
E: info@pugh-scarpa.com
T: +1 310 828 0226
F: +1 310 453 9606
W: www.pugh-scarpa.com
[08] Solar Umbrella, Los Angeles, California, USA, 38

RoTo Architects
600 Moulton Avenue, No. 405
Los Angeles
CA 90031
USA
E: roto@rotoark.com
T: +1 323 226 1112
F: +1 323 226 1105
W: www.rotoark.com
[44] Gompertz Residence, Livingston, Montana, USA (2001), 190

Smith-Miller + Hawkinson Architects
305 Canal Street
New York
NY 10013
USA
E: contact@smharch.com
T: +1 212 966 3875
F: +1 212 966 3877
W: www.smharch.com
[46] Mustang Meadow, Colorado, USA (2001), 198

Steven Holl Architects
450 West 31st Street, 11th Floor
New York
NY 10001
USA
E: mail@stevenholl.com
T: +1 212 629 7262
F: +1 212 629 7312
W: www.stevenholl.com
[52] Turbulence House, Abiqui, New Mexico, USA (2005), 224

Studio Daniel Libeskind
2 Rector Street
New York
NY 10006
USA
E: info@daniel-libeskind.com
T: +1 212 497 9100
F: +1 212 285 2130
W: www.daniel-libeskind.com
[03] Studio Weil, Port d'Andratz, Mallorca, Spain (2003), 18

Will Bruder Architects
111 West Monroe, Suite 444
Phoenix
AZ 85003
USA
E: studio@willbruder.com
T: +1 602 324 6000
F: +1 602 324 6001
W: www.willbruder.com
[22] Sky Arc House, Marin County, California, USA (2001), 98

WPA Inc.
911 Western Avenue, Suite 380
Seattle
WA 98104
USA
E: apellecchia@wpastudio.com
T: +1 206.233.0550
F: +1 206.233.0663
W: wpastudio.com
[33] Villa Lucy, Port Townsend, Washington, USA (2004), 144

All architectural drawings are supplied courtesy of the architects

Photographic credits:
10 © Hisao Suzuki
14 © Eduard Hueber
18 © Bitter+Bredt Photography
22 © James Morris 1,3
22 © Bruno Klomfar 2,4
26 © Tim Griffith
27 © Tim Griffith
30 © Hiroyuki Hirai
34 © Christian Richters, Münster
38 Marvin Rand
42 Mitsuo Matsuoka
48 © Eugeni Pons
52 © Ross Honeysett
56 © Shinkenchiku-sha
60 © Christian Richters, Münster
64 © Hiroyuki Hirai
68 © Undine Pröhl
74 © Peter Manev
78 Photography by Lyndon Douglas/ info@lyndondouglas.com
82 © Alejo Bagué
86 Nacasa and Partners Inc
90 © Jin Zhan
94 © Undine Pröhl
98 Bill Timmerman
104 © Eugeni Pons
1 06 © William Abranowicz/Art & Commerce Anthology 3,4
106 © Paul Warchol 1,2
112 Steve Dunwell 1,2
112 Brian Vanden Brink 3,4
116 Michael Weschler Photography
120 © Tim Hursley
124 Hervé Abbadie 1,3
124 © Luc Boegly 2
128 © Toshiharu Kitajima 2,3
128 © Yoshiharu Matsumura 1,4
132 © Patrick Bingham-Hall
136 © Edmund Sumner/VIEW
140 © Roland Halbe
144 Lara Swimmer
150 Duccio Malagamba
154 Guenter R. Wett
158 © Luc Boegly
162 Brett Boardman Photography
166 Howard Chang
170 Richard Barnes Photography
174 Satoshi Asakawa
178 © Eugeni Pons
182 James Dow
186 © Michael Nicholson
190 Larry Stanley Photography 2,4
190 Clark Stevens 1,3
194 Earl Carter
198 © Tim Street-Porter
204 © Bleda y Rosa 1,2,3,4
204 © Hisao Suzuki 5
208 Mitsumasa Fujitsuka
212 © Hiro Sakaguchi
216 Paul Smoothy
220 © Chris Gascoigne/VIEW
224 © Paul Warchol

감사의 글

이 책에 담긴 자료들을 제공해 준 모든 건축가들에게 감사의 뜻을 전한다. 집필 과정 동안 도움을 주기 위해 그들이 들인 시간과 노력, 인내에 깊이 감사드린다. 특히 이 책의 디자인을 담당한 Hamish Muir에 감사드린다. 그는 너무나도 친절한 사람이자 재능 있는 디자이너였으며, 책을 집필하는 동안 부딪쳤던 수많은 시각적 난제에 대해 해결책을 제시해 주었다. 함께 작업하며 진정한 즐거움을 알게 해준 출판사의 Philip Cooper와 항상 유머러스하게 편집에 관한 주석을 던져 주었던 Emily Asquith에게도 깊은 감사의 뜻을 표한다. 어려운 상황에서도 끊임없는 노력으로 자료 사진을 검색해 준 Sophia Gibb에게 감사드린다. 이 책에 담긴 많은 도면들과 씨름했던 Greg Gibbon과 Justin Fletcher, 그리고 엄청난 기술적 역량을 보여 준 Vic Brand에게 감사드린다. 끝으로 곁에서 물심양면으로 지원해준 Vishwa Kaushal의 우정과 관대함에 감사드린다.